제 4 판

공학기초수학

: e-Learning Calculus

황우현 · (주)교육소프트연구소 공저

B.C.Info

머 리 말

공학을 배우고 응용할 수 능력을 배양하기 위해 필요한 기초 지식 중의 하나가 공업수학이라 할 수 있다. 이를 반영하여 기초수학 및 공업수학을 배우길 원하는 대학생, 예비 대학생을 위해 멀티미디어를 활용하여 이해하기 쉽게 보고 응용할 수 있도록 '집합'부터 '미적분'까지의 내용으로 구성하고, 본 교재와 이러닝 콘텐츠를 활용할 때 특징은 다음과 같다.

01. 대학 기초수학 입문과정을 필요로 하는 대학생을 위한 이러닝 콘텐츠
02. 웹기반의 강의 코스
03. 대학 미적분의 내용을 쉬운 개념 이해와 더불어 핵심 풀이를 학습할 수 있는 멀티미디어콘텐츠

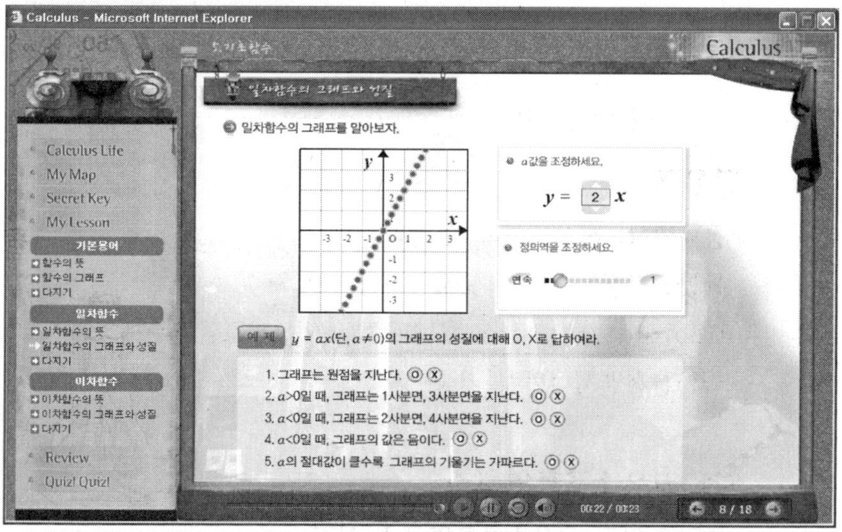

04. 각 장별 주제학습의 효과적인 학습자 선택
05. 각 학교별로 구축하고 있는 강의 시스템에 맞게 최적화하여 사용 가능
06. 교수자 및 학습자를 위한 학습평가 시스템 제공
07. 교수자를 위한 관리 시스템 구축 가능

Calculus는 대학 기초 수학을 밑바탕으로 하면서도 고교수준의 진술방식과 고교수준에서 익숙한 상호작용 요수들을 포함하고 있어서 고등학교 수학과 대학 수학을 연결 짓는 교두보 역할을 가능하게 한다. 예배 대학생, 대학 기초수학의 입문 과정을 필요로 하는 학생이 교재의 내용 중ㅇ서 선택적으로 학습을 하여 짧은 시간에 최적의 성과를 올릴 수 있을 것이다. 그러므로 학습 대상에 따라 12주 38차시, 또는 15주 45차시 등으로 학습자나 또는 학교에서 선택적으로 강의를 설계하여 사용하면 더욱 효과적일 것이다.

온라인 서비스가 필요하면 본 교재의 공동 집필진인 (주)교육소프트연구소 홈페이지(http://math2000.co.kr)에서 과정 맛보기를 활용하거나 또는 회사에 직접 연락을 하여 평가판을 신청하여 본 교재와 함께 학습하면 학습 효과를 크게 높일 수 있을 것이다.

끝으로 본 교재를 출간한 복두출판사의 사장님과 담당자들에게 감사를 드리고, 또한 이 책을 이용하여 공부하는 모든 분들에게 하나님의 축복과 은혜가 가득하기를 바라며, 도움을 주신 분들께 감사드립니다.

2009년 2월 저자올림

저자 소개

황우현

공학박사, 서울대학교 대학원
동양공업전문대학 로봇자동화공학부 교수
Georgia Institute of Technology 교환교수
(주)삼성엔지니어링 기술연구소

(주)교육소프트연구소

2000. (주)교육소프트연구소 설립
2008. 대학기초수학 e-Learning Calculus 품질인증 등록

차 례

Stage 1

Stage 2

Stage 1

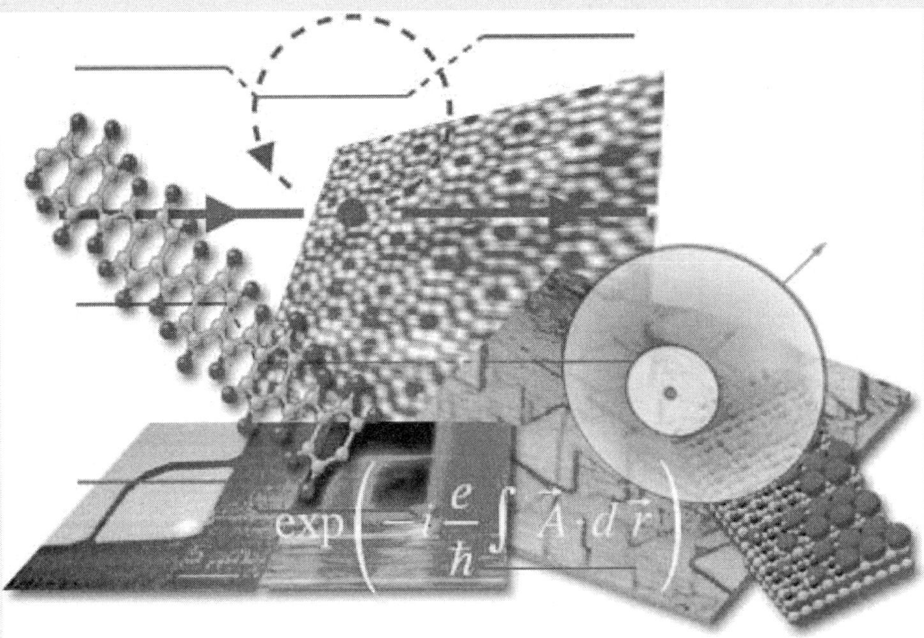

CHAPTER 1 ≫ 공학기초

1-1 유리수와 무리수

Calculus Life

자연수 : 물건의 개수를 세기 위해 필요

0 : 뺄셈을 하다가 '2-2', '3-3', ··· 등을 계산하기 위해 필요

음 수 : 뺄셈을 하다가 '2-3', '3-4', ··· 등을 계산하기 위해 필요

분 수 : 나눗셈을 하다가 필요

예) 피자 한판을 8사람이 나누어 먹을 때 한 사람이 먹게 되는

피자의 양 = $1 \div 8 = \frac{1}{8}$

무리수 :

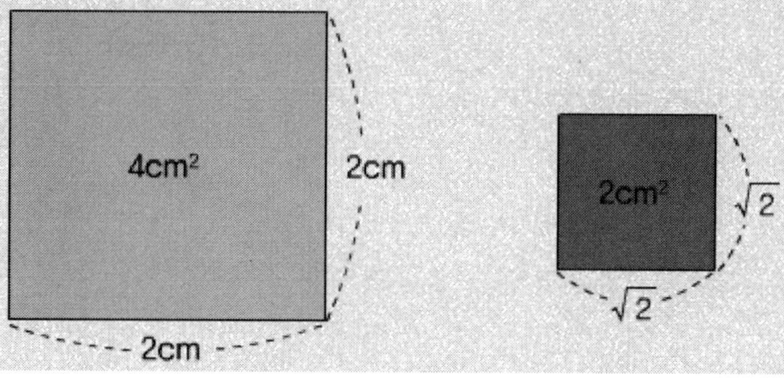

신은 자연수만을 창조했으며 나머지는 모두 인간이 만들었다는 얘기가 있다. 자연수는 물건의 개수를 세기위해 사용 되었고, 뺄셈을 하다가 2 마이너스 2 등을 표현하기 위해 0이 등장했고, 2 마이너스 3 등을 표현하기 위해 음수가 등장했다. 분수는 나눗셈을 하다가 등장했다. 예를 들면, 피자 한판을 8사람이 나누어 먹는다고 할 때, 한 사람이 먹게 되는 피자의 양은 1 나누기 8, 즉, 8분의 1이 된다.

무리수는 기하학에서 나왔다. 넓이가 4인 정사각형의 한 변의 길이는 2이다. '그럼, 넓이가 2인 정사각형의 한 변의 길이는 어떻게 될까?' 하고 수학자들이 생각하게 된다. 이것은 기존의 유리수까지의 수 체계에서는 설명할 수가 없었으므로 무리수를 도입하고, 넓이가 2인 정사각형의 한 변의 길이를 $\sqrt{2}$ 라 하기로 약속하면서 무리수가 등장하게 된다. 이번시간에는 유리수와 무리수의 간단한 계산에 대해서 학습한다.

Secret Key

유리수

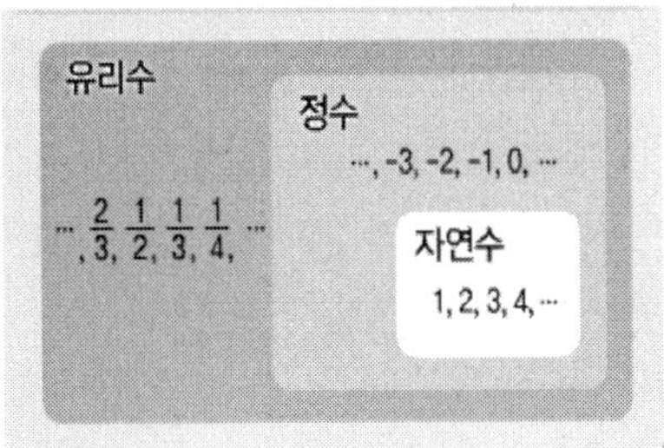

무리수

$\cdots, \pi, \sqrt{2}, \sqrt{3}, \sqrt{5}, \cdots$

순환하지 않는 무한소수

무리수의 덧셈과 뺄셈

$$3\sqrt{2} + 5\sqrt{2} = 8\sqrt{2}$$

$$3\sqrt{2} - 5\sqrt{2} = -2\sqrt{2}$$

분모의 유리화

$$\frac{\sqrt{5}}{\sqrt{3}} = \frac{\sqrt{5}\times\sqrt{3}}{\sqrt{3}\times\sqrt{3}} = \frac{\sqrt{5\times3}}{(\sqrt{3})^2} = \frac{\sqrt{15}}{3}$$

My Lesson

1) 정수와 유리수

(1) 준비학습

◉ 주어진 문제를 풀어보자.

예제1 다음을 계산하여라.

(1) $0.74-0.47=\square$ (2) $\frac{1}{2}+\frac{2}{3}=\square$ (3) $4+\frac{1}{3}=\frac{\square}{\square}$

(4) $12\times\frac{5}{6}=\square$ (5) $24\div3=\square$ (6) $4\div\frac{2}{3}=\square$

풀이 (1) 0.27 (2) $\frac{7}{6}$ (3) $\frac{13}{3}$

(4) 10 (5) 8 (6) 6

예제2 다음을 계산하여라.

(1) $2^3=\square$ (2) $3^2=\square$ (3) $4^3=\square$

풀이 (1) 8 (2) 9 (3) 64

예제3 다음을 계산하여라.

$$5-[3\times3-(2-1)+5]=\square$$

풀이 -8

(2) 정수와 유리수의 뜻

◉ 정수와 유리수의 뜻을 알아보자.

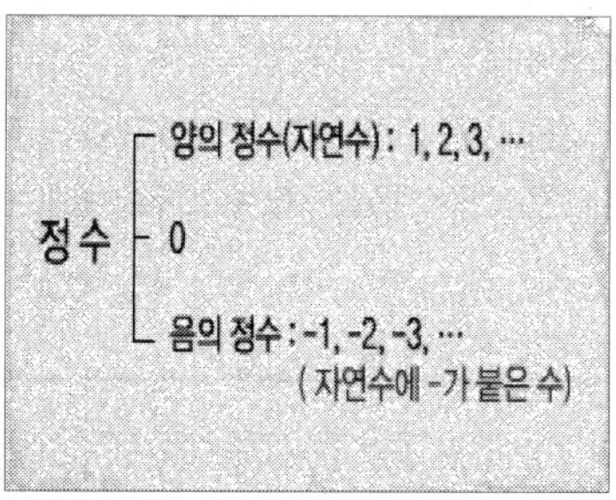

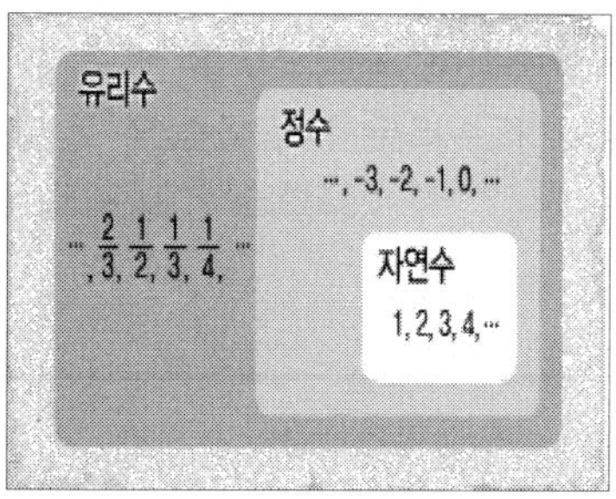

예제4 다음에 주어진 수 중에서 음의 정수를 모두 찾아라.

$$0,\ -\frac{1}{3},\ 4,\ -2,\ 4.3$$

풀이 -2

(3) 정수와 유리수의 사칙계산

◉ 정수와 유리수의 사칙계산 문제를 풀어보자.

예제5 다음 유리수의 덧셈을 계산하여라.

(1) $(+3)+(+3) = \square$

(2) $(+3)+(-5) = \square$

(3) $(-2)+(-5) = \square$

풀이 (1) +6 (2) -2 (3) -7

예제6 다음을 계산하여라.

(1) $-3+7 = \square$ (2) $-2-4 = \square$

(3) $4-8-3+1 = \square$ (4) $-\frac{1}{2}+\frac{1}{3}-\frac{1}{4} = -\frac{\square}{\square}$

풀이 (1) 4 (2) -6 (3) -6 (4) $-\frac{5}{12}$

예제7 다음을 계산하여라.

(1) $(-2)\times(+7) = \square$ (2) $(-6)\times(-4) = \square$

(3) $(+3.1)\times(+2.2) = \square$ (4) $(-\frac{3}{4})\times(+\frac{8}{15}) = -\frac{\square}{\square}$

풀이 (1) -14 (2) 24 (3) 6.82 (4) $-\frac{2}{5}$

예제8 다음을 계산하여라.

(1) $(-25)\div(-5) = \square$ (2) $(-27)\div 3 = \square$

(3) $(-15)\div(-\frac{3}{2}) = \square$ (4) $\frac{4}{15}\times(-24)\div\frac{8}{21} = -\frac{\square}{\square}$

풀이 (1) 5 (2) -9 (3) 10 (4) $-\frac{84}{5}$

(4) 다지기

1 다음을 계산하여라.

(1) (−11)+(+5)= □

(2) (−8)−(+2)= □

(3) (−14)x(−3)= □

(4) (+15)÷(−5)= □

2 다음을 계산하여라.

(1) −1+5−7= □

(2) 1−7−4+3= □

(3) −1−3+9−(+7)= □

(4) 6−(−15)+5−14= □

3 다음을 계산하여라.

(1) $\frac{3}{4}-\frac{7}{8}=-\frac{\square}{\square}$

(2) $-\frac{5}{2}-\frac{2}{3}+1=-\frac{\square}{\square}$

(3) $-\frac{14}{9}\times\frac{15}{49}=-\frac{\square}{\square}$

(4) $(-\frac{4}{15})\div(-\frac{16}{39})=\frac{\square}{\square}$

4 다음 미로 게임에서 출발 지점에서 도착 지점까지 가장 짧은 거리로 간다고 할 때, 만나는 모든 수의 곱은 얼마인가?

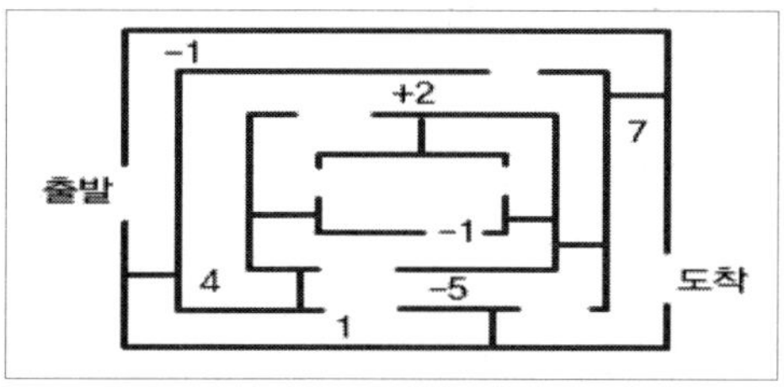

5 다음을 계산하여라.

(1) $\frac{1}{2}\times(-1)+4\times(-1)^3-3=-\frac{\square}{\square}$

(2) $-2^2\times[-2\div6+\frac{5}{2}\times\{-2-(-4)^2\}]=\frac{\square}{\square}$

2) 무리수

(1) 무리수의 뜻

◉ 무리수의 뜻에 대해 알아보자.

· 넓이가 $2cm^2$인 정사각형이 있을 때, 이 정사각형의 한 변의 길이는?

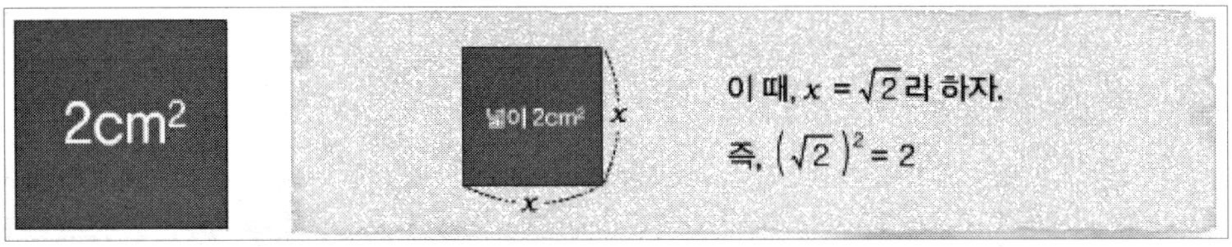

넓이가 $2cm^2$ 되는 정사각형의 한 변의 길이를 유리수로 나타낼 수 없기 때문에 $\sqrt{2}$로 나타내기로 약속했다. 영어로 유리수는 이성적인 수(Rational number), 무리수는 비이성적인 수(Irrational number)라고 하는데 왜 이렇게 이름을 붙였을까? 이는 당시 사람들이 무리수를 쉽게 받아들이지 못하고 이상한 수라 생각했기 때문이다. 하지만 무리수의 발견은 위대한 발견이었다.

· $\sqrt{2}$는 非순환 무한소수이다.

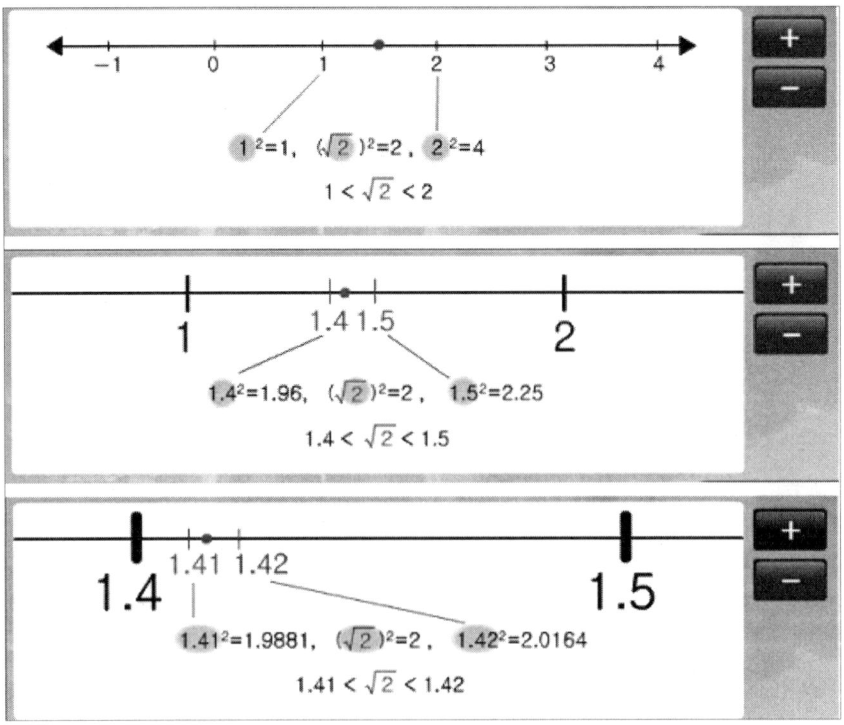

(2) 무리수를 수직선 위에 나타내기

◉ 무리수를 수직선 위에 나타내는 방법

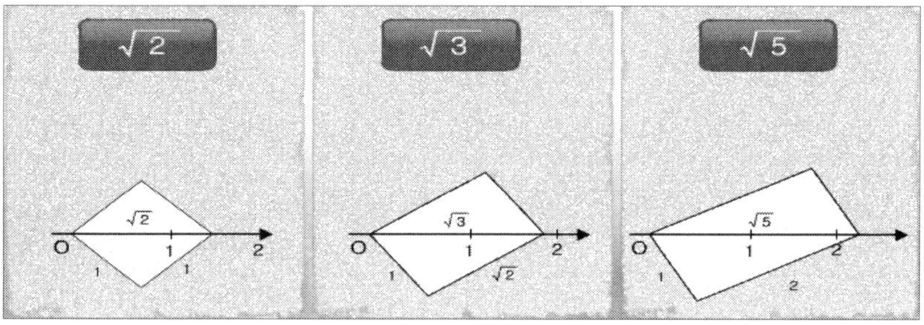

(3) 근호를 포함한 식의 계산

◉ 근호를 포함한 식의 곱셈과 나눗셈

$$\sqrt{18} = \sqrt{3^2 \times 2} = \sqrt{3^2} \times \sqrt{2} = 3\sqrt{2}$$

예제1 다음을 $a\sqrt{b}$ 꼴로 나타내어라.

(1) $\sqrt{20}$

(2) $\sqrt{32}$

(3) $-\sqrt{72}$

풀이 (1) $\sqrt{20} = \sqrt{2^2 \times 5} = 2\sqrt{5}$

(2) $\sqrt{32} = \sqrt{4^2 \times 2} = 4\sqrt{2}$

(3) $-\sqrt{72} = -\sqrt{6^2 \times 2} = -6\sqrt{2}$

◉ 분모의 유리화

분모의 유리화란? 분자, 분모에 0이 아닌 같은 수를 곱하여 분모를 유리수로 고치는 것.

예) $\dfrac{\sqrt{5}}{\sqrt{3}} = \dfrac{\sqrt{5} \times \sqrt{3}}{\sqrt{3} \times \sqrt{3}} = \dfrac{\sqrt{15}}{3}$

예제2 다음을 유리화 하여라.

(1) $\dfrac{6}{\sqrt{3}}$ (2) $\dfrac{\sqrt{5}}{2\sqrt{2}}$

풀이 (1) $\dfrac{6}{\sqrt{3}}=\dfrac{6\times\sqrt{3}}{\sqrt{3}\times\sqrt{3}}=\dfrac{6\sqrt{3}}{3}=2\sqrt{3}$

(2) $\dfrac{\sqrt{5}}{2\sqrt{2}}=\dfrac{\sqrt{5}\times\sqrt{2}}{2\sqrt{2}\times\sqrt{2}}=\dfrac{\sqrt{10}}{4}$

◉ **근호를 포함한 식의 덧셈과 뺄셈**

$$3\sqrt{2}\pm5\sqrt{2}=(3\pm5)\sqrt{2}$$

예제3 다음 식을 간단히 하여라.

(1) $2\sqrt{3}-5\sqrt{3}+\sqrt{3}=\square\sqrt{3}$

(2) $3\sqrt{2}-\sqrt{5}+\sqrt{2}+4\sqrt{5}=\square\sqrt{2}+\square\sqrt{3}$

풀이 (1) -2 (2) 4, 3

예제4 다음 식을 간단히 하여라.

(1) $3\sqrt{2}-\sqrt{8}=\square\sqrt{2}$

(2) $\sqrt{27}-\sqrt{12}+5\sqrt{3}=\square\sqrt{3}$

풀이 (1) 1 (2) 6

(4) 다지기

1 다음 보기의 수를 크기가 작은 것부터 올바르게 배열한 것은?

① $-\sqrt{8}<-2<-\sqrt{3}<0<\sqrt{2}<\sqrt{5}$

② $-2<-\sqrt{3}<0<\sqrt{2}<\sqrt{5}<-\sqrt{8}$

③ $-\sqrt{8}<-\sqrt{3}<\sqrt{2}<\sqrt{5}<-2<0$

④ $-\sqrt{3}<-\sqrt{8}<-2<0<\sqrt{2}<\sqrt{5}$

2 $2<\sqrt{x}<3$을 만족하는 자연수 x의 합을 구하여라.

3 다음을 계산하여라.

(1) $\sqrt{12}\times\sqrt{18}=\square\sqrt{3}+\square\sqrt{2}$

(2) $3\sqrt{5}\times\dfrac{2}{\sqrt{15}}=\square\sqrt{3}$

(3) $\dfrac{4}{\sqrt{10}}\times\sqrt{30}\div\sqrt{12}=\square$

4 다음을 유리화 하여라.

(1) $\dfrac{\sqrt{2}}{\sqrt{10}}=\dfrac{\sqrt{5}}{\square}$

(2) $\dfrac{9}{\sqrt{6}}=\dfrac{\square\sqrt{6}}{2}$

5 다음 식을 간단히 하여라.

(1) $\sqrt{32}-2\sqrt{2}=\square\sqrt{2}$

(2) $\sqrt{75}+2\sqrt{3}-\sqrt{48}=\square\sqrt{3}$

Quiz, Quiz

1 다음을 계산하여라.

(1) $2-\frac{7}{3}-\frac{5}{4}+\frac{9}{7}=-\frac{\square}{84}$

(2) $-4^2+(-4)^2=\square$

2 다음을 계산하여라.

(1) $(-\sqrt{8})^2-(\sqrt{3})^2=\square$

(2) $\sqrt{144}\div\sqrt{(-12)^2}=\square$

3 다음 식을 간단히 하여라.

(1) $2\sqrt{20}-3\sqrt{45}+\sqrt{5}=-\square\sqrt{5}$

(2) $5\sqrt{8}-3\sqrt{28}+\sqrt{63}-\sqrt{72}=\square\sqrt{2}+\square\sqrt{7}$

4 다음 그림에서 세 정사각형 ①, ②의 넓이가 각각 $2cm^2$, $8cm^2$라고 할 때, 다음 변의 길이를 구하여라.

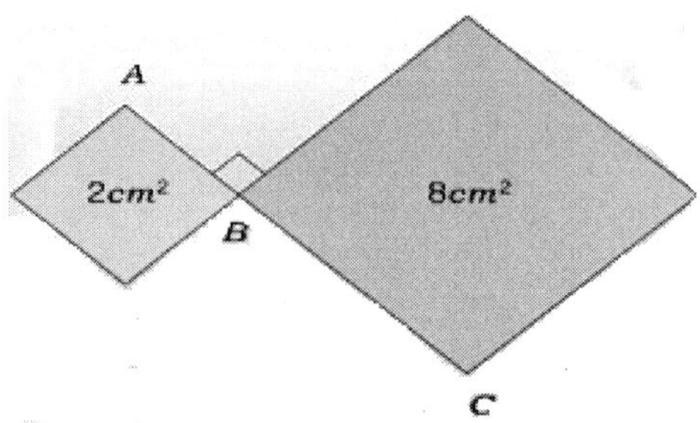

$\overline{AB}=\sqrt{\square}$, $\overline{BC}=\square\sqrt{\square}$, $\overline{AC}=\square\sqrt{\square}$

1-2 지수법칙

Calculus Life

모든 수학의 기호가 그러하듯, 지수도 수학의 경제성이라는 관점에서 설명할 수 있다. 예를 들면, 2를 백만 번 곱한다고 했을 때, 식을 세워 계산하려 하는데 2를 백만 번 쓰다 보면 평생을 쓰고도 모자란다. 이와 같이 단순 노동을 하기 위해 평생을 바치다 목숨을 다한다는 것은 굉장히 슬픈 일이다. 그래서 수학자들은 지수를 도입하게 되었다. 지수를 도입하면 2를 백만 번 곱한 것은 2^{10000} 간단하게 표기할 수 있다. 지수와, 나중에 배우게 될 로그는 큰 수를 취급하는 천문학자의 수명을 연장시켰다고 하는데, 이는 과장된 것이 아니다. 그럼, 이번시간에는 이렇게 유용하게 등장한 지수에서, 지수의 법칙이라는 계산 방법을 배우고, 단항식, 다항식의 간단한 계산을 해 보기로 한다.

Secret Key

지수법칙

m, n 이 유리수일 때, 다음이 성립한다.

1. $a^m \times a^n = a^{m+n}$
2. $(a^m)^n = a^{mn}$
3. $a^m \div a^n = a^{m-n}$
4. $a^0 = 1$
5. $a^{-n} = \dfrac{1}{a^n}$

My Lesson

1) 지수법칙

(1) 지수법칙

◉ 지수

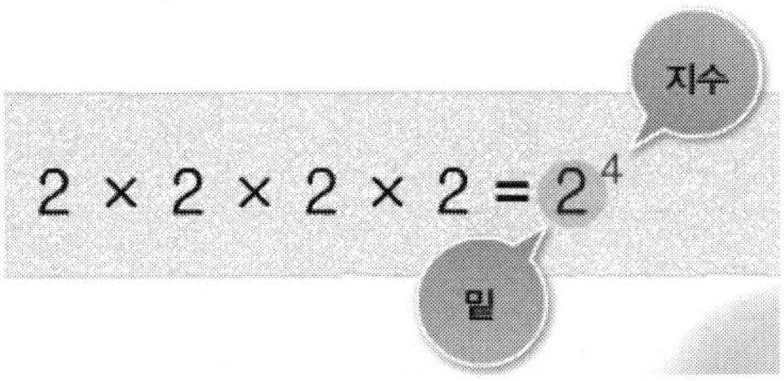

◉ 지수법칙

m, n이 유리수일 때, 다음이 성립한다.

$a^m \times a^n = a^{m+n}$
$(a^m)^n = a^{mn}$
$a^m \div a^n = a^{m-n}$
$a^0 = 1$
$a^{-n} = \dfrac{1}{a^n}$

1. $2^3 \times 2^2 = 2 \times 2 \times 2 \times 2 \times 2 = 2^5$
2. $(2^3)^2 = (2 \times 2 \times 2)^2 = 2 \times 2 \times 2 \times 2 \times 2 \times 2 = 2^6$
3. $2^3 \div 2^2 = \dfrac{2 \times 2 \times 2}{2 \times 2} = 2$
4. $2^2 \div 2^2 = 2^0 = \dfrac{2 \times 2}{2 \times 2} = 1$
5. $2^2 \div 2^3 = 2^{-1} = \dfrac{2 \times 2}{2 \times 2 \times 2} = \dfrac{1}{2}$

(2) 단항식의 곱셈과 나눗셈

◉ 단항식의 곱셈과 나눗셈

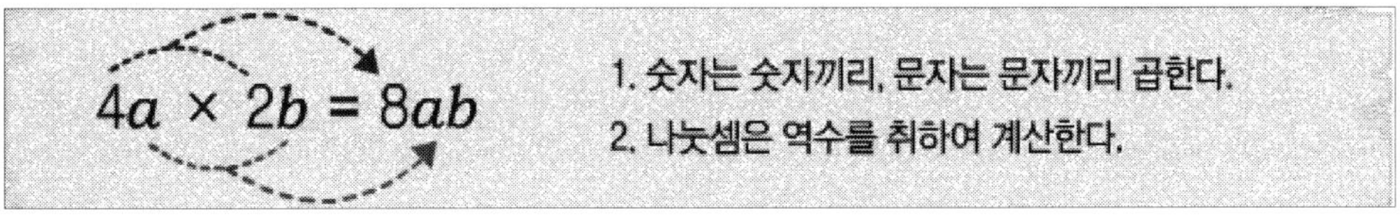

예제1 다음 빈 칸에 알맞은 수를 써 넣어라.

(1) $2^4 \times 2^5 = 2^{\square}$

(2) $3x^6 \times x = \square x^{\square}$

(3) $x \times 2(x^2)^2 \times (2x^3)^2 = \square x^{\square}$

(4) $(x^2)^3 \div x^6 = \square$

(5) $y^5 \div (y^5)^2 = y^{\square} = \dfrac{1}{y^{\square}}$

풀이 (1) 9　(2) 3, 7　(3) 8, 11　(4) 1　(5) −5, 5

(3) 다지기

※ (1~6) 다음 빈 칸을 채우시오.

1. $a \times b^4 \times a^2 \times b^3 = a^{\square} b^{\square}$

2. $x^7 \div x^3 \div x = x^{\square}$

3. $(a^2 b^4)^3 = a^{\square} b^{\square}$

4. $(\frac{x^2}{y^3})^5 = \frac{x^{\square}}{y^{\square}}$

5. $(-4a^2 b)^2 \times 3a^3 b^2 = \square a^{\square} b^{\square}$

6. $4x^3 \div x \div (2x)^3 = \frac{\square}{\square x}$

2) 다항식의 연산

(1) 다항식의 덧셈과 뺄셈

◉ 기본적인 덧셈과 뺄셈의 계산 순서

1. 분배법칙을 이용하여 괄호를 푼다.
2. 숫자는 숫자끼리, 문자는 문자끼리 계산한다.
3. 동류항끼리 모아서 계산한다.

예제1 다음을 간단히 하여라.

(1) $2(x-3y+1)-3(2x+y)$

(2) $\dfrac{a-3b}{3}+\dfrac{3a-5b}{2}$

풀이 (1) $2(x-3y+1)-3(2x+y)=2x-6y+2-6x-3yz$

$=(2x-6x)+(-6y-3y)+2$

$=-4x-9y+2$

(2) $\dfrac{a-3b}{3}+\dfrac{3a-5b}{2}=\dfrac{2(a-3b)}{6}+\dfrac{3(3a-5b)}{6}$

$=\dfrac{2a-6b+9a-15b}{6}$

$=\dfrac{11a-21b}{6}$

$=\dfrac{11}{6}a-\dfrac{7}{2}b$

(2) 다항식의 곱셈과 나눗셈

◉ 다항식의 곱셈과 나눗셈의 계산

예제2 식 $2x(3x-1)-3x(4-x)$를 간단히 하여라.

풀이 $2x(3x-1)-3x(4-x)=6x^2-2x-12x+3x^2$

$=9x^2-14x$

예제3 $(8x^2-12x)\div(-4x)$를 계산하여라.

풀이 $(8x^2-12x)\div(-4x)=(8x^2-12x)\times\left(-\dfrac{1}{4x}\right)$

$=-2x+3$

(3) 다지기

※ (1~3) 다음 빈 칸에 알맞은 수를 써 넣어라.

1. $(5x^2-4x+1)+(-2x^2+5x+11)=\square x^2+x+\square$

2. $\dfrac{x-2y}{3}+\dfrac{5x-2y}{2}=\dfrac{\square}{\square}x-\dfrac{\square}{\square}y$

3. $(2ab+3b)\div\dfrac{b}{2}=\square a+\square$

Quiz, Quiz

1 다음 식을 간단히 하여라.

(1) $x^3 \times y^3 \times x^4 \times y^2 = x^{\square} \cdot y^{\square}$

(2) $(a^2b)^3 \div a^4 = a^{\square}b^{\square}$

(3) $\dfrac{a^3 \times b^3}{a^4 \times b^2} = \dfrac{\square}{\square}$

2 다음 식을 계산하여라.

$12x^3 \div \dfrac{3}{4}x^2 = \square x$

3 다음 등식으로부터 $x+y+z$의 값을 구하여라.

$(\dfrac{2a^xb^2}{2})^3 = ya^{15}b^z$

4 다음을 계산하여라.

(1) $\dfrac{-x+5y}{3} - \dfrac{2x+y}{4} = -\dfrac{\square}{\square}x - \dfrac{\square}{\square}y$

(2) $-x(3x-4)+2x(5x+3) = \square x^2 + \square x$

5 다음을 계산하여라.

$(5x^4 - 3x^2 + x) \div x = \square x^3 + \square x^2 + \square x + \square$

1-3 인수분해

Calculus Life

100명의 학생에게 100개의 사과를 주면 100 X 100이니까 10,000개의 사과가 필요하지만 99명의 학생에게 99개의 사과를 주려면 몇 개나 필요할까? 또, 101명의 학생에게 101개의 사과를 주려면 몇 개나 필요할까?

$$
\begin{aligned}
99 \times 99 &= (100-1)^2 \\
&= 100^2 - 2 \cdot 100 + 1 \\
&= 10000 - 200 + 1 \\
&= 9801
\end{aligned}
$$

$$
\begin{aligned}
101 \times 101 &= (100+1)^2 \\
&= 100^2 - 2 \cdot 100 \cdot 1 + 1 \\
&= 10000 + 200 + 1 \\
&= 10201
\end{aligned}
$$

$x^2+2x+1 = 0$ 에서 x의 값은?

어렵다.

$x^2+2x+1 = (x+1)^2 = 0$ 에서 x의 값은?

$x=-1$ 쉽다.

계산을 쉽게 하는 방법에 대해 생각해 보자. 100명의 학생에게 100개의 사과를 준다고 할 때, 필요한 사과의 $100 \times 100 = 10000$된다. 그러면 99명의 학생에게 99개의 사과를 주거나 101명의 학생에게 101개의 사과를 주려고 할 때는 몇 개의 사과가 필요할까? 이럴 때 인수분해 공식을 이용하면 쉽게 해결할 수 있다. $x^2+2x+1=0$의 해를 구한다고 생각해 보자. 식을 보고 0일 때의 값을 바로 구한다는 것은 쉽지 않지만, 인수분해를 이용하면 주어진 방정식의 해를 쉽게 구할 수 있다. 이번시간에는 이러한 인수분해에 대해 학습한다.

Secret Key

인수분해 공식

- **완전제곱식** $a^2+2ab+b^2=(a+b)^2$
  $a^2-2ab+b^2=(a-b)^2$
- **합·차 공식** $a^2-b^2=(a+b)(a-b)$
- **쌍칼 공식** $x^2+(a+b)x+ab=(x+a)(x+b)$
  $acx^2+(ad+bc)x+bd=(ax+b)(cx+d)$

My Lesson

1) 인수분해

(1) 인수분해의 뜻

◉ 인수

$$x^2+3x+2=(x+1)(x+2)$$

($x+1$: 인수, $x+2$: 인수)

인수란 약수와 같은 개념이다.
단, 나누기로 표현된 식에서는 약수라는 말을 쓰고 곱하기로 표현된 식에서는 인수라는 말을 쓴다.

◉ 인수분해 공식

인수분해 ← / 전 개 (분배법칙) →	
$(a+b)^2$	$a^2+2ab+b^2$
$(a-b)^2$	$a^2-2ab+b^2$
$(a+b)(a-b)$	a^2-b^2
$(x+a)(x+b)$	$x^2+(a+b)x+ab$
$(ax+b)(cx+d)$	$acx^2+(ad+bc)x+bd$

(2) 인수분해의 기본

◉ 인수분해의 기본 : 공통인수로 묶기

공통인수

• $ma+mb=m(a+b)$　　예) $2ax+3ay=a(2x+3y)$

예제1 다음 식을 인수분해 하여라.

(1) $ax+2ay=$

(2) $2x^2+4x=$

풀이 (1) $a(x+2y)$　　(2) $2x(x+2)$

예제2 다음 식을 인수분해 하여라.

(1) $3a+12ab$ =

(2) $-x^2+4x$ =

(3) $ax-ay+az$ =

(4) $4x^2y+2x^2y^2-6xy^2$ =

풀이 (1) $3a(1+4b)$

(2) $x(-x+4)$ 또는 $-x(x-4)$

(답이 2개가 아니라. 모두 정답처리 되도록 한다.)

(3) $a(x-y+z)$

(4) $2xy(2x+xy-3y)$

(3) 다지기

※ (1~4)다음 식을 인수분해 하여라.

1 $2a+4ab$ =

2 $-x^2+7x$ =

3 $(a-3)x+bx$ =

4 $3x^2-6xy+9xz$ =

2) 인수분해 공식

(1) 완전제곱식

◉ 완전제곱식

$a^2+2ab+b^2=(a+b)^2$　　　　$a^2-2ab+b^2=(a-b)^2$

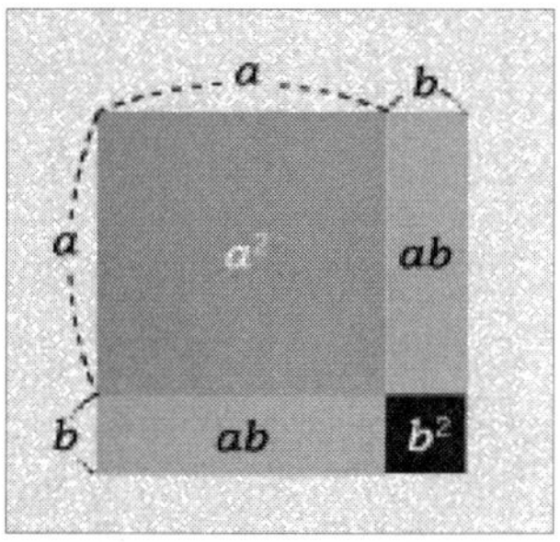

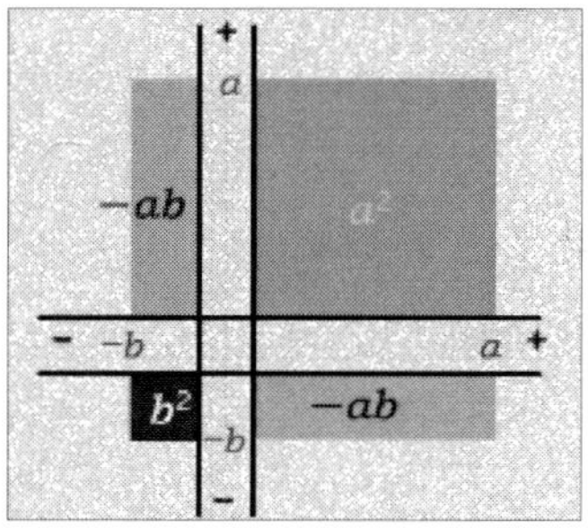

예제1 다음 식을 완전제곱식을 사용하여 인수분해 하여라.

(1) $x^2+12x+36$ =

(2) $x^2-16x+64$ =

풀이 (1) $(x+6)^2$　　　(2) $(x-8)^2$

(2) 합 · 차 공식

◉ 합 · 차 공식

$a^2-b^2=(a+b)(a-b)$

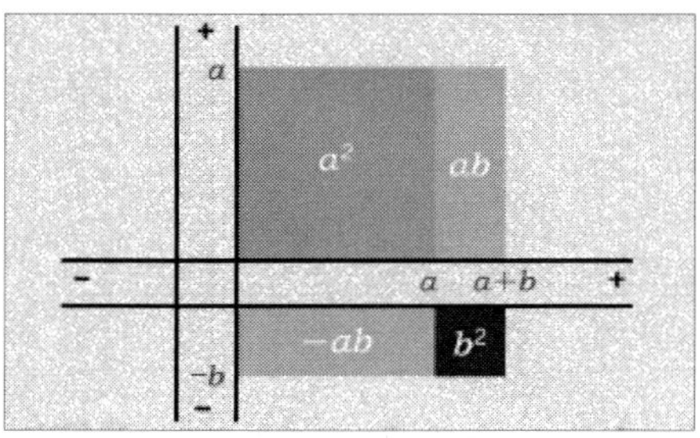

예제2 다음 식을 합 · 차 공식을 사용하여 인수분해 하여라.

(1) x^2-81 =

(2) $4x^2-49y^2$ =

(3) $36a^2-b^2$ =

(4) $16a^2 - 25b^2$ =

(5) $-x^2 + 25$ =

(6) $-121x^2 + 4y^2$ =

풀이 (1) $(x+9)(x-9)$

(2) $(2x+7y)(2x-7y)$

(3) $(6a+b)(6a-b)$

(4) $(4a+5b)(4a-5b)$

(5) $(5+x)(5-x)$

(6) $(2y+11x)(2y-11x)$

(3) 쌍칼 공식

◉ 쌍칼 공식

· $x^2 + (a+b)x + ab = (x+a)(x+b)$

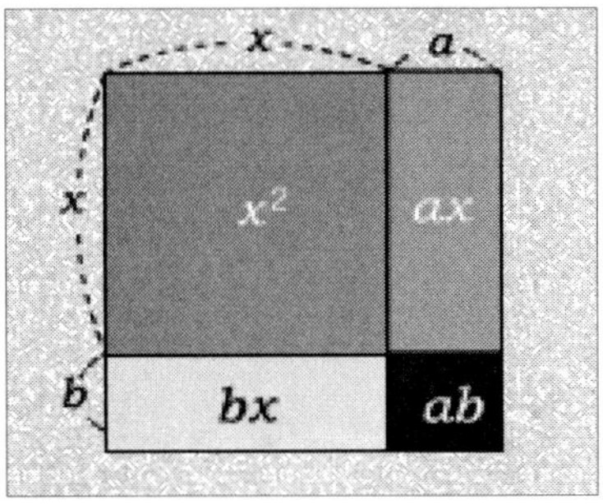

· $acx^2 + (ad+bc)x + bd = (ax+b)(cx+d)$

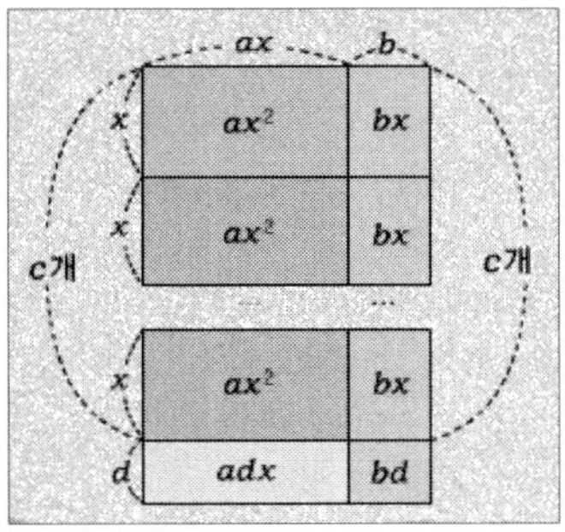

예제3 $x^2 + 2x - 8$을 쌍칼공식을 사용하여 인수분해 해보자.

풀이 「합해서 2, 곱해서 -8이 나오는 두 수를 찾자.

1	-2	=	-2
1	4	=	4
			2

2 이므로 성립.

$\therefore\ x^2 + 2x - 8 = (x-2)(x+4)$ 」

예제4 $2x^2 - 5xy + 3y^2$을 쌍칼공식을 사용하여 인수분해 해보자.

풀이

「 x	$-y$	=	$-2xy$
$2x$	$-3y$	=	$-3xy$

$-5xy$ 이므로 성립.

$\therefore\ 2x^2 - 5xy + 3y^2 = (x-y)(2x-3y)$ 」

(4) 다지기

◉ 다음 문제를 풀어보자.

1 다음 식이 완전제곱식이 되도록 빈 칸에 알맞은 것을 써 넣어라.

(1) $x^2+12x+\square$

(2) $4a^2+12a+\square$

(3) $9x^2+\square+16$

(4) $25a^2+\square+9b^2$

2 다음 식을 인수분해 하여라.

(1) $4x^2-9=$

(2) $25a^2-4b^2=$

3 다음 식을 인수분해 하여라.

(1) $x^2-4xy-5y^2\ =$

(2) $x^2+3x-18\ =$

(3) $x^2+7xy+10y^2\ =$

(4) $a^2+5ab+4b^2\ =$

(5) $4x^2+8x+3\ =$

Quiz, Quiz

1 다음 식을 인수분해하여라.

(1) $a^2 - 12a + 36$ =

(2) $25a^2 - 16b^2$ =

(3) $a^2 + 5a + 4$ =

(4) $8x^2 - 14x + 3$ =

(5) $x^2 - 2xy - 24y^2$ =

(6) $8x^2 - 10xy + 3y^2$ =

2 인수분해 공식을 이용하여 다음 식을 계산하여라.

(1) $57^2 - 56^2$ =

(2) $27 \times 55^2 - 27 \times 45^2$ =

(3) $91^2 + 2 \times 9 \times 91 + 9^2$ =

1-4 방정식과 부등식

Calculus Life

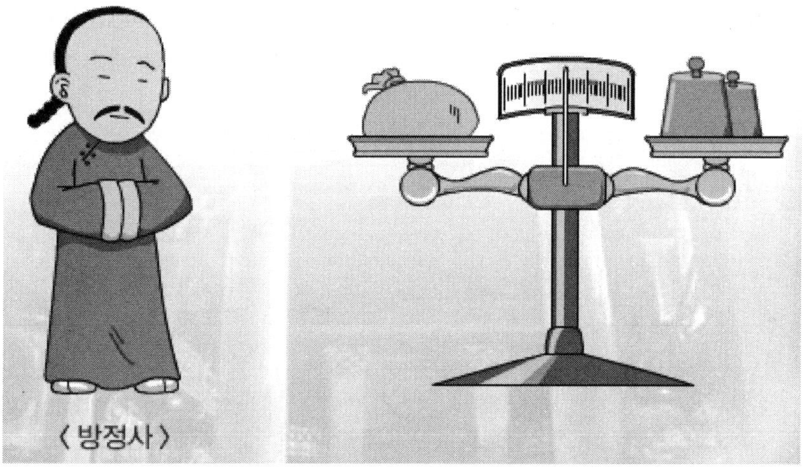

옛날 중국에 '방정사'라는 직업이 있었다. '방정사'라는 직업은 물건의 무게를 재는 직업으로, 양팔 저울의 한쪽에는 물건을 놓고, 다른 한 쪽에는 큰 추, 작은 추를 놓아가며 물건의 무게를 재는 직업 이었다. 이 때, 물건의 무게만큼 추를 올리게 되면 저울의 양변은 평형을 이루게 된다. 여기에서 좌·우변을 같게 하는 식. 즉, 등호를 사용하여 표현하는 방정식이 유래되었다.

부등식은 '아니 부'자를 사용하여 등식이 아니라는 뜻인데, 양변의 대소를 비교하는 것에서 부등식이 나타나게 된다. 양변의 대소를 비교하기 위해서는 같다는 것에서 나아가 크다, 작다의 개념이 필요했기 때문이다. 이번 시간에는 방정식과 부등식의 간단한 계산법에 대해 학습한다.

Secret Key

방정식을 푼다.

"방정식 $2x+1=0$ 을 풀어라."

⇒ 위의 식을 만족시키는 x의 값을 구하라는 뜻

$$2x+1=0$$
$$2x=-1$$
$$\therefore x=-\frac{1}{2}$$

부등식을 푼다.

"부등식 $2x+1<0$ 을 풀어라."

⇒ 위의 식을 만족시키는 x의 범위를 구하라는 뜻

$$2x+1<0$$
$$2x<-1$$
$$\therefore x<-\frac{1}{2}$$

My Lesson

1) 방정식

(1) 일차방정식

◉ 등식의 성질과 이항

- 등 식 : 좌변과 우변이 같은 식
- 등식의 성질 : 양변에 같은 수를 더하거나, 빼거나, 곱하거나, 0이 아닌 수로 나누어도 등식은 성립한다.
- 이 항 : 한 변에 있는 항을 부호를 바꾸어 다른 변으로 옮기는 것.

예)

$$x + 3 = 5$$
$$x + 3 - 3 = 5 - 3$$
$$x = 5 - 3$$
$$x = 2$$

◉ 일차방정식의 풀이

예제1 $2x-1=3$을 풀어라.

풀이 $2x-1=3$에서 -1을 우변으로 이항하면

$2x=3+1$

$2x=4$

양변을 2로 나누면 $x=2$

예제2 $x+3=-2x+6$을 풀어라.

풀이 $x+3=-2x+6$에서 x항은 좌변으로 상수항은 우변으로 이항하면

$x+2x=6-3$

$3x=3$

양변을 3으로 나누면 $x=1$

(2) 연립일차방정식

◉ 미지수가 2개인 연립일차방정식의 풀이

- '연립일차방정식을 푼다.'의 의미 : 일차방정식이 두 개 이상 있을 때, 두 방정식을 모두 만족하는 미지수의 값을 구하는 것
- 연립일차방정식 풀이의 기본 : 한 문자에 관하여 정리한다.
- 연립방정식의 풀이 방법 : 가감법과 대입법이 있다.

예제3 $\begin{cases} y = 2x + 1 & \cdots ① \\ x + 3y = 10 & \cdots ② \end{cases}$ 에서 x, y의 값을 구하여라.

풀이 대입법을 이용한 풀이

②식 $x + 3y = 10$을 x에 관하여 정리하면 $x = -3y + 10$이다.

이것을 ①의 x자리에 대입하면, $y = 2(-3y + 10) + 1$

정리하여 풀면, $y = -6y + 20 + 1$

y에 대하여 정리하면, $7y = 21$, $\therefore y = 3$

$y = 3$을 대입하여 x의 값을 구하면 $x = 1$

가감법을 이용한 풀이

$\begin{cases} y = 2x + 1 & \cdots ① \\ x + 3y = 10 & \cdots ② \end{cases}$ 에서 문자가 포함된 식을 좌변, 상수항을 우변으로 보내면

$\begin{cases} -2x + y = 1 & \cdots ① \\ \quad x + 3y = 10 & \cdots ② \end{cases}$

②×2를 하면 $\begin{cases} -2x + y = 1 & \cdots ① \\ \quad 2x + 6y = 20 & \cdots ③ \end{cases}$

①+③을 계산하면 $7y = 21$ $\therefore y = 3$

$y = 3$을 대입하여 x의 값을 구하면 $x = 1$

예제4 다음 식을 인수분해 하여라.

(1) $3a + 12ab$ =

(2) $-x^2 + 4x$ =

(3) $ax - ay + az$ =

(4) $4x^2y + 2x^2y^2 - 6xy^2$ =

풀이

(1) $3a(1 + 4b)$

(2) $x(-x + 4)$ 또는 $-x(x - 4)$

(3) $a(x - y + z)$

(4) $2xy(2x + xy - 3y)$

(3) 이차방정식

◉ 인수분해에 의한 이차방정식의 풀이

원리 : $AB=0$ 이면 $A=0$ 또는 $B=0$

예제5 이차방정식 $(x-3)(x-2)=0$을 풀어라.

풀이 $(x-3)(x-2)$에서

$x-3=0$ 또는 $x-2=0$

따라서, $x=3$ 또는 $x=2$

예제6 $x^2-7x+6=0$을 풀어라.

풀이 좌변을 인수분해 하면

$(x-1)(x-6)=0$

따라서, $x=1$ 또는 $x=6$

◉ 완전제곱식을 이용한 이차방정식의 풀이

예제7 $3x^2-4=0$ 의 해를 구하여라.

풀이 $3x^2-4=0$

$$3x^2=4$$

$$x^2=\frac{4}{3}$$

$$x=\pm\sqrt{\frac{4}{3}}=\pm\frac{2}{\sqrt{3}}=\pm\frac{2\sqrt{3}}{3}$$

예제8 $x^2+2x-8=0$ 의 해를 구하여라.

풀이 주어진 식을 완전 제곱식으로 고치면 $(x+1)^2-1-8=0$

정리하면, $(x+1)^2=9$

$$(x+1)=\pm 3$$

$$\therefore x=-1\pm 3$$

$$=-4 \text{ 또는 } 2$$

◉ 근의 공식을 이용한 이차방정식의 풀이

● 이차방정식 $ax^2+bx+c=0(a\neq 0)$의 근

$$x=\frac{-b\pm\sqrt{b^2-4ac}}{2a} \quad (\text{단}, b^2-4ac\geq 0)$$

● 이차방정식 $ax^2+bx+c=0(a\neq 0)$의 근의 공식 유도하기

양변을 x^2의 계수 a로 나눈다.	① $x^2+\frac{b}{a}x+\frac{c}{a}=0$
상수항을 우변으로 이항한다.	② $x^2+\frac{b}{a}x=-\frac{c}{a}$
양변에 일차항 x의 계수 $\frac{b}{a}$의 $\frac{1}{2}$의 제곱인 $\left(\frac{b}{2a}\right)^2$을 더하여 좌변을 완전제곱식으로 만든다.	③ $x^2+\frac{b}{a}x+\left(\frac{b}{2a}\right)^2=-\frac{c}{a}+\left(\frac{b}{2a}\right)^2$ $\left(x+\frac{b}{2a}\right)^2=\frac{b^2-4ac}{4a^2}$
제곱근을 구한다.	④ $x+\frac{b}{2a}=\pm\frac{\sqrt{b^2-4ac}}{2a}$
해를 구한다.	⑤ $x=-\frac{b}{2a}\pm\frac{\sqrt{b^2-4ac}}{2a}$ $=\frac{-b\pm\sqrt{b^2-4ac}}{2a}$

예제9 근의 공식을 이용하여 다음 두 방정식의 근을 구하여라.

풀이

$2x^2-5x-3=0$	$3x^2+4x-2=0$
근의 공식에 $a=2,\ b=-5,\ c=-3$을 대입하여 풀면 $x=\frac{5\pm\sqrt{25+24}}{4}=\frac{5\pm 7}{4}$ 따라서, $x=-\frac{1}{2}$ 또는 $x=3$	근의 공식에 $a=3,\ b=4, c=-2$을 대입하여 풀면 $x=\frac{-4\pm\sqrt{16+24}}{6}=\frac{-4\pm\sqrt{40}}{6}$ $=\frac{-4\pm 2\sqrt{10}}{6}=\frac{-2\pm\sqrt{10}}{3}$ 따라서, $x=\frac{-2+\sqrt{10}}{3}$ 또는 $x=\frac{-2-\sqrt{10}}{3}$

(4) 다지기

◉ 다음 문제를 풀어보자.

1 $x+3=4x+5$를 풀어라.

① $x=-\frac{4}{3}$ ② $x=-\frac{2}{3}$ ③ $x=\frac{2}{3}$ ④ $x=\frac{4}{3}$

2 다음 연립방정식을 가감법으로 풀어라.

$$\begin{cases} x+3y=5 & \cdots ① \\ 2x-3y=4 & \cdots ② \end{cases}$$

① $x=1,\ y=3$ ② $x=2, y=1$ ③ $x=3,\ y=1$ ④ $x=4,\ y=\frac{1}{3}$

3 다음 이차방정식을 풀어라.

$$x^2+2x-5=0$$

① $x=1\pm\sqrt{2}$ ② $x=2\pm\sqrt{2}$ ③ $x=-1\pm\sqrt{6}$ ④ $x=2\pm\sqrt{5}$

2) 부등식

(1) 일차부등식

◉ 부등식의 성질

1. 양변에 같은 수를 더하거나 빼어도 부등호의 방향은 바뀌지 않는다.

$$a<b \text{ 이면} \begin{cases} a+c<b+c \\ a-c<b-c \end{cases}$$

2. 양변에 양수를 곱하거나 나누어도 부등호의 방향은 바뀌지 않는다.

$$a<b,\ c>0 \text{ 이면} \begin{cases} ab<bc \\ \frac{a}{c}<\frac{b}{c} \end{cases}$$

3. 양변에 음수를 곱하거나 나누면 부등호의 방향은 바뀐다.

$$a<b,\ c<0 \text{ 이면} \begin{cases} ab>bc \\ \frac{a}{c}>\frac{b}{c} \end{cases}$$

예제1 부등식 $-2x \geq 8$ 을 풀고, 그 해를 수직선 위에 나타내어라.

풀이 $-2x \geq 8$의 양변을 -2로 나누면

$$\frac{-2x}{-2} \leq \frac{8}{-2}$$

따라서, $x \leq -4$

이것을 수직선 위에 나타내면 다음 그림과 같다.

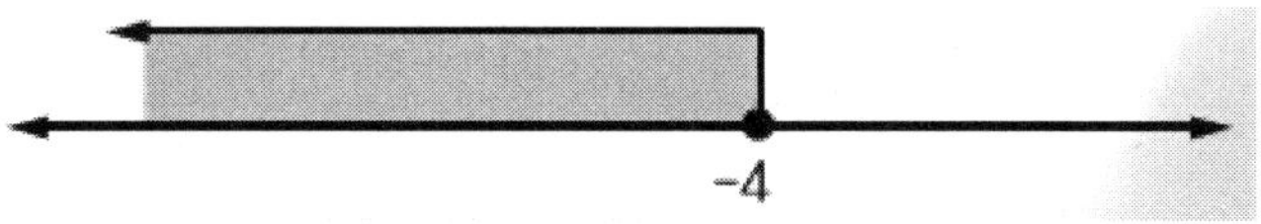

예제2 $x-1<4x-4$ 를 풀고, 그 해를 수직선 위에 나타내어라.

풀이 x항은 좌변으로 상수항은 우변으로 이항하여 정리하면,

$x-4x< -4+1$

$-3x< -3$ 양변을 -3으로 나누면

$x>1$

이것을 수직선 위에 나타내면 다음 그림과 같다.

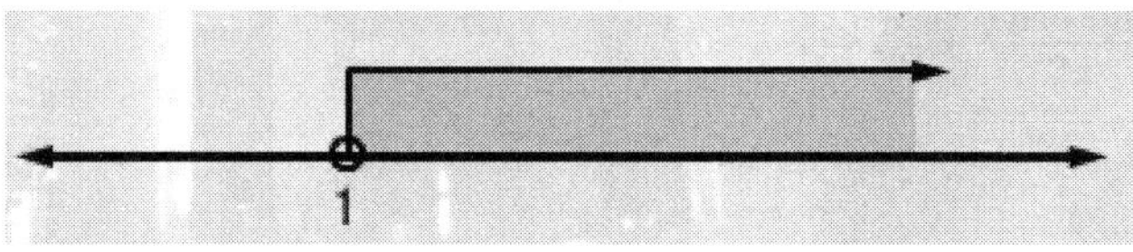

(2) 연립일차부등식

◉ 연립일차부등식의 풀이법

$a<x<b$	$x>a, x>b$
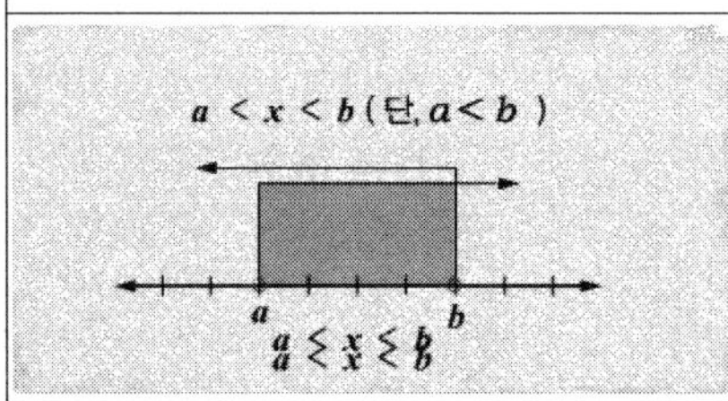	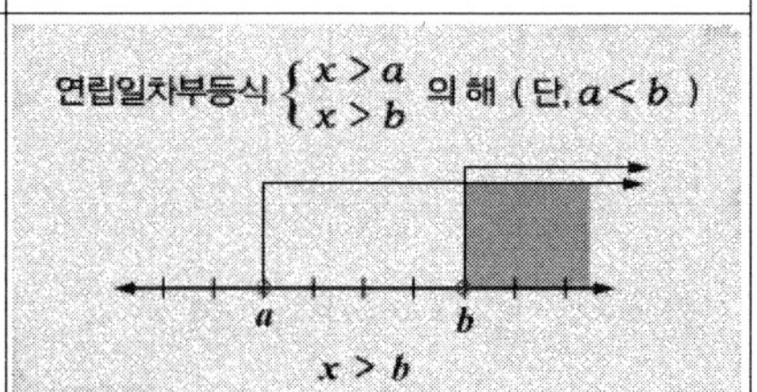
$x<a, x\leq b$	$x<a, x>b$
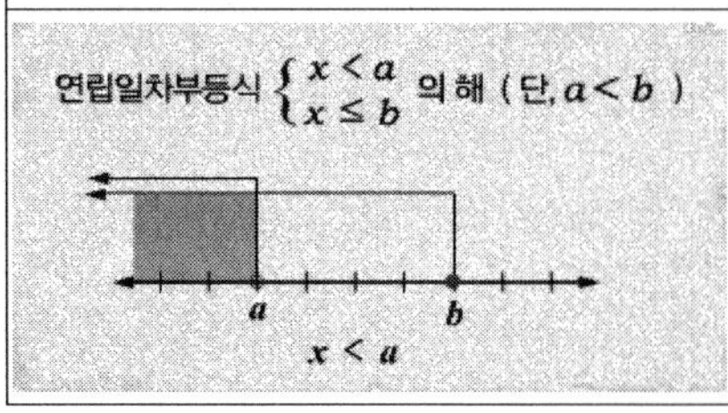	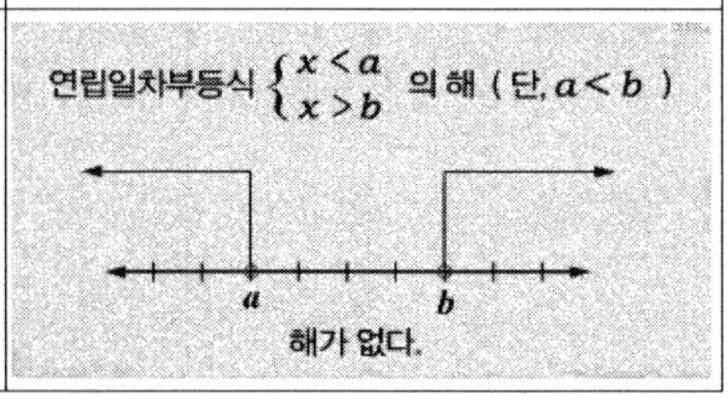

예제3 연립부등식 $\begin{cases} 2x-1>-5 & \cdots ① \\ x+2 \geq 4x-1 & \cdots ② \end{cases}$ 를 풀어라.

풀이 ①을 풀면

$$2x>-5+1$$
$$2x>-4$$
$$x>-2$$

②를 풀면

$$x-4x \geq -1-2$$
$$-3x \geq -3$$
$$x \leq 1$$

①, ②를 공통으로 만족하는 x의 값의 범위는 다음 그림과 같다.

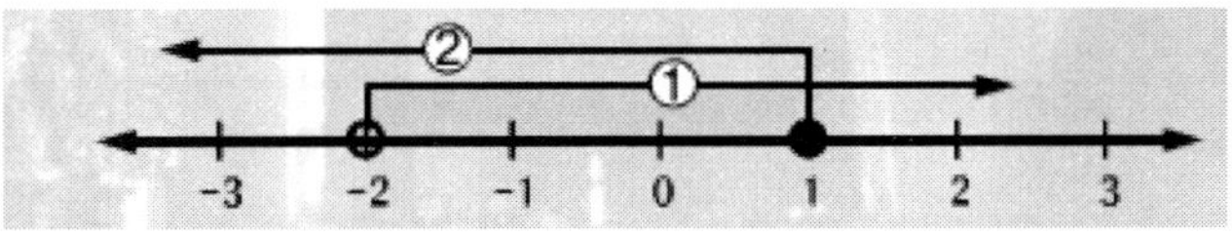

따라서, 구하는 해는 $-2<x \leq 1$

(3) 다지기

◉ 다음 문제를 풀어보자.

1 $a>b$일 때, 다음 중 틀린 것은?

(1) $a+3>b+3$

(2) $4a-1>4b-1$

(3) $-a+5<-b+5$

(4) $-3+\frac{a}{2}<-3+\frac{b}{2}$

2 부등식 $-3 \leq 2x+3<5$를 풀어라.

$\square \leq x < \square$

Quiz, Quiz

1 방정식 $\frac{1}{4}x = \frac{3}{2} + \frac{2}{5}x$의 x값을 구하여라.

① -20　　② -15　　③ -10　　④ -5

2 다음 연립 방정식을 가감법으로 풀어라.

$$\begin{cases} 3x + 4y = 1 & \cdots ① \\ 2x - 3y = -5 & \cdots ② \end{cases}$$

① $x = 2, y = -5$　　② $x = 3, y = \frac{2}{3}$　　③ $x = -1, y = 1$　　④ $x = 2, y = \frac{5}{4}$

3 이차방정식 $\frac{3}{2}x^2 - \frac{1}{3}x - \frac{1}{6} = 0$을 풀어라.

① $x = \pm 1$　　② $x = -\frac{1}{2}$ 또는 $x = 3$　　③ $x = \frac{-2 \pm \sqrt{10}}{3}$　　④ $x = \frac{1 \pm \sqrt{10}}{9}$

4 $5x \geq 3x + 6$을 풀어라.

① $x \leq -1$　　② $x \geq 3$　　③ $x \geq 5$　　④ $x \geq 7$

5 다음 연립부등식을 풀어라.

$$\begin{cases} 3x + 1 \leq -5 & \cdots ① \\ 2x - 1 < 4x + 1 & \cdots ② \end{cases}$$

① 해는 없다.　　② $-2 < x \leq 1$　　③ $x > 2$　　④ 해는 무수히 많다.

1-5 기초함수

Calculus Life

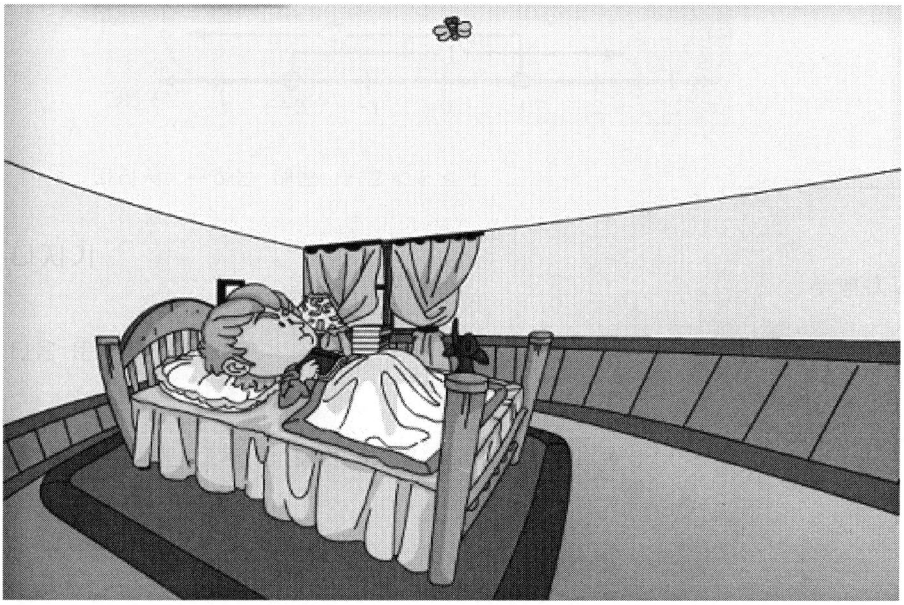

"나는 생각한다. 고로 나는 존재한다."라는 말로 유명한, 철학자이자 수학자인 데카르트는 좌표를 발견했다. 몸이 허약한 데카르트는 침대에 누워 생각하는 일이 많았다고 한다. 평상시처럼 침대에 누워 생각에 잠긴 데카르트의 눈에 한 마리의 파리가 보인다. 파리의 움직임을 골똘히 바라보던 데카르트는 파리의 움직임을 나타내는 방법에 대해 생각하다가 좌표를 발견하게 된다.

평면위에서 파리가 날아간 움직임을 설명하려면 기준을 정하고 기준의 위치에서 얼마만큼 떨어져 있는가를 설명하면 된다. 여기에서 기준이 되는 선, 즉 축의 개념이 나타나고 좌표를 도입하게 된다. 이번 시간에는 이렇게 발명된 좌표 위에 점을 찍어 그래프를 그리는 방법에 대해 학습한다.

Secret Key

정의역, 공역, 치역

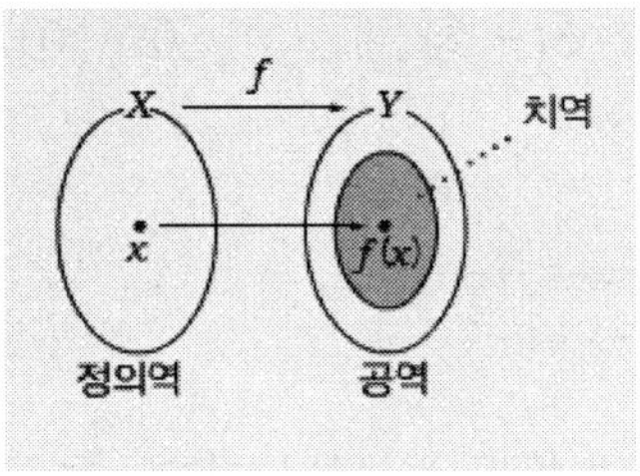

사분면

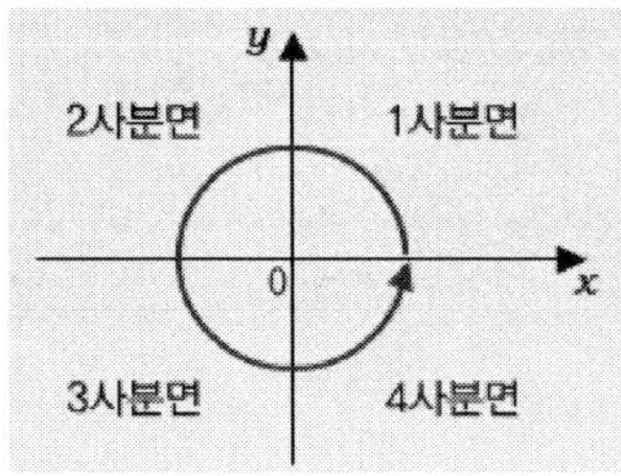

일차함수

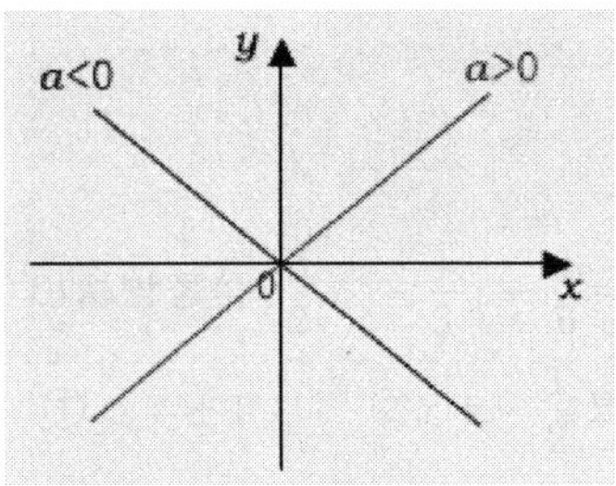

이차함수

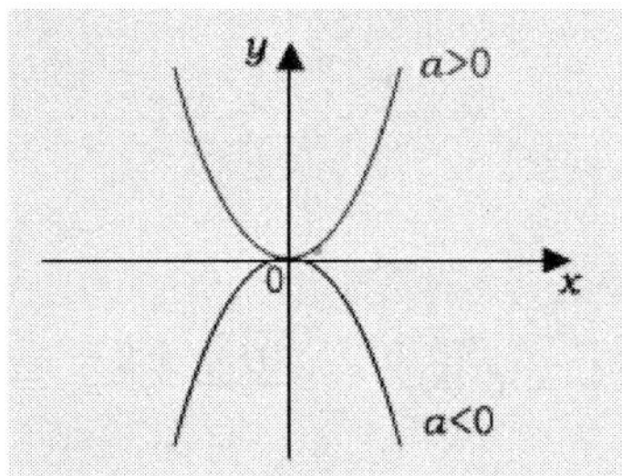

My Lesson

1) 기본용어

(1) 함수의 뜻

◉ 함수 = function = 기능 (어떤 input에 대해 output을 갖는 것)

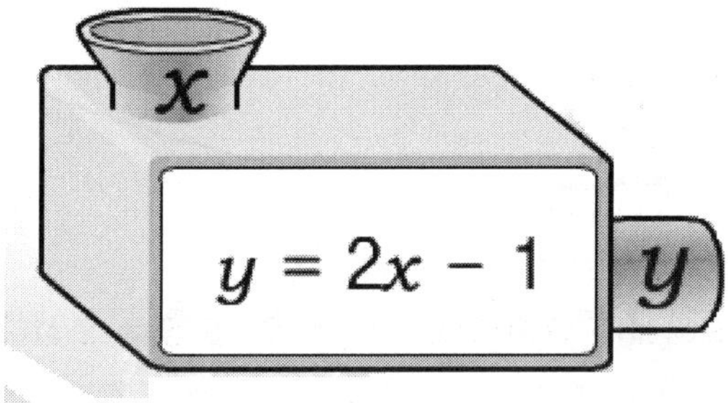

◉ 정의역, 공역, 치역

정의역	함수 $f(x)$에서 변수 x의 집합
치 역	함숫값의 집합
공 역	함숫값의 집합(치역)을 포함하는 적당한 수들의 집합

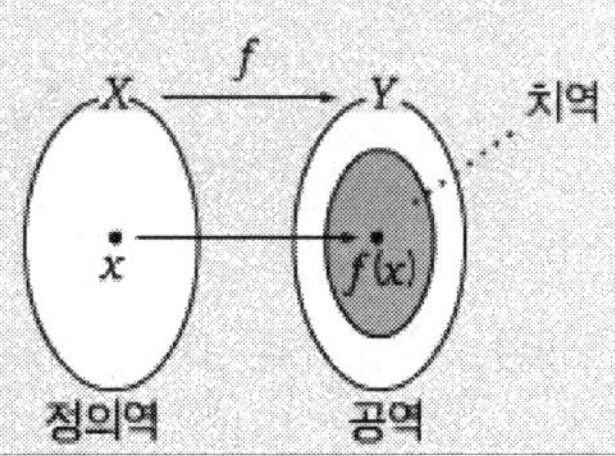

(2) 함수의 그래프

◉ 함수의 그래프

● $y=x+1$의 x값에 따른 $y(=f(x))$의 관계를 대응표로 나타내면 다음과 같다.

x	1	2	3	4
$f(x)=x+1$	2	3	4	5

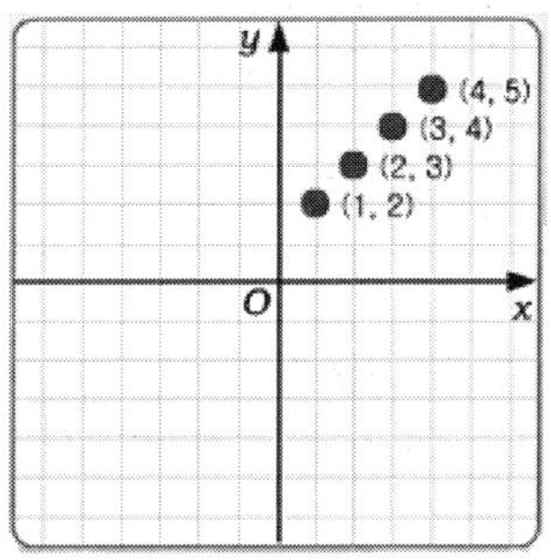

(3) 다지기

◉ 다음 문제를 풀어보자.

1 다음 그림에서 치역을 찾아 동그라미표 하여라.

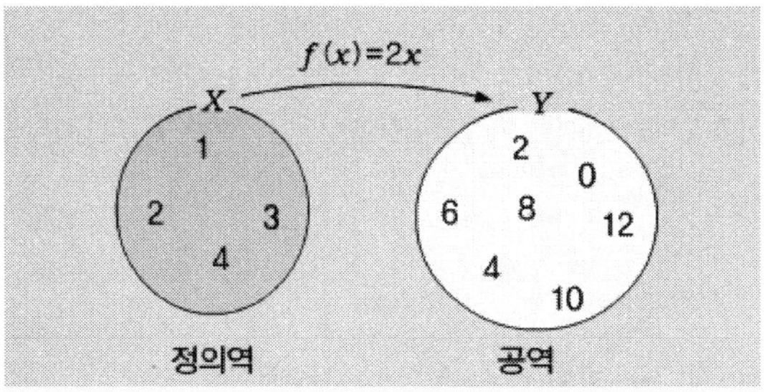

2 다음 [보기]의 순서쌍을 좌표평면에 순서대로 나타낸 후, 문장을 완성하여라.

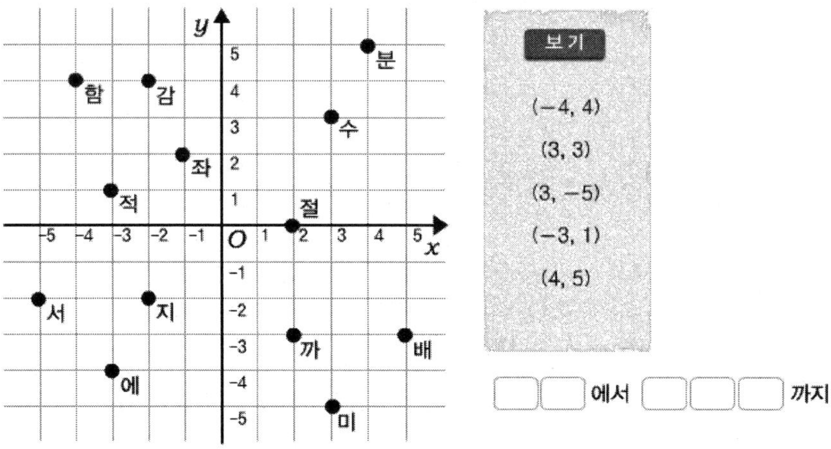

2) 일차함수

(1) 일차함수의 뜻

일차함수
y가 x에 관한 일차식

$$y = ax + b\,(\text{단, } a \neq 0)\text{로}$$

나타내어 질 때, 이 함수를 일차함수라 한다.

예제1 다음 중에서 일차함수를 모두 찾으시오.

① $y = -3x + 4$	② $y = x^2$
③ $y = x$	④ $y = \frac{6}{x}$
⑤ $y = 2x$	⑥ $y = 4$

풀이 ①, ③, ⑤

(2) 일차함수와 그래프와 성질

◉ 일차함수의 그래프

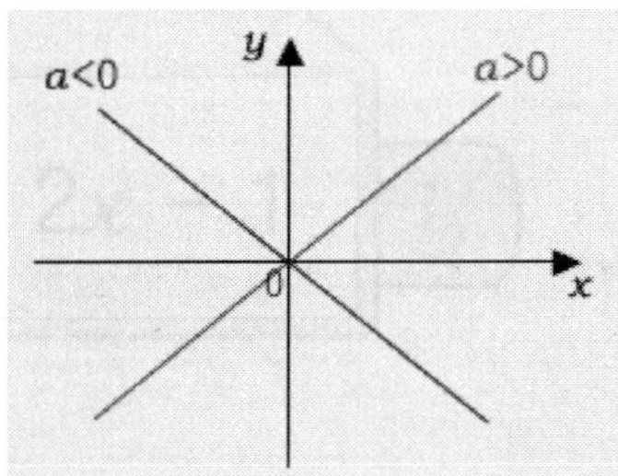

[$y = ax$의 그래프]

예제2 $y = ax$(단, $a \neq 0$)의 그래프의 성질에 대해 O, X로 답하여라.

1. 그래프는 원점을 지난다.	O, X
2. $a > 0$일 때, 그래프는 1사분면, 3사분면을 지난다.	O, X
3. $a < 0$일 때, 그래프는 2사분면, 4사분면을 지난다.	O, X
4. $a < 0$일 때, 그래프의 값은 음이다.	O, X
5. a의 절대값이 클수록 그래프의 기울기는 가파르다.	O, X

풀이 O, O, O, O, O

◉ 일차함수의 그래프

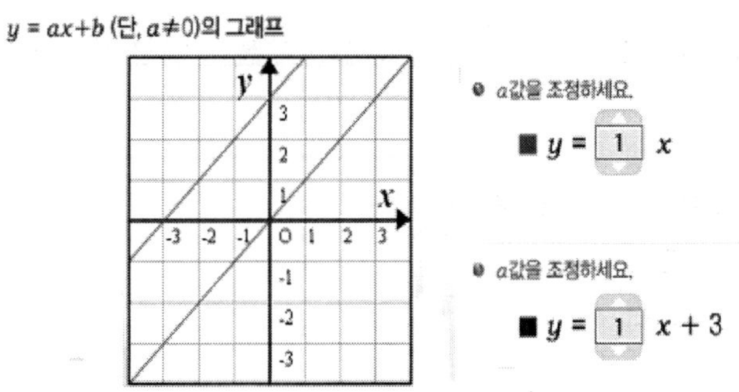

예제3 다음 물음에 O, X로 답하여라.
$y=ax+b$의 그래프는 $y=ax$의 그래프를 y축 방향으로 b만큼 평행이동 한 것이다.

풀이 O

예제4 $y=4x-1$의 그래프는 $y=4x$의 그래프를 y축 방향으로 [   ]만큼 평행이동 한 것이다.

풀이 -1

◉ 절편을 이용하여 일차함수의 그래프 그리기

memo

절편
x절편 : 그래프가 x축과 만나는 점의 x좌표 ($y=0$대입)
y절편 : 그래프가 y축과 만나는 점의 y좌표 ($x=0$대입)

예제5 일차함수 $y=3x+6$의 그래프를 절편을 이용하여 구해보자.

풀이

1단계

x절편과 y절편을 구한다.

① x절편은 y에 0을 대입하여 얻은 값이다.
$0=3x+6$에서 x절편 $=-2$

② y절편은 x에 0을 대입하여 얻은 값이다.
$y=3\cdot 0+6$에서 y절편 $=6$

2단계

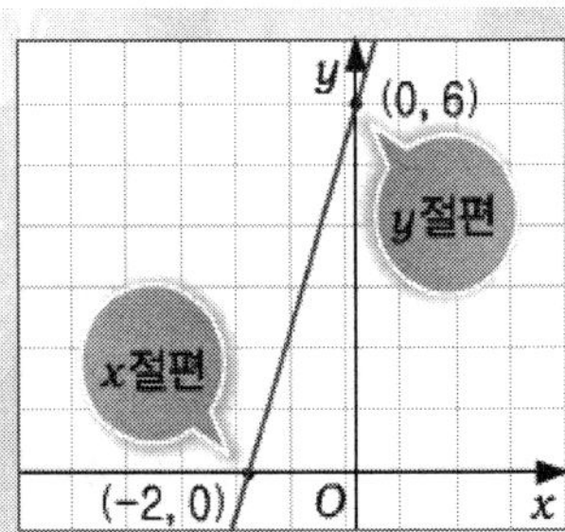

(3) 다지기

◉ (1~3) 일차함수 $y=\dfrac{2}{3}x-4$의 그래프를 주어진 순서대로 구하여라.

1 x절편과 y절편을 구하여라.

x절편 : [   ]
y절편 : [   ]

2 그래프 위에 x절편으로 알맞은 것에 점을 찍어 나타내어라.

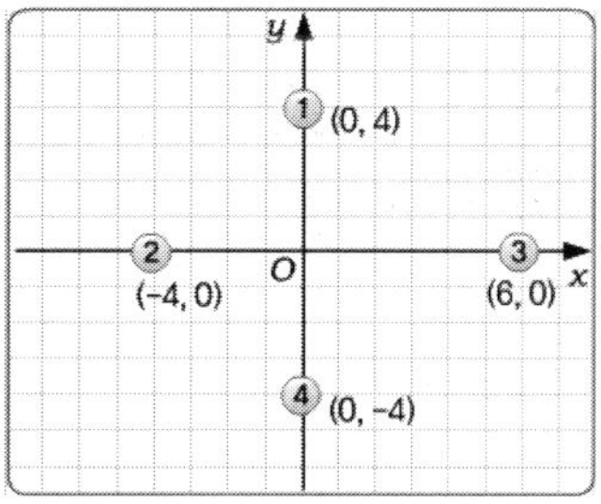

3) 이차함수

(1) 이차함수의 뜻

> **이차함수**
> y가 x에 관한 이차식
> $$y = ax^2 + bx + c(a \neq 0,\ a, b, c\text{는 상수})\text{로}$$
> 나타내어질 때, 이 함수를 **이차함수**라고 한다.

예제1 다음 중에서 이차함수를 모두 찾으시오.

① $y = x(x-1)$	② $y = 2x + 2$
③ $y = 4 - x^2$	④ $y = -x^3 + 2x + 1$

풀이 ①, ③

(2) 이차함수의 그래프와 성질

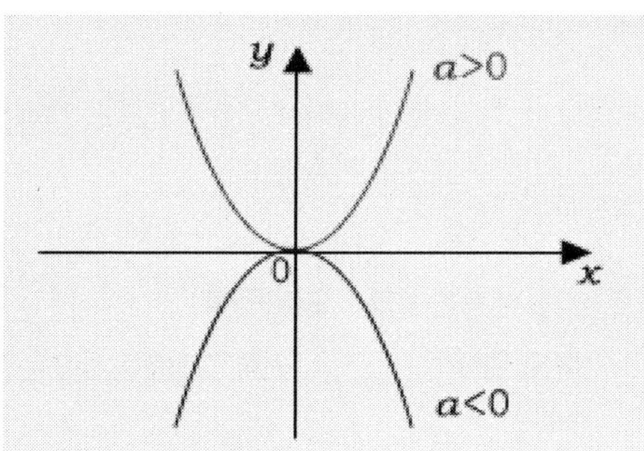

[$y = ax^2$(단, $a \neq 0$)의 그래프]

◉ $y=a(x-p)^2+q$의 그래프

$$y=ax^2 \xrightarrow[\;y\text{축으로 } q\text{만큼 평행이동}\;]{\;x\text{축으로 } p\text{만큼 평행이동}\;} y=a(x-p)^2+q$$

◉ $y=ax^2+bx+c$(단, $a \neq 0$)의 그래프

> $y=ax^2+bx+c$는 완전제곱식을 이용하여
> $y=a(x-p)^2+q$로 바꿔서 그린다.

예제2 $y=x^2+6x+7$의 그래프를 그려보자.

풀이 $y=x^2+6x+7$의 우변을 완전제곱식으로 고치면

$$\begin{aligned} y &= x^2+6x+7 \\ &= (x^2+6x+9-9)+7 \\ &= (x^2+6x+9)-9+7 \\ &= (x+3)^2-2 \end{aligned}$$

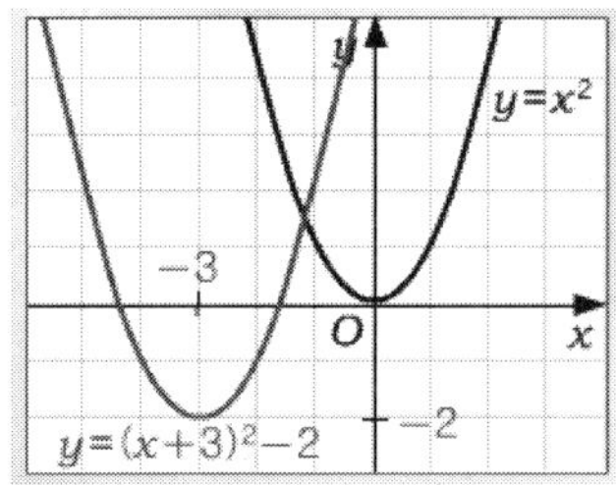

(3) 다지기

◉ (1~3) 다음 빈 칸을 채워라.

1 $y=(x-3)^2-3$의 그래프는 $y=x^2$의 그래프를
x축으로 □ 만큼, y축으로 □ 만큼 평행이동한 그래프이다.

2 $y=3(x+1)^2+5$의 그래프는 $y=3x^2$의 그래프를
x축으로 □ 만큼, y축으로 □ 만큼 평행이동한 그래프이다.

3 $y=-2(x+4)^2-1$의 그래프는 $y=-2x^2$의 그래프를
x축으로 □ 만큼, y축으로 □ 만큼 평행이동한 그래프이다.

◉ (4~5) $y=2x^2+8x+5$에 대해 물음에 답하여라.

4 완전제곱식으로 고치면?

① $2(x-2)^2$　　② $2(x+1)^2-3$　　③ $2(x+2)^2-3$

5 그래프로 옳은 것은?

①
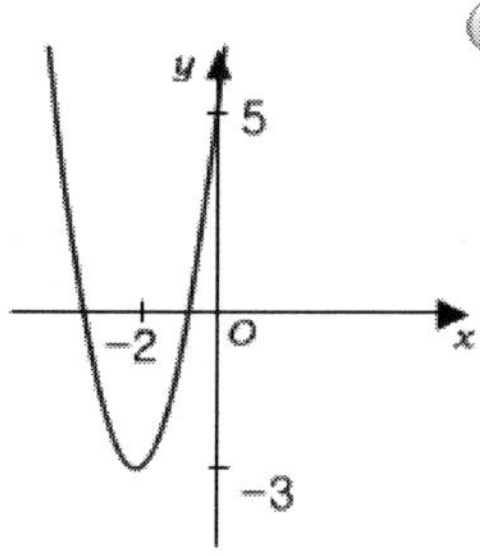

②
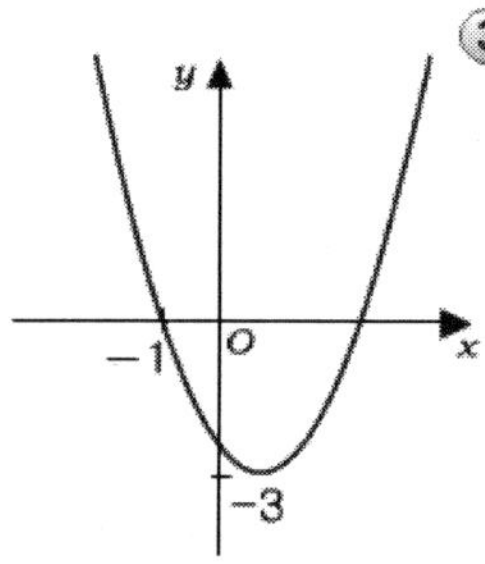

③
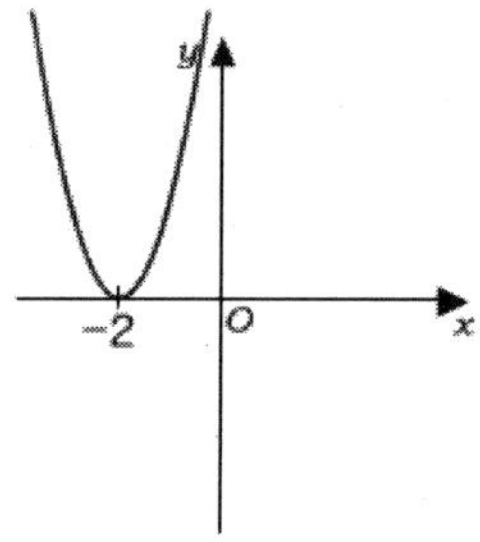

Quiz, Quiz

1 $y=-2x+3$의 그래프에 대한 설명으로 옳은 것을 모두 골라라.

① 점 $(-2,3)$을 지난다.

② 제1사분면, 제2사분면, 제4사분면을 지난다.

③ x절편은 -2이고, y절편은 3이다.

④ $y=-2x$의 그래프를 y축의 방향으로 3만큼 평행이동 시킨 그래프이다.

2 $y=3x^2-6x+2$는 몇 사분면을 지나는지 말하여라.

① 1, 2, 3사분면 ② 1, 3, 4사분면 ③ 2, 3, 4사분면 ④1,2,4사분면

3 $y=-x^2+6x-8$의 그래프로 옳은 것은?

①

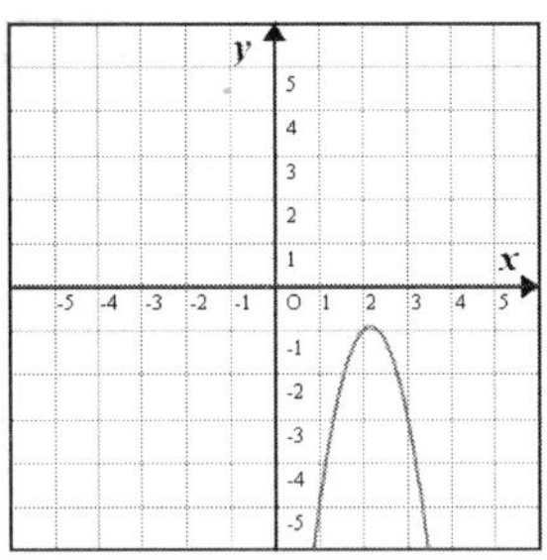

②

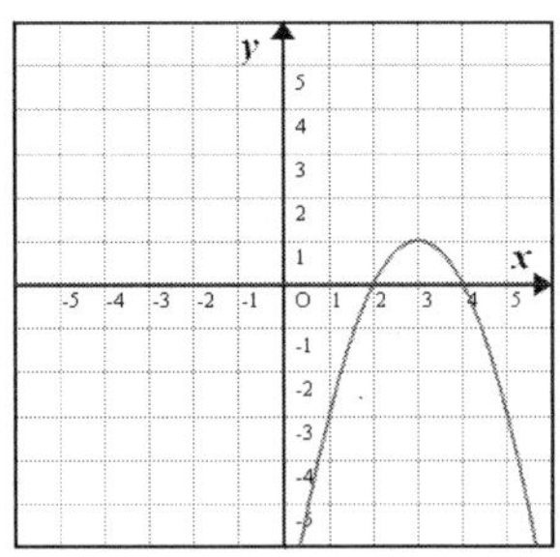

③

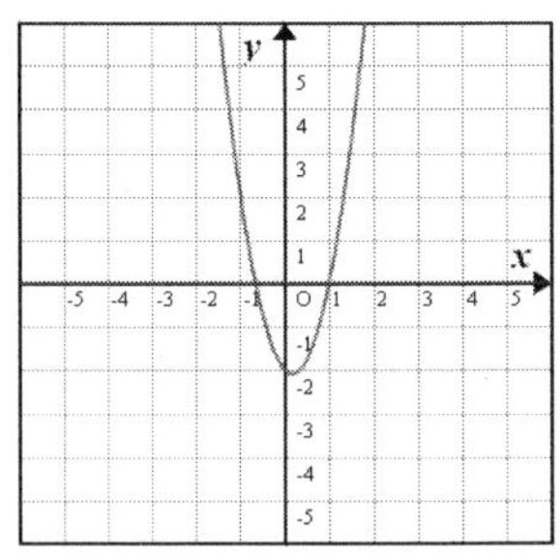

1-6 삼각비

Calculus Life

예부터 이집트에서는 육신은 죽어도 영혼은 죽지 않으며, 어느 때인가는 되돌아온다는 영혼불멸 사상을 믿고 있었다. 그래서 국왕이 죽으면 피라미드라는 거대한 묘에 유해가 썩지 않도록 묻었다. 어느 날 이집트를 여행하던 탈레스는 이집트의 왕에게 피라미드의 높이를 재어 보인 적이 있다. 그는 자기가 가지고 있던 지팡이의 그림자와 피라미드 그림자의 비가 지팡이의 길이와 피라미드의 높이의 비와 같다는 것을 이용한 것이다. 당시로서는 대단한 발견이었다. 오늘날에도 삼각비는 산의 높이나 건물의 높이, 강의 너비 등을 구하거나 여러 가지 종류의 삼각형의 넓이를 구하는데 유용하게 이용되고 있다.

Secret Key

삼각비의 뜻

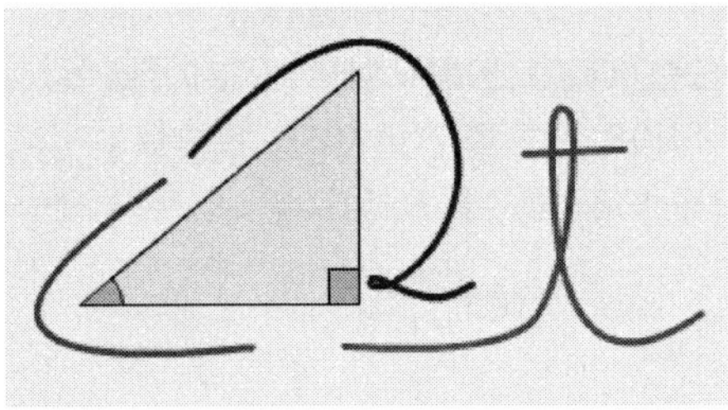

특수각의 삼각비

	0°	30°	45°	60°	90°
$\sin A$	0	$\frac{1}{2}$	$\frac{\sqrt{2}}{2}$	$\frac{\sqrt{3}}{2}$	1
$\cos A$	1	$\frac{\sqrt{3}}{2}$	$\frac{\sqrt{2}}{2}$	$\frac{1}{2}$	0
$\tan A$	0	$\frac{\sqrt{3}}{3}$	1	$\sqrt{3}$	·

My Lesson

1) 삼각비

(1) 삼각비의 뜻

◉ 삼각비의 뜻

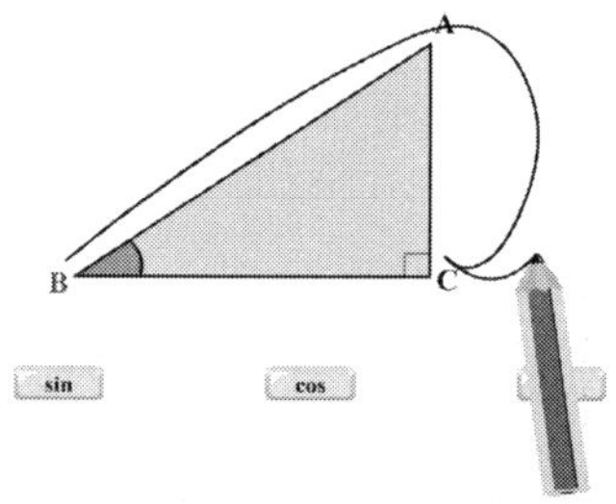

$\angle C = 90°$ 인 직각삼각형 ABC에서

$\sin B = \dfrac{\overline{AC}}{\overline{AB}}$, $\cos B = \dfrac{\overline{BC}}{\overline{AB}}$, $\tan B = \dfrac{\overline{AC}}{\overline{BC}}$

예제1 다음 직각삼각형에서 주어진 삼각비의 값을 구하여라.

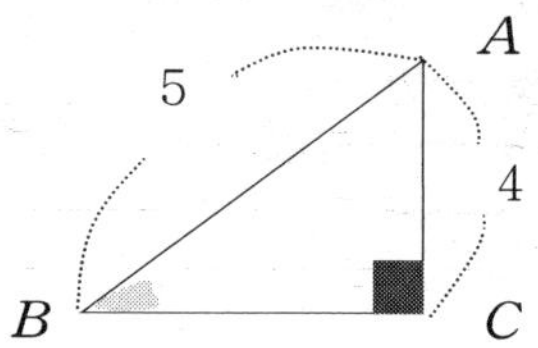

(1) $\sin A = \dfrac{\square}{\square}$　　(4) $\sin B = \dfrac{\square}{\square}$

(2) $\cos A = \dfrac{\square}{\square}$　　(5) $\cos B = \dfrac{\square}{\square}$

(3) $\tan A = \dfrac{\square}{\square}$　　(6) $\tan B = \dfrac{\square}{\square}$

풀이 피타고라스의 정리에 의하여 $\overline{BC}$의 길이를 먼저 구한다.

$\overline{BC}$를 x라 하면, $x^2 + 4^2 = 5^2$

$x^2 + 16 = 25$이므로 $x^2 = 9$

따라서 $x = 3$ (길이는 항상 양수이므로)

(1) $\dfrac{3}{5}$　(2) $\dfrac{4}{5}$　(3) $\dfrac{3}{4}$

(4) $\dfrac{4}{5}$　(5) $\dfrac{3}{5}$　(6) $\dfrac{4}{3}$

(2) 특수각의 삼각비

◉ 피타고라스의 정리

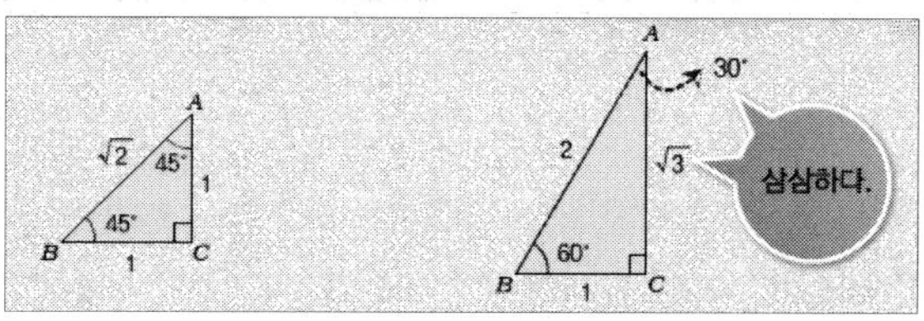

◉ 특수각의 삼각비

	0°	30°	45°	60°
sin	0	$\frac{1}{2}$	$\frac{1}{\sqrt{2}}$	$\frac{\sqrt{3}}{2}$
cos	1	$\frac{\sqrt{3}}{2}$	$\frac{1}{\sqrt{2}}$	$\frac{1}{2}$
tan	0	$\frac{1}{\sqrt{3}}$	1	$\sqrt{3}$

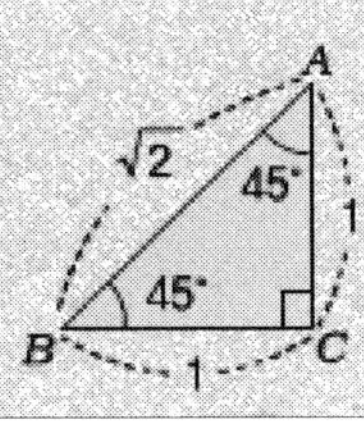

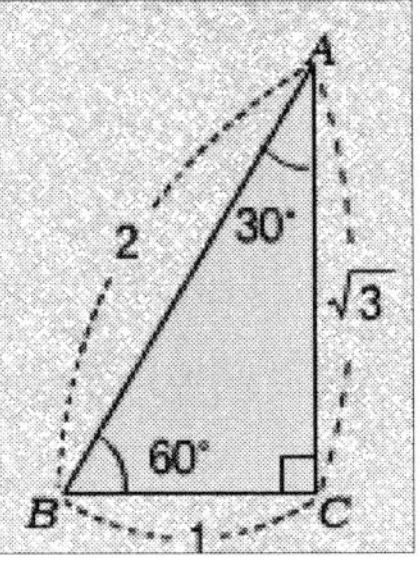

◉ 0°, 90° 일 때의 삼각비

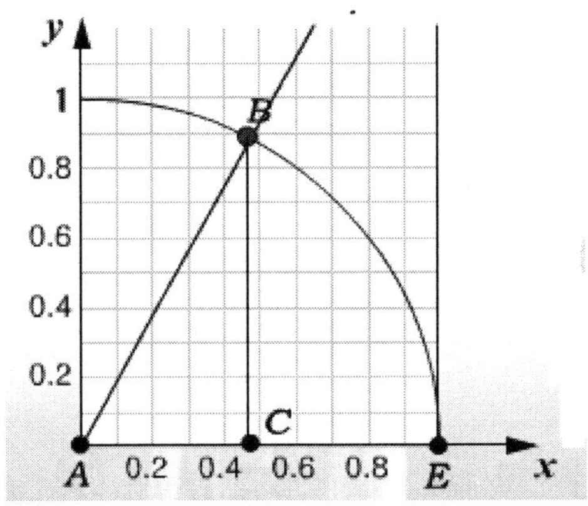

점 B를 드래그 하며 살펴보자.

$\angle A$가 $0°$에 가까워질 때
$\overline{BC}$의 길이가 0에 가까워지므로 $\sin 0° = 0$,
$\overline{AC}$의 길이가 1에 가까워지므로 $\cos 0° = 1$,
$\overline{DE}$의 길이가 0에 가까워지므로 $\tan 0° = 0$,

$\angle A$가 $90°$에 가까워질 때
$\overline{BC}$의 길이가 1에 가까워지므로 $\sin 90° = 1$,
$\overline{AC}$의 길이가 0에 가까워지므로 $\cos 90° = 0$,
$\overline{DE}$의 길이가 한없이 커지므로 $\tan 90°$의 값은 무한히 커지게 된다.
따라서, $\tan 90°$의 값은 정할 수 없다.

(3) 다지기

◉ 다음 식의 값을 구하여라.

1. $\sin 30^\circ + \cos 90^\circ = \frac{\square}{\square}$

2. $\sin 60^\circ - \tan 0^\circ = \frac{\square}{\square}$

3. $\sin 60^\circ \times \tan 45^\circ = \frac{\square}{\square}$

4. $\tan 60^\circ \div \cos 30^\circ = \frac{\square}{\square}$

5. $\cos 0^\circ + \sin 90^\circ = \square$

2) 삼각비의 활용

(1) 직각삼각형에서 변의 길이

◉ 직각삼각형에서 변의 길이

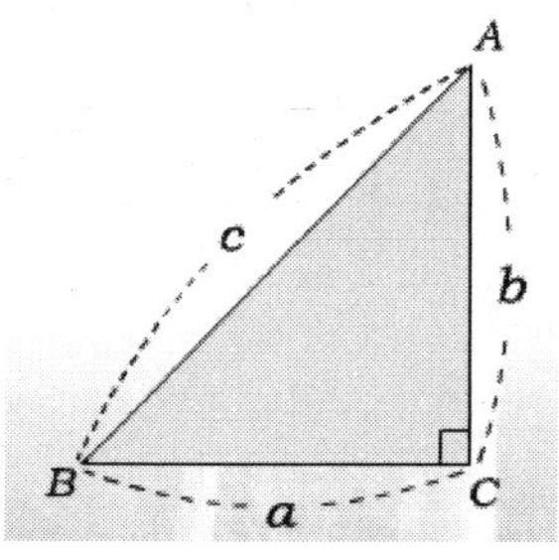

· 왼쪽 그림과 같이 $\angle C = 90^\circ$ 인 직각삼각형 ABC에서 $\angle B$의 크기와 변 BC의 길이 a를 알고 있을 때,

$\tan B = \frac{b}{a}$ 에서 $b = a\tan B$

$\cos B = \frac{a}{c}$ 에서 $c = \frac{a}{\cos B}$

· $\angle B$의 크기와 빗변 AB의 길이 c를 알고 있을 때,

$\cos B = \frac{a}{c}$ 에서 $a = c\cos B$

$\sin B = \frac{b}{c}$ 에서 $b = c\sin B$

예제1 그림과 같은 직각삼각형에서 x, y의 값을 구하여라.

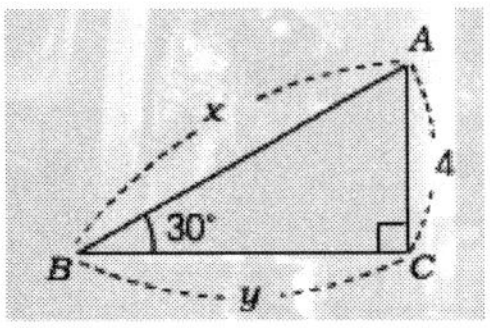

풀이 1. $\sin 30° = \frac{4}{x}$

$\frac{1}{2} = \frac{4}{x}$ $\quad \therefore x = 8$

2. $\tan 30° = \frac{4}{y}$

$\frac{1}{\sqrt{3}} = \frac{4}{y}$ $\quad \therefore y = 4\sqrt{3}$

[참고]

$\frac{b}{a} = \frac{d}{c} \Leftrightarrow ad = bc$

예) 1. $\frac{1}{2} = \frac{4}{x} \Leftrightarrow 4 \cdot 2 = 1 \cdot x$,

$\therefore x = 8$

2. $\frac{1}{\sqrt{3}} = \frac{4}{y} \Leftrightarrow 4 \cdot \sqrt{3} = 1 \cdot y$

$\therefore y = 4\sqrt{3}$

(2) 삼각형의 넓이

◉ **삼각비를 활용하여 삼각형의 넓이를 구해보자.**

$\triangle ABC$에서 두 변의 길이 a, c와 그 끼인각 $\angle B$의 크기를 알 때,
이 삼각형의 넓이 S는

1. $\angle B$가 예각인 경우 $S = \frac{1}{2}ac\sin B$

2. $\angle B$가 둔각인 경우 $S = \frac{1}{2}ac\sin(180° - B)$

[증명]

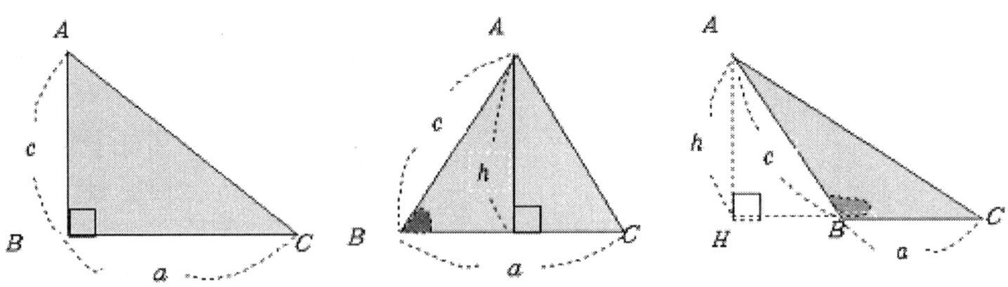

[hint] 삼각형의 넓이 = 밑변 × 높이 × $\frac{1}{2}$이고,

각각의 높이 h의 값을 생각해 보면 공식의 유도 과정을 확인해 볼 수 있다.

예제2 다음 그림과 같은 도형의 넓이를 구하여라.

(1)

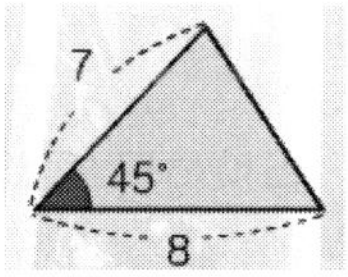

(2)

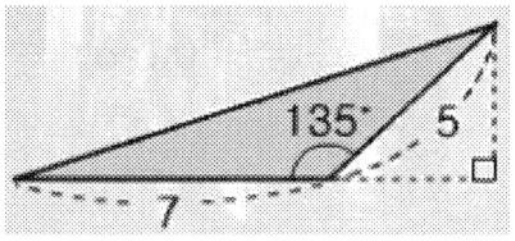

풀이 (1) $S=\frac{1}{2}\cdot 7\cdot 8\cdot \sin 45^\circ =28\cdot \frac{\sqrt{2}}{2}=14\sqrt{2}$

(2) $\sin 180^\circ - \sin 135^\circ = \sin 45^\circ$

$S=\frac{1}{2}\cdot 7\cdot 5\cdot \sin 45^\circ =\frac{35}{2}\cdot \frac{\sqrt{2}}{2}=\frac{35\sqrt{2}}{4}$

(3) 다지기

◉ 다음 문제를 풀어보자.

1 다음 그림과 같은 직각 삼각형에서 x, y의 값의 합은?

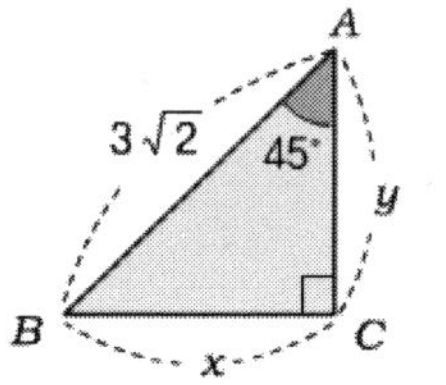

① 3　　② 5　　③ 6　　④ 7

2 다음 그림과 같은 삼각형 ABC의 넓이를 구하여라.

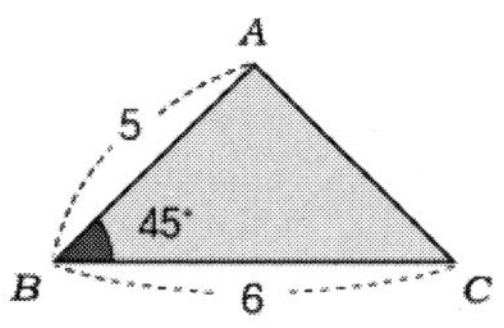

① 8　　② $10\sqrt{3}$　　③ $15\sqrt{2}$　　④ 19

Quiz, Quiz

1 다음 그림과 같이 $\overline{BC}=8$, $\overline{AC}=6$인 삼각형 ABC에 대하여, $\sin B$, $\tan A$의 값을 구하여라.

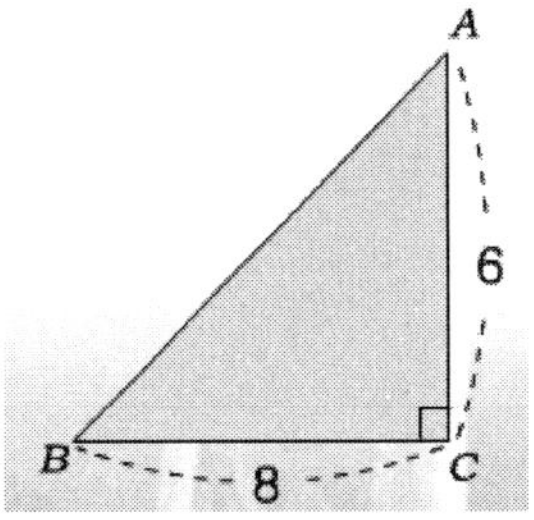

$\sin B = \dfrac{\square}{\square}$ $\qquad$ $\tan A = \dfrac{\square}{\square}$

2 다음 그림과 같은 직각삼각형에서 x, y의 값을 각각 구하여라.

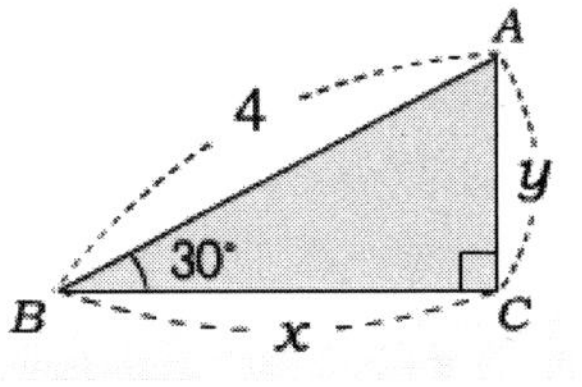

$x = \square\sqrt{\square}$

$y = \square$

3 다음 그림과 같은 삼각형 ABC의 넓이를 구하여라.

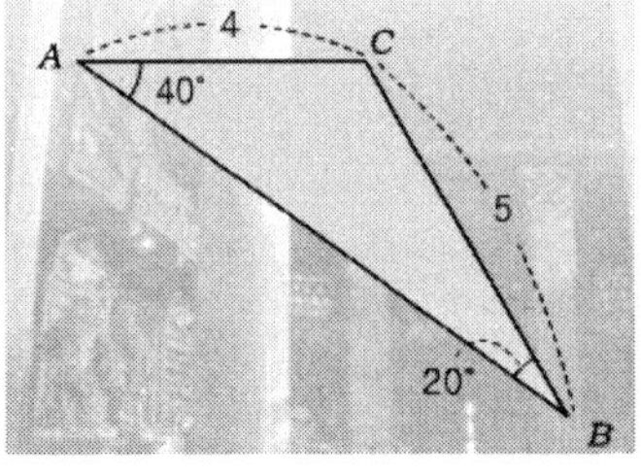

$\square\sqrt{\square}$

Stage 2

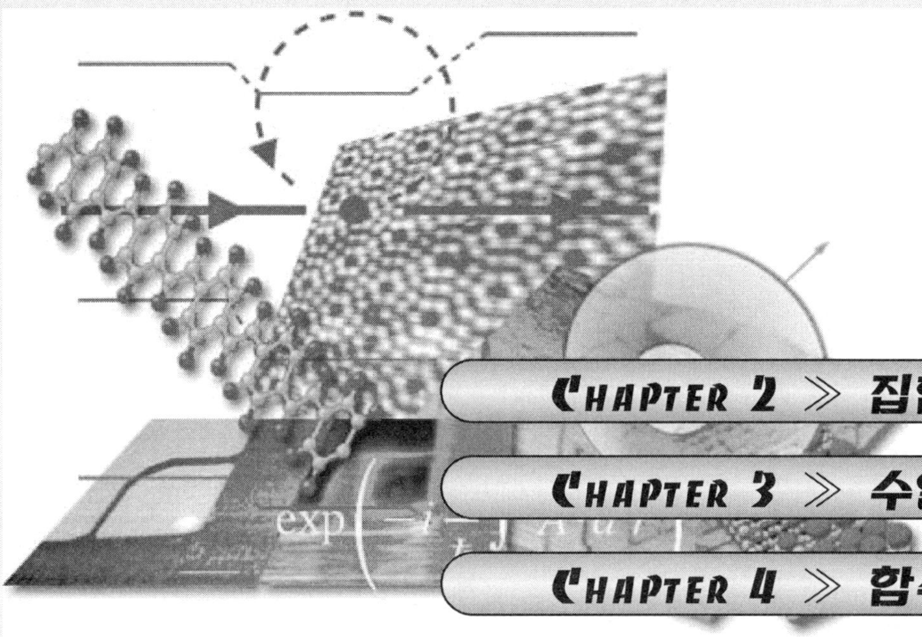

2-1 집합

Calculus Life

집합은 왜 배워야 할까? 우리는 흔히, 컴퓨터의 바탕화면에 파일이 많아질 경우 폴더를 만들어서 관련성 있는 것끼리 정리한다. 이렇게 하면 찾기 쉽기 때문이다. 집합은 수학 뿐 아니라 모든 분야에서 기본이 되는 개념이다. 왜냐하면 어떤 분류기준에 의해 집합으로 묶어서 취급하는 것이 경제적이고 편리하기 때문이다. 이번시간에는 집합의 기본용어와 연산 위주로 학습한다.

Secret Key

집합과 부분집합

· 집합 : 집합 A의 원소는 x이다.
· 부분집합 : 집합 A는 집합 B의 부분집합이다.

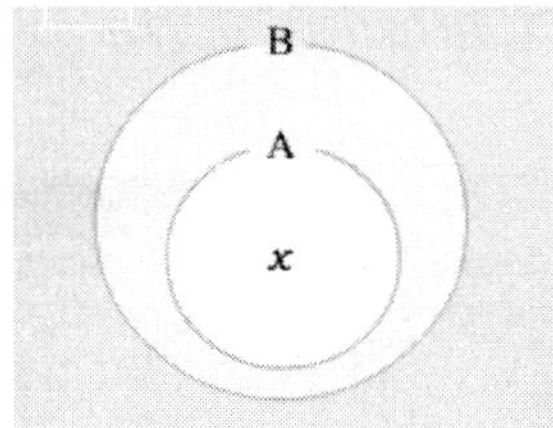

합집합, 교집합, 차집합, 여집합

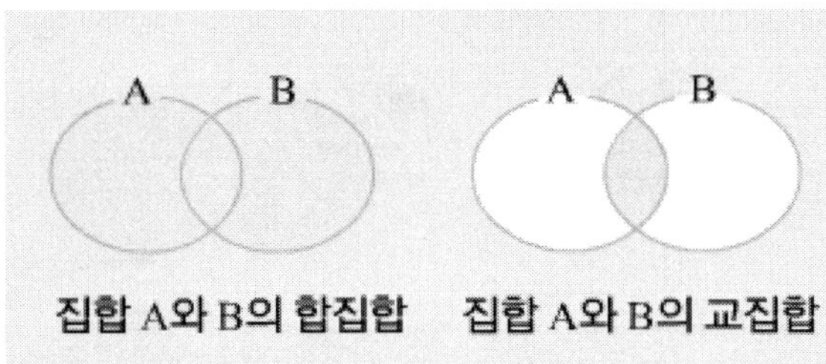

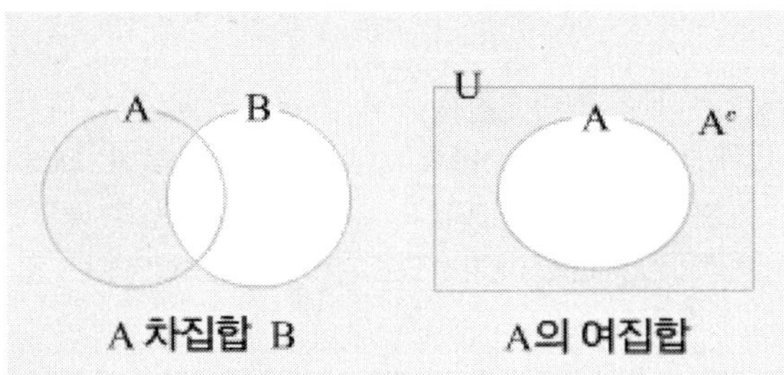

My Lesson

1) 집합과 원소

(1) 집합과 원소

집합의 개념
그 대상을 명확하게 구분할 수 있는 것들의 모임

예제1 집합인 것과 아닌 것에 O, X로 표시하시오.
(1) 원곡 고등학교 1학년 8반 학생들의 모임
(2) 원곡 고등학교 예쁜 학생들의 모임

풀이 (1) O, (2) X

집합의 표현법
- 원소나열법 : 집합의 원소를 { } 안에 나열하는 방법
- 조건제시법 : 원소가 만족하는 조건을 제시하는 방법

예제2 유리수 집합 ℚ를 원소나열법과 조건제시법으로 잘 나타낼 수 있는가?

(1) 원소나열법 $\mathbb{Q}=\{\cdots -1,\ -\frac{1}{2},\ \frac{1}{2},\ 0,\ ,1\ \frac{1}{2},\cdots\}$

(2) 조건제시법 $\mathbb{Q}=\{x \mid x=\frac{n}{m},\ m,\ n$은 서로소인 정수$\}$

풀이 (1) 어렵다, (2) 쉽다

유한집합, 무한집합, 공집합
- 유한집합 : 유한개의 원소를 갖는 집합
- 무한집합 : 무한개의 원소를 갖는 집합
- 공 집 합 : 원소가 하나도 없는 집합 (기호는 $\varnothing$)

예제3 유한집합인지 무한집합인지 쓰시오.
(1) $A=\{x \mid x$는정수$\}$ (2) $B=\{x \mid x$는 두자리 자연수$\}$
(3) $C=\{x \mid 0<x<1\ x$는 유리수$\}$

풀이 (1) 무한집합, (2) 유한집합, (3) 무한집합

memo

※ 기호로 나타내기

집합 A에 대하여 $n(A)$ ⇔ 집합 A의 원소의 개수

※ 벤다이어그램

집합을 원과 타원을 이용하여 나타냄으로써 포함관계를 쉽게 이해하도록 한 그림

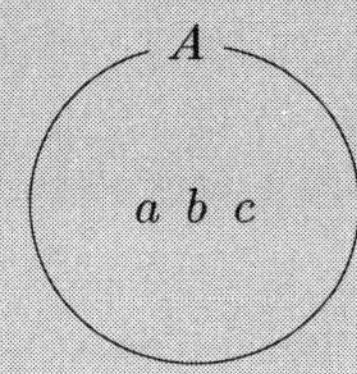

(2) 부분집합

◉ 집합의 포함관계

· $A \subset B$ ⇔ 모든 $x \in A$에 대하여 $x \in B$

· $A = B$ ⇔ $A \subset B$ 이고 $B \subset A$

· 집합 A와 B는 서로소이다. ⇔ A와 B의 공통되는 원소가 없다.

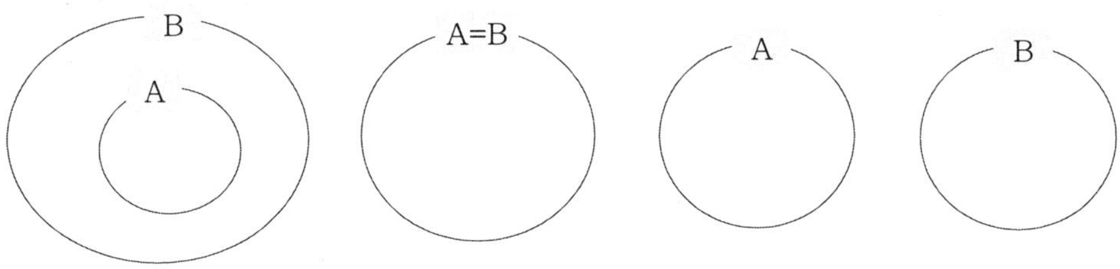

◉ 부분집합의 개수와 진부분집합

· n개의 원소를 가지는 집합 $A = \{a_1, a_2, a_3, \cdots a_n\}$에 대하여 부분집합의 총 개수는 2^n 개 이다.

· 집합 B가 집합 A의 진부분집합이다. ⇔ $B \subset A$, $A \neq B$

· 진부분집합의 개수는 부분집합의 개수에서자기 자신을 뺀 $2^n - 1$개 이다.

(3) 다지기

1 빈 칸에 들어갈 알맞은 말을 생각해 보자.

< 집합의 표현법 >

(1) 원소나열법 : 집합의 원소를 { }안에 나열하는 방법

(2) [   ] : 원소가 만족하는 조건을 제시하는 방법

2 빈 칸에 들어갈 알맞은 말을 생각해 보자.

< 집합의 포함관계 >

(1) 집합 A가 집합 B의 [　　　] 이다. $\Leftrightarrow$ $A \subset B$

(2) $A = B$ $\Leftrightarrow$ $A \subset B$이고 $B \subset A$이다.

(3) A와 B의 공통원소가 없다. $\Leftrightarrow$ A와 B는 [　　　] 이다.

2) 집합과 연산

(1) 집합과 연산

◉ 집합사이의 연산

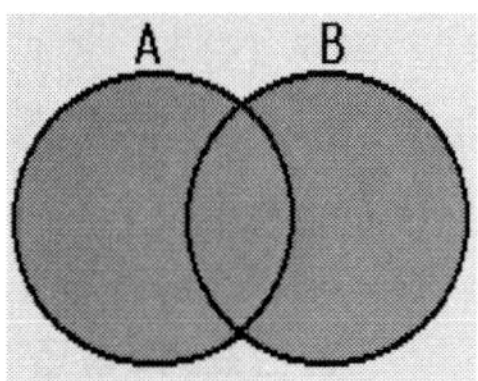

$A \cup B$

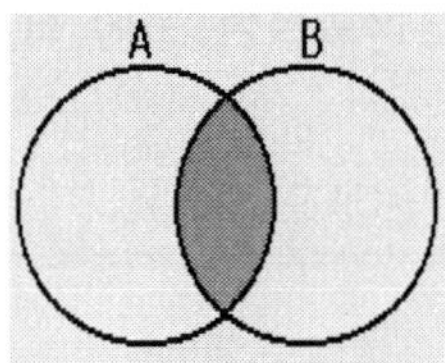

$A \cap B$

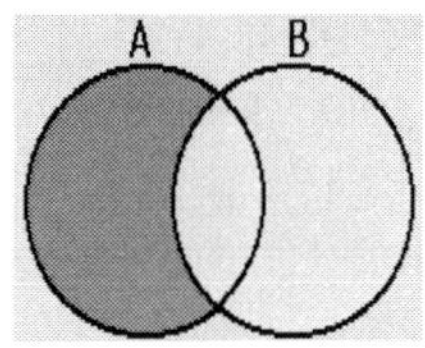

$A - B$

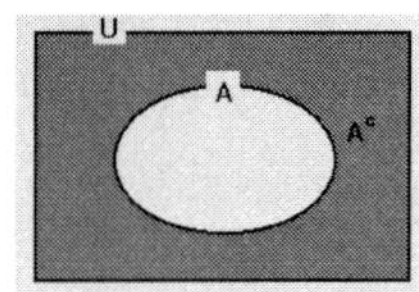

A^c

- $A \cup B = \{x | x \in A$ 또는 $x \in B\}$
- $A \cap B = \{x | x \in A$ 이고 $x \in B\}$
- $A - B = \{x | x \in A$ 이고 $x \notin B\}$
- $A^c = \{x | x \in U$ 이고 $x \notin A\}$

◉ 차집합과 여집합 사이의 관계

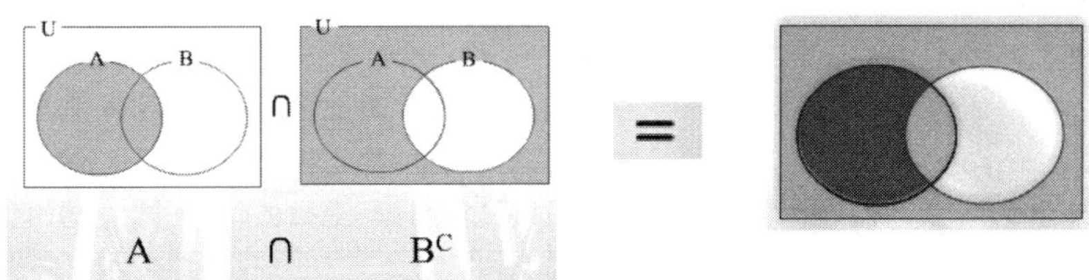

암기법 : $A - B = A \cap B^c$ 에이 고 비기 시러!!

◉ 드모르간의 법칙

두 집합 A, B에 대하여 $(A\cup B)^c = A^c\cap B^c$, $(A\cap B)^c = A^c\cup B^c$

예제1 다음 증명과정에서 빈칸을 채우시오.

$$\begin{aligned}(A\cup B)\cap(A-B)^c &= (A\cup B)\cap(A\cap B^c)^c \quad \boxed{}\\ &= (A\cup B)\cap(A^c\cup B) \quad \boxed{}\\ &= (A\cap A^c)\cup B\\ &= \phi\cup B\\ &= B\end{aligned}$$

풀이 드모르간의 법칙, 드모르간의 법칙

◉ 세 집합 사이의 연산

세 집합 A, B, C 에 대하여

$n(A+B+C)$ = $n(A)+n(B)+n(C)-n(A\cap B)-n(B\cap C)-n(C\cap A)+n(A\cap B\cap C)$

(2) 다지기

빈 칸을 채워가며 앞에서 배운 개념을 확인해봅시다.

1 $A\cup B = B\cup A$ ⇒ 합집합에 대한 $\boxed{}$

$(A\cap B)\cap C = A\cap(B\cap C)$ ⇒ 교집합에 대한 $\boxed{}$

$A\cup(B\cap C) = (A\cup B)\cap(A\cup C)$ $\boxed{}$

2 전체집합 U의 두 부분집합 A, B에 대하여

$A\cup U = U$, $A\cap U = A$, $A\cup\varnothing = A$, $A\cap\varnothing = \varnothing$

$A\cup A^c = \boxed{}$, $A\cap A^c = \varnothing$, $(A^c)^c = \boxed{}$, $\varnothing^c = U$

$A\subset B$일 때, $A\cap B = \boxed{}$, $A\cup B = \boxed{}$

Quiz, Quiz

1 집합 $A=\{1,\ 2,\ \{1,\ 2\}\}$에 대하여 다음 중 옳지 않은 것은?

① $1\in A$ ② $\{1,\ 2\}\in A$ ③ $\{1\}\subset A$

④ $\{1,\ 2\}\subset A$ ⑤ $\{2\}\in A$

2 집합 $M=\{1,\ 3,\ 5,\ 7,\ 9\}$의 부분집합 중에서 7, 9를 반드시 포함하는 부분집합의 개수는?

① 2개 ② 4개 ③ 8개

④ 16개 ⑤ 32개

3 집합 A와 B가 전체집합 U의 부분집합이고 $A\subset B$일 때, 다음 중 옳지 않은 것은?

① $A\cup B=B$ ② $A\cap B=A$ ③ $A-B=\varnothing$

④ $B-A=A^{C}$ ⑤ $A^{C}\supset B^{C}$

4 전체집합 U의 두 부분집합 A, B에 대하여 $n(U)=50$, $n(A\cap B)=10$, $n(B)=26$을 만족할 때, $n(A^{C}\cap B)$의 값은?

① 14 ② 15 ③ 16

④ 17 ⑤ 18

2-2 실수

Calculus Life

이번 단원에서는 실수의 여러 가지 성질을 알아보고자 한다. 실수의 성질과 볶음밥은 무슨 관계가 있을까? 맛있는 음식을 요리하여 맛을 내기 위해서는 다양한 재료들을 적절한 요리법에 의해 조리해야 한다. 마찬가지로 수의 성질을 알기 위해서는 실수라는 재료와 함께 조리법에 해당하는 연산이 주어져 있어야 한다. 연산에는 덧셈, 뺄셈, 곱셈, 나눗셈 같은 사칙연산들이 있다. 이러한 연산들로 조리를 해서 실수의 성질을 파악하고 이를 바탕으로 수학을 열심히 공부해 보자.

Secret Key

실수의 대소관계

- $a-b>0$ -> $a>b$
- $a-b=0$ -> $a=b$
- $a-b<0$ -> $a<b$

절대값의 정의

$|a|$ 는 거리를 나타낸다.

절대값의 성질

a가 실수일 때

- $|a| = \begin{cases} a & (a \geqq 0) \\ -a & (a<0) \end{cases}$
- $|a| \geqq 0$
- $|a| = |-a|$

My Lesson

1) 실수의 연산과 대소관계

(1) 실수의 체계

◉ 실수의 포함관계

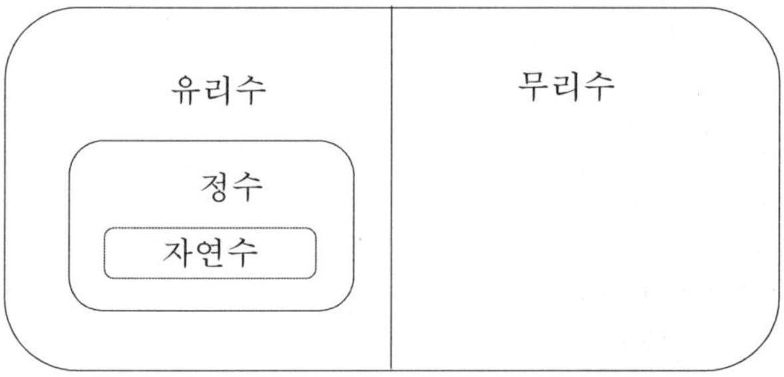

- 자연수 - 물건의 개수를 세면서 자연스럽게 탄생된 수
- 정수 - 자연수와 0, 음의 정수를 포함한 수
- 유리수 - $\frac{a}{b}$ (a, b는 정수, $b \neq 0$)의 꼴로 나타낼 수 있는 수
- 무리수 - 유리수가 아닌 수로 순환하지 않는 무한소수
- 실수 - 유리수와 무리수의 합집합으로 수직선으로 표현 가능

연산에 관하여 닫혀 있다.
집합 A의 임의의 원소를 뽑아서 연산한 결과가 다시 A의 원소가 될 때 "집합 A가 곱셈에 관하여 닫혀 있다"라고 한다.

◉ 수집합과 연산의 예

연산 \ 수집합	자연수	정수	유리수	실수
덧셈	○	○	○	○
뺄셈	×	○	○	○
곱셈	○	○	○	○
나눗셈	×	×	○	○

◉ 반례

· $2-3=-1$, $-1 \not\in$ 자연수 ⇔ 자연수는 뺄셈에 대하여 닫혀있지 않다.

· $2 \div 3 = \frac{2}{3}$, $\frac{2}{3} \not\in$ 자연수 ⇔ 자연수는 나눗셈에 대하여 닫혀있지 않다.

· $-2 \div 4 = -\frac{1}{2}$, $-\frac{1}{2} \not\in$ 정수 ⇔ 정수는 나눗셈에 대하여 닫혀있지 않다.

(2) 실수의 연산

◉ **교환법칙**

· **덧셈의 교환법칙** : $a+b=b+a$

· **곱셈의 교환법칙** : $a \times b = b \times a$

◉ **결합법칙**

· **덧셈의 결합법칙** : $(a+b)+c=a+(b+c)$

· **곱셈의 결합법칙** : $(a \times b) \times c = a \times (b \times c)$

◉ **분배법칙**

· $a(b+c)=ab+ac$, $(a+b)c=ac+bc$

항등원과 역원

연산 ∘ 에 관한 항등원

집합 S에 연산 ∘ 가 주어졌을 때, 집합 S의 임의의 원소 a에 대하여

$a \circ e = e \circ a = a$를 만족하는 S의 원소 e

즉, 연산 ∘ 에 관한 항등원 : **연산결과 자기 자신이 나오는 수**

연산 ∘ 에 대한 a의 역원

집합 S에 연산 ∘ 가 주어졌을 때, 집합 S의 한 원소 a에 대하여

$a \circ x = x \circ a = e$를 만족하는 S의 원소 x

즉, 연산 ∘ 에 관한 연원 : **연산결과 항등원이 나오게 하는 수**

◉ **덧셈과 곱셈에 관한 항등원과 역원**

덧셈 : 항등원 $a+e=a \quad \therefore e=0$

역원 $a+x=0 \quad \therefore x=-a$

곱셈 : 항등원 $a \times e = a \quad \therefore e=1$

역원 $a \times x = 1 \quad \therefore x = \frac{1}{a}$

(3) 실수의 대소 관계

◉ 실수의 대소 관계1

예제1 (1) $a>0$, $a=0$, $a<0$ 중 □개 만 성립한다.
(2) $a>0$, $b>0$ 이면 $a+b\square 0$, $ab\square 0$
(3) $a<0$, $b<0$ 이면 $a+b<0$, $ab\square 0$
(4) $a>0$, $b<0$ 이면 알 수 없음, $ab\square 0$
(5) $a<0$, $b>0$ 이면 알 수 없음, $ab\square 0$

풀이 (1) 1(한), (2) >, > (3) > (4) < (5) <

◉ 실수의 대소 관계2

- 세 실수 a, b, c에 대하여 $a>b$, $b>c$이면 $a>c$
- $a>b$이면 $a\pm c>b\pm c$
- $a>b$, $c>0$이면 $ac>bc$
- $a>b$, $c<0$이면 $ac<bc$
- $a^2\geq 0$
- $a^2+b^2=0$이면 $a=b=0$
- $a>b>0$이면 $\frac{1}{a}<\frac{1}{b}$
- $a>0>b$이면 $\frac{1}{a}<\frac{1}{b}$

(3) 다지기

1 빈 칸에 들어갈 알맞은 말을 쓰시오.
집합 A의 임의의 원소를 뽑아서 곱한 결과가 다시 A의 원소가 되는 경우
'집합 A가 곱셈에 대하여 [　　　　] '라고 말한다.

2 빈 칸에 들어갈 알맞은 말을 생각해 보자.
(1) 연산 ∘에 대한 [　　　　] : 집합 S에 연산 ∘가 주어졌을 때,
집합 S의 임의의 원소 a에 대하여 $a\circ e=e\circ a=a$를 만족하는 S의 원소 e
(2) 연산 ∘에 대한 [　　　　] : 집합 S에 연산 ∘가 주어졌을 때,
집합 S의 한 원소 a에 대하여 $a\circ x=x\circ a=e$를 만족하는 S의 원소 x

2) 절대값의 정의와 성질

(1) 절대값의 정의

절대값
수직선 위에서 실수 a를 나타내는 점과 원점 사이의 거리를
실수 a의 절대값 이라 하고 $|a|$로 나타낸다.

예	$a=-3$	$a=-1$	$a=0$	$a=2$
a와 원점사이의 거리 $=\|a\|$	3	1	0	2

(2) 절대값의 성질

◉ 절대값의 기본성질 (단, a, b는 실수)

- $|a| = \begin{cases} a & (a \geq 0) \\ -a & (a < 0) \end{cases}$ 예) $a=-2$일 때 $|a|=|-2|=2=-(-2)=-a$
- $|a| = |-a|$ 예) $|2|=|-2|=2$
- $|a| \geq 0$

◉ 절대값의 성질(1) (단, a, b는 실수)

- $|ab| = |a||b|$, $\left|\dfrac{a}{b}\right| = \dfrac{|a|}{|b|}$

예) ⑴ $a \geq 0$, $b \geq 0$일 때

$|2\times 3|=|2|\times|3|$, $\left|\dfrac{2}{3}\right|=\dfrac{|2|}{|3|}$

⑵ $a \geq 0$, $b \leq 0$일 때

$|2\times(-3)|=|2|\times|-3|$, $\left|\dfrac{2}{-3}\right|=\dfrac{|2|}{|-3|}$

⑶ $a \leq 0$, $b \geq 0$일 때

$|(-2)\times 3|=|-2|\times|3|$, $\left|\dfrac{-2}{3}\right|=\dfrac{|-2|}{|3|}$

⑷ $a \leq 0$, $b \leq 0$일 때

$|(-2)\times(-3)|=|-2|\times|-3|$, $\left|\dfrac{-2}{-3}\right|=\dfrac{|-2|}{|-3|}$

- $|a|^2 = a^2$ 예) $|2|^2=2^2$,$|-2|^2=(-2)^2$
- $\sqrt{a^2} = |a|$ 예) $\sqrt{2^2}=\sqrt{4}=|2|$, $\sqrt{(-2)^2}=\sqrt{4}=|-2|$

예제1 $|x| = 5$가 되는 x의 값을 쓰시오.

풀이 $\pm\sqrt{5}$

◉ 절대값의 성질(2)

· $|a| \geqq a$ 예) (1) $a = 0$일 때 $|0| = 0$

(2) $a > 0$일 때 $|2| = 2$

(3) $a < 0$일 때 $|-2| > (-2)$

· $|a| + |b| = 0$이면 $a = 0$이고 $b = 0$

예) $|a| \geq 0$이고 $|b| \geq 0$이므로 $|a| + |b| = 0$이면 $a = b = 0$이 될 수밖에 없다.

· $|x| \leqq |a|$ <=> $-a \leqq x \leqq a$,

$|x| \geqq a$이면 $x \leqq -a$또는 $x \geqq a$

예) $|x| \leq 3$ ⇔ 원점과의 거리가 3보다 작거나 같은 x들의 모임 ⇔ $-3 \leq x \leq 3$

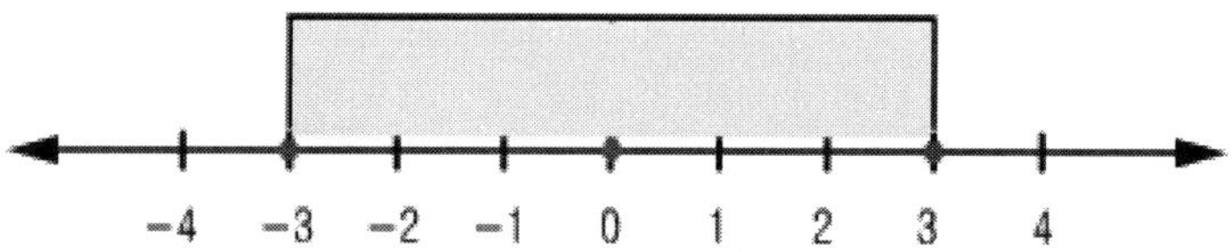

$|x| \geq 2$

⇔ 원점과의 거리가 2보다 크거나 같은 x들의 모임 ⇔ $x \leq -2$ 또는 $x \geq 2$

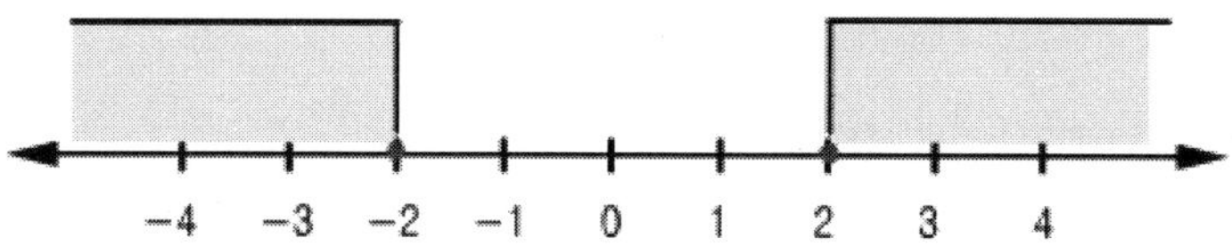

(3) 다지기

1 다음 빈칸을 채우시오.

수직선 위에서 실수 a를 나타내는 점과 원점 사이의 거리를

실수 a의 [   ]이라 하고 $|a|$로 나타 낸다.

2 다음 식을 계산하여라.

(1) $|-2|+3-|-4|$

(2) $\sqrt{2^2}-\sqrt{(-5)^2}$

3 다음 식을 만족하는 a,b의 값을 각각 구하여라.

$|a-4|+\sqrt{(b+3)^2}=0$ $a=$[   ], $b=$[   ]

4 다음 부등식을 풀어라.

$|x-1|<3$

5 일반항이 $a_n=5\times 2^n$인 수열의 3항부터 10항 까지의 합을 구하여라.

Quiz, Quiz

1 $|a-3|=2$를 만족시키는 a의 값들의 합을 구하시오.

2 $1 \le a < 3$ 일 때, $|a-1|+|a-3|$의 값을 구하시오.

3 실수 전체의 집합에서 연산 $\odot$를 $a \odot b = a+b-ab$로 정의할 때, 연산 $\odot$에 대하여 역원이 존재하지 않는 실수를 구하시오.

4 $a>b>0$, $c>d>0$ 일 때, 다음 중 항상 참이라고 할 수 없는 것은?

① $a+c>b+d$　　② $ac>bd$　　③ $\frac{1}{a}>\frac{1}{b}$

④ $-\frac{1}{c}>-\frac{1}{d}$　　⑤ $ab-b>0$

5 $a>0$, $b<0$을 만족하는 실수 a, b에 대하여 $\frac{2a-3b}{2|a|+|3b|}$의 값은?

① -1　　② 0　　③ 1

④ 2　　⑤ 3

3-1 수열

Calculus Life

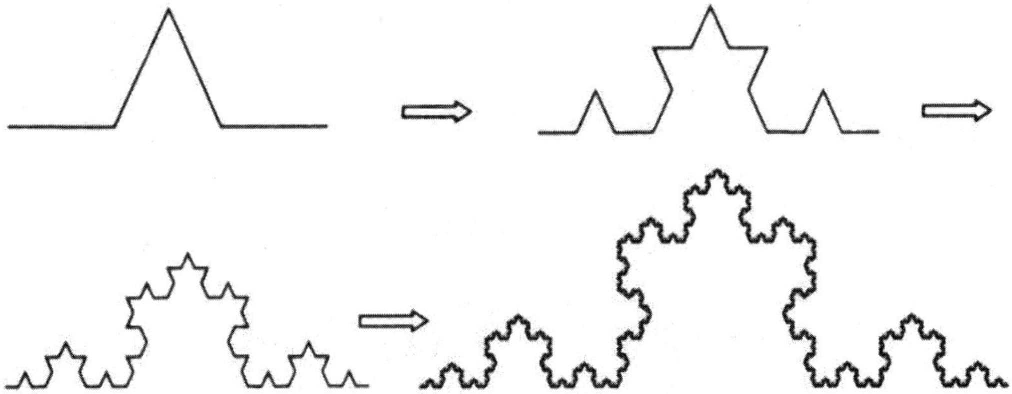

위와 같은 그림이 있다. 위 그림은 1904년 헬게 폰 코흐에 의해 만들어진 눈송이 모양의 곡선이다. 이러한 모양을 만드는 방법은 처음 선분을 삼등분하고 그 가운데 위에 정삼각형을 그리고 밑변을 잘라내는 과정을 반복하는 것이다. 이 때 각각의 과정에서 선분의 길이를 순서대로 써본다면, 숫자의 나열이 될 것이다. 이것이 이번시간에 배울 수열의 개념이다.

Secret Key

등차수열과 등비수열

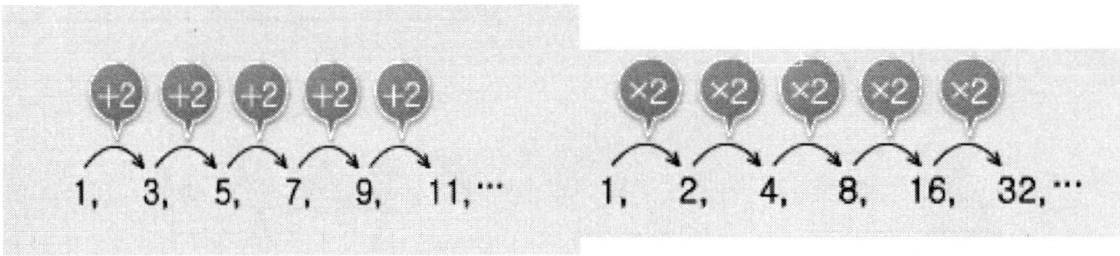

$\sum$의 의미

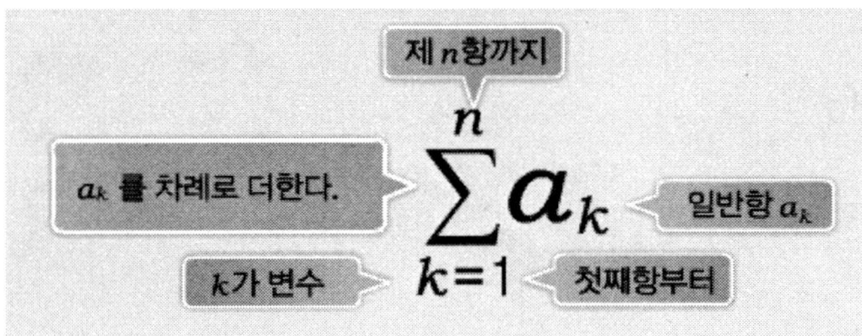

수열의 일반항과 합

등차수열 : $a_n = a + (n-1)d$

$$S_n = \frac{\{n(2a+(n-1)d\}}{2}$$

등비수열 : $a_n = ar^{n-1}$

$$S_n = \frac{a(r^{n-1})}{r-1} \text{ (단, } r \neq 1)$$

$$S_n = na \text{ (단, } r = 1)$$

자연수의 거듭제곱의 합

$$\sum_{k=1}^{n} k = \frac{n(n+1)}{2}$$

$$\sum_{k=1}^{n} k^2 = \frac{n(n+1)(2n+1)}{6}$$

$$\sum_{k=1}^{n} k^3 = \left\{\frac{n(n+1)}{2}\right\}^2$$

My Lesson

1) 수열

(1) 수열의 뜻

수열
일정한 규칙에 따라 수를 나열한 것
예) 1, 2, 4, 8, 16, …

◉ **수열을 나타내는 기호**

$\{a_n\}$: a_1, a_2, …, a_n, …

예) ① 수열 1, 5, 9, 13, …에서 $a_1=1$, $a_2=5$, $a_3=9$ 이다.
② 수열 1, -2, 3, -4, 5, …에서 $a_2=-2$, $a_5=5$ 이다.

◉ **유한수열, 무한수열, 일반항**

유한수열
항의 개수가 유한개인 수열
예) 2, 3, 5, 7, 11, 13
무한수열
항이 무한히 계속되는 수열
예) 1, -2, 4, -8, 16, …

◉ **수열과 함수와의 관계**
- 수열은 자연수를 정의역으로 하고 실수를 공역으로 하는 함수이다.
- $f : N \to R$, $f(a) = a_n$
- 제 n 항 a_n은, 자연수 n의 함수값이다.

수열의 일반항
수열의 제 n항 a_n을 수열의 일반항 이라고 한다.
이 때, 일반항 a_n이 n에 대한 식으로 주어지면 $n=1, 2, 3, \cdots$을 대입하여 수열의 모든 항을 구할 수 있다. …

예제1 수열 $\{a_n\}$의 일반항이 $a_n = (-1)^n + n^2$ 일 때, a_2와 a_3를 구하여라.

풀이 $a_n = (-1)^n + n^2$ 에서 a_2를 구하기 위해 $n=2$의 값을 대입하자.
$a_2 = (-1)^2 + 2^2 = 5$, $a_3 = (-1)^3 + 3^2 = 8$ 이다.

예제2 수열 $\frac{1}{2}, \frac{1}{3}, \frac{1}{4}, \frac{1}{5}, \cdots$ 의 일반항을 구하여라.

풀이 주어진 수열의 분자는 1로 일정하고 분모만 바뀐다는 것을 알 수 있다.
분모의 규칙성을 살펴보면 $a_1 = \frac{1}{1+1}$, $a_2 = \frac{1}{1+2}$, $a_3 = \frac{1}{1+3}$, $a_4 = \frac{1}{1+4}$, $\cdots$ 임을 알 수 있다. 따라서 일반항 $a_n = \frac{1}{1+n}$이다.

(2) 등차수열과 등비수열

◉ **등차수열**

등차수열
수열 a_n에서 첫째항 a_1에서 시작하여 차례로 일정한 수 d를 더하여 얻은 수열을 등차수열이라 하고 d를 공차라 한다.

예제3 다음 빈 칸을 채우시오.
등차수열 $10, 7, 4, 1, \cdots$ 에서 첫째항은 [　　　]이고, 공차는[　　　] 이다.
또한 제 7항인 $a_7 =$ [　　　] 이다.

풀이 주어진수열은 첫째항 10에서 시작하여 차례로 -3을 더하여 얻은 수열이다.
이 때 공차는 -3이다. 제 7항 a_7은 첫째항 10에 -3을 6번 더한 수이다.
즉 $a_7 = 10 + 6 \times (-3) = -8$이다.

◉ **등차수열의 일반항**
첫째항이 a, 공차가 d인 등차수열의 일반항
$a_n = a + (n-1)d \ (n = 1, 2, 3, \cdots)$

[증명] 첫째항이 a이고, 공차가 d인 등차수열 $\{a_n\}$에서

$$a_1 = a$$
$$a_2 = a_1 + d = a + d$$
$$a_3 = a_2 + d = (a+d) + d = a + 2d$$
$$a_4 = a_3 + d = \{(a+d)+d\} + d = a + 3d$$

이므로, 일반항 a_n은 다음과 같이 나타낼 수 있다.

$a_n = a + d + d + \cdots + d = a + (n-1)d$

예제4 다음 수열 $2, 5, 8, 11, \cdots$ 의 일반항과 제 7항을 구하여라.

풀이 주어진 등차수열은 첫째항이 2이고 공차는 3이다.

따라서 일반항 $a_n = 2 + (n-1) \times 3 = 3n - 1$이다.

$a_7 = 3 \times 7 - 1 = 20$

예제5 수열 $\{a_n\}$이 $a_n = -3n + 4$일 때, 첫째항과 공차를 구하여라.

풀이 첫째항 $a_1 = -3 \cdot 1 + 4 = 1$

공차 $d = a_{n+1} - a_n = -3(n+1) + 4 - (-3n+4) = -3$

$\therefore a_1 = 1,\ d = -3$

◉ **등차수열의 합**

첫째항이 a,공차가 d인 등차수열의 첫째항부터 n항까지의 합

$$S_n = \frac{\{n(2a + (n-1)d\}}{2}$$

[증명] $S_n = a + (a+d) + (a+2d) + \cdots + \{a + (n-2)d\} + \{a + (n-1)d\}$

$S_{n=}\{a + (n-1)d\} + \{a + (n-2)d\} + \cdots + (a+2d) + (a+d) + a$ (∵ 교환법칙)

위 두 식을 더하면

$2S_n = [a + \{a + (n-1)d\}] + [(a+d) + \{a + (n-2)d\}] + \cdots + [\{a + (n-1)d\} + a]$

위 각 항은 $2a + (n-1)d$ 이므로

$2S_n = n\{2a + (n-1)d\}$

$$\therefore\ S_n = \frac{n\{2a + (n-1)d\}}{2}$$

$a_n = a + (n-1)d$를 감안하면

$$S_n = \frac{n\{2a + (n-1)d\}}{2} = \frac{n[a + \{a + (n-1)d\}]}{2} = \frac{n(\text{첫째항} + \text{끝항})}{2}$$

예제6 $1 + 4 + 7 + 10 + \cdots$의 첫째항에서 10항까지 합을 구하여라.

풀이 첫째항=1,공차=3,항수=10이므로 이를 $S_n = \dfrac{n\{2a + (n-1)d\}}{2}$에 대입하면

$$S_{10} = \frac{10 \times \{2 \times 1 + (10-1) \times 3\}}{2}$$

$$= \frac{10 \times (2 + 9 \times 3)}{2} = 5 \times 29 = 145$$

예제7 5 + 8 + 11+ …+ 305 를 계산하여라.

풀이 첫째항=5, 공차 = 3을 감안하여 n번째 항을 305라 하여 항수를 다음과 같이 구하자

$5+3(n-1)=305$

$\Leftrightarrow\ 3(n-1)=300$

$\Leftrightarrow$ n-1 = 100에서 $n=101$을 얻는다.

$\therefore$ 5 + 8 + 11+ …+ 305

$=\dfrac{101\times\{2\times5+(101-1)\times3\}}{2}$

$=\dfrac{101\times(10+300)}{2}=$ 1705

예제8 4 + 6 + 8 +10 +…+$(2n+2)$에서 10항부터 100항까지의 합을 구하여라.

풀이 $a_{10}=2\times10+2$=22, 공차 = 2이고 항수는 100-10 +1 = 91

따라서, S= $\dfrac{91\times\{2\times22+(91-1)\times2\}}{2}=\dfrac{91\times(44+180)}{2}=10192$

◉ 등비수열

> **등비수열**
> 수열 a_n에서 첫째항 a_1에서 시작하여 차례로 일정한 수 r을 곱하여 얻은 수열을 등비수열이라 하고 r을 공비라 한다.

예제9 다음 빈 칸을 채우시오.

등비수열 $9, 3, 1, \frac{1}{3}, \frac{1}{9}, \frac{1}{27}, \cdots$에서 첫째항은 [   ] 이고,

공비는[   ] 이다. 또한 제 7항인 $a_7=$[   ] 이다.

풀이 위 수열은 첫째항 9에서 시작하여 차례로 $\frac{1}{3}$을 곱하여 얻은 수열이다.

이 때 공비는 $\frac{1}{3}$이다. 제 7항 a_7은 첫째항 9에 $\frac{1}{3}$를 6번 곱한 수이다.

즉 $a_7=9\cdot\frac{1}{3}\cdot\frac{1}{3}\cdot\frac{1}{3}\cdot\frac{1}{3}\cdot\frac{1}{3}\cdot\frac{1}{3}=\frac{1}{3^4}$이다.

◉ 등비수열의 일반항

첫째항이 a, 공비가 r인 등비수열의 일반항

$$a_n = ar^{n-1} \ (n = 1, 2, 3, \cdots)$$

[증명] 첫째항이 a이고, 공비가 r인 등비수열 $\{a_n\}$에서

$a_1 = a$

$a_2 = a_1 r$

$a_3 = a_2 r = (ar)r = ar^2$

$a_4 = a_3 r = \{(ar)r\}r = ar^3$

이므로, 일반항 a_n은 다음과 같이 나타낼 수 있다.

$a_n = ar \cdot r \cdot r \cdot \cdots r = ar^{n-1}$

예제10 다음 등비수열 $\{a_n\}$의 일반항과 제 7항을 구하여라.

$2, \frac{2}{3}, \frac{2}{9}, \frac{2}{27}, \cdots$

풀이 주어진 등비수열은 첫째항이 2이고 공비는 $\frac{1}{3}$이다.

따라서 일반항 $a_n = 2 \cdot \left(\frac{1}{3}\right)^{n-1}$이다.

$a_7 = 2 \cdot \left(\frac{1}{3}\right)^{7-1} = \frac{2}{3^6}$

예제11 일반항 $a_n = -3n + 4$일 때, 첫째항과 공비를 구하여라.

풀이 첫째항 $a_1 = 3^1 = 3$

공비 $r = \frac{a^{n+1}}{a^n} = \frac{3^{n+1}}{3^n} = 3$

$\therefore a_1 = 3, \ r = 3$

◉ 등비수열의 합

첫째항a,공비 r인 등비수열에서 첫째항부터 n항 까지의 합

$$S_n = \frac{a(r^n - 1)}{r - 1} (단, r \neq 1)$$

[증명] $S_n = a + ar + ar^2 + \cdots + ar^{n-2} + ar^{n-1}$ ……①

위의 양 변에 r을 곱하면

$rS_n = ar + ar^2 + ar^3 + \cdots + ar^{n-1} + ar^n$ ……②

② -①을 계산하면

$rS_n - S_n = ar + ar^2 + ar^3 + \cdots + ar^{n-1} + ar^n - (a + ar + ar^2 + \cdots + ar^{n-1})$

$\Rightarrow (r-1)S_n = a - ar^n$

$\Rightarrow (r-1)S_n = a(r^n - 1)$

$\therefore S_n = \dfrac{a(r^n-1)}{r-1}$

예제12 $2+6+18+24+\cdots$에서 첫째항부터 10항까지 합을 구하여라.

풀이 $a=2$,공비 $r=3$,항수 10이므로

$$S_{10} = \frac{2\times(3^{10}-1)}{3-1} = \frac{2\times(3^{10}-1)}{2} = 3^{10}-1$$

예제13 6 +18 + 54+ ⋯ + $2\cdot 3^{11}$ 를 계산하여라.

풀이 첫째항 = 6, 공비 = 3임을 이용하여 다음과 같이 구한다.

$6\times 3^{n-1} = 2\times 3^{11}$

$\Rightarrow 2\times 3\times 3^{n-1} = 2\times 3^{11}$

$\Rightarrow 2\times 3^{n-1} = 2\times 3^{11}$

$\Rightarrow 3^{n-1} = 3^{11}$에서 $n=12$

$$\therefore S_{12} = \frac{6\cdot(3^{12}-1)}{3-1} = 3\times(3^{12}-1) = 3^{13}-3$$

예제14 $3+6+12+24+\cdots+\dfrac{3}{2}\times 2^n$에서 10항부터 100항까지의 합을 구하여라.

풀이 $a_{10} = \dfrac{3}{2}\times 2^{10} = 3\times 2^9 = 3\times 512 = 1536$, 공비 = 2, 항수 = 100-10+1 = 91

따라서, $S = \dfrac{1536\times(2^{91}-1)}{2-1} = 1536\times(2^{91}-1)$

(3) 다지기

1 다음은 수열 $1, \frac{1}{4}, \frac{1}{9}, \frac{1}{16}, \frac{1}{25}, \cdots$에 관한 설명이다. **옳지 않은** 것은?

① 무한수열이다.

② $a_3 = \frac{1}{9}$

③ 수열을 함수로 표현한다면 $f(n) = \frac{1}{n}$이다.

④ 이 수열의 일반항 $a_n = \frac{1}{n^2}$이다.

2 첫째항이 13이고 공차가 -2인 등차수열의 10번째 항을 구하여라.

3 첫째항이 1이고 공비가 2인 등비수열의 다섯 번째 항을 구하여라.

4 일반항이 $a_n = 10 - 2n$인 수열에서 첫째항부터 10항까지의 합을 구하여라.

5 일반항이 $a_n = 5 \times 2^n$인 수열의 3항부터 10항 까지의 합을 구하여라.

2) 수열의 합

(1) 합의 기호 $\sum$

◉ $\sum$에 대해 알아보자.

· $\{a_n\}$의 첫째항부터 제 n항까지의 합 $a_1+a_2+a_3+\cdots+a_k+\cdots+a_n=\sum_{k=1}^{n}a_k$

· 수열의 합을 기호로 나타낼 때에는 각 항을 나타내는 규칙(일반항), 첫째항, 끝항을 반드시 표기해야 한다.

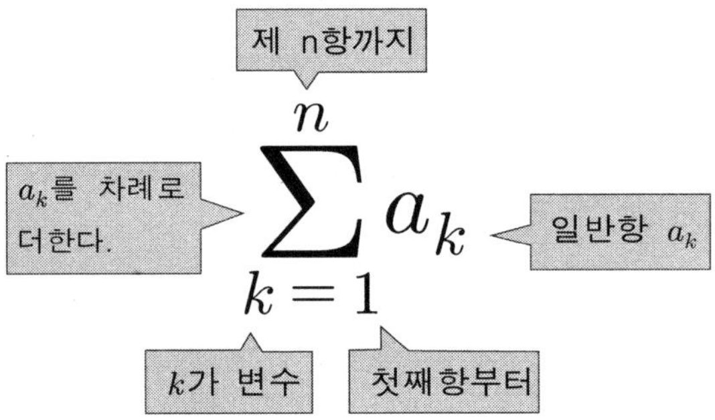

예제1 다음 수열의 합을 기호 $\sum$를 사용하여 나타내어라.

$1\cdot 1+2\cdot 2+3\cdot 2^2+4\cdot 2^3+\cdots+10\cdot 2^9$

풀이 일반항 $a_k=k\cdot 2^{k-1}$이므로

주어진 식은 a_k의 k에 $1, 2, 3, \cdots, 10$을 대입하여 얻은 항 들의 합이므로

$1\cdot 1+2\cdot 2+3\cdot 2^2+4\cdot 2^3+\cdots+10\cdot 2^9$

$=\sum_{k=1}^{10}k\cdot 2^{k-1}$

◉ $\sum$성질에 대해 알아보자.

두 수열 $\{a_n\}$, $\{b_n\}$에 대하여

(1) $\sum_{k=1}^{n}a_k+\sum_{k=1}^{n}b_k=\sum_{k=1}^{n}(a_k+b_k)$

(2) $\sum_{k=1}^{n}a_k-\sum_{k=1}^{n}b_k=\sum_{k=1}^{n}(a_k-b_k)$

(3) $\sum_{k=1}^{n}ca_k=c\sum_{k=1}^{n}a_k$ (c는 상수)

(4) $\sum_{k=1}^{n}c=cn$ (c는 상수)

(5) $\sum_{k=1}^{n} a_k b_k \neq \sum_{k=1}^{n} a_k \sum_{k=1}^{n} b_k$

[증명] $\sum_{k=1}^{n} a_k b_k = a_1 b_1 + a_2 b_2 + a_3 b_3 + \cdots + a_n b_n$

$$\sum_{k=1}^{n} a_k \sum_{k=1}^{n} b_k = (a_1 + a_2 + \cdots + a_n)(b_1 + b_2 + \cdots + b_n)$$
$$= a_1 b_1 + a_1 b_2 + \cdots + a_n b_{n-1} + a_n b_n$$

$$\therefore \sum_{k=1}^{n} a_k b_k \neq \sum_{k=1}^{n} a_k \sum_{k=1}^{n} b_k$$

(6) $\sum_{k=1}^{n} \frac{b_k}{a_k} \neq \frac{\sum_{k=1}^{n} b_k}{\sum_{k=1}^{n} a_k}$

[증명] $\sum_{k=1}^{n} \frac{b_k}{a_k} = \frac{b_1}{a_1} + \frac{b_2}{a_2} + \cdots + \frac{b_n}{a_n}$

$$\frac{\sum_{k=1}^{n} b_k}{\sum_{k=1}^{n} a_k} = \frac{(b_1 + b_2 + \cdots + b_n)}{(a_1 + a_2 + \cdots + a_n)}$$

$$\therefore \sum_{k=1}^{n} \frac{b_k}{a_k} \neq \frac{\sum_{k=1}^{n} b_k}{\sum_{k=1}^{n} a_k}$$

(2) 여러 가지 수열의 합

◉ 자연수의 거듭제곱의 합

(1) $\sum_{k=1}^{n} k = 1 + 2 + 3 + \cdots + n = \frac{n(n+1)}{2}$

(2) $\sum_{k=1}^{n} k^2 = 1^2 + 2^2 + 3^2 + \cdots + n^2 = \frac{n(n+1)(2n+1)}{6}$

(3) $\sum_{k=1}^{n} k^3 = 1^3 + 2^3 + 3^3 + \cdots + n^3 = \left\{\frac{n(n+1)}{2}\right\}^2$

예제2 제 n항이 $a_n = n^2 + 3n - 4$인 수열의 첫째항에서 제n항까지의 합을 구하여라.

풀이 제 k항이 $k^2 + 3k - 4$이므로 구하는 합을 S_n이라 하면

$$S_n = \sum_{k=1}^{n} (k^2 + 3k - 4) = \sum_{k=1}^{n} k^2 + 3\sum_{k=1}^{n} k + \sum_{k=1}^{n} (-4)$$

$$= \frac{n(n+1)(2n+1)}{6} + \frac{3n(n+1)}{2} - 4n$$
$$= \frac{n(n-1)(n+7)}{3}$$

◉ 부분분수 $\sum_{k=1}^{n} \frac{1}{k(k+1)}$의 값을 구해보자.

$$\sum_{k=1}^{n} \frac{1}{k(k+1)} = \sum_{k=1}^{n}\left(\frac{1}{k} - \frac{1}{k+1}\right)$$
$$= \left(\frac{1}{1} - \frac{1}{2}\right) + \left(\frac{1}{2} - \frac{1}{3}\right) + \left(\frac{1}{3} - \frac{1}{4}\right) + \cdots + \left(\frac{1}{n} - \frac{1}{n+1}\right)$$
$$= 1 - \frac{1}{n+1} = \frac{n}{n+1}$$

memo

※ 부분분수로 분해하기

$$\frac{1}{ab} = \frac{1}{b-a}\left(\frac{1}{a} - \frac{1}{b}\right)(a \neq b)$$

◉ 계차수열을 이용한 수열의 합

계차수열

수열 $\{a_n\}$에서 $b_n = a_{n+1} - a_n$ $(n = 1, 2, 3, \cdots)$을 항으로 하는 새로운 수열$\{b_n\}$을 수열 $\{a_n\}$의 계차수열이라 한다.

memo

※ 계차수열을 이용한 수열의 일반항 구하기

$$a_n = a_1 + (a_2 - a_1) + (a_3 - a_2) + \cdots + (a_n - a_{n-1})$$
$$= a_1 + b_1 + b_2 + b_3 + \cdots + b_{n-1}$$
$$= a_1 + \sum_{k=1}^{n-1} b_k$$

예제3 수열 $\{a_n\}$이 1, 4, 11, 22, 37, 56, …일 때 일반항을 구하여라.

풀이 수열 $\{a_n\}$의 계차수열을 $\{b_n\}$이라 하면

$\{a_n\}$: 1, 4, 11, 22, 37, 56, …

$\{b_n\}$: 3, 7, 11, 15, 19, … 이므로

$\{b_n\}$은 첫째항이 3, 공차가 4인 등차수열이다.

$$\therefore b_n = 3+(n-1)\times 4 = 4n-1$$

$n \geq 2$일 때, $a_n = a_1 + \sum_{k=1}^{n-1}(4k-1) = 1 + 4\times\frac{n(n-1)}{2} - (n-1)$

$$= 2n^2 - 3n + 2$$

그런데 이 식은 $n=1$일 때도 성립하므로 구하는 일반항

$$a_n = 2n^2 - 3n + 2$$

(3) 다지기

※ (1~3) 다음 물음에 O, X로 답하여라.

1 $\frac{4}{2\cdot 3}+\frac{5}{3\cdot 4}+\frac{6}{4\cdot 5}+\cdots+\frac{12}{10\cdot 11} = \sum_{k=2}^{10}\frac{k+2}{k(k+1)}$ 이다.

2 $\sum_{k=1}^{10} n = 1+2+3+\cdots+10 = 55$ 이다.

3 $\left(\sum_{k=1}^{n} a_k\right)\left(\sum_{k=1}^{n} b_k\right) = \sum_{k=1}^{n} a_k b_k$ 이다.

4 $5^2+6^2+7^2+8^2+9^2+10^2$의 값은?

① 210
② 275
③ 330
④ 385
⑤ 460

5 $\frac{1}{ab} = \frac{1}{\square}\left(\frac{1}{a}-\frac{1}{b}\right)\ (a \neq b)$ 에서 □안에 알맞은 문자를 써 넣어라.

3) 수학적 귀납법

(1) 수열의 귀납적 정의

◉ 도미노

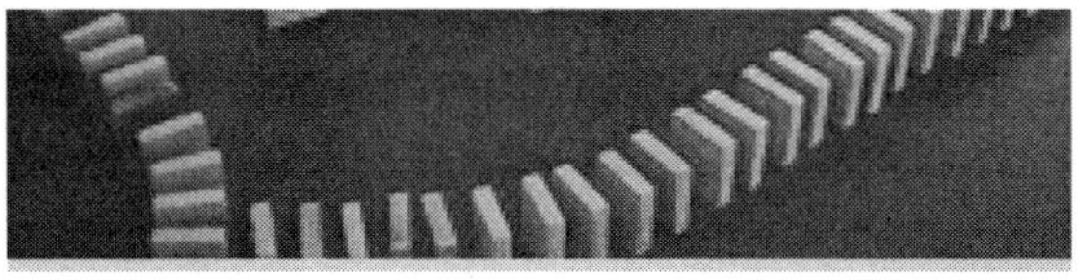

도미노의 특징은 시작되는 첫째 도미노를 넘어뜨리면 두 번째, 세 번째 도미노가 차례대로 넘어져 마지막 도미노까지 연쇄적으로 넘어진다는 점이다. 이번에 배울 수학적귀납법과 많은 연관이 있는 그림이다. 수학적 귀납법도 도미노와 마찬가지로 두 가지를 증명하면 모든 자연수에 관하여 성립함을 보일 때 사용되는 유용한 원리이다.

◉ 추론

$a_1 = 4$	$a_2 = 8$	$a_3 = 32$	$a_4 = 128$	$\cdots$

위의 표는 a_1부터 차례로 늘어놓은 표이다. 여기서 a_5는 어떻게 될까? a_4에 4를 곱하면 될 것 같은데 정말 그럴까? 미루어 짐작은 할 수 있지만 확신할 수는 없다. '추측이 옳다.'라는 방법은 반드시 수학적 타당화의 방법을 거쳐야 한다. 자연수에 대해서 수학적 타당화의 방법에 해당하는 수학적 귀납법에 대해 알아보자.

◉ 수학적 귀납법

자연수 n에 대한 명제 $p(n)$이 모든 자연수 n에 대하여 성립함을 증명하려면 다음 두 가지를 보이면 된다.

❶ $n=1$일 때, 명제 $p(n)$이 성립한다.

❷ $n=k$일 때, 명제 $p(k)$가 성립한다고 가정하면
$n=k+1$일 때에도 명제 $p(n)$이 성립한다.

위의 두 조건을 만족하면 주어진 명제 $p(n)$는 모든 자연수 n에 대하여 성립한다.

(2) 점화식

◉ 점화식

이웃하는 항 사이의 관계식을 점화식이라 한다.

수열 $\{a_n\}$에서 $n=1,\ 2,\ 3,\ 4,\ \cdots$일 때

(1) $a_{n+1}-a_n=d$(일정) ⇒공차가 d인 등차수열

(2) $a_{n+1}\div a_n=r$(일정) ⇒공비가 r인 등비수열

(3) $a_{n+1}-a_n=f(n)$ ⇒ 계차수열이 $f(n)$인 수열

※ 그 외 점화식이 복잡한 경우에는 공식을 이용하는 대신 $n=1,\ 2,\ 3,\ 4,\ \cdots$를 대입 한 후, 일반항을 구하는 방법을 자주 사용한다.

예제1 수열 $\{a_n\}$에서 $a_1=2$, $a_{n+1}-a_n=3$ 일 때 일반항 a_n을 구하여라.

풀이 $a_{n+1}-a_n=3$이므로 수열 a_n은 공차가 3인 등차수열이다.

첫째항 $a_1=2$이므로 일반항 $a_n=a_1+(n-1)\cdot d$에서

$a_n=2+(n-1)\cdot 3=3n-1 \quad \therefore a_n=3n-1$

예제2 수열 a_n에 대하여 $a_1=2$, $a_{n+1}=a_{n+6n}$일 때 일반항 a_n을 구하여라.

풀이 수열 a_n의 계차수열을 b_n이라 하면 $b_n=a_{n+1}-a_n=6n$이다.

$$a_n=a_1+\sum_{k=1}^{n-1}b_k=2+\sum_{k=1}^{n-1}6k=2+6\cdot\frac{(k-1)\cdot k}{2}=3n^2-3n+2$$

(3) 다지기

◎ 다음 문제를 풀어 보자.

1 자연수 n에 대하여 명제 p(n)이 있다. p(n), p(n+1)중 어느 하나가 참이면 p(n+2)가 참임을 알았다. 명제 p(n)이 모든 자연수 n에 대하여 참이기 위한 필요충분조건은? [ ]

① p(1)이 참이다. ② p(2)가 참이다.
③ p(1)과 p(2)가 참이다. ④ p(1)과 p(3)이 참이다.
⑤ p(2)와 p(3)이 참이다.

2 $a_1=3$, $a_{n+1}=a_n+2n$ $(n=1,2,3,\cdots)$으로 정의되는 수열 $\{a_n\}$에서 a_{10}의 값은?

① 75 ② 87 ③ 93 ④ 97 ⑤ 103

Quiz, Quiz

1 등차수열 a_n에서 $a_3 = 6$, $a_5 = 10$일 때, a_4의 값은?

① 8 ② 9 ③ 10 ④ 11

2 제 3항이 -12, 제 6항이 96인 등비수열의 공비는? (단 공비는 실수)

① -4 ② -2 ③ 2 ④ 4

3 $\sum_{k=1}^{5} 3k$ 의 값은?

① 35 ② 40 ③ 45 ④ 50

4 수열 $\frac{1}{2 \cdot 4} + \frac{1}{4 \cdot 6} + \frac{1}{6 \cdot 8} + \cdots + \frac{1}{2n(2n+2)}$의 값은?

① $\frac{n}{2(n+1)}$ ② $\frac{n}{3(n+1)}$ ③ $\frac{n}{4(n+1)}$ ④ $\frac{n}{5(n+1)}$

5 $a_1 = 5$, $a_{n+1} = a_n + 3$ $(n \geq 1)$인 수열의 일반항은?

① $a_n = 3n+2$ ② $a_n = 5n+3$ ③ $a_n = 3n+5$ ④ $a_n = 3n-1$

4-1 함수

Calculus Life

위의 그림은 음료수 자판기이다. 자판기에서 원하는 음료수를 마시고 싶을 때는 그에 해당하는 금액을 투입하고, 그에 해당하는 버튼을 누르면 원하는 음료수가 나온다. 다른 버튼을 누르면 그 버튼에 해당하는 음료가 나오고, 버튼을 한 번 누를 때, 음료는 한 개만 나온다. 이처럼 자판기는 선택하는 버튼과 나오는 음료사이가 서로 대응되고 있음을 알 수 있다. 함수란 처음에는 종속관계. 즉, x가 변화함에 따라 y가 변화하는 관계로 설명되었으나, 이러한 변화관계에서 더 나아가 x와 y의 단순한 대응관계의 개념으로 발전하였다. 함수를 흔히 블랙박스라 하는데 이는 잘 만들어진 함수는 사용자가 함수의 원리를 잘 모른다 하더라도 쉽게 사용할 수 있기 때문에 붙여진 이름이다. 자판기의 원리를 모르지만 우리가 자판기를 일상생활에서 접하며 사용하고 있는 것과 같은 이치이다. 이번 시간에는 이러한 대응관계에서 특정한 조건을 만족시키는 함수에 대해 학습한다.

Secret Key

일차함수 $y = ax$

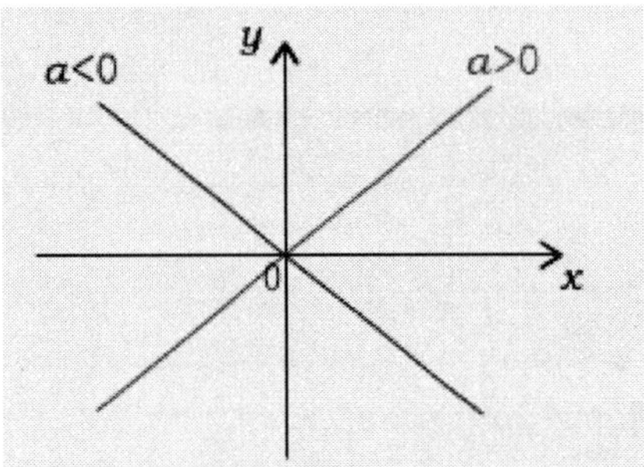

이차함수 $y = ax^2$

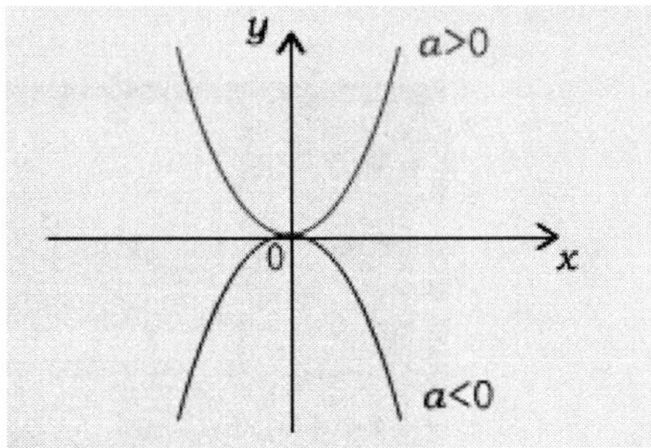

유리함수 $y = \frac{k}{x}$

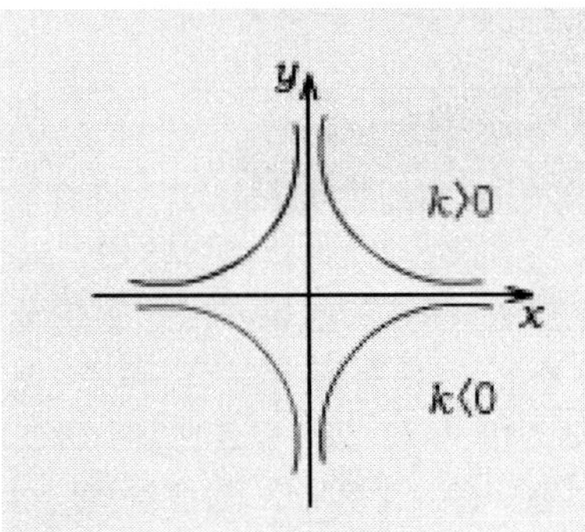

무리함수

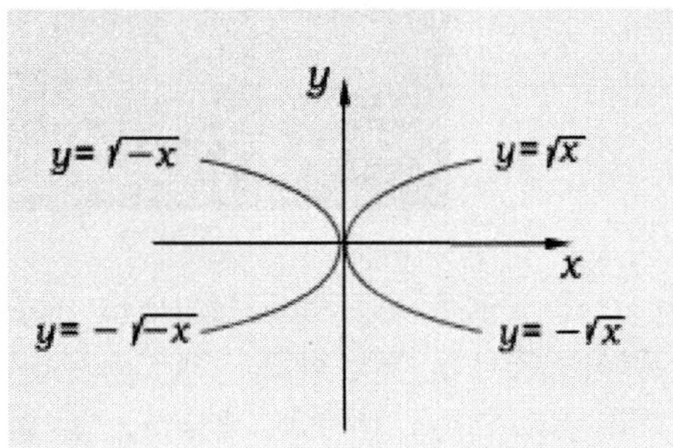

My Lesson

1) 함수의 정의와 종류

(1) 함수의 정의

함수
공집합이 아닌 두 집합 X, Y에서 X의 각 원소에 Y의 원소가 하나씩 대응될 때, X에서 Y로의 함수라고 한다. **표기** : $f : X \to Y$ 또는 $f : x \to y$ 또는 $y = f(x)$

◉ 함수의 예

두 집합 X={현대, 기아, 삼성르노}, Y={SM3, 산타페, 프라이드} 라 할 때,
X(회사)와 Y(차)의 대응을 생각해 보자.
(변화관계가 아니라 각 회사에 대한 자동차의 대응)

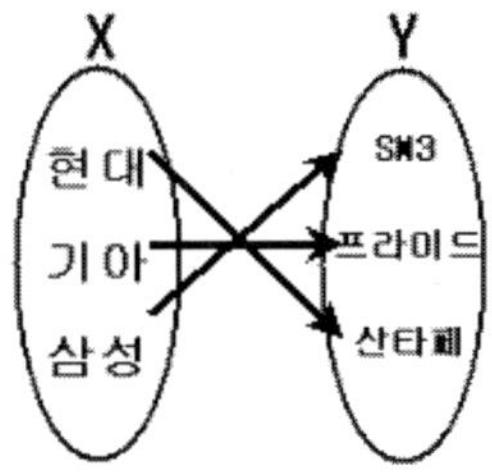

◉ 함수의 표기

집합 X에서 Y로의 함수의 표기는 다음과 같다.

◉ 정의역, 공역, 치역

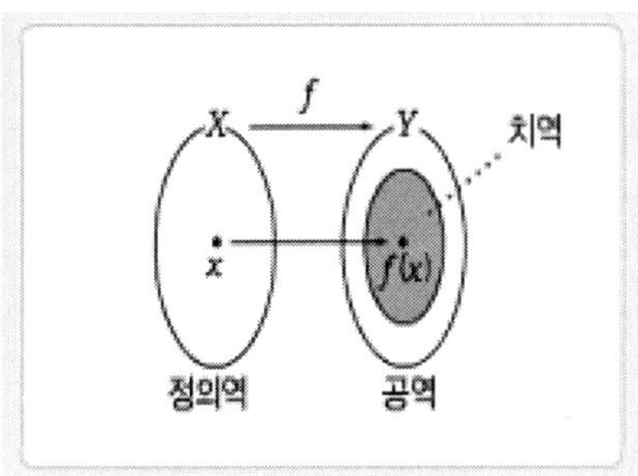

· 정의역 : 집합 X
· 공역 : 집합 Y
· 치역 : $\{f(x) | x \in X\}$

(2) 함수의 종류

◉ 일대일함수

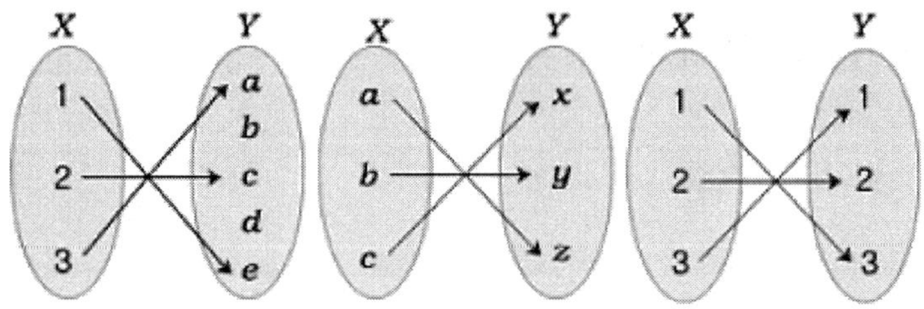

$x_1 \neq x_2$이면 $f(x_1) \neq f(x_2)$ 또는 $f(x_1) = f(x_2)$이면 $x_1 = x_2$

◉ 일대일대응

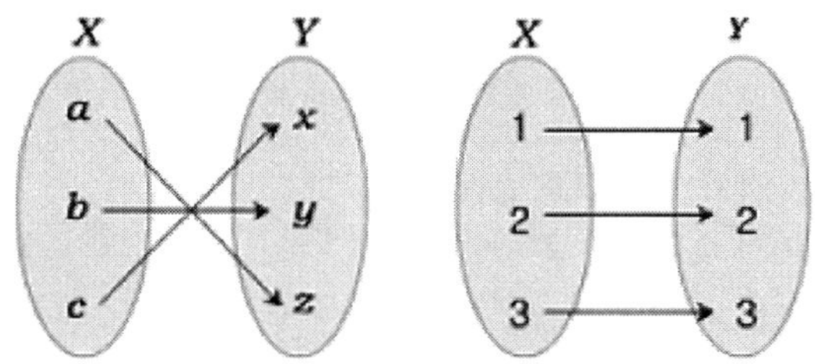

1) 공역의 개수 = 치역의 개수
2) $x_1 \neq x_2$이면 $f(x_1) \neq f(x_2)$ 또는 $f(x_1) = f(x_2)$이면 $x_1 = x_2$

◉ 항등함수

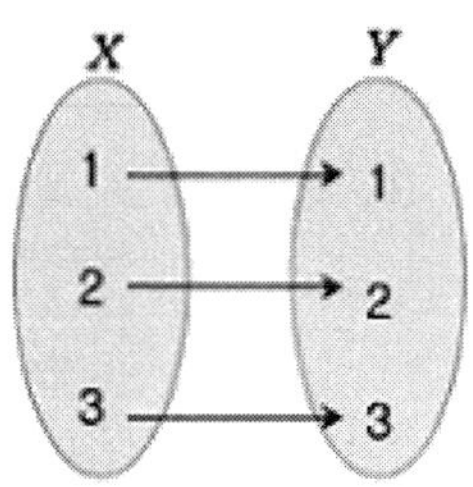

1) $f : X \to Y$에서 $X = Y$
2) X의 임의의 원소 x에 대해 $f(x) = x$

◉ 상수함수

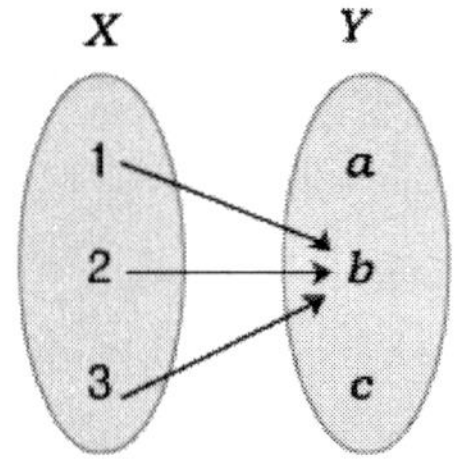

$f : X \to Y$에서 X의 모든 원소가 Y의 한 원소에 대응되는 함수

예제1 다음에서 일대일대응인 것은?

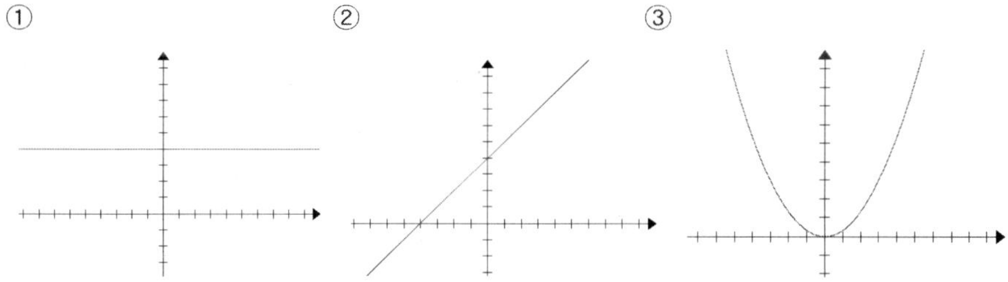

풀이 ②

예제2 다음 중 항등함수의 그래프가 될 수 있는 것은?

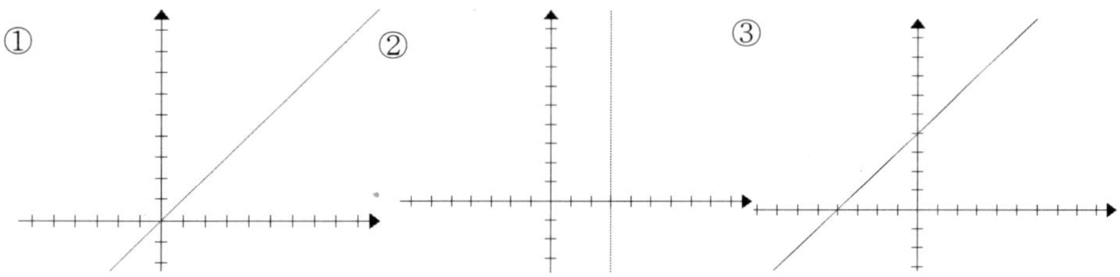

풀이 ①

예제3 다음 중 상수함수의 그래프가 될 수 있는 것은?

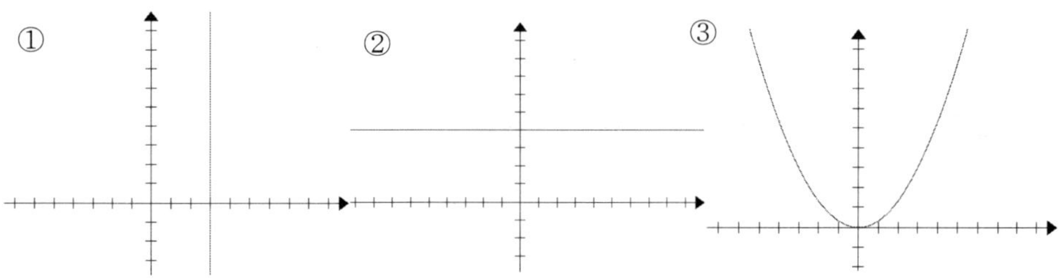

풀이 ③

◉ 대수함수와 초월함수

- 대수함수
  - 유리함수
    - 다항함수 $(4x+3,\ x^2+x+2,\ \cdots\cdots)$
    - 분수함수 $\left(\dfrac{2}{x-1},\ \dfrac{1}{x^2+1},\ \cdots\cdots\right)$
  - 무리함수 $(\sqrt{2-x^2},\ \cdots\cdots)$
- 초월함수 $(a^x,\ \log x,\ \sin x,\ \cosh x,\ \cdots\cdots)$

(3) 다지기

1 $X=\{0,\ 1,\ 2\}$, $Y=\{0,\ 1,\ 2\}$일 때 $f: X \rightarrow Y$, $f(x)=x$인 함수 f의 치역은?

① $\{0\}$ ② $\{0,\ 1\}$ ③ $\{0,\ 2\}$ ④ $\{0,\ 1,\ 2\}$

2 **다음에서 빈 칸에 들어갈 말을 입력하세요**

(1) 정의역 = 공역
정의역의 원소 x_1, x_2에 대하여 $f(x_1)=f(x_2)$ 이면 $x_1=x_2$

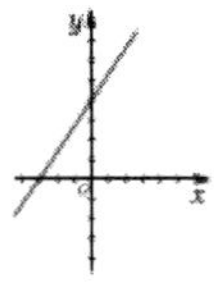

[　　　　]

(2) 정의역 = 공역
자기 자신에 대응

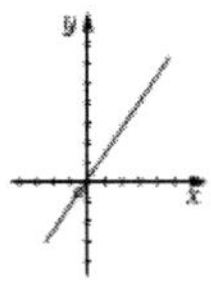

[　　　　]

(3) 정의역의 모든 원소가
공역의 원소 하나에만 대응

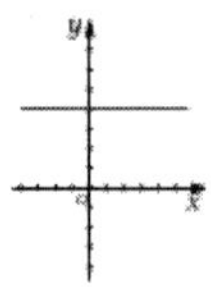

[　　　　]

3 다음 빈칸에 들어갈 말을 입력하세요.

함수
- [　　]
  - 유리함수
    - 다항함수 $(4x+3,\ x^2+x+2,\ \cdots\cdots)$
    - 분수함수 $\left(\dfrac{2}{x-1},\ \dfrac{1}{x^2+1},\ \cdots\cdots\right)$
  - 무리함수 $(\sqrt{2-x^2},\ \cdots\cdots)$
- [　　] $(a^x,\ \log x,\ \sin x,\ \cosh x,\ \cdots\cdots)$

2) 대수적 함수

(1) 대칭이동과 평행이동

◉ 대칭이동

x축 대칭

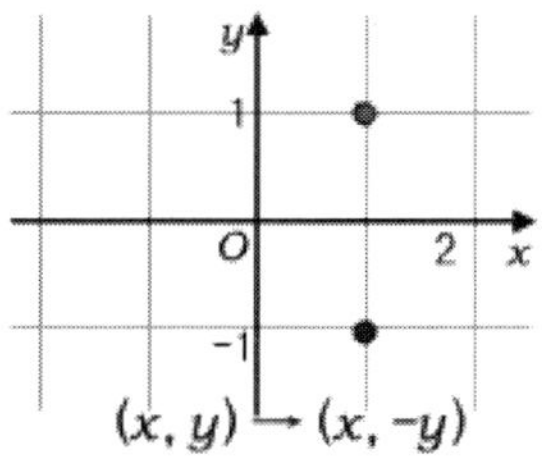

y축 대칭

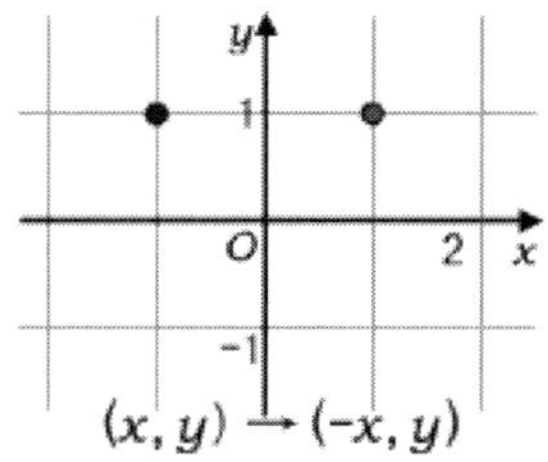

원점 대칭

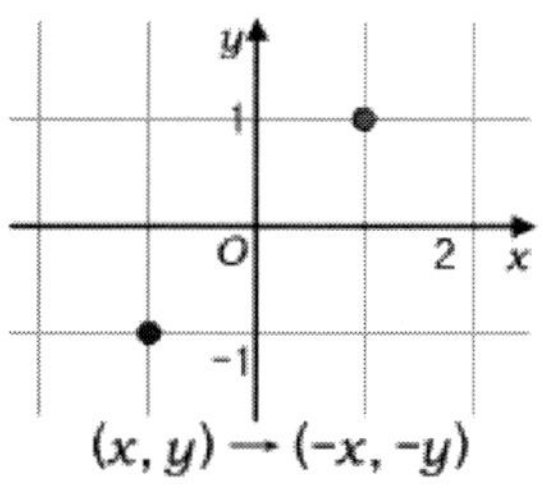

$y=x$ 대칭

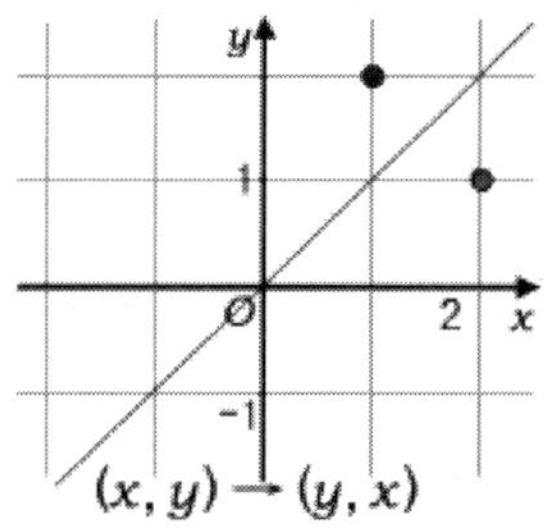

◉ 평행이동

일차함수 $y=ax$		$y=a(x-p)+q$
이차함수 $y=ax^2$	$x\to p$만큼 평행이동	$y=a(x-p)^2+q$
유리함수 $y=\frac{a}{x}$	$y\to q$만큼 평행이동	$y=\frac{a}{x-p}+q$
무리함수 $y=\sqrt{ax}$		$y=\sqrt{a(x-p)}+q$

(2) 대수적 함수

◉ 절대값이 포함된 일차함수의 그래프

예제1 $y=|x|$의 그래프를 그려라.

풀이 범위에 주의하며 $y=|x|=\begin{cases} x\ (x\geq 0) \\ -x\ (x<0)\end{cases}$을 그린다.

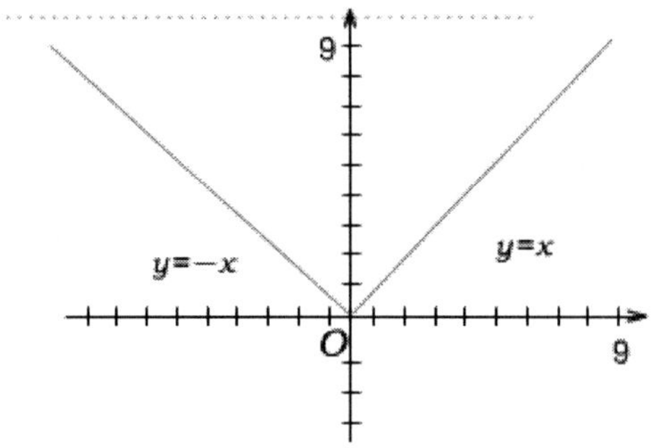

예제2 $y=|x-1|+2$의 그래프를 그려라.

풀이 범위를 나누어 푼다.

i) $x-1\geq 0$, 즉 $x\geq 1$일 때

$|x-1|=x-1$

$y=|x-1|+2=x-1+2=x+1$

ii) $x-1<0$, 즉 $x<1$일 때

$|x-1|=-(x-1)=-x+1$

$y=|x-1|+2=-x+1+2=-x+3$

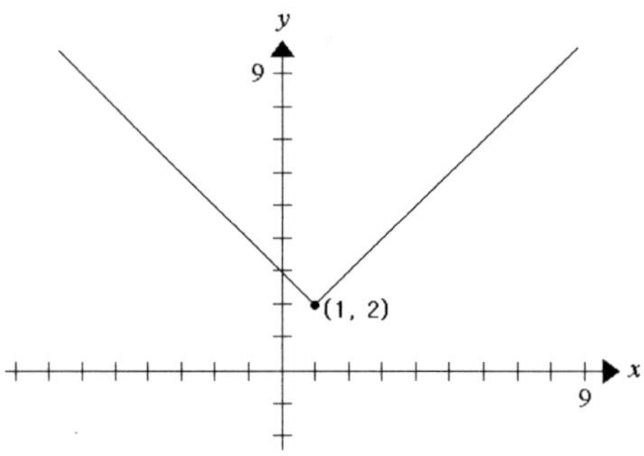

◉ $y=ax^2$**의 그래프** (a의 값에 따라, $y=ax^2$의 그래프 변화한다.)

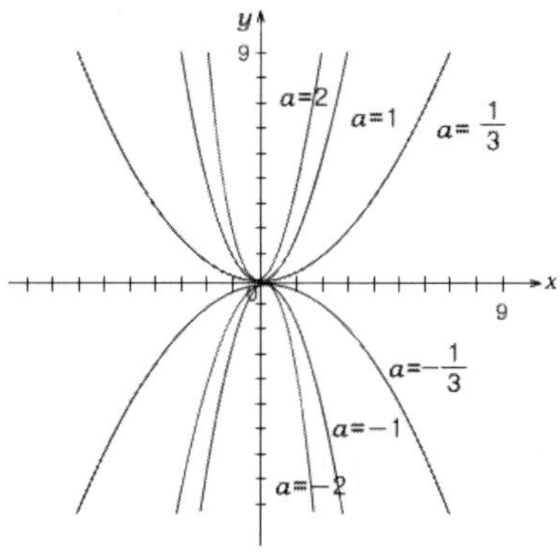

예제3 $y=3(x-2)^2+3$의 그래프를 그려라.

풀이 $y=3(x-2)^2+3$은 $y=3x^2$을 x축으로 2, y축으로 3만큼 평행이동 한 그래프이다.

[$y=3x^2$의 그래프]

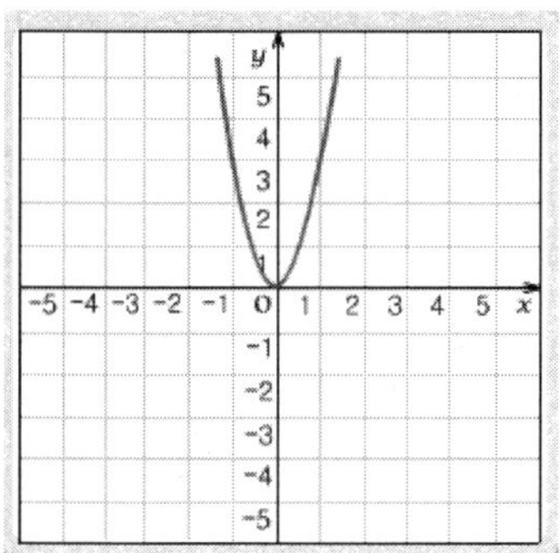

[$y=3(x-2)^2+3$의 그래프]

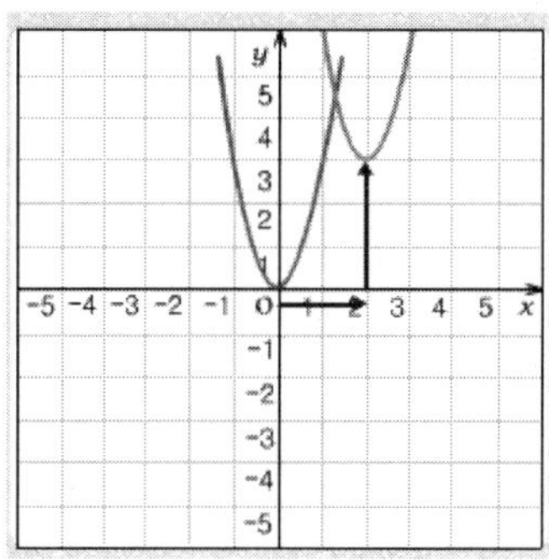

◉ **유리함수** $y=\dfrac{k}{x}$**의 그래프와 그 성질**

(1) 원점에 대칭인 직각쌍곡선
(2) 점근선은 x축, y축이다.
(3) $k>0$일 때, 제1, 3사분면
$k<0$일 때, 제2, 4사분면
(4) $|k|$가 크면 클수록 원점에서 멀어진다.

[$k > 0$]

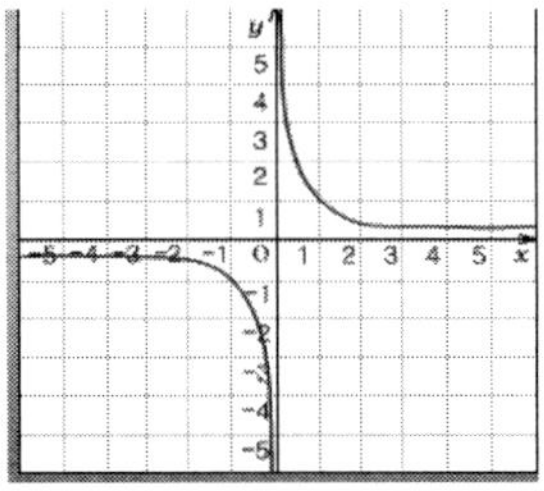

[$k < 0$]

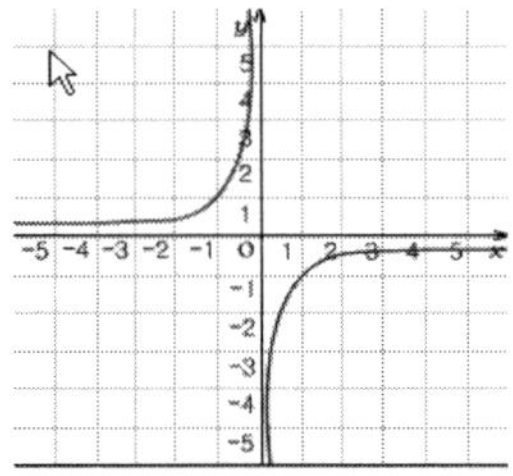

예제4 $y = \dfrac{2}{x-3} + 5$의 그래프를 그려라.

풀이 $y = \dfrac{2}{x-3} + 5$는 $y = \dfrac{2}{x}$의 그래프를 x축으로 3, y축으로 5만큼 평행이동한 그래프이다.

[$y = \dfrac{2}{x}$의 그래프]

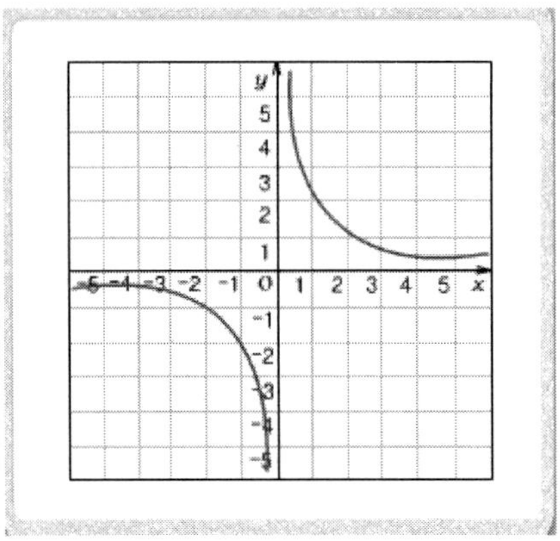

[$y = \dfrac{2}{x-3} + 5$의 그래프]

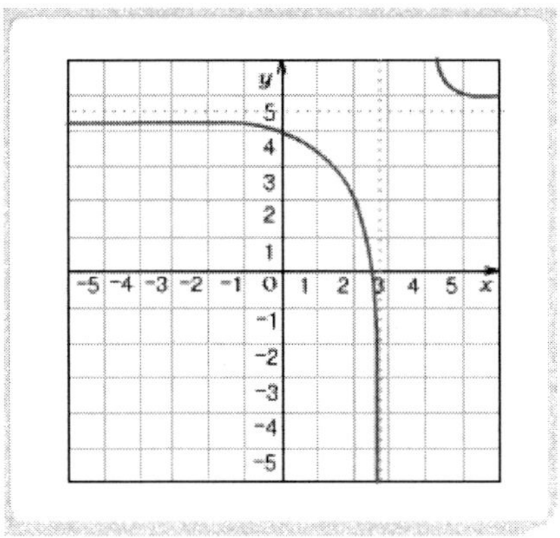

◉ **무리함수 $y = \sqrt{x}$의 그래프와 그 성질**

(1) $x \geq 0$에서만 그래프가 그려진다.
(2) 포물선의 일부분이다.

◉ 무리함수 $y=\sqrt{x}$ 의 그래프와 그 대칭이동 그래프

$y=\sqrt{-x}$

$y=\sqrt{x}$

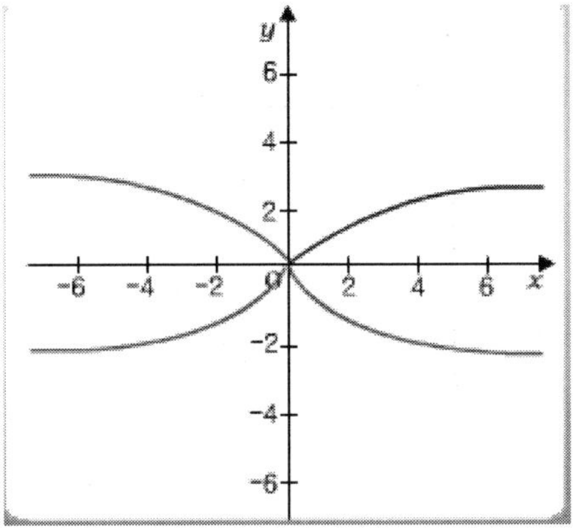

$y=-\sqrt{-x}$

$y=-\sqrt{x}$

예제5 $y=\sqrt{x-2}-1$의 그래프를 그려라.

풀이 $y=\sqrt{x-2}-1$의 그래프는 $y=\sqrt{x}$ 의 그래프를 그 x축으로 2만큼, y축으로 -1만큼 평행이동하여 그린다.

[$y=\sqrt{x}$ 의 그래프]

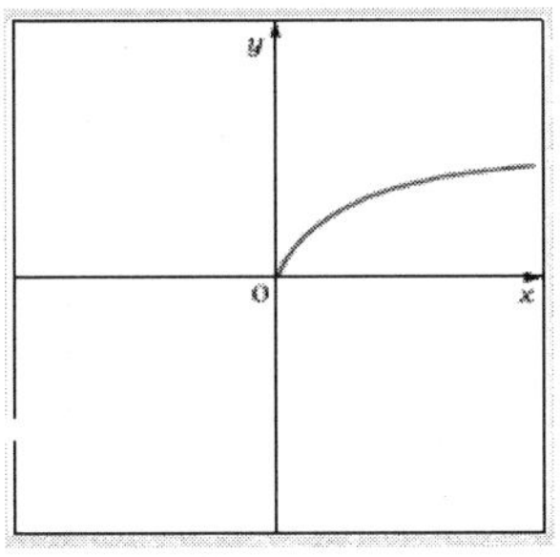

[$y=\sqrt{x-2}-1$의 그래프]

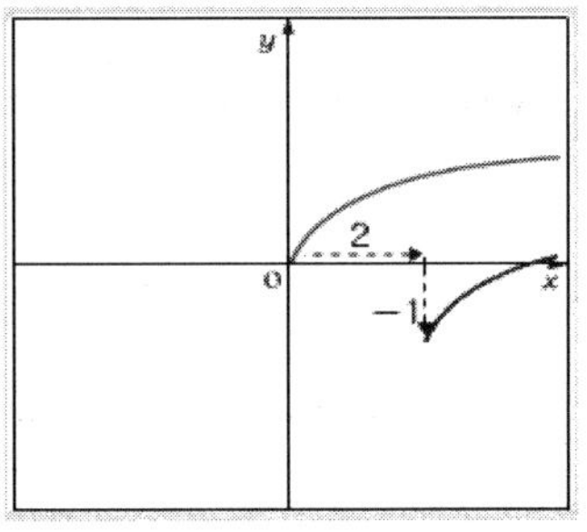

(3) 다지기

다음 문제를 풀어 보자.

1 다음 중 $y=|x-4|-1$ 의 그래프를 고르면?

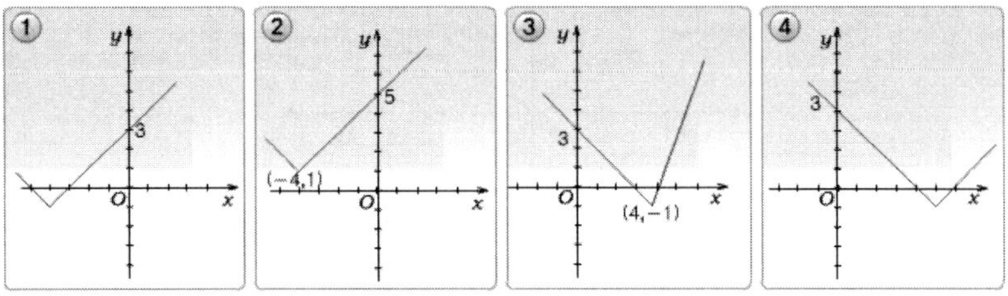

2 다음 중 $y=(x-3)^2+2$ 의 그래프를 고르면?

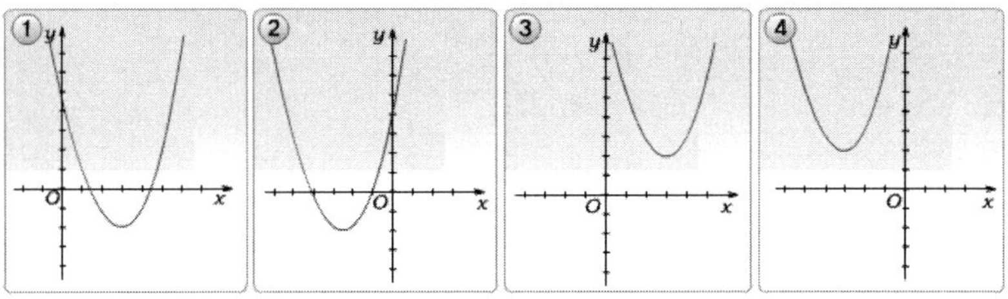

3 다음 중 $y=\dfrac{3}{x-3}+2$의 그래프를 고르면?

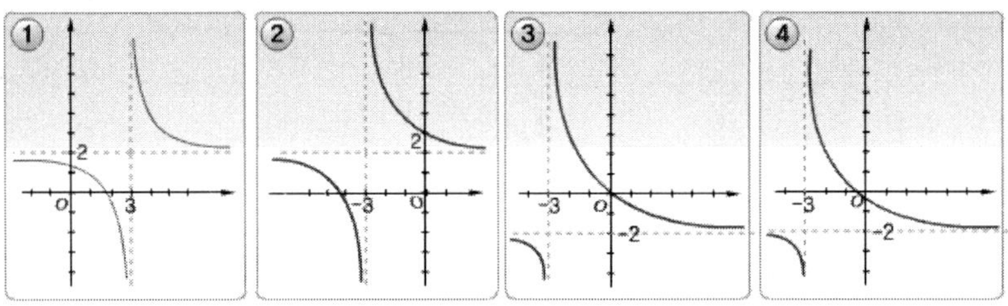

4 다음 중 $y=-\sqrt{x-3}+1$의 그래프를 고르면?

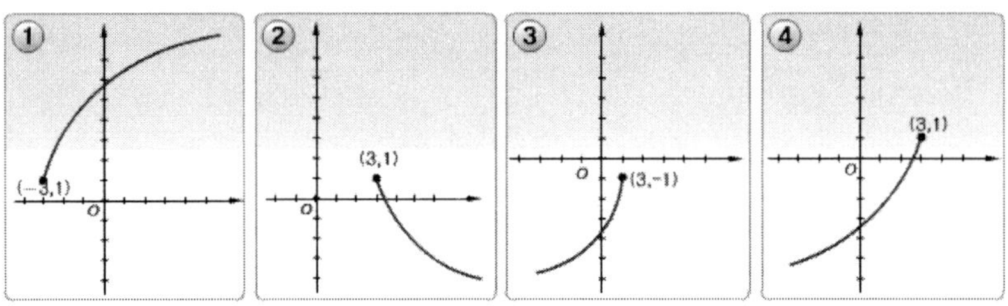

Quiz, Quiz

1 다음 중 일대일 대응을 나타내는 그래프는?

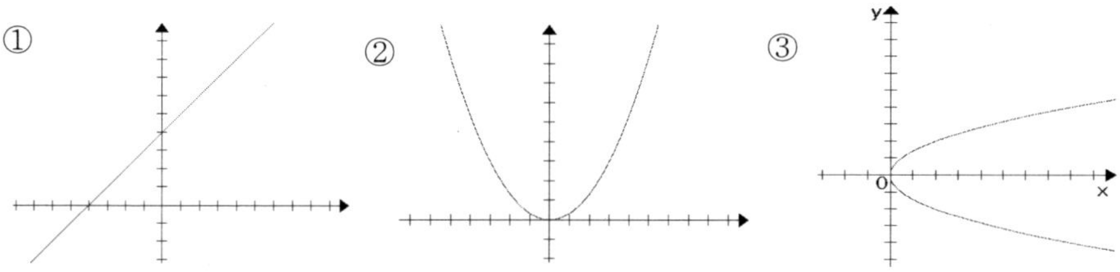

2 $y=\dfrac{1}{x-3}+2$의 그래프로 올바른 것은?

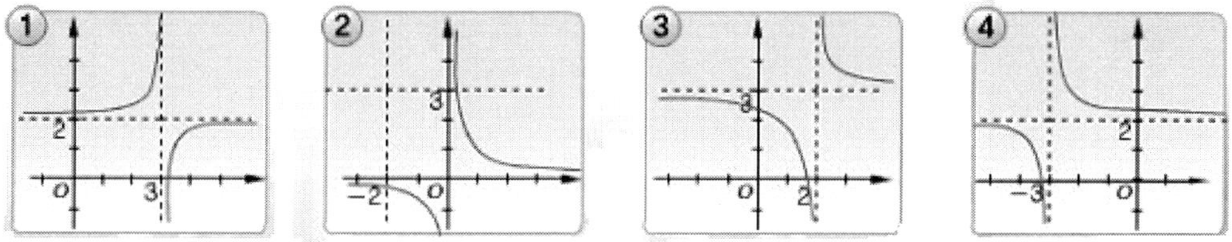

3 $y=-x^2+4x+3$의 그래프로 올바른 것은?

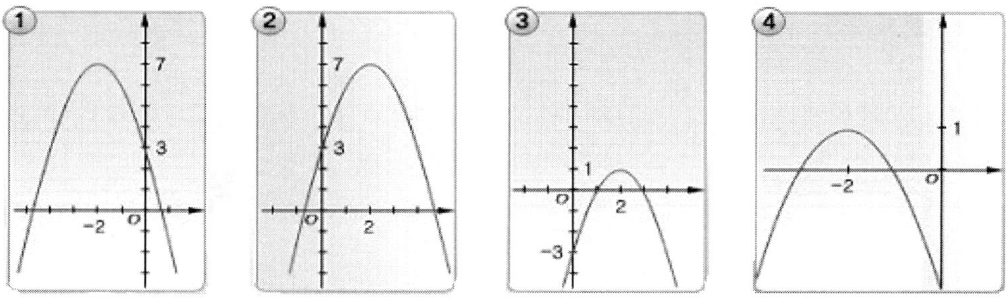

4 $y=\dfrac{-2}{x+2}+4$ 의 그래프가 지나지 않는 사분면은?

① 제1 사분면　② 제2 사분면　③ 제3 사분면　④ 제4 사분면

5 $y=\sqrt{x+2}-1$의 그래프가 지나지 않는 사분면은?

① 제1 사분면　② 제2 사분면　③ 제3 사분면　④ 제4 사분면

4-2 지수함수와 로그함수

Calculus Life

우리가 일상적으로 사용하는 물건이나 주위에서 볼 수 있는 사물은 그렇게 크지도 않고 또 그렇게 작지도 않은 것들이 대부분이다. 고층 건물의 높이도 $1km$를 넘지 않는다. 또, 바늘귀가 아무리 작다고 해도 $1mm$정도의 크기이다. 그러나 지구에서 태양까지의 거리는 약 $1.6\times10^{8}Km$이고, 빛이 진공 속을 1년 동안 진행하는 거리인 1광년은약$9.46\times10^{12}Km$라 한다. 반면 작은 세포의 크기는 약 0.1미크론, 곧 $0.0000001m$ 정도라 한다. 이와 같이 큰 수와 작은 수를 다룰 때에는 지수와 로그를 이용하면 편리하다.

또한 지수함수를 이용하여 인구의 증가를 나타내기도 하고, 로그함수를 이용하여 화석의 연대를 측정하기도 한다.

Secret Key

지수함수

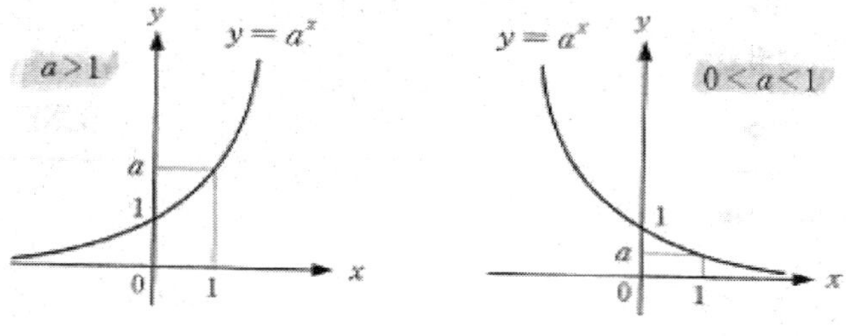

로그함수

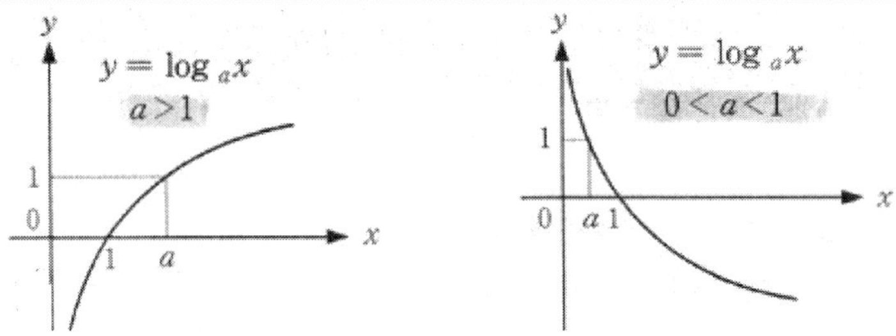

My Lesson

1) 지수와 로그

(1) 지수

◉ 지수의 법칙

임의의 실수 a, b와 유리수 m, n에 대하여

① $a^m \times a^n = a^{m+n}$　　② $(a^m)^n = a^{mn}$

③ $(ab)^n = a^n b^n$　　④ $\left(\frac{a}{b}\right)^n = \frac{a^n}{b^n}$

⑤ $a^m \div a^n = a^{m-n}$　　⑥ $a^0 = 1$, $a^{-n} = \frac{1}{a^n}$

◉ 응용된 지수법칙

· $\sqrt[n]{a^m} = a^{\frac{m}{n}}$

· $\sqrt[n]{a} = a^{\frac{1}{n}}$

memo

※ a의 n제곱근 ⇔ n번 제곱해서 a가 되는 수

예)	$\sqrt[2]{2}(=\sqrt{2})$	$\sqrt[3]{2}$	$\sqrt[4]{2}$	…	$\sqrt[n]{2}$
	2의 제곱근	2의 세제곱근	2의 네제곱근	…	2의 n제곱근
	$(\sqrt[2]{2})^2 = 2$	$(\sqrt[3]{2})^3 = 2$	$(\sqrt[4]{2})^4 = 2$	…	$(\sqrt[n]{2})^n = 2$

예제1 $\sqrt{a^3}\sqrt[3]{a^4}$ 를 간단히 하여라.

풀이 근호형은 지수형으로 바꾸어 풀자.

$$\sqrt{a^3}\sqrt[3]{a^4} = a^{\frac{3}{2}} \cdot a^{\frac{4}{3}} = a^{\frac{3}{2}+\frac{4}{3}} = a^{\frac{9+8}{6}} = a^{\frac{17}{6}}$$

예제2 $\dfrac{\sqrt[3]{a^4}}{\sqrt[6]{a}}$ 를 간단히 하여라.

풀이 근호형은 지수형으로 바꾸어 풀자.

$$\frac{\sqrt[3]{a^4}}{\sqrt[6]{a}}=\frac{a^{\frac{4}{3}}}{a^{\frac{1}{6}}}=a^{\frac{4}{3}}\div a^{\frac{1}{6}}=a^{\frac{8-1}{6}}=a^{\frac{7}{6}}$$

(2) 로그

지수와 로그

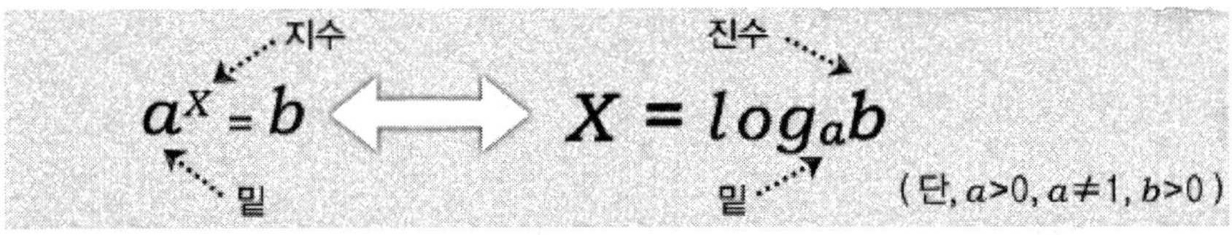

◉ 로그의 기본공식

$a>0$, $a\neq 1$, $M>0$, $N>0$이고 k는 임의의 실수일 때

① $\log_a 1=0$, $\log_a a=1$

② $\log_a MN=\log_a M+\log_a N$

③ $\log_a \dfrac{M}{N}=\log_a M-\log_a N$

④ $\log_a M^k=k\log_a M$

◉ 로그의 밑 변환 공식

$a>0$, $a\neq 1$, $b>0$, $b\neq 1$, $M>0$

$$\log_a M=\frac{\log_b M}{\log_b a}$$

예제3 $\log_{10}2=a$, $\log_{10}3=b$라고 할 때, 다음 식을 a, b로 나타내어라.

① $\log_3 2$

② $\log_4 5$

풀이 ① $\log_3 2=\dfrac{\log_{10}2}{\log_{10}3}=\dfrac{a}{b}$

② $\log_4 5=\dfrac{\log_{10}5}{\log_{10}4}=\dfrac{\log_{10}\frac{10}{2}}{\log_{10}2^2}=\dfrac{\log_{10}10-\log_{10}2}{2\log_{10}2}=\dfrac{1-a}{2a}$

◉ 상용로그와 자연로그

상용로그
밑이 10인 로그, 진수가 N일 때 밑인 10을 생략하여 $\log N$으로 표현

· 상용로그의 성질
임의의 양수는 항상 $a \times 10^n (1 \leq a < 10,\ n$은 정수$)$꼴로 표현 가능하므로
$\log(a \times 10^n) = \log a + \log 10^n = \log a + n$. 즉, '정수+소수'가 된다.

예제4 $\log 8.42 = 0.9253$일 때, $\log 8420$과 $\log 0.00842$ 값을 구하시오.

풀이

$$\log 8420 = \log 8.42 \times 10^3 = 3 + 0.9253$$

$$\log 0.008420 = \log 8.42 \times 10^{-3} = -3 + 0.9253$$

자연로그
밑이 무리수 e인 로그, 진수가 N일 때 밑인 e를 생략하여 $\ln N$으로 표현

· 자연로그의 성질
네이피어 로그(Napierian logarithm)라고도 한다.
실수 $e = 1 + \frac{1}{1!} + \frac{1}{2!} + \frac{1}{3!} + \cdots = 2.71828\cdots$을 밑으로 하는 로그이다.
<성질> (1) $\ln e = \log_e e = 1$

(2) $\ln e^a = a \ln e = a$

(3) $\ln \frac{1}{e} = \ln e^{-1} = -1 \ln e = -1$

예제5 $y = e^x - e^{-x}$일 때, x를 y로 나타내어라.

풀이 양변에 e^x를 곱하면 $(e^x)^2 - 1 = y \cdot e^2$,

즉, $(e^x)^2 - y \cdot (e^x) - 1 = 0$, $e^x = \dfrac{y \pm \sqrt{y^2+4}}{2}$

e^x는 항상 양수이므로 $e^x = \dfrac{y + \sqrt{y^2+4}}{2}$

$x = \ln \dfrac{y + \sqrt{y^2+4}}{4}$

(3) 다지기

다음 문제를 풀어보자.

1 다음을 간단히 하여라.

(1) $\left(a^{2x}+a^{-2x}\right)^2-\left(a^{2x}-a^{-2x}\right)^2$ =

(2) $\sqrt[4]{ab^3}\times\sqrt{ab}\div\sqrt[4]{a^3b}$ =

① a ② b ③ $\frac{a}{b}$ ④ ab ⑤ $\frac{b}{a}$

(3) $\log_3\sqrt{27}+\log_3 2+\log_3\frac{\sqrt{3}}{2}$ =

2 $\log_{10}2=a$, $\log_{10}3=b$ 라고 할 때, 다음 식을 a, b로 나타내어라.

$\log_3 12=$

3 $\log 2.15=0.3324$일 때, 다음 값을 구하시오.

(1) $\log 0.0215$

(2) $\log 215000$

4 자연로그표를 이용하여 $\ln 12$의 값을 구하시오.

	0	1	2	3	4	5
1.	0.	0.00995033	0.0198026	0.0295588	0.0392207	0.0487902
1.1	0.953102	0.10436	0.113329	0.122218	0.131028	0.139762
1.2	0.182322	0.19062	0.198851	0.207014	0.215111	0.223144
1.3	0.262364	0.270027	0.277632	0.285179	0.29267	0.300105
1.4	0.336472	0.34359	0.350657	0.357674	0.364643	0.371564
1.5	0.405465	0.41211	0.41871	0.425268	0.431782	0.438255
1.6	0.470004	0.476234	0.482426	0.48858	0.494696	0.500775
1.7	0.530628	0.536493	0.542324	0.548121	0.553885	0.559616
1.8	0.587787	0.593327	0.598837	0.604316	0.609766	0.615186
1.9	0.641854	0.647103	0.652325	0.65752	0.662688	0.667829
2.	0.963147	0.968135	0.703098	0.708036	0.71295	0.71784
2.1	01741937	0.746688	0.751416	0.756122	0.760806	0.765468
2.2	0.788457	0.792993	0.797507	0.802002	0.806476	0.81093
2.3	0.832909	0.837248	0.841567	0.845868	0.850151	0.854415
2.4	0.875469	0.879627	0.883768	0.887891	0.891998	0.896088
2.5	0.916291	0.920283	0.924259	0.928219	0.932164	0.936093
2.6	0.955511	0.95935	0.963174	0.966984	0.970779	0.97456
2.7	0.993252	0.996949	1.00063	1.0043	1.00796	1.0116
2.8	1.02962	1.03318	1.03674	1.04028	1.0438	1.04732
2.9	1.06471	1.06815	1.07158	1.075	1.07841	1.08181
3.	1.09861	1.10194	1.10526	1.10856	1.11186	1.11514
3.1	1.1314	1.13462	1.13783	1.14103	1.14422	1.1474
3.2	1.16315	1.16627	1.16938	1.17248	1.17557	1.17865
3.3	1.19392	1.19695	1.19996	1.20297	1.20597	1.20896
3.4	1.22378	1.22671	1.22964	1.23256	1.23547	1.23837

2) 지수함수와 로그함수

(1) 지수함수

> 지수함수
> $y = a^x$ $(a > 0,\ a \neq 1)$　　　　예) 2^x, 3^x, $\cdots$

◉ **지수함수 $y = a^x$(단, $a \neq 1$, $a > 0$)의 그래프**

[$y = 2^x$]

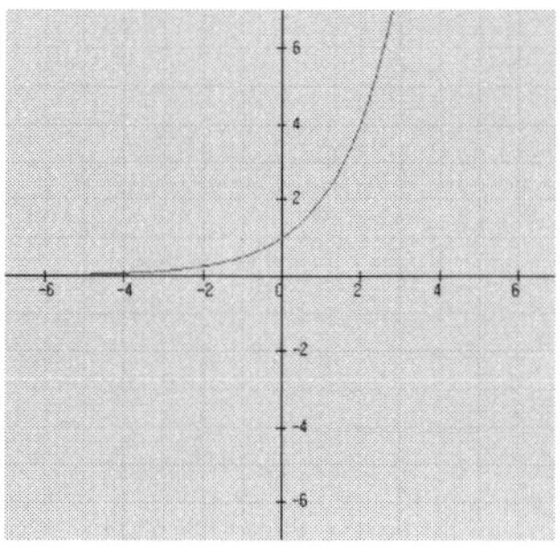

[$y = 3^x$]

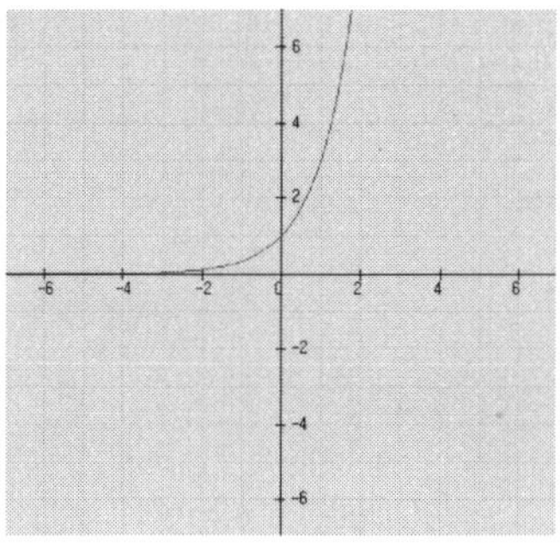

[$y = 4^x$]

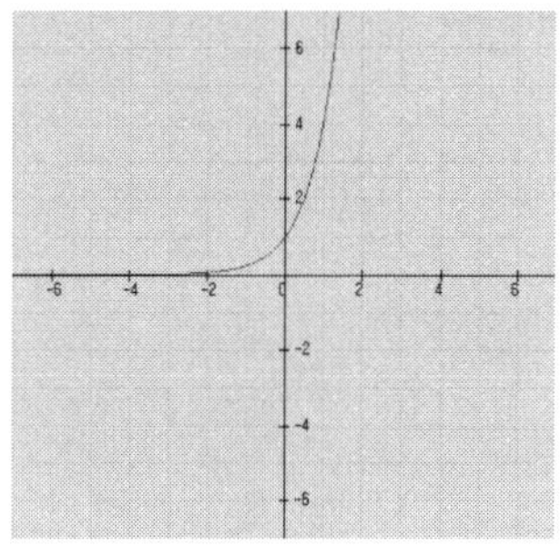

[$y = \left(\frac{1}{2}\right)^x$]

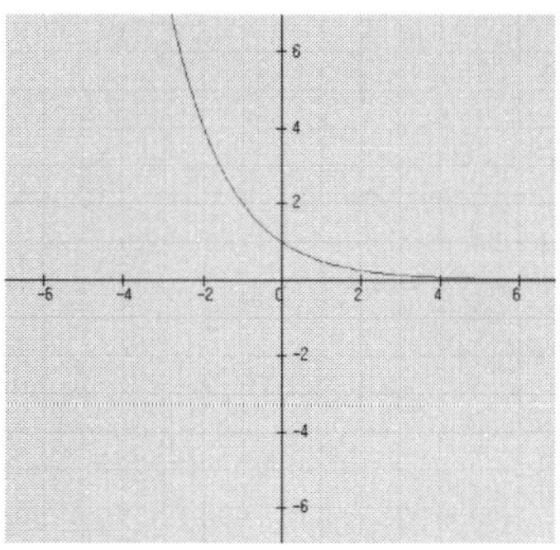

[$y = \left(\frac{1}{3}\right)^x$]

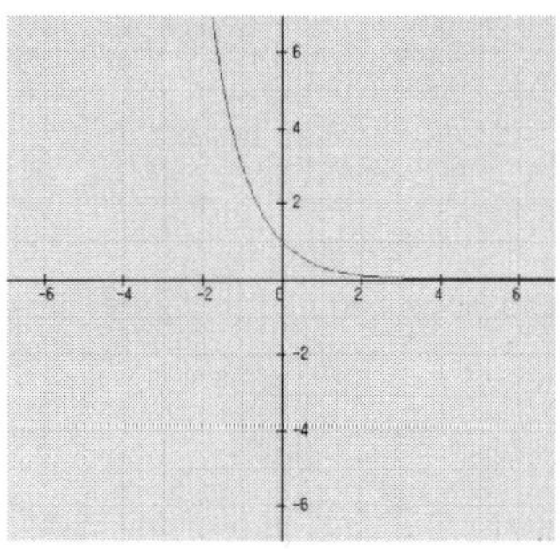

[$y = \left(\frac{1}{4}\right)^x$]

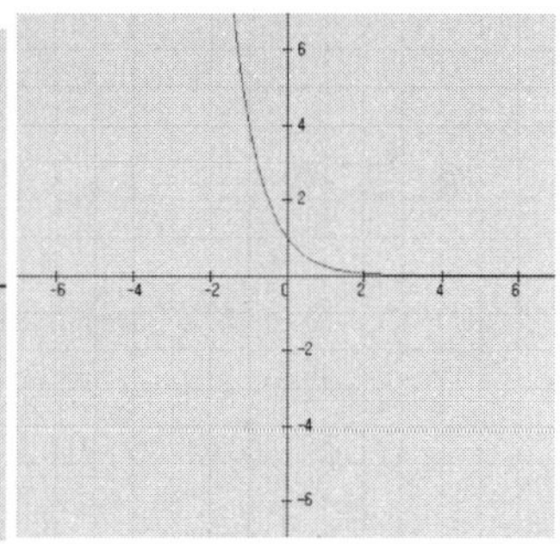

◉ **지수함수 $y = a^x$(단, $a \neq 1$, $a > 0$)의 성질**

(1) 정의역 : 실수 전체

(2) (0, 1)을 지난다.

(3) $a > 1$일 때 단조증가

$0 < a < 1$일 때 단조감소

(2) 로그함수

로그함수

$y = \log_a x \,(a > 0,\ a \neq 1,\ x > 0)$

◉ **로그함수** $y = \log_a x \,(a > 0,\ a \neq 1,\ x > 0)$**의 그래프**

$[y = \log_2 x]$

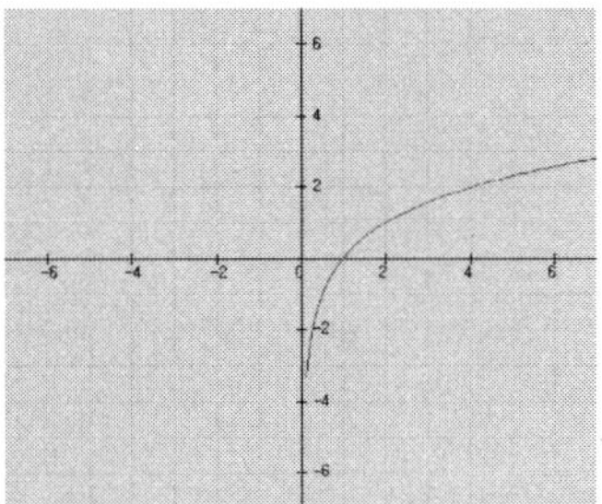

$[\ y = \log_3 x]$

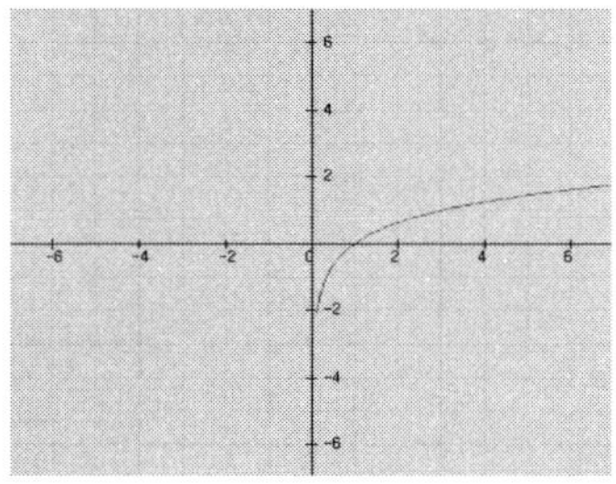

$[y = \log_{\frac{1}{2}} x]$

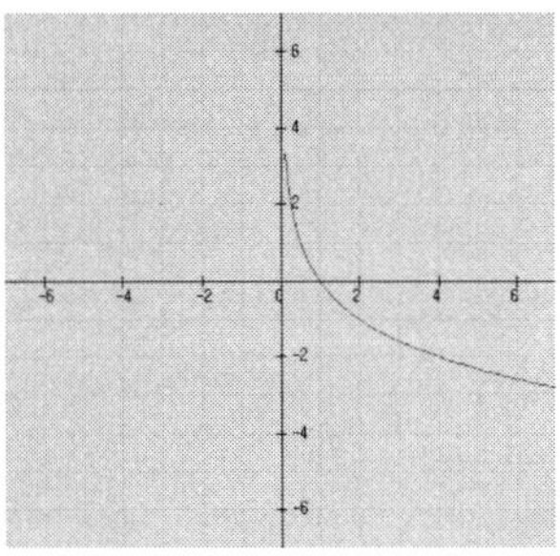

$[y = \log_{\frac{1}{3}} x]$

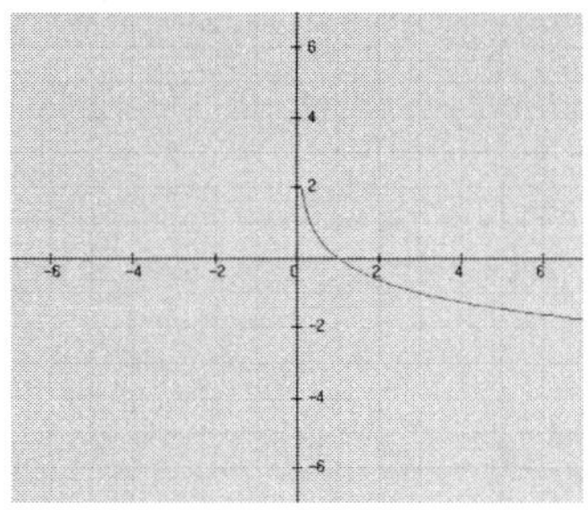

◉ **로그함수** $y = \log_a x\ (a > 0,\ a \neq 1,\ x > 0)$**의 성질**

(1) 정의역 : $\{x|x > 0\}$
  치역 : 실수 전체
(2) (1, 0)을 지난다.
(3) $a > 1$일 때 단조증가
  $0 < a < 1$일 때 단조감소

◉ $y = a^x$**와** $y = \log_a x$**의 관계**

① $y = a^x$와 $y = \log_a x$는 서로 **역함수관계**이다.
② $y = a^x$와 $y = \log_a x$의 그래프는 직선 $y = x$**에 대하여 대칭**이다.

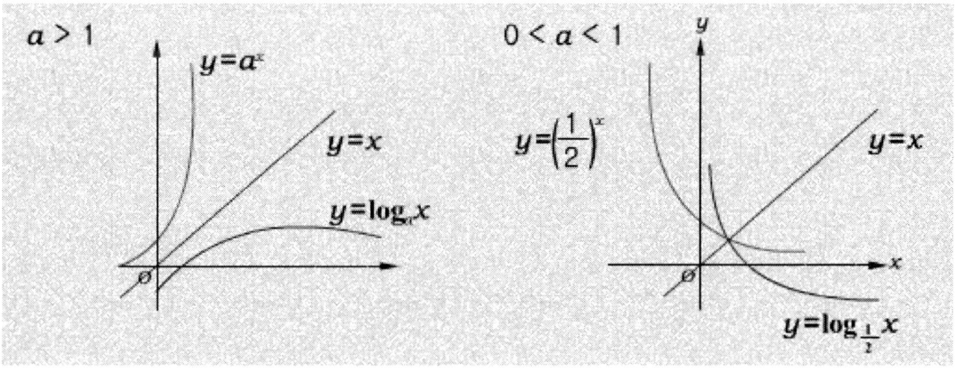

(3) 다지기

다음 문제를 풀어 보자.

1 다음 중 지수함수 $y=\left(\frac{1}{2}\right)^x$의 그래프의 개형으로 올바른 것은?

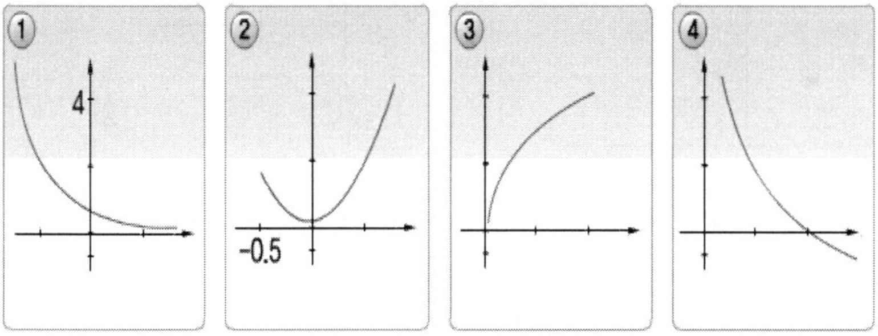

2 그림과 같은 그래프의 특징으로 <u>잘못</u> 설명한 것은?

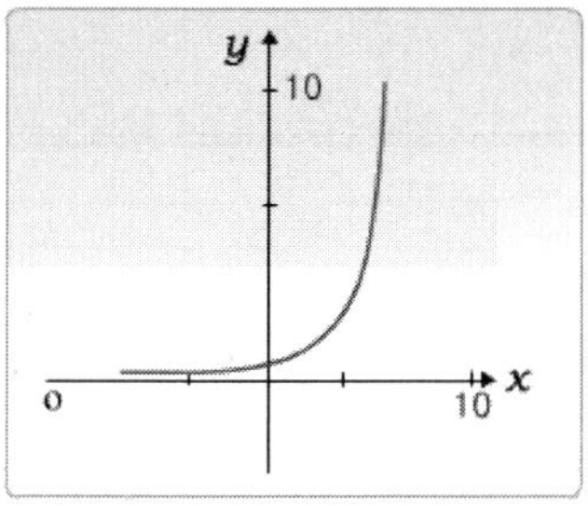

① (0,1)을 지난다.

② 단조증가한다.

③ $y=a^x$의 그래프로 $0 < a < 1$

3 다음 중 로그함수가 아닌 것은?

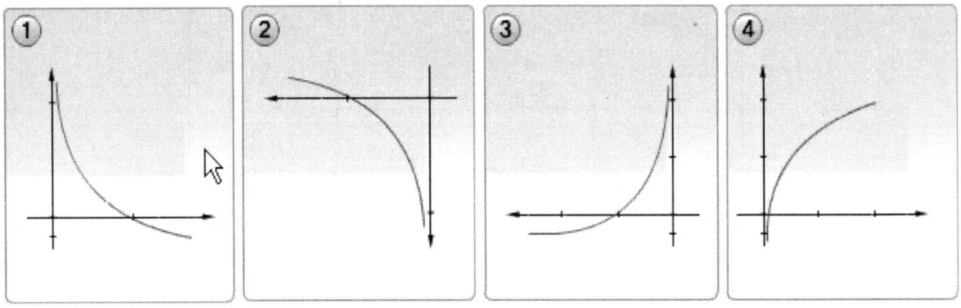

4 [보기]의 그래프와 역함수인 그래프의 개형은?

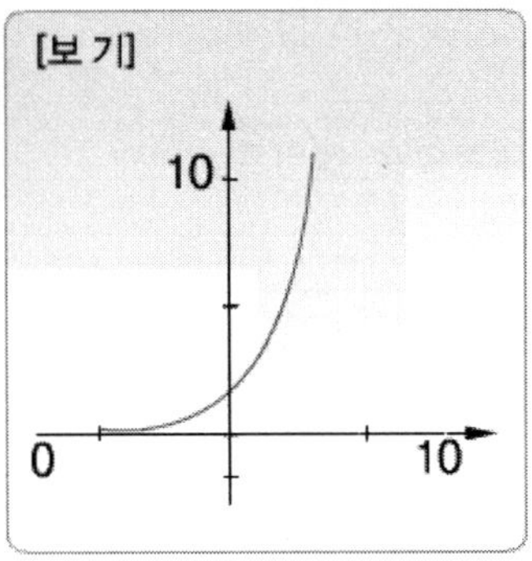

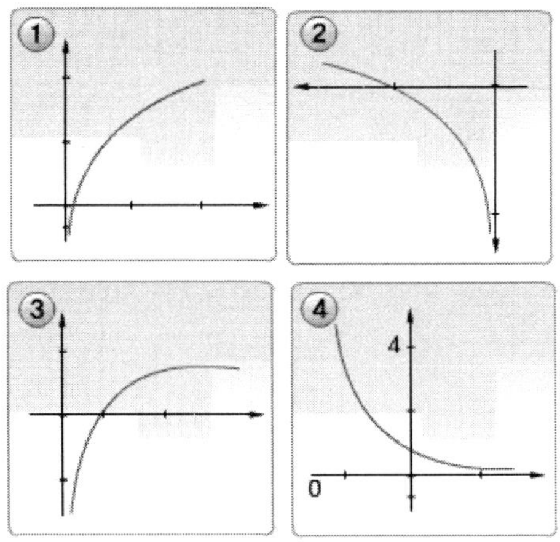

3) 방정식과 부등식

(1) 지수방정식과 지수부등식

지수방정식 : 지수에 미지수를 포함하고 있는 방정식

$a>0,\ a\neq 1$일 때, $a^{x_1}=a^{x_2} \Rightarrow x_1=x_2$

지수부등식 : 지수에 미지수를 포함하고 있는 부등식

$a>1$ 일 때 : $a^{x_1}<a^{x_2} \Rightarrow\ x_1<x_2$

$0<a<1$일 때 : $a^{x_1}<a^{x_2} \Rightarrow\ x_1>x_2$

예제1 $3^{3x-1} = 9^{x+1}$ 을 풀어라.

풀이 $3^{3x-1} = 9^{x+1}$

$3^{3x-1} = 3^{2x+2}$

$3x - 1 = 2x + 2$

$\therefore x = 3$

예제2 $3^x > 3^{-x+1}$을 풀어라.

풀이 $3^x > 3^{-x+1}$에서 밑 3은 1보다 크므로

$x > -x + 1 \Rightarrow 2x > 1$

$\therefore x > \frac{1}{2}$

예제3 지수방정식 $4^x - 2^{x+2} + 3 = 0$ 을 풀어라.

풀이 밑을 2로 통일한 후 계산한다.

$4^x - 2^{x+2} + 3 = 0 \Rightarrow 2^{2x} - 4 \cdot 2^x + 3 = 0$ ($2^x = t$로 치환)

$\Rightarrow t^2 - 4t + 3 = 0$

$\Rightarrow (t-1)(t-3) = 0$

$\Rightarrow t = 1$ or 3

$\Rightarrow 2^x = 1$ or $2^x = 3$에서

$\therefore x = 0$ or $x = \log_2 3$

예제4 지수부등식 $(\frac{1}{3})^x < \frac{1}{27}$ 을 풀어라.

풀이 밑을 $\frac{1}{3}$로 통일한 후 계산한다.

$(\frac{1}{3})^x < \frac{1}{27} \Rightarrow (\frac{1}{3})^x < (\frac{1}{3})^3$

$\therefore x > 3 \qquad (0 < \frac{1}{3} < 1$이므로$)$

(2) 로그방정식과 로그부등식

로그방정식

로그의 밑 또는 진수에 미지수를 포함하는 방정식

(진수) >0, (밑)>0, (밑) $\neq 1$

$\log_a x_1 = \log_a x_2 \Rightarrow x_1 = x_2$

로그부등식

로그의 밑 또는 진수에 미지수를 포함하는 부등식

(진수) >0, (밑)>0, (밑) $\neq 1$

$a > 1$ 일 때 : $\log_a x_1 < \log_a x_2 \Rightarrow x_1 < x_2$

$0 < a < 1$일 때 : $\log_a x_1 < \log_a x_2 \Rightarrow x_1 > x_2$

예제5 $\log_3(3x-2) = \log_3 2 + \log_3(x+2)$ 를 풀어라.

풀이 $\log_a x + \log_a y = \log_a xy$이므로 $\log_3(3x-2) = \log_3(x+2)$

로그의 밑이 같으므로 $3x-2 = 2(x+2)$ $\therefore x = 6$

(참고 : $x=6$을 $3x-2$, $x+2$에 대입하여

로그의 진수조건 $3x-2>0$, $x+2>0$을 반드시 확인해야 한다.)

예제6 $(\log_3 x)^2 + 8 = 6\log_3 x$ 를 풀어라.

풀이 $\log_3 x = t$라 치환하면 $t^2 + 8 = 6t$

$\therefore t^2 - 6t + 8 = 0$, $(t-2)(t-4) = 0$

$\therefore t = 2$ or $t = 4$

$\log_3 x = 2$에서 $x = 9$ or $\log_3 x = 4$에서 $x = 3^4$

예제7 $x^{\log x} = 100x$ 를 풀어라.

풀이 양변에 로그를 취하면 $x^{\log x} = 100x$, $(\log x)^2 = 2 + \log x$

$\log x = t$라 치환하면 $t^2 = 2 + t$

$\therefore t^2 - t - 2 = 0$,

$t = -1$ or $t = 2$

$\log x = -1$에서 $x = 10^{-1}$ or $\log x = 2$에서 $x = 10^2$

(3) 다지기

다음 물음에 답하시오.

1 다음 중 지수방정식인 것은?

① $x^2 = 4$　　② $5x^3 = x$　　③ $3^x = 8$

2 지수방정식 $3^x = 9^3$ 의 해를 구하면?

① $x = 4$　　② $x = 5$　　③ $x = 6$

3 로그방정식 $\log_2 4x = 3$ 의 해를 구하면?

① $x = 2$　　② $x = 3$　　③ $x = 4$

4 $\log_{\frac{1}{2}} x > 1$를 풀면?

① $x > \frac{1}{2}$　　② $0 < x < \frac{1}{2}$　　③ $0 < x < 2$

Quiz, Quiz

1 $3 \times 9^2 \times 27$을 3의 거듭제곱을 사용하여 바르게 나타낸 것은?

① 3^8　　② 3^9　　③ 3^{10}

2 $\log_2 4 + \log_2\left(\frac{1}{2}\right)$을 간단히 하면?

① 0　　② 1　　③ 2

3 로그함수 $y = \log_{\left(\frac{1}{2}\right)} x$의 그래프의 개형으로 올바른 것은?

①
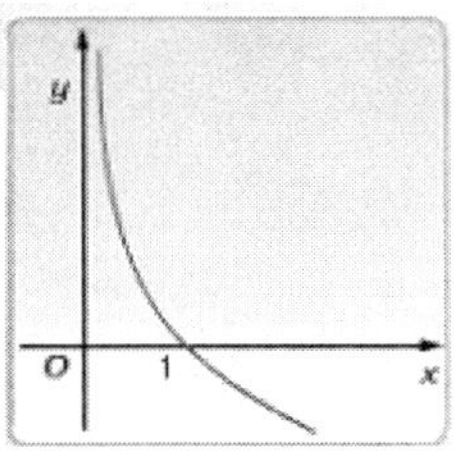

②
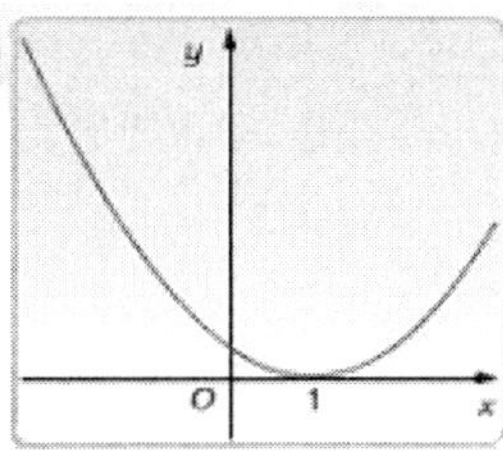

③
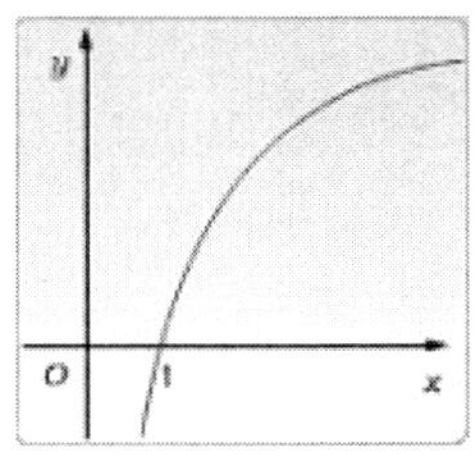

4 $\left(\frac{1}{3}\right)^x > \frac{1}{81}$을 풀면?

① $x > 4$　　② $x < 4$　　③ $x < \frac{1}{4}$

4-3 삼각함수

Calculus Life

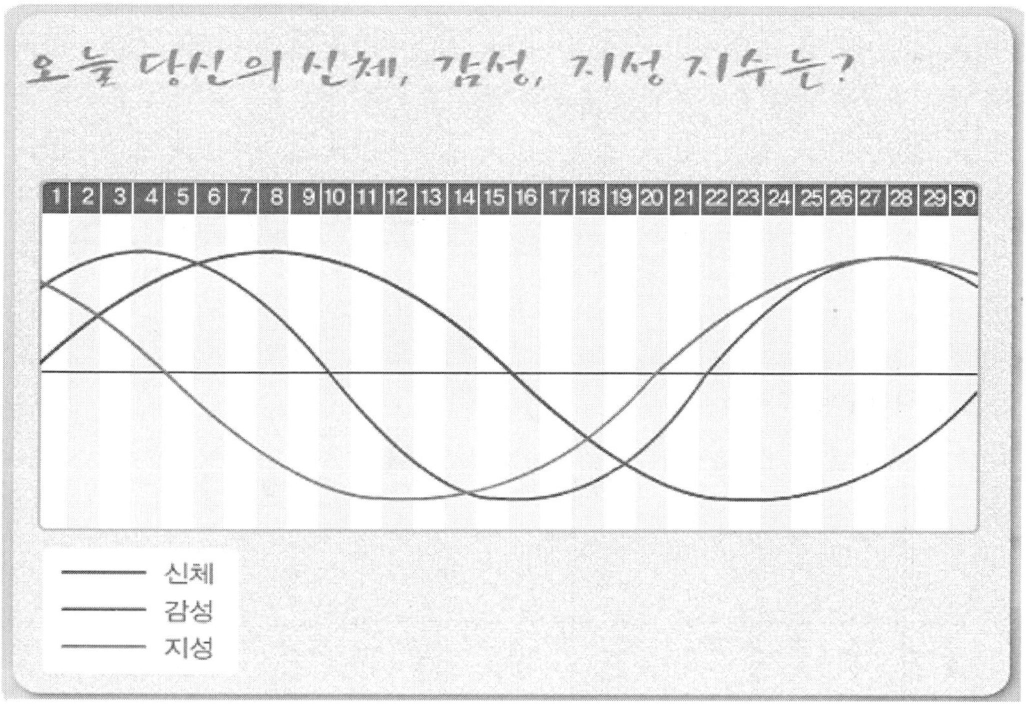

바이오리듬이란 우리 몸에 내재된 잠재적 에너지를 신체, 감성, 지성 이렇게 세 가지로 분류해서 각각 23일, 28일, 33일을 주기로 에너지 파동을 만들어간다는 학설이다. 에너지의 변화를 그래프로 나타낼 때 사용되는 것이 사인그래프이다. 이러한 사인그래프는 바이오리듬에서도 표현되지만, 물결의 파동현상 등 자연현상을 그래프로 표현하는 데에도 많이 사용하게 된다. 이번 시간에는 삼각함수인 사인, 코사인, 탄젠트함수에 대해 학습한다.

Secret Key

호도법

1라디안 $= \frac{180}{\pi}$,

$1° = \frac{\pi}{180}$ 라디안

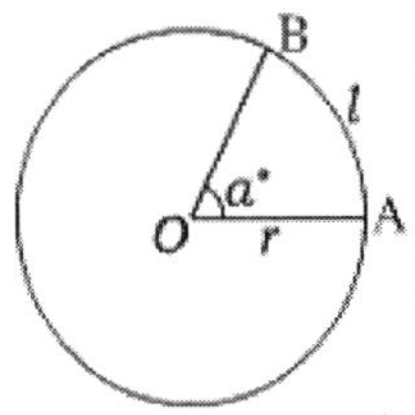

삼각함수

θ	0	$\frac{\pi}{6}$	$\frac{\pi}{4}$	$\frac{\pi}{3}$	$\frac{\pi}{2}$
$\sin\theta$	0	$\frac{1}{2}$	$\frac{1}{\sqrt{2}}$	$\frac{\sqrt{3}}{2}$	1
$\cos\theta$	1	$\frac{\sqrt{3}}{2}$	$\frac{1}{\sqrt{2}}$	$\frac{1}{2}$	0
$\tan\theta$	0	$\frac{1}{\sqrt{3}}$	1	$\sqrt{3}$	·

삼각함수의 그래프

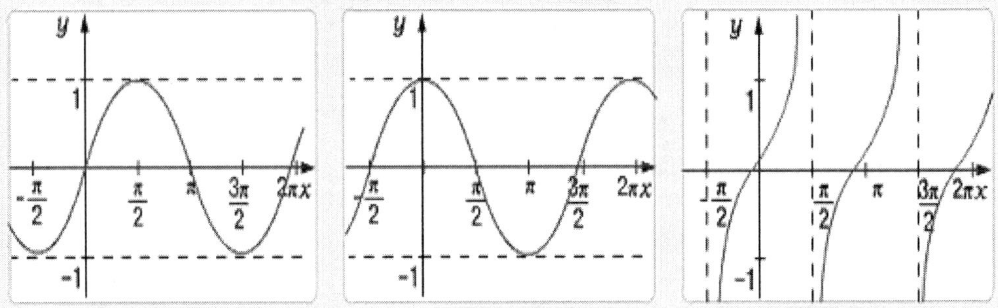

$y=\sin x$　　$y=\cos x$　　$y=\tan x$

My Lesson

1) 삼각함수

(1) 호도법

시초선, 동경, 양의 각, 음의 각

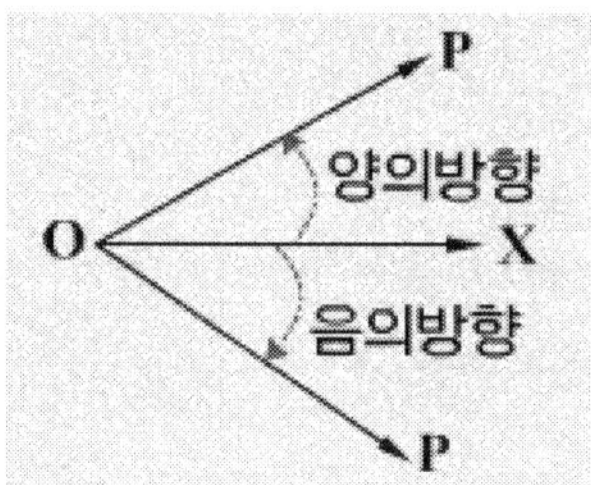

$\overrightarrow{OX}$: 시초선, $\overrightarrow{OP}$: 동경
반시계방향 : 양의 각
시계방향 : 음의 각

일반각

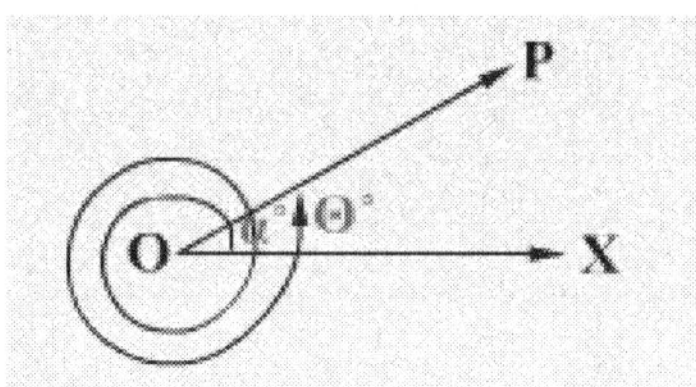

$360^\circ \times n + \alpha$ (n은 정수)

호도법

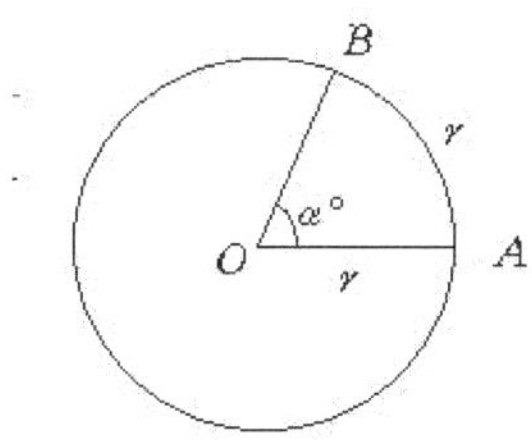

원에서 호의 길이와 중심각의 크기와의 관계를 이용하여 각의 크기를 나타내는 방법

$$r : 2\pi r = \alpha^\circ : 360^\circ$$

$$\therefore \alpha = \frac{180^\circ}{\pi} \text{(=1라디안)}$$

※ 1라디안$= \frac{180^\circ}{\pi}$, $1^\circ = \frac{\pi}{180}$라디안

예제1 45° 를 호도법으로 나타내어라.

풀이 $1° = \frac{\pi}{180}$ 라디안이므로, $45° = \frac{\pi}{180} \times 45 = \frac{\pi}{4}$

◉ 직각삼각형에서 삼각형의 정의와 그 예

삼각비

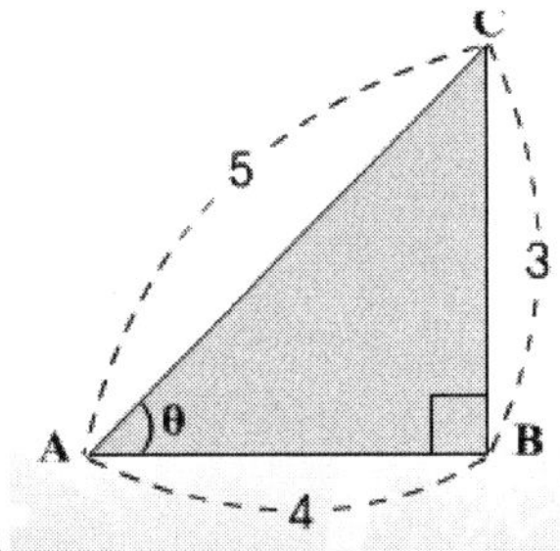

$\sin\theta = \frac{\overline{BC}}{\overline{AC}} = \frac{3}{5}$, $\cos\theta = \frac{\overline{AB}}{\overline{AC}} = \frac{4}{5}$, $\tan\theta = \frac{\overline{BC}}{\overline{AB}} = \frac{3}{4}$

$\csc\theta = \frac{\overline{AC}}{\overline{BC}} = \frac{5}{3}$, $\sec\theta = \frac{\overline{AC}}{\overline{AB}} = \frac{5}{4}$, $\cot\theta = \frac{\overline{AB}}{\overline{BC}} = \frac{4}{3}$

◉ 특수각의 삼각비 값

θ	0	$\frac{\pi}{6}$	$\frac{\pi}{4}$	$\frac{\pi}{3}$	$\frac{\pi}{2}$
sinθ	0	$\frac{1}{2}$	$\frac{1}{\sqrt{2}}$	$\frac{\sqrt{3}}{2}$	1
cosθ	1	$\frac{\sqrt{3}}{2}$	$\frac{1}{\sqrt{2}}$	$\frac{1}{2}$	0
tanθ	0	$\frac{1}{\sqrt{3}}$	1	$\sqrt{3}$	·

(2) 삼각함수

삼각비의 확장

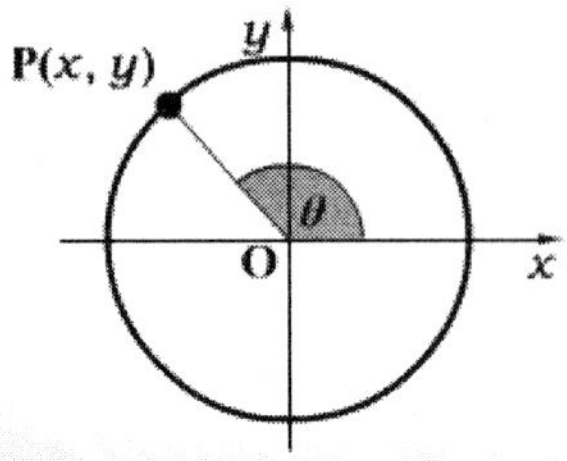

$\sin\theta = \frac{y}{r}$, $\cos\theta = \frac{x}{r}$, $\tan\theta = \frac{y}{x}$

$\csc\theta = \frac{r}{y}$, $\sec\theta = \frac{r}{x}$, $\cot\theta = \frac{x}{y}$

memo

※ 삼각비에서 삼각함수로의 확장

θ가 예각 일 때만 정의되던 삼각비를

θ가 둔각 일 때까지 확장시키고 $\dfrac{\text{좌표의 값}}{\text{빗변의 길이}}$ 으로 삼각함수를 확장시킨다.

예제2 원점과 점 $P(-4,3)$을 맺는 선분을 동경으로 하는 각을 θ라 할 때, $\sin\theta$, $\cos\theta$, $\tan\theta$의 값을 각각 구하여라.

풀이

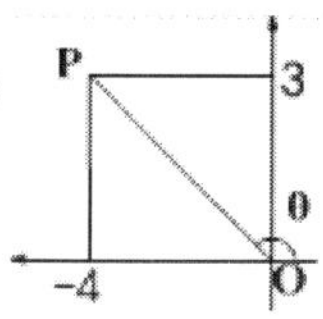

θ값이 x축의 양의 방향과 이루는 각이 되고, 피타고라스의 정리를 이용하면 $\overline{OP}=5$임을 알 수 있다.

따라서 $\sin\theta=\dfrac{3}{5}$ $\cos\theta=\dfrac{-4}{5}$ $\tan\theta=\dfrac{3}{-4}=-\dfrac{3}{4}$

◉ 삼각함수 값의 부호

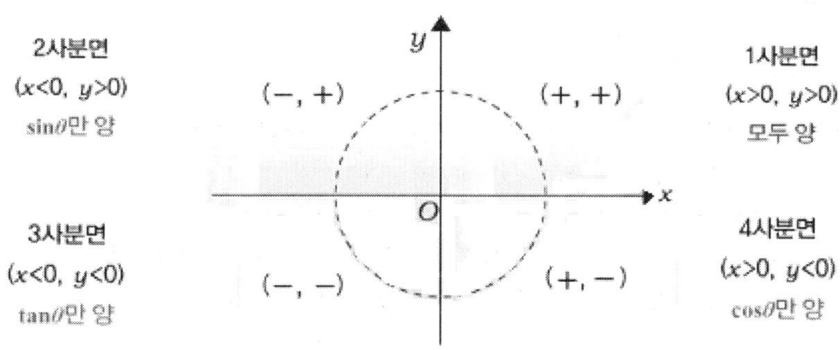

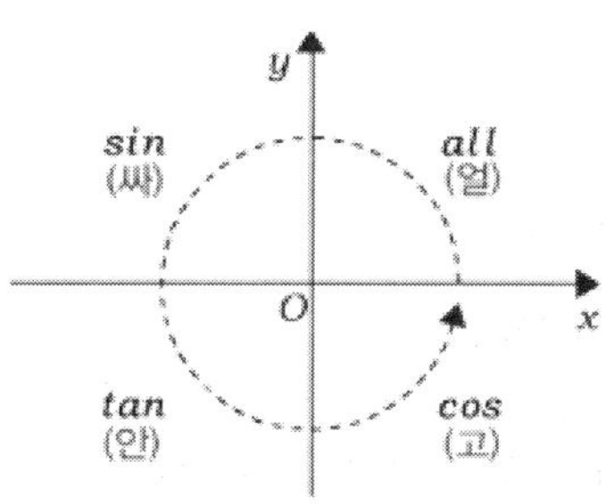

※ 암기법 : 각 사분면에서 삼각함수 중 양인 것의 부호

◉ 삼각함수의 기본성질

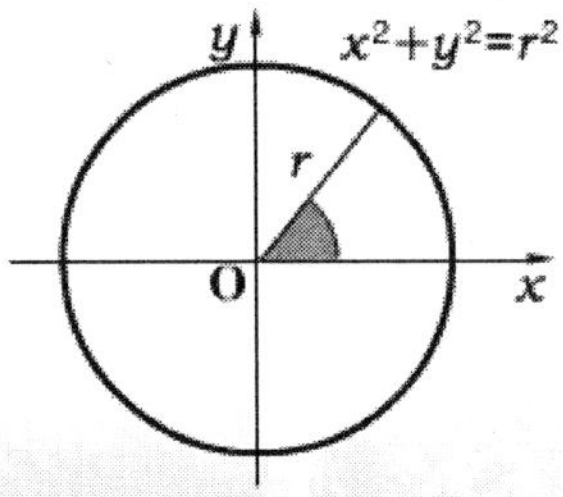

$x^2+y^2=r^2$ ················①

①$\div r^2$한다 : $\dfrac{x^2}{r^2}+\dfrac{y^2}{r^2}=1$에서 $\sin^2\theta+\cos^2\theta=1$

①$\div x^2$한다 : $1+\dfrac{y^2}{x^2}=\dfrac{r^2}{x^2}$ 에서 $1+\tan^2\theta=\sec^2\theta$

①$\div y^2$한다 : $\dfrac{x^2}{y^2}+1=\dfrac{r^2}{y^2}$ 에서 $1+\cot^2\theta=\csc^2\theta$

예제3 θ가 예각이고 $\cos\theta=\dfrac{4}{5}$일 때, $\sin\theta$, $\tan\theta$의 값을 구하여라.

풀이 $\cos^2\theta+\sin^2\theta=1$에서 $\left(\dfrac{4}{5}\right)^2+\sin^2\theta=1$

$\therefore \sin^2\theta=1-\left(\dfrac{4}{5}\right)^2=\dfrac{9}{25}$, $\sin\theta=\dfrac{3}{5}$(θ는 예각)

$$\tan\theta=\frac{\sin\theta}{\cos\theta}=\frac{\frac{3}{5}}{\frac{4}{5}}=\frac{3}{4}$$

◉ 삼각함수의 공식

- 주기공식: $\sin(2n\pi+\theta)=\sin\theta$, $\cos(2n\pi+\theta)=\cos\theta$, $\tan(2n\pi+\theta)=\tan\theta$ (단, n은정수)
- 음각공식: $\sin(-\theta)=-\sin\theta$, $\cos(-\theta)=\cos\theta$, $\tan(-\theta)=-\tan\theta$
- 보각공식: $\sin(\pi-\theta)=\sin\theta$, $\cos(\pi-\theta)=-\cos\theta$, $\tan(\pi-\theta)=-\tan\theta$
  $\sin(\pi+\theta)=-\sin\theta$, $\cos(\pi+\theta)=-\cos\theta$, $\tan(\pi+\theta)=\tan\theta$
- 여각공식: $\sin(\frac{\pi}{2}-\theta)=\cos\theta$, $\cos(\frac{\pi}{2}-\theta)=\sin\theta$, $\tan(\frac{\pi}{2}-\theta)=\cot\theta$
  $\sin(\frac{\pi}{2}+\theta)=-\cos\theta$, $\cos(\frac{\pi}{2}+\theta)=\sin\theta$, $\tan(\frac{\pi}{2}+\theta)=-\cot\theta$

◉ 삼각함수 공식 암기방법

1. 주어진 각을 $\dfrac{n\pi}{2}\pm\theta$꼴로 변형한다.
2. n이 짝수이면 삼각함수를 그대로,
   홀수면 sin은 cos으로, cos은 sin으로, tan는 cot로 바꾼다.
3. θ는 예각으로 간주하고 θ에 대한 동경을 좌표평면에 나타내 부호를 결정해 준다.

예제4 $\sin\dfrac{25}{18}\pi$를 $\dfrac{\pi}{2}$보다 작은 각의 삼각함수로 바꾸어라.

풀이 $\frac{25\pi}{18} = \frac{\pi}{2} \times 2 + \frac{7\pi}{18}$ 이므로 $\sin\frac{25\pi}{18} = \sin\left(\frac{\pi}{2} \times 2 + \frac{7\pi}{18}\right) = -\sin\frac{7\pi}{18}$

(3) 삼각함수의 그래프

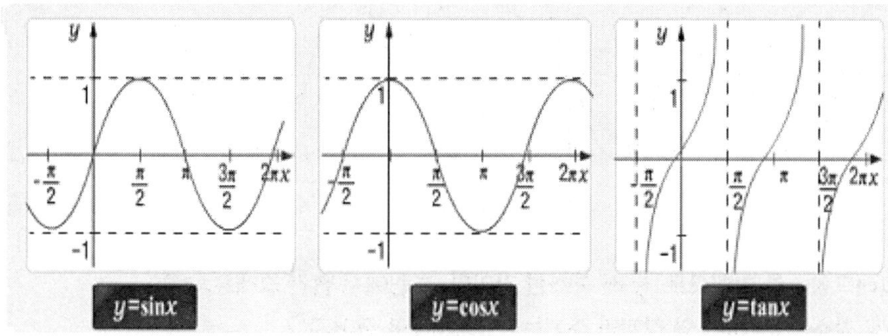

주기:2π	주기:2π	주기:π
최대값:1, 최소값:−1	최대값:1, 최소값:−1	최대값:없음, 최소값:없음

◉ $y = \sin(x - 60^\circ)$의 그래프

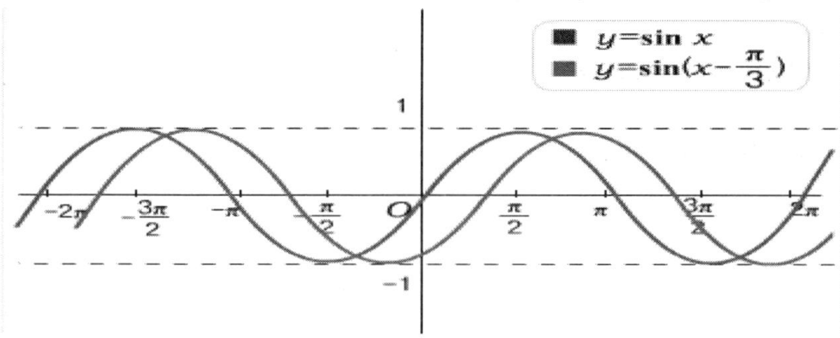

$y = \sin(x - \frac{\pi}{3})$는 $y = \sin x$를 x축으로 $\frac{\pi}{3}$만큼 평행이동한 것이므로 그림과 같이 빨간 그래프로 이동하게 된다. 따라서 최대값과 최소값은 $y = \sin x$와 같으므로 1, −1이고 주기 또한 변하지 않으므로 2π이다.

◉ $y = 2\sin x$의 그래프

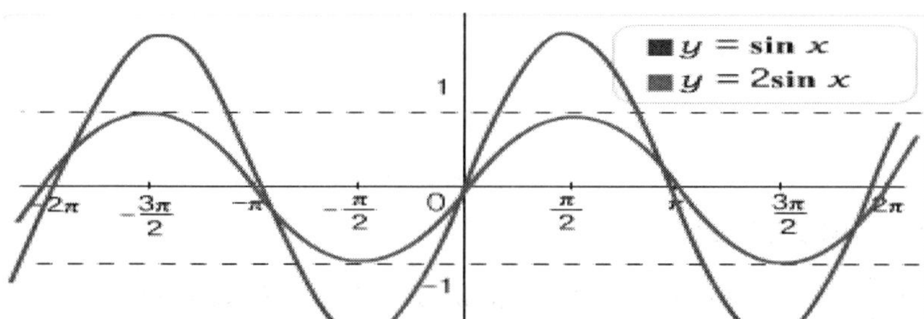

$y=\sin x$를 y축 방향으로 두 배 확대한 것이다. 그림과 같이 빨간 그래프처럼 그려져서 최대값은 2, 최소값은 −2가 되지만 주기는 $y=\sin x$와 같이 2π이다.

◉ $y=\sin 2x$의 그래프

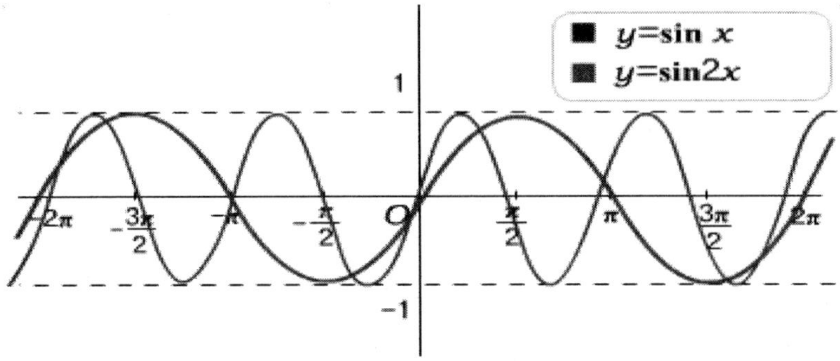

y=sin x의 그래프를 x축 방향으로 $\frac{1}{2}$배 축소한 것이다. 그림에서 빨간 그래프처럼 나타나고 최대, 최소는 y=sin x와 같지만 주기는 2π에서 π로 줄어든다.

◉ 삼각함수의 주기, 최대·최소

$y=r\sin(wx+\alpha)$

: 최대값 $|r|$, 최소값 $-|r|$, 주기 $2\pi\div|w|$

$y=r\cos(wx+\alpha)$

: 최대값 $|r|$, 최소값 $-|r|$, 주기 $2\pi\div|w|$

$y=r\tan(wx+\alpha)$

: 최대값 · 최소값 없다. 주기 $\pi\div|w|$

(4) 다지기

다음 문제를 풀어보세요.

1 $\cos\frac{17\pi}{6}$의 값을 구하여라.

① $\frac{1}{2}$ ② $\frac{\sqrt{3}}{2}$ ③ $-\frac{1}{2}$ ④ $-\frac{\sqrt{3}}{2}$

2 다음 중 $-\sin\theta$와 같은 것은?

① $\cos(\frac{\pi}{2}-\theta)$ ② $\cos(\frac{3\pi}{2}-\theta)$ ③ $\sin(\frac{\pi}{2}+\theta)$ ④ $\sin(\pi-\theta)$

3 $\sin\frac{\pi}{9}=a$일 때, $\cos\frac{7\pi}{18}$의 값을 구하여라.

4 $y=\frac{1}{3}\sin(x+\frac{\pi}{3})$ 의 최대값, 최소값, 주기를 구하여라.

2) 삼각함수의 활용

(1) 삼각방정식과 부등식

◉ 삼각방정식

예제1 $\sin x=\frac{\sqrt{3}}{2}$을 만족시키는 x를 $0\le x\le 2\pi$ 범위 내에서 찾아보자.

풀이

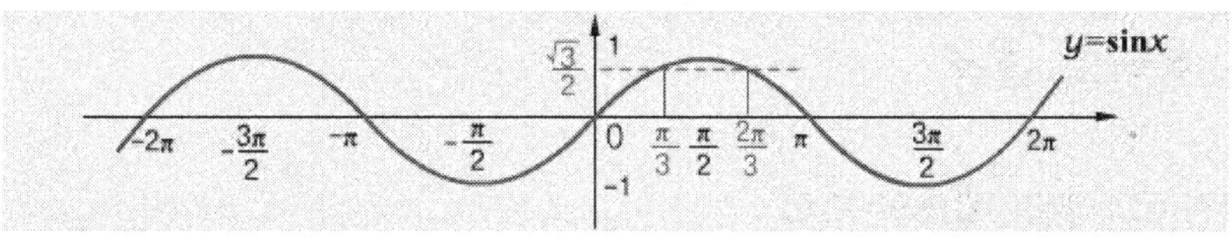

특수각 $\frac{\pi}{3}$에 대해 $\sin\frac{\pi}{3}=\frac{\sqrt{3}}{2}$이고 $\frac{\pi}{3}$는 $\frac{\pi}{2}$를 기준으로 왼쪽으로 $\frac{\pi}{6}$ 이동한 것이므로 $\frac{\pi}{2}$에서 오른쪽으로 $\frac{\pi}{6}$만큼 이동한 $\frac{2\pi}{3}$에 대해서도 $\sin\frac{2\pi}{3}=\frac{\sqrt{3}}{2}$임을 그래프를 통해 확인할 수 있다. $0\le x\le 2\pi$ 이므로 $x=\frac{\pi}{3}, \frac{2\pi}{3}$

예제2 $0\le x\le 2\pi$일 때 삼각방정식 $\cos x=-\frac{1}{2}$을 풀어라.

풀이

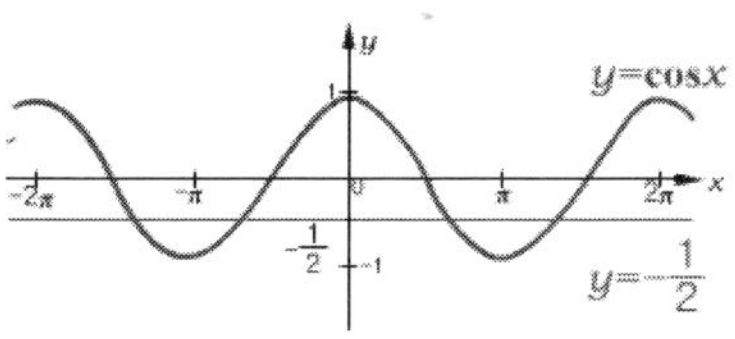

$\frac{\pi}{2}$에서 오른쪽으로 $\frac{\pi}{6}$만큼 떨어진 $\frac{2\pi}{3}$에서는 cos값이 $-\frac{1}{2}$이 됨을 그래프를 통해 확인할 수 있다.

또한 $\frac{3\pi}{2}$에서 왼쪽으로 $\frac{\pi}{6}$ 떨어진 $\frac{4\pi}{3}$에서도 cos값이 $-\frac{1}{2}$이 됨을 알 수 있다.

따라서 $x=\frac{2\pi}{3}, \frac{4\pi}{3}$

◉ 삼각부등식

예제3 $0 \le x \le 2\pi$일 때, $\sin x < -\frac{1}{2}$인 x의 범위를 구하여라.

풀이

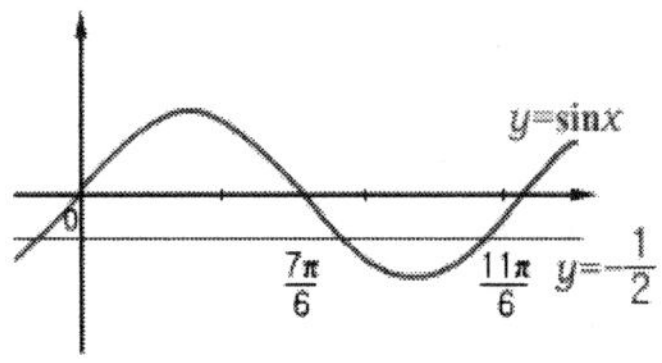

$\begin{cases} y = \sin x & \cdots ① \\ y = -\frac{1}{2} & \cdots ② \end{cases}$ 로 놓을 때 ②의 그래프가 ①의 그래프보다 위에 있는 x의 범위를 구하면 된다.

따라서 $\frac{7\pi}{6} < x < \frac{11\pi}{6}$

예제4 $0° \le x \le 360°$일 때, $\cos x > \frac{1}{\sqrt{2}}$인 x의 범위를 구하여라.

풀이

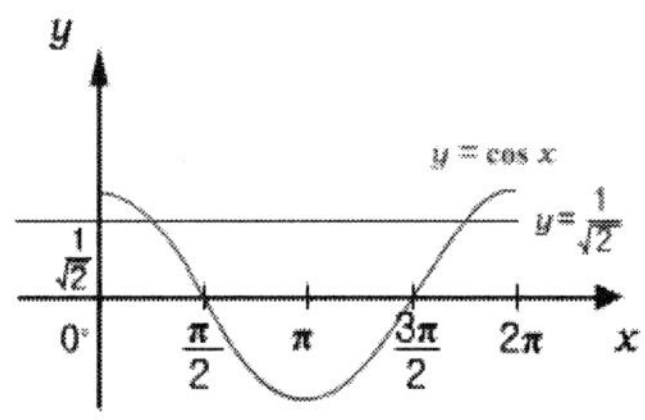

$\begin{cases} y = \cos x & \cdots ① \\ y = \frac{1}{\sqrt{2}} & \cdots ② \end{cases}$ 로 놓을 때 ①의 그래프가 ②의 그래프보다 위에 있는 x의 범위를 구하면 된다.

①과 ②가 만나는 점의 x좌표는 각각 $\frac{\pi}{4}$ 와 $\frac{7\pi}{4}$

이므로 $0 \le x < \frac{\pi}{4}$, $\frac{7\pi}{4} < x \le 2\pi$

(2) 삼각함수의 공식

◉ 삼각함수의 정리 증명의 흐름

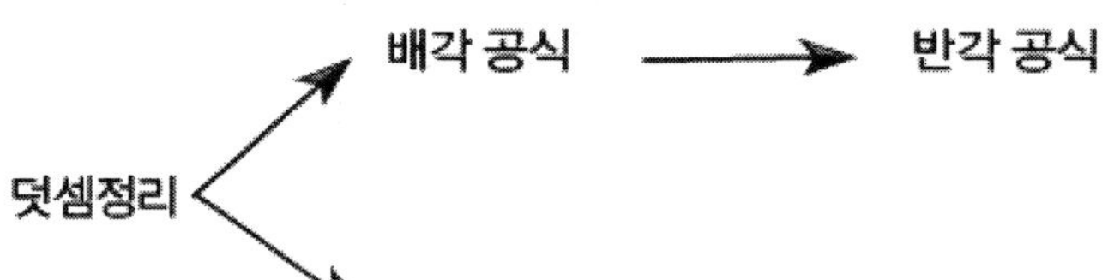

· 덧셈정리

1) $\sin(\alpha \pm \beta) = \sin\alpha\cos\beta \pm \cos\alpha\sin\beta$

2) $\cos(\alpha \pm \beta) = \cos\alpha\cos\beta \mp \sin\alpha\sin\beta$

3) $\tan(\alpha \pm \beta) = \dfrac{\tan\alpha \pm \tan\beta}{1 \mp \tan\alpha\tan\beta}$

· 배각 공식

1) $\sin 2\alpha = 2\sin\alpha\cos\alpha$

2) $\cos 2\alpha = \cos^2\alpha - \sin^2\alpha$
$= 2\cos^2\alpha - 1$
$= 1 - \sin^2\alpha$

3) $\tan 2\alpha = \dfrac{2\tan\alpha}{1-\tan^2\alpha}$

증명 Tip
$\sin(\alpha+\beta)$, $\cos(\alpha+\beta)$, $\tan(\alpha+\beta)$에서
β대신에 α를 대입하면 배각 공식을 얻는다.

· 반각 공식

1) $\sin^2\dfrac{\alpha}{2} = \dfrac{1-\cos\alpha}{2}$

2) $\cos^2\dfrac{\alpha}{2} = \dfrac{1+\cos\alpha}{2}$

3) $\tan^2\dfrac{\alpha}{2} = \dfrac{1-\cos\alpha}{1+\cos\alpha}$

증명 Tip
삼각함수의 배각공식
(2) $\cos 2\alpha = 2\cos^2\alpha - 1 = 1 - 2\sin^2\alpha$로부터
$\cos^2\alpha = \dfrac{1+\cos 2\alpha}{2}$, $\sin^2\alpha = \dfrac{1-\cos 2\alpha}{2}$, $\tan^2\alpha = \dfrac{\sin^2}{\cos^2}$
위 식에서 α대신에 $\dfrac{\alpha}{2}$를 대입하면 반각공식을 얻는다.

· 곱을 합 · 차로 고치는 공식

1) $\sin\alpha\cos\beta = \dfrac{1}{2}\{\sin(\alpha+\beta) + \sin(\alpha-\beta)\}$

2) $\cos\alpha\sin\beta = \dfrac{1}{2}\{\sin(\alpha+\beta) - \sin(\alpha-\beta)\}$

3) $\cos\alpha\cos\beta = \dfrac{1}{2}\{\cos(\alpha+\beta) + \cos(\alpha-\beta)\}$

4) $\sin\alpha\sin\beta = -\dfrac{1}{2}\{\cos(\alpha+\beta) - \cos(\alpha-\beta)\}$

증명 Tip
(1)번만 증명해 보자.

$$\begin{array}{rl} & \sin(\alpha+\beta) = \sin\alpha\cos\beta + \cos\alpha\sin\beta \\ + & \sin(\alpha-\beta) = \sin\alpha\cos\beta - \cos\alpha\sin\beta \\ \hline & \sin(\alpha+\beta) + \sin(\alpha-\beta) = 2\sin\alpha\cos\beta \end{array}$$

$\therefore \sin\alpha\cos\beta = \dfrac{1}{2}\{\sin(\alpha+\beta) + \sin(\alpha-\beta)\}$

· 합 · 차를 곱으로 고치는 공식

1) $\sin A + \sin B = 2\sin\dfrac{A+B}{2}\cos\dfrac{A-B}{2}$ 슬프심을 두시고

2) $\sin A - \sin B = 2\cos\dfrac{A+B}{2}\sin\dfrac{A-B}{2}$ 술마시는 두귀신

3) $\cos A + \cos B = 2\cos\dfrac{A+B}{2}\cos\dfrac{A-B}{2}$ 코풀고 에고고

4) $\cos A - \cos B = -2\sin\dfrac{A+B}{2}\sin\dfrac{A-B}{2}$ 코막고 마이신신

증명 Tip
곱을 합·차로 고치는 공식에서
$\alpha+\beta = A$, $\alpha-\beta = B$로 놓는다.

(3) 다지기

다음 문제를 풀어라.

1 빈 칸을 채우시오.

$\sin x = \frac{1}{\sqrt{2}}$ 을 $0 \le x \le 2\pi$범위 내에서 풀면,

$\sin\frac{\pi}{4} = \frac{1}{\sqrt{2}}$ 이므로 그림에서 $\sin x = \frac{1}{\sqrt{2}}$을 만족시키는

x는 ☐ 개이고, $x =$ ☐ , ☐ 이다.

(※ 육십분법으로 입력하세요)

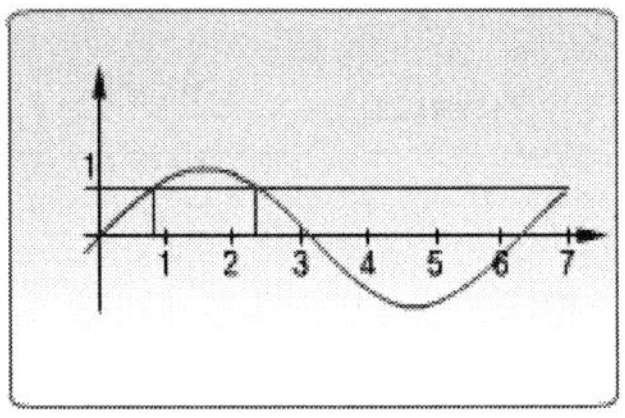

2 빈 칸을 채우시오.

$\cos x > \frac{\sqrt{3}}{2}$ 을 $0 \le x \le 2\pi$ 범위 내에서 풀면,

그림에서 $y = \cos x$와 $y = \frac{\sqrt{3}}{2}$ 이 만나는 점의

$0 \le x \le$ ☐ , ☐ $\le x \le 2\pi$

(※ 육십분법으로 입력하세요)

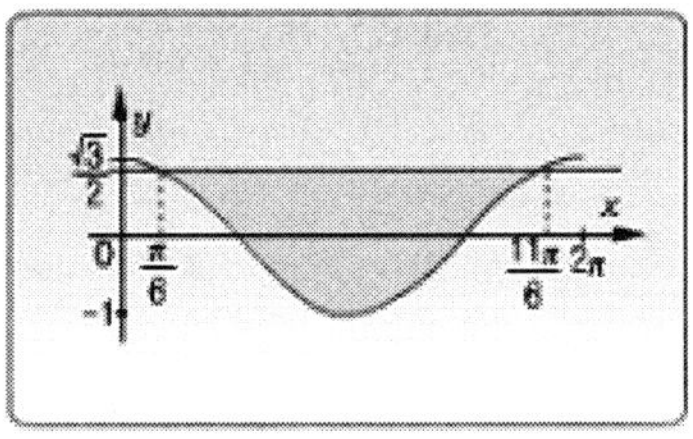

Quiz, Quiz

1 30° 를 호도법으로 바르게 나타낸 것은?

① $\frac{\pi}{6}$ ② $\frac{\pi}{3}$ ③ $\frac{\pi}{2}$

2 다음 중 특수각의 삼각함수 값이 잘못된 것은?

① $\sin\frac{\pi}{6}=\frac{1}{2}$ ② $\sin\frac{\pi}{4}=\frac{1}{\sqrt{2}}$ ③ $\cos\frac{\pi}{6}=\frac{1}{\sqrt{3}}$

3 제 2사분면의 각에서 삼각함수의 부호가 양인 것은?

① sin ② cos ③ tan

4 $y=\frac{3}{2}\sin(x+\frac{2\pi}{9})$의 최대값은?

① 1 ② $\frac{3}{2}$ ③ $\frac{5}{2}$

5 $\frac{\pi}{2}\le x\le 2\pi$일 때, $\sin x=\frac{1}{\sqrt{2}}$에서 x값은 □이다.
□안에 들어갈 수는?

① $\frac{3\pi}{4}$ ② $\frac{7\pi}{6}$ ③ $\frac{7\pi}{4}$

5-1 행렬

Calculus Life

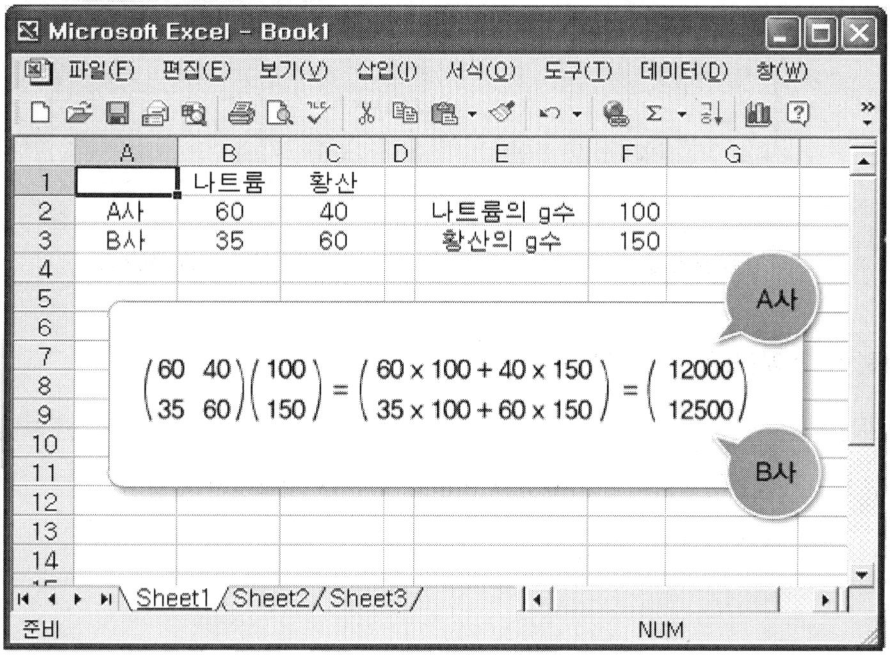

행렬은 일종의 엑셀 프로그램과 비슷한 역할을 한다. 행과 열에 일정한 수를 배치한 후, 행렬의 연산법칙에 따라 연산을 하면 함수가 처리되듯 계산이 가능하게 된다. 즉, 행렬은 대량의 데이터를 다루는 곳 어디에서든 사용이 가능하다는 장점이 있다. 행렬의 발생은 군부대에서 미사일을 만드는데 필요한 재료량을 주문하고 그 가격의 이해관계를 따져볼 때, 일일이 계산하는 것이 상당히 번거롭기 때문에 숫자만으로 간략화한 후 정해진 연산법칙으로 계산한 것에서 시작되었다. 비슷한 계산식이 여러 개 반복되면 복잡하고 한 눈에 들어오지 않기 때문에 행렬을 사용한 것이다. 예를 들어, 미사일을 만드는데 필요한 원료를 나트륨, 황산이라고 할 때, A사에서 나트륨과 황산의 그램당 가격이 60원, 40원, B사에서 나트륨과 황산의 그램당 가격이 35원, 60원이라 하면, 나트륨을 100, 황산을 150그램 사려고 할 때, A사와 B사 중 어디에서 사는 것이 더 비용이 적게 들까? 이것을 행렬의 곱셈으로 계산하면 위와 같다. 즉, A사에서 사는 것이 더 효율적이라는 결론을 얻을 수 있다. 이번 시간에는 행렬과 행렬식을 이용하여 연립방정식의 해법, 역행렬을 구하는 방법에 대해 학습한다.

Secret Key

행렬식 전개(사러스 방법)

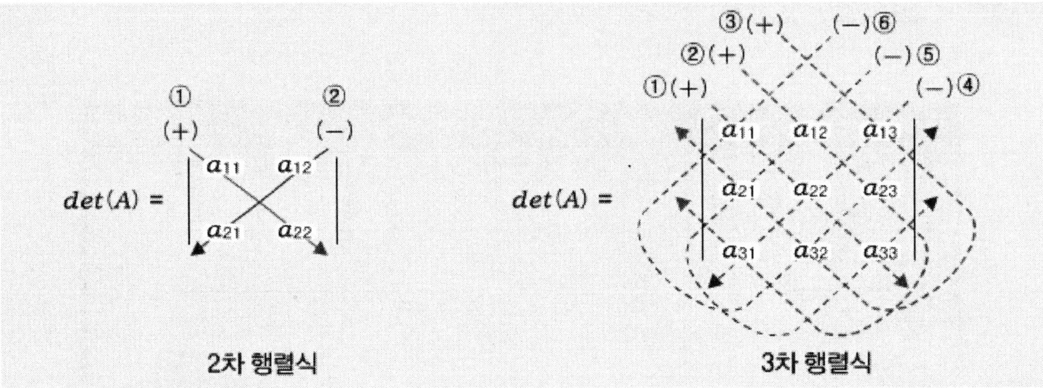

행렬식 전개(여인수 전개법)

$\det(A) = |A| = a_{ij}A_{ij}$

$M_{ij} = a_{ij}$에서 i행과 j열을 제외한 나머지 원소로 이루어진 행렬식

$A_{ij} = (-1)^{i+j} \cdot M_{ij}$

My Lesson

1) 행렬과 행렬식

(1) 행렬

행렬
수나 수를 나타내는 문자를 소괄호( )나 대괄호[ ]안에 직사각형의 형태로 배열한 것

$$\begin{array}{r} \text{제1행} \cdots\rightarrow \\ \text{제2행} \cdots\rightarrow \end{array}\begin{pmatrix} 1 & 2 & 3 \\ 4 & 5 & 6 \end{pmatrix}$$

(아래쪽 화살표: 제1열, 제2열, 제3열)

◉ **행렬의 연산**

· 행렬의 상등

$$A = \begin{pmatrix} a_{11} & a_{12} \\ a_{21} & a_{22} \end{pmatrix}, \quad B = \begin{pmatrix} b_{11} & b_{12} \\ b_{21} & b_{22} \end{pmatrix}$$

$$\begin{pmatrix} a_{11} & a_{12} \\ a_{21} & a_{22} \end{pmatrix} = \begin{pmatrix} b_{11} & b_{12} \\ b_{21} & b_{22} \end{pmatrix} \Longleftrightarrow \begin{cases} a_{11} = b_{11},\ a_{12} = b_{12} \\ a_{21} = b_{21},\ a_{22} = b_{22} \end{cases}$$

· 행렬의 실수배

$$A = \begin{pmatrix} a_{11} & a_{12} \\ a_{21} & a_{22} \end{pmatrix} \text{일 때,}$$

$$kA = \begin{pmatrix} ka_{11} & ka_{12} \\ ka_{21} & ka_{22} \end{pmatrix} \quad (\text{단, } k\text{는 실수})$$

· 행렬의 합과 차

$$A = \begin{pmatrix} a_{11} & a_{12} \\ a_{21} & a_{22} \end{pmatrix}, \quad B = \begin{pmatrix} b_{11} & b_{12} \\ b_{21} & b_{22} \end{pmatrix}$$

$$A \pm B = \begin{pmatrix} a_{11} \pm b_{11} & a_{12} \pm b_{12} \\ a_{21} \pm b_{21} & a_{22} \pm b_{22} \end{pmatrix}$$

(± : 복호동순)

· 행렬의 곱

※ 행렬은 열과 행의 수가 같은 조건에서만 정의되며
그 결과는 다음과 같다.

$$\underset{(m\times n)}{A}\times\underset{(n\times b)}{B}=\underset{(m\times b)}{C}$$

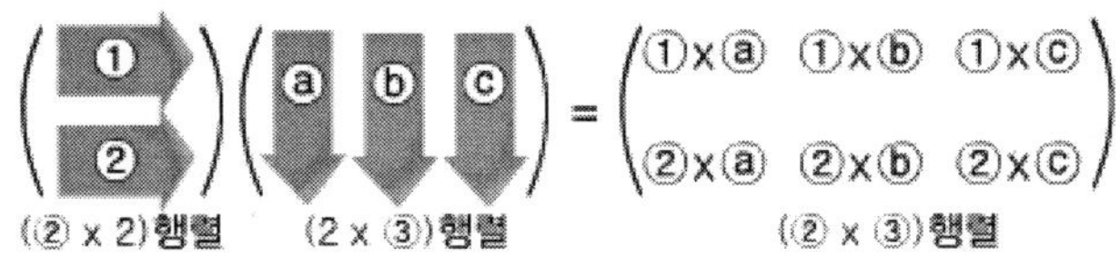

예제1 $A=\begin{pmatrix}2 & 1\\-1 & 0\end{pmatrix}$, $B=\begin{pmatrix}1 & 0\\1 & 2\end{pmatrix}$ 일 때, $A+B=\begin{pmatrix}\square & \square\\\square & \square\end{pmatrix}$, $A-B=\begin{pmatrix}\square & \square\\\square & \square\end{pmatrix}$

풀이 $A+B=\begin{pmatrix}32 & 5\\-1 & 1\end{pmatrix}$, $A-B=\begin{pmatrix}3 & 3\\3 & -2\end{pmatrix}$

예제2 $A=\begin{pmatrix}2 & 3\\2 & -1\end{pmatrix}$ 일 때, $2A=\begin{pmatrix}\square & \square\\\square & \square\end{pmatrix}$

풀이 $2A=\begin{pmatrix}4 & 3\\4 & -2\end{pmatrix}$

예제3 (1) $(1\ 2\ 3)\begin{pmatrix}4\\5\\6\end{pmatrix}$ $(\square)$

(2) $\begin{pmatrix}1 & 2\\3 & 0\end{pmatrix}\begin{pmatrix}1 & 1 & 1\\2 & -1 & 0\end{pmatrix}=\begin{pmatrix}\square & \square & \square\\\square & \square & \square\end{pmatrix}$

풀이 $(1\,2\,3)\begin{pmatrix}4\\5\\6\end{pmatrix}$ = $(1\cdot4+2\cdot5+3\cdot6)=(32)$

$$\begin{pmatrix}1\,2\\3\,0\end{pmatrix}\begin{pmatrix}1 & 1 & 1\\2 & -1 & 0\end{pmatrix}=\begin{pmatrix}1\cdot1+2\cdot2 & 1\cdot1+2\cdot(-1) & 1\cdot1+2\cdot0\\3\cdot1+0\cdot2 & 3\cdot1+0\cdot(-1) & 3\cdot1+0\cdot0\end{pmatrix}=\begin{pmatrix}5 & -1 & 1\\3 & 3 & 3\end{pmatrix}$$

◉ 행렬의 종류

종류	정의	예
정사각행렬 (=정방행렬)	행과 열의 수가 같은 행렬	$\begin{pmatrix} 1 & 2 \\ 3 & 4 \end{pmatrix}$ $\begin{pmatrix} a & b & c \\ d & e & f \\ g & h & i \end{pmatrix}$ (2차 정방행렬) (3차 정방행렬)
대각행렬	주대각선의 원소를 제외한 나머지 원소가 모두 0인 정사각행렬 -단위행렬 : 주대각선의 원소는 1, 나머지는 모두 0인 정사각행렬 -삼각행렬 : 주대각원소의 위 또는 아래 부분의 원소가 0인 정사각행렬	$\begin{pmatrix} 3 & 0 \\ 0 & 4 \end{pmatrix}$ $\begin{pmatrix} 2 & 0 & 0 \\ 0 & 7 & 0 \\ 0 & 0 & 8 \end{pmatrix}$ (대각행렬) $\begin{pmatrix} 1 & 0 \\ 0 & 1 \end{pmatrix}$ $\begin{pmatrix} 1 & 0 & 0 \\ 0 & 1 & 0 \\ 0 & 0 & 1 \end{pmatrix}$ (단위행렬) $\begin{pmatrix} 2 & 0 & 0 \\ 5 & 7 & 0 \\ 1 & 6 & 8 \end{pmatrix}$ $\begin{pmatrix} 2 & 4 & 3 \\ 0 & 7 & 9 \\ 0 & 0 & 8 \end{pmatrix}$ (삼각행렬)
전치행렬	행렬 A에서 행과 열을 바꾼 행렬 A의 전치행렬을 A^T로 표기한다.	$A=\begin{pmatrix} 1 & 2 & 3 \\ 4 & 5 & 6 \\ 7 & 8 & 9 \end{pmatrix}$ $A^T=\begin{pmatrix} 1 & 4 & 7 \\ 2 & 5 & 8 \\ 3 & 6 & 9 \end{pmatrix}$
대칭행렬	정사각행렬에서 주대각선에 대하여 대칭적인 행렬 즉, $A=A^T$인 행렬	$\begin{pmatrix} 1 & 3 \\ 3 & 2 \end{pmatrix}$ $\begin{pmatrix} 1 & 4 & 6 \\ 4 & 2 & 5 \\ 6 & 5 & 3 \end{pmatrix}$
영행렬	행렬의 모든 원소가 0인 행렬	$\begin{pmatrix} 0 & 0 \\ 0 & 0 \end{pmatrix}$ $\begin{pmatrix} 0 & 0 & 0 \\ 0 & 0 & 0 \\ 0 & 0 & 0 \end{pmatrix}$

(2) 행렬식

◉ 행렬식의 표현

· $A=\begin{pmatrix} a_{11} & a_{12} \\ a_{21} & a_{22} \end{pmatrix}$일 때, 행렬식 $A=\begin{vmatrix} a_{11} & a_{12} \\ a_{21} & a_{22} \end{vmatrix}=|A|=det(A)$와 같이 표현한다.

· 2차, 3차 행렬식의 전개 (사러스 방법)

※ 사러스 방법의 행렬식 전개는 2차, 3차 행렬식의 전개에만 해당하고, 고차 행렬식은 뒤에 배울 여인수 전개법을 이용하여 구한다.

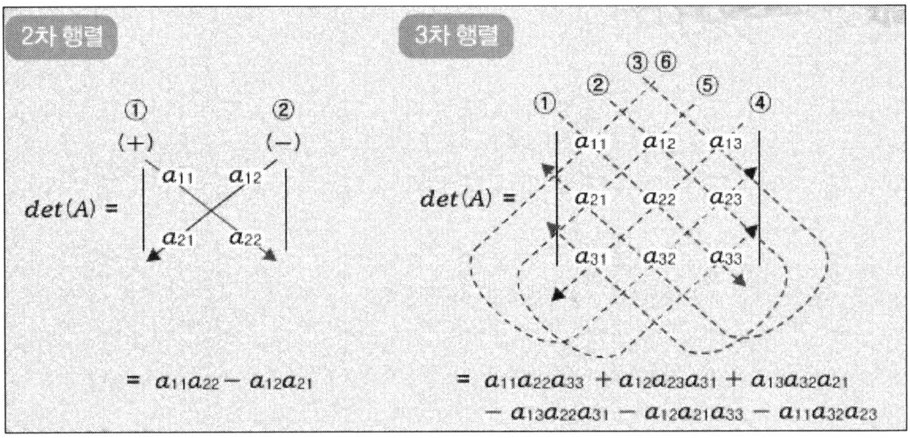

예제4 사러스 방법에 의하여 다음 행렬식을 전개하여라.

(1) $det(A)=\begin{vmatrix} 2 & 3 \\ 5 & 7 \end{vmatrix}$을 구하여라.

(2) $det(B)=\begin{vmatrix} -1 & 2 & 4 \\ 5 & 0 & 9 \\ 0 & 1 & 2 \end{vmatrix}$를 구하여라.

풀이 (1) $det(A)=\begin{vmatrix} 2 & 3 \\ 5 & 7 \end{vmatrix}=2\cdot 7-3\cdot 5=14-15=-1$

(2) $det(B)=\begin{vmatrix} -1 & 2 & 4 \\ 5 & 0 & 9 \\ 0 & 1 & 2 \end{vmatrix}=(-1)\cdot 0\cdot 2+2\cdot 9\cdot 0+4\cdot 5\cdot 1$

$-4\cdot 0\cdot 0-2\cdot 5\cdot 2-(-1)\cdot 9\cdot 1$

$=0+0+20-0-20+9=9$

◉ 여인수 전개법

a_{ij}의 소행렬식 M_{ij}

=행렬식에서 i번째 행과 j번째 열의 원소 a_{ij}를 제외한 나머지 원소로 이루어진 행렬식

a_{ij}의 여인수 $A_{ij}=(-1)^{i+j}\cdot M_{ij}$

이 때, $det(A)=|A|=a_{ij}A_{ij}$

예제5 $|A| = \begin{vmatrix} 3 & -2 & 1 \\ 5 & 6 & 2 \\ 1 & 0 & -3 \end{vmatrix}$의 값을 구하여라.

풀이 한 행이나 열에서 0이 가장 많은 줄을 기준으로 잡는다.

원소 a_{ij}	소행렬식 M_{ij}	여인수 A_{ij}
a_{31}	$M_{31} = \begin{vmatrix} -2 & 1 \\ 6 & 2 \end{vmatrix} = (-4) - 6 = -10$	$A_{31} = (-1)^{3+1} M_{31} = -10$
a_{32}	$M_{32} = \begin{vmatrix} 3 & 1 \\ 5 & 2 \end{vmatrix} = 6 - 5 = 1$	$A_{32} = (-1)^{3+2} M_{32} = -1$
a_{33}	$M_{33} = \begin{vmatrix} 3 & -2 \\ 5 & 6 \end{vmatrix} = 18 - (-10) = 28$	$A_{33} = (-1)^{3+3} M_{33} = 28$

제 3행에 관한 전개

$$\begin{aligned} det(A) &= a_{31}A_{31} + a_{32}A_{32} + a_{33}A_{33} \\ &= 1(-10) + 0(-1) + (-3)28 = -10 - 84 = -94 \end{aligned}$$

(3) 다지기

1 다음 행렬의 곱을 구하여라.

$$\begin{pmatrix} 1 & 0 \\ -1 & 2 \end{pmatrix}\begin{pmatrix} 2 & 3 \\ 4 & 1 \end{pmatrix} =$$

2 다음 행렬의 곱을 구하여라.

$$\begin{pmatrix} \cos\theta & \sin\theta \\ -\sin\theta & \cos\theta \end{pmatrix}\begin{pmatrix} \cos\theta & -\sin\theta \\ \sin\theta & \cos\theta \end{pmatrix} =$$

3 다음 행렬식의 값을 구하여라.

(1) $\begin{vmatrix} 1 & 0 \\ 0 & 1 \end{vmatrix} =$

(2) $\begin{vmatrix} \cos\Theta & -\sin\Theta \\ -\sin\Theta & \cos\Theta \end{vmatrix} =$

(3) $\begin{vmatrix} 1 & 2 & 3 \\ 0 & 1 & 0 \\ 1 & 1 & 1 \end{vmatrix} =$

4 여인수 전개법에 의하여 행렬식 $\begin{vmatrix} 1 & 2 & 3 \\ 0 & 1 & 0 \\ 1 & 1 & 1 \end{vmatrix}$를 구하여라.

2) 연립방정식과 역행렬

(1) 연립방정식의 해법

연립방정식 $\begin{cases} a_{11}x_1 + a_{12}x_2 + a_{13}x_3 = b_1 \\ a_{21}x_1 + a_{22}x_2 + a_{23}x_3 = b_2 \\ a_{31}x_1 + a_{32}x_2 + a_{33}x_3 = b_3 \end{cases}$ ➡

$$\begin{pmatrix} a_{11} & a_{12} & a_{13} \\ a_{21} & a_{22} & a_{23} \\ a_{31} & a_{32} & a_{33} \end{pmatrix}\begin{pmatrix} x_1 \\ x_2 \\ x_3 \end{pmatrix} = \begin{pmatrix} b_1 \\ b_2 \\ b_3 \end{pmatrix}$$

행렬 $AX = B$

◉ 크래머의 공식

$$x_1 = \frac{\begin{vmatrix} b_1 & a_{12} & a_{13} \\ b_2 & a_{22} & a_{23} \\ b_3 & a_{32} & a_{33} \end{vmatrix}}{\begin{vmatrix} a_{11} & a_{12} & a_{13} \\ a_{21} & a_{22} & a_{23} \\ a_{31} & a_{32} & a_{33} \end{vmatrix}} \quad x_2 = \frac{\begin{vmatrix} a_{11} & b_1 & a_{13} \\ a_{21} & b_2 & a_{23} \\ a_{31} & b_3 & a_{33} \end{vmatrix}}{\begin{vmatrix} a_{11} & a_{12} & a_{13} \\ a_{21} & a_{22} & a_{23} \\ a_{31} & a_{32} & a_{33} \end{vmatrix}} \quad x_3 = \frac{\begin{vmatrix} a_{11} & a_{12} & b_1 \\ a_{21} & a_{22} & b_2 \\ a_{31} & a_{32} & b_3 \end{vmatrix}}{\begin{vmatrix} a_{11} & a_{12} & a_{13} \\ a_{21} & a_{22} & a_{23} \\ a_{31} & a_{32} & a_{33} \end{vmatrix}}$$

예제1 크래머의 공식을 이용하여 다음 연립방정식의 해를 구하여라.

$$\begin{cases} x + y + z = 1 \\ x + 2y + 3z = 0 \\ x + 3y + 6z = 0 \end{cases}$$

풀이

$$x = \frac{\begin{vmatrix} 1 & 1 & 1 \\ 0 & 2 & 3 \\ 0 & 3 & 6 \end{vmatrix}}{\begin{vmatrix} 1 & 1 & 1 \\ 1 & 2 & 3 \\ 1 & 3 & 6 \end{vmatrix}} \quad y = \frac{\begin{vmatrix} 1 & 1 & 1 \\ 1 & 0 & 3 \\ 1 & 0 & 6 \end{vmatrix}}{\begin{vmatrix} 1 & 1 & 1 \\ 1 & 2 & 3 \\ 1 & 3 & 6 \end{vmatrix}} \quad z = \frac{\begin{vmatrix} 1 & 1 & 1 \\ 1 & 2 & 0 \\ 1 & 3 & 0 \end{vmatrix}}{\begin{vmatrix} 1 & 1 & 1 \\ 1 & 2 & 3 \\ 1 & 3 & 6 \end{vmatrix}}$$

$$\therefore\ x = \frac{3}{-8} = -\frac{3}{8},\quad y = \frac{-3}{-8} = \frac{3}{8},\quad z = \frac{1}{-8} = -\frac{1}{8}$$

(2) 역행렬 구하기

역행렬

정사각행렬 A에 대하여 단위행렬을 I라 할 때 $AX=XA=I$를 만족시키는 행렬 X가 존재할 때, X를 A의 역행렬이라 하고 A^{-1}로 표기한다.

즉, $AA^{-1}=I$

◉ 수반행렬을 이용한 역행렬 구하기

$$A^{-1}=\frac{1}{det(A)}adj(A)$$

$$\text{단, } adj(A)=\begin{pmatrix} A_{11} & A_{12} & A_{13} \\ A_{21} & A_{22} & A_{23} \\ A_{31} & A_{32} & A_{33} \end{pmatrix}=\begin{pmatrix} A_{11} & A_{21} & A_{31} \\ A_{12} & A_{22} & A_{32} \\ A_{13} & A_{23} & A_{33} \end{pmatrix}$$

(a_{ij} 의 여인수) (수반행렬)

예제2 수반행렬을 이용하여 다음 3차 행렬의 역행렬을 구하여라.

$$A=\begin{pmatrix} 1 & 1 & 0 \\ 1 & 2 & 3 \\ 0 & 4 & -1 \end{pmatrix}$$

풀이

$$A^{-1}=\frac{\begin{pmatrix} \begin{vmatrix} 2 & 3 \\ 4 & -1 \end{vmatrix} & -\begin{vmatrix} 1 & 0 \\ 4 & -1 \end{vmatrix} & \begin{vmatrix} 1 & 0 \\ 2 & 3 \end{vmatrix} \\ -\begin{vmatrix} 1 & 3 \\ 0 & -1 \end{vmatrix} & \begin{vmatrix} 1 & 0 \\ 0 & -1 \end{vmatrix} & -\begin{vmatrix} 1 & 0 \\ 1 & 3 \end{vmatrix} \\ \begin{vmatrix} 1 & 2 \\ 0 & 4 \end{vmatrix} & -\begin{vmatrix} 1 & 1 \\ 0 & 4 \end{vmatrix} & \begin{vmatrix} 1 & 1 \\ 1 & 2 \end{vmatrix} \end{pmatrix}}{\begin{vmatrix} 1 & 1 & 0 \\ 1 & 2 & 3 \\ 0 & 4 & -1 \end{vmatrix}}=\frac{\begin{pmatrix} -14 & 1 & 3 \\ 1 & -1 & -3 \\ 4 & -4 & 1 \end{pmatrix}}{-13}$$

◉ 2차, 3차 행렬식 공식

1. $A=\begin{pmatrix} a & b \\ c & d \end{pmatrix}$ 이고 $|A|\neq 0$ 일 때, $A^{-1}=\dfrac{\begin{pmatrix} d & -b \\ -c & a \end{pmatrix}}{|A|}=\dfrac{\begin{pmatrix} d & -b \\ -c & a \end{pmatrix}}{ab-bc}$

2. $A=\begin{pmatrix} a & b & c \\ d & e & f \\ g & h & i \end{pmatrix}$ 이고 $|A|\neq 0$ 일 때,

$$A^{-1}=\frac{\begin{pmatrix} A_{11} & A_{12} & A_{13} \\ A_{21} & A_{22} & A_{23} \\ A_{31} & A_{32} & A_{33} \end{pmatrix}^{T}}{det(A)}=\frac{\begin{pmatrix} A_{11} & A_{21} & A_{31} \\ A_{12} & A_{22} & A_{32} \\ A_{13} & A_{23} & A_{33} \end{pmatrix}}{det(A)}=\frac{1}{|A|}\begin{pmatrix} \begin{vmatrix} e & f \\ h & i \end{vmatrix} & -\begin{vmatrix} b & c \\ h & i \end{vmatrix} & \begin{vmatrix} b & c \\ e & f \end{vmatrix} \\ -\begin{vmatrix} d & f \\ g & i \end{vmatrix} & \begin{vmatrix} a & c \\ g & i \end{vmatrix} & -\begin{vmatrix} a & c \\ d & f \end{vmatrix} \\ \begin{vmatrix} d & e \\ g & h \end{vmatrix} & -\begin{vmatrix} a & b \\ g & h \end{vmatrix} & \begin{vmatrix} a & b \\ d & e \end{vmatrix} \end{pmatrix}$$

(3) 다지기

◎ 다음 문제를 풀어보자.

※ (1~2) 주어진 행렬의 역행렬을 구하여라.

1 $A=\begin{pmatrix} 1 & 0 \\ -1 & 2 \end{pmatrix}$, $A^{-1}=\begin{pmatrix} \square & \square \\ \frac{1}{2} & \frac{\square}{2} \end{pmatrix}$

2 $A=\begin{pmatrix} \cos\theta & -\sin\theta \\ \sin\theta & \cos\theta \end{pmatrix}$, $A^{-1}=\begin{pmatrix} \square\theta & \square\theta \\ \square\theta & \square\theta \end{pmatrix}$

※ (3~4) 주어진 연립방정식을 크래머의 공식을 이용하여 풀어라.

3 $\begin{cases} 3x+y=6 \\ 5x+2y=11 \end{cases}$ $x=\square$, $y=\square$

4 $\begin{cases} x-y+z=1 \\ 2x+y-2z=0 \\ -x+3y-z=3 \end{cases}$ $x=\square$, $y=\square$, $z=\square$

Quiz, Quiz

1 주어진 행렬의 전치행렬을 구하여라.

$$A=\begin{pmatrix} 1 & 0 \\ -1 & 2 \end{pmatrix} \qquad A^T=\begin{pmatrix} \square & \square \\ \square & \square \end{pmatrix}$$

2 다음 두 행렬의 곱을 구하여라.

$$A=(2\ \ 3),\quad B=\begin{pmatrix} 1 & 2 \\ 3 & 4 \end{pmatrix} \qquad AB=(\square\ \ \square)$$

3 다음의 행렬식을 사러스 방법에 의하여 전개하여라.

$$\begin{vmatrix} 1 & 1 & 3 \\ 1 & 1 & 1 \\ 1 & 0 & 1 \end{vmatrix}=\square$$

4 다음 연립방정식을 크래머의 공식에 의하여 풀어라.

$$\begin{cases} 2x+3y=5 \\ 4x-2y=3 \end{cases} \qquad x=\frac{\square}{\square},\quad y=\frac{\square}{\square}$$

5 다음 행렬 A의 역행렬 A^{-1}를 구하여라.

$$A=\begin{pmatrix} -11 & 2 & 2 \\ -4 & 0 & 1 \\ 6 & -1 & -1 \end{pmatrix},\quad A^{-1}=\begin{pmatrix} \square & \square & \square \\ \square & \square & \square \\ \square & \square & \square \end{pmatrix}$$

① $\sec^2 y$ ② $\sec^2 x$ ③ $\cos^2 y$

6-1 복소수

Calculus Life

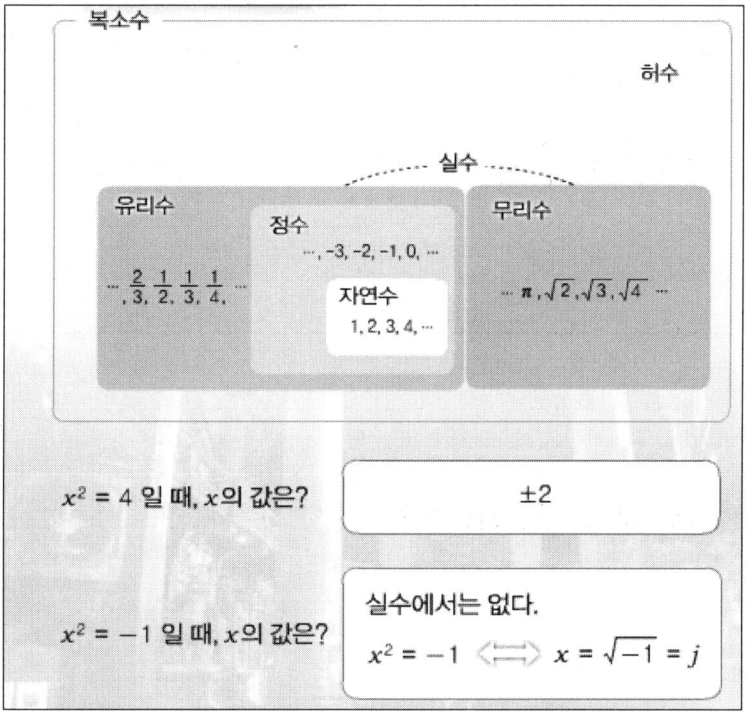

우리는 앞서 유리수와 무리수로 구성된 실수체계에 대해 알아보았다. 실수란, Real number라 해서, '실제 존재하는 수'라는 뜻이다. 이번 시간에는 실제로는 존재하지 않는 '허수'와 실제 존재하는 수를 섞어 놓은 '복소수'에 대해서 학습한다.

$x^2=4$일 때, x의 값을 생각해 보자. 제곱해서 4가 되는 수를 구하라는 의미이므로 $x=\pm 2$이다. 그럼, $x^2=-1$일 때 x의 값은 무엇일까? 실수의 제곱은 항상 0보다 크거나 같기 때문에 제곱해서 음수가 되는 실수는 존재하지 않는다. 따라서 제곱해서 마이너스 1이 되는 수를 i라 정의하고 허수, 즉 헛된 수라 한다. 그리고 수 체계를 실수와 허수와 복합한 수인 복소수까지 확장시킨다. 복소수를 영어로는 Complex number라 한다. '복잡한' 또는 '복합한 수'라는 의미로 쓰인다. 이렇게 만들어진 복소수는 mp3의 압축 기술, 현대 과학의 근간을 이루고 있는 양자역학 등에 쓰이고 있다. 실제 존재하는 수와 가상의 수를 묶어 놓은 것이 실세계의 수학, 공학, 물리학, 역학 등에 쓰인다는 사실은 참으로 놀라운 일이 아닐 수 없다. 이번시간에는 이러한 복소수의 개념을 알아보고, 간단한 연산 위주의 학습을 한다.

Secret Key

수체계

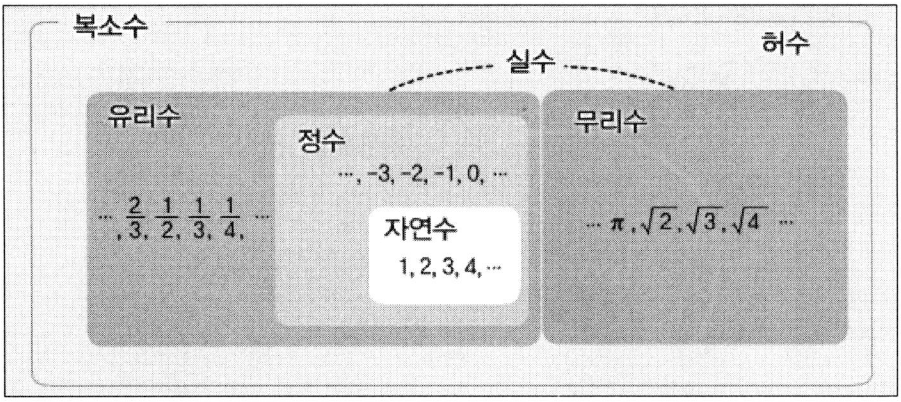

극형식

$$z = r(\cos\theta + j\sin\theta)$$

오일러의 공식

$$e^{\pm j\theta} = \cos\theta \pm j\sin\theta$$

My Lesson

1) 복소수의 개념과 연산

(1) 복소수의 정의

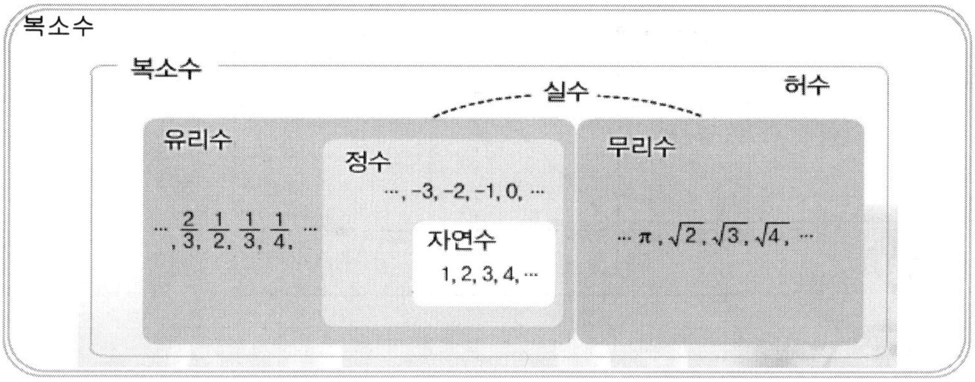

◉ **허수단위**

허수단위(j) : 제곱하여 -1이 되는 수

$$j^2 = -1, \quad \therefore j = \sqrt{-1}$$

※ 수학교재에서는 허수단위를 i로 표시하지만 전기 및 전자공학에서 통상적으로 전류를 i로 표현하므로 이와 구분하기 위해 공업수학에서는 j[제이]를 사용한다.

◉ **복소수**

복소수 : 수를 확장하여 실수 외에 허수까지 포함하는 수

$$z = a + jb \text{ (단, } a, b\text{는 실수)}$$

실수부 $Re(z) = a$, 허수부 $Im(z) = b$

$z = a + jb$ (단, a, b는 실수)에서

1) $b=0$이면 z는 실수

2) $a=0$이면 z는 순허수

3) $a \neq 0$, $b \neq 0$이면 z는 복소수라 한다.

◉ **복소수의 순환**

$j = \sqrt{-1}$ $\quad$ $j^2 = -1$ $\quad$ $j^3 = j \cdot j^2 = -j$ $\quad$ $j^4 = j^2 \cdot j^2 = 1$

예제1 j^{2008}을 간단히 하여라.

풀이 $j^{2008}=(j^4)^{502}=1^{502}=1$

◉ 복소수의 표시

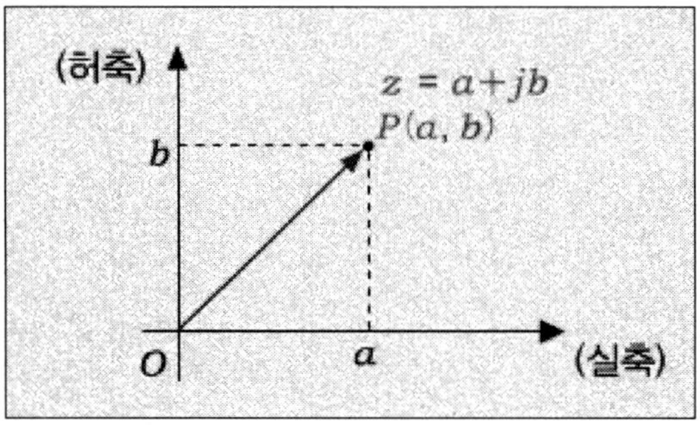

※ 화살표로 표시된 복소수 사이의 덧셈과 뺄셈은 벡터의 합과 차를 구하는 것과 동일

(2) 복소수의 사칙연산

◉ 복소수의 사칙연산

$z_1=a+bj$, $z_2=c+dj$에 대하여,

(1) z_1+z_2

$$z_1+z_2=(a+jb)+(c+jd)=(a+c)+j(b+d)$$

(2) z_1-z_2

$$z_1-z_2=(a+jb)-(c+jd)=(a-c)+j(b-d)$$

(3) $z_1 \cdot z_2$

$$z_1 \cdot z_2=(a+jb)(c+jd)=ac+j(ad+bc)+j^2bd=(ac-bd)+j(ad+bc)$$

(4) $\frac{z_1}{z_2}$

$$\frac{z_1}{z_2}=\frac{a+jb}{c+jd}=\frac{(a+jb)(c-jd)}{(c+jd)(c-jd)}=\frac{ac+j(bc-ad)-j^2bd}{c^2+d^2}=\frac{ac+bd}{c^2+d^2}+j\frac{bc-ad}{c^2+d^2}$$

(3) 다지기

◎ 다음 문제를 풀어보자.

1 다음은 복소수 체계이다. 빈칸을 채우시오.

- [　　　] $a+jb$
  - **실수** $a\ (b=0)$
    - [　　　]
    - **무리수**
  - **허수** $a+jb\ (b\neq0)$
    - **기타 허수** $a+jb\ (a\neq0,\ b\neq0)$
    - [　　　] $jb\ (a=0,\ b\neq0)$

실수와 순허수의 비교 : (실수)$^2 \geq 0$, (순허수)$^2 < 0$

2 $j+j^2+j^3+j^4+\cdots+j^{2008}=$

3 두 복소수 $z_1=1+j,\ z_2=1-j$에 대하여 덧셈, 뺄셈, 곱셈, 나눗셈을 각각 구하여라.

(1) $z_1+z_2=$

(2) $z_1-z_2=$

(3) $z_1\cdot z_2=$

(4) $\dfrac{z_1}{z_2}=$

2) 복소수의 표현방식

(1) 복소수의 극형식

memo

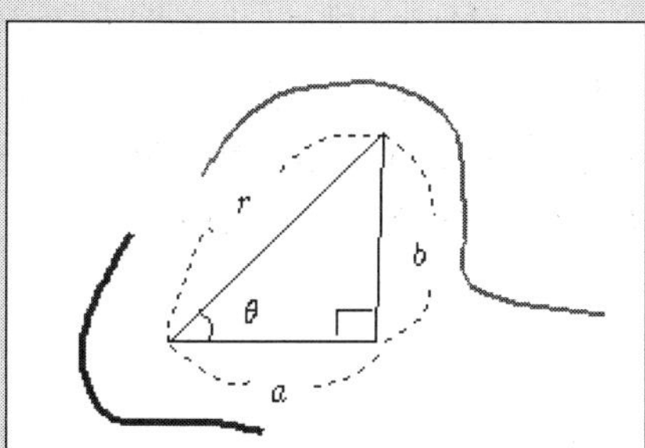

$\cos\theta=\dfrac{a}{r}$ 이므로 $a=r\cos\theta$

$\sin\theta=\dfrac{b}{r}$ 이므로 $b=r\sin\theta$

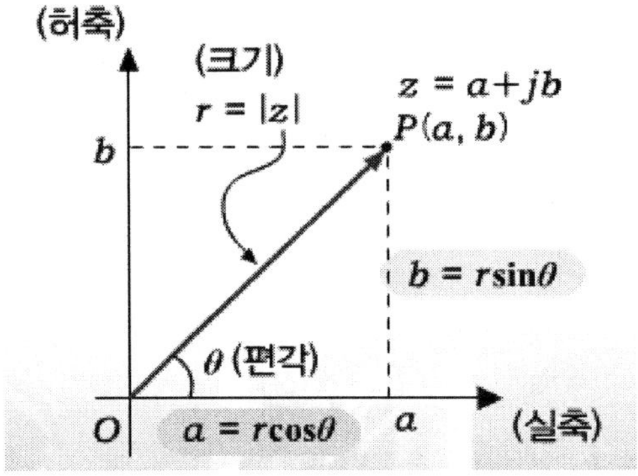

$z=a+jb$일 때, 그림에서와 같이

$a=r\cos\Theta$, $b=r\sin\Theta$이므로

$z=a+jb$

$=r\cos\Theta+jr\sin\Theta$

$=r(\cos\Theta+j\sin\Theta)$

이것을 복소수 z의 극형식이라 한다.

단, $r=|z|=\sqrt{a^2+b^2}$, $\Theta=\tan^{-1}\frac{b}{a}$ ($\because\tan\Theta=\frac{b}{a}$)

예제1 $z=1+j\sqrt{3}$을 극형식으로 나타내어라.

풀이

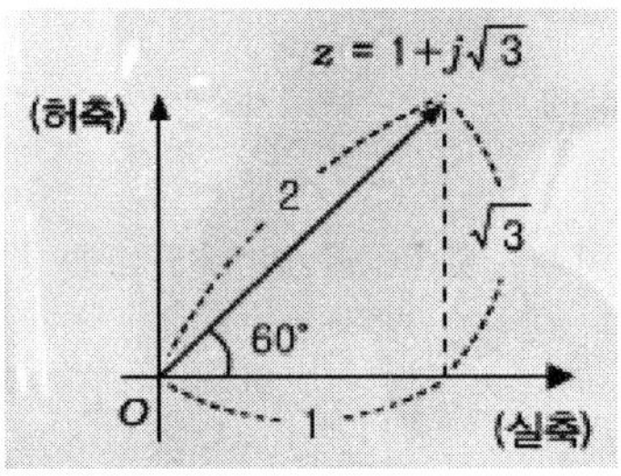

z를 복소평면에 나타내면,

$r=\sqrt{1^2+(\sqrt{3})^2}=\sqrt{4}=2$

$\tan 60°=\sqrt{3}$이므로 $\Theta=60°\ (=\frac{\pi}{3})$

$\therefore z=r(\cos\Theta+j\sin\Theta)$

$=2(\cos\frac{\pi}{3}+j\sin\frac{\pi}{3})$

(2) 오일러 공식

◉ 오일러 공식 $e^{\pm j\Theta}=\cos\Theta\pm j\sin\Theta$

◉ 지수함수 형식

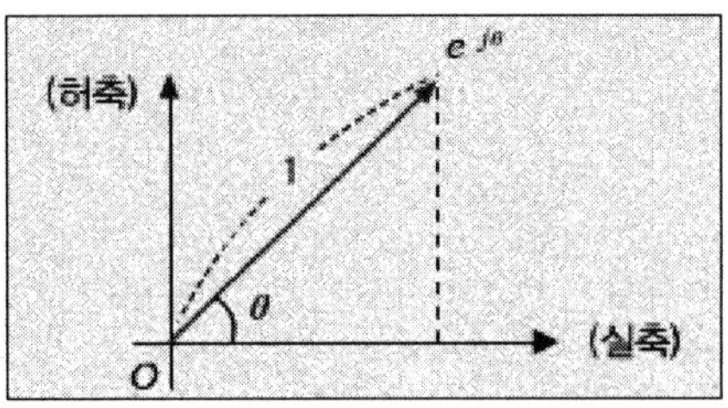

$e^{\pm j\Theta}=\cos\Theta\pm j\sin\Theta$이므로

$|e^{\pm j\Theta}|=|\cos\Theta\pm j\sin\Theta|=\sqrt{\cos^2\Theta+\sin^2\Theta}=1$

따라서, 크기가 r인 복소수

$z=r(\cos\Theta+j\sin\Theta)=re^{j\Theta}$로 표현할 수 있다.

이를 지수함수 형식이라 한다.

예제2 $z=1+j\sqrt{3}$를 지수함수 형식으로 나타내어라.

풀이 $2e^{j\frac{\pi}{3}}$

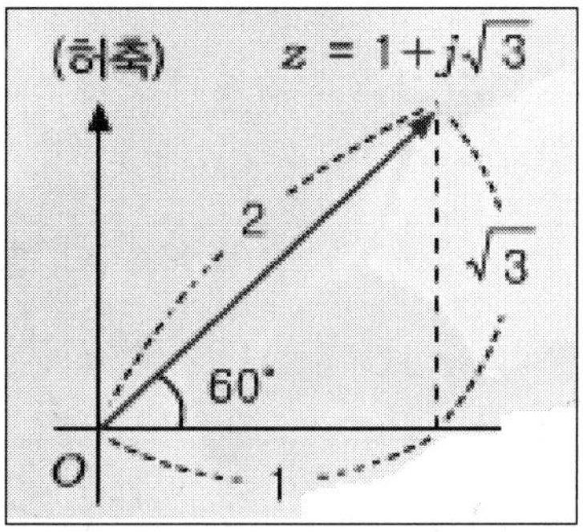

◉ 복소수의 표형방식 정리

직교좌표 형식	극좌표 형식	삼각함수 형식(극형식)	지수함수 형식
$z = a+jb$	$z = r\angle\theta$	$z = r(\cos\theta + j\sin\theta)$	$z = e^{j\theta}$

예제3 직각좌표 형식의 복소수 $z=-1+j$를 극좌표 형식, 삼각함수 형식, 지수함수 형식으로 나타내어라.

풀이

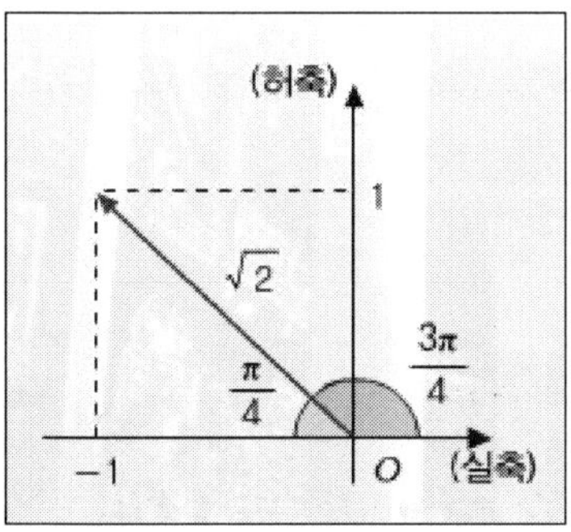

$r = \sqrt{(-1)^2 + 1^2} = \sqrt{2}$

2사분면의 각이므로 $\theta = \frac{3\pi}{4}$

극좌표 형식: $\sqrt{2}\angle\frac{3}{4}\pi$

삼각함수 형식: $z = \sqrt{2}\left(\cos\frac{3\pi}{4} + j\sin\frac{3\pi}{4}\right)$

지수함수 형식: $z = \sqrt{2}\ e^{j\left(\frac{3\pi}{4}\right)}$

(3) 복소수의 기하학적 연산

※ 직각좌표 형식은 복소수의 덧셈과 뺄셈을 계산하는데 유용하고, 극형식은 복소수의 곱셈과 나눗셈을 계산하는데 유용하게 사용된다.

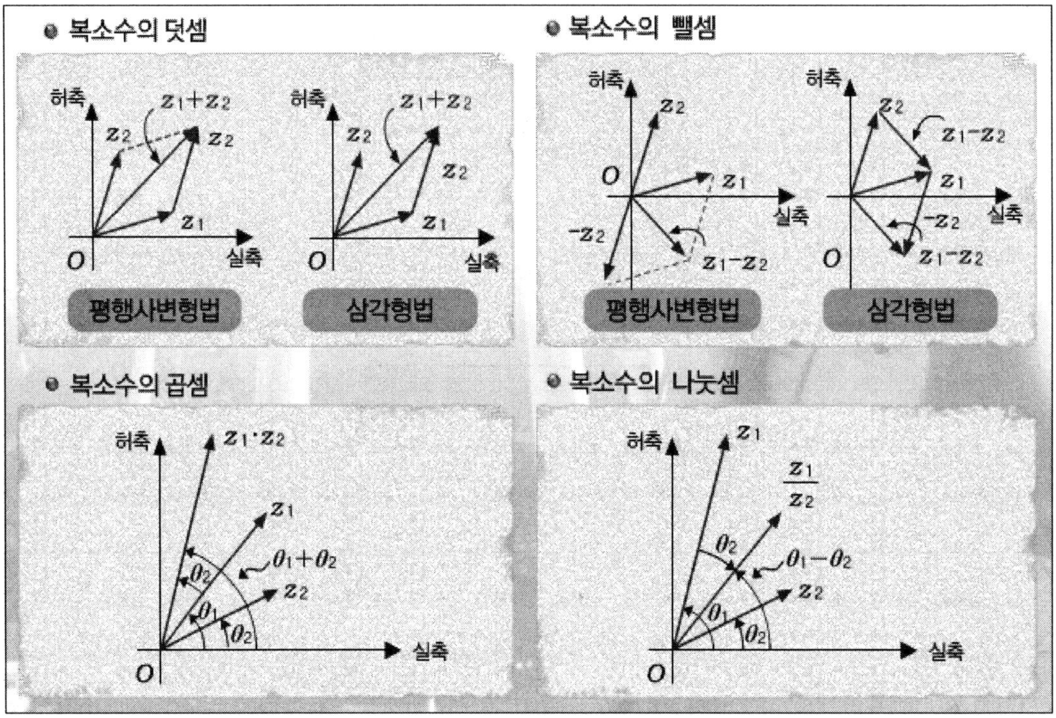

(4) 복소수의 회전연산자

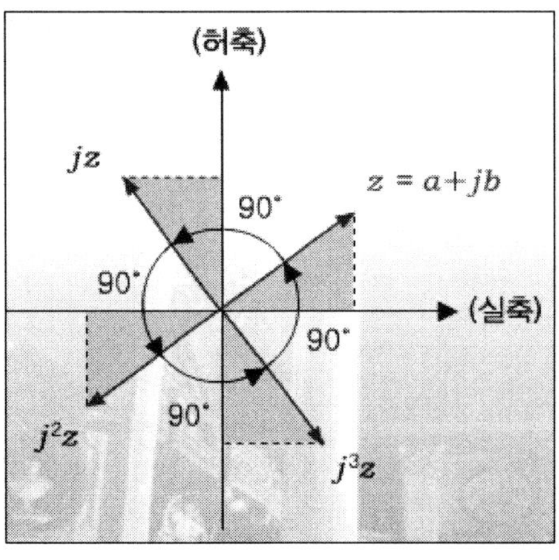

$z = a + jb$ (a, b)

$jz = j(a+jb) = -b+ja$ $(-b, a)$

$j^2z = (-1)(a+jb) = -a-jb$ $(-a, -b)$

$j^3z = (-j)(a+jb) = b-ja$ $(b, -a)$

z를 한번씩 곱할 때 마다,
90도씩 회전시킨 것과 같다.

(5) 다지기

◎ 다음 문제를 풀어보자.

※ (1~2) 주어진 행렬의 역행렬을 구하여라.

1 $z=-2-j2$를 극형식으로 나타내어라.

$z=2\sqrt{2}(\cos\frac{\square\pi}{4}+j\sin\frac{\square\pi}{4})$

2 $z=-3$을 극형식으로 나타내어라.

$z=\square(\cos\frac{\pi}{\square}+j\sin\frac{\pi}{\square})$

3 복소수 $z=(1+j)(1+j\sqrt{3})$의 절대값과 편각을 구하여라.

절대값 : $\square\sqrt{\square}$

편각 : $\frac{\square\pi}{\square}$

4 $\begin{cases} x-y+z=1 \\ 2x+y-2z=0 \\ -x+3y-z=3 \end{cases}$ $x=\square,\quad y=\square,\quad z=\square$

Quiz, Quiz

1 $j\times(-j)$를 간단히 하여라.

2 복소수 $(1+jx)(1-j3)$이 순허수가 되도록 실수 x의 값을 구하여라.

3 $z=1+j$를 극형식으로 나타내어라.

$$z=\sqrt{\square}\left(\cos\frac{\pi}{\square}+j\sin\frac{\pi}{\square}\right)$$

4 $4e^{j\frac{\pi}{3}}$를 극형식으로 나타내어라.

$$4e^{j\frac{\pi}{3}}=\square\left(\cos\frac{\pi}{\square}\pm j\sin\frac{\pi}{\square}\right)$$

5 두 복소수 $z_1=20\angle 60^\circ$, $z_2=\sqrt{3}+j$의 나눗셈 $\frac{z_1}{z_2}$을 구하여라.

$$\frac{z_1}{z_2}=\square\cos\left(\frac{\pi}{\square}\right)+j\sin\left(\frac{\pi}{\square}\right)$$

7-1 벡터

Calculus Life

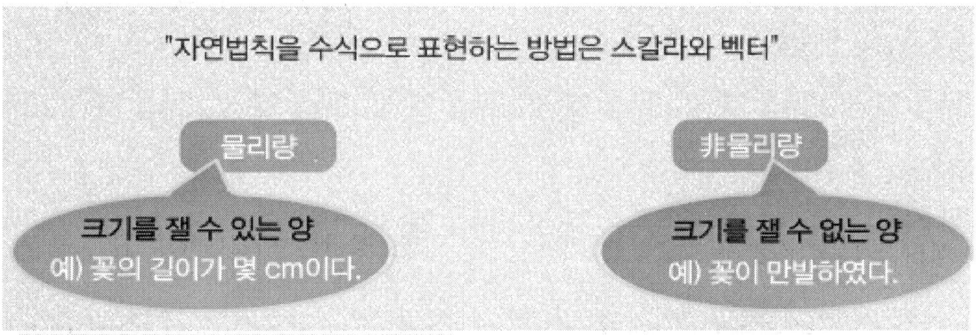

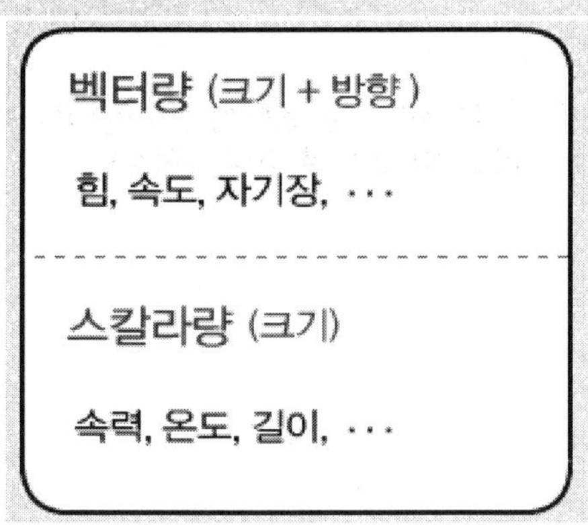

물체의 값은 물리량과 비물리량으로 구별한다. 물리량은 그 크기를 측정할 수 있는 값을 가리키고, 非물리량은 그 크기를 측정할 수 없는 값을 가리킨다. 그리고 물리량은 다시, 크기만 갖는 스칼라량과 크기에 방향까지 함께 갖는 벡터량으로 나뉜다. '동쪽으로 30 킬로미터 이동했다.'라는 문장을 생각해 보자. '동쪽으로'라는 말을 빼면 어디로 이동했는지 알 수 없으며, '30 킬로미터'라는 말을 빼면 얼마만큼 이동했는지 알 수 없다. 이렇듯 벡터량은 크기와 방향을 함께 갖는 양을 말한다. 벡터가 공학적 해석에 많이 활용되는 이유는 물리량을 나타내는 변수, 즉 속도, 힘 및 자기장과 같은 크기와 함께 방향을 갖는 물리량이기 때문이다. 이번 시간에는 벡터에 쓰이는 용어들을 알아보고, 간단한 연산 위주의 학습을 한다.

Secret Key

벡터의 덧셈

$$\overrightarrow{AB} + \overrightarrow{BC} = \overrightarrow{AC}$$

(종점과 시점이 같다.)

벡터의 뺄셈

$$\overrightarrow{OA} - \overrightarrow{OB} = \overrightarrow{BA}$$

(시점이 같다.)

벡터의 내적(스칼라 곱)

$$\vec{a} \circ \vec{b} = |\vec{a}||\vec{b}|\cos\theta$$

(단, θ는 주어진 두 벡터의 사이각)

벡터의 외적(벡터 곱)

$$\vec{a} \times \vec{b} = \vec{n}|\vec{a} \times \vec{b}| = \vec{n}|\vec{a}||\vec{b}|\sin\theta$$

(단, $\vec{n}$ 은 주어진 두 벡터에 수직인 단위 벡터
θ는 주어진 두 벡터의 사이각)

My Lesson

1) 벡터의 개념

(1) 스칼라와 벡터

스칼라량과 벡터량

- 스칼라량 : 크기만으로 표현하는 양 $A,\ a\ ,\ \overline{A},\ \overline{OP}$
- 벡 터 량 : 크기와 방향으로 표현하는 양 $\boldsymbol{A},\ \boldsymbol{a}\ ,\ \overrightarrow{A},\ \overrightarrow{OP}$

◉ 스칼랴량과 벡터량의 예

(2) 벡터의 기본

◉ 벡터의 표시 방법과 기본용어

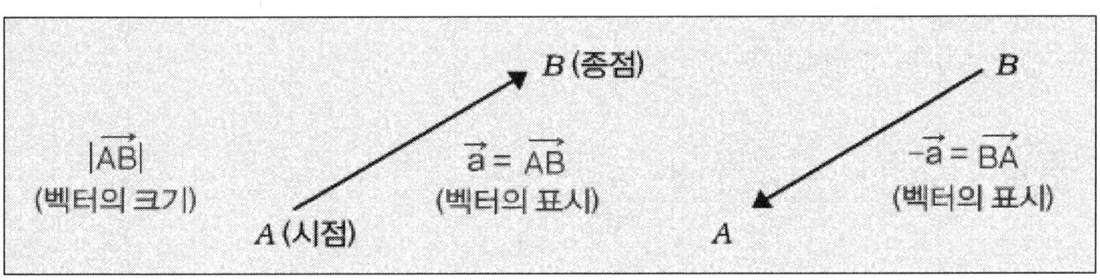

◉ 두 벡터가 서로 같을 조건

벡터는 크기와 방향으로 정하여지므로 시점과 종점의 위치와 관계없이,
두 벡터 $\overrightarrow{AB}$, $\overrightarrow{CD}$의 크기와 방향이 같을 때, 두 벡터는 서로 같다고 한다.
(즉, 벡터는 평행이동하여 포개어 지면 같은 벡터이다.)

예제1 다음 벡터와 같은 벡터를 찾으시오.

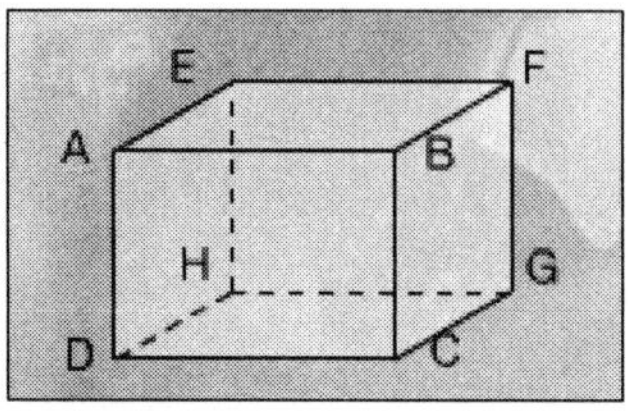

(1) $\overrightarrow{AC}$ (2) $\overrightarrow{AF}$

풀이

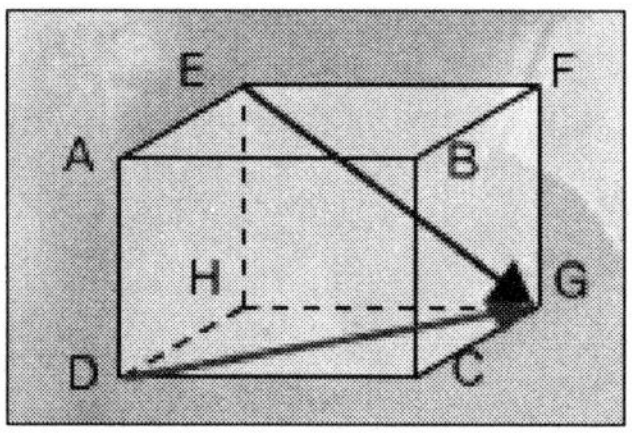

(2) 벡터의 종류

영벡터	시점과 종점이 일치하는 벡터
단위벡터	크기가 1인 벡터
위치벡터	좌표의 원점을 시점으로 하는 벡터
변위벡터	시점을 원점으로 하지 않는 벡터
기본벡터	좌표계에서 x, y, z 각 축의 양의 방향으로 크기가 1인 벡터
평면벡터	좌표평면에서 다루는 벡터
공간벡터	좌표공간에서 다루는 벡터

(3) 다지기

◎ 다음 문제를 풀어보자.

1 스칼라량은 □만을 고려한 양이고, 벡터량은 □와 □를 고려한 양이다.

2 (1) □ : 시점과 종점이 일치하는 벡터

(2) □ : 좌표의 원점을 시점으로 하는 벡터

(3) □ : 시점을 원점으로 하지 않는 벡터

(4) □ : 좌표계에서 x, y, z 각 축의 양의 방향으로 크기가 1인 벡터

2) 벡터의 연산

(1) 벡터의 덧셈과 뺄셈

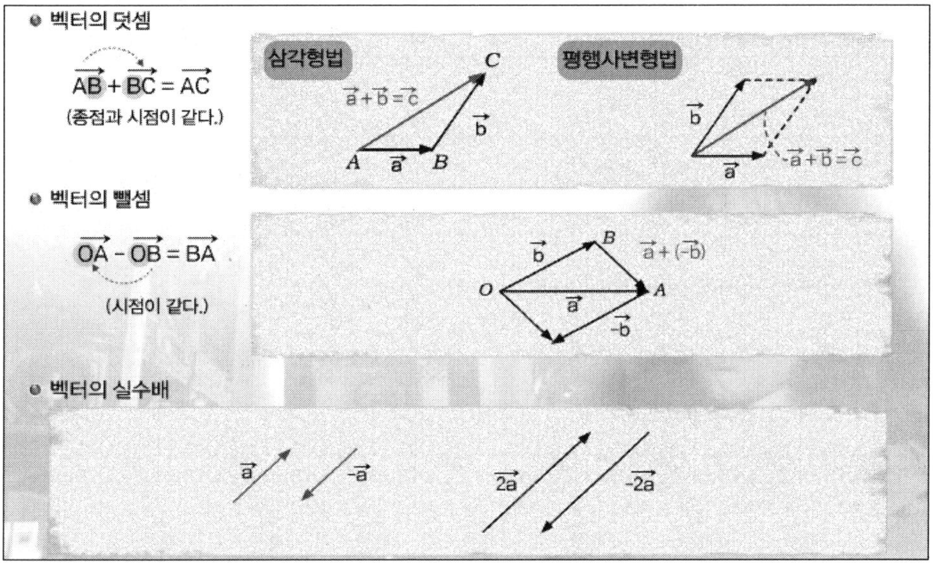

(2) 벡터의 성분

◉ 평면 벡터의 성분

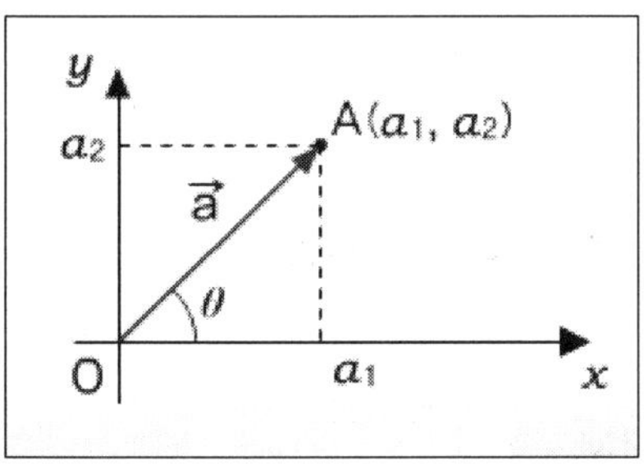

위치벡터 $\vec{a}(=\overrightarrow{OA})$는 원점을 시점으로 하고, (a_1, a_2)를 종점으로 하므로 좌표평면에 있는 하나의 점과 대응된다.
따라서 다음과 같이 나타낼 수 있다.
$\vec{a}=(a_1, a_2)$ 또는 $\overrightarrow{OA}=(a_1, a_2)$

◉ 벡터의 성질

1. 벡터 $\vec{a}$의 크기는 $\overline{OA}$의 길이와 같다. $\therefore |\vec{a}|=\sqrt{a_1^2+a_2^2}$

2. $\tan\Theta=\dfrac{\sin\Theta}{\cos\Theta}=\dfrac{a_2}{a_1}$, $a_1=|\vec{a}|\cos\Theta$, $a_2=|\vec{a}|\sin\Theta$

3. $\vec{a}=(a_1, a_2)$, $\vec{b}=(b_1, b_2)$라 할 때,

$\vec{a}=\vec{b} \Leftrightarrow a_1=b_1,\ a_2=b_2$

$\vec{a}+\vec{b}=(a_1+b_1, a_2+b_2)$, $\vec{a}-\vec{b}=(a_1-b_1, a_2-b_2)$

$k\vec{a}=(ka_1, ka_2)$

◉ 공간 벡터의 성분

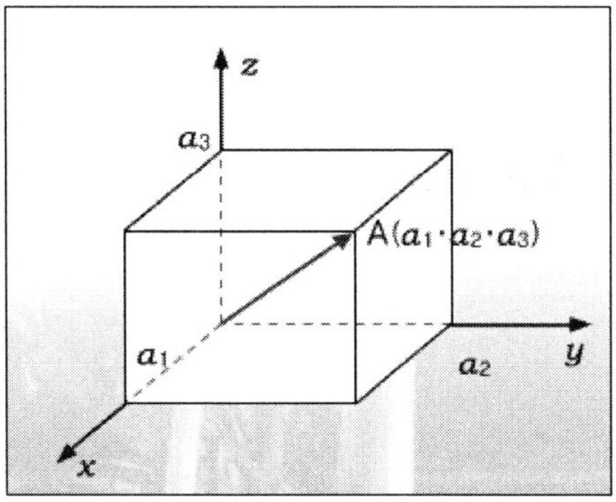

$\vec{a}=(a_1, a_2, a_3)$, $\vec{b}=(b_1, b_2, b_3)$라 할 때,

1. 벡터 $\vec{a}$의 크기

   $|\vec{a}|=\sqrt{a_1^2+a_2^2+a_3^2}$

2. 두 벡터가 서로 같을 조건

   $\vec{a}=\vec{b} \Leftrightarrow a_1=b_1,\ a_2=b_2,\ a_3=b_3$

3. 벡터의 덧셈

   $\vec{a}+\vec{b}=(a_1+b_1, a_2+b_2, a_3+b_3)$

4. 벡터의 뺄셈

   $\vec{a}-\vec{b}=(a_1-b_1, a_2-b_2, a_3-b_3)$

5. 벡터의 실수배

   $k\vec{a}=(ka_1, ka_2, ka_3)$

예제1 $\vec{a}$=(m, 7), $\vec{b}$=(3, n+2)일 때, m+n의 값은?

풀이 8

예제2 $\vec{a}$=(0, 3, 4)일 때 $|\vec{a}|$의 값은?

풀이 5

(3) 벡터의 내적

◉ 좌표 평면에서의 내적

$\vec{a}=(a_1, a_2)$, $\vec{b}=(b_1, b_2)$일 때, 벡터의 내적을 다음과 같이 정의한다.

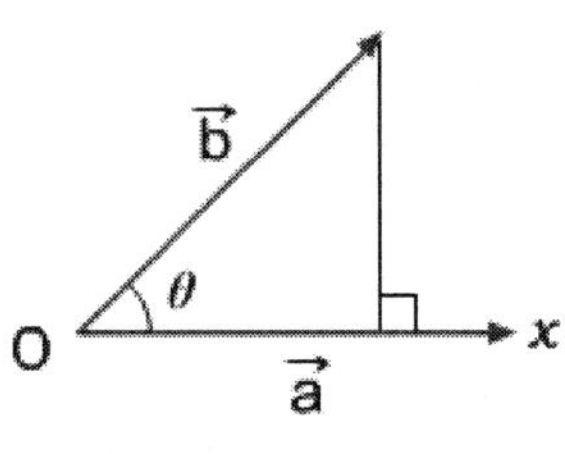

벡터의 내적

$$\vec{a}\circ\vec{b}=|\vec{a}||\vec{b}|\cos\Theta$$
$$=a_1b_1+a_2b_2$$
$$\cos\Theta=\frac{\vec{a}\circ\vec{b}}{|\vec{a}||\vec{b}|}=\frac{a_1b_1+a_2b_2}{\sqrt{a_1^2+a_2^2}\sqrt{b_z^2+b_2^2}}$$

◉ 좌표 공간에서의 내적

좌표평면을 확장하여 좌표공간에서의 내적을 다음과 같이 정의 한다.

$\vec{a}=(a_1, a_2, a_3)$, $\vec{b}=(b_1, b_2, b_3)$라 할 때,

$\vec{a}\circ\vec{b}=|\vec{a}||\vec{b}|\cos\Theta$

$=a_1b_1+a_2b_2+a_3b_3$

$$\cos\Theta=\frac{\vec{a}\circ\vec{b}}{|\vec{a}||\vec{b}|}=\frac{a_1b_1+a_2b_2+a_3b_3}{\sqrt{a_1^2+a_2^2+a_3^2}\sqrt{b_z^2+b_2^2+b_3^2}}$$

예제3 다음 두 벡터 $\vec{a}$, $\vec{b}$의 내적과 두 벡터가 이루는 각의 크기를 구하시오.

$$\vec{a}=(1,-1),\ \vec{b}=(0,2)$$

(1) 내적　　　　　　　　　(2) 두 벡터가 이루는 각의 크기

풀이 (1) $\vec{a}=(a_1, a_2)$, $\vec{b}=(b_1, b_2)$일 때,

$\vec{a}\circ\vec{b}=|\vec{a}||\vec{b}|\cos\Theta$

$=a_1b_1+a_2b_2$

$=1\cdot0+(-1)\cdot2=0-2=-2$

(2) $\vec{a}=(a_1, a_2)$, $\vec{b}=(b_1, b_2)$일 때,

$$\cos\Theta=\frac{\vec{a}\circ\vec{b}}{|\vec{a}||\vec{b}|}=\frac{a_1b_1+a_2b_2}{\sqrt{a_1^2+a_2^2}\sqrt{b_z^2+b_2^2}}$$

$$=\frac{1\cdot0+(-1)\cdot2}{\sqrt{1^2+(-1)^2}\sqrt{0^2+2^2}}=\frac{-2}{2\sqrt{2}}=-\frac{1}{\sqrt{2}}=-\frac{\sqrt{2}}{2}$$

memo

벡터의 수직과 평행

$\vec{a}//\vec{b}(\theta=0^\circ)$: $\vec{a}\circ\vec{b}=|\vec{a}||\vec{b}|\cos\Theta=|\vec{a}||\vec{b}|\cos0^\circ=|\vec{a}||\vec{b}|$

$\vec{a}\perp\vec{b}(\Theta=90^\circ)$: $\vec{a}\circ\vec{b}=|\vec{a}||\vec{b}|\cos\Theta=|\vec{a}||\vec{b}|\cos90^\circ=0$ (중요)

※ 벡터의 수직과 평행은 내적과 관련

(4) 벡터의 외적

◉ 벡터의 외적

$\vec{a}=(a_1, a_2, a_3)$, $\vec{b}=(b_1, b_2, b_3)$일 때, 벡터의 외적을 다음과 같이 정의한다.

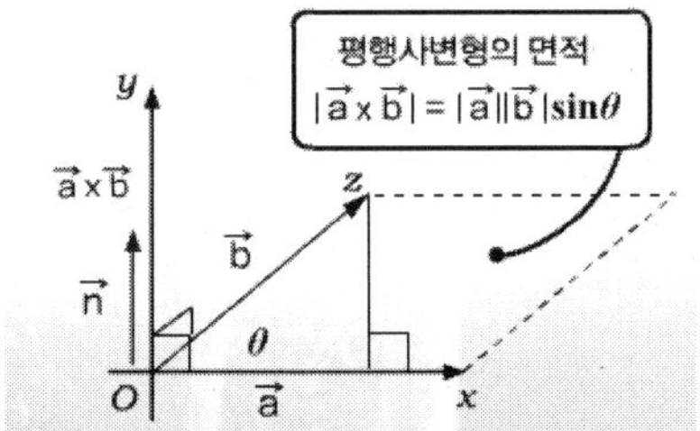

벡터의 외적

$\vec{a}\times\vec{b}=\vec{n}|\vec{a}\times\vec{b}|=\vec{n}|\vec{a}||\vec{b}|\sin\Theta$

(단, $\vec{n}$은 주어진 두 벡터에 수직인 단위 벡터)

$\sin\Theta=\frac{|\vec{a}\times\vec{b}|}{|\vec{a}||\vec{b}|}$ ($\because|\vec{a}\times\vec{b}|=|\vec{a}||\vec{b}|\sin\Theta$)

◉ 행렬식의 형식으로 외적 구하기

$$|\vec{a}\times\vec{b}| = \begin{vmatrix} \vec{e_1} & \vec{e_2} & \vec{e_3} \\ a_1 & a_2 & a_3 \\ b_1 & b_2 & b_3 \end{vmatrix} + \begin{vmatrix} a_2 & a_3 \\ b_2 & b_3 \end{vmatrix}\vec{e_1} - \begin{vmatrix} a_1 & a_3 \\ b_1 & b_3 \end{vmatrix}\vec{e_2} + \begin{vmatrix} a_1 & a_2 \\ b_1 & b_2 \end{vmatrix}\vec{e_3}$$

$$= (a_2b_3 - a_3b_2)\vec{e_1} + (a_1b_3 - a_3b_1)\vec{e_2} + (a_1b_2 - a_2b_1)\vec{e_3}$$

◉ 내적과 외적의 물리적 의미

내적 : 일의 양 = 힘 ×물체가 이동한 거리

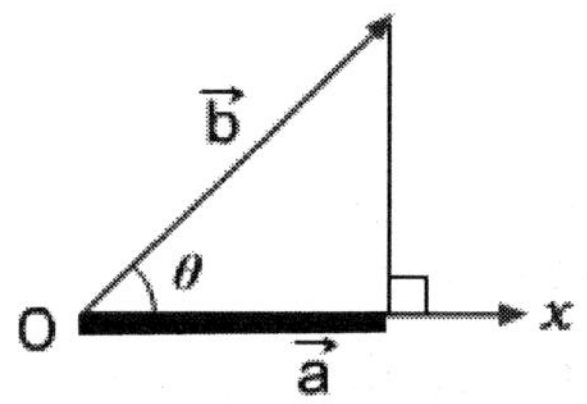

내적의 정의 $\vec{a}\circ\vec{b} = |\vec{a}||\vec{b}|\cos\theta = a_1b_1 + a_2b_2$

※ 굵은 선분이 $|\vec{b}|\cos\theta$에 해당 됨.

외적 : 회전힘(toque)

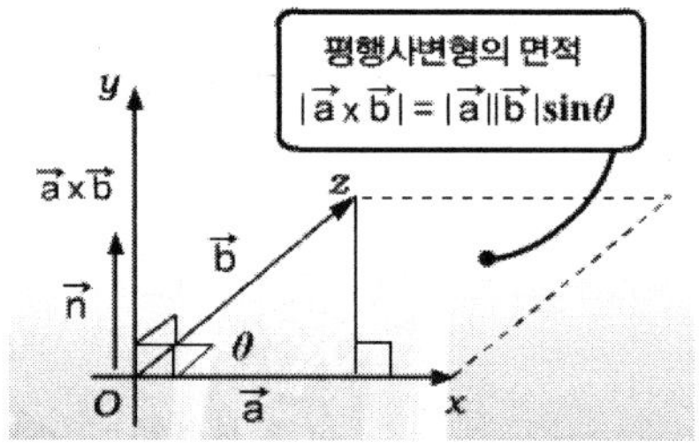

원점을 기준으로 플레밍의 왼손의 법칙이 적용되는 것(엄지, 중지, 검지 사용)
이 때, $\vec{a}$, $\vec{b}$를 각 각, 중지와 검지라 할 때, $\vec{n}$는 엄지의 방향이다.

memo

※ 생활속에서 회전힘의 예

(1) 스패너로 볼트를 돌릴 때 스패너의 끝부분을 잡고 돌리면 힘이 적게 든다.
길이가 긴 스패너일수록 힘이 적게 든다.
(2) 대형 트럭이나 버스의 핸들은 자가용보다 지름이 크다.
힘이 많이 들기 때문에 지름을 크게 해서 적은 힘으로도 쉽게 돌릴 수 있도록 되어 있다.
(3) 수도꼭지의 회전손잡이는 손잡이가 클수록 돌리기 쉽다.
드라이버의 손잡이도 같은 원리가 적용 된다.
(4) 문을 밀고 들어갈 때 회전축에 가까운 쪽보다 먼 쪽을 밀어야 쉽다.

(5) 다지기

◎ 다음 문제를 풀어보자.

1 다음 그림과 같은 직육면체에서 서로 연관 있는 것끼리 올바르게 짝지어진 것은?

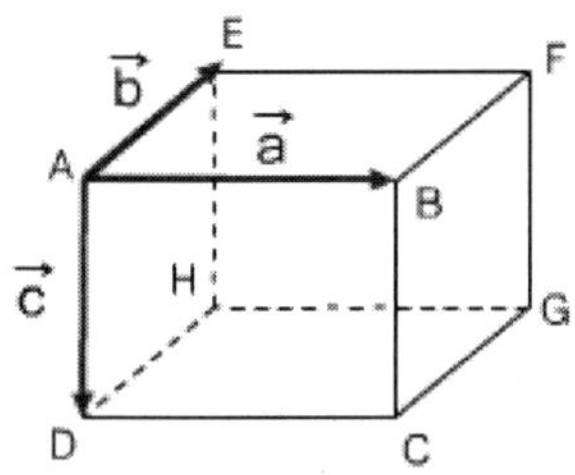

① $\overrightarrow{BE}$ 와 $\vec{b}-\vec{a}$

② $\overrightarrow{FC}$ 와 $\vec{b}-\vec{c}$

③ $\overrightarrow{DF}$ 와 $-\vec{c}-\vec{a}+\vec{b}$

2 다음 벡터를 간단히 하여라.

$2(2\vec{a}-\vec{b})+\vec{a}$ = $\square\vec{a}+\square\vec{b}$

3 좌표평면 위의 두 점 $A(2,3)$, $B(3,1)$ 에 대하여 벡터 $\overrightarrow{AB}$의 크기를 구하여라.

$|\overrightarrow{AB}|=\sqrt{\square}$

4 두 벡터 $\vec{a}=(1,2)$, $\vec{b}=(x,1-x)$일 때, 실수 x의 값을 구하여라. □

5 두 벡터 $\vec{a}=(1,-2,4)$, $\vec{b}=(2,-5,-1)$일 때, 두 벡터의 외적 $\vec{a}\times\vec{b}$를 구하여라.

$\square\overrightarrow{e_1}+\square\overrightarrow{e_2}+\square\overrightarrow{e_3}$

Quiz, Quiz

1 다음 직육면체에 $\overrightarrow{AE}$와 같은 벡터는 모두 몇 개 인가?

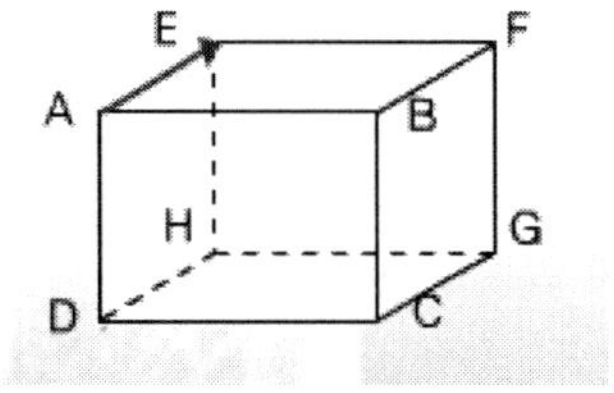

2 자전거를 타고 동쪽으로 $30km$달린 후, 다시 북쪽으로 $30km$ 달려서 목적지에 도착하였다. 이 때, 자전거의 목적지는 출발점으로부터 어느 방향으로 얼마나 떨어져 있는가?

① 북동, $30\sqrt{2}$ ② 남동, $30\sqrt{2}$ ③ 남동, 30 ④ 북동, 30

3 다음 두 벡터의 사이각(Θ)을 구하여라.

$\vec{a}=(1,\sqrt{3})$, $\vec{b}=(\sqrt{2},\sqrt{7})$

$\cos\Theta=\dfrac{\sqrt{\square}+\sqrt{\square}}{6}$

4 다음 두 벡터의 내적을 구하여라.

$\vec{a}=(-7,\ 1)$, $\vec{b}=(-3,\ 4)$

5 두 벡터 $\vec{a}=(1,\ 1,\ 1)$, $\vec{b}=(1,\ 0,\ -1)$일 때, 두 벡터의 외적 $\vec{a}\times\vec{b}$를 구하여라.

$\square\overrightarrow{e_1}+\square\overrightarrow{e_2}+\square\overrightarrow{e_3}$

Stage 3

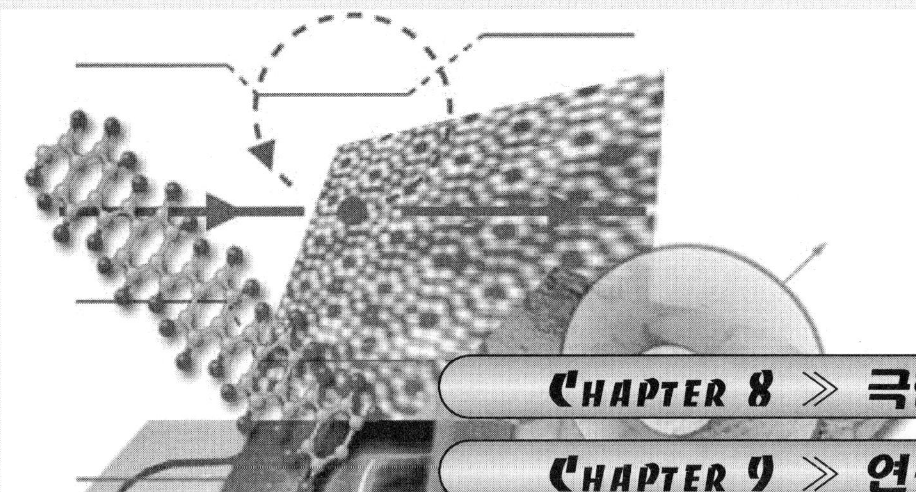

8-1 함수의 극한

Calculus Life

네덜란드의 판화가 '모리츠 코르넬리스 에셔'는 반복되는 무늬를 이용해서 평면을 채워 넣는 작품을 많이 남겼다. 절묘한 배치로 빈틈이나 겹치는 부분 없이 아름다운 패턴을 만들어 냈다. 위 작품은 에셔의 작품 중에서 '천국과 지옥'이라는 작품이다. 가만히 들여다보면 천사와 악마를 찾을 수 있다. 그리고 이 작품에는 극한의 의미도 숨겨져 있다. 천사들이 중심에서 주변으로 멀어질수록 크기가 작아지면서 그 수가 많아지고, 연속적으로 배열된다. 바깥으로 갈수록 천사들이 서로 촘촘히 연결되어 원의 형상에 가까워진다.

Secret Key

함수의 좌극한과 우극한

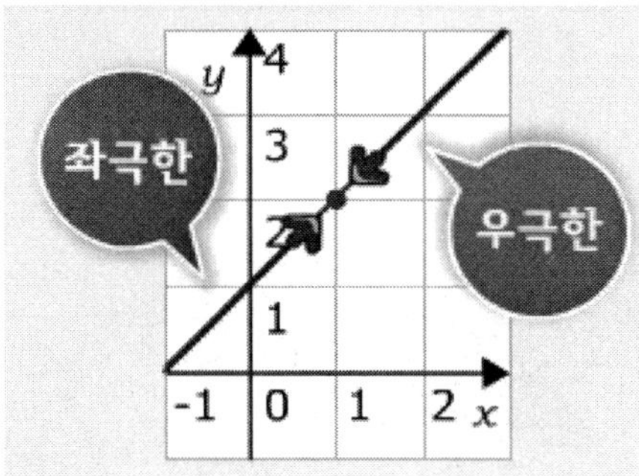

함수의 수렴

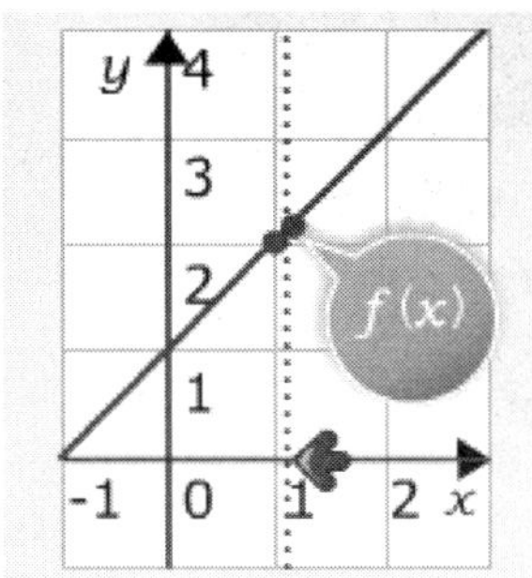

함수의 발산

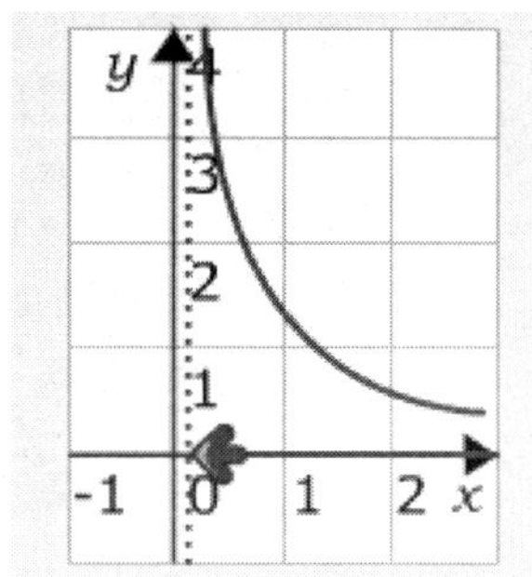

My Lesson

1) 함수의 극한

(1) 함수의 좌극한과 우극한

함수의 좌극한과 우극한

· 좌극한 : 주어진 점보다 작은 값을 가지면서 (또는 왼쪽에서) 접근할 때 이를 **좌극한**이라고 한다.

· 우극한 : 주어진 점보다 큰 값을 가지면서 (또는 오른쪽에서) 접근할 때 이를 **우극한**이라고 한다.

(2) 함수의 수렴

◉ 극한의 뜻

· 좌극한과 우극한이 같을 때 함수의 극한이 존재한다고 한다.
만일 좌극한과 우극한이 다르면 극한은 존재하지 않게 된다.

· $f(x)=x+1$의 예

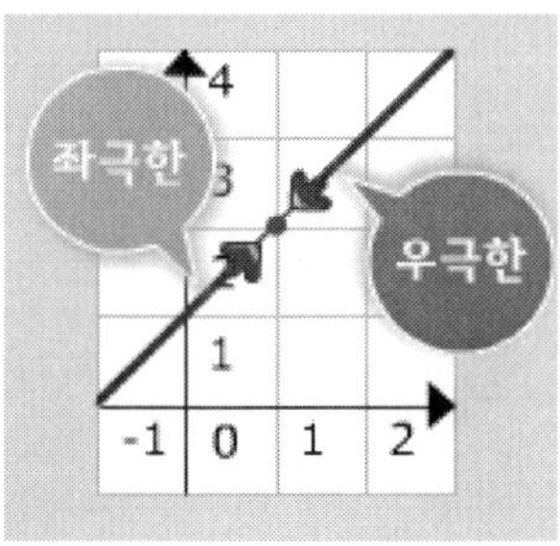

x가 1의 왼쪽에서 접근할 때 함수는 2로 접근하고, x가 1의 오른쪽에서 접근할 때에도 함수는 2로 접근하므로 두 값이 같아서 극한이 존재한다.

· 극한을 식으로 표현하기

$\lim_{x \to 1}(x+1)=2$ "x가 1에 한없이 가까워질 때 $(x+1)$은 2로 수렴한다."

"$(x+1)$은 x가 1에서 극한값을 2로 갖는다."

◉ 극한값을 갖지 않는 경우의 예

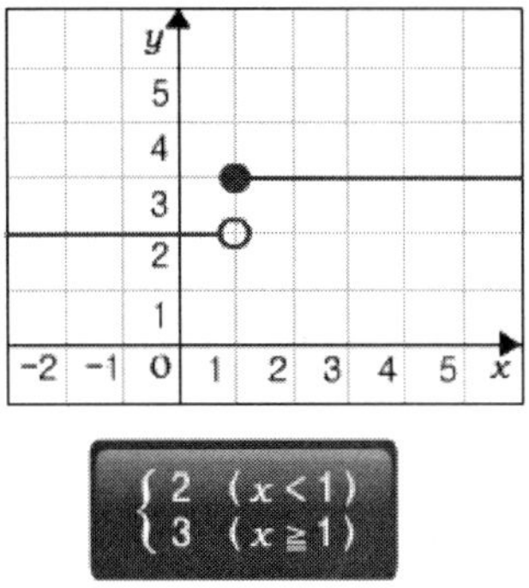

$x \to 1$일 때의 극한값

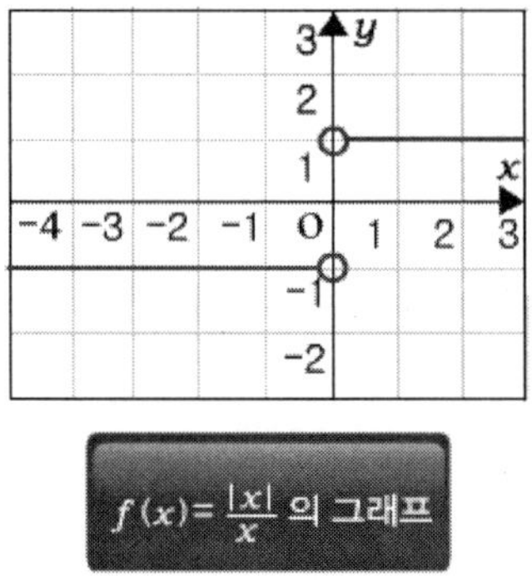

$x \to 0$일 때의 극한값

(2) 함수의 발산

◉ $f(x)=\dfrac{1}{x^2}$의 $x=0$에서의 극한

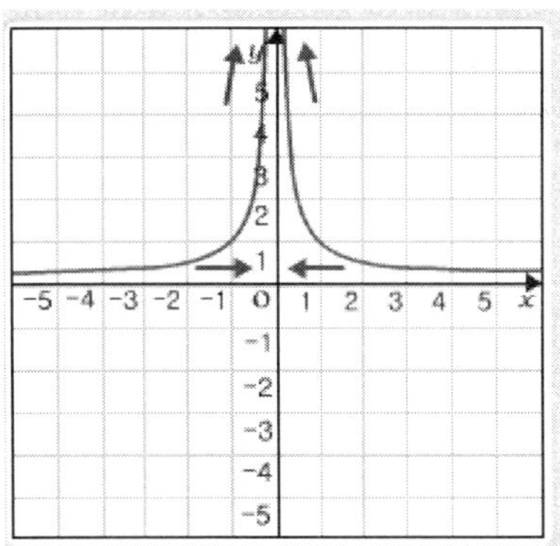

x가 0의 왼쪽이나 오른쪽에서 접근하면 함수의 그래프가 위로 한없이 올라가므로 $x=0$에서 함수가 양의 무한대로 발산한다고 한다. 이 때 좌극한과 우극한이 같더라도 수렴한다고 하지 않고 발산한다고 한다.

◉ $f(x)=-\dfrac{1}{x^2}$의 $x=0$에서의 극한

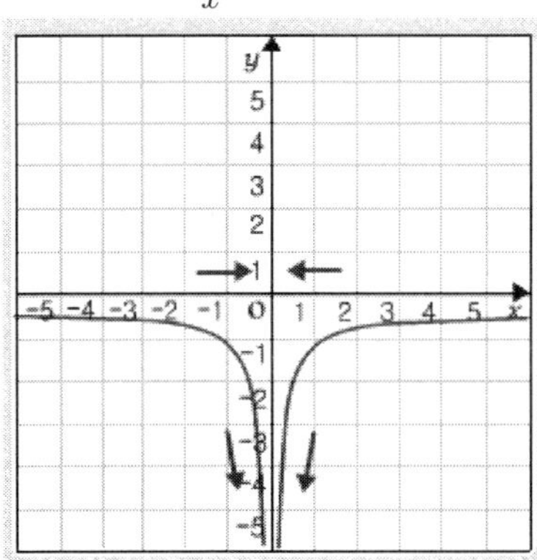

x가 0 의 왼쪽이나 오른쪽에서 접근하면 함수의 그래프가 아래로 한없이 내려가므로 $x=0$에서 함수가 음의 무한대로 발산한다. 이 때 좌극한과 우극한이 같더라도 수렴한다고 하지 않고 발산한다고 한다.

memo

∞는 끝이 정해진 것이 아니고, 끝없이 계속 나아가는 상태를 말한다. 즉, 어떤 특정 값을 지칭하는 것이 아니라, 계속 진행되는 상태를 나타내는 것이다. ∞은 일정한 값이 아니기 때문에 '∞로 수렴한다'라고 표현하지 않는다.

◉ 함수 $f(x)=-\dfrac{1}{x}$가 $x=0$에서의 극한

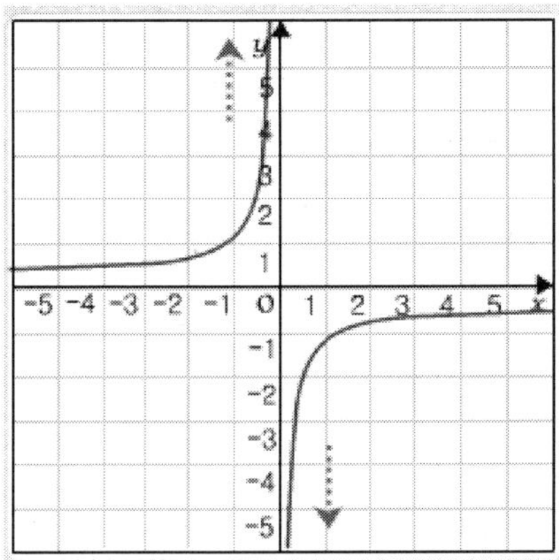

x가 0 의 왼쪽에서 접근하면 양의 무한대로 발산한다. x가 0의 오른쪽에서 접근하면 양의 무한대로 발산한다.

즉, $\lim\limits_{x\to 0}-\dfrac{1}{x}$은 존재하지 않는다.

(3) 다지기

1 빈 칸에 들어갈 알맞은 말을 생각해 보자.

$\lim\limits_{x\to a}f(x)=L$은 x가 a의 근방에서 a로 한없이 가까워질 때, $f(x)$의 값은 L로 [　　　　] 함을 의미한다.

2 다음 $y=f(x)$의 그래프에 대한 설명으로 옳지 않은 것은 어느 것인가?

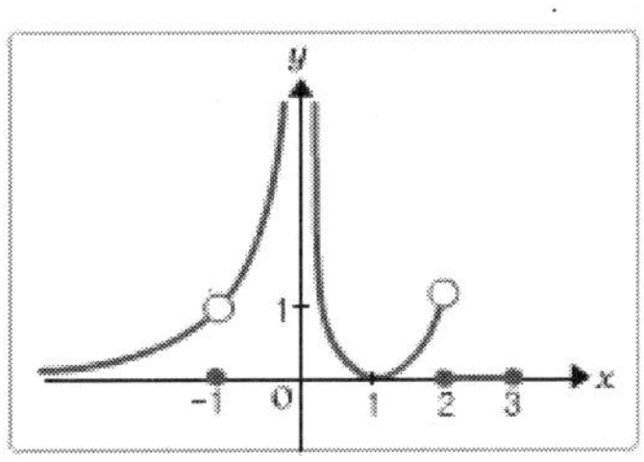

① $\lim\limits_{x\to -1}f(x)=1$　　② $\lim\limits_{x\to 0}f(x)=\infty$

③ $\lim\limits_{x\to 1}f(x)=0$　　④ $\lim\limits_{x\to 2}f(x)=1$

2) 함수의 극한값 계산

(1) 극한값 계산방법

◉ 대입하기

함수 $f(x)$가 다항식이나 분수 다항식일 때 식에 $x=a$를 대입하여

$\frac{0}{0}$ 또는 $\frac{\infty}{\infty}$ 또는 $\infty\cdot 0$, $\infty-\infty$가 아니면 대입한 값이 극한값이 된다.

예제1 $\lim_{x\to 1}(x^2+1)$의 값은 얼마인가?

풀이 식에 $x=1$을 대입하면 $1^2+1=2$이므로 극한값은 2이다.

예제2 $\lim_{x\to 2}\frac{x+2}{x-1}$의 값은 얼마인가?

풀이 식에 $x=2$를 대입하면 $\frac{4}{1}$이므로 극한값은 4이다.

◉ $\frac{0}{0}$ 꼴의 극한

식에 $x=a$를 대입하였을 때 $\frac{0}{0}$인 경우라면

1) 분자나 분모를 인수분해한 후에 약분하고 다시 계산한다.

2) 분자나 분모에 $\sqrt{\ }$가 있으면 유리화 한 후 약분하여 극한값을 계산한다.

예제3 $\lim_{x\to 2}\frac{x^2-4}{x-2}$의 값은?

풀이 식에$x=2$를 대입하면 $\frac{0}{0}$이므로 분자를 인수분해하고 약분한 후 다시 대입하여

본다. $\lim_{x\to 2}\frac{x^2-4}{x-2}=\lim_{x\to 2}\frac{(x+2)(x-2)}{x-2}$

$=\lim_{x\to 2}\frac{(x+2)(x-2)}{x-2}$

$=4$ 이므로 극한값은 4이다.

예제4 $\lim_{x\to 0}\frac{1-\sqrt{1+x}}{x}$의 값은?

풀이 유리화하기 위하여 분모와 분자에 $(1+\sqrt{1+x})$를 곱해 준다.

$$\lim_{x\to 0}\frac{1-\sqrt{1+x}}{x}=\lim_{x\to 0}\frac{(1-\sqrt{1+x})(1+\sqrt{1+x})}{x(1+\sqrt{1+x})}=\lim_{x\to 0}\frac{-x}{x(1+\sqrt{1+x})}$$

$$=\lim_{x\to 0}\frac{-x}{x(1+\sqrt{1+x})}$$

$$= \lim_{x \to 0} \frac{-1}{1+\sqrt{1+x}}$$

$$= \lim_{x \to 0} \frac{-1}{1+\sqrt{1+x}} = -\frac{1}{2}$$

memo

유리화는 기본적으로 $(a+b)(a-b)=a^2-b^2$을 이용하는 계산법이다. 이 문제는 분자가 $a-\sqrt{b}$인 무리식의 형태다. 가운데 부호만 바꾼 $(a+\sqrt{b})$와 곱해 보면,

$$(a-\sqrt{b})(a+\sqrt{b})=a^2-b^2$$

이처럼 무리식을 유리식으로 바꾸는 것을 유리화라고 한다.

◉ $\frac{\infty}{\infty}$ 꼴의 극한

식에 $x=a$를 대입하였을 때 $\frac{\infty}{\infty}$인 경우라면 분모의 최고차항으로 분모와 분자를 나눈 뒤 계산한다.

예제5 $\lim_{x \to \infty} \frac{2x}{x+100}$의 극한값을 구하면?

풀이 분모와 분자에 x대신 ∞을 대입하여 $\frac{\infty}{\infty}$꼴의 극한임을 확인한다.

$$\frac{\lim_{x \to \infty} 2x}{\lim_{x \to \infty} x+100} = \frac{\infty}{\infty}$$

분모의 최고차항으로 분모와 분자를 나눈다.

$$\lim_{x \to \infty} \frac{2x}{x+100} = \lim_{x \to \infty} \frac{2}{1+\frac{100}{x}}$$

x대신 ∞를 다시 대입하여 극한값을 구한다.

$$\lim_{x \to \infty} \frac{2}{1+\frac{100}{x}} = \frac{\lim_{x \to \infty} 2}{\lim_{x \to \infty} 1 + \lim_{x \to \infty} \frac{100}{x}} = \frac{2}{1+0} = 2$$

◉ $\frac{\infty}{\infty}$ 꼴의 간단한 계산법

분모의 차수 = 분자의 차수	분모의 차수 〈 분자의 차수	분모의 차수 〉 분자의 차수
$\lim_{x \to \infty} \frac{4x^2}{5x^2} = \frac{4}{5}$	$\lim_{x \to \infty} \frac{4x^2}{5x} = \infty$	$\lim_{x \to \infty} \frac{4x^2}{5x^3} = 0$

분자와 분모의 차수가 같은 경우에는 계수끼리 약분한 것이 답이 되고, 분자의 차수가 더 큰 경우에는 ∞로 발산한다. 분모의 차수가 더 큰 경우에는 분모의 변화율이 더 커서 결국 0에 수렴하게 된다.

(3) 다지기

다음 문제를 풀어보자.

1 $x \to a$일 때, $x \to a$를 대입하여 다음 극한값을 구해보자.

(1) $\lim_{x \to 2} (5x-3)$ [ ]

(2) $\lim_{x \to -2} \frac{3x+4}{x+5}$ ① $-\frac{2}{3}$ ② $\frac{2}{3}$ ③ $-\frac{3}{2}$ ④ $\frac{3}{2}$

2 $\frac{0}{0}$ 꼴의 다음 극한값을 구해보자.

$\lim_{x \to 5} \frac{x-5}{x^2-25}$ ① $-\frac{1}{10}$ ② $\frac{1}{10}$ ③ 10 ④ −10

3 $\frac{\infty}{\infty}$ 꼴의 다음 극한값을 구해보자.

$\lim_{x \to \infty} \frac{3x^2}{2x^2+x-3}$ ① $-\frac{2}{3}$ ② $\frac{2}{3}$ ③ $-\frac{3}{2}$ ④ $\frac{3}{2}$

Quiz, Quiz

1 $f(x)=\dfrac{(x-2)(x+1)}{x-2}$의 $x=2$와 가까운 몇 개의 점들의 함수값을 추정하여 $x \to 2$일 때 극한값을 구해 보세요. (계산기 사용)

x	$f(x)$	x	$f(x)$
1.9	2.9	2.1	3.1
1.99	2.99	2.01	3.01
1.999	2.999	2.001	3.001
극한값을 조사하면? (좌극한)	$\lim_{x \to 2-} f(x)=?$	극한값을 조사하면? (우극한)	$\lim_{x \to 2+} f(x)=?$

2 $\lim_{x \to 1}(x^2+3x-1)$ 의 극한값을 구하여라.

3 $\lim_{x \to 1}\dfrac{x^4+x^2-1}{x^2+3}$ 의 극한값을 구하여라.

① $-\dfrac{1}{4}$ ② $\dfrac{1}{4}$ ③ -1 ④ 1

4 $\lim_{x \to 1}\dfrac{x^2+x-2}{x^2-x}$ 의 극한값을 구하여라.

5 다음 그래프를 보고 옳은 것을 고르면?

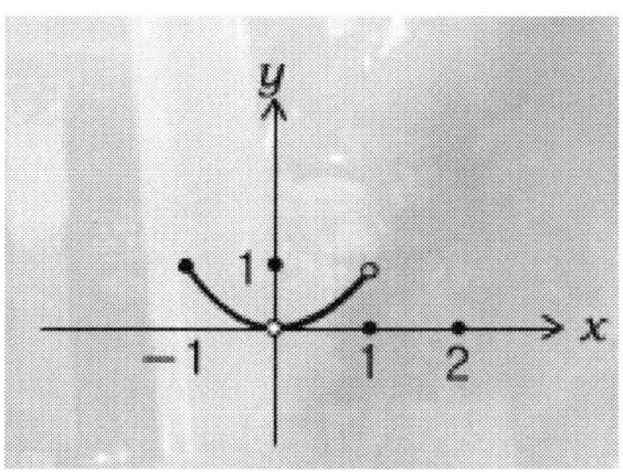

① $\lim_{x \to -1+} f(x)=1$

② $\lim_{x \to 0} f(x)=1$

③ $\lim_{x \to 1-} f(x)=0$

8-2 초월함수의 극한

Calculus Life

방사성 물질은 일정한 기간마다 그 양이 반으로 줄어들며 그 일정한 기간을 반감기라고 한다. 세슘의 반감기는 약 30년이라고 알려져 있다. 세슘의 원래의 양이 A_0일 때, t 년 후에 남아 있는 세슘의 양은

$$A = A_0\left(\frac{1}{2}\right)^{\frac{t}{30}}$$

으로 나타난다.

오랜 시간이 흐른 뒤 남아 있는 세슘의 양을 생각해 보자.

My Map

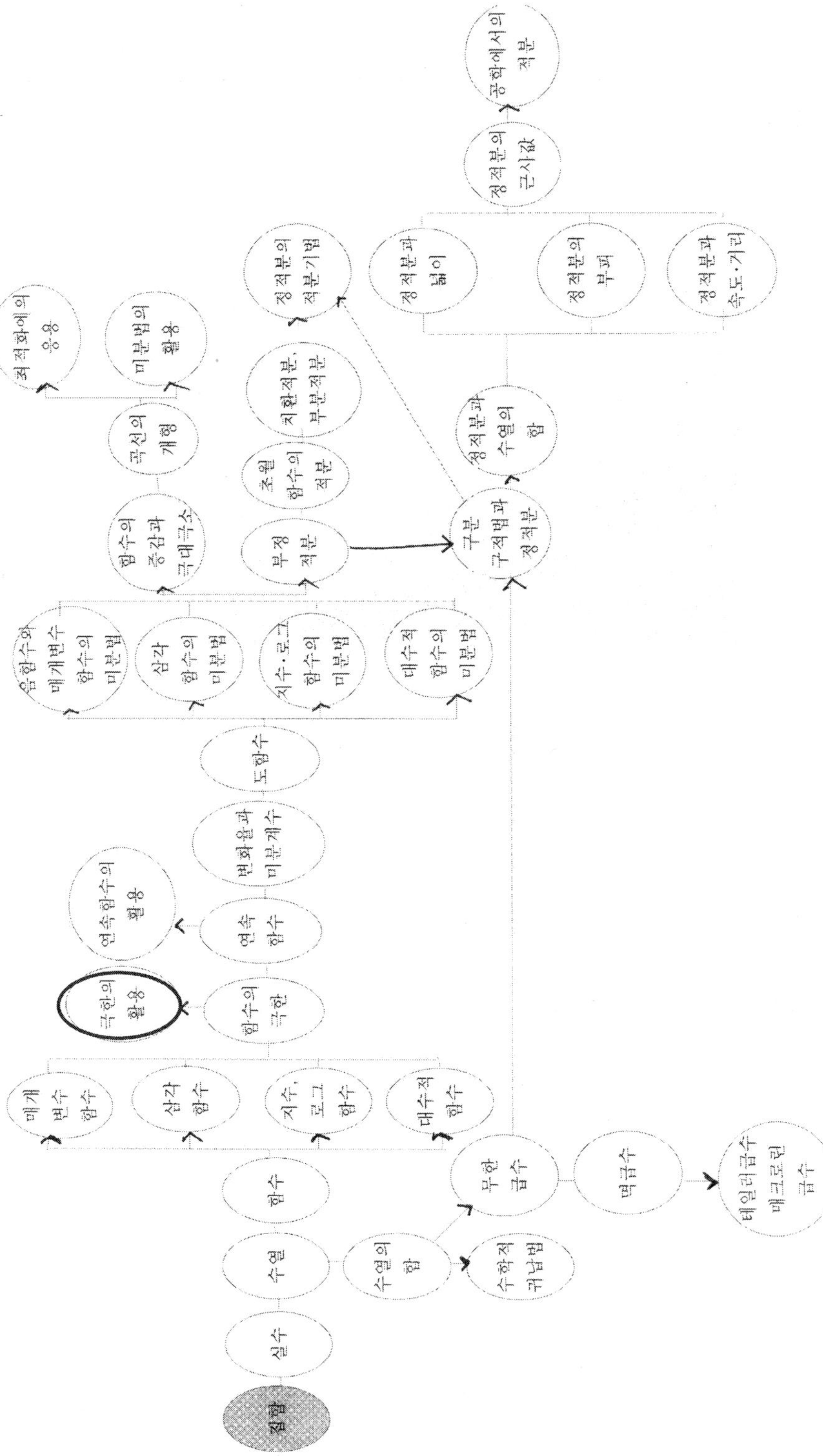
집합
실수
수열
함수
수열의 합
수학적 귀납법
무한 급수
멱급수
테일러급수 매크로린 급수
매개 변수 함수
삼각 함수
지수, 로그 함수
대수적 함수
함수의 극한
극한의 활용
연속 함수
연속함수의 활용
변화율과 미분계수
도함수
음함수와 매개변수 함수의 미분법
삼각 함수의 미분법
지수·로그 함수의 미분법
대수적 함수의 미분법
함수의 증감과 극대극소
곡선의 개형
최적화에의 응용
미분법의 활용
부정 적분
초월 함수의 적분
치환적분, 부분적분
정적분의 적분기법
구분 구적법과 정적분
정적분과 수열의 합
정적분과 넓이
정적분의 부피
정적분과 속도·거리
정적분의 근사값
공학에서의 적분

Secret Key

삼각함수의 극한

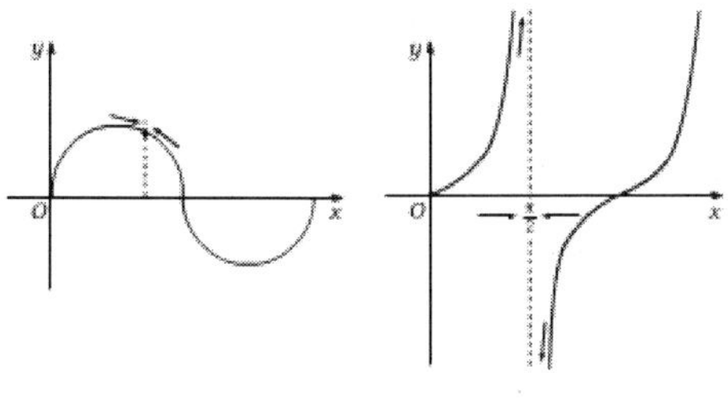

샌드위치 정리

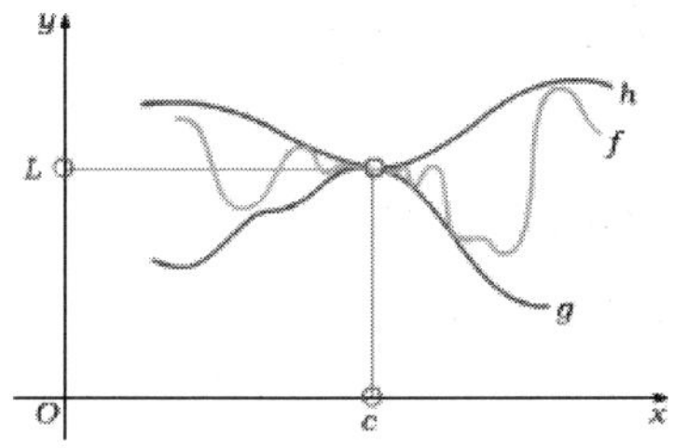

지수함수의 극한

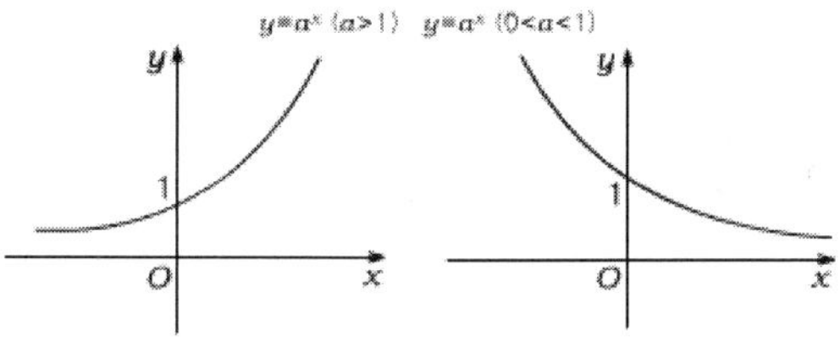

로그함수의 극한

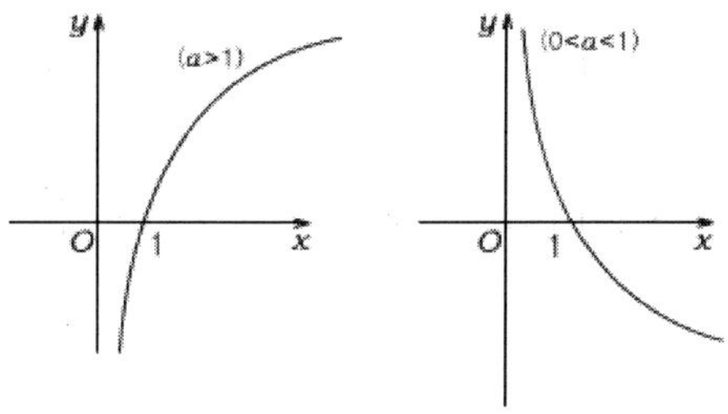

My Lesson

1) 삼각함수의 극한

(1) 삼각함수의 극한

◉ 삼각함수의 극한

· $\lim_{x \to a} \sin x = \sin a$

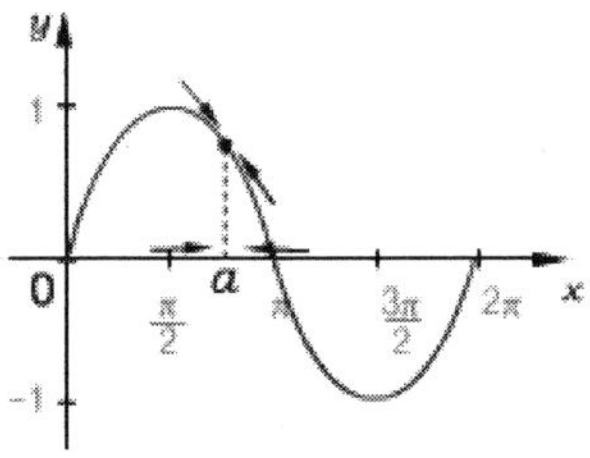

· $\lim_{x \to a} \cos x = \cos a$

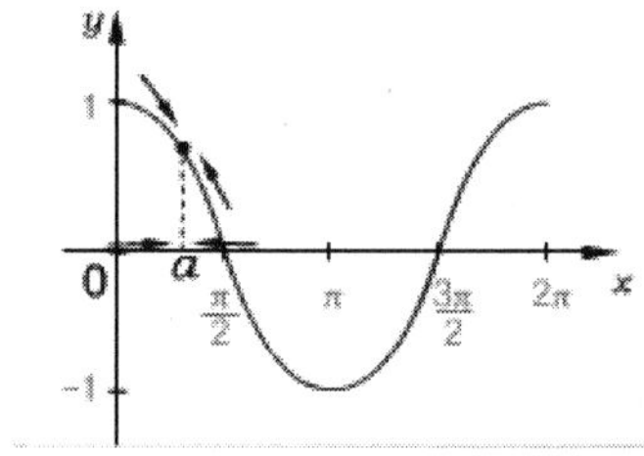

· $\lim_{x \to a} \tan x = \tan a$ (단, $x \neq -\frac{3\pi}{2}, -\frac{\pi}{2}, \frac{\pi}{2}, \frac{3\pi}{2}, \cdots$)

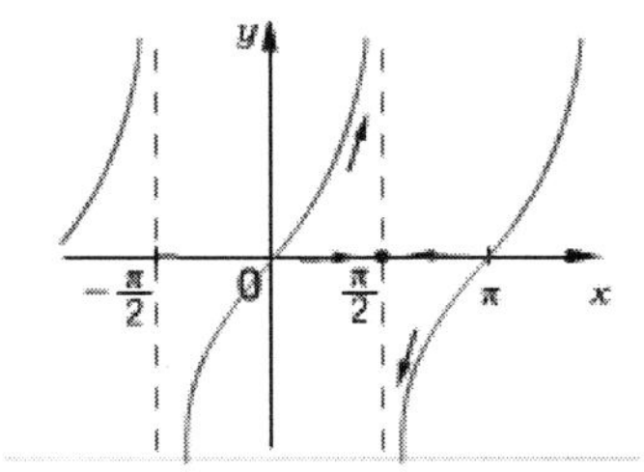

◉ 삼각함수 극한에 대한 기본 정리

· $\lim_{x \to 0} \frac{\sin x}{x} = 1$의 증명

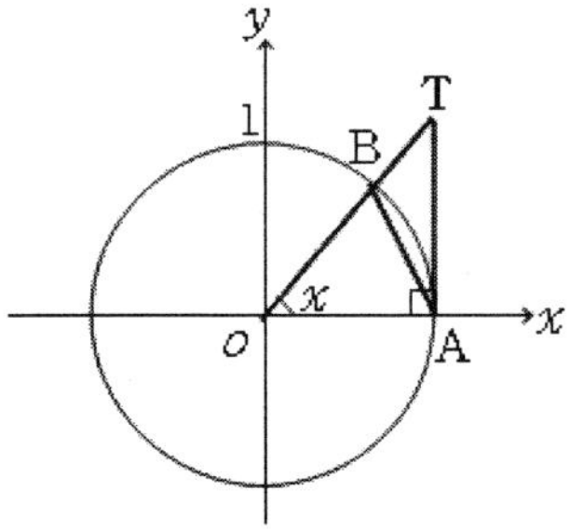

(△AOB의 넓이) < (▽AOB의 넓이) < (△AOT의 넓이)

$\frac{1}{2}\overline{OA} \cdot \overline{OB}\sin x < \frac{1}{2}r^2 x < \frac{1}{2}\overline{OA} \cdot \overline{OA}\tan x$

$\frac{1}{2}r^2 \sin x < \frac{1}{2}r^2 x < \frac{1}{2}r^2 \tan x \Rightarrow \sin x < x < \tan x$

$1 \leq \frac{x}{\sin x} \leq \frac{1}{\cos x} \Rightarrow 1 \geq \frac{\sin x}{x} \geq \cos x$

$$\lim_{x\to0}1 > \lim_{x\to0}\frac{\sin x}{x} > \lim_{x\to0}\cos x$$

$$\therefore \lim_{x\to0}\frac{\sin x}{x} = 1$$

· $\lim_{x\to0}\frac{\tan x}{x} = 1$ (x는 라디안)의 증명

$$\lim_{x\to0}\frac{\tan x}{x} = \lim_{x\to0}\frac{\sin x}{\cos x}\cdot\frac{1}{x}$$

$$= \lim_{x\to0}\frac{\sin x}{x}\cdot\frac{1}{\cos x}$$

$$= 1\cdot1 = 1$$

$$\therefore \lim_{x\to0}\frac{\tan x}{x} = 1$$

· $\lim_{x\to0}\frac{\cos x}{x}$의 극한값

$\lim_{x\to-0}\frac{\cos x}{x} = -\infty$, $\lim_{x\to+0}\frac{\cos x}{x} = +\infty$ 이므로 좌극한과 우극한이 일치하지 않아 극한값이 존재하지 않는다.

(2) 삼각함수의 극한값 계산

◉ $\lim_{x\to a}\frac{\sin(x-a)}{x-a} = 1$의 증명

$x-a=h$로 치환하면 $x\to a \Leftrightarrow h\to0$

$$\lim_{x\to a}\frac{\sin(x-a)}{x-a} = \lim_{h\to0}\frac{\sin h}{h} = 1$$

$$\therefore \lim_{x\to a}\frac{\sin(x-a)}{x-a} = 1$$

memo

※ $\lim_{x\to a}\triangle = 0$이면 $\lim_{x\to a}\frac{\sin\triangle}{\triangle} = \lim_{h\to0}\frac{\sin h}{h} = 1$

치환하여 $\lim_{x\to0}\frac{\sin x}{x} = 1$임을 이용한다.

◉ $\lim_{x\to 0}\frac{\sin ax}{bx}=\frac{a}{b}$의 증명

$$\lim_{x\to 0}\frac{\sin ax}{bx}=\lim_{x\to 0}\frac{\sin ax}{ax}\cdot\frac{ax}{bx}$$
$$=\lim_{x\to 0}\frac{\sin ax}{ax}\cdot\frac{a}{b}$$
$$=1\cdot\frac{a}{b}$$

memo

주어진 식을 $\lim_{x\to a}\frac{\sin\triangle}{\triangle}$의 형태로 변형한다.

◉ $\lim_{x\to 0}\frac{1-\cos x}{x^2}$의 값 알아보기

$$\lim_{x\to 0}\frac{1-\cos x}{x^2}=\lim_{x\to 0}\frac{(1-\cos x)(1+\cos x)}{x^2(1+\cos x)}$$
$$=\lim_{x\to 0}\frac{\sin^2 x}{x^2}\cdot\frac{1}{1+\cos x}$$
$$=1\cdot\frac{1}{2}=\frac{1}{2}$$

memo

$1-\cos kx$꼴이 있으면 $1+\cos kx$를 곱하여
$1-(\cos kx)^2=(\sin kx)^2$을 이용한다.

◉ 진동하는 함수의 극한

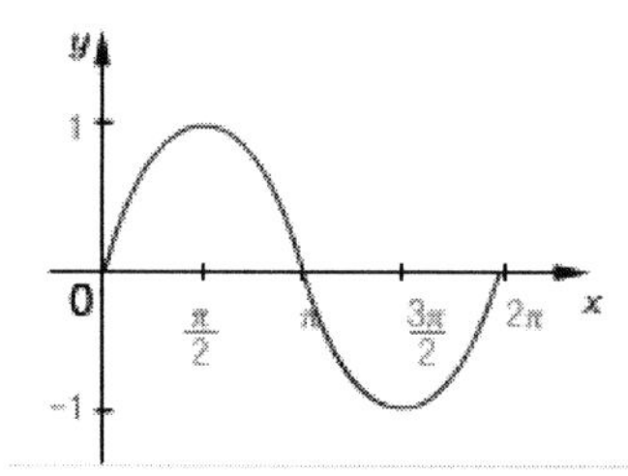

$$\lim_{x\to\infty}\frac{\sin x}{x}=\lim_{x\to\infty}\frac{-1\text{과 }1\text{사이의 유한한 값}}{x}=0$$

◉ 샌드위치 정리

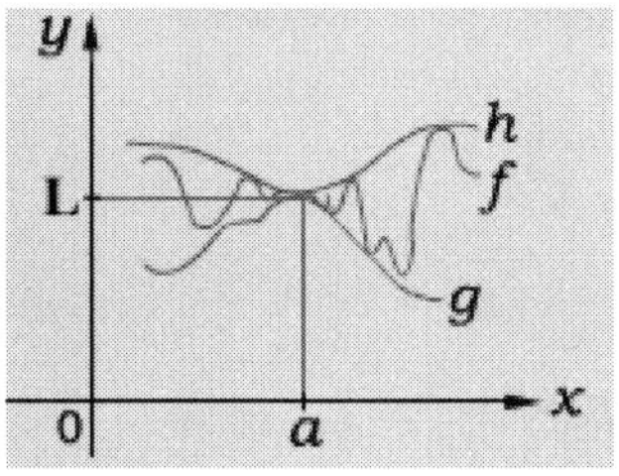

a와 가까운 x값에 대하여 $g(x) \le f(x) \le h(x)$이고,
$\lim_{x\to a} g(x) = \lim_{x\to a} h(x) = L$이면 $\lim_{x\to a} f(x) = L$이다.

memo

$$\lim_{x\to\infty} \frac{\sin x}{x}$$
$$-1 \le \sin x \le 1$$
$$\frac{-1}{x} \le \frac{\sin x}{x} \le \frac{1}{x}$$

$$\lim_{x\to\infty} \frac{-1}{x} \le \lim_{x\to\infty} \frac{\sin x}{x} \le \lim_{x\to\infty} \frac{1}{x}$$
$$0 \le \lim_{x\to\infty} \frac{\sin x}{x} \le 0$$
$$\lim_{x\to\infty} \frac{\sin x}{x} = 0$$

(3) 다지기

다음 문제를 풀어보자.

1. $\lim_{x\to\infty} \frac{\cos x}{x}$

2. $\lim_{x\to\pi} \frac{\sin(x-\pi)}{x-\pi}$

3. $\lim_{x\to 0} \frac{\sin 2x}{3x}$

4. $\lim_{x\to 0} \frac{1-\cos x}{\sin^2 x}$

2) 지수 · 로그함수의 극한

(1) 지수 · 로그함수의 극한

◉ 지수함수의 극한

· 지수함수 $y=a^x$ $(a\neq 1,\ a>0)$

$a>1$

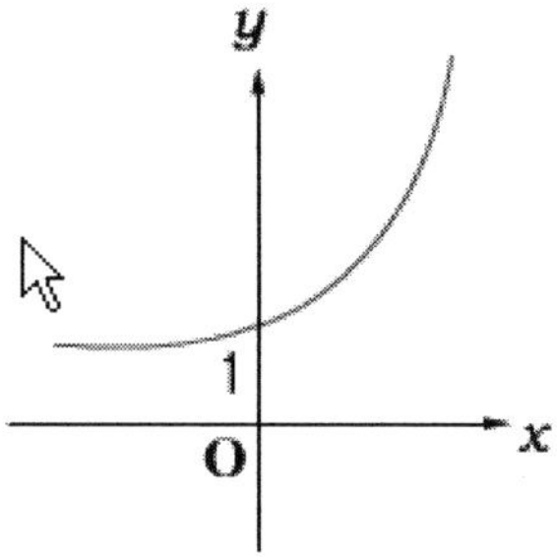

$$\lim_{x\to\infty} a^x=\infty$$

$$\lim_{x\to-\infty} a^x=0$$

$0<a<1$

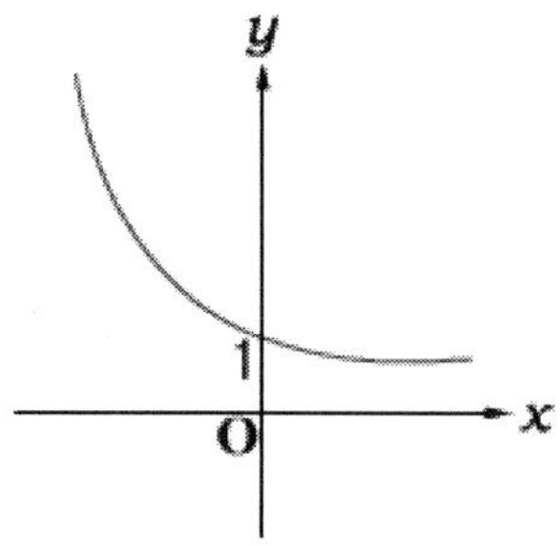

$$\lim_{x\to\infty} a^x=0$$

$$\lim_{x\to-\infty} a^x=\infty$$

예제1 $\displaystyle\lim_{x\to\infty}\frac{2^x+2^{-x}}{2^x-2^{-x}}$ 를 구해보자.

풀이 $\dfrac{\infty}{\infty}$ 꼴이므로 분모와 분자를 2^x으로 나눈다.

$$\lim_{x\to\infty}\frac{2^x+2^{-x}}{2^x-2^{-x}}=\lim_{x\to\infty}\frac{1+2^{-2x}}{1-2^{-2x}}$$

$$=\lim_{x\to\infty}\frac{1+\left(\frac{1}{4}\right)^x}{1-\left(\frac{1}{4}\right)^x}$$

$$=\frac{1+0}{1-0}=1$$

memo

분모, 분자를 밑이 가장 큰 수로 나눈 후

'$0<a<1$일 때 $\displaystyle\lim_{x\to\infty}a^x=0$'을 이용한다.

◉ 로그함수의 극한

· 로그함수 $y = \log_a x$ $(a > 0,\ a \neq 1)$

$a > 1$

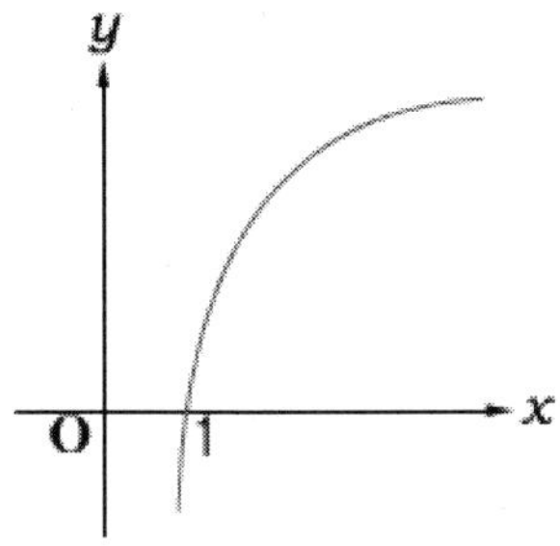

$$\lim_{x \to \infty} \log_a x = \infty$$

$$\lim_{x \to -\infty} \log_a x = -\infty$$

$0 < a < 1$

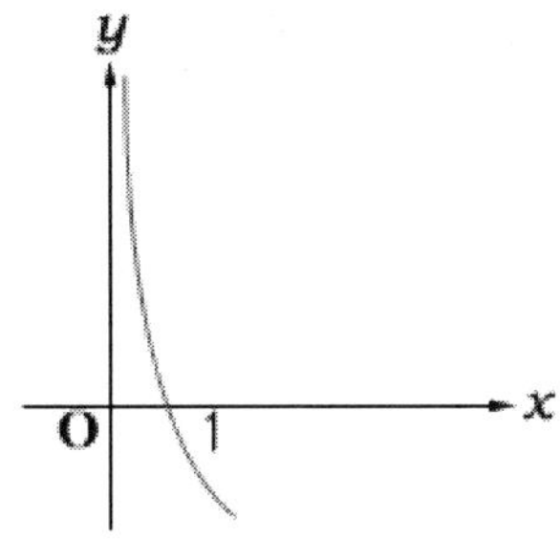

$$\lim_{x \to \infty} \log_a x = -\infty$$

$$\lim_{x \to -\infty} \log_a x = \infty$$

예제1 $\displaystyle\lim_{x \to \infty} \{\log_x (2x+1) - \log_x x\}$를 구해보자.

풀이 $$\lim_{x \to \infty} \{\log_2 (2x+1) - \log_2 x\} = \lim_{x \to \infty} \left(\log_2 \frac{2x+1}{x}\right)$$
$$= \log_2 \left(\lim_{x \to \infty} \frac{2x+1}{x}\right)$$
$$= \log_2 2 = 1$$

memo

· $\infty - \infty$꼴은 로그의 성질 $\log x - \log y = \log \dfrac{x}{y}$를 이용하여 $\dfrac{\infty}{\infty}$꼴로 변형한다.
· 분모의 최고차항으로 분자, 분모를 나눈다.
· $\lim$와 $\log$의 순서를 바꾸어 계산해도 무방하다.

◉ 무리수 e

- $\lim_{x\to 0}(1+x)^{\frac{1}{x}}$ 은 무리수 2.71828…에 수렴하고 이 값을 e로 나타낸다.

x	$(1+x)^{\frac{1}{x}}$
0.1	2.59374246…
0.01	2.70481383…
0.001	2.71692393…
0.0001	2.71814593…
0.00001	2.71826842…
0.000001	2.71828047…
⋮	⋮

memo

무리수 e의 정의

$$\lim_{x\to 0}(1+x)^{\frac{1}{x}}=e$$

$x=\frac{1}{h}$로 치환하면

$x\to 0$일 때 $h\to\infty$

무리수 e의 또 다른 정의

$$\lim_{h\to\infty}\left(1+\frac{1}{h}\right)^{h}=e$$

◉ 자연로그

- 무리수 e를 밑으로 하는 로그 $\log_e x$, $\log_e x=\ln x$
- 성질 : 로그함수의 성질을 그대로 만족시킨다.

  ① $\ln e=\log_e e=1$

  ② $\ln e^{a}=a\ln e=a$

  ③ $\ln\frac{1}{e}=\ln e^{-1}=-1\ln e=-1$

- 그래프

$\lim_{x\to\infty}\ln x=\infty$, $\lim_{x\to-\infty}\ln x=-\infty$

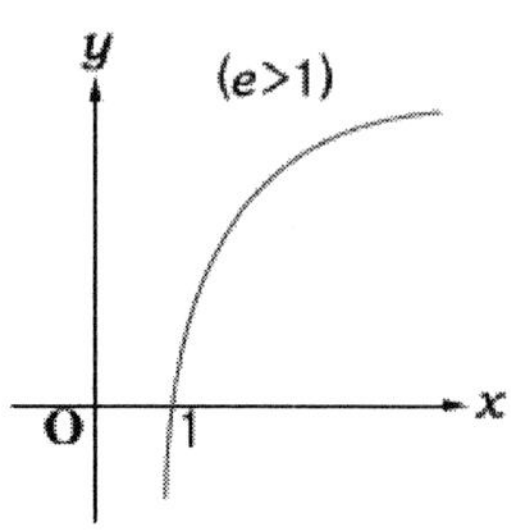

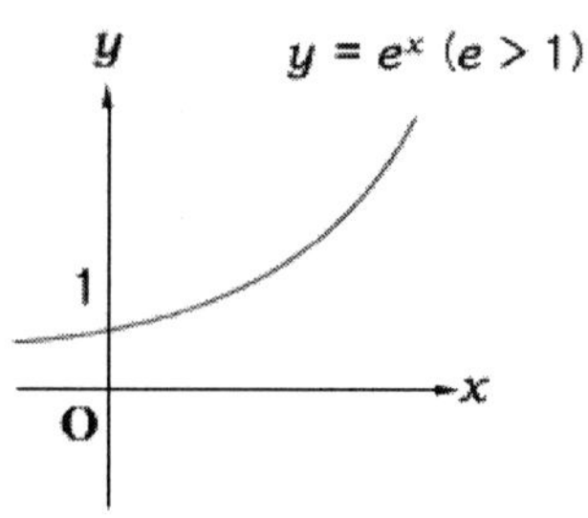

- 무리수 e를 밑으로 하는 지수함수

  성질 : 지수함수의 성질을 그대로 만족시킨다.

  그래프 : $\lim_{x\to\infty} e^x = \infty$, $\lim_{x\to-\infty} e^x = 0$

(2) 지수 · 로그함수의 극한값 계산

예제1 $\lim_{x\to 0}\frac{\ln(1+x)}{x}$를 계산하면?

풀이 $\lim_{x\to 0}\frac{\ln(1+x)}{x} = \lim_{x\to 0}\ln(1+x)^{\frac{1}{x}} = \ln\left\{\lim_{x\to 0}(1+x)^{\frac{1}{x}}\right\}$

$= \ln e = 1$

$\therefore \lim_{x\to 0}\frac{\ln(1+x)}{x} = 1$

※ $\lim_{\triangle\to 0}\frac{\ln(1+\triangle)}{\triangle} = 1$

예제2 $\lim_{x\to 0}\frac{e^x-1}{x}$를 계산하면?

풀이 $\lim_{x\to 0}\frac{e^x-1}{x} = \lim_{x\to 0}\frac{h}{\ln(1+h)} = \lim_{x\to 0}\frac{1}{\frac{\ln(1+h)}{h}}$

$= \frac{1}{\lim_{x\to 0}\frac{\ln(1+h)}{h}} = \frac{1}{1} = 1$

$\therefore \lim_{x\to 0}\frac{e^x-1}{x} = 1$

memo

$e^x - 1 = h$로 치환하면 $x\to 0$일 때 $h\to 0$

$e^x = 1+h$에서 로그의 정의에 의해 $x = \ln(1+h)$　　※ $\lim_{\triangle\to 0}\frac{e^{\triangle}-1}{\triangle} = 1$

예제3 $\lim_{x\to 0}\frac{\ln(1+3x)}{x}$를 계산하면?

풀이 $\lim_{x\to 0}\frac{\ln(1+3x)}{x} = \lim_{x\to 0}\frac{\ln(1+3x)}{3x}\cdot 3$

$= 1\cdot 3 = 3$

예제4 $\lim_{x\to0}\frac{e^{2x}-1}{x}$를 계산하면?

풀이 $\lim_{x\to0}\frac{e^{2x}-1}{x}=\lim_{x\to0}\frac{e^{2x}-1}{2x}\cdot 2$

$=1\cdot 2=2$

(3) 다지기

다음 문제를 풀어보자.

1. $\lim_{x\to\infty}\frac{4^{x+1}}{4^x-3^x}$

2. $\lim_{x\to\infty}\left\{\log_4(x^2+1)-\log_4 x^2\right\}$

3. $\lim_{x\to0}(1+2x)^{\frac{1}{3x}}$

4. $\lim_{x\to\infty}\left(1+\frac{3}{2x}\right)^{3x}$

Review

◉ **삼각함수의 극한**

$\lim_{x\to a}\triangle=0$이면 $\lim_{x\to a}\frac{\sin\triangle}{\triangle}=\lim_{h\to0}\frac{\sin h}{h}=1$

◉ **샌드위치 정리**

a와 가까운 x값에 대하여

$g(x)\le f(x)\le h(x)$이고, $\lim_{x\to a}g(x)=\lim_{x\to a}h(x)=L$이면 $\lim_{x\to a}f(x)=L$이다.

◉ **지수함수의 극한**

· a가 1보다 클 때, $\lim_{x\to\infty}a^x=\infty$, $\lim_{x\to-\infty}a^x=0$

· a가 1보다 작을 때, $\lim_{x\to\infty}a^x=0$, $\lim_{x\to-\infty}a^x=\infty$

· $\lim_{\triangle \to 0} \frac{e^{\triangle}-1}{\triangle}=1$

◉ 로그함수의 극한

· a가 1보다 클 때, $\lim_{x\to\infty} \log_a x=\infty$, $\lim_{x\to-\infty} \log_a x=-\infty$

· a가 1보다 작을 때, $\lim_{x\to\infty} \log_a x=-\infty$, $\lim_{x\to-\infty} \log_a x=\infty$

· $\lim_{\triangle \to 0} \frac{\ln(1+\triangle)}{\triangle}=1$

Quiz, Quiz

1 x는 0가까이의 모든 점에서 $-2x^2+1 \leqq g(x) \leqq 1$ 을 만족시킬 때, $\lim_{x\to 0} g(x)$의 값을 구하여라.

① 0 ② 1 ③ 2

2 $\lim_{x\to 1} \frac{\sin(x^2-1)}{x-1}$ 의 값을 구하여라.

① 1 ② 2 ③ 0

3 어느 환경에서 어떤 소문이 퍼지기 시작하여 t일 후에 이 소문을 알고 있는 인구의 비율을 대략 지수함수 $P(t)=\frac{1}{1+10e^{-2t}}$로 나타낼 수 있다고 한다. 극한값 $\lim_{x\to\infty} P(t)$을 구하여라.

① 0 ② 1 ③ 2

4 $\lim_{x\to 0} \frac{3^x-1}{x}$의 값을 구하여라.

① 1 ② $\log_2 e$ ③ $\log_e 3$

정답 및 풀이

1) 삼각함수의 극한

다지기 정답 p.7

1 0

2 1

3 $\frac{2}{3}$

4 $\frac{1}{2}$

1 $-1 \le \cos x \le 1$ 이므로 $\frac{-1}{x} \le \frac{\cos x}{x} \le \frac{1}{x}$

$$\lim_{x\to\infty}\frac{-1}{x} \le \lim_{x\to\infty}\frac{\cos x}{x} \le \lim_{x\to\infty}\frac{1}{x}$$

이 때, $\lim_{x\to\infty}\frac{-1}{x} = \lim_{x\to\infty}\frac{1}{x} = 0$ 이므로

$$0 \le \lim_{x\to\infty}\frac{\cos x}{x} \le 0$$

$$\therefore \lim_{x\to\infty}\frac{\cos x}{x} = 0$$

2 치환을 이용하여 $\lim_{x\to 0}\frac{\sin x}{x}$의 꼴로 변형한다.

$x\to\pi$이라는 극한이 $x-\pi = h$로 치환되어 $h\to 0$으로 바뀐다.

$$\lim_{x\to\pi}\frac{\sin(x-\pi)}{x-\pi} = \lim_{h\to 0}\frac{\sin h}{h} = 1$$

3 주어진 식을 $\frac{\sin\triangle}{\triangle}$, $\frac{\tan\square}{\square}$와 같이 △끼리, □끼리 각각 같도록 적당히 변형

$$\lim_{x\to 0}\frac{\sin 2x}{3x} = \lim_{x\to 0}\frac{2}{3}\cdot\frac{\sin 2x}{2x}$$

$$= \frac{2}{3}\lim_{x\to 0}\frac{\sin 2x}{2x}$$

$$= \frac{2}{3}\cdot 1 = \frac{2}{3}$$

4 주어진 식에 $(1-\cos x)$가 있으므로 분모와 분자에 $(1+\cos x)$를 곱하여 $(1-\cos x)(1+\cos x) = \sin^2 x$를 이용한다.

$$\lim_{x\to 0}\frac{1-\cos x}{\sin^2 x} = \lim_{x\to 0}\frac{(1-\cos x)(1+\cos x)}{\sin^2 x(1+\cos x)}$$

$$= \lim_{x\to 0}\frac{\sin^2 x}{\sin^2 x(1+\cos x)}$$

$$= \lim_{x\to 0}\frac{1}{1+\cos x}$$

$$= \frac{1}{2}$$

2) 지수 · 로그함수의 극한

다지기 정답 p.12

1 4
2 0
3 ③
4 ③

1 분모, 분자를 4^x으로 나누면

$$\lim_{x\to\infty}\frac{4^{x+1}}{4^x-3^x}=\lim_{x\to\infty}\frac{4}{1-\left(\frac{3}{4}\right)^x}=\frac{4}{1-0}=4$$

2 $\lim_{x\to\infty}\{\log_4(x^2+1)-\log_4x^2\}=\lim_{x\to\infty}\log_4\frac{x^2+1}{x^2}=\log_4\left(\lim_{x\to\infty}\frac{x^2+1}{x^2}\right)=\log_4 1=0$

3 $\lim_{x\to0}(1+2x)^{\frac{1}{3x}}=\lim_{x\to0}(1+2x)^{\frac{1}{2x}\cdot\frac{2x}{3x}}=\left\{\lim_{x\to0}(1+2x)^{\frac{1}{2x}}\right\}^{\frac{2}{3}}=e^{\frac{2}{3}}$

4 $\lim_{x\to\infty}\left(1+\frac{3}{2x}\right)^{3x}=\lim_{x\to\infty}\left\{\left(1+\frac{3}{2x}\right)^{\frac{3x}{2}}\right\}^{\frac{2}{3}}=e^{\frac{2}{3}}$

Quiz, Quiz

퀴즈퀴즈 정답 p.14

1 ②
2 ②
3 ②
4 ③

1

$$-2x^2+1 \leqq g(x) \leqq 1$$

$$\lim_{x\to 0} -2x^2+1 \leqq \lim_{x\to 0} g(x) \leqq \lim_{x\to 0} 1$$

이 때, $\lim_{x\to 0} -2x^2+1 = \lim_{x\to 0} 1 = 1$ 이므로

$$1 \leqq \lim_{x\to 0} g(x) \leqq 1$$

$$\therefore \lim_{x\to 0} g(x) = 1$$

2

$$\lim_{x\to 1} \frac{\sin(x^2-1)}{x-1} \quad \lim_{x\to 1} \frac{\sin(x^2-1)}{x^2-1} \times \frac{x^2-1}{x-1}$$

$$= 1 \times \lim_{x\to 1} \frac{(x-1)(x+1)}{x-1} = 2$$

3 $\lim_{x\to\infty} e^{-2t} = 0$이므로 $\lim_{x\to\infty} P(t) = 1$이다.

덧붙여 이 값이 의미하는 바는 기간이 많이 지나면 모든 사람이 소문을 알고 있다는 것이다.

4 $\lim_{x\to 0} \frac{a^x-1}{x}$ 꼴의 문제는 직접 극한값이 구해지지 않으므로 치환을 해야 한다.

$3^x - 1 = h$라 놓으면 $3^x = 1 + h$

양변에 밑이 3인 로그를 취하면 $x = \log_3(1+h)$

$$\lim_{x\to 0} \frac{3^x-1}{x} = \lim_{x\to 0} \frac{h}{\log_3(1+h)}$$

$$= \lim_{x\to 0} \frac{1}{\frac{1}{h}\log_3(1+h)}$$

$$= \lim_{x\to 0} \frac{1}{\log_3(1+h)^{\frac{1}{h}}}$$

$$= \frac{1}{\log_3 \lim_{x\to 0}(1+h)^{\frac{1}{h}}}$$

$$= \frac{1}{\log_3 e} = \log_e 3 = \ln 3$$

9-1 연속함수

Calculus Life

위 그림은 별 다섯 개를 한 붓 그리기로 표현한 것이다. 연필을 종이에서 떼지 않고 연필이 한 번 지나간 부분을 다시 지나서는 안 된다. 별을 끊이지 않고 이어서 그린 것처럼 함수의 그래프가 끊어져 있지 않고 연결되어 있으면 연속이라고 한다.

Secret Key

$x=0$에서 연속 vs. 불연속

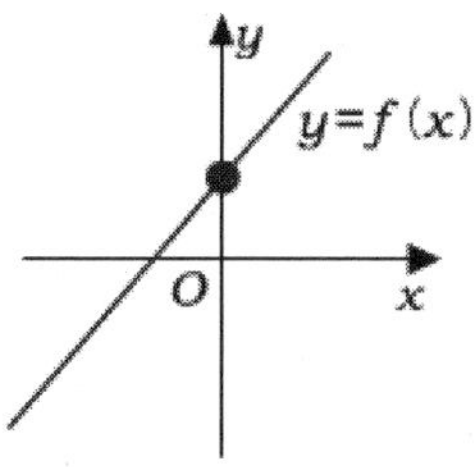

〈x=0에서 연속〉

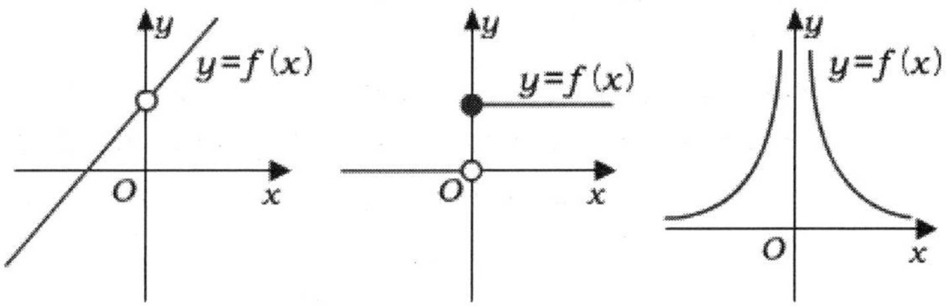

〈x=0에서 불연속〉

My Lesson

1) 연속

(1) 연속의 정의

연속

- $\lim_{x \to a-0} f(x) = \lim_{x \to a+0} f(x) \Leftrightarrow \lim_{x \to a} f(x)$가 존재
- $x=a$에서 함수값 존재 $\Leftrightarrow g(a)$가 존재
- $x=a$에서 극한값과 함수값이 일치 $\Leftrightarrow \lim_{x \to a} h(x) = h(a)$

◉ **연속인 함수의 그래프**

· $f(x)=x^3$의 그래프

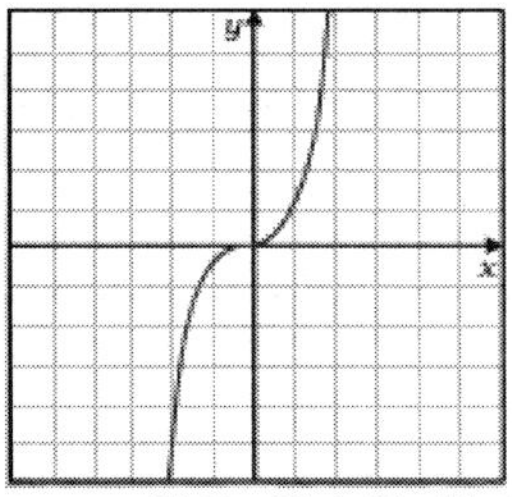

<$x=0$에서 연속인 함수의 그래프>

· 단위계단함수 $g(x)=U(x)$의 그래프

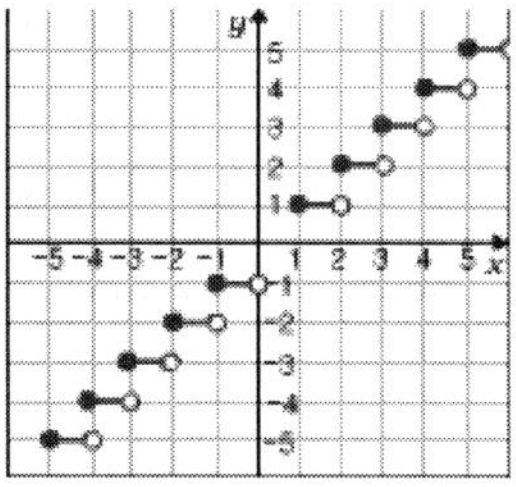

<$x=0$에서 끊겨져 있는 그래프>

memo

함수 $g(x)$는 $x=\cdots,-2,-1,0,1,2,\cdots$에서 불연속
⇒ $x=\cdots,-2,-1,0,1,2,\cdots$은 함수 $g(x)$의 불연속점

예제1 $f(x)=\begin{cases} x & (x \geq 0\text{일 때}) \\ x+1 & (x<0\text{일 때}) \end{cases}$는 $x=0$에서 연속인가?

풀이 $x=0$에서 좌극한과 우극한이 일치해야하는데, 다음 그림에서 보듯이 주어진 함수의 그래프는 $x=0$에서 좌극한과 우극한이 일치하지 않는다. 따라서 좌극한과 우극한이 같지 않으므로 $x=0$에서 연속이 아니다.

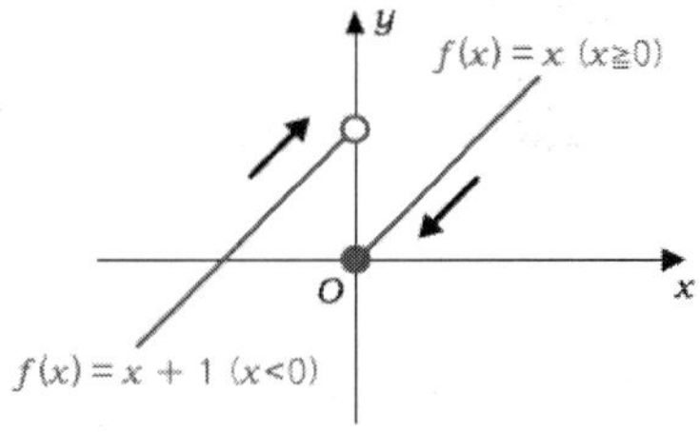

예제2 $g(x)=\dfrac{x^3}{x}$는 $x=0$에서 연속인가?

풀이 $x=0$에서의 함수값 $g(0)$가 존재하지 않으므로 $x=0$에서 연속이 아니다. 오른쪽 그림과 같이 $x=0$에서의 함수값을 지정하면 함수 $g(x)$는 $x=0$에서 연속이다.

이 때의 함수의 식은 $g(x)=\begin{cases} \dfrac{x^3}{x} & ,x \neq 0 \\ 0 & ,x=0 \end{cases}$

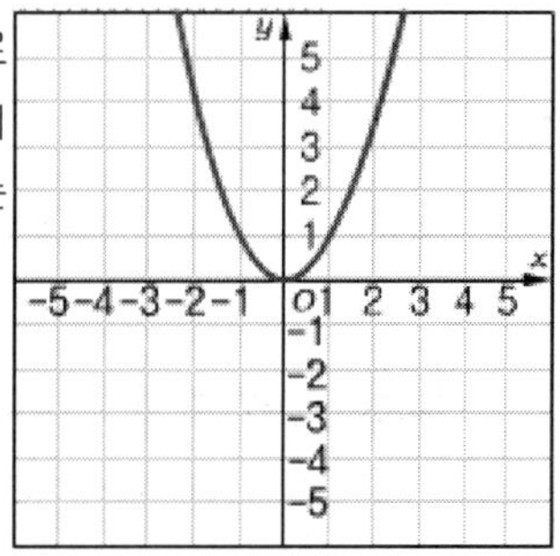

(2) 연속의 성질

> **연속**
> - $f(a)$가 존재
> - $\lim\limits_{x \to a} f(x)$가 존재 $\Leftrightarrow \lim\limits_{x \to a+} f(x)=\lim\limits_{x \to a-} f(x) \Leftrightarrow \lim\limits_{x \to a} f(x)$
> - $\lim\limits_{x \to a} f(x)=f(a)$
>
> 위 세 조건을 만족하는 함수 $f(x)$는 $x=a$에서 연속이라고 한다.

◉ $x=1$에서 연속인 함수

$f(x)$는 $\lim\limits_{x \to 1} f(x)=0=f(1)$이므로 극한값과 함수값이 같다.

따라서 $f(x)$는 $x=1$에서 연속인 함수이다.

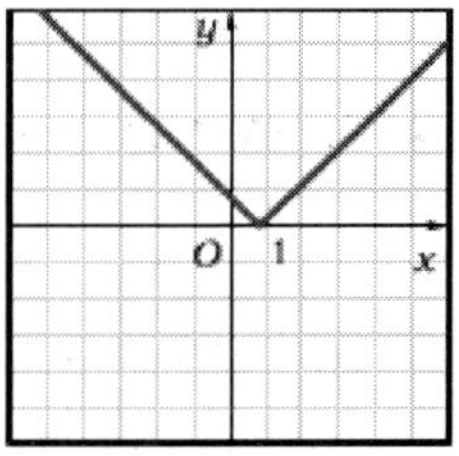

(3) 다지기

다음 문제를 풀어보자.

1 함수 $y=f(x)$의 그래프가 다음과 같을 때 $x=a$에서 연속인 함수를 찾아라.

①
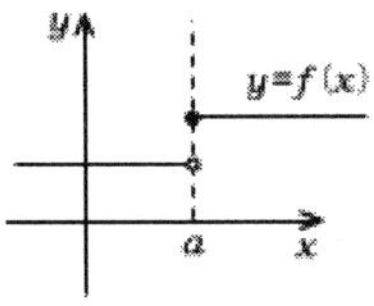

②
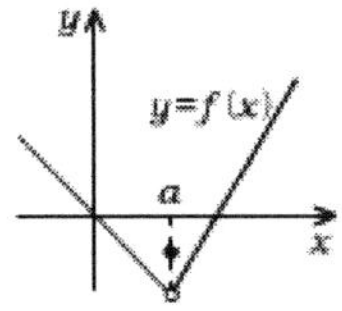

③
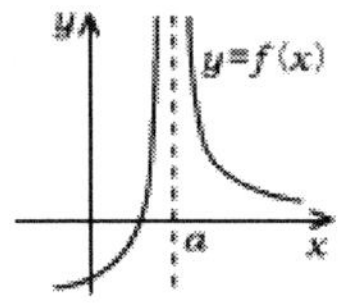

④
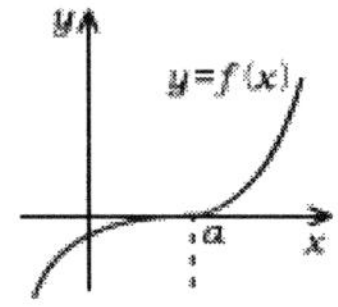

※(2~3) 다음 그래프를 보고 다음 □안에 알맞은 수를 써 넣어라.

2 다음 중 f가 연속인 점은?

①$x=1$ ②$x=2$ ③$x=3$ ④$x=4$

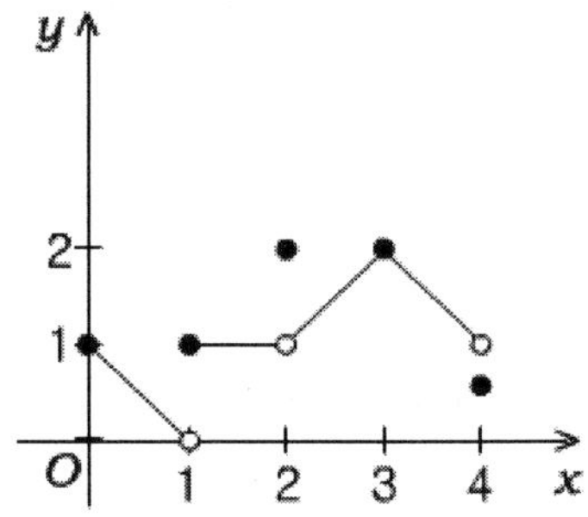

3 f는 $x=3$에서 함수값과 극한값이

□으로(로) 같으므로 연속이다.

2) 연속성 조사

(1) 연속성 조사

◉ **다항함수의 연속성**

> 모든 다항함수 $y=a_nx^n+a_{n-1}x^{n-1}+\cdots+a_0$은 실수 전체에서 연속함수이다.

· $y=x^n$꼴의 다항함수의 그래프

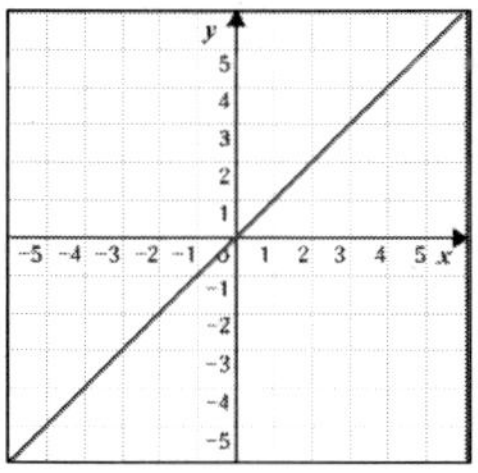

$y=x$

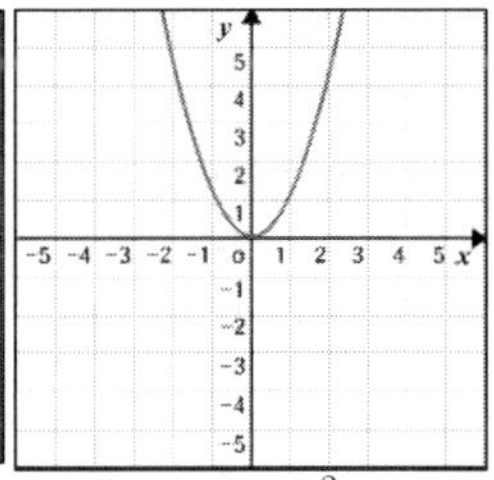

$y=x^2$

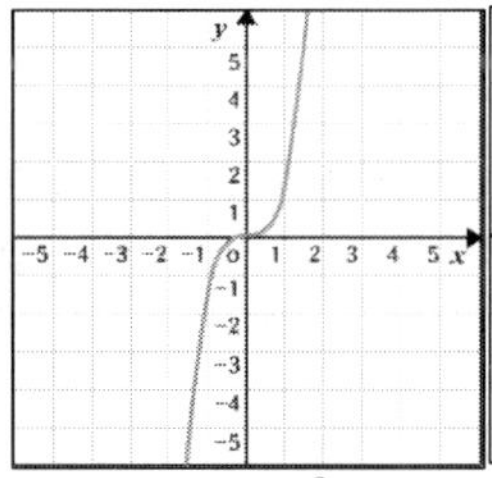

$y=x^3$

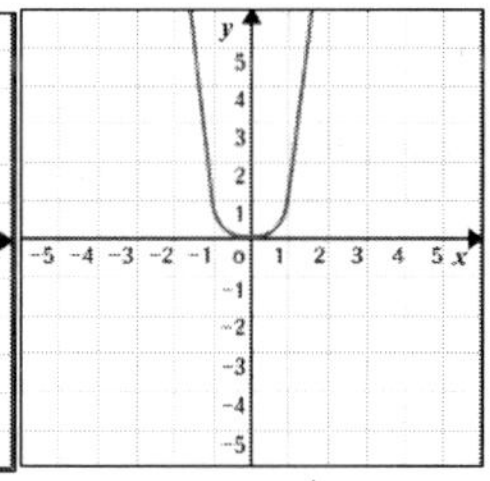

$y=x^4$

· $y=ax^n$꼴의 다항함수의 그래프

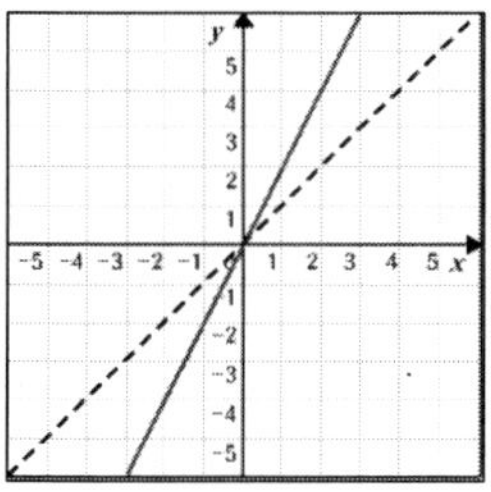

$y=2x$

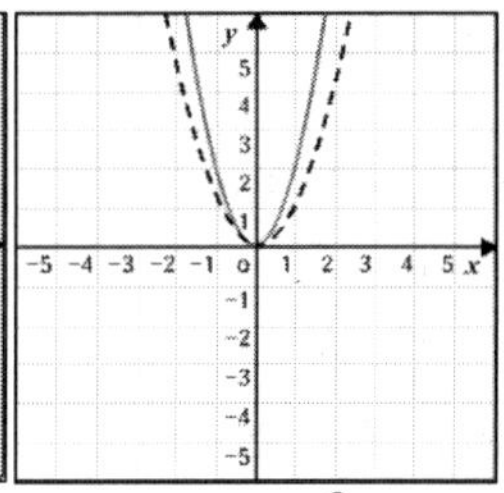

$y=2x^2$

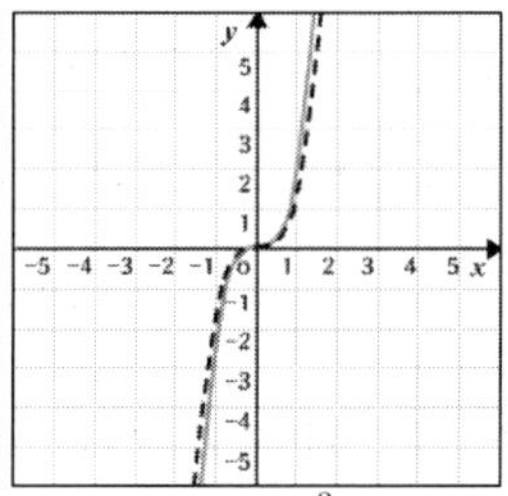

$y=2x^3$

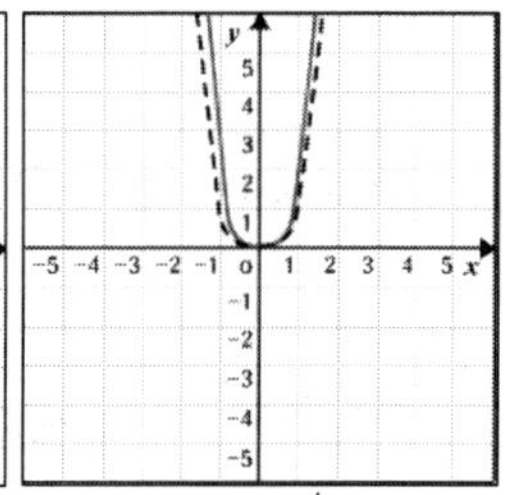

$y=2x^4$

· $y=ax^n+b$꼴의 다항함수의 그래프

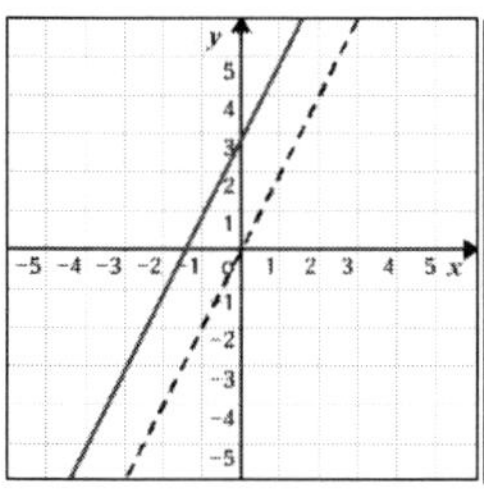

$y=2x+3$

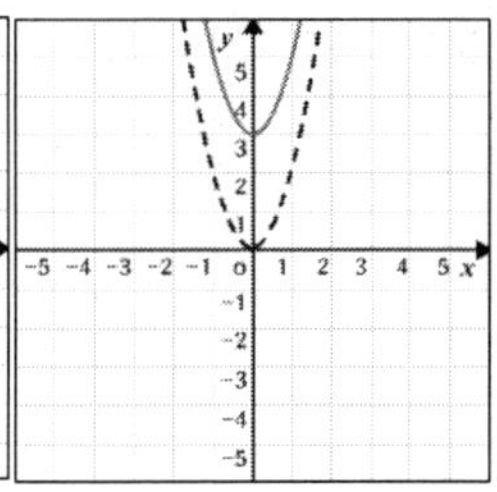

$y=2x^2+3$

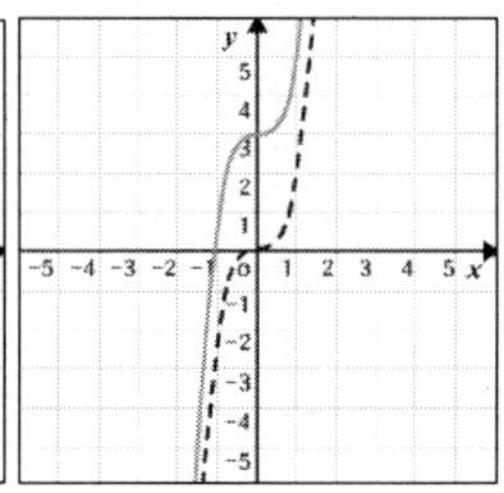

$y=2x^3+3$

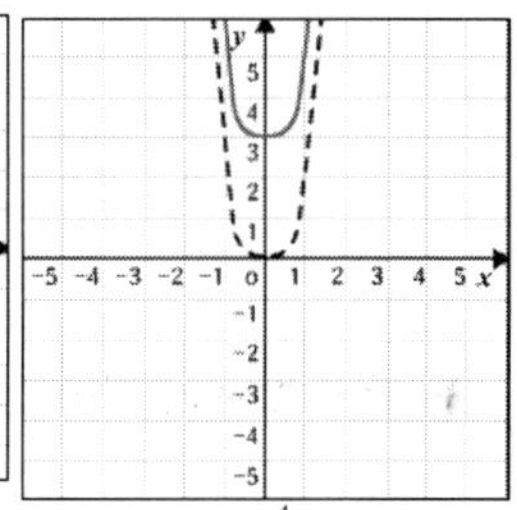

$y=2x^4+3$

◉ 유리함수의 연속성

> 유리함수는 (분모)=0인 점 이외에서 연속이다.

예제1 다음 함수가 연속이 되는 점을 말해보자.

$$f(x)=\frac{1}{x-1}$$

풀이 $x=1$에서 함수값이 정의되지 않으므로 연속이 아니다.

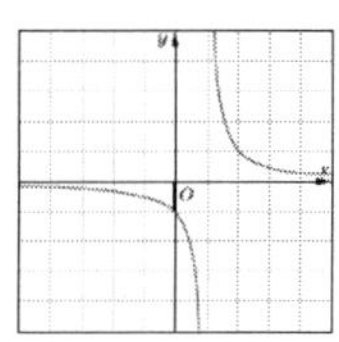

따라서 $x=1$인 점을 제외한 모든 점

예제2 다음 함수가 연속이지 않은 점을 말해보자.

$$g(x) = \frac{2x^2 - 3}{3x - 6}$$

풀이 $x = 2$에서 함수값이 정의되지 않으므로 불연속이다.

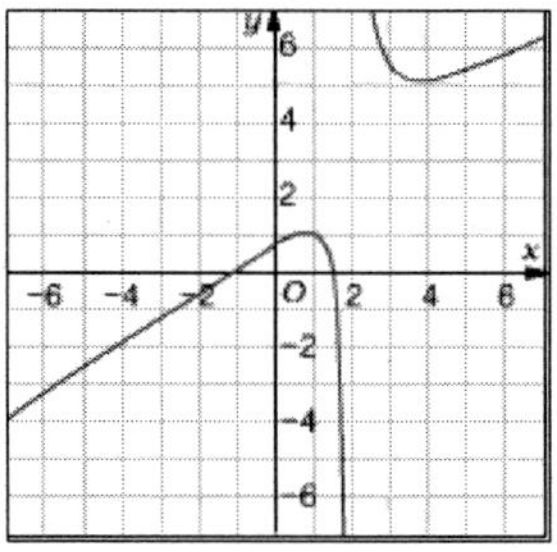

예제3 다음 함수가 연속이지 않은 점을 말해보자.

$$h(x) = \frac{11x^2 + 2}{x^3 - 1}$$

풀이 $x = 1$에서 함수값이 정의되지 않으므로 불연속이다.

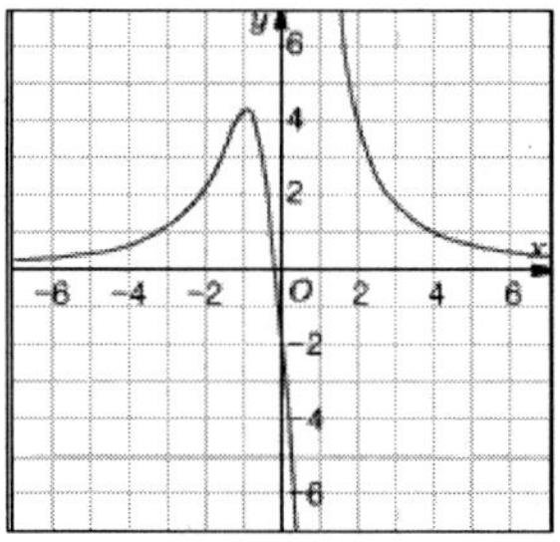

◉ **무리함수의 연속성**

> 모든 무리함수는 $\sqrt{\ }$ 안이 0보다 크거나 같은 모든 점에서 연속이다.

예제4 다음 함수가 연속이 되는 점을 말해보자.

$$f(x) = \sqrt{2x}$$

풀이 $2x < 0$, 즉 $x < 0$인 점에서는 함수값이 정의되지 않으므로 연속이 아니다.
따라서, $x < 0$인 점을 제외한 모든 점

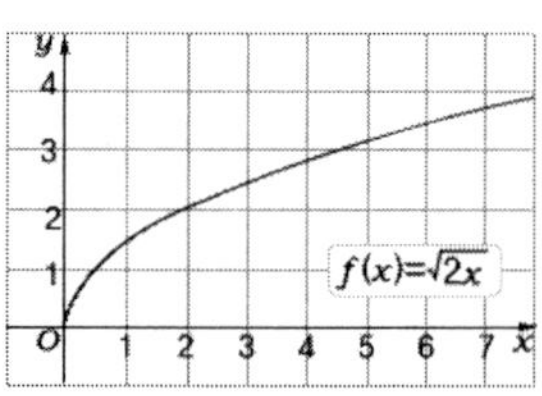

예제5 다음 함수가 연속이지 않은 점을 말해보자.

$$g(x) = \sqrt{-2x}$$

풀이 $-2x \geq 0$에서 $x \leq 0$인 모든 점

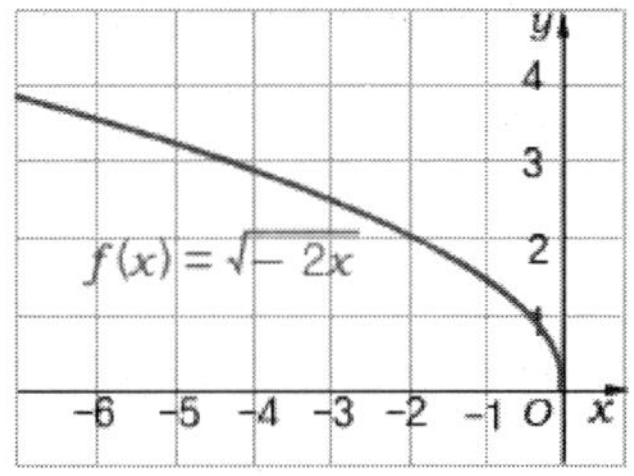

◉ **지수함수와 로그함수의 연속성**

- 지수함수는 모든 점에서 연속이다.
- 로그함수는 $x > 0$인 모든 점에서 연속이다.

예제6 다음 함수가 연속이 되는 점을 말해보자.

$$f(x) = 2^x,\ g(x) = \log_2 x$$

풀이 지수함수는 실수 전체에서 정의되고, 항상 연속이다.
로그함수는 지수의 조건에 의해 $x \leq 0$인 구간에서는 정의되지 않는다.
따라서, $x < 0$인 점을 제외한 모든 점에서 연속이다.

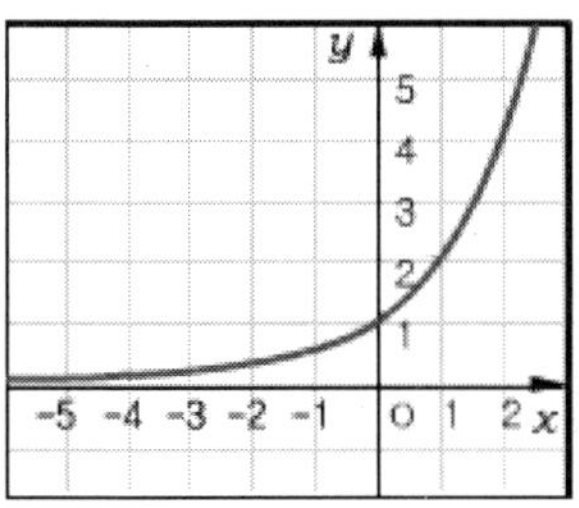

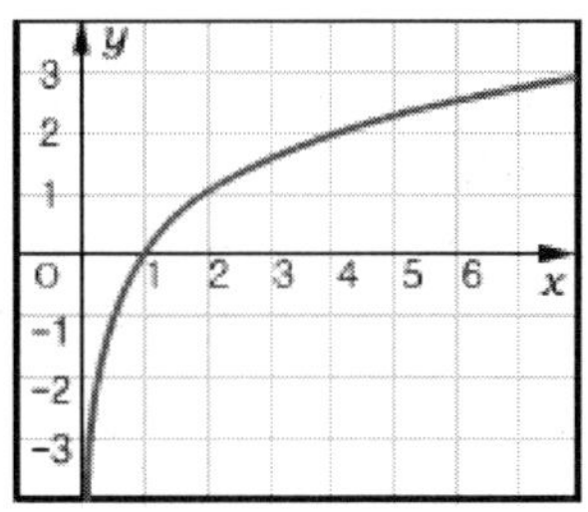

예제7 다음 함수가 연속인 점을 말해보자.

$$f(x) = 2^{-x},\ g(x) = \log_{\frac{1}{2}}(x-1)$$

풀이 지수함수에서는 연속이지 않은 점은 없다.
로그함수에서는 $x > 0$인 모든 점에서 연속이다.

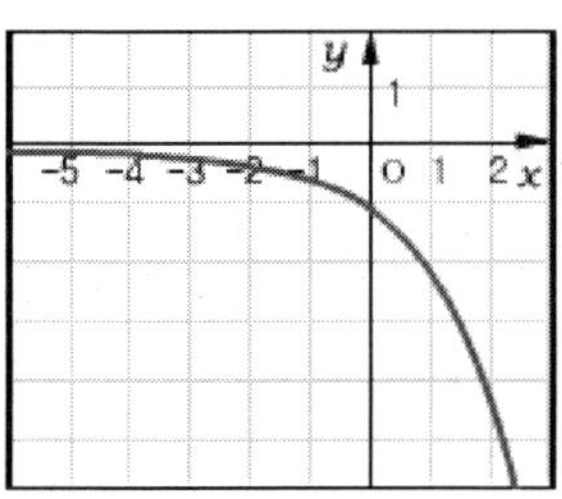

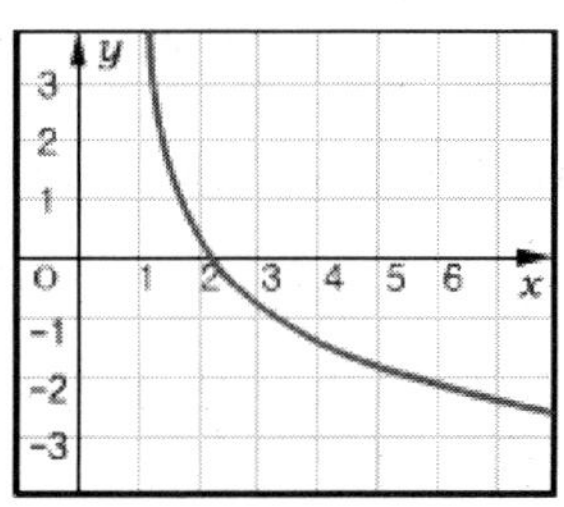

◉ 삼각함수의 연속성

- 사인함수와 코사인함수는 모든 점에서 연속이다.
- 탄젠트 함수는 $x = \cdots - \frac{3\pi}{2}, -\frac{\pi}{2}, \frac{\pi}{2}, \frac{3\pi}{2}, \cdots$을 제외한 모든 점에서 연속이다.

예제8 다음 함수가 연속인 점을 말해보자.

$$f(x) = \sin x,\ g(x) = \cos x,\ h(x) = \tan x$$

풀이

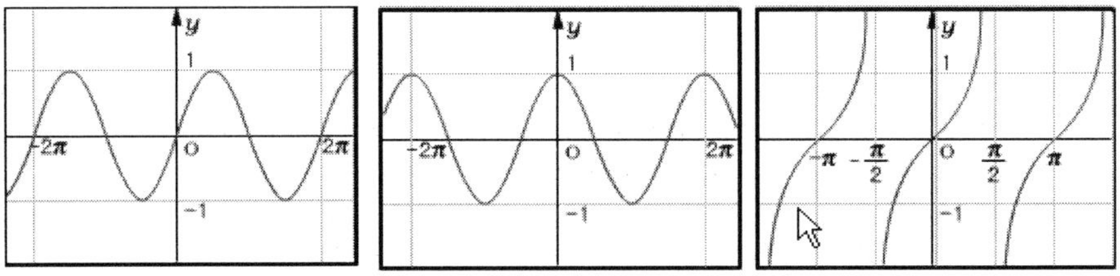

<모든 점에서 연속> <모든 점에서 연속> <$x = \cdots - \frac{3\pi}{2}, -\frac{\pi}{2}, \frac{\pi}{2}, \frac{3\pi}{2}, \cdots$ 을 제외한 모든 점에서 연속>

(2) 연속성의 확장

연속함수의 성질

$x = a$에서 $f(x), g(x)$가 모두 연속이면 다음도 연속이다

- $cf(x)$
- $f(x) + g(x)$
- $f(x)g(x)$
- $\frac{f(x)}{g(x)}$(단, $g(x) \neq 0$)

예제9 $y = xsinx$의 연속성을 조사해 보자.

풀이 다항함수 x와 사인함수 $\sin x$은 모든 점에서 연속이므로 그 곱인 $xsinx$는 모든 점에서 연속이다.

예제10 $y = \sqrt{\frac{x-5}{x+1}}$ 의 연속성을 조사해보자.

풀이 무리함수는 근호 안의 식이 양수이어야 한다.

$\frac{x-5}{x+1} \geq 0$이려면 $x-5 \geq 0$이고 $x+1 \geq 0$ 또는 $x-5 \leq 0$이고 $x+1 < 0$이어야 한다. 따라서, 두 연립부등식을 풀면 주어진 식은 $x \geq 5$ 또는 $x < -1$에서 연속이다.

◉ **한 점에서 연속이 아닌 함수를 연속이 되도록 만드는 과정**

$x=a$에서 연속이 아닌 함수 $f(x)$가 $x \to a$일 때 극한값을 가진다고 하자. 그러면

$$F(x)=\begin{cases} f(x) & ,x \neq a\text{인 모든 점} \\ \lim_{x \to a} f(x) & ,x=a \end{cases}$$

라고 정의하면 함수 F는 $x=a$에서 연속이 된다.

예제11 함수 $F(x)=\begin{cases} \dfrac{\sin x}{x} & ,x \neq 0\text{인 모든 점} \\ a & ,x=0 \end{cases}$가 $x=0$에서 연속이 되도록 a의 값을 구하여라.

풀이 함수의 그래프를 그려 보자.

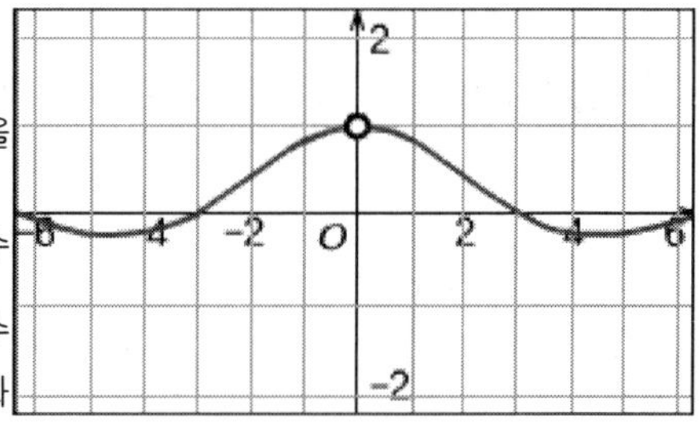

$x \to 0$일 때 $\dfrac{\sin x}{x}$은 1로 수렴함을 알 수 있다. $y=\dfrac{\sin x}{x}$은 0에서의 함수값을 1로 줌으로써 연속이 되게 할 수 있다. 즉, 새로운 함수 $F(x)$를 다음과 같이 정의하면 $y=\dfrac{\sin x}{x}$을 모든 실수에서 연속이 되게 할 수 있다.

$$F(x)=\begin{cases} \dfrac{\sin x}{x} & ,x \neq 0\text{인 모든 점} \\ 1 & ,x=0 \end{cases}$$

memo

$x \neq 0$인 점에서는 $y=\dfrac{\sin x}{x}$이고, $x=0$에서 1이라고 정의한 새로운 함수 $F(x)$를 정의하여 $x=0$까지 연속이 되도록 만드는 과정을 연속확장이라고 한다.

예제12 다음 함수가 연속이 아닌 점을 찾고 그 점에서 연속확장을 가지는지 알아보자.

$$f(x)=\frac{x^2-1}{x-1}$$

풀이 그래프를 그려서 $f(x)$에서 연속이 아닌점을 찾아보면 $x=1$이다. 그래프를 보면 $x=1$에서 극한값은 2이다. 따라서, 연속확장이 가능하다.
$x=1$에서 연속확장이 되는 새로운 함수를 다음과 같이 정의해 보자.

$$F(x)=\begin{cases}\dfrac{x^2-1}{x-1} & ,x\neq 1\text{인 모든 점}\\ 2 & ,x=1\end{cases}$$

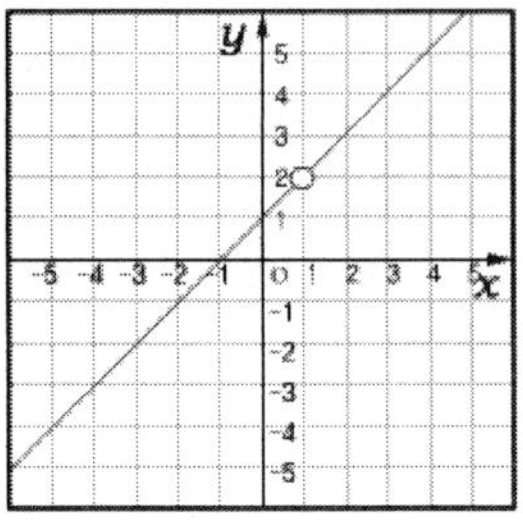

$x\neq 1$인 점에서 $f(x)=\dfrac{x^2-1}{x-1}$이고

불연속인 점 $x=1$에서 2라고 새로운 함수

$F(x)$를 정의하면 $x=1$로 연속이 확장된다.

(3) 다지기

다음 문제를 풀어보자.

1 다항함수 $y=x^3+2x-5$는 모든 점에서 연속인가? <예, 아니오>

2 분수함수 $f(x)=\dfrac{2x}{x-5}$가 불연속인 점은 $x=\square$이다.

3 다음 중 모든 점에서 연속인 함수는?

① $y=\sin x$　　② $y=\tan x$　　③ $y=\log x$

4 연속함수의 성질에 관한 다음 설명 중 옳지 않은 것은?

① 연속인 두 함수의 합도 연속이다.

② 연속인 두 함수의 곱도 연속이다.

③ 연속인 두 함수의 나눗셈도 연속이다.

Quiz, Quiz

1 다음 중 $x=0$에서 연속인 함수는 어느 것인가?

① $f(x)=x^2-1$ ② $g(x)=\frac{x-1}{x}$ ③ $h(x)=\begin{cases} x &,(x \geqq 0) \\ x+1 &,(x<0) \end{cases}$

2 다음은 함수 $f(x)=-x+[x]$ 의 그래프인데
이 함수가 연속이 되는 x의 값은 얼마인가?
(여기서 $[x]$는 x를 넘지 않는 최대 정수이다.)

① $x=0$ ② $x=\frac{1}{2}$ ③ $x=1$

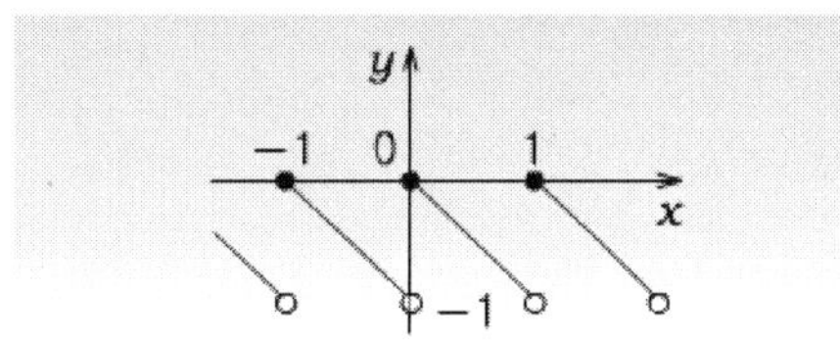

3 다음 함수 $y=\frac{1}{x-2}+3x$의 연속성을 조사하여라.

① 모든 점에서 연속이다.
② $x=0$을 제외한 모든 점에서 연속이다.
③ $x=2$를 제외한 모든 점에서 연속이다.

4 다음 함수 $f(x)=\sqrt{x-3}$ 의 연속성을 조사하여라.

① 모든 점에서 연속이다.
② $x \geqq 0$인 모든 점에서 연속이다.
③ $x \geqq 3$인 모든 점에서 연속이다.

5 함수 $f(x)=\frac{x^2-4}{x^2-3x+2}$을 확장하여 $x=2$에서 연속이 되게 $f(2)$를 정의하여라.

① $f(2)$=1 ② $f(2)$=2 ③ $f(2)$=4

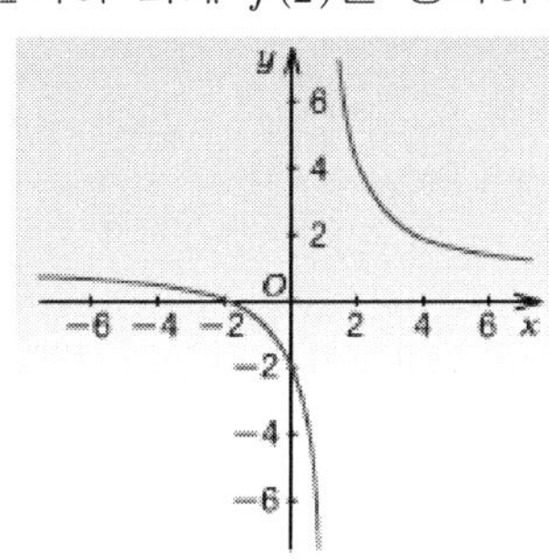

9-2 연속함수의 활용

Calculus Life

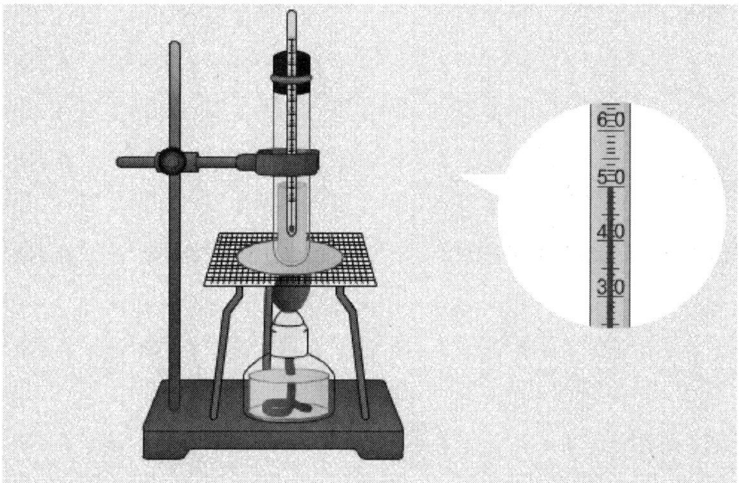

시간	0분	…	1분	…	2분	…	3분
물의 온도(°)	15°	…	23°	…	35°	…	50°

과학시간에 알코올 램프에 불을 붙여서 비커의 물을 데우는 장면을 상상해 보자. 그림과 같이 비커에 온도계를 꽂아두면 온도가 서서히 올라가는 것을 눈으로 확인할 수 있다. 가열하기 전에 물의 온도인 15도에서 출발하여 딱 3분만 가열한다고 할 때 물의 온도 변화를 표로 나타내면 위와 같다. 모든 시간에 따른 물의 온도를 표에 다 나타내지는 못하였지만, 시간과 온도는 연속적인 양이라는 사실에 유념하자.

Secret Key

폐구간

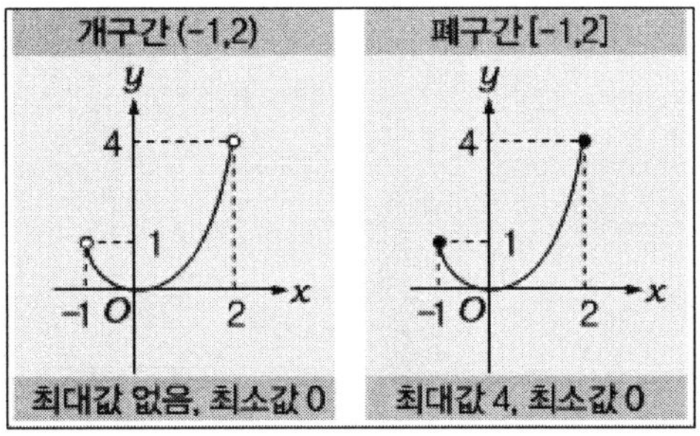

연속함수

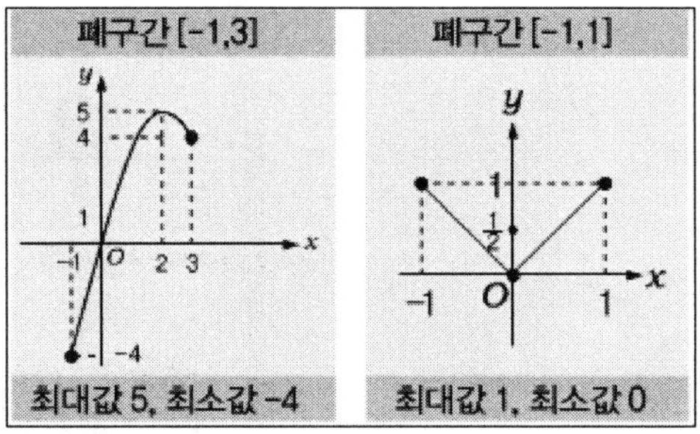

중간값의 정리

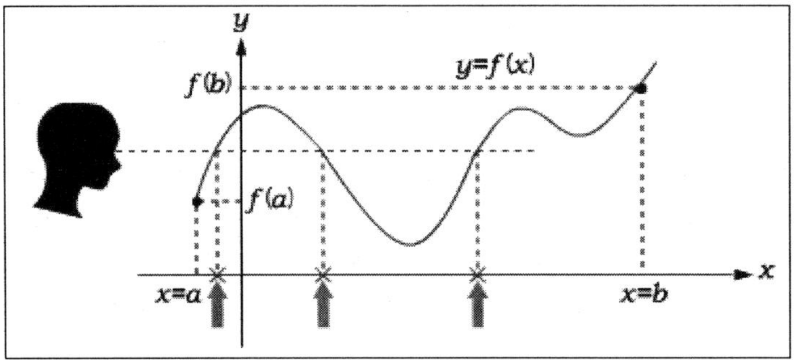

My Lesson

1) 최대 · 최소의 정리

(1) 최대 · 최소의 정리

◉ 정의역 $\left[-\frac{\pi}{2}, \frac{\pi}{2}\right]$에서 사인함수와 코사인함수의 최대값과 최소값

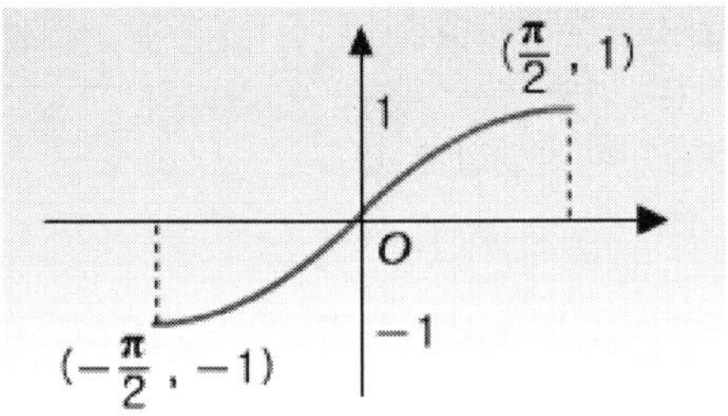

〈사인함수의 그래프〉

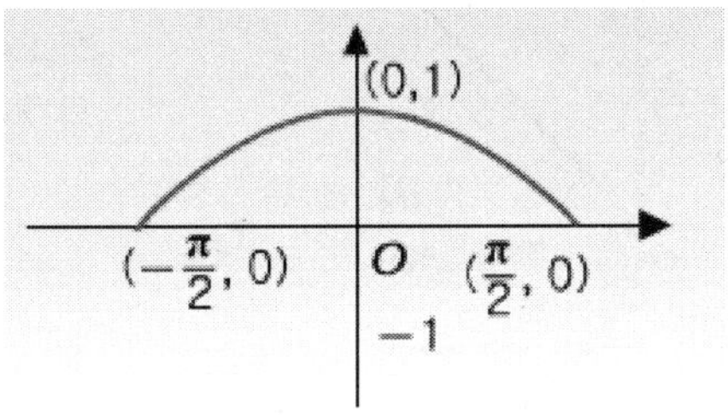

〈코사인함수의 그래프〉

$y=\sin x$의 $\left[-\frac{\pi}{2}, \frac{\pi}{2}\right]$에서
최대값은 1이고 최소값은 -1이다.

$y=\cos x$의 $\left[-\frac{\pi}{2}, \frac{\pi}{2}\right]$에서
최대값은 1이고 최소값은 0이다.

memo

폐구간(closed interval) $\left[-\frac{\pi}{2}, \frac{\pi}{2}\right]$에서 $y=\sin x$와 $y=\cos x$는
최대값과 최소값을 모두 갖는다.

◉ 최대 · 최소의 정리

· $f(x)=x^2$ $(-1 \le x \le 2)$의 최대값과 최소값

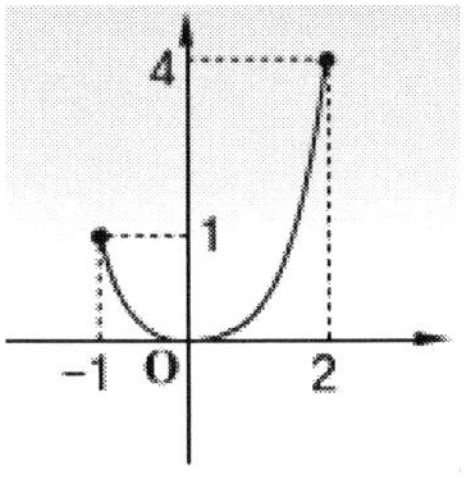

최대값 : $x=2$에서 $f(2)=4$
최소값 : $x=0$에서 $f(0)=0$

최대 · 최소의 정리

함수 $f(x)$가 폐구간 $[a,b]$에서 연속이면
$f(x)$는 구간 안에서 최대값과 최소값 모두를 갖는다.

- $y=x$ $(0 \le x < 1)$의 최대값과 최소값

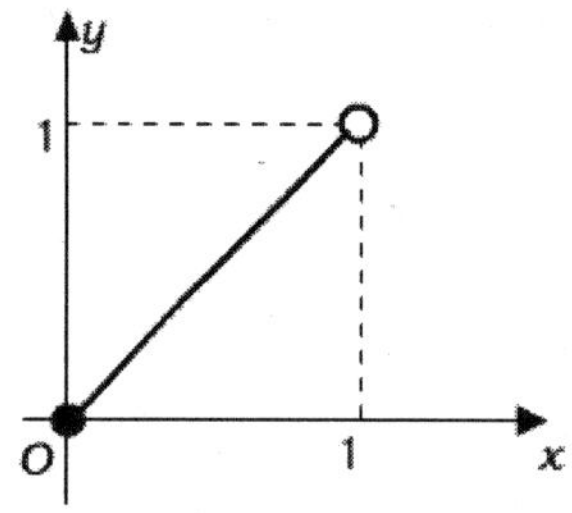

최소값 : 최소값은 0이다.
최대값 : 1은 치역 안의 원소가 아니다.
따라서 최대값은 없다.

memo

구간은 하나의 집합으로 볼 수 있다. 어떤 집합의 최대값(최소값)은 그 집합의 원소로서 그 집합의 모든 원소보다 크거나(작거나) 같은 값이다.
따라서 개구간은 최대값과 최소값이 동시에 존재하지 않는 집합이다.
최대값(최소값)이 되려면 반드시 그 구간 안에 속해야 한다.

- $f(x)=x^2$ $(-1<x<2)$의 최대값과 최소값

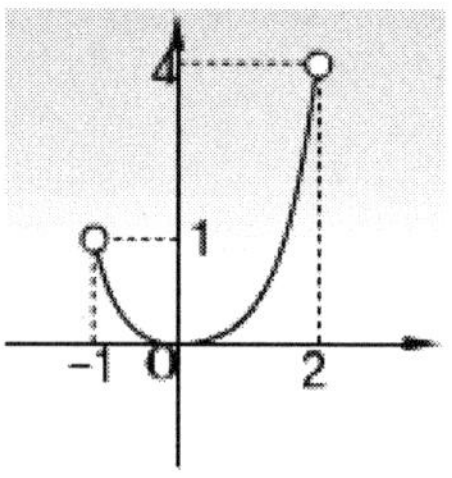

치역 : $[0,4)$
최대값 : 존재하지 않는다.
최소값 : $x=0$에서 $f(0)=0$을 갖는다.

- 연속이 아닌 함수와 최대값 · 최소값

예제1 $g(x)=\begin{cases} \dfrac{x^2}{x} & (x \neq 0) \\ \dfrac{1}{2} & (x=0) \end{cases}$ $[-1,1]$ 에서 최대값과 최소값을 구하여라.

풀이 $x=-1$ 또는 $x=1$에서
최대값은 1, 최소값은 존재하지 않는다.

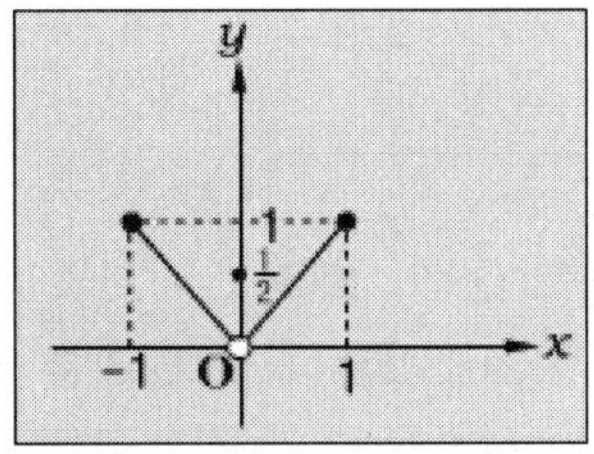

memo

최대 · 최소의 정리

· 최대 · 최소의 정리는 폐구간이라는 조건이 필요하다.

정의역	개구간 (-1, 2)	폐구간 [-1, 2]
연속함수 $f(x)$의 그래프	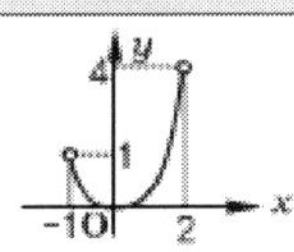	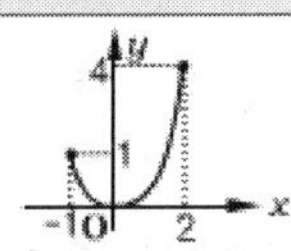
연속성 조사	주어진 구간에서 연속이다.	주어진 구간에서 연속이다.
최대값과 최소값	최대값 없음, 최소값 0	최대값 4, 최소값 0

· 최대 · 최소의 정리는 연속함수라는 조건이 필요하다.

정의역	폐구간 [-1, 3]	폐구간 [-1, 1]
함수의 그래프	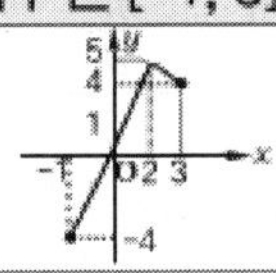	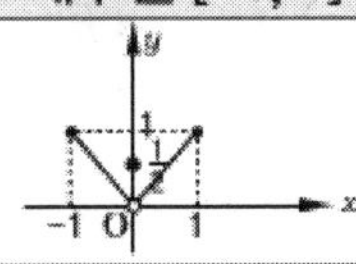
연속성 조사	주어진 구간에서 연속이다.	x=0에서 불연속이다.
최대값과 최소값	최대값 5, 최소값 -4	최대값 1, 최소값 없음

(2) 다지기

함수 $f(x)=x^2-2x+2$에 대하여 다음 물음에 답하여라.

1 $f(x)$가 어떤 구간에서 정의되어야 최대값과 최소값을 모두 가질 수 있는가?

① $[0,3]$ ② $(0,3)$ ③ $(1,3)$

2 $[0,3]$에서 함수 $f(x)$의 치역을 구하면?

① $(1,5)$ ② $[1,5]$ ③ $[2,5]$

3 $f(x)$의 최대값과 최소값은 각각 얼마인가?

① 최소값은 1, 최대값은 5
② 최소값은 2, 최대값은 5
③ 최대값과 최소값을 가지지 않는다.

2) 중간값의 정리

(1) 중간값의 정리

◉ 폐구간에서 연속인 함수

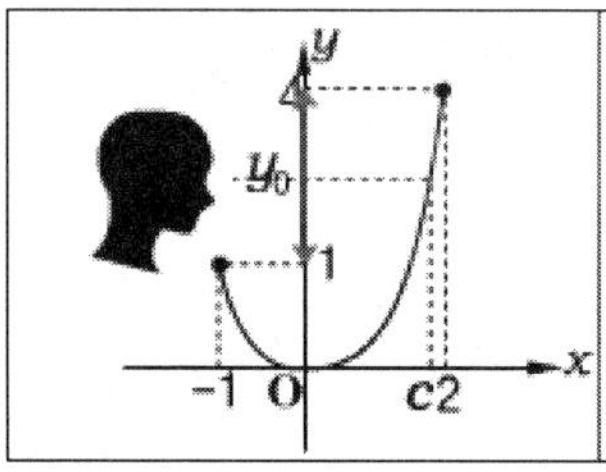

$f(x)=x^2$ $[1,2]$

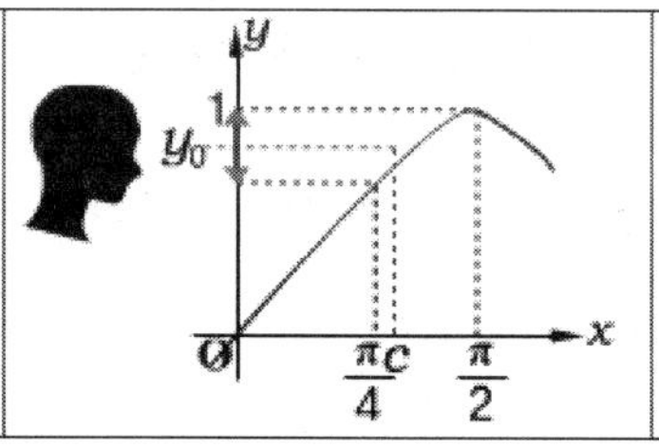

$f(x)=\sin x$ $\left[\frac{\pi}{4},\frac{\pi}{2}\right]$

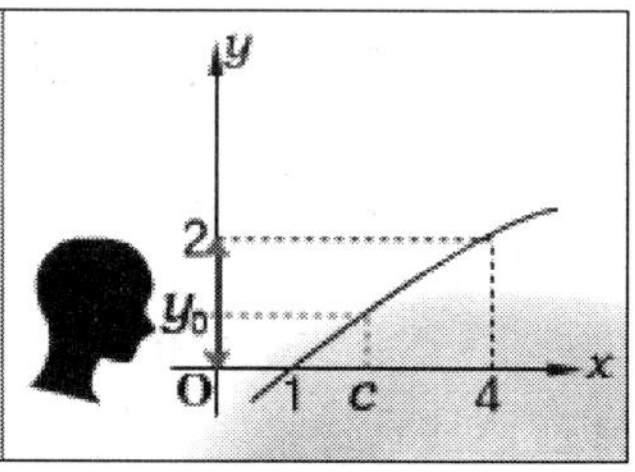

$f(x)=\log_2 x$ $[0,4]$

중간값의 정리

폐구간 $[a,b]$에서 연속인 함수 $f(x)$는 k가 $f(a)$와 $f(b)$ 사이의 수이면 $f(c)=k$ $(a<k<b)$인 c가 $[a,b]$ 안에 존재한다.

memo

중간값의 정리를 쉽게 기억하려면, y축에서 바라보았을 때, $f(a)$와 $f(b)$ 사이가 끊어져 있지 않고 연결되어 있는 상태를 떠올리면 된다.

◉ 방정식의 근 존재 유무 판정하기

예제1 방정식 $3x^3 - x - 1 = 0$이 폐구간 $[0, 1]$에서 근을 가짐을 보여라.

풀이 $f(x) = 3x^3 - x - 1$이라 하자.

$x = 0$에서 $f(0) = -1 < 0$

$x = 1$에서 $f(1) = 1 > 0$

순서쌍 $(0, -1)$, $(1, 1)$을 좌표평면에 표시해 보자.

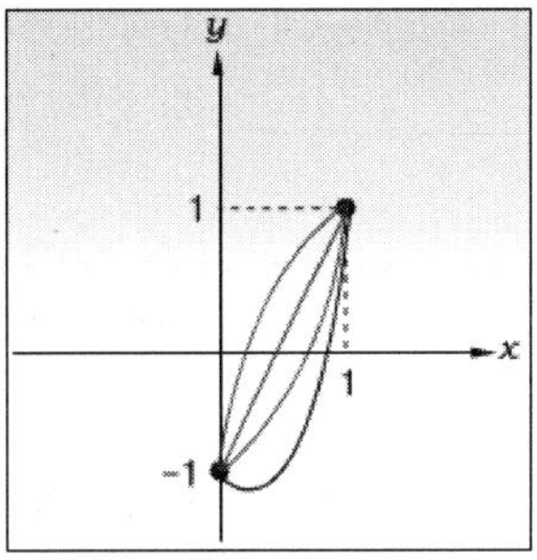

따라서 방정식 $3x^3 - x - 1 = 0$은 0과 1사이에 적어도 한 개의 근을 갖는다.

폐구간 $[a, b]$에서 $f(a) \cdot f(b) < 0$일 때, $f(c) = 0$을 만족하는 c를 구할 수 있다.

예제2 다음 방정식이 주어진 범위 내에서 근을 가짐을 보여라.

$$x^2 - 4x + 1 = 0 \ (1 < x < 4)$$

풀이 $f(x) = x^2 - 4x + 1$이라 하면 $f(x)$는 구간 $[1, 4]$에서 연속이고

$f(1) = 1 - 4 \cdot 1 + 1 = -2 < 0$, $f(4) = 4^2 - 4 \cdot 4 + 1 = 1 > 0$이다.

따라서 중간값의 정리에 의해 $f(c) = 0$인 c가 구간 $(1, 4)$ 사이에 적어도 하나 존재한다. 즉, 방정식 $x^2 - 4x + 1 = 0$은 1과 4 사이에 적어도 하나의 실근을 가진다.

예제3 다음 방정식이 주어진 범위 내에서 근을 가짐을 보여라.

$$\cos x - x = 0 \ (0 < x < \frac{\pi}{2})$$

풀이 $f(x) = \cos x - x$이라 하면 $f(x)$는 구간 $\left[0, \frac{\pi}{2}\right]$에서 연속이고

$f(0) = \cos 0 - 0 = 1 > 0$, $f\left(\frac{\pi}{2}\right) = \cos\frac{\pi}{2} - \frac{\pi}{2} = -\frac{\pi}{2} < 0$이다.

따라서 중간값의 정리에 의해 $f(c) = 0$인 c가 구간 $\left(0, \frac{\pi}{2}\right)$ 사이에 적어도 하나 존재한다. 즉, 방정식 $\cos x - x = 0$은 0과 $\frac{\pi}{2}$ 사이에 적어도 하나의 실근을 가진다.

◉ **중간값의 정리를 이용한 근의 위치 추정**

· 다음 방정식 $3x^3-x-1=0$을 살펴보자.

1단계 : ① $f(x)=3x^3-x-1$라 두면 $f(x)$는 구간 $[0,1]$에서 연속이다.

② $f(0)=-1<0$, $f(1)=1>0$

∴ 0과 1 사이에 방정식의 근이 존재한다.(중간값의 정리)

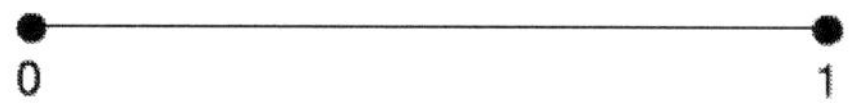

2단계 : 구간 $[0,1]$을 이등분하는 점 $\frac{1}{2}$에 대하여 $f\left(\frac{1}{2}\right)<0$, $f(1)>0$

∴ 주어진 방정식의 근은 $\frac{1}{2}$과 1 사이에 있음을 알 수 있다.

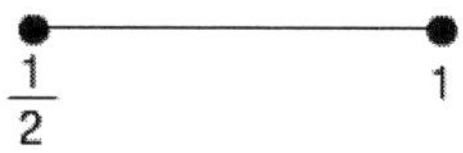

3단계 : 다시 구간 $\left[\frac{1}{2},1\right]$을 이등분하는 점 $\frac{3}{4}$에 대하여 $f\left(\frac{3}{4}\right)<0$, $f(1)>0$

∴ 주어진 방정식의 근은 $\frac{3}{4}$과 1 사이에 있음을 알 수 있다.

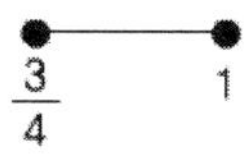

(2) 다지기

1 다음 함수의 그래프가 중간값의 정리를 만족하는가?

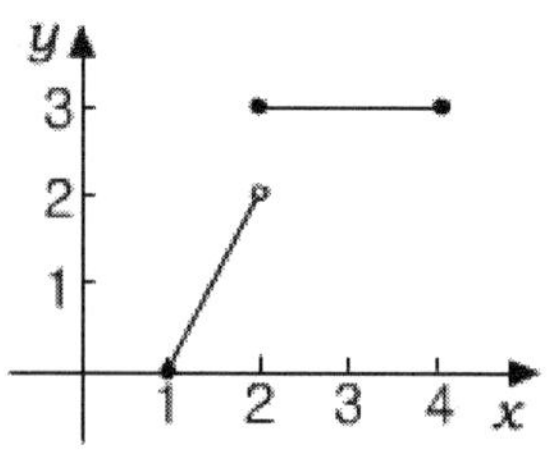

$$f(x)=\begin{cases}2x-2, & 1\le x<2\\ 3, & 2\le x<4\end{cases}$$

2 중간값의 정리가 성립하기 위한 함수 $f(x)$의 조건은?

① 폐구간에서 정의된 일대일함수

② 개구간에서 정의된 상수함수

③ 폐구간에서 정의된 연속함수

3 방정식 $5x^4-2x-1=0$은 폐구간 [0,1] 사이에서 근을 갖는가?

① 예 ② 아니오 ③ 알 수 없다.

Quiz, Quiz

1 다음 중 폐구간 $[0,1]$에서 최대값과 최소값을 모두 갖는 함수는?

① $f(x)=x^2-1$ ② $g(x)=\dfrac{1}{x}$ ③ $h(x)=\begin{cases}\dfrac{x^2-1}{x-1}, & x\neq 1\\ 1, & x=1\end{cases}$

2 폐구간 $[0,1]$에서 정의된 함수 $f(x)=x+1$의 그래프가 오른쪽에 나와 있다. 최대값과 최소값을 구하여 합을 계산하여라.

① 1 ② 2 ③ 3

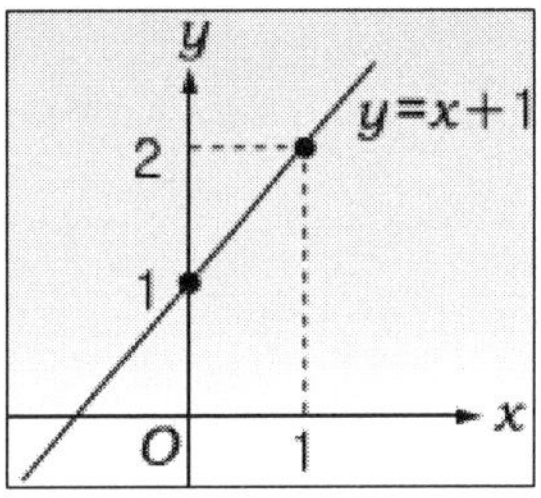

3 방정식 $x^3-3x-1=0$에서 근이 존재하는 구간을 찾아라.

① $[0,1]$ ② $[1,2]$ ③ $[2,3]$

4 방정식 $\sin x-\cos x=0$은 $\left(0,\dfrac{\pi}{2}\right)$ 사이에 근이 존재하는가?

① 존재한다. ② 존재하지 않는다. ③ 알 수 없다.

5 $[0,1]$에서 정의된 함수 $f(x)=-\dfrac{1}{2}x+\dfrac{3}{4}$의 고정점을 구하여라.

① $\left(\dfrac{1}{4},\dfrac{1}{4}\right)$ ② $\left(\dfrac{1}{2},\dfrac{1}{2}\right)$ ③ $\left(\dfrac{3}{4},\dfrac{3}{4}\right)$

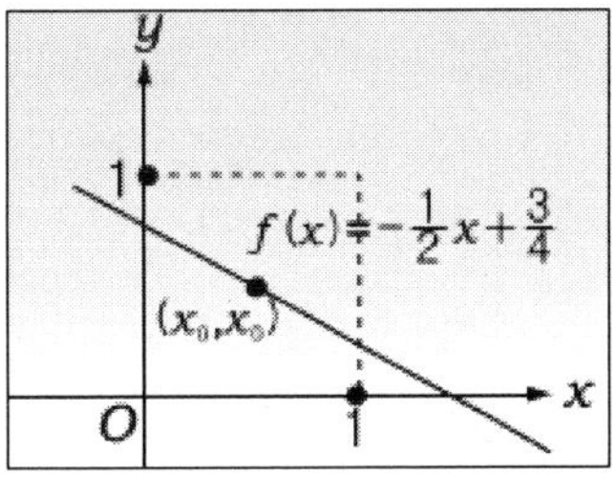

10-1 변화율과 미분계수

Calculus Life

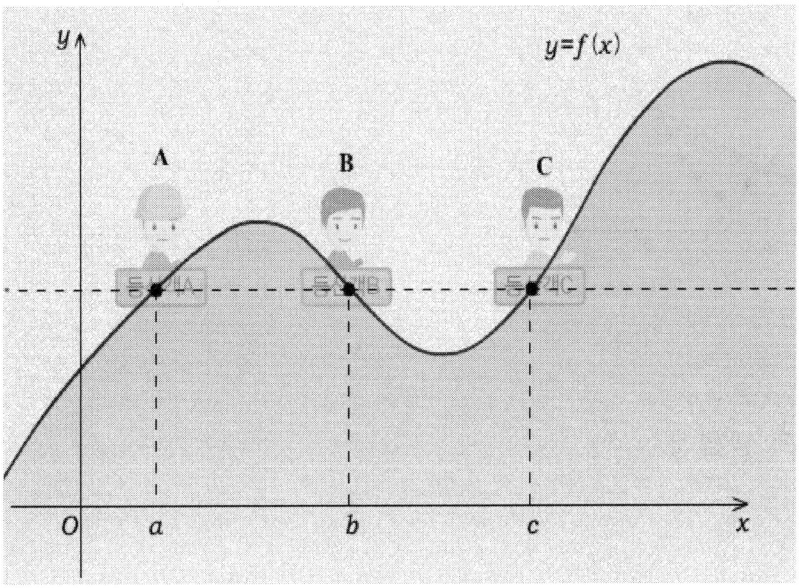

그림과 같이 세 명의 남자가 산을 오르고 있다. A, B, C 세 사람이 서 있는 산의 높이는 모두 같다. 그런데 남자가 서 있는 위치의 경사는 다 다르다. C가 서있는 곳의 경사가 A가 서있는 곳보다 더 가파르다. 또한 A와 C는 오르막길에 서있는 반면에 B가 서있는 지점은 내리막길이다. 이와 같이 관찰한 결과를 함수의 개념을 이용하여 알아보기로 하자.

Secret Key

순간변화율

$$\lim_{b \to a}\frac{f(b)-f(a)}{b-a}$$

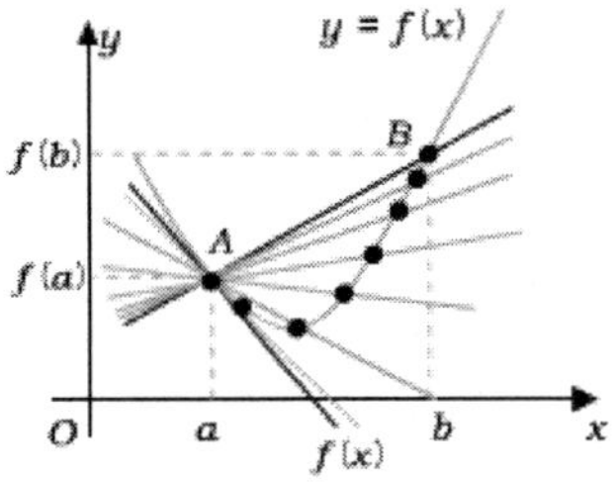

미분계수

$$f'(a)=\lim_{b \to a}\frac{f(b)-f(a)}{b-a}=\lim_{\Delta x \to 0}\frac{f(a+\Delta x)-f(a)}{\Delta x}$$

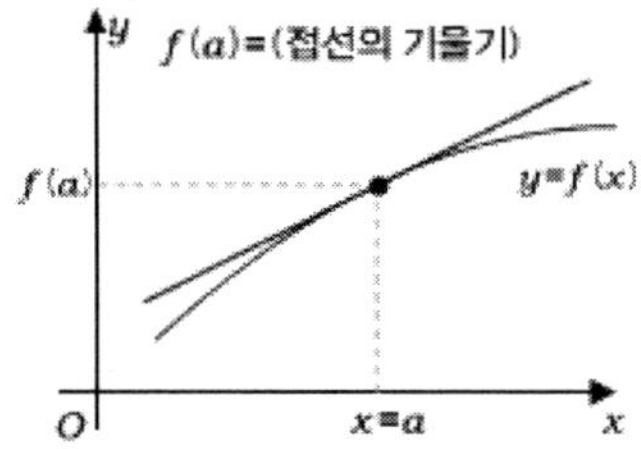

접선의 방정식

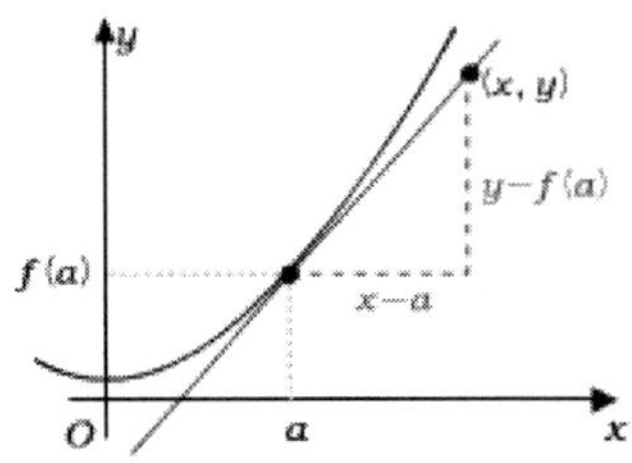

My Lesson

1) 변화율과 미분계수

(1) 접선의 기울기

◉ 접선의 접근방법(method of approaching tangent line)

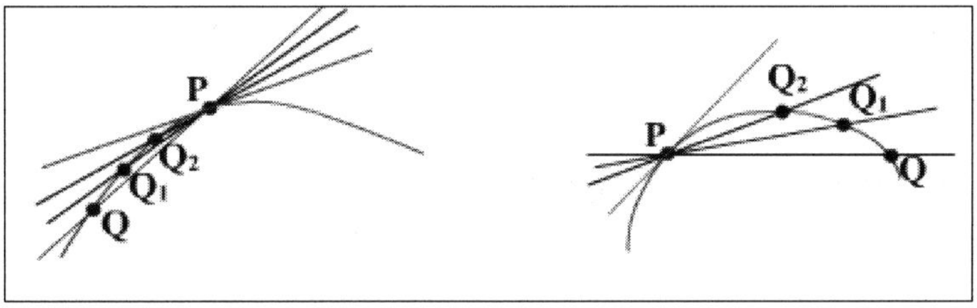

· 1단계 : P 가까이 있는 한 점 Q를 잡아준다.

· 2단계 : P와 Q를 직선으로 잇는다.

· 3단계 : Q가 P를 향해 곡선을 따라 움직일 때 P와 Q를 지나는 직선을 그린다.

· 4단계 : Q가 P에 한없이 가까이 접근할 때 P, Q를 잇는 직선은 결국 P를 지나는 직선이 된다. 이 직선이 P에서의 곡선의 접선이다.

◉ $f'(a)$의 다른 의미 : 접선의 기울기

· $x=a$에서의 미분계수(differential coefficient)란 그 점에서의 접선의 기울기다.

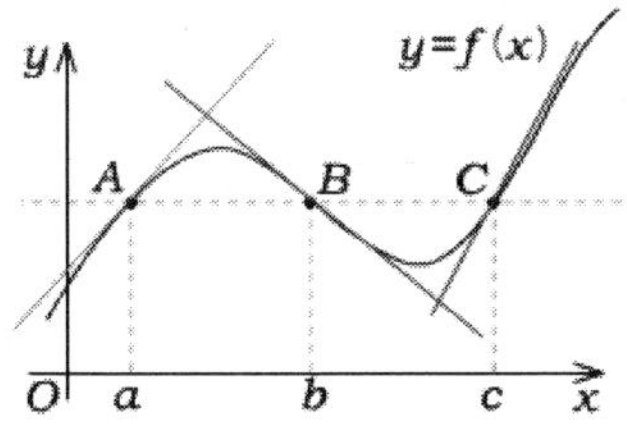

· 함수 $f(x)$의 $x=a$에서의 접선의 기울기를 $f'(a)$로 나타낸다.

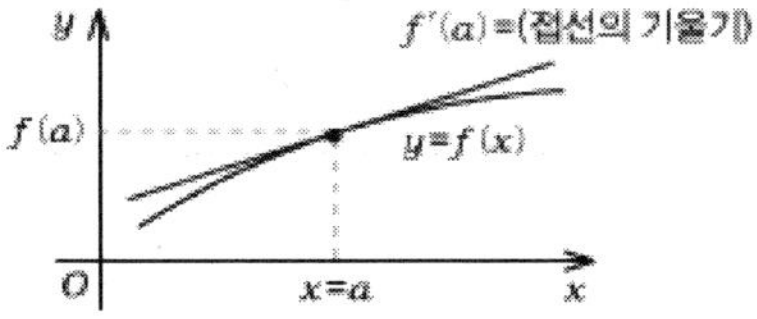

(2) 평균변화율

◉ 평균속도

· 다음은 철수와 문수가 20초 동안 달리기를 한 시간에 대한 거리그래프이다.

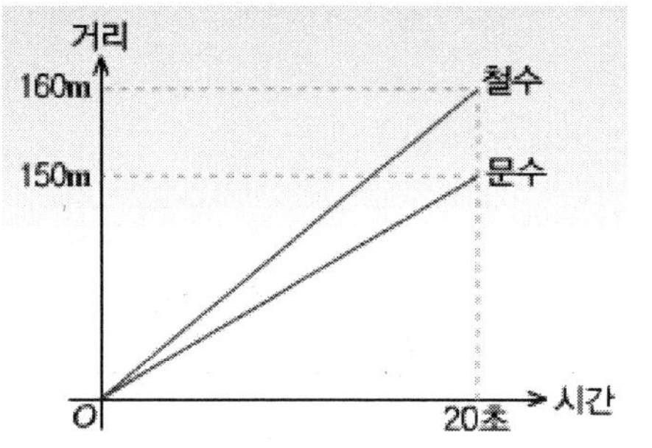

평균속도=$\dfrac{거리}{시간}$

철수) 평균속도=$\dfrac{160}{20}$=80 (m/초)

문수) 평균속도=$\dfrac{150}{20}$=7.5 (m/초)

$$평균속도 = \frac{거리\ 변화량}{시간의\ 변화량} \Rightarrow 평균변화율 = \frac{y의\ 변화량}{x의\ 변화량}$$

◉ $f'(a)$의 다른 의미 : 평균변화율(average rate of change)

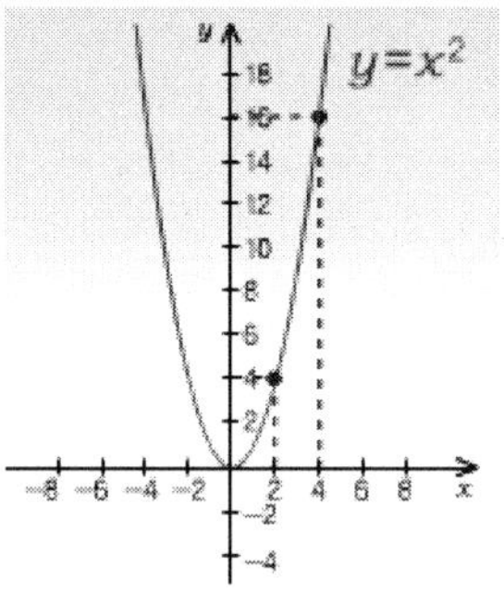

$y=x^2$의 $x=2$에서 $x=4$까지 평균변화율

평균변화율=$\dfrac{y의\ 변화량}{x의\ 변화량}=\dfrac{16-4}{4-2}=\dfrac{12}{2}=6$

평균변화율은 그래프상의 $x=2$에서 $x=4$까지 그래프 기울기와 같다.

즉, $x=2$에서 $x=4$까지 기울기 값은 6이다.

· $y=f(x)$의 구간 $[a,b]$에서의

평균변화율=$\dfrac{y의\ 변화량}{x의\ 변화량}=\dfrac{f(b)-f(a)}{b-a}$

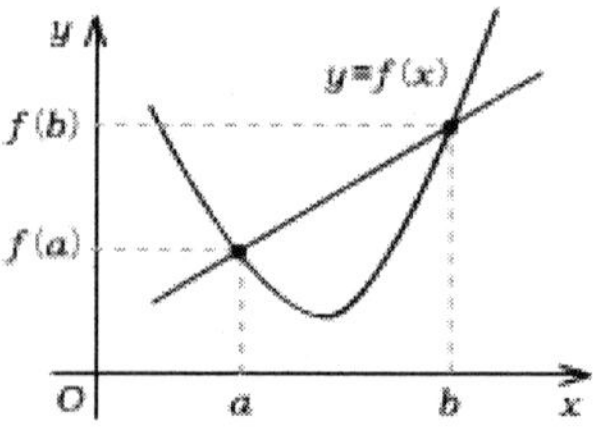

◉ 평균변화율의 다른 표현법

· x의 변화량을 $\triangle x$(delta x), y의 변화량을 $\triangle y$(delta y)라고 쓰기로 한다.

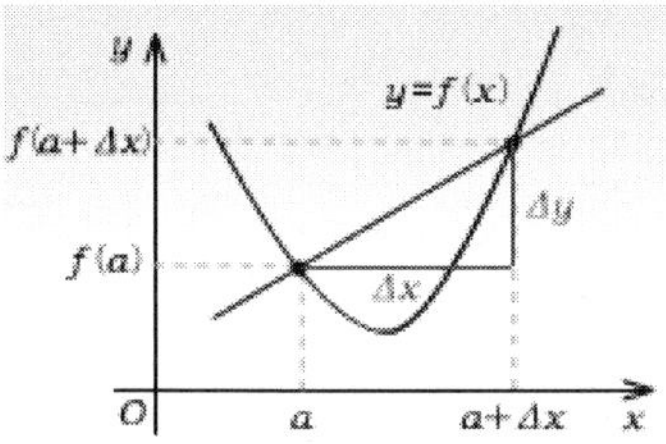

$y=f(x)$의 구간 $[a,b]$에서의

평균변화율 $\dfrac{\triangle y}{\triangle x}=\dfrac{f(b)-f(a)}{b-a}$ 이므로

$\triangle x=b-a$에서 $b=a+\triangle x$이므로 $f(b)=f(a+\triangle x)$

$$\frac{\triangle y}{\triangle x}=\frac{f(b)-f(a)}{b-a}=\frac{f(a+\triangle x)-f(a)}{\triangle x}$$

memo

함수 $y=f(x)$에 대하여 $x=a$부터 $x=b$사이에서 평균변화율

$$\frac{\triangle y}{\triangle x}=\frac{f(b)-f(a)}{b-a}=\frac{f(a+\triangle x)-f(a)}{\triangle x}$$

(3) 순간변화율

◉ $f'(x)$의 다른 의미 : 순간변화율

· $(b, f(b))$가 그래프를 따라 움직이기 시작해서 $(a, f(a))$로 한없이 가까워진다면

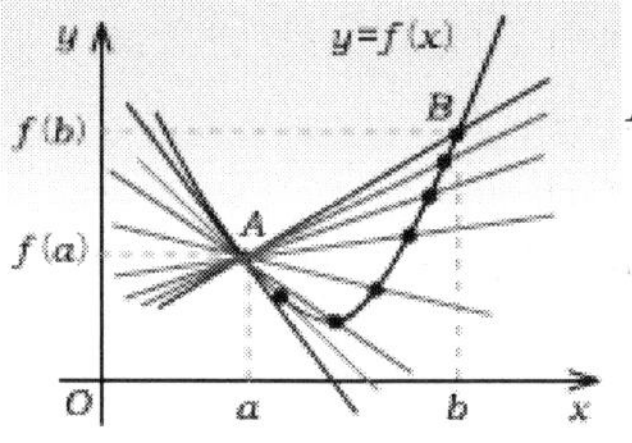

$B(b, f(b))$가 $A(a, f(a))$에 한없이 가까워질수록 두 점을 잇는 직선이 $(a, f(a))$에서의 접선으로 가까워진다.

순간변화율(접선의 기울기 값)$=\displaystyle\lim_{B\to A}\frac{f(b)-f(a)}{b-a}=f'(a)$

· $f'(a)$를 함수 $f(x)$의 $x=a$에서의 미분계수 또는 순간변화율이라고 한다.

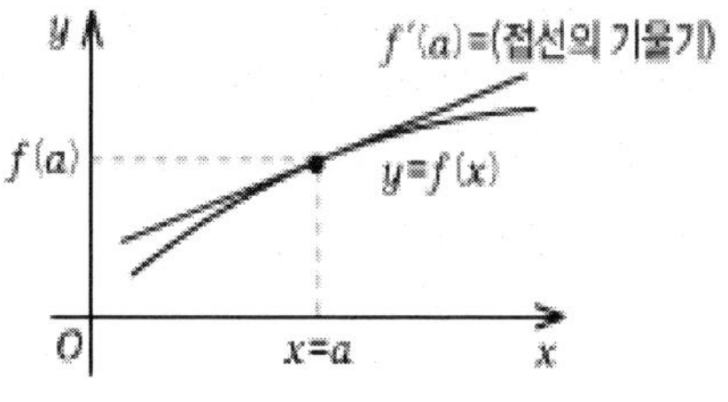

◉ 순간변화율의 다른 표현법

· x의 변화량을 Δx, y의 변화량을 Δy라고 쓰기로 한다.

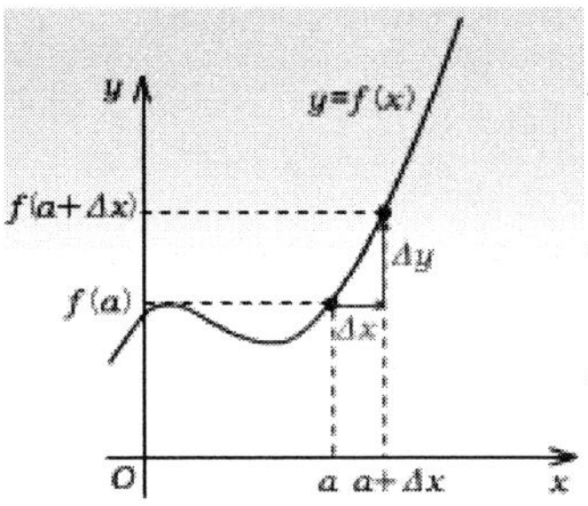

$x=a$에서의 순간변화율

$$= \lim_{b\to a}\frac{f(b)-f(a)}{b-a}$$
$$= \lim_{\Delta x\to 0}\frac{f(a+\Delta x)-f(a)}{\Delta x}$$

memo

$x=a$에서의 순간변화율

$$\lim_{b\to a}\frac{f(b)-f(a)}{b-a}=\lim_{\Delta x\to 0}\frac{f(a+\Delta x)-f(a)}{\Delta x}=\lim_{h\to 0}\frac{f(a+h)-f(a)}{h}$$

(4) 미분계수

◉ $f'(x)$의 다른 의미 : 미분계수

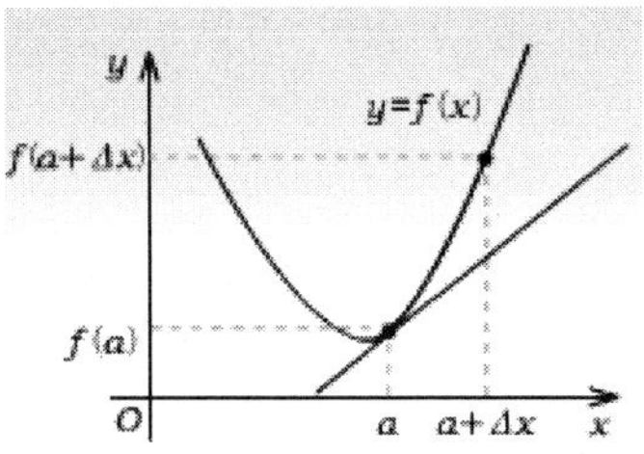

함수 $f(x)$의 $x=a$에서의 미분계수란
$x=a$에서의 접선의 기울기(순간변화율)

$$f'(a)=\lim_{b\to a}\frac{f(b)-f(a)}{b-a}$$
$$=\lim_{\Delta x\to 0}\frac{f(a+\Delta x)-f(a)}{\Delta x}$$

memo

· 곡선 $y=f(x)$의 $x=a$에서의 기울기
· 함수 $f(x)$의 $x=a$에서의 미분계수
· 함수 $f(x)$의 $x=a$에서의 순간변화율
· $f'(a)=\lim_{\Delta x\to 0}\frac{f(a+\Delta x)-f(a)}{\Delta x}$

예제1 $f(x)=x^2+1$의 $x=2$에서의 미분계수를 구하여라.

풀이 $f'(2)=\lim_{\Delta x\to 0}\frac{f(2+\Delta x)-f(2)}{\Delta x}$

$=\lim_{\Delta x\to 0}\frac{\{(2+\Delta x)^2+1\}-(2^2+1)}{\Delta x}$

$=\lim_{\Delta x\to 0}\frac{\{4+4\Delta x+(\Delta x)^2+1\}-5}{\Delta x}$

$=\lim_{\Delta x\to 0}\frac{4\Delta x+(\Delta x)^2}{\Delta x}$

$=\lim_{\Delta x\to 0}\frac{\Delta x(4+\Delta x)}{\Delta x}$

$=\lim_{\Delta x\to 0}(4+\Delta x)$

$=4$

미분계수가 4이므로 함수 $f(x)=x^2+1$의 $x=2$에서의 접선의 기울기가 4이다.

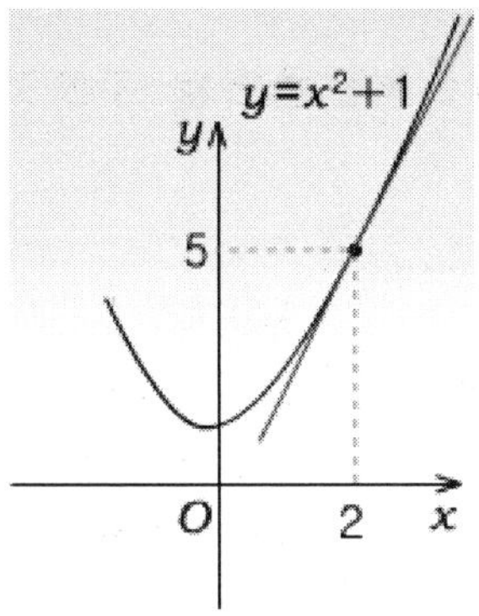

(5) 다지기

다음 문제를 풀어보자.

1 다음 그래프의 주어진 점 중에서 접선의 기울기가 가장 큰 점을 고르면?

① A ② B ③ C

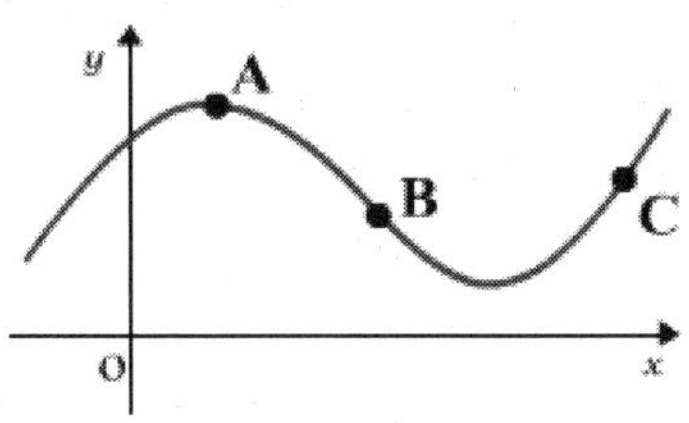

2 다음은 함수 $y=f(x)$의 그래프이다. 함수 $y=f(x)$의 $x=2$에서 $x=6$까지의 평균변화율을 구하여라.

① 1 ② 2 ③ 3

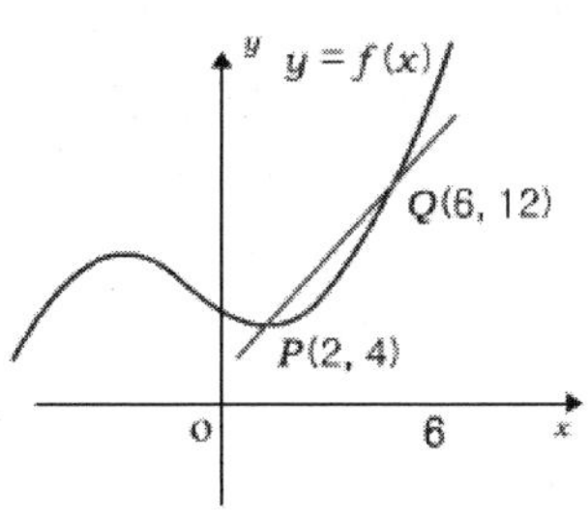

2) 미분계수 $f'(a)$ 구하기

(1) 평균변화율 구하기

예제1 함수 $f(x)=x^2+2x$에 대하여 x가 -1에서 2까지 변할 때의 평균변화율을 구하여라.

풀이 $x=-1$에서의 함수값 $f(-1)=-1$이고
$x=2$에서의 함수값 $f(2)=8$이므로
평균변화율은 다음과 같다.

$$\frac{\Delta y}{\Delta x}=\frac{f(2)-f(-1)}{2-(-1)}=\frac{8-(-1)}{3}=3$$

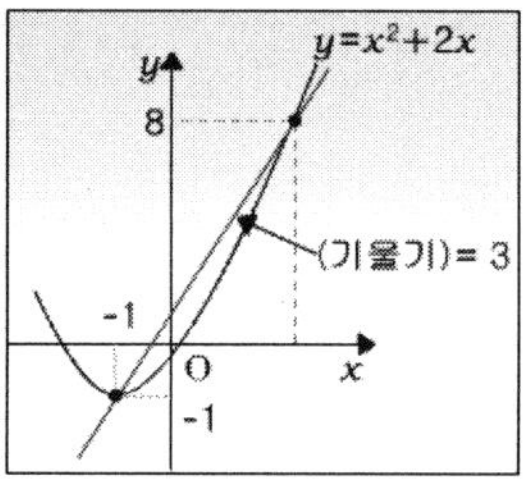

(2) 순간변화율 구하기

예제2 함수 $f(x)=x^2$의 $P(2,4)$에서의 순간변화율을 구하여라.

풀이 $P(2,4)$ 근방의 한 점 Q를 잡는다.
Q의 x좌표는 $2+\Delta x$(Q는 x축으로 Δx만큼 떨어진 점이므로)
Q의 y좌표는 $(2+\Delta x)^2$(Q는 함수 $f(x)=x^2$의 그래프상의 점이므로)
$\therefore Q(2+\Delta x, (2+\Delta x)^2)$
P, Q의 평균변화율

$\dfrac{\Delta y}{\Delta x}=\dfrac{(2+\Delta x)^2-4}{\Delta x}$이므로

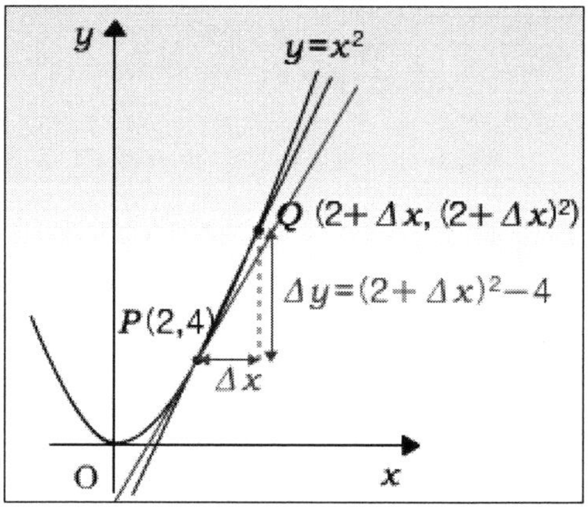

순간변화율은 $\displaystyle\lim_{\Delta x\to 0}\frac{(2+\Delta x)^2-4}{\Delta x}$

$\displaystyle\lim_{\Delta x\to 0}\frac{(2+\Delta x)^2-4}{\Delta x}$은 $\dfrac{0}{0}$꼴의 극한이다.

$$\begin{aligned}\lim_{\Delta x\to 0}\frac{(4+4\Delta x+\Delta x^2)-4}{\Delta x}&=\lim_{\Delta x\to 0}\frac{4\Delta x+\Delta x^2}{\Delta x}\\&=\lim_{\Delta x\to 0}\frac{\Delta x(4+\Delta x)}{\Delta x}\\&=\lim_{\Delta x\to 0}(4+\Delta x)\\&=4\end{aligned}$$

$f(x)=x^2$의 $P(2,4)$에서의 순간변화율은 4이다.

(3) 미분계수 구하기

예제3 $f(x)=\sqrt{x}$ 의 $x=2$에서의 미분계수를 구하여라.

풀이

$$f'(2)=\lim_{\Delta x\to 0}\frac{f(2+\Delta x)-f(2)}{\Delta x}$$

$$=\lim_{\Delta x\to 0}\frac{\sqrt{2+\Delta x}-\sqrt{2}}{\Delta x}$$

$$=\lim_{\Delta x\to 0}\frac{(\sqrt{2+\Delta x}-\sqrt{2})(\sqrt{2+\Delta x}+\sqrt{2})}{\Delta x(\sqrt{2+\Delta x}+\sqrt{2})}$$

$$=\lim_{\Delta x\to 0}\frac{\Delta x}{\Delta x(\sqrt{2+\Delta x}+\sqrt{2})}$$

$$=\lim_{\Delta x\to 0}\frac{1}{\sqrt{2+\Delta x}+\sqrt{2}}$$

$$=\frac{1}{2\sqrt{2}}=\frac{\sqrt{2}}{4}$$

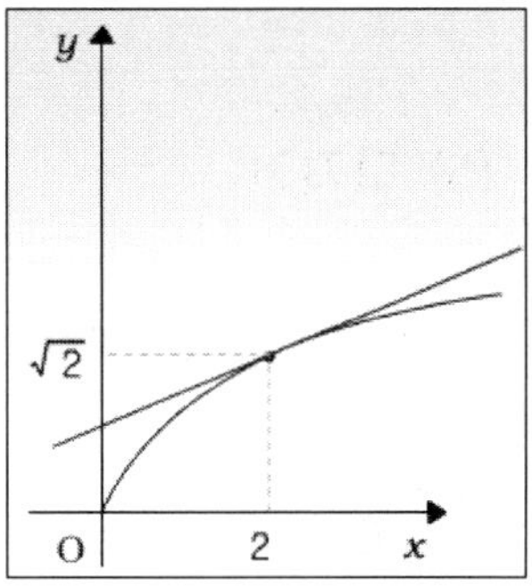

함수 $f(x)=\sqrt{x}$ 의 $x=2$에서의 미분계수는 $\frac{\sqrt{2}}{4}$

(4) 접선의 방정식 구하기

예제4 $(a, f(a))$에서 곡선에 접하는 접선의 방정식을 구해보자.

풀이 1단계 : 접선 위에 한 점 (x, y)를 잡는다.

2단계 : 주어진 점 $(a, f(a))$에서 (x, y)까지의 기울기를 조사한다.

$$\frac{\Delta y}{\Delta x}=\frac{y-f(a)}{x-a}$$

3단계 : 접선의 기울기는 곧 미분계수 $f'(a)$이다.

$$\therefore f'(a)=\frac{y-f(a)}{x-a}$$

4단계 : 식을 정리한다.

접선의 방정식은 $y=f'(a)(x-a)+f(a)$이다.

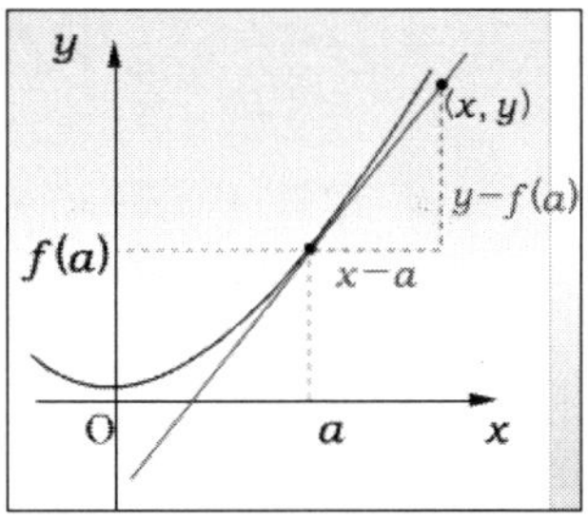

예제5 함수 $f(x)=x^2+1$의 $(2, 5)$에 접하는 접선의 방정식을 구해보자.

풀이 곡선 $y=f(x)$의 점 $(a, f(a))$에서

접선의 방정식 $y=f'(a)(x-a)+f(a)$

$a=2$, $f(a)=5$를 대입하면 접선의 방정식은

$y=f'(2)(x-2)+5 \cdots ①$

이 때, $f'(2)=\lim_{\Delta x\to 0}\frac{f(2+\Delta x)-f(2)}{\Delta x}=4$이므로

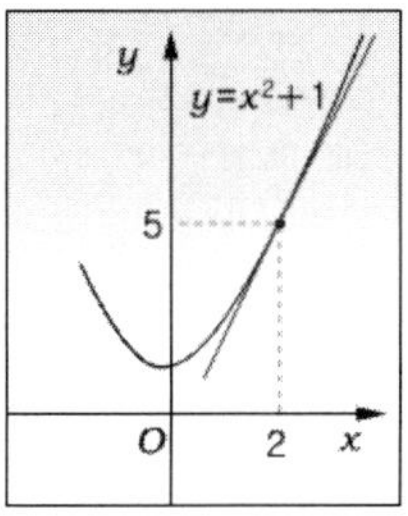

$f'(2)=4$를 ①에 대입하면
$y=4(x-2)+5$
따라서 구하는 접선의 방정식은
$y=4x-3$이다

(5) 다지기

다음 문제를 풀어보자.

1 함수 $f(x)=x^2+1$의 $x=2$에서의 미분계수를 구하면?

① 1 ② 2 ③ 4

2 함수 $f(x)=\sqrt{x}$의 $x=2$에서의 미분계수를 구하면?

① $\frac{1}{2\sqrt{2}}$ ② $\frac{1}{2}$ ③ $2\sqrt{2}$

3 함수 $f(x)=x^2+1$ 위의 점 $(2,5)$에서의 접선의 방정식을 구하면?

① $y=x+3$ ② $y=2x+1$ ③ $y=4x-3$

4 곡선 $y=x^3-2x+1$ 위의 점 $(1,0)$에서의 접선의 방정식을 구하면?

① $y=x-1$ ② $y=-3x+3$ ③ $y=4x+6$

Quiz, Quiz

1 다음은 함수 $f(x)=x^2$의 그래프이다. 두 점 $(1,1)$과 $(2,4)$를 지나는 직선의 기울기를 구하여라.

① 1 ② 2 ③ 3

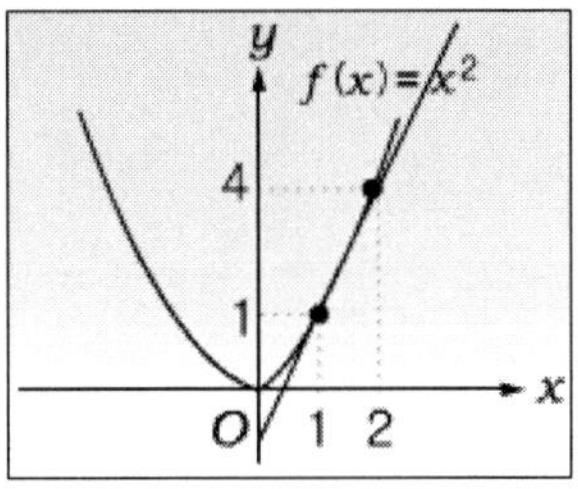

2 함수 $f(x)=x^2$의 그래프 위의 한 점 $(1,1)$에 접하는 접선의 기울기를 구하여라.

① 1 ② 2 ③ 3

3 $f(x)=x^2$의 $x=1$에서의 순간변화율을 구하여라.

① 1 ② 2 ③ 3

4 $f(x)=x^2$의 $x=2$에서의 미분계수 $f'(2)$를 구하여라.

① 4 ② 3 ③ 2

5 함수 $f(x)=x^2$의 그래프 위의 한 점 $(1,1)$에 접하는 접선의 방정식을 구하여라.

① $y=\frac{1}{2}x+1$ ② $y=x+1$ ③ $y=2x-1$

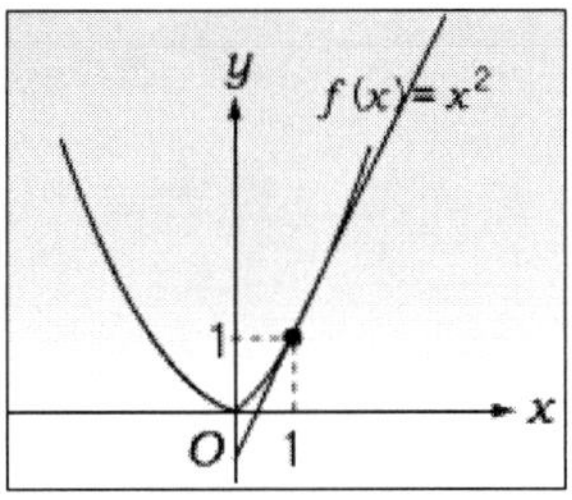

10-2 도함수

Calculus Life

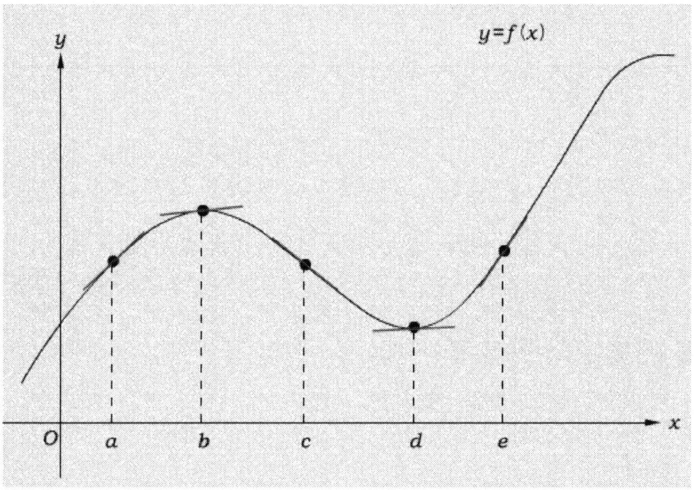

미분계수의 정의를 이용하여 각각의 미분계수를 일일이 구한다는 것은 매우 번거로운 일이다. 이러한 어려움을 해결하기 위해 등장한 것이 있다. 각 점에서의 미분계수 값을 함수값 으로 주는 도함수이다. 도함수는 $f'(x)$로 나타내며 x에 a, b, c 등을 대입해주면 바로 바로 $f'(a)$, $f'(b)$, $f'(c)$ 등을 산출해 낸다. 다시 말해서 도함수란 각각의 x값을 미분계수에 대응시키는 새로운 함수다.

Secret Key

도함수의 뜻

함수 $f(x)$가 주어져 있을 때, 이 함수의 도함수는 다음과 같이 정의된다.

$$f'(x) = \lim_{h \to 0} \frac{f(x+h) - f(x)}{h}$$

도함수를 나타내는 다양한 표현법

$f(x)$의 도함수 $f'(x)$를 표현하는 방법은 다음과 같이 여러 가지가 있다.

$$y' \qquad \frac{dy}{dx}(\text{혹은 } \frac{d}{dx}y) \qquad f'(x) \qquad \frac{d}{dx}f(x)$$

함수 $f(x)$를 미분한다는 말의 의미

$f(x)$의 도함수 $f'(x)$를 구하는 것을 "함수 $f(x)$를 미분한다."라고 한다.

도함수가 존재하기 위한 조건

도함수가 존재하려면 함수 $y=g(x)$의 그래프와 같이 곡선이 매끄럽게 연결되어야 한다.

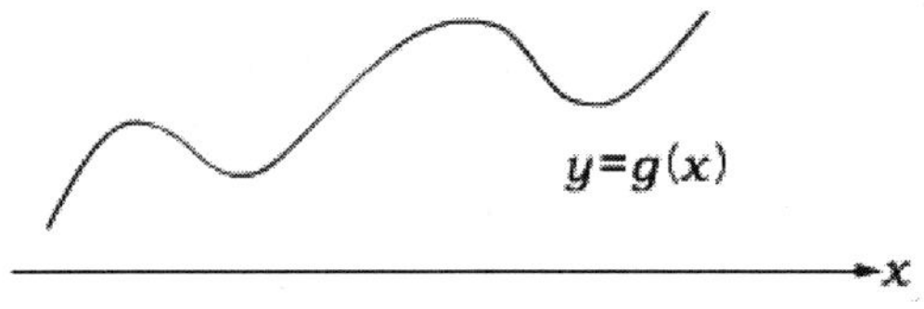

My Lesson

1) 도함수

(1) 도함수란?

함수 $f(x)$가 주어져 있을 때, 이 함수의 도함수는 다음과 같다.

$$f'(x)=\lim_{\Delta x \to 0}\frac{f(x+\Delta x)-f(x)}{\Delta x}$$

예제1 함수 $f(x)=x^2$일 때, 도함수를 이용하여 $x=-1$, $x=1$, $x=2$에서의 미분계수를 구해보자.

풀이 우선 $f(x)$의 도함수 $f'(x)$를 구한다.

$$f'(x)=\lim_{h \to 0}\frac{f(x+h)-f(x)}{h}$$ (편의상 Δx를 h로 치환하자.)

$$=\lim_{h \to 0}\frac{(x+h)^2-x^2}{h}$$ ($f(x)=x^2$이므로 $f(x+h)=(x+h)^2$이다.)

$$=\lim_{h \to 0}\frac{x^2+2xh+h^2-x^2}{h}$$

$$=\lim_{h \to 0}\frac{2xh+h^2}{h}$$

$$=\lim_{h \to 0}\frac{h(2x+h)}{h}$$

$$=\lim_{h \to 0}(2x+h)=2x$$

따라서, 도함수 $f'(x)=2x$이다.

- $x=-1$에서의 미분계수 $f'(-1)=2\cdot(-1)=-2$
- $x=1$에서의 미분계수 $f'(1)=2\cdot 1=2$
- $x=2$에서의 미분계수 $f'(2)=2\cdot 2=4$

memo

함수의 도함수의 정의를 이용하여 각 점에서의 미분계수를 구하는 것이 각각의 미분계수를 정의에 의해 구하는 것보다 훨씬 효율적이다.

◉ 도함수를 나타내는 표현법

· y' · $\dfrac{dy}{dx}$(혹은 $\dfrac{d}{dx}y$) · $f'(x)$ · $\dfrac{d}{dx}f(x)$

◉ 미분계수의 다른 표현방법

· $x=a$에서의 미분계수 $f'(a)$를 표현하는 다른 방법

$$y'|_{x=a} \qquad \left.\frac{dy}{dx}\right|_{x=a} \qquad f'(a) \qquad \left.\frac{d}{dx}f(x)\right|_{x=a}$$

예를 들어, 함수 $f(x)=x^2$의 $x=4$에서의 미분계수 $f'(4)$는 다음과 같이 쓸 수 있다.

$$f'(4)=\left.\frac{d}{dx}x^2\right|_{x=4}=2x|_{x=4}=2\cdot4=8$$

memo

함수 $f(x)$를 미분한다는 말의 의미

⇒ $f(x)$의 도함수 $f'(x)$를 구하는 것을 "함수 $f(x)$를 미분한다."라고 한다.

예제2 함수 $y=f(x)$에서 $f(x)=2x+1$일 때, $f(x)$의 도함수를 구해보자.

풀이 $f'(x)=\lim\limits_{h\to0}\dfrac{f(x+h)-f(x)}{h}$

$=\lim\limits_{h\to0}\dfrac{\{2(x+h)+1\}-(2x+1)}{h}$

($f(x)=2x+1$이므로 $f(x+h)=2(x+h)+1$)

$=\lim\limits_{h\to0}\dfrac{2h}{h}$

$=\lim\limits_{h\to0}2=2$

$\therefore f'(x)=2$

(2) 도함수의 그래프

예제3 함수 $y=|x|$의 그래프를 그려보자.

풀이 1단계 : 각 점에서의 접선의 기울기를 구한다.

• $x<0$인 모든 점에서 접선의 기울기는 같다.

한 점 $(-1,1)$에서의 접선의 기울기는

$\dfrac{\Delta y}{\Delta x}=\dfrac{-1}{1}=-1$

이므로 $x<0$에서의 도함수 $f'(x)=-1$이다.

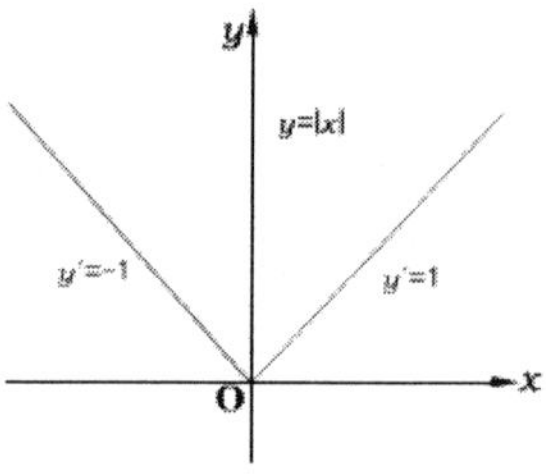

• $x > 0$인 모든 점에서 접선의 기울기는 같다.

한 점 $(1,1)$에서의 접선의 기울기는 $\dfrac{\Delta y}{\Delta x} = \dfrac{1}{1} = 1$

이므로 $x > 0$에서의 도함수 $f'(x) = 1$이다.

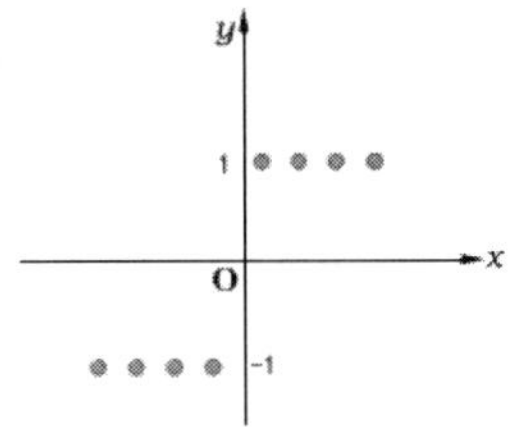

2단계 : 좌표평면에 $(x, f'(x))$를 표시한다.

• $x < 0$이면 $(-1,-1), (-2,-1)(-3,-1), \cdots$
• $x > 0$이면 $(1,1), (2,1), (3,1), \cdots$

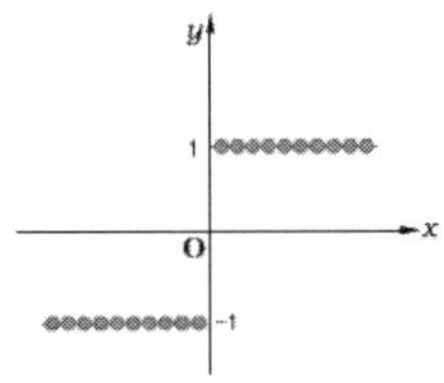

3단계 : 표시한 점들을 매끄러운 선으로 연결한다.
이렇게 그려진 그래프가 도함수 $y = f'(x)$의 그래프이다.

◉ $y = f(x)$의 그래프와 도함수 $y = f'(x)$의 그래프의 비교

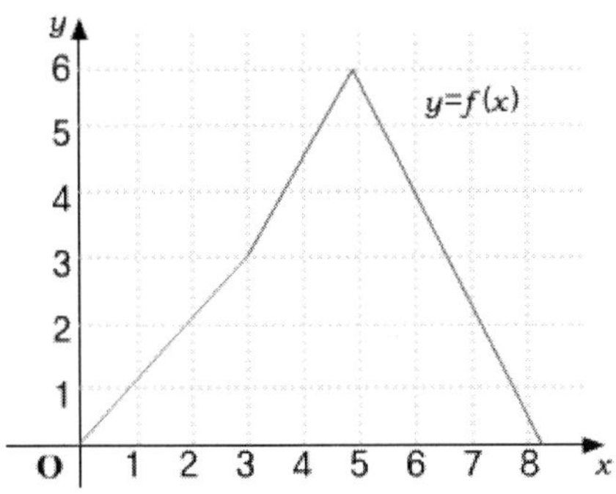

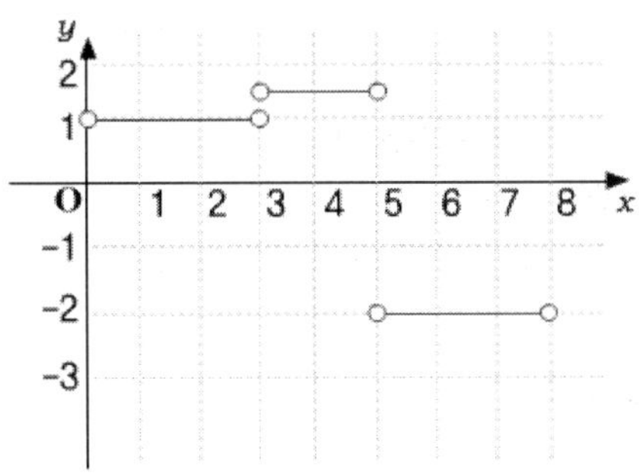

(3) 도함수가 존재하지 않는 예

◉ 도함수 $f'(x)$가 존재한다는 말의 뜻

· $f(x)$의 모든 점에서 접선을 그려 넣을 수 있다는 뜻이다.
· 그래프의 관찰

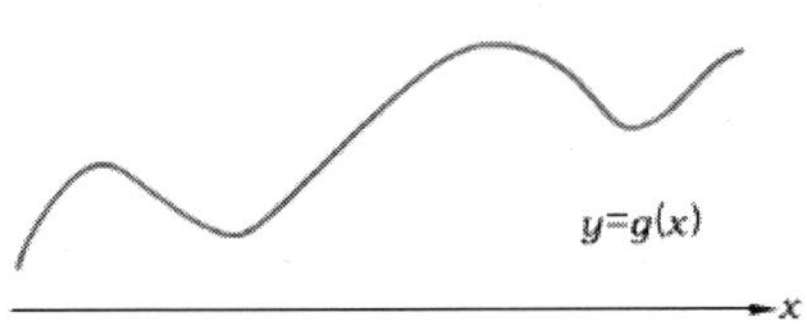

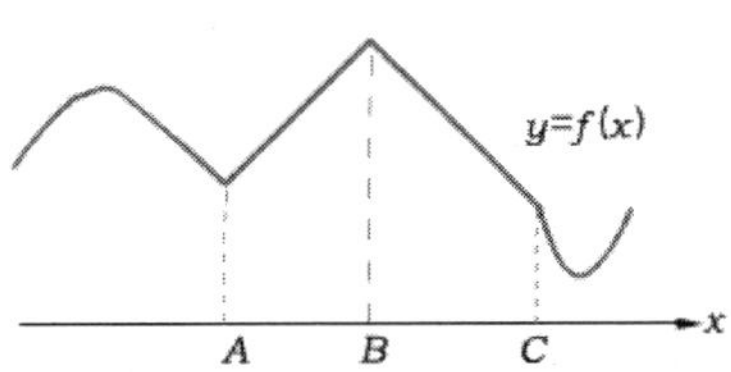

memo

점 A, B, C를 기준으로 접선의 기울기가 다르므로 접선은 존재하지 않는다.
도함수가 존재하려면 꺾어진 점 없이 곡선이 매끄럽게 연결되어야 한다.

◉ **연속과 미분가능의 관계**

· 어떤 한 점에서 연속이지만 미분가능하지 않은 함수의 예

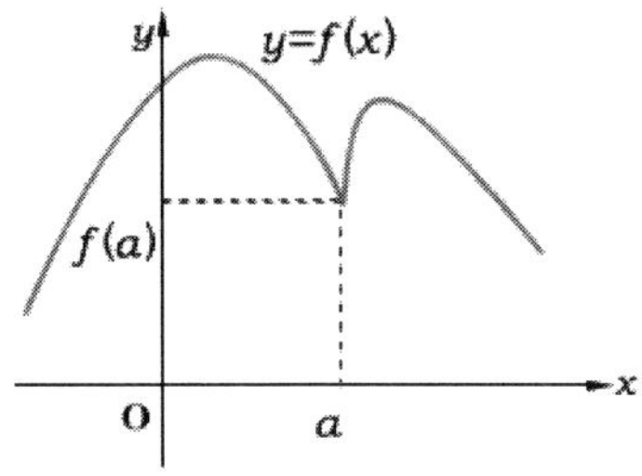

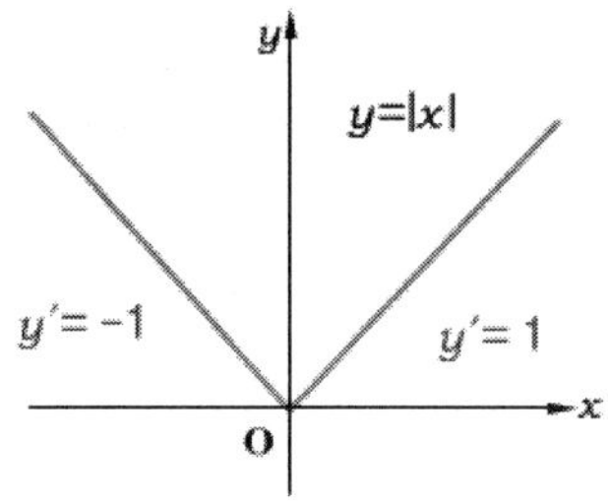

memo

연속 $\underset{\text{O}}{\overset{\text{X}}{\rightleftarrows}}$ 미분가능

· 이 결과를 외우기 쉽게 하는 삼행시
- 간 - 간단히 말해
- 미 - 미분가능하면
- 연 - 연속이다.

  그러나 간연미는 아닐 수 있다.

(4) 다지기

다음 문제를 풀어보자.

함수 $f(x)=x$에 대하여 다음 물음에 답하여라.

1 $f(x)=x$의 도함수를 구하여라.

① $f'(x)=x$ ② $f'(x)=C$ (단, C는 상수) ③ $f'(x)=1$

2 $f(x)=x$의 주어진 점에서 미분계수를 바르게 구한 것은?

① $f'(-1)=-1$ ② $f'(1)=1$ ③ $f'\left(\frac{1}{2}\right)=2$

3 다음 설명 중 옳은 것을 고르시오.

① 미분가능하면 연속이다.

② 함수 $f(x)$가 $(a,f(a))$에서 연속이면 미분가능하다.

③ $x=a$에서 우방미분계수와 좌방미분계수가 달라도 $x=a$에서 미분계수는 존재한다.

4 다음 그래프의 도함수를 고르시오.

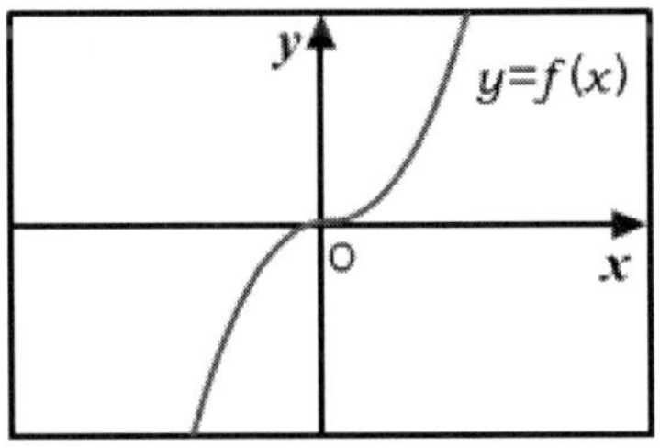

①

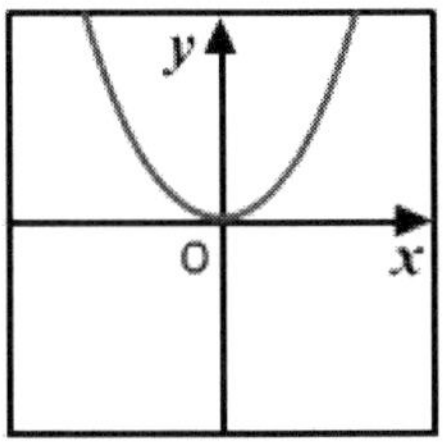

②

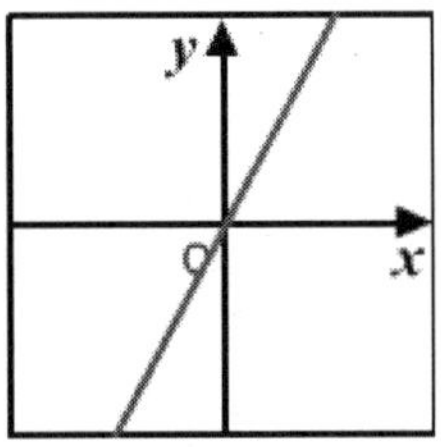

③

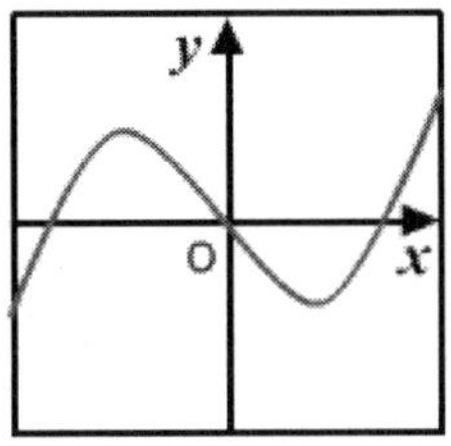

④

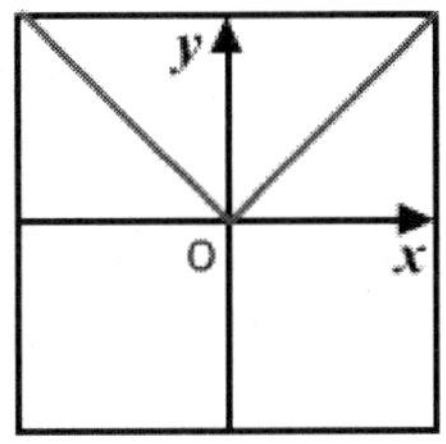

2) 도함수의 활용

(1) 롤의 정리

◉ 롤의 정리 1

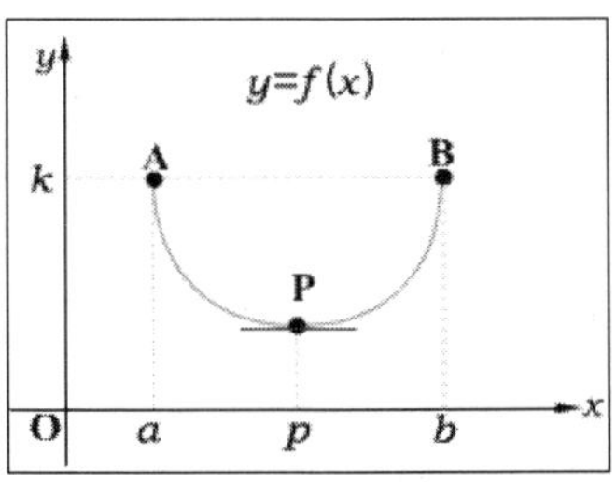

· 함수 $f(x)$는 $[a,b]$에서 그래프가 끊어지지 않았으므로 연속이다.
· 함수 $f(x)$는 (a,b)에서 그래프가 매끄러우므로 미분가능 하다.
· 양 끝점 a,b에서 함수값이 같으므로 $f(a)=f(b)$이다.
· 점 P에서 접선의 기울기가 0이다. $\therefore f'(p)=0$

함수 $y=f(x)$가 폐구간 $[a,b]$에서 연속이고
개구간 (a,b)에서 미분가능하며,
$f(a)=f(b)$이면 $f'(c)=0$인 c가 존재한다. $(a<c<b)$

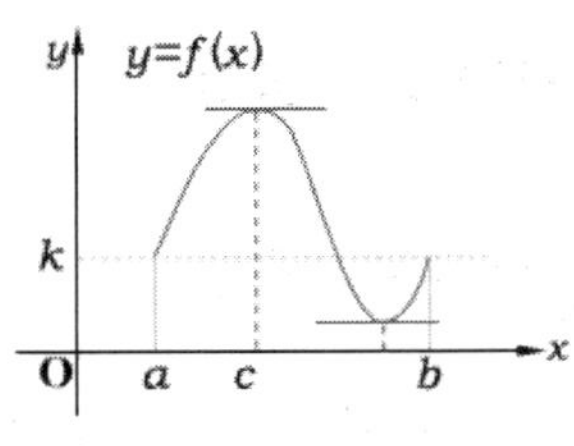

◉ **롤의 정리(Rolle's theorem) 2**

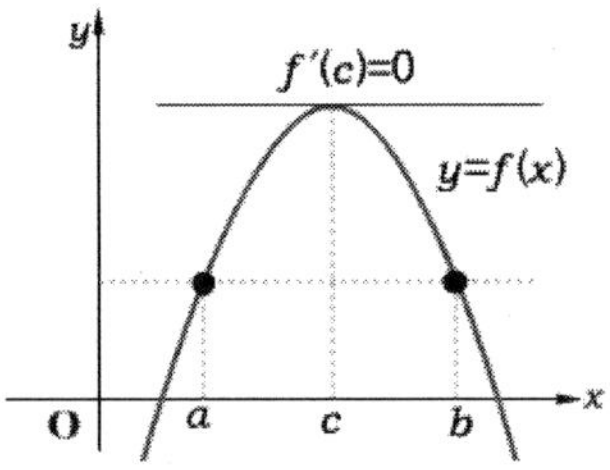

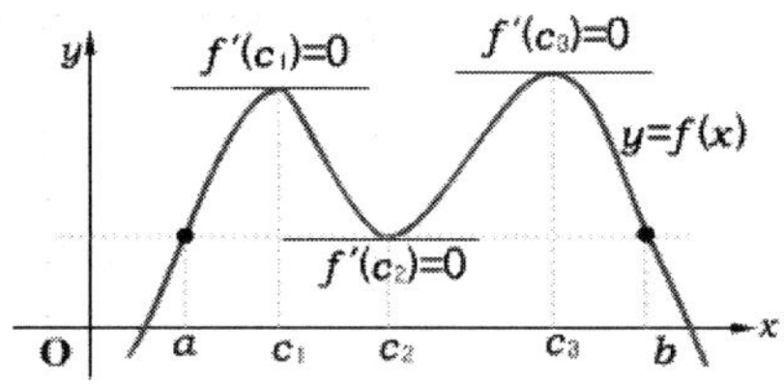

· 미분가능한 곡선이면서 같은 수평선에 있는 두 점 사이에는 수평인 접선이 존재한다. 수평인 접선이 1개 존재할 수도 있고 3개 존재할 수도 있다.

memo

양 끝점에서 함수값이 같은 매끄럽게 연결된 곡선을 직접 그려보고 수평접선이 있음을 확인해 보자. 그것이 확실한 방법이다!

예제1 그림은 함수 $f(x)=(x-1)^2\,(x-4)$의 그래프이다.
$f'(c)=0(1<c<4)$이 되는 c의 값이 존재하는지 알아보자.

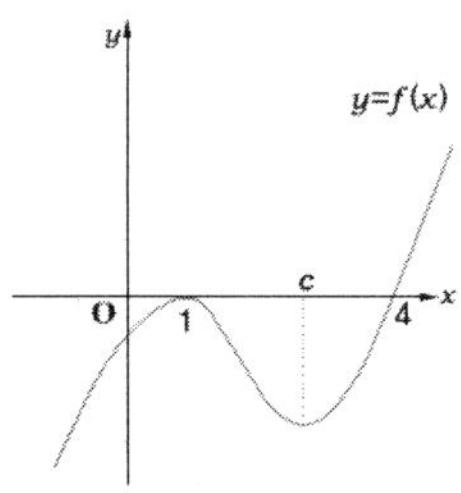

풀이 [조건1] 폐구간 $[1,4]$에서 연속이다.
[조건2] 개구간 $(1,4)$에서 미분가능하다.
[조건3] $x=1$과 $x=4$에서 함수값이 같다.
즉, $f(1)=f(4)$이다.
⇒ 위의 문제는 롤의 정리의 세 가지 조건을 모두 만족시킨다.
$\therefore f'(c)=0$인 c가 $1<c<4$에서 적어도 한개 존재한다.

(2) 평균값의 정리

◉ **평균값의 정리 1**

· 수평선상에 있는 두 점 $(a,f(a))$와 $(b,f(b))$사이에 있는 점 $(c,f(c))$에서 수평인 접선이 존재한다. **(롤의 정리)**
· 두 점 $(a,f(a))$와 $(b,f(b))$를 이은 직선과 기울기가 같은 접선이 $(c,f(c))$에 존재한다.

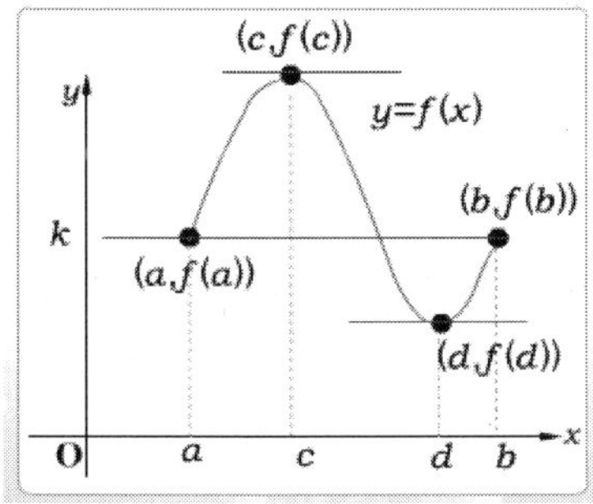

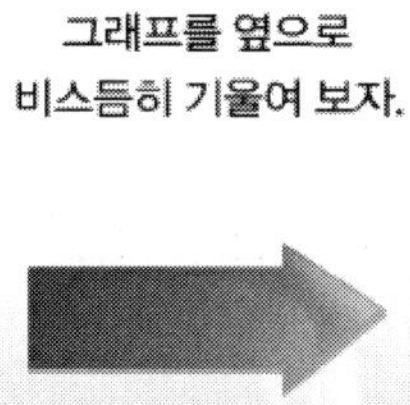

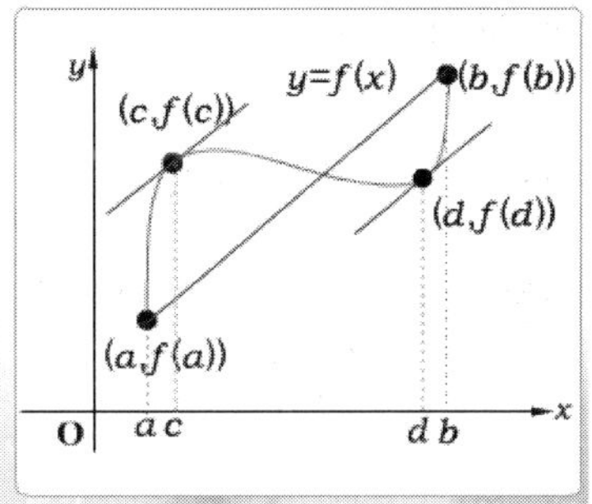

(평균값의 정리)

평균값의 정리는 롤의 정리의 상황을 옆으로 기울인 형태이다.

◉ 평균값의 정리 2

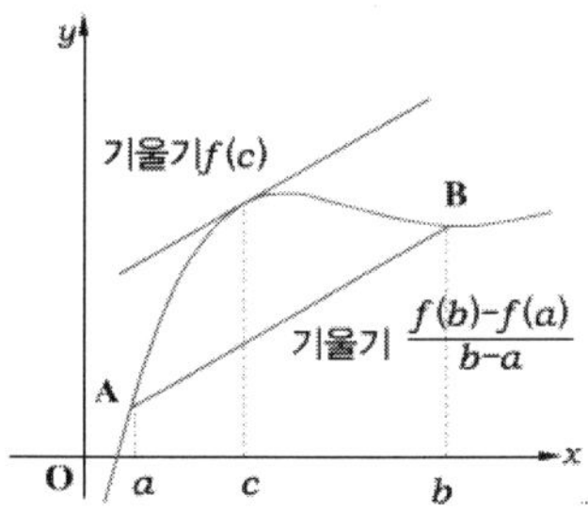

· 두 점 $(a,f(a))$와 $(b,f(b))$를 잇는 직선의 기울기와 $(c,f(c))$에서의 접선의 기울기가 같다"를 식으로 나타내면

두 점 A,B를 잇는 직선의 기울기$=\dfrac{\Delta y}{\Delta x}$

$(c,f(c))$에서의 접선의 기울기$=f'(c)$

$$\therefore\ \frac{f(b)-f(a)}{b-a}=f'(c)$$

함수 $f(x)$는 $[a,b]$에서 연속이고 (a,b)에서 미분가능하면
다음을 만족시키는 점 c가 적어도 한개 존재한다. $(a<c<b)$

$$f'(c)=\frac{f(b)-f(a)}{b-a}\ (단,\ a<c<b)$$

◉ 평균값의 정리의 물리적 해석

예제2 자동차가 출발하여 8초 동안 $400m$를 달렸다.
이때 [0,8]에서의 평균속도와 같은 속도를 갖는 시점이 존재하는지 알아보자.

풀이 자동차가 출발하여 8초 동안에 $400m$를 달렸다면,
8초 동안의 평균속도는 $\dfrac{\Delta s}{\Delta t}=\dfrac{400}{8}=50m/s$이다.
평균값의 정리에 의해, 가속하던 어떤 시점(5초)에 속도계가 정확하게 $50m/s$를 가리키게 된다.
원점과 (8,400)을 잇는 직선의 기울기 50과 같은 기울기를 갖는 접선이 $x=5$에서 존재한다.
따라서 5초인 순간의 차의 속도가 50m/s이다.

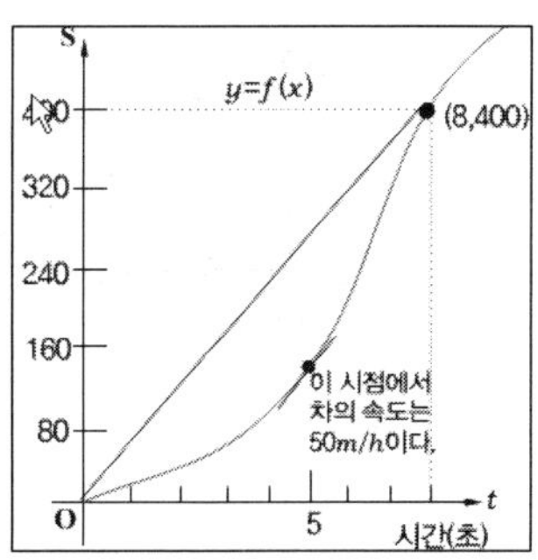

(3) 다지기

다음 문제를 풀어보자.

1 함수 $f(x)=x^2+1$에 대하여 구간 $[-1,1]$에서 롤의 정리를 만족하는 상수 c의 값을 구하여라.

① $c=-1$ ② $c=0$ ③ $c=1$

2 함수 $y=x^2+1$의 그래프 위의 두 점 $(-2,5)$, $(1,2)$을 연결하는 직선의 기울기를 구하여라.

① -1 ② 1 ③ 2

3 함수 $f(x)=x^2+C$ 에 대하여 구간 $[-2,1]$에서 함수 $y=x^2+1$에 대하여 평균값의 정리를 만족하는 상수 C의 값을 구하여라.

① $c=-2$ ② $c=0$ ③ $c=-\frac{1}{2}$

4 다음 중 x축에 수평인 접선이 존재하는 함수의 그래프를 고르시오.

①
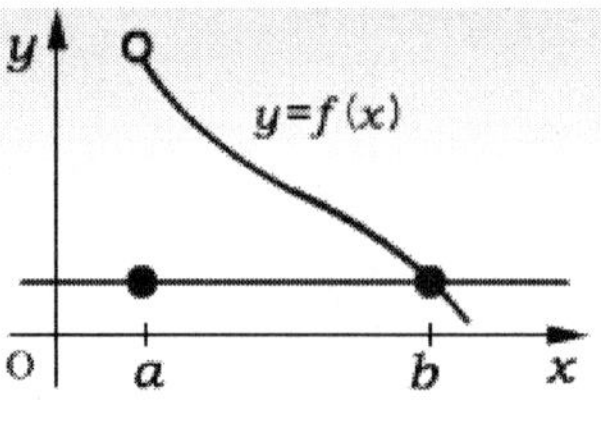

②
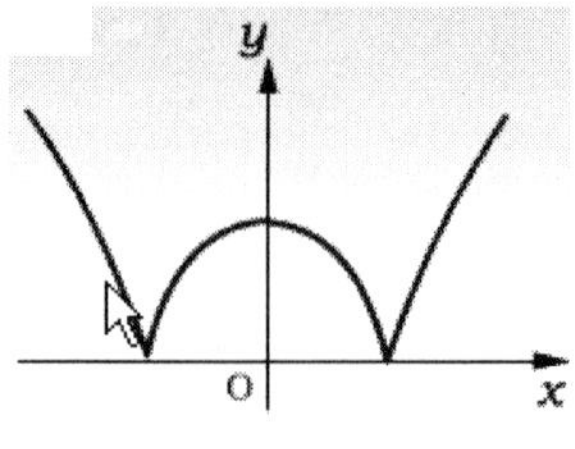

③
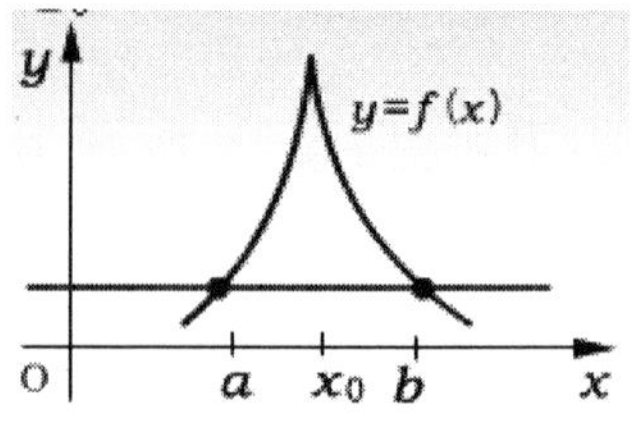

Quiz, Quiz

1 $f(x)=x^3$의 도함수는 $3x^2$이다. 이것을 기호로 바르게 나타낸 것은?

① $\dfrac{(x^3)'}{dx}=3x^2$ ② $\dfrac{d}{dx}(x^3)=3x^2$ ③ $(3x^3)'$

2 오른쪽의 그림은 함수 $y=f(x)$의 그래프이다.
도함수 $y=f'(x)$의 그래프를 찾아라.

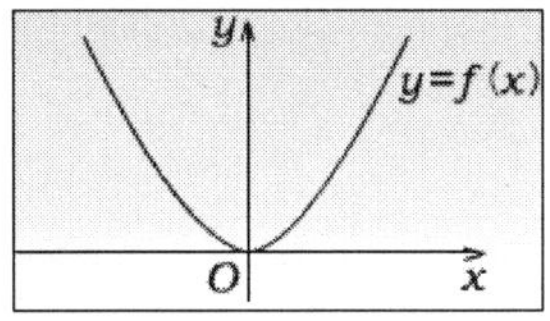

①

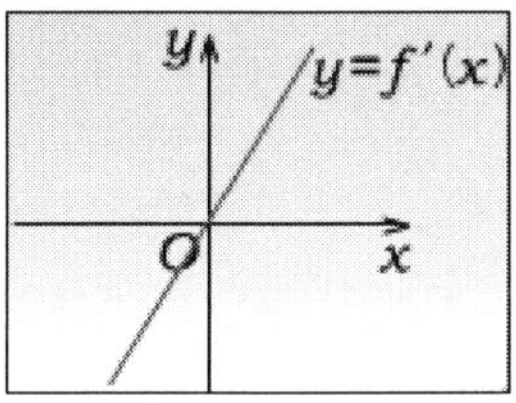

②

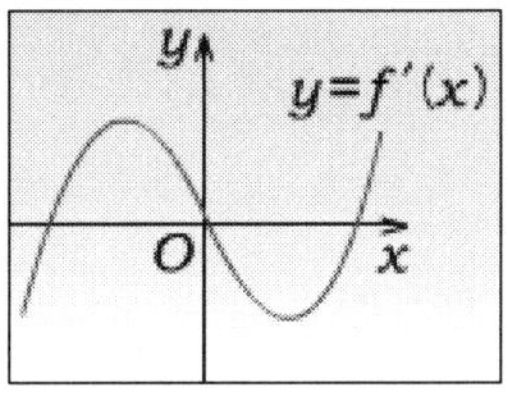

③

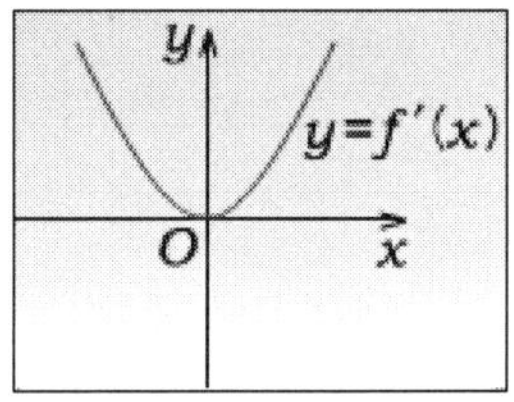

3 상수함수 $f(x)=8$의 도함수를 찾아라.

① $f'(x)=0$ ② $f'(x)=1$ ③ $f'(x)=8$

4 다음 그래프 중에서 구간 (a,b)에 대하여 롤의 정리가 성립하는 그래프를 찾아라.

①

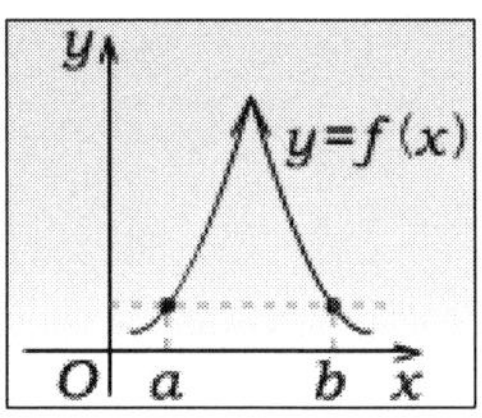

②

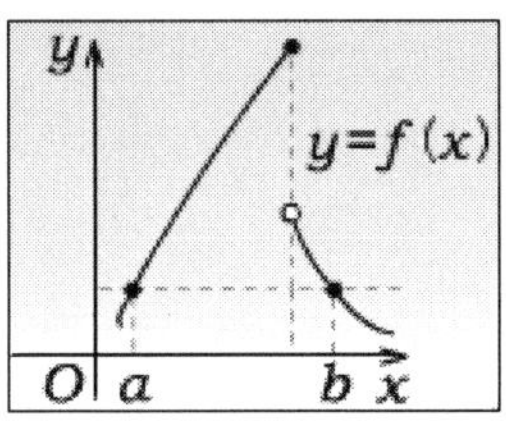

③

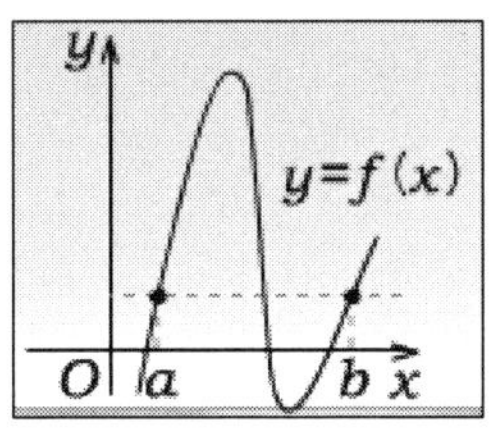

5 미분가능한 함수 $y=f(x)$의 그래프가 오른쪽 그림과 같다.
$\dfrac{f(b)-f(a)}{b-a}=f'(c)$를 만족하는 c의 값의 개수는?
(단, $a<c<b$)

① 1개 ② 2개 ③ 3개

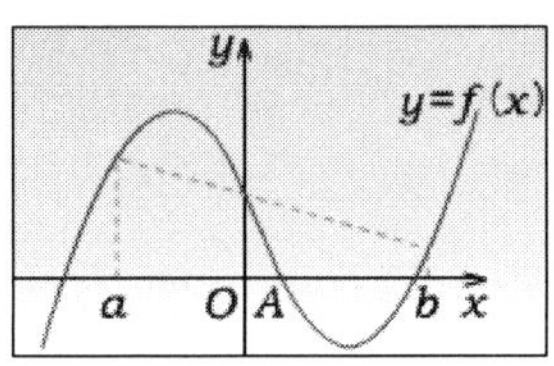

10-3 대수적 함수의 미분법

Calculus Life

지네가 한가로이 걸어가고 있는데 두꺼비를 만났다. 두꺼비가 지네에게 이르기를 '너는 다리가 100개인데도 각 다리를 언제 사용할지를 알고 있구나!' 하였다. 그 소리를 듣고 지네는 다음에 어느 다리를 쓸까를 생각하기 시작하였으며 움직일 수가 없었다. 미적분을 공부하는데 있어서도 함수의 도함수를 구할 때마다 매번 도함수의 정의를 이용하고 도함수에 관한 여러 가지 성질을 이용하여 해결해야 한다고 생각해 보라. 더 이상 공부에 진전이 없을 것이다. 우리가 옷을 입고 밥을 먹는 행동들이 습관적이어야 하듯이 여러 연산의 기본성질을 의식하지 않고 자동적으로 사용할 수 있어야 한다. 이번 시간에는 함수의 도함수를 공식에 의해 자동적으로 구할 수 있는 미분법에 대하여 공부할 것이다. 수학의 기본원리를 알고 단계적으로 공부하는 것도 중요하지만, 이번 시간에는 공식의 암기가 우선이라는 사실을 꼭 명심하길 바란다.

Secret Key

여러 가지 도함수

1) 상수함수 $y=c$(c는 상수)의 도함수 : $y'=(c)'=0$

2) $y=x^n(n\neq 0)$의 도함수 : $y'=(x^n)'=nx^{n-1}$

3) $y=cx^n$(c는 상수, $n\neq 0$)의 도함수 : $y'=(cx^n)'=c(x^n)'=cnx^{n-1}$

합, 차, 곱의 도함수

1) $y=f(x)+g(x)$의 도함수 : $y'=f'(x)+g'(x)$

2) $y=f(x)-g(x)$의 도함수 : $y'=f'(x)-g'(x)$

3) $y=f(x)\cdot g(x)$의 도함수 : $y'=f'(x)\cdot g(x)+f(x)\cdot g'(x)$

몫의 도함수

1) $y=\dfrac{f(x)}{g(x)}$(단, $g(x)\neq 0$)의 도함수 : $y'=\dfrac{f'(x)g(x)-f(x)g'(x)}{\{g(x)\}^2}$

2) $y=\dfrac{1}{g(x)}$ (단, $g(x)\neq 0$)의 도함수 : $\left(\dfrac{1}{g(x)}\right)'=\dfrac{-g'(x)}{\{g(x)\}^2}$

거듭제곱 꼴의 함수와 합성함수의 도함수

1) $y=\{f(x)\}^n$의 도함수 : $y'=n\{f(x)\}^{n-1}\cdot f'(x)$

2) 합성함수 $y=f(g(x))$의 도함수 : $\{f(g(x))\}'=f'(g(x))g'(x)$

My Lesson

1) 미분법의 기본공식

◉ 미분법의 공식

1. 상수함수의 미분법 $(c)'=0$ (단, c=상수)
2. 거듭제곱 꼴의 미분법 $(x^n)'=nx^{n-1}$
3. 곱의 미분법 $\{f(x)\cdot g(x)\}'=f'(x)\cdot g(x)+f(x)\cdot g'(x)$
4. 몫의 미분법 $\left(\frac{f(x)}{g(x)}\right)'=\frac{f'(x)g(x)-f(x)g'(x)}{\{g(x)\}^2}$
5. 합성함수의 미분법 $\{f(g(x))\}'=f'(g(x))g'(x)$

예제1 상수함수 $f(x)=8$의 도함수를 구하면?

풀이 $f'(x)=(8)'=0$

예제2 다음 함수를 미분하여라.

1. $f(x)=4x^3$
2. $y=-10x^{-2}$
3. $y=6x-10x^2$

풀이
1. $f'(x)=4(x^3)'=4\cdot(3x^{3-1})=12x^2$
2. $y'=-10(x^{-2})'=-10\cdot\{(-2)x^{-2-1}\}=20x^{-3}$
3. $y'=(6x)'-(10x^2)'$
$=(6)-(10\cdot 2x^{2-1})$
$=6-20x$

예제3 다음 함수의 도함수를 구해보자.

$$y=(x^2+1)(x^3+3)$$

풀이 $y'=\{(x^2+1)(x^3+3)\}'$
$=(x^2+1)'(x^3+3)+(x^2+1)(x^3+3)'$
$=2x(x^3+3)+(x^2+1)3x^2$
$=5x^4+3x^2+6x$

예제4 $y=\dfrac{2x+3}{x-1}$을 미분하여라.

풀이 주어진 함수가 $y=\dfrac{f(x)}{g(x)}$의 꼴이므로 몫의 미분법을 적용한다.

$f(x)=2x+3$, $g(x)=x-1$이고,

$f'(x)=2$, $g'(x)=1$이므로,

$$y'=\frac{f'(x)g(x)-f(x)g'(x)}{\{g(x)\}^2}=\frac{2\cdot(x-1)-(2x+3)\cdot 1}{(x-1)^2}=-\frac{5}{(x-1)^2}$$

예제5 다음 함수를 미분하여라.

$$y=(2x+1)^3$$

풀이 주어진 함수의 거듭제곱의 차수가 크므로 거듭제곱의 미분법을 적용한다.

$n=3$이고, $f(x)=2x+1$, $f'(x)=2$이므로, 공식에 대입하면,

$$y'=n\{f(x)\}^{n-1}\cdot f'(x)$$
$$=3\cdot(2x+1)^2\cdot 2=6(2x+1)^2$$

(3) 다지기

다음 문제를 풀어보자.

1 $\dfrac{d}{dx}\left(-\dfrac{\pi}{2}\right)$을 구하면?

① $-\dfrac{1}{2}$　　② 0　　③ $-\dfrac{\pi}{2}$

2 $\dfrac{d}{dx}(3x^2)$을 구하면?

① $6x$　　② x^3　　③ 6

3 $y=6x^2-10x+2+5x^{-2}$ 을 미분하여라.

① $y=12x-10$

② $y=12x-10+2x-10^{-3}$

③ $y=12x-10-10x^{-3}$

4 $y=(3-x^2)(x^3-x+1)$을 미분하여라.

① $y=-5x^4+10x^2$

② $y=-5x^4+10x^2-3$

③ $y=-5x^4+10x^2-3x$

5 $\dfrac{x^2-1}{x^2+1}$을 미분하면?

① $\dfrac{4x}{(x^2+1)^2}$ ② $\dfrac{4x^3}{x^2+1}$ ③ $\dfrac{4x^3+4x}{(x^2+1)^2}$

6 $y=\dfrac{1}{x^2+1}$을 미분하면?

① $\dfrac{2x}{(x^2+1)^2}$ ② $\dfrac{-2x}{(x^2+1)^2}$ ③ $\dfrac{4x^3}{x^2+1}$

7 $(2x+1)^5$을 미분하면?

① $10(2x+1)^4$ ② $2\cos(2x+1)$ ③ $\cos(2x+1)$

8 $(2x+1)^5$을 미분하면?

① $10(2x+1)^4$ ② $5(2x+1)^4$ ③ $2(2x+1)^5$

Quiz, Quiz

1 $y=x^4+x^3+2x+1$을 미분하면?

① $4x^3+3x^2+2x$ ② $4x^3+3x^2+2$ ③ $4x^4+3x^3+2x^2+x$

2 $y=(2x+1)(x^2+3x-2)$을 미분하면?

① $2(x^2+3x-2)$ ② $(2x+1)(2x+3)$ ③ $6x^2+14x-1$

3 $y=\dfrac{x-1}{x^2+x}$을 미분하면?

① $\dfrac{-x^2+2x+1}{(x^2+x)^2}$ ② $\dfrac{x^2-2x-1}{(x^2+x)^2}$ ③ $\dfrac{-x^2-1}{(x^2+x)^2}$

4 $y=(3x+2)^3$을 미분하면?

① $3(3x+2)^2$ ② $9(3x+2)^2$ ③ $3(3x+2)^3$

5 $y=x^4+x^3+2x+1$의 삼계도함수를 구하면?

① $4x^3+3x^2+2$ ② $12x^2+6x$ ③ $24x+6$

10-4 지수 · 로그함수의 미분법

Calculus Life

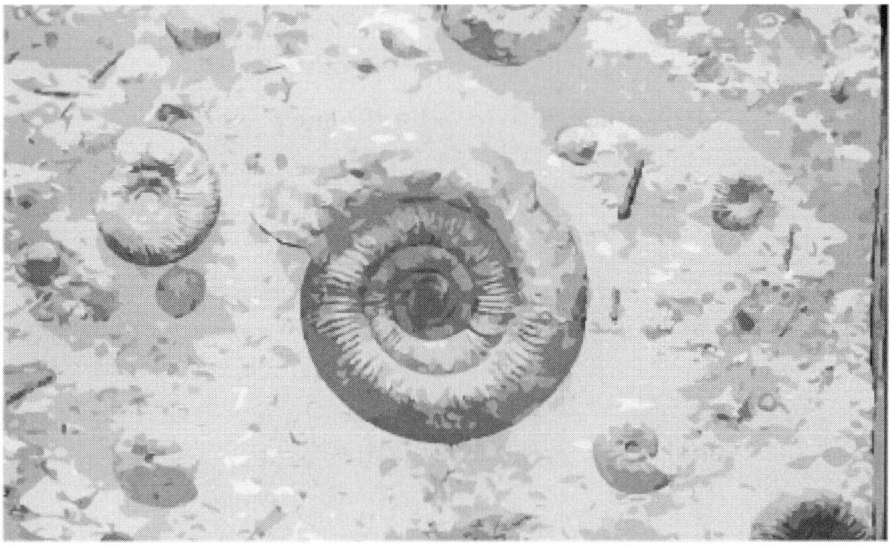

생명체에서 방사성 탄소와 보통의 탄소가 일정한 비율로 존재한다. 그러나 생명체가 죽으면 호흡과 먹이로 공급되던 탄소의 공급이 중단되므로 화석 내부에 있는 방사성 탄소의 양은 점차로 감소하게 된다. a그램의 방사성 원소가 t년 후에 y그램이 되었다면 다음 식이 성립한다고 한다.

$$y = ae^{kt} \text{(단, } k = -0.005121\text{)}$$

지수 · 로그함수의 미분법을 이용하여 방사성탄소가 그 양에 비례하여 붕괴됨을 확인할 수 있다.

Secret Key

지수함수의 도함수

$$(e^x)'=e^x \Rightarrow \{e^{f(x)}\}'=e^{f(x)}\cdot f'(x)$$

$$(a^x)'=a^x\ln a \Rightarrow (a^{f(x)})'=a^{f(x)}\ln a\cdot f'(x)$$

로그함수의 도함수

$$(\ln x)'=\frac{1}{x} \Rightarrow (\ln|f(x)|)'=\frac{f'(x)}{f(x)}$$

$$(\log_a x)'=\frac{1}{x\ln a} \Rightarrow (\log_a|f(x)|)'=\frac{f'(x)}{f(x)\ln a}$$

My Lesson

1) 지수 · 로그함수의 도함수

(1) 지수함수의 도함수

◉ 공식

(1) $(e^x)' = e^x$

(2) $(a^x)' = a^x \ln a \quad (a > 0,\ a \neq 1)$

(3) $\{e^{f(x)}\}' = e^{f(x)} \cdot f'(x)$

(4) $\{a^{f(x)}\}' = a^{f(x)} \ln a \cdot f'(x) \ (a > 0,\ a \neq 1)$

예제1 $y = 2e^x$의 도함수를 구하여라.

풀이 $y = 2 \cdot e^x$의 도함수는 $y' = 2 \cdot e^x$이다.

예제2 $y = 2^x$의 도함수를 구하여라.

풀이 $(2^x)' = 2^x \cdot \ln 2$

예제3 $y = \left(\frac{1}{2}\right)^x$의 도함수를 구하여라.

풀이 $\left\{\left(\frac{1}{2}\right)^x\right\}' = \left(\frac{1}{2}\right)^x \cdot \ln\frac{1}{2} = -2^{-x} \cdot \ln 2$

예제4 $y = e^{2x+1}$을 미분하여라.

풀이 $(e^{2x+1})' = e^{2x+1} \cdot (2x+1)' = e^{2x+1} \cdot 2 = 2e^{2x+1}$

예제5 $y = e^{-x}$를 미분하여라.

풀이 $(e^{-x})' = e^{-x} \cdot (-x)' = e^{-x} \cdot (-1) = -e^{-x}$

예제6 $y=2^{x^2-1}$의 도함수를 구하여라.

풀이
$$\begin{aligned}(2^{x^2-1})' &= 2^{x^2-1} \cdot \ln 2 \cdot (x^2-1)' \\ &= 2^{x^2-1} \cdot \ln 2 \cdot (2x) \\ &= 2x2^{x^2-1}\ln 2 \\ &= 2^{x^2} \cdot x \cdot \ln 2\end{aligned}$$

(2) 로그함수의 도함수

◉ 자연로그함수 $y=\ln x$

자연로그함수 $y=\ln x$의 성질

① x가 증가하면 y도 증가 $(e>1)$

② $\ln 1=0$, $\ln e=1$

③ $\ln xy=\ln x+\ln y$

④ $\ln\frac{1}{x}=-\ln x$

⑤ $\ln\frac{x}{y}=\ln x-\ln y$

◉ 공식

(1) $(\ln x)'=\frac{1}{x}$

(2) $(\log_a x)'=\frac{1}{x\ln a}$ $(a>0,\ a\neq 1,\ x>0)$

(3) $(\ln f(x))'=\frac{f'(x)}{f(x)}$

(4) $(\log_a f(x))'=\frac{f'(x)}{f(x)\ln a}$ (단, $f(x)>0, a>0, a\neq 1$)

예제7 $y=\log_3 x$의 도함수를 구하여라.

풀이 $(\log_3 x)'=\frac{1}{x\ln 3}$

예제8 $y=\log_{\frac{1}{3}} x$의 도함수를 구하여라.

풀이 $\left(\log_{\frac{1}{3}} x\right)'=\frac{1}{x\ln\frac{1}{3}}=\frac{1}{-x\ln 3}=-\frac{1}{x\ln 3}$

예제9 $y=\ln(2x+1)$을 미분하여라.

풀이 $(\ln(2x+1))' = \dfrac{(2x+1)'}{2x+1} = \dfrac{2}{2x+1}$

예제10 $y=\ln\dfrac{1}{x+1}$ 을 미분하여라.

풀이 $\left(\ln\dfrac{1}{x+1}\right)' = \dfrac{\left(\dfrac{1}{x+1}\right)'}{\dfrac{1}{x+1}} = \dfrac{\dfrac{-1}{(x+1)^2}}{\dfrac{1}{x+1}} = -\dfrac{1}{x+1}$

예제11 $y=\log_2(x^2+3x)$의 도함수를 구하여라.

풀이 $\left(\log_2(x^2+3x)\right)' = \dfrac{(x^2+3x)'}{(x^2+3x)\ln 2} = \dfrac{2x+3}{(x^2+3x)\ln 2}$

(3) 다지기

다음 문제를 풀어보자.

1 $y=\left(\dfrac{2}{3}\right)^x$의 도함수를 구하여라.

① $y'=\left(\dfrac{2}{3}\right)^x\ln\dfrac{2}{3}$　② $y'=\left(\dfrac{2}{3}\right)^x$　③ $y'=\ln\left(\dfrac{2}{3}\right)^x$

2 $y=e^{-5x}$의 도함수를 구하여라.

① $y'=-5e^x$　② $y'=e^{-5x}$　③ $y'=-5e^{-5x}$

3 $y=\log_{\frac{2}{3}}x$의 도함수를 구하여라.

① $y'=\dfrac{2}{3x}$　② $y'=\dfrac{1}{x}$　③ $y'=\dfrac{1}{xln\dfrac{2}{3}}$

4 $y=\ln x^3$의 도함수를 구하여라.

① $y'=\dfrac{3}{x^3}$　② $y'=\dfrac{3}{x}$　③ $y'=\dfrac{1}{x^3}$

2) 로그미분법

(1) 로그함수의 미분 활용

◉ 로그미분법

로그미분법 : 어떤 함수의 도함수를 구할 때 식의 양변에 절대값을 취한 후 다시 양변에 로그를 취하고 그것을 각각 미분하여 도함수를 구하는 방법

· 로그미분법을 이용하여 $y=a^x$ $(a>0,\ a\neq 1)$의 도함수를 구해 보자.

1단계 : $y=a^x$의 양변에 로그를 취한다.

$$\ln y=\ln a^x=x\ln a$$
$$\therefore \ln y=x\ln a$$

2단계 : 양변을 각각 미분한다.

$$\frac{y'}{y}=\ln a$$

3단계 : 도함수 y'을 구한다.

$$y'=y\ln a=a^x\ln a$$
$$\therefore y'=a^x\ln a$$

◉ $y=(\text{미지수})^{(\text{미지수})}$ 꼴의 도함수

· $y=x^x\,(x>0)$의 도함수

1단계 : $\ln y=\ln x^x$

$=x\ln x$ (로그의 성질 : $\ln x^x=x\ln x$)'

2단계 : 좌변 $(\ln y)'=\dfrac{y'}{y}$

우변 $(x\ln x)'=\ln x+1$

3단계 : $y'=(\ln x+1)y=(\ln x+1)x^x$

◉ 복잡한 식의 도함수

· $y=\dfrac{(x-1)(x+1)^2}{(x+2)^3}$의 도함수를 구하여라.

1단계 : $\ln y = \ln\dfrac{(x-1)(x+1)^2}{(x+2)^3}$

$\ln y = \ln(x-1) + 2\ln(x+1) - 3\ln(x+2)$

2단계 : 좌변 $(\ln y)' = \dfrac{y'}{y}$

우변 $\{\ln(x-1) + 2\ln(x+1) - 3(x+2)\}' = \dfrac{5x+1}{(x-1)(x+1)(x+2)}$

3단계 : $y' = \dfrac{(5x+1)(x+1)}{(x+2)^3}$

memo

밑이 변수($y = x^n$)이거나 지수가 변수($y = a^x$, $y = x^x$)이거나 복잡한 분수형태($y = \dfrac{(x-1)(x+1)^2}{(x+2)^3}$)일 때, 또는 복합한 곱($y = x^3\sqrt{1+x}$) 또는 몫으로 표현된 함수를 미분할 때 로그미분법을 이용한다.

(2) 다지기

다음 문제를 풀어보자.

1 로그미분법에 사용되는 로그의 성질로 옳은 것은?

① $\ln xy = \ln x \cdot \ln y$　② $\ln\dfrac{x}{y} = \dfrac{\ln x}{\ln y}$　③ $\ln x^n = n\ln x$

2 로그미분법을 이용하여 $y = x^{\sin x}$의 도함수를 구하면?

① $y' = \cos x \cdot \ln x + \dfrac{\sin x}{x}$　② $y' = \left\{\cos x \cdot \ln x + \dfrac{\sin x}{x}\right\}x^{\sin x}$　③ $y' = \sin x \cdot x^{\sin x}$

3 로그미분법을 이용하여 $y = \sqrt{x(x+1)}$의 도함수를 구하면?

① $y' = \dfrac{2x+1}{2\sqrt{x(x+1)}}$　② $y' = \dfrac{2x+1}{2x(x+1)}$　③ $y' = \dfrac{2x+1}{\sqrt{x(x+1)}}$

4 로그미분법을 이용하여 $y = x^{\ln x}$ $(x \geq 1)$의 도함수를 구하면?

① $y' = 2x^{\ln x - 1}\ln x$　② $y' = x^{\ln x}\ln x$　③ $y' = \dfrac{\ln x}{x} \cdot x^{\ln x}$

Quiz, Quiz

1 차의 미분법 $\{f(x)-g(x)\}'=f'(x)-g'(x)$을 이용하여 $y=e^{2x}-x$의 도함수를 구하여라.

① $2e^{2x}$　② $2e^{2x}-1$　③ $e^{2x}-1$

2 합성함수의 미분법 $\{f(x)^n\}'=n\{f(x)\}^{n-1}f'(x)$을 이용하여 $y=(\ln x)^2$의 도함수를 구하여라.

① $\dfrac{2}{\ln x}$　② $2\ln x$　③ $\dfrac{2\ln x}{x}$

3 곱의 미분법 $\{f(x)\cdot g(x)\}'=f'(x)\cdot g(x)+f(x)\cdot g'(x)$을 이용하여 $y=x^2a^x$의 도함수를 구하여라.

① $xa^x(2+x\ln a)$　② $2xa^x\ln a$　③ $(2+x)xa^x$

4 합성함수의 미분법을 이용하여 $y=\ln(x^2+3)$의 도함수를 구하여라.

① $\dfrac{x^2}{x^2+3}$　② $\dfrac{2}{\sqrt{x^2+3}}$　③ $\dfrac{2x}{x^2+3}$

5 로그미분법을 이용하여 $y=\sqrt{x^2-2x}$의 도함수를 구하여라.

① $\dfrac{x-1}{2\sqrt{x^2-2x}}$　② $\dfrac{x+1}{\sqrt{x^2-2x}}$　③ $\dfrac{x-1}{\sqrt{x^2-2x}}$

10-5 삼각함수의 미분법

Calculus Life

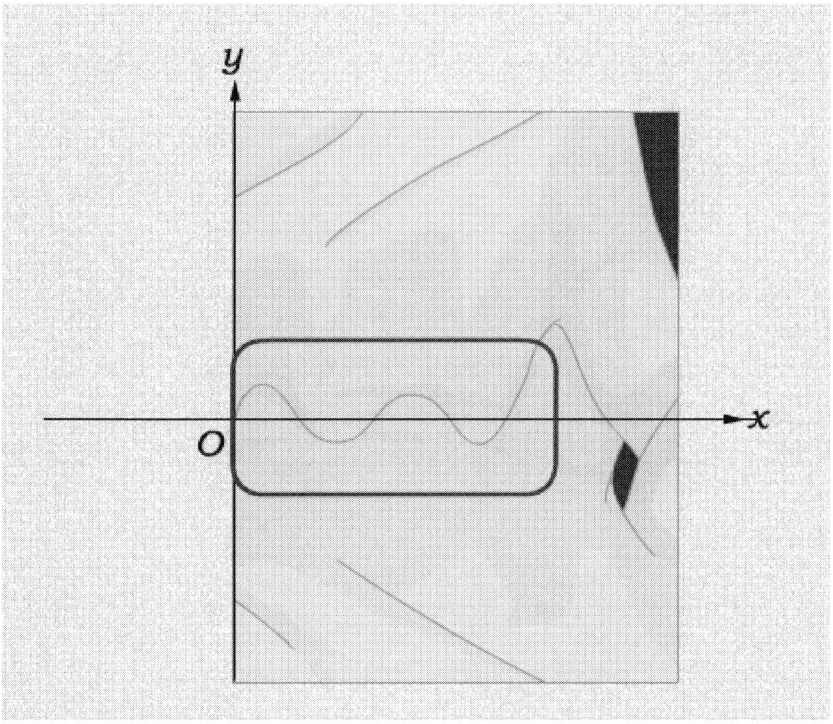

실생활에서 많은 현상들은 주기적이다. 예를 들어 전기자기장, 심장의 박동, 바다의 조수, 날씨 등이 그렇다. 두 손을 이용해서 깍지를 낀 상태에서 보면 그림처럼 사인곡선을 볼 수 있다. 사인함수와 코사인함수는 이와 같이 주기를 가지고 반복되는 곡선의 형태다. 사인과 코사인의 도함수는 주기의 변화를 설명하는데 중요한 역할을 한다.

Secret Key

$\sin x, \cos x, \tan x$의 도함수

1) $(\sin x)' = \cos x$
2) $(\cos x)' = -\sin x$
3) $(\tan x)' = \sec^2 x$

$\cot x, \sec x, \mathrm{cosec}\, x$의 도함수

1) $(\cot x)' = -\mathrm{cosec}^2 x$
2) $(\sec x)' = \sec x tan x$
3) $(\mathrm{cosec}\, x)' = -\mathrm{cosec}\, x cot x$

My Lesson

1) 삼각함수의 도함수

(1) $\sin x$의 도함수

◉ **사인함수 $f(x)=\sin x$의 그래프를 보고 도함수 예측하기**

- 1단계 : 함수 $f(x)$의 그래프에서 몇 개의 점에서의 접선의 기울기를 조사한다.
- 2단계 : 새로운 좌표평면에 각 점의 x좌표와 도함수에 대한 순서쌍 $(x, f'(x))$를 표시한다.
- 3단계 : 표시한 5개의 점들을 매끄러운 곡선으로 연결한다.

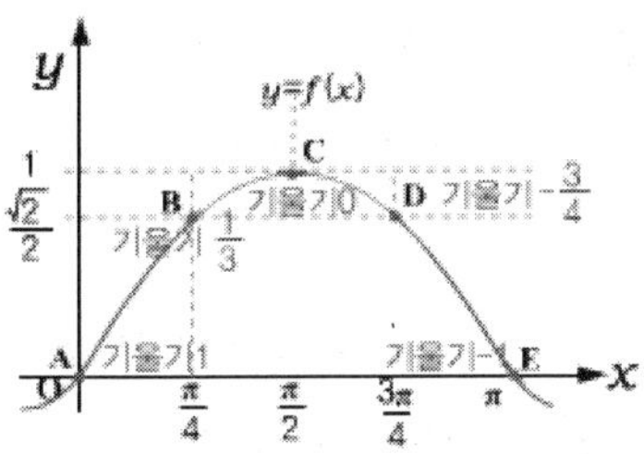

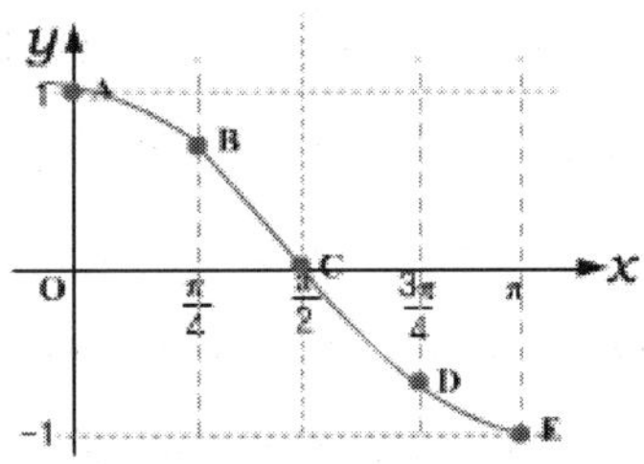

$\sin x$의 도함수는 $\cos x$이다.

$$(\sin x)'=\cos x$$

예제1 $y=x^3-\sin x$의 도함수를 구하여라.

풀이

$$\begin{aligned} y' &= (x^3-\sin x)' \\ &= (x^3)'-(\sin x)' \\ &= 3x^2-\cos x \end{aligned}$$

예제2 $y=e^x\sin x$의 도함수를 구하여라.

풀이

$$\begin{aligned} y' &= (e^x\sin x)' \\ &= (e^x)'\sin x+e^x(\sin x)' \\ &= e^x\sin x+e^x\cos x \\ &= e^x(\sin x+\cos x) \end{aligned}$$

예제3 $y = \frac{\sin x}{x}$의 도함수를 구하여라.

풀이 $y' = \left(\frac{\sin x}{x}\right)'$

$= \frac{(\sin x)'x - \sin x(x)'}{x^2}$

$= \frac{\cos x \cdot x - \sin x \cdot 1}{x^2}$

$= \frac{x\cos x - \sin x}{x^2}$

(2) $\cos x$의 도함수

◉ 코사인함수 $f(x) = \cos x$의 그래프를 보고 도함수 예측하기

· $\cos x$의 그래프에서 $x = -\pi, 0, \pi$에서는 접선의 기울기가 0이다.

· $x = -\pi$에서 $x = -\frac{\pi}{2}$로 갈수록 접선의 기울기는 점점 커지며 $x = 0$으로 가면서 접선의 기울기는 감소하여 0이 된다.

· $x = 0$에서 $x = \frac{\pi}{2}$로 가면서 접선의 기울기는 음의 값을 가지면서 절대값이 커지다가 다시 $x = \pi$로 갈수록 절대값은 작아지다가 0이 된다.

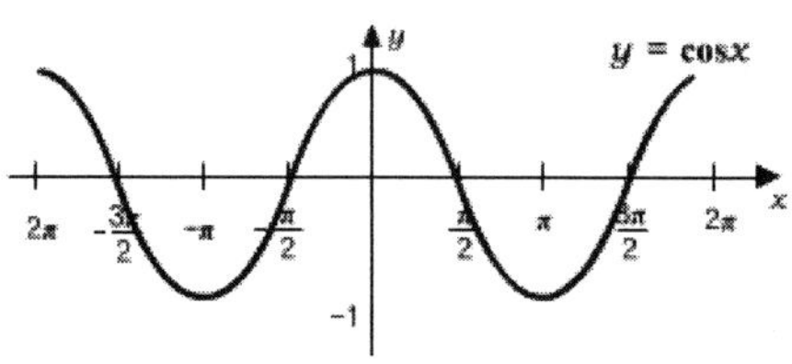

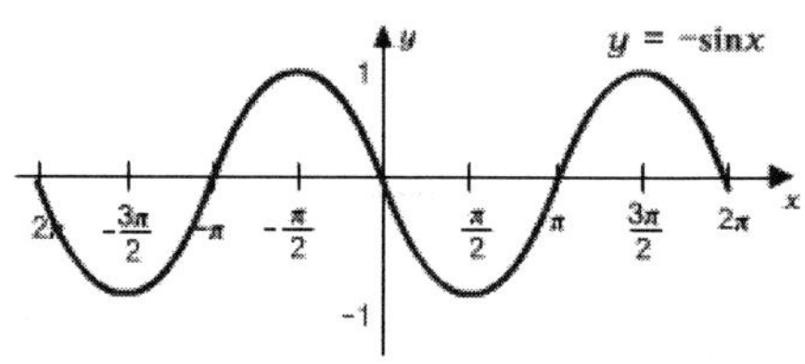

$\cos x$의 도함수는 $-\sin x$이다.
$(\cos x)' = -\sin x$

예제4 $y = 5e^x + \cos x$의 도함수를 구하여라.

풀이 $y' = (5e^x + \cos x)'$

$= (5e^x)' + (\cos x)'$

$= 5e^x - \sin x$

예제5 $y = \sin x \cos x$의 도함수를 구하여라.

풀이 $y' = (\sin x \cos x)'$

$= (\sin x)'\cos x + \sin x(\cos x)'$

$= \cos x \cdot \cos x + \sin x(-\sin x)$

$= \cos^2 x - \sin^2 x$

예제6 $y = \dfrac{\cos x}{1-\sin x}$ 의 도함수를 구하여라.

풀이 $y' = \dfrac{(\cos x)'(1-\sin x) - \cos x(1-\sin x)'}{(1-\sin x)^2}$

$= \dfrac{-\sin x(1-\sin x) - \cos x(-\cos x)}{(1-\sin x)^2}$

$= \dfrac{-\sin x + \sin^2 x + \cos^2 x}{(1-\sin x)^2}$

$= \dfrac{-\sin x + 1}{(1-\sin x)^2} = \dfrac{1-\sin x}{(1-\sin x)^2} = \dfrac{1}{1-\sin x}$

(3) $\tan x$의 도함수

◉ $\tan x = \dfrac{\sin x}{\cos x}$ 임을 이용하여 $\tan x$의 도함수 구하기

· $(\tan x)' = \left(\dfrac{\sin x}{\cos x}\right)' = \dfrac{(\sin x)'\cos x - \sin x(\cos x)'}{\cos^2 x}$

$= \dfrac{\cos x \cdot \cos x - \sin x(-\sin x)}{\cos^2 x}$

$= \dfrac{\cos^2 x + \sin^2 x}{\cos^2 x} = \dfrac{1}{\cos^2 x} = \sec^2 x$

> **$\tan x$의 도함수는 $\sec^2 x$이다.**
>
> $(\tan x)' = \sec^2 x$

예제7 $y = \tan x - e^{-x}$의 도함수를 구하여라.

풀이 $y' = (\tan x - e^{-x})'$

$= (\tan x)' - (e^{-x})'$

$= \sec^2 x - (-e^{-x})$

$= \sec^2 x + e^{-x}$

예제8 $y=\dfrac{1}{\tan x}$의 도함수를 구하여라.

풀이 $y'=\left(\dfrac{1}{\tan x}\right)'=\dfrac{-(\tan x)'}{\tan^2 x}=\dfrac{-\sec^2 x}{\tan^2 x}$

예제9 $y=\dfrac{\tan x}{1+\tan x}$의 도함수를 구하여라.

풀이
$$\begin{aligned} y' &= \left(\frac{\tan x}{1+\tan x}\right)' \\ &= \frac{(\tan x)'(1+\tan x)-\tan x(1+\tan x)'}{(1+\tan x)^2} \\ &= \frac{\sec^2 x(1+\tan x)-\tan x(\sec^2 x)}{(1+\tan x)^2} \\ &= \frac{\sec^2 x}{(1+\tan x)^2} \end{aligned}$$

memo

삼각함수의 도함수(1)

1. $(\sin x)'=\cos x$
2. $(\cos x)'=-\sin x$
3. $(\tan x)'=\sec^2 x$

(4) 나머지 삼각함수의 도함수

◉ $\cot x=\dfrac{\cos x}{\sin x}$ 임을 이용하여 $\cot x$의 도함수 구하기

$$\begin{aligned} \cdot\ (\cot x)' &= \left(\frac{\cos x}{\sin x}\right)' \\ &= \frac{(\cos x)'\sin x-\cos x(\sin x)'}{\sin^2 x} \\ &= \frac{-\sin x\cdot\sin x-\cos x(\cos x)}{\cos^2 x} \\ &= \frac{-(\sin^2 x+\cos^2 x)}{\cos^2 x}=-\frac{1}{\cos^2 x}=-\operatorname{cosec}^2 x \end{aligned}$$

$\cot x$의 도함수는 $-\operatorname{cosec}^2 x$이다.

$(\cot x)'=-\operatorname{cosec}^2 x$

◉ $\sec x = \dfrac{1}{\cos x}$ 임을 이용하여 $\sec x$의 도함수 구하기

· $(\sec x)' = \left(\dfrac{1}{\cos x}\right)'$

$= \dfrac{-(\cos x)'}{\cos^2 x} = \dfrac{-(-\sin x)}{\cos^2 x} = \dfrac{\sin x}{\cos^2 x}$

$= \dfrac{1}{\cos x} \cdot \dfrac{\sin x}{\cos x} = \sec x \tan x$

> $\sec x$의 도함수는 $\sec x \tan x$이다.
> $(\sec x)' = \sec x \tan x$

◉ $\operatorname{cosec} x = \dfrac{1}{\sin x}$ 임을 이용하여 $\operatorname{cosec} x$의 도함수 구하기

· $(\operatorname{cosec} x)' = \left(\dfrac{1}{\sin x}\right)' = \dfrac{-(\sin x)'}{\sin^2 x}$

$= \dfrac{-\cos x}{\sin^2 x} = -\dfrac{1}{\sin x} \cdot \dfrac{\cos x}{\sin x} = -\operatorname{cosec} x \cot x$

> $\operatorname{cosec} x$의 도함수는 $-\operatorname{cosec} x \cot x$이다.
> $(\operatorname{cosec} x)' = -\operatorname{cosec} x \cot x$

memo

삼각함수의 도함수(2)

1. $(\cot x)' = -\operatorname{cosec}^2 x$
2. $(\sec x)' = \sec x \tan x$
3. $(\operatorname{cosec} x)' = -\operatorname{cosec} x \cot x$

예제10 $y = x^2 \cot x$을 미분하여라.

풀이 $y' = (x^2 \cot x)'$

$= (x^2)' \cot x + x^2 (\cot x)'$

$= 2x \cot x + x^2(-\operatorname{cosec}^2 x)$

$= 2x\cot x - x^2\operatorname{cosec}^2 x$

예제11 $y = (1+\sec x)\sin x$를 미분하여라.

풀이 $y' = \{(1+\sec x)\sin x\}'$

$= (1+\sec x)'\sin x + (1+\sec x)(\sin x)'$

$= (\sec x\tan x)\sin x + (1+\sec x)\cos x$

$= \sec x\tan x\sin x + \cos x + \sec x\cos x$

$= \frac{1}{\cos x} \cdot \frac{\sin x}{\cos x} \cdot \sin x + \cos x + \frac{1}{\cos x} \cdot \cos x$

$= \tan^2 x + \cos x + 1$

예제12 $y = \frac{x}{\operatorname{cosec} x}$를 미분하여라.

풀이 $y' = \left(\frac{x}{\operatorname{cosec} x}\right)'$

$= \frac{(x)'\operatorname{cosec} x - x(\operatorname{cosec} x)'}{(\operatorname{cosec} x)^2}$

$= \frac{1 \cdot \operatorname{cosec} x - x(-\operatorname{cosec} x\cot x)}{(\operatorname{cosec} x)^2}$

$= \frac{\operatorname{cosec} x(1+x\cot x)}{(\operatorname{cosec} x)^2}$

$= \frac{1+x\cot x}{\operatorname{cosec} x}$

(5) 다지기

다음 문제를 풀어보자.

1 $y = x\sin x - 2\cos x$의 도함수를 구하여라.

① $\cos x + \sin x$ ② $\sin x - \cos x$ ③ $3\sin x + x\cos x$ ④ $x\cos x - \sin x$

2 $y = \frac{4}{\cos x} + \frac{1}{\tan x}$의 도함수를 구하여라.

① $4\sec x + \cot x$ ② $4\tan x\sec x - \operatorname{cosec}^2 x$

③ $4\tan x - \operatorname{cosec} x$ ④ $4\sec x - \operatorname{cosec}^2 x$

3 $y = (1+\operatorname{cosec} x)\sec x$의 도함수를 구하여라.

① $-\operatorname{cosec}^2 x + \sec x\tan x + \sec^2 x$ ② $-\operatorname{cosec}^2 x + \sec x\tan x$

③ $-\operatorname{cosec}^2 x + \sec^2 x$ ④ $-\operatorname{cosec}^2 x + \tan x + \sec^2 x$

4 $y=\dfrac{\cos x}{x}+\dfrac{x}{\csc x}$의 도함수를 구하여라.

① $\dfrac{\cos x}{x}+2\sin x+x\cos x$ ② $\dfrac{x\sin x}{x^2}+\dfrac{\cos x}{x^2}+\sin x+x\cos x$

③ $-\dfrac{\cos x}{x^2}+x\cos x$ ④ $-\dfrac{x\sin x}{x^2}-\dfrac{\cos x}{x^2}+\sin x+x\cos x$

2) 합성함수의 미분법

(1) 합성함수의 미분법

◉ 복잡한 형태의 삼각함수의 도함수

memo

삼각함수의 도함수	$(\sin x)'=\cos x$ $(\cos x)'=-\sin x$ $(\tan x)'=\sec^2 x$ $(\cot x)'=-\mathrm{cosec}^2 x$ $(\sec x)'=\sec x\tan x$ $(\mathrm{cosec}\, x)'=-\mathrm{cosec}\, x\cot x$
합성함수의 미분법	$\{f(g(x))\}'=f'(g(x))\cdot g'(x)$

예제1 $y=\sin(x^2+x)$의 도함수를 구해보자.

풀이 $y=\sin(x^2+x)$는 $f(x)=\sin x$와 $g(x)=x^2+x$를 합성한 $f(g(x))$꼴

$$\{\sin(x^2+x)\}'=\cos(x^2+x)\cdot(x^2+x)'$$
$$=\cos(x^2+x)\cdot(2x+1)$$
$$=(2x+1)\cos(x^2+x)$$

◉ $y=\sin f(x)$, $y=\cos f(x)$, $y=\tan f(x)$의 도함수

· $y=\sin f(x)$의 도함수 ⇒ $\{\sin f(x)\}'=f'(x)\cos f(x)$
· $y=\cos f(x)$의 도함수 ⇒ $\{\cos f(x)\}'=-f'(x)\sin f(x)$
· $y=\tan f(x)$의 도함수 ⇒ $\{\tan f(x)\}'=f'(x)\sec^2 f(x)$

예제2 $y=\sin(2x+1)$의 도함수를 구해보자.

풀이 $f(x) = 2x+1 \quad f'(x) = 2$ 이므로

$$y' = \{\sin(2x+1)\}'$$
$$= (2x+1)'\cos(2x+1)$$
$$= 2\cos(2x+1)$$

예제3 $y = \cos(x^2 + e^x)$의 도함수를 구해보자.

풀이 $f'(x) = 2x + e^x$ 이므로

$$y' = -(x^2+e^x)'\sin(x^2+e^x)$$
$$= -(2x+e^x)\sin(x^2+e^x)$$

예제4 $y = \tan(5 - \sin x)$의 도함수를 구해보자.

풀이 $f'(x) = -\cos x$ 이므로

$$y' = (5-\sin x)'\sec^2(5-\sin x)$$
$$= -\cos x \cdot \sec^2(5-\sin 2x)$$

예제5 $y = \sin^n x$의 도함수를 구해보자.

풀이 $(\sin^n x)' = n\sin^{n-1}x \cdot (\sin x)'$

$$= n\sin^{n-1}x\cos x$$

◉ $y = \sin^n x$, $y = \cos^n x$, $y = \tan^n x$의 **도함수**

- $y = \sin^n x$의 도함수 $\Rightarrow$ $(\sin^n x)' = n\sin^{n-1}x\cos x$
- $y = \cos^n x$의 도함수 $\Rightarrow$ $(\cos^n x)' = -n\cos^{n-1}x\sin x$
- $y = \tan^n x$의 도함수 $\Rightarrow$ $(\tan^n x)' = n\tan^{n-1}x\sec^2 x$

예제6 $y = \sin^5 x$의 도함수를 구해보자.

풀이 $y' = (\sin^5 x)'$

$$= 5\sin^4 x \cdot \cos x$$

예제7 $y = \cos^{-2}x$의 도함수를 구해보자.

풀이 $y' = \{\cos^{-2}x\}'$

$$= -2\cos^{(-2-1)}x \cdot (\cos x)'$$
$$= -2\cos^{-3}x \cdot (-\sin x)$$
$$= 2\cos^{-3}x \cdot \sin x$$

예제8 $y=\tan^2 x$의 도함수를 구해보자.

풀이 $y' = 2\tan^{2-1}x(\tan x)'$
$= 2\tan x \sec^2 x$

◉ $y=\sin^n f(x)$, $y=\cos^n f(x)$, $y=\tan^n f(x)$의 도함수

· $y=\sin^n f(x)$의 도함수 ⇒ $\{\sin^n f(x)\}' = n\sin^{n-1} f(x) \cdot \cos f(x) \cdot f'(x)$
· $y=\cos^n f(x)$의 도함수 ⇒ $\{\cos^n f(x)\}' = -n\cos^{n-1} f(x) \cdot \sin f(x) \cdot f'(x)$
· $y=\tan^n f(x)$의 도함수 ⇒ $\{\tan^n f(x)\}' = n\tan^{n-1} f(x)\sec^2 f(x) \cdot f'(x)$

예제9 $y=\sin^5(2x+1)$의 도함수를 구해보자.

풀이 $y' = \{\sin^5(2x+1)\}'$
$= 5\sin^4(2x+1) \cdot \cos(2x+1)(2x+1)'$
$= 5\sin^4(2x+1) \cdot 2\cos(2x+1)$

예제10 $y=\cos^{-2}(x^2+e^x)$의 도함수를 구해보자.

풀이 $y' = \{\cos^{-2}(x^2+e^x)\}'$
$=-2\cos^{(-2-1)}(x^2+e^x) \cdot -\sin(x^2+e^x) \cdot (x^2+e^x)'$
$=-2\cos^{-3}(x^2+e^x) \cdot -\sin(x^2+e^x) \cdot (2x+e^x)$
$=2(2x+e^x)\cos^{-3}(x^2+e^x) \cdot \sin(x^2+e^x)$

예제11 $y=\tan^2(5-\sin x)$의 도함수를 구해보자.

풀이 $y' = 2\tan^{2-1}(5-\sin x)\sec^2(5-\sin x)(5-\sin x)'$
$= 2\tan(5-\sin x)\sec^2(5-\sin x)(-\cos x)$
$=-2\cos x\tan(5-\sin x)\sec^2(5-\sin x)$

(2) 다지기

다음 문제를 풀어보자.

1 $y=\sin 2x$의 도함수를 구하여라.

① $2\cos 2x$ ② $\cos 2x$ ③ $2\sin 2x$ ④ $-2\cos 2x$

2 $y=\cos(3x-1)$의 도함수를 구하여라.

① $3\sin(3x-1)$ ② $3\cos(3x-1)$ ③ $-3\sin(3x-1)$ ④ $3\sin x\cos(3x-1)$

3 $y=\sin^3 x$의 도함수를 구하여라.

① $3\sin^3 x\cos x$ ② $3\sin^2 x\cos x$ ③ $-3\sin^3 x\cos x$ ④ $-3\sin^2 x\cos x$

4 $y=\sqrt{\tan x}$ 의 도함수를 구하여라.

① $\frac{\sec^2 x}{2\sqrt{\tan x}}$ ② $\frac{\sec^2 x}{\sqrt{\tan x}}$ ③ $-\frac{\sec^2 x}{\sqrt{\tan x}}$ ④ $\frac{\sec^2 x}{2\sqrt{\tan x}}$

5 $y=\sin^3 2x$의 도함수를 구하여라.

① $3\sin^2 2x\cos 2x$ ② $6\sin^2 2x$ ③ $-3\sin^2 2x\cos 2x$ ④ $6\sin^2 2x\cos 2x$

Quiz, Quiz

1 $y = \sin x \cos x$의 도함수를 구하여라.

① $y' = 1$
② $y' = \cos^2 x$
③ $y' = \cos^2 x - \sin^2 x$

2 $y = e^x \cos x$의 도함수를 구하여라.

① $y' = -e^x \sin x$
② $y' = e^x (\cos x - \sin x)$
③ $y' = e^x (\cos x + \sin x)$

3 $y = \tan(3x-1)$의 도함수를 구하여라.

① $y' = \sec^2(3x-1)$
② $y' = 3\sec^2(3x-1)$
③ $y' = 3\tan(3x-1)$

4 $y = \sec(x^2+1)$의 도함수를 구하여라.

① $y' = \sec(x^2+1)\tan(x^2+1)$
② $y' = 2x\sec(x^2+1)\tan(x^2+1)$
③ $y' = 2x\sec(x^2+1)$

5 $y = \operatorname{cosec}^2(2x+3)$의 도함수를 구하여라.

① $y' = 4\operatorname{cosec}^2(2x+3)$
② $y' = 2\operatorname{cosec}(2x+3)$
③ $y' = -4\operatorname{cosec}^2(2x+3)\cot(2x+3)$

10-6 음함수와 매개변수함수의 미분법

Calculus Life

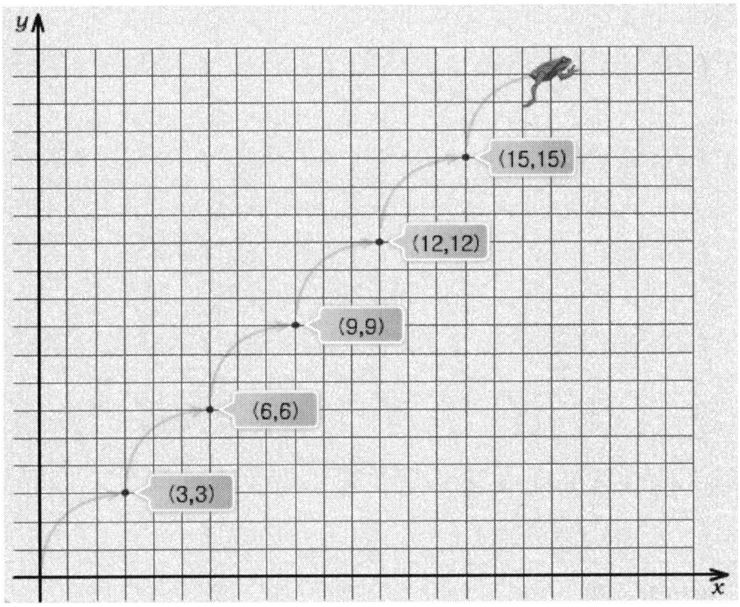

그림과 같이 개구리 한 마리가 원점에서 출발하여 1초마다 한 번씩 점프를 한다. 1초에는 3콤마 3에, 2초에는 6콤마 6에 위치한다. 그러면 t초에는 개구리의 위치를 어떻게 표현할 수 있을까? 이렇듯 매 시각마다 개구리의 위치를 표현할 수 있는 유용한 함수가 있다. 매개변수 함수가 그것이다. 같은 함수라도 그 함수를 표현하는 방법은 여러 가지인데, 매개변수 함수 외에도 음함수가 있다.

Secret Key

음함수

- $2x-y+1=0$
- 원의 방정식 $x^2+y^2-1=0$ (정의역 $-1 \le x \le 1$)
- $x^2+3xy+y^2=0$

음함수의 미분법

- $\dfrac{d}{dx}(x^n)=nx^{n-1}$
- $\dfrac{d}{dx}(y^n)=ny^{n-1}\dfrac{dy}{dx}$

매개변수로 나타내어진 함수

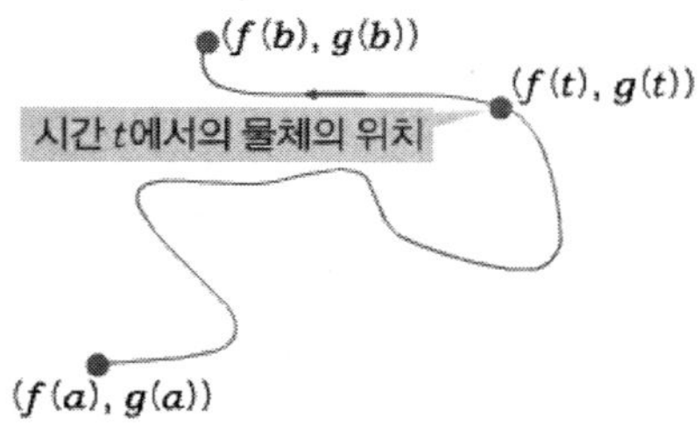

매개변수 함수의 미분법

$$\frac{dy}{dx}=\frac{\dfrac{dy}{dt}}{\dfrac{dx}{dt}}\left(\frac{dx}{dt}\neq 0\right)$$

My Lesson

1) 음함수

(1) 음함수

> **음함수**
> 변수 x, y의 항을 모두 좌변으로 이항하여
> $f(x, y)=0$ 형태의 방정식으로 나타낸 함수
> 예) $2x-y+1=0$, $x^2+y^2-1=0$

◉ **양함수를 음함수로 바꾸기**

· 일차함수 $y=x-1$의 음함수 표현 : $x-1-y=0$

· 이차함수 $y=x^2$의 음함수 표현 : $x^2-y=0$

※양함수는 항상 음함수로 표현할 수 있다.

◉ **음함수를 양함수로 바꾸기**

· $2x-y+1=0 \Rightarrow y=2x+1$

· 원의 방정식 $x^2+y^2-1=0$(정의역 $-1 \leq x \leq 1$)에서

$y^2=1-x^2$이므로 $y=\pm\sqrt{1-x^2}$

· $x^2+3xy+y^3=0$의 경우는 양함수로 표현할 수 없다.

※음함수는 양함수로 표현하면 복잡해지기도 하고, 표현하지 못하는 경우도 있다.

(2) 음함수의 미분법

◉ **음함수의 미분법 1**

· 음함수에서 y를 미분할 때 y를 x의 함수로 보고 x에 대하여 미분하는 것이다.
이때, 다음과 같은 공식을 이용한다.

$$\frac{d}{dx}(x^n)=nx^{n-1},\quad \frac{d}{dx}(y^n)=ny^{n-1}\frac{dy}{dx}$$

· 각 항을 x에 대하여 미분한 후 $\frac{dy}{dx}$에 대하여 정리한다.

예제1 $x^2+y^2=1$의 도함수 $\frac{dy}{dx}$를 구해보자.

풀이 $x^2+y^2=1$에서 y를 x의 함수로 보고 각 항을 x에 대하여 미분한다.

$$\frac{d}{dx}(x^2)+\frac{d}{dx}(y^2)=\frac{d}{dx}(1)$$

이 때, $\frac{d}{dx}(x^2)=2x$, $\frac{d}{dx}(y^2)=2y\frac{dy}{dx}$, $\frac{d}{dx}(1)=0$이므로

$$2x+2y\frac{dy}{dx}=0$$

$$\therefore \frac{dy}{dx}=-\frac{x}{y}(y\neq 0)$$

◉ 음함수의 미분법 2

· 음함수 $f(x,y)=0$의 각 항을 x에 대하여 미분하여 도함수 $\frac{dy}{dx}$를 구할 수 있다.

이 때, 다음과 같은 공식을 이용한다.

$$\frac{d}{dx}(x^n)=nx^{n-1},\quad \frac{d}{dx}(y^n)=ny^{n-1}\frac{dy}{dx}$$

예제2 $y^2=x$일 때 도함수 $\frac{dy}{dx}$를 구하여라.

풀이1 $y^2=x$에서 $y=\sqrt{x}$, $y=-\sqrt{x}$이므로 두 함수를 각각 미분하면

$$\frac{dy}{dx}=\frac{d}{dx}\sqrt{x}=\frac{1}{2\sqrt{x}}$$

$$\frac{dy}{dx}=\frac{d}{dx}(-\sqrt{x})=-\frac{1}{2\sqrt{x}}$$

따라서 도함수 $\frac{dy}{dx}=\pm\frac{1}{2\sqrt{x}}$이다.

풀이2 $y^2=x$에서 y를 x의 함수로 보고 각 항을 x에 대하여 미분한다.

$\frac{d}{dx}(y^2)=2y\frac{dy}{dx}$, $\frac{d}{dx}(x)=1$ 이므로 $2y\frac{dy}{dx}=1$

따라서 $\frac{dy}{dx}=\frac{1}{2y}\left(=\pm\frac{1}{2\sqrt{x}}\right)$

◉ 음함수의 미분법 3

· 식에 포함되어 있는 y를 x에 관한 함수로 간주하고 식의 양변을 x에 관하여 미분한다.

· $\frac{dy}{dx}$를 포함하고 있는 모든 항을 좌변으로 이항한다.

· $\frac{dy}{dx}$에 관하여 푼다.

예제3 $y^2 = x^2 + xy$일 때 도함수 $\frac{dy}{dx}$를 구하여라.

풀이 ① $\frac{d}{dx}(y^2) = \frac{d}{dx}(x^2) + \frac{d}{dx}(xy)$

이 때, $\frac{d}{dx}(y^2) = 2y\frac{dy}{dx}$, $\frac{d}{dx}(x^2) = 2x$,

$\frac{d}{dx}(xy) = \frac{dx}{dx} \cdot y + x\frac{dy}{dx} = y + x\frac{dy}{dx}$이므로

$2y\frac{dy}{dx} = 2x + \left(y + x\frac{dy}{dx}\right)$

② $(2y - x)\frac{dy}{dx} = 2x + y$

③ $\therefore \frac{dy}{dx} = \frac{2x+y}{2y-x}$

◉ **음함수의 2계도함수 구하기**

· 양변을 x에 관하여 미분하여 먼저 $\frac{dy}{dx}$를 구한다.

· $\frac{dy}{dx}$로부터 이계도함수를 구한다.

예제4 $2x^3 - 3y^2 = 8$일 때 이계도함수 $\frac{d^2y}{dx^2}$를 구하여라.

풀이 ① 양변을 x에 관하여 미분하여 먼저 $\frac{dy}{dx}$를 구한다.

$\frac{d}{dx}(2x^3 - 3y^2) = \frac{d}{dx}(8)$, $\frac{d}{dx}(2x^3) - \frac{d}{dx}(3y^2) = \frac{d}{dx}(8)$

이 때, $\frac{d}{dx}(2x^3) = 6x^2$, $\frac{d}{dx}(3y^2) = 6y\frac{dy}{dx}$, $\frac{d}{dx}(8) = 0$이므로

$6x^2 - 6y\frac{dy}{dx} = 0$, $6y\frac{dy}{dx} = 6x^2$

$\therefore \frac{dy}{dx} = \frac{x^2}{y}$ $(y \neq 0)$

② $\frac{dy}{dx} = \frac{x^2}{y}$로부터 이계도함수를 구한다.

$\frac{dy}{dx} = \frac{x^2}{y}$의 양변을 x에 관하여 미분한다.

$$\frac{d^2y}{dx^2} = \frac{d}{dx}\left(\frac{x^2}{y}\right) = \frac{\frac{d(x^2)}{dx} \cdot y - (x^2) \cdot \frac{dy}{dx}}{y^2} = \frac{2xy - x^2\frac{dy}{dx}}{y^2}$$

마지막으로 $\frac{dy}{dx} = \frac{x^2}{y}$을 대입하여 $\frac{d^2y}{dx^2}$을 x와 y에 관하여 정리한다.

$$\therefore \frac{d^2y}{dx^2} = \frac{2xy - x^2\left(\frac{x^2}{y}\right)}{y^2} = \frac{2x}{y} - \frac{x^4}{y^3}$$

(3) 다지기

다음 음함수에서 $\frac{dy}{dx}$ 를 구하여라.

1 $x^2y - x + 1 = 0$

① $\frac{dy}{dx} = \frac{1-2xy}{x^2}(x \neq 0)$ ② $\frac{dy}{dx} = -\frac{1}{x^2} + \frac{1}{x}(x \neq 0)$ ③ $\frac{dy}{dx} = -\frac{x}{2y}(y \neq 0)$

2 $2x - y^2 = 0$

① $\frac{dy}{dx} = -\frac{x}{2y}(y \neq 0)$ ② $\frac{dy}{dx} = \frac{1}{y}(y \neq 0)$ ③ $\frac{dy}{dx} = \frac{2}{y^2}(y \neq 0)$

3 $xy = 1$

① $\frac{dy}{dx} = \frac{1}{y}(y \neq 0)$ ② $\frac{dy}{dx} = -\frac{y}{x}(x \neq 0)$ ③ $\frac{dy}{dx} = -\frac{x}{2y}(y \neq 0)$

2) 매개변수함수

(1) 함수의 매개변수화

◉ 곡선 위의 한 점 $P(x, y)$의 x좌표와 y좌표를 t를 사용하여 나타내기

· x와 y가 정의역 I 에서 t에 대한 함수 $x = f(t)$, $y = g(t)$ 로 주어졌다고 하자.
이 때 t를 매개변수라 하고, 정의역 I를 매개변수구간이라고 한다.

· 매개변수구간 I가 $[a, b]$이면 점 $(f(a), g(a))$는 곡선의 시작점, 점 $(f(b), g(b))$는 곡선의 끝점이다.

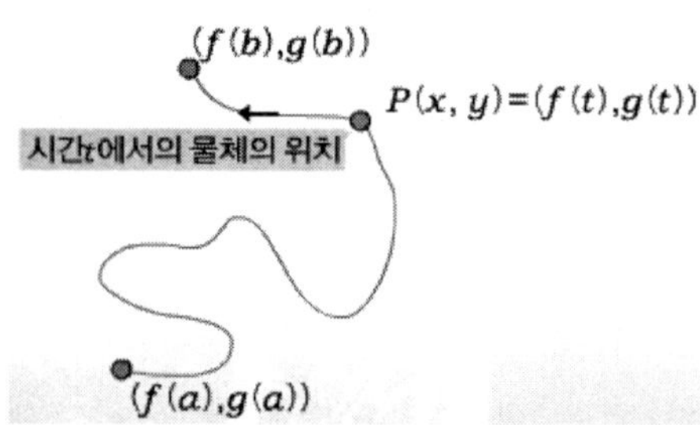

◉ 선분의 매개변수화

· x, y는 다음과 같이 매개변수 t로 나타내어진 함수이다.
$x=t-1$, $y=t+1$, (단, $-1 \le t \le 1$)
이제 변수 t를 소거해보자.
$y=t+1$
$\quad =(x+1)+1$
$\quad =x+2$
$\therefore y=x+2$
따라서 매개변수 곡선은 직선 $y=x+2$ 위에 놓여 있다.
매개변수 구간이 $-1 \le t \le 1$일 때, 곡선의 시작점과 끝점을 찾아보자.
시작점: $t=-1$일 때, $(x,y)=(t-1,t+1)=(-2,0)$
끝점: $t=1$일 때, $(x,y)=(t-1,t+1)=(0,2)$
그래프를 그려보자.

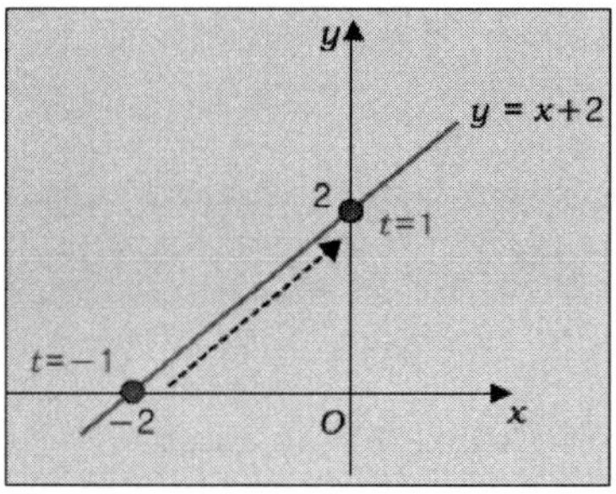

◉ 포물선을 따르는 운동

예제1 xy평면에서 움직이는 물체의 위치 $P(x,y)$는 매개변수방정식과 매개변수구간
$$x=\sqrt{t},\ y=t\ (\text{단, } t \ge 0)$$
으로 정의된다. 물체의 운동경로를 밝히고 운동을 서술하여라.

풀이 $x=\sqrt{t}$, $y=t$에서 다음과 같이 t를 소거해 보자.
$y=t=(\sqrt{t})^2=x^2$
따라서 물체는 포물선 $y=x^2$ 위를 움직인다.
시작점: $t=0$일 때, $(x,y)=(\sqrt{t},t)=(0,0)$
따라서 이 물체는 $t=0$일 때 $(0,0)$에서 시작하여 t가 증가함에 따라 1사분면으로 올라간다.

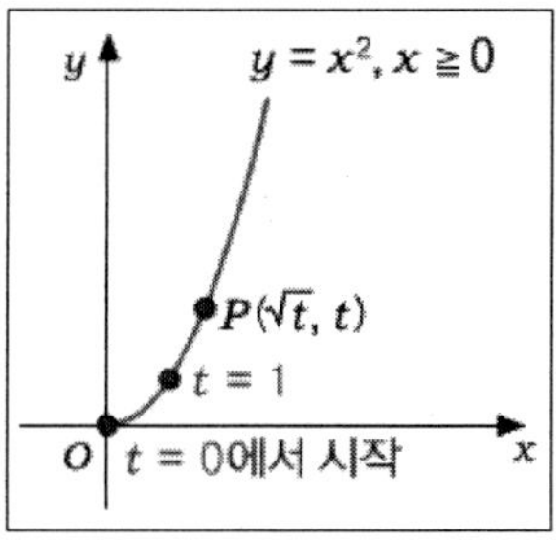

(2) 매개변수함수의 미분법

◉ 매개변수함수의 미분법

· $x=f(t)$, $y=g(t)$가 t에 대하여 미분가능하고 $f'(t)\neq 0$이면

$$\frac{dy}{dx}=\frac{\frac{dy}{dt}}{\frac{dx}{dt}}=\frac{g'(t)}{f'(t)}$$

예제2 매개변수로 나타내어진 함수 $x=t-1$, $y=t^2+1$의 도함수를 구해보자.

풀이 $x=t-1$, $y=t^2+1$을 각각 t에 대하여 미분하면,

$$\frac{dx}{dt}=(t-1)'=1,\quad \frac{dy}{dt}=(t^2+1)'=2t$$

$$\therefore\ \frac{dy}{dx}=\frac{\frac{dy}{dt}}{\frac{dx}{dt}}=\frac{2t}{1}=2t=2(x+1)$$

예제3 다음 매개변수로 나타내어진 함수에서 도함수 $\frac{dy}{dx}$를 t의 식으로 나타내어라.

$$x=3t-1,\quad y=4-3t^2$$

풀이 $x=3t-1$에서 $\frac{dx}{dt}=3$이고 $y=4-3t^2$에서 $\frac{dy}{dt}=-6t$이므로,

$$\frac{dy}{dx}=\frac{\frac{dy}{dt}}{\frac{dx}{dt}}=\frac{-6t}{3}=-2t$$

예제4 다음 매개변수로 나타내어진 함수에서 도함수 $\frac{dy}{dx}$를 t의 식으로 나타내어라.

$$x=t^2,\quad y=t^4-2t^3-3t^2\,(t>0)$$

풀이 $x=t^2$에서 $\frac{dx}{dt}=2t$이고 $y=t^4-2t^3-3t^2$에서 $\frac{dy}{dt}=4t^3-6t^2-6t$이므로,

$$\frac{dy}{dx}=\frac{\frac{dy}{dt}}{\frac{dx}{dt}}=\frac{4t^3-6t^2-6t}{2t}=2t^3-3t-3$$

(3) 다지기

다음 매개변수로 나타내어진 함수에서 $\frac{dy}{dx}$를 t로 나타내어라.

1 $x = 2t + 1,\ y = t^3 - 4$

① $6t^2$　　② 2　　③ $3t^2$　　④ $\frac{3}{2}t^2$

2 $x = t^2,\ y = t^4 - 2t^3 - 3t^2\ (t > 0)$

① $4t^3 - 6t^2 - 6t$　　② $2t^2 - 3t - 3$　　③ $2t$　　④ $8t^4 - 12t^3 - 12t^2$

3 $x = t + \frac{1}{t},\ y = t - \frac{1}{t}\ (t > 1)$

① $\frac{t^2+1}{t^2-1}$　　② $1 + \frac{1}{t^2}$　　③ $\frac{t^2-1}{t^2+1}$　　④ $1 - \frac{1}{t^2}$

4 $x = \frac{1-t^2}{1+t^2},\ y = \frac{2t}{1+t^2}\ (t > 0)$

① $\frac{2t}{1-t^2}$　　② $\frac{t^2-1}{t^2+1}$　　③ $\frac{1-t^2}{2t}$　　④ $-\frac{(1-t^2)}{2t}$

Quiz, Quiz

1 매개변수 $x=t-\sin t$, $y=1-\cos t$로 나타내어진 함수에서 $\dfrac{dy}{dx}$를 t로 나타내어라.

① $\dfrac{1-\cos t}{\sin t}$ ② $\dfrac{\sin t}{1-\cos t}$ ③ $\dfrac{\cos t-1}{\sin t}$

2 매개변수 함수 $x=t^2$, $y=2t-1$ 위의 점 $(1,1)$에서의 $\dfrac{dy}{dx}$의 값을 구하여라.

① 0 ② 1 ③ 2

3 $t_0=\dfrac{\pi}{4}$에 의해 정의된 점에서 곡선 $x=2\cos t$, $y=2\sin t$, (단, $0 \leqq t \leqq 2\pi$)에 접하는 접선의 기울기를 구하여라.

① -1 ② 0 ③ $\sqrt{2}$

4 음함수의 미분법을 이용하여 $x^3+y^3=3xy$의 도함수 $\dfrac{dy}{dx}$를 구하여라.

① $1-\dfrac{x^2}{y}$ ② $\dfrac{y-x^2}{y^2-x}$ ③ $\dfrac{x-y^2}{x^2-y}$

5 음함수의 미분법을 이용하여 $x=\tan y$의 도함수 $\dfrac{dy}{dx}$를 구하여라.

① $\sec^2 y$ ② $\sec^2 x$ ③ $\cos^2 y$

11-1 함수의 증감, 극대, 극소

Calculus Life

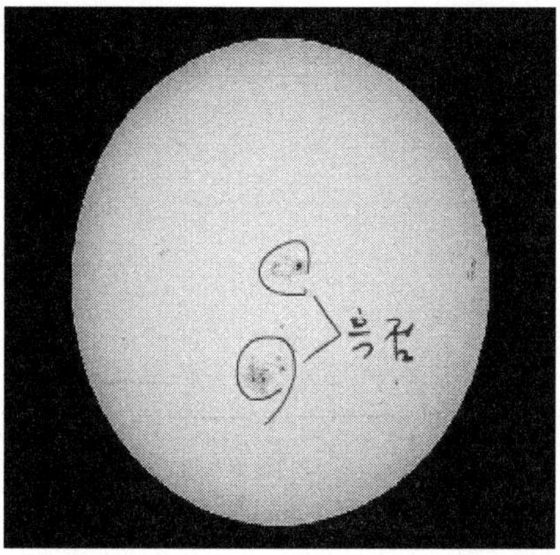

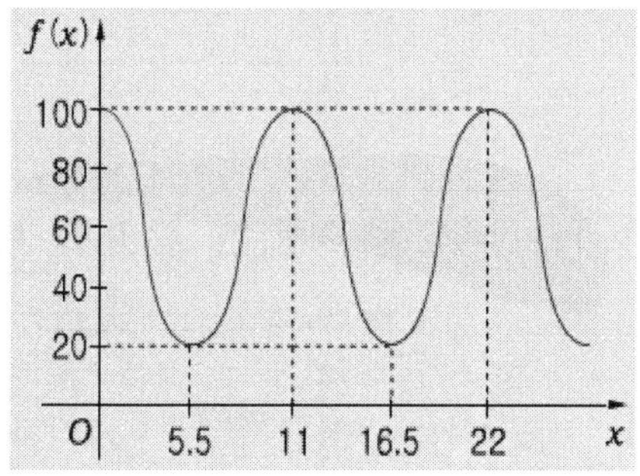

태양의 표면에는 상대적으로 온도가 낮아서 주위보다 어두워 보이는 흑점이 존재한다. 천문학자들은 오래전부터 태양의 흑점의 개수에 많은 관심을 가졌다. 태양의 흑점의 개수는 시간에 따라 주기를 가지고 변한다. 1750년부터 경과한 연수를 x라 하고 흑점의 개수를 f $f(x)$라 하면 x와 $f(x)$ 사이에는 대략적으로 다음과 같은 관계가 있음을 밝혀냈다. 흑점의 개수가 증가하는 구간과 감소하는 구간을 구별할 수 있을까?

Secret Key

함수의 증가와 감소

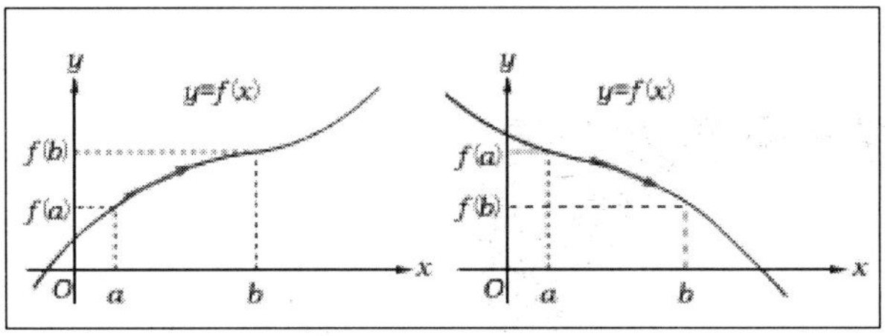

$f'(x)$의 부호를 이용한 증감의 판정

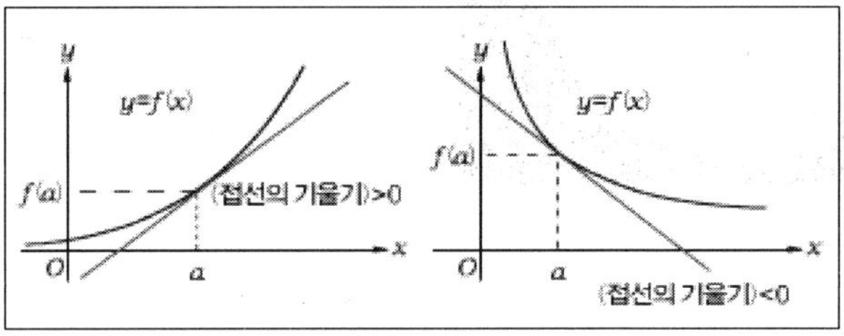

함수의 극대와 극소

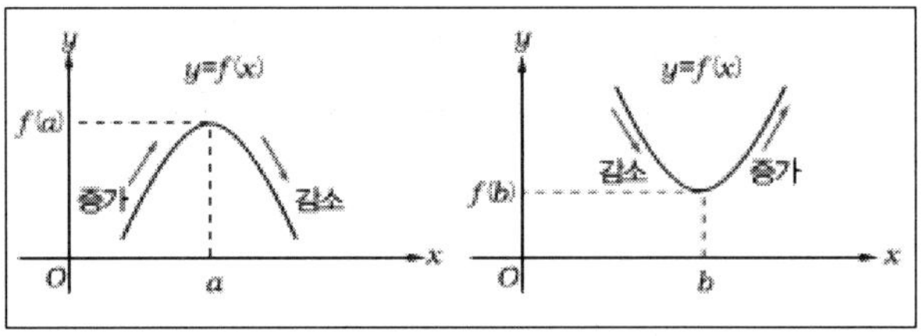

$f'(x)$의 부호를 이용한 극대 · 극소의 판정

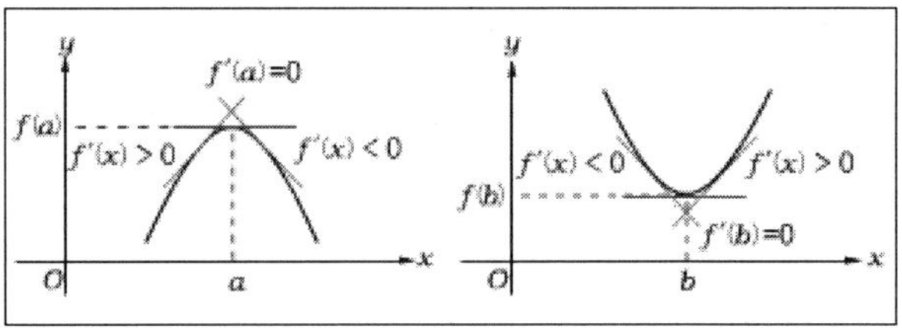

My Lesson

1) 함수의 증가와 감소

(1) 함수의 증가와 감소

함수의 증가

함수의 그래프에서 x의 값이 커짐에 따라 y의 값이 커지면 **함수가 증가**한다고 한다.

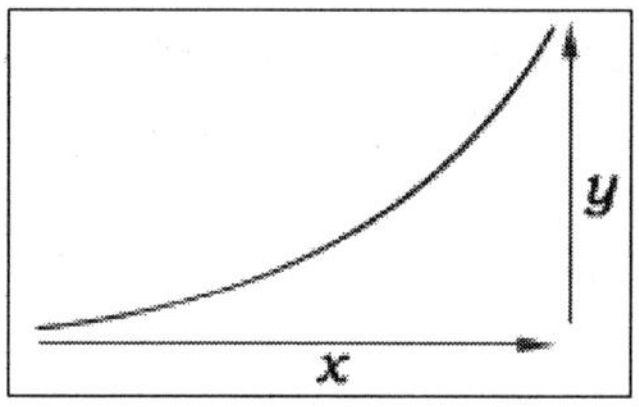

함수의 감소

함수의 그래프에서 x의 값이 커짐에 따라 y의 값이 작아지면 함수가 감소한다고 한다.

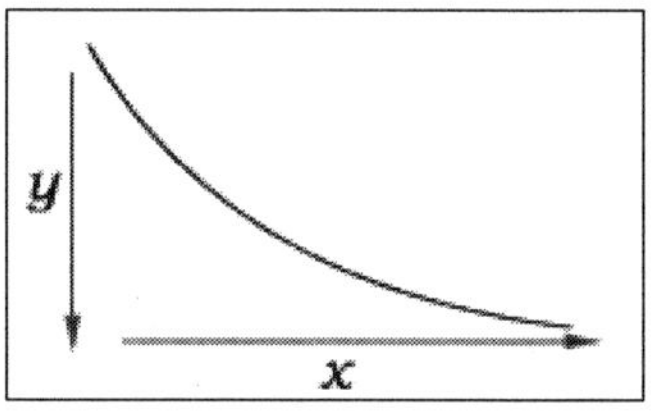

예제1 다음 중 구간 (a, b)에서 증가하는 함수의 그래프는?

①
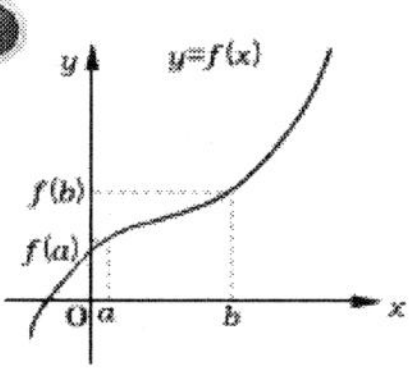

②
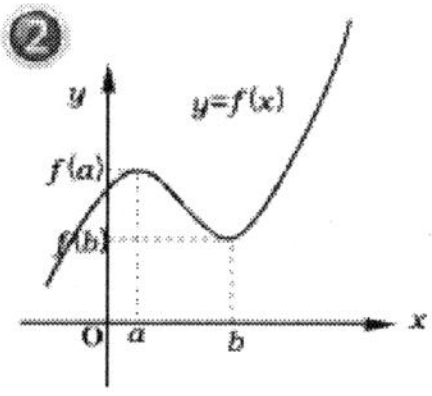

③
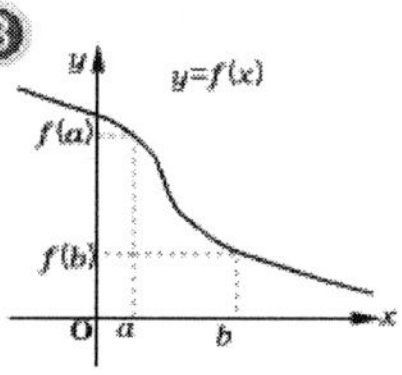

풀이 ① 증가함수는 x가 증가함에 따라 y도 증가한다.

◉ **구간에서 함수의 증가와 감소의 정의**

· 함수 $f(x)$가 어떤 구간의 임의의 두 수 a, b에 대하여
$a < b$일 때, $f(a) < f(b)$이면 $f(x)$는 그 구간에서 증가한다고 한다.
(이 때 그래프는 오른쪽 위(↗)로 향하는 모양)

· 함수 $f(x)$가 어떤 구간의 임의의 두 수 a, b에 대하여
$a < b$일 때, $f(a) > f(b)$이면 $f(x)$는 그 구간에서 감소한다고 한다.
(이 때 그래프는 오른쪽 아래(↘)로 향하는 모양)

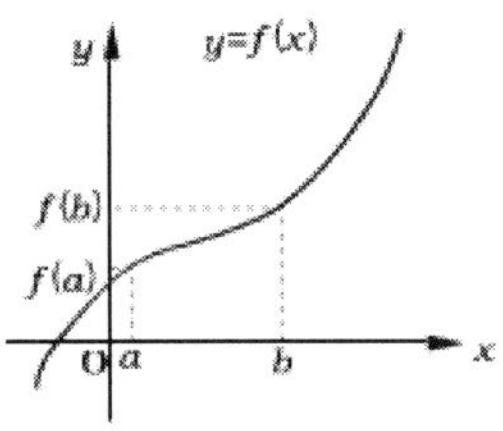

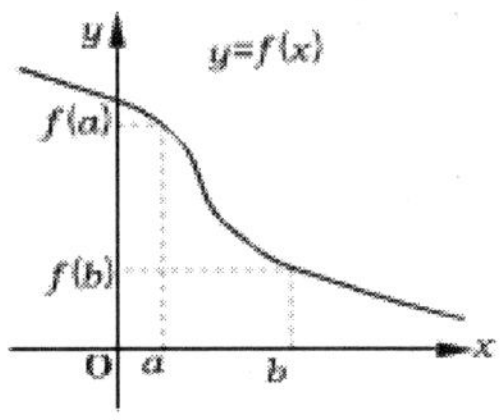

memo

함수 $f(x)$가 어떤 구간에서 증가하면 $f(x)$를 그 구간에서 증가함수라 하고, 어떤 구간에서 감소하면 $f(x)$는 그 구간에서 감소함수라고 한다.

(2) 단조함수에 대한 일계도함수 판정법

◉ **$f'(x)$를 이용한 함수의 증가 · 감소의 판정**

함수 $f(x)$가 어떤 구간에서 미분가능할 때,

· $f'(x) \geq 0$이면 $f(x)$는 그 구간에서 증가한다.

· $f'(x) \leq 0$이면 $f(x)$는 그 구간에서 감소한다.

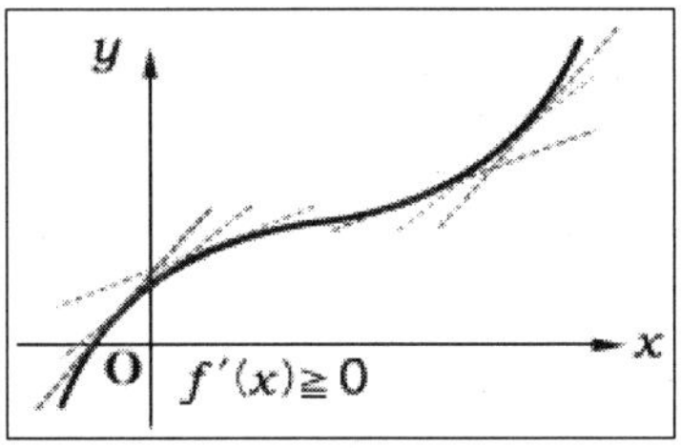

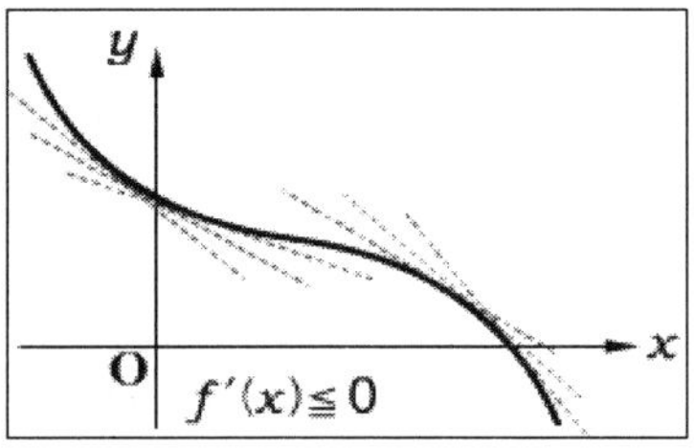

↳ 구간에서 증가하는 함수는 그 구간 위의 모든 점에서 접선의 기울기가 0보다 크거나 같다..

↳ 구간에서 감소하는 함수는 그 구간 위의 모든 점에서 접선의 기울기가 0보다 작거나 같다.

◉ **증가 · 감소 하는 부분 찾기**

· 1단계 : $f'(x) = 0$인 x를 구한다.

· 2단계 : 1단계에서 구한 점을 기준으로

$f'(x) \geq 0$이면 $f(x)$는 그 구간에서 증가한다.

$f'(x) \leq 0$이면 $f(x)$는 그 구간에서 감소한다.

예제2 함수 $f(x)=x^2-4$가 증가하는 구간과 감소하는 구간을 찾아라.

풀이 함수 $f(x)=x^2-4$는 모든 점에서 미분가능하다.

$f'(x)=2x$

$f'(x)=2x=0 \Rightarrow x=0$

$x \geq 0$일 때, $f'(x)=2x \geq 0$ $\quad \therefore$ $x \geq 0$일 때 증가

$x \leq 0$일 때, $f'(x)=2x \leq 0$ $\quad \therefore$ $x \leq 0$일 때 증가

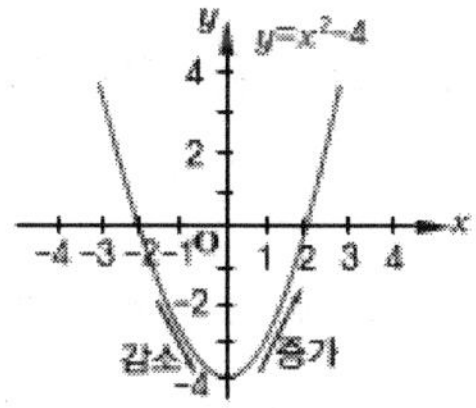

예제3 함수 $f(x)=\sin x+x$의 증가 · 감소를 조사하여라.

풀이 함수 $f(x)=\sin x+x$는 모든 점에서 미분가능하다.

$f'(x)=\cos x+1$

이 때, $-1 \leq \cos x \leq 1$이므로

$0 \leq \cos x+1 \leq 2$

즉, 모든 x에 대하여 $f'(x)=\cos x+1 \geq 0$이다.

따라서 주어진 함수는 항상 증가한다.

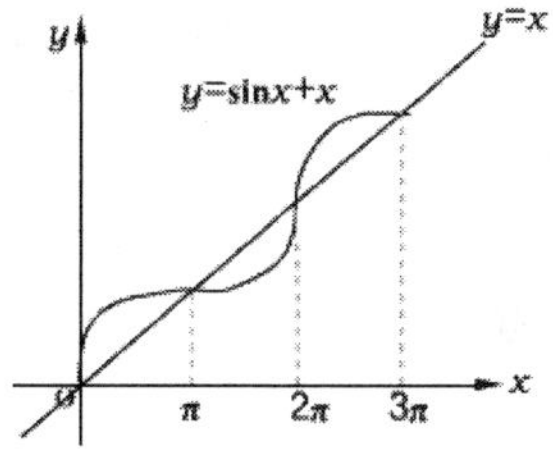

(3) 다지기

함수 $f(x)=\dfrac{1}{3}x^3+x^2-3x+1$에 대하여 다음 물음에 답하여라.

1 $f'(x)=0$인 점을 구하여라.

① $x=-3,\ x=1$ ② $x=-2,\ x=5$ ③ $x=0,\ x=1$

2 f가 증가하는 구간이 아닌 것은?

① $(-\infty,-3)$ ② $(1,\infty)$ ③ $(0,1)$

3 f가 감소하는 구간을 구하여라.

(□,□)

4 4. 위에서 얻은 결과를 만족시키는 f의 그래프를 찾아보아라.

①

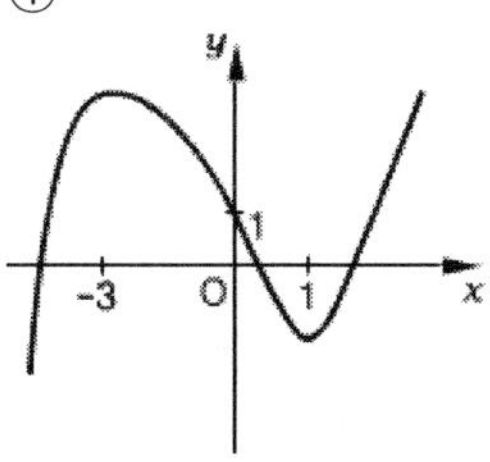

②

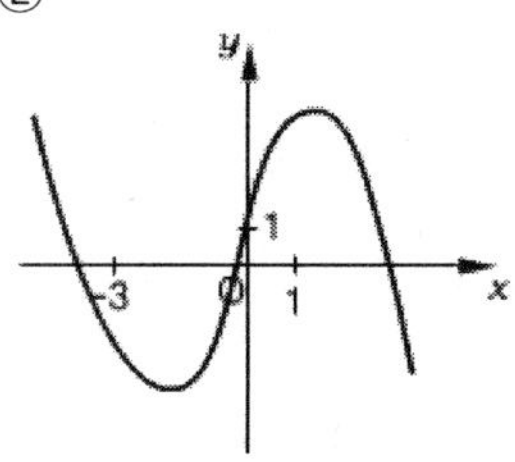

③

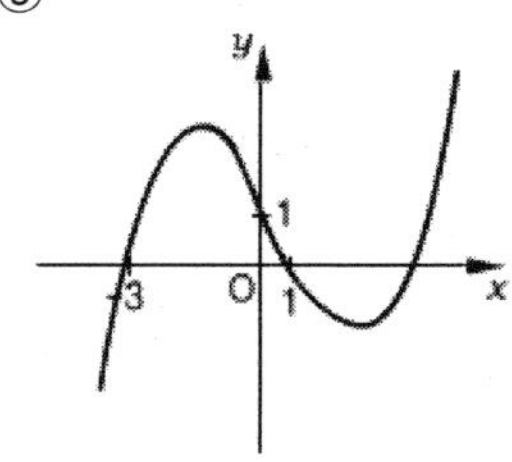

2) 함수의 극대와 극소

(1) 함수의 극대와 극소

함수의 극대와 극소

직관적으로 극점(extreme point)이란 그래프 상에서 굴곡이 있는 점을 말한다.

그림에서 굴곡이 있는 점 A, B를 극점이라 한다. 극점에는 극대점과 극소점이 있다. 이 때, A와 같이 (∩)의 형태의 극점을 극대점이라 하고, B와 같이 (∪)의 형태의 극점을 극소점이라고 한다

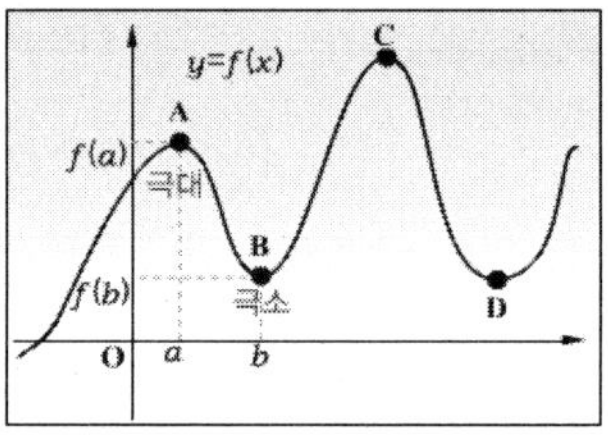

예제1 위의 그래프 $y=f(x)$에서 C는 극대점인가, 극소점인가?

풀이 A와 같이 (∩)의 형태이므로 극대점이다.

◉ 극대점과 극소점

· 극대와 극대점

- 극대란 $f(x)$가 증가상태에서 감소상태로 변하는 것
- 극대점이란 함수값이 증가(↗)하다가 감소(↘)하는 점
- $f(x)$는 $x=a$에서 극대가 된다고 하고, $f(a)$를 극대값이라 한다.

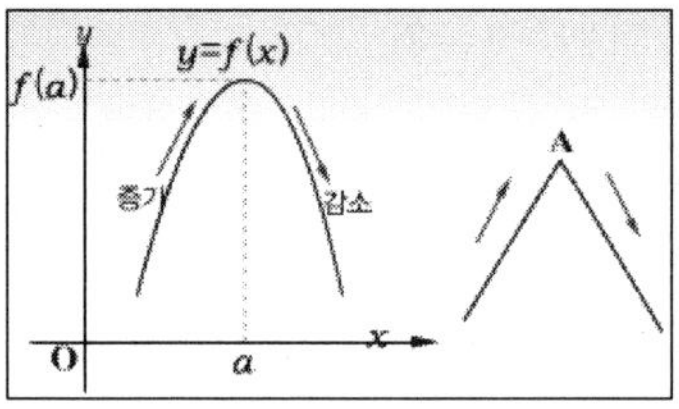

· 극소와 극소점

- 극소란 $f(x)$가 감소상태에서 증가상태로 변하는 것
- 극소점이란 함수값이 감소(↘)하다가 증가(↗)하는 점
- $f(x)$는 $x=b$에서 극소가 된다고 하고, $f(b)$를 극소값이라 한다.

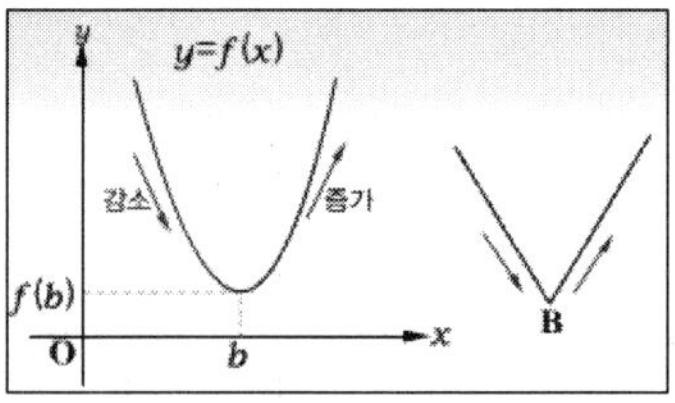

◉ **극대와 극소를 구하는 방법**

· 1단계 : $f'(x)=0$인 x를 구한다.

· 2단계 : 구한 점의 좌우에서 부호가 (+)에서 (-)로 바뀌면 극대이고
(-)에서 (+)로 바뀌면 극소이다.

· 3단계 : 만일 $f'(x)$의 부호가 바뀌지 않으면 그 점에서는 극값을 갖지 않는다.

예제2 함수 $f(x)=x^3-12x-5$의 극대값과 극소값을 구하여라.

풀이 먼저 도함수 $f'(x)=0$인 x를 구한다.

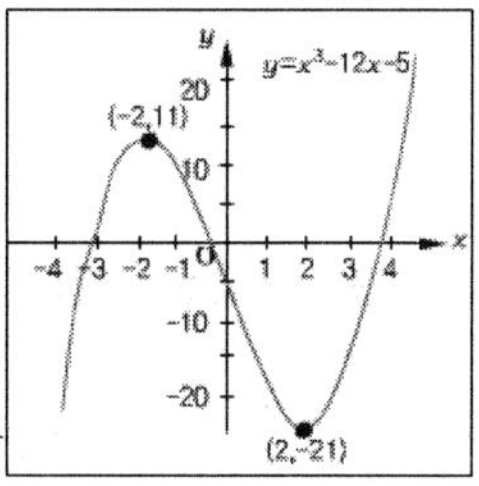

$f'(x)=(x^3-12x-5)'=0$

$3x^2-12=0$

$3(x+2)(x-2)=0$

$\therefore x=-2,\ x=2$

이제 $x=-2$, $x=2$의 좌우에서 $f'(x)$의 부호를 조사한다.

구간	$x<-2$	$x=-2$	$-2<x<2$	$x=2$	$x>2$
f'의 부호	+	0	−	0	+
f의 행동	증가(↗)	극대	감소(↘)	극소	증가(↗)
함수값		$f(-2)$ $=11$ (극대값)		$f(2)$ $=-21$ (극소값)	

따라서 함수 $f(x)$는 $x=-2$에서 극대값 11을 가지고, $x=2$에서 극소값 -21을 갖는다.

(2) 극값에 대한 일계도함수 판정법

◉ **$f'(x)$를 이용한 함수의 극대 · 극소의 판정**

· 미분가능한 함수 $f(x)$가 $x=a$에서 극값을 가지면 $f'(a)=0$이다.

· 극대점

$f'(a)=0$이고 $x=a$의 좌우에서 $f'(x)$의 부호가 (+)에서 (−)로 바뀌면 $f(x)$는 $x=a$에서 극대이고, $f(a)$는 극대값이 된다.

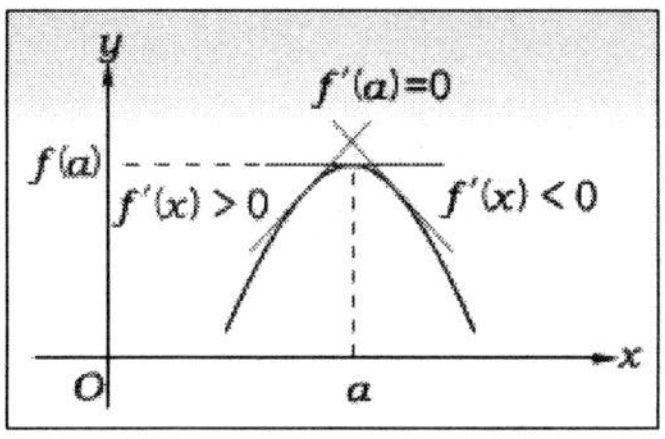

· 극소점

$f'(b)=0$이고 $x=b$의 좌우에서 $f'(x)$의 부호가 $(-)$에서 $(+)$로 바뀌면 $f(x)$는 $x=b$에서 극소이고, $f(b)$는 극소값이 된다.

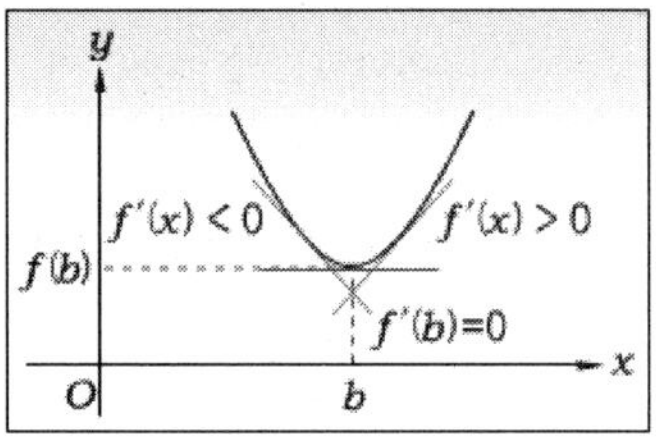

◉ **극값을 가지지 않는 함수의 예**

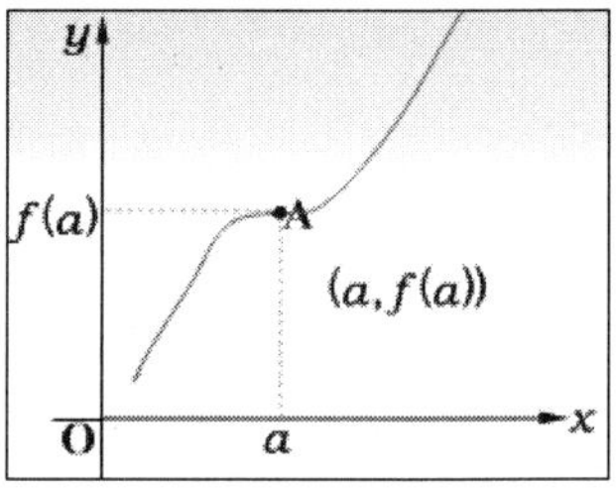

· 점 A에서 접선의 기울기가 0, 즉 $f'(a)=0$이다.

A의 좌우에서 모두 증가(↗)하므로 극점이라고 할 수 없다.

$\therefore f'(a)=0$이라고 해서 극점이라고 할 수 없다.

예제1 $y=x^3$에서 $x=0$일 때 극값이 되지 않는 이유를 설명하여라.

풀이 $x=0$의 좌우에서 함수는 계속 증가상태이므로 $x=0$에서 $f(x)$는 극값을 갖지 않는다.

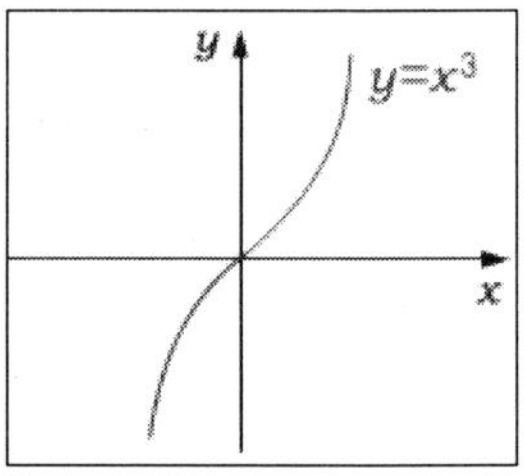

(3) 최대값과 최소값 구하기

◉ **최대값과 최소값**

· 함수 $f(x)$의 최대값은 함수의 양 끝 값과 극대값중 가장 큰 값이다.

· 함수 $f(x)$의 최소값은 함수의 양 끝 값과 극소값중 가장 작은 값이다.

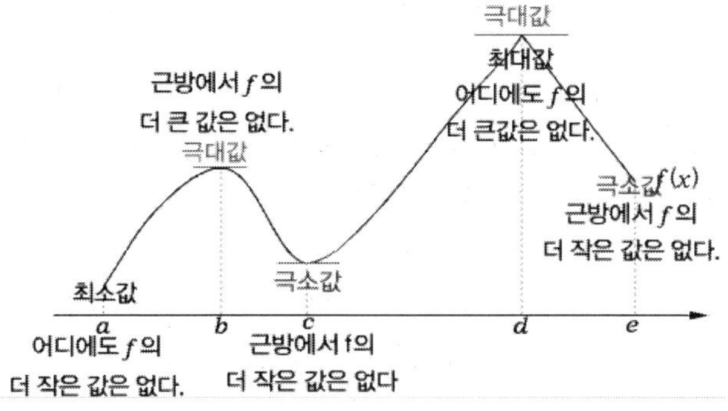

◉ $[a, b]$에서 연속인 함수 $f(x)$의 최대값과 최소값을 구하는 방법

· 1단계 : 정의역 내에서 $f'(x)=0$인 점을 구하여 극값을 구한다.
· 2단계 : $f(a)$, 극값, $f(b)$중에서 가장 큰 값이 최대값이고 가장 작은 값이 최소값이 된다.

예제2 폐구간 $[-2, 1]$에서 $f(x)=x^2$의 최대값과 최소값을 구하여라.

풀이 $f'(x)=0$인 x를 구한다.

$f'(x)=(x^2)'=2x=0 \Rightarrow x=0$

양 끝점에서의 함수값을 구한다.

$f(-2)=(-2)^2=4$, $f(1)=1^2=1$(극대값)

위에서 구한 값 중 $x=0$에서 최소값 0을 갖고, $x=-2$에서 최대값 4를 갖는다.

예제3 폐구간 $[1, e^2]$에서 $f(x)=10x(2-\ln x)$의 최대값과 최소값을 구하여라.

풀이 $f'(x)=0$인 x를 구한다.

$$\Rightarrow f'(x)=\{10x(2-\ln x)\}'=(10x)'(2-\ln x)+10x(2-\ln x)'$$
$$=10(2-\ln x)+10x(-\frac{1}{x})=10(1-\ln x)=0$$
$$\Rightarrow \ln x=1 \quad \therefore x=e(\fallingdotseq 2.7)$$

양 끝점에서의 함수값을 구한다.

$\Rightarrow f(1)=10(2-\ln 1)=20$

$f(e^2)=10e^2(2-\ln e^2)=10e^2(2-2)=0$

$f(e)=10e$, $f(1)=20$, $f(e^2)=0$ 중에서 가장 큰 값이 최대값이고, 가장 작은 값이 최소값이다.

$\therefore$ 함수 $f(x)$은 $x=e$에서 최대값 $10e$를,
$x=e^2$에서 최소값 0을 갖는다.

(4) 다지기

다음 문제를 풀어보자.

1. 연속인 함수 $f(x)$가 $x=a$의 좌우에서 증가상태에서 감소상태로 변하면 $f(x)$는 $x=a$에서 [ ] 라고 하고, $f(a)$를 [ ] 이라고 한다.

2. 연속인 함수 $f(x)$가 $x=a$의 좌우에서 감소상태에서 증가상태로 변하면 $f(x)$는 $x=a$에서 [ ] 라고 하고, $f(a)$를 [ ] 이라고 한다.

※ $f(x)=\frac{1}{3}x^3+x^2-3x+1$일 때, 다음 빈칸에 알맞은 수를 넣어라.(3~4)

3. $f(x)$는 $x=$ [ ] 에서 극대이고, 극대값은 [ ] 이다.

4. $f(x)$는 $x=$ [ ] 에서 극소이고, 극소값은 $-\frac{2}{3}$이다.

Quiz, Quiz

1 다음 중 구간 (a, b)에서 증가하는 함수의 그래프는?

① 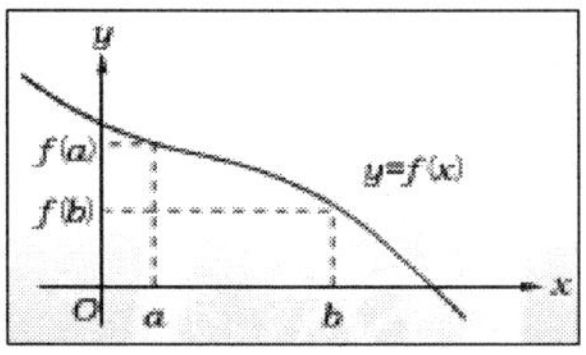

② 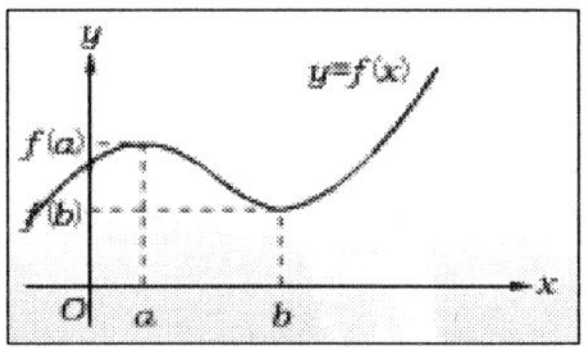

③ 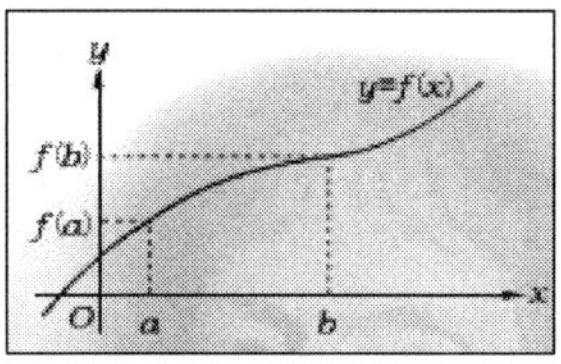

2 함수 $f(x) = x + \dfrac{1}{x}$가 감소하는 구간은?

① $-1 < x < 1,\ x > 1$

② $x < -1,\ x > 1$

③ $-1 < x < 0,\ 0 < x < 1$

3 다음 그래프에 대한 설명 중 잘못된 것을 고르면?

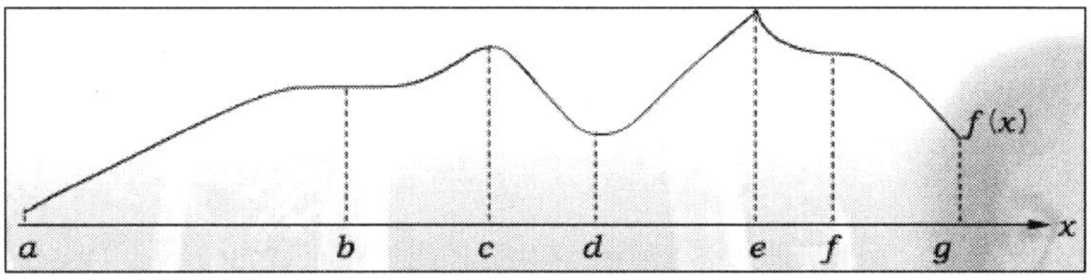

① $x = b$에서 극대값을 갖는다.

② $x = d$에서 극소값을 갖는다.

③ $x = e$에서 최대값을 갖는다.

4 함수 $f(x) = 2x^2 - 8x + 9$의 극값을 구하여라.

① 극소값 1을 갖는다. ② 극대값 1을 갖는다. ③ 극대값 9를 갖는다.

5 $-3 \le x \le 1$에서 $f(x) = 4 - x^2$의 최대값을 구하여라.

① 3 ② 4 ③ 5

11-2 곡선의 개형

Calculus Life

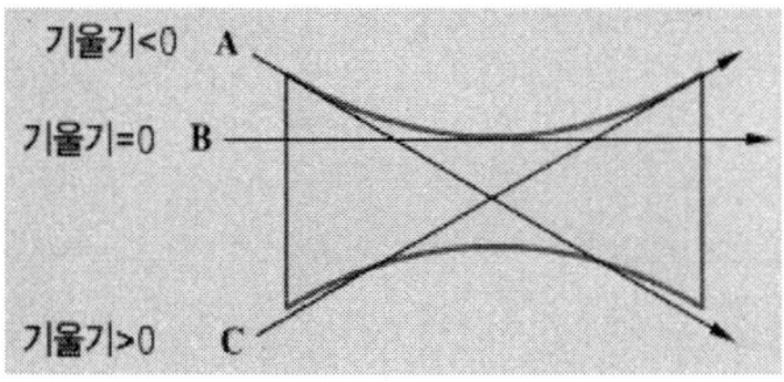

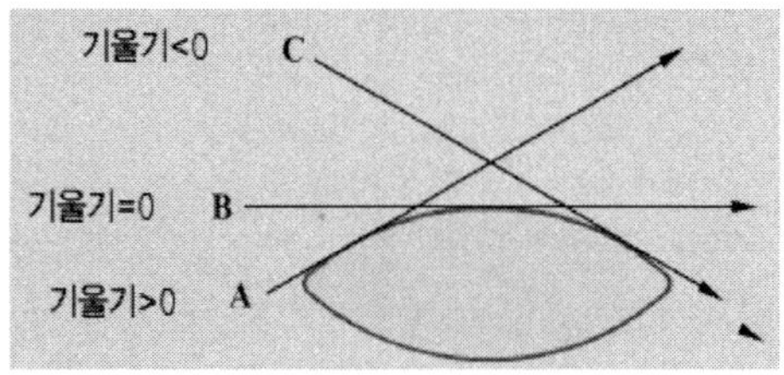

렌즈의 종류에는 오목렌즈와 볼록렌즈가 있다. 두 종류의 렌즈 표면에 접선을 그려보면 그림과 같다. 지난 시간에 함수의 증가와 감소, 그리고 함수의 극값에 대해 알아보았다. 이러한 기본적인 개념들과 앞으로 배우게 되는 함수의 오목과 볼록의 개념은 함수의 그래프를 그리는데 이용된다. 함수에 있어서 그래프의 중요성은 아무리 강조해도 지나치지 않다. 함수의 그래프의 개형만 알아내도 해결할 수 있는 문제가 많다.

My Map

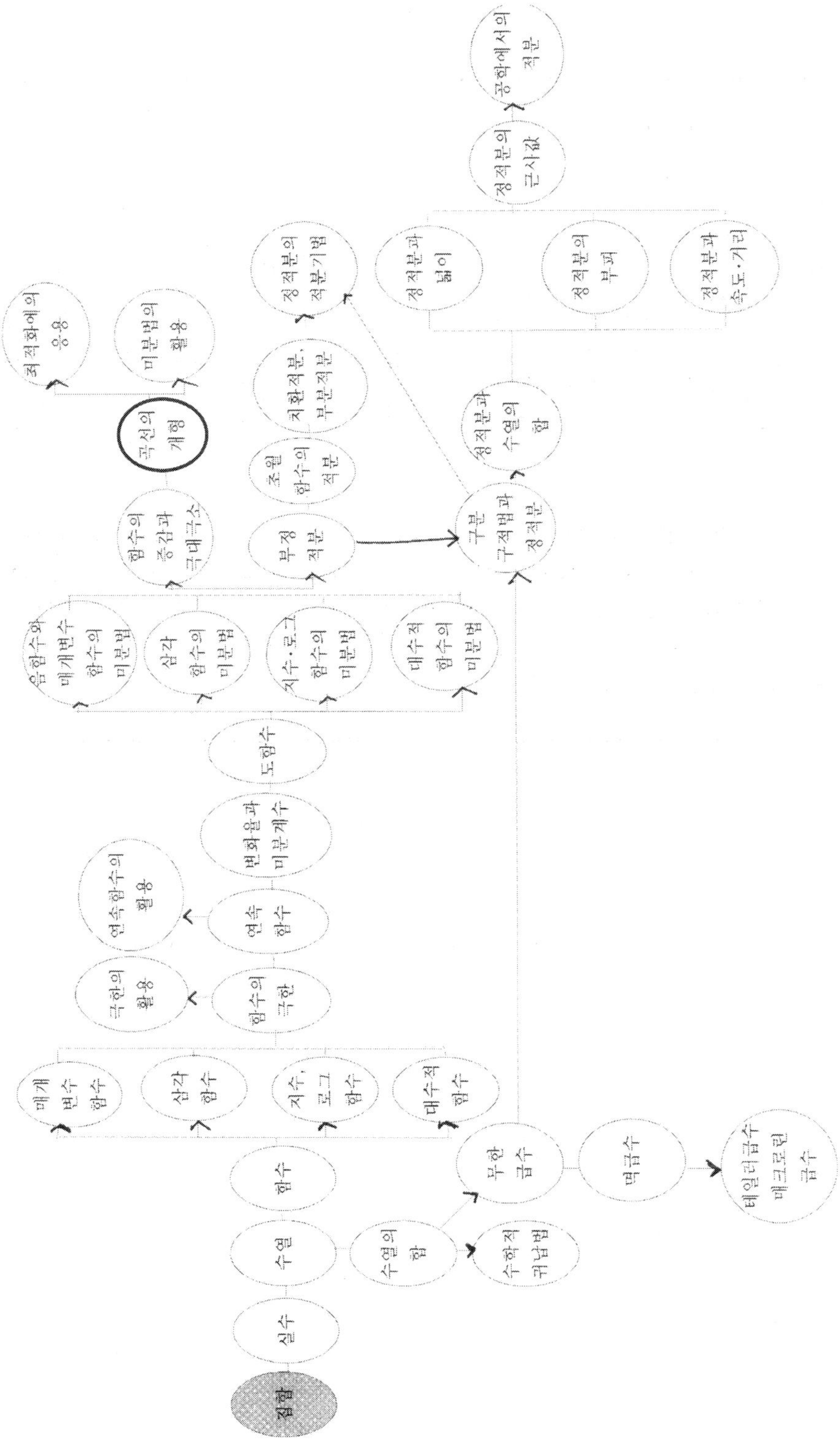

집합
실수
수열
함수
수열의 합
수학적 귀납법
무한 급수
멱급수
테일러급수 매크로린 급수
매개 변수 함수
삼각 함수
지수, 로그 함수
대수적 함수
함수의 극한
극한의 활용
연속 함수
연속함수의 활용
변화율과 미분계수
도함수
음함수와 매개변수 함수의 미분법
삼각 함수의 미분법
지수·로그 함수의 미분법
대수적 함수의 미분법
함수의 증감과 극대극소
곡선의 개형
최적화에의 응용
미분법의 활용
부정 적분
초월 함수의 적분
치환적분, 부분적분
정적분의 적분기법
구분 구적법과 정적분
정적분과 수열의 합
정적분과 넓이
정적분의 부피
정적분과 속도·거리
정적분의 근사값
공학에서의 적분

Secret Key

곡선의 요철

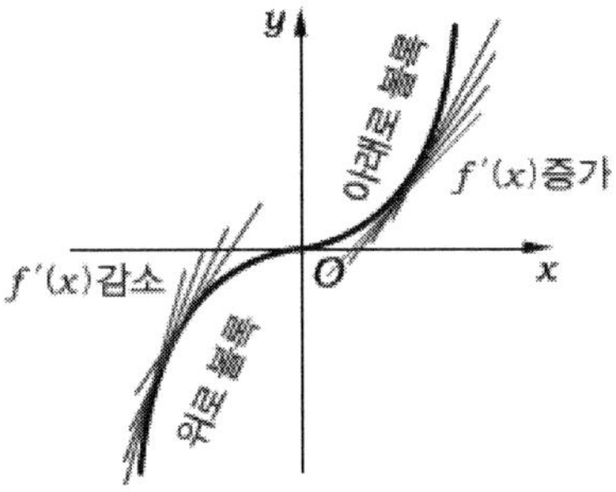

변곡점

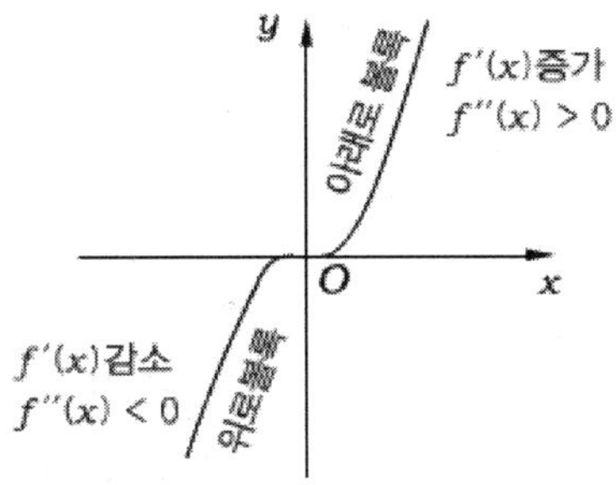

그래프의 개형

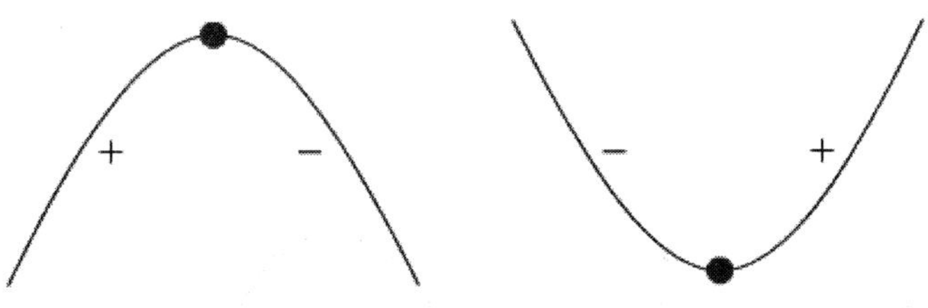

My Lesson

1) 곡선의 요철, 변곡점

(1) 곡선의 요철

◉ 그래프 개형 유추하기

· $f(x)=x^3-6x^2+9x-2$ 의 그래프의 개형을 유추해 보자.

· 함수의 증감상태를 파악하기 위해 $f'(x)$를 구하면

$f'(x)=3x^2-12x+9=3(x-1)(x-3)$

$f'(x)$는 $x=1,\ x=3$에서 0이 된다.

· 함수의 x에 해당하는 $f(x)$와 $f'(x)$를 표로 나타낸 증감표를 만들어 보자.

x	…	1	…	3	…
$f'(x)$	+	0	-	0	+
$f(x)$	↗	극대값 $f(1)=2$	↘	극소값 $f(3)=-2$	↗

· 함수 $y=f(x)$의 그래프 개형을 그리는 순서

① 도함수 $y=f'(x)$를 구한다.

② $f'(x)=0$인 x를 구한다.

③ 증가와 감소를 나타내는 증감표를 만들어 극값을 구한다.

④ 그래프의 개형을 그린다.

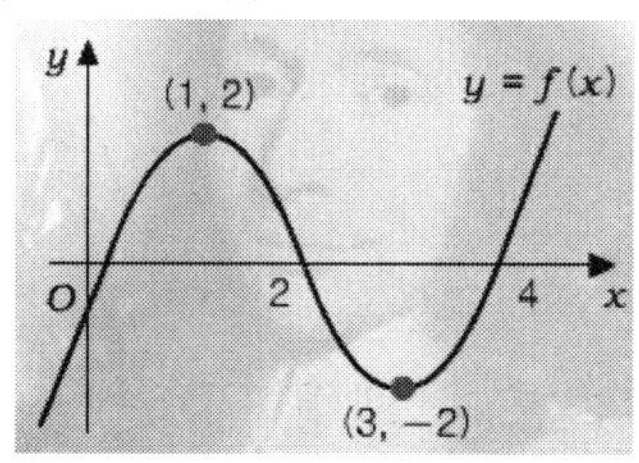

◉ 곡선의 요철

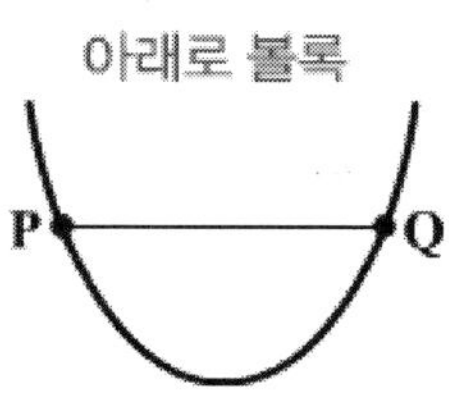

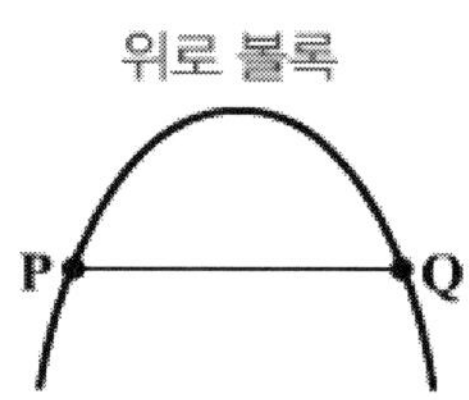

· 아래로 볼록

곡선 $y=f(x)$는 구간에서 아래로 볼록(∪)하다 ;

어떤 구간에서 곡선 $y=f(x)$위의 두 점 P, Q에 대하여

두 점 P, Q 사이에 있는 곡선의 부분이 선분 PQ보다 아래쪽에 있다.

· 위로 볼록

곡선 $y=f(x)$는 구간에서 위로 볼록(∩)하다 ;

어떤 구간에서의 곡선 $y=f(x)$위의 두 점 P,Q에 대하여

두 점 P,Q 사이에 있는 곡선의 부분이 선분 PQ보다 위쪽에 있다.

memo

경우에 따라서 볼록 대신 오목을 사용하는 경우도 있다. 이 경우에는 다음과 같이 사용한다.

아래로 볼록=위로 오목

위로 볼록=아래로 오목

(유의 : 오목을 설명할 때는 볼록과 반대가 된다.)

◉ **곡선 $y=x^3$의 관찰**

· 구간 $(-\infty,0)$

곡선을 따라 왼쪽으로부터 원점에 접근하면,

접선의 기울기는 구간 $(-\infty,0)$에서 감소한다.

⇨ **위로 볼록**

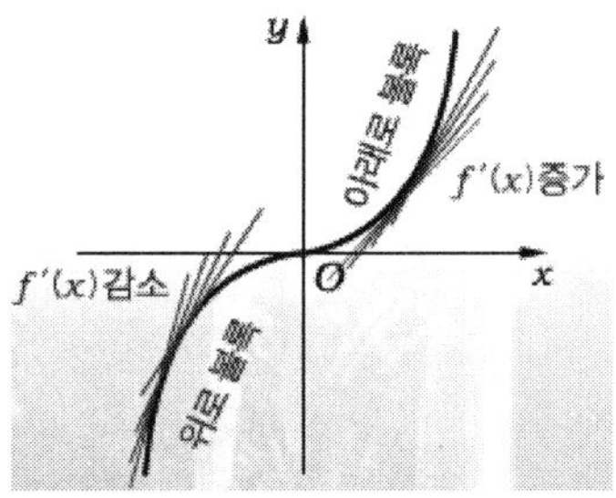

· 구간 $(0,\infty)$

곡선을 따라 원점으로부터 오른쪽으로 나아가면,

접선의 기울기는 $(0,\infty)$에서 증가한다.

⇨ 아래로 볼록

memo

· $f'(x)$가 증가 ⇒ $f''(x)>0$ ⇒ 아래로 볼록

· $f'(x)$가 감소 ⇒ $f''(x)<0$ ⇒ 위로 볼록

◉ **볼록인 구간 판정법**

· 단계 1 : 정의역 내에서 $y''=f''(x)=0$인 점을 모두 구한다.

· 단계 2 : 각 소구간에서 $f''(x)$의 부호를 구한다.

· 단계 3 : 소구간의 부호가 +이면 그 구간에서 함수는 아래로 볼록이고

부호가 -이면 그 구간에서 함수는 위로 볼록이다.

예제1 곡선 $f(x)=x^2$의 볼록인 구간을 판정하여라.

풀이 곡선 $f(x)=x^3$의 도함수

$f'(x)=(x^3)'=3x^2$

$f''(x)=(3x^2)'=6x$

$\therefore f''(x)=6x$

이므로 $f''(x)<0$인 구간은 $x<0$이고, $f''(x)>0$인 구간은 $x>0$이다.

따라서 $f(x)=x^3$은 $x<0$인 모든 x에서 위로 볼록하고 $x>0$인 모든 x에서 아래로 볼록하다.

(2) 변곡점

◉ 변곡점

· 위로 볼록 ⇒ 아래로 볼록

⇨ 점 P는 $y=f(x)$의 변곡점이다.

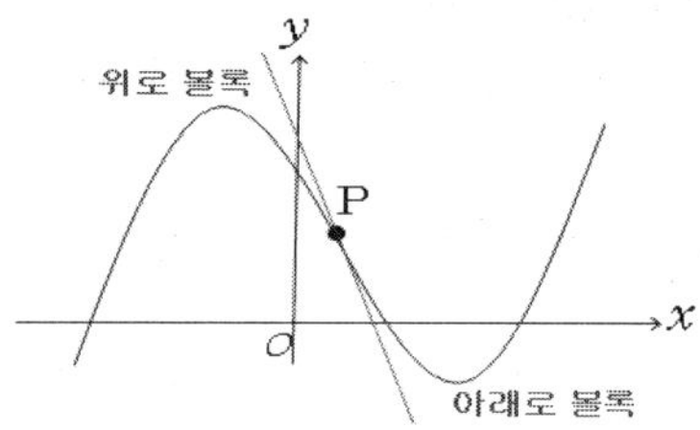

· 아래로 볼록 ⇒ 위로 볼록

⇨ 점 Q는 $y=f(x)$의 변곡점이다.

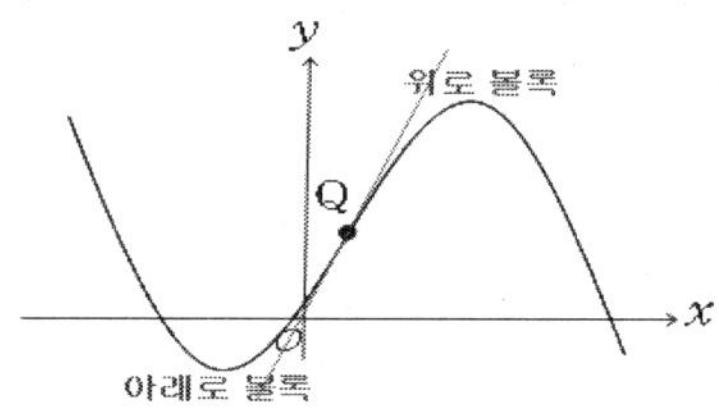

> **변곡점**
> 위와 같이 곡선의 요철이 변할 때, 이 점을 곡선의 변곡점이라 한다.

◉ 변곡점 구하기

· 두 번 미분 가능한 함수 $y=f(x)$의 그래프 5개의 점에서 $f'(x)$와 $f''(x)$의 값을 양수, 음수, 0으로 분류하면,

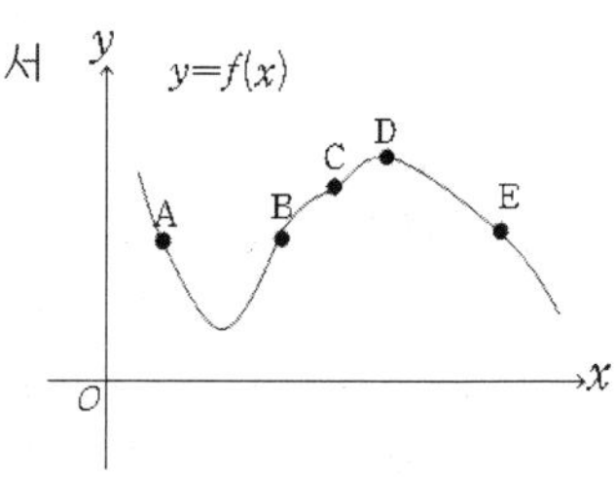

	A	B	C	D	E
$f(x)$의 개형	↘	↗	↗	→	↘
$f'(x)$의 부호	$f'<0$	$f'>0$	$f'>0$	$f'=0$	$f'<0$
$f''(x)$의 부호	$f''>0$	$f''=0$	$f''<0$	$f''<0$	$f''<0$

> **변곡점에서의 이계도함수**
> 곡선 $y=f(x)$의 변곡점에서 $f''(x)$의 부호가 바뀌고 $f''(x)=0$이다.

(3) 다지기

다음 문제를 풀어보자.

1 아래로 볼록인 함수의 그래프에 대한 설명으로 옳은 것을 고르시오.

① 함수가 증가에서 감소로 바뀐다. ② $f'(x)$ 감소 ③ $f''(x) > 0$

2 다음 중 $f(x) = 3 + \sin x$가 아래로 볼록인 구간을 고르시오.

① $(0,\pi)$ ② $(\pi,2\pi)$ ③ $(2\pi,3\pi)$

3 다음 □ 안에 공통적으로 들어갈 말을 찾으시오.

오목과 볼록의 상태가 바뀌는 점을 □ 이라 하며 □에서 이계도함수 $f''(x) = 0$이다.

4 $f(x) = x^3 - 3x^2$의 변곡점을 찾으시오.

① $x = 0$ ② $x = 1$ ③ $x = 2$

2) 함수의 그래프

(1) 함수의 그래프

◉ **도함수로부터 함수를 예측하기**

· 일계도함수 $f'(x)$: 함수의 증감을 결정한다.

· f'을 미분한 이계도함수 $f''(x)$: 그래프의 오목 볼록을 결정한다.

◉ **그래프를 그리는 단계에 따라 함수의 그래프 그리기 1**

· $f(x) = x^4 - 4x^3 + 10$ 의 그래프 그리기

· 1단계 : 일계도함수를 이용하여 극값을 찾는다.

$f'(x) = (x^4 - 4x^3 + 10)' = 4x^3 - 12x^2 = 4x^2(x-3) = 0$ ⇨ $x = 0$, $x = 3$

$x = 0$과 $x = 3$을 기준으로 $f'(x)$의 부호를 조사한다.

구간	$x<0$	$x=0$	$0<x<3$	$x=3$	$x>3$
f'의 부호	−	0	−	0	+
증가와 감소	감소	·	감소	극소점	증가

· 2단계 : 이계도함수를 이용하여 오목과 볼록을 결정한다.

$f''(x) = (4x^3 - 12x^2)' = 12x^2 - 24x = 12x(x-2) = 0$ ⇨ $x = 0, x = 2$

$x = 0$과 $x = 2$를 기준으로 $f''(x)$의 부호를 조사한다.

구간	$x<0$	$x=0$	$0<x<2$	$x=2$	$x>2$
f''의 부호	+	0	-	0	+
오목과 볼록	아래로 볼록	변곡점	위로 볼록	변곡점	아래로 볼록

· 3단계 : 곡선의 개형은 다음과 같다.

구간	$x<0$	$x=0$	$0<x<2$	$x=2$	$2<x<3$	$x=3$	$x>3$
f'	감소		감소		감소		증가
f''	아래로 볼록		위로 볼록		아래로 볼록		아래로 볼록
f		변곡점		변곡점		변곡점	

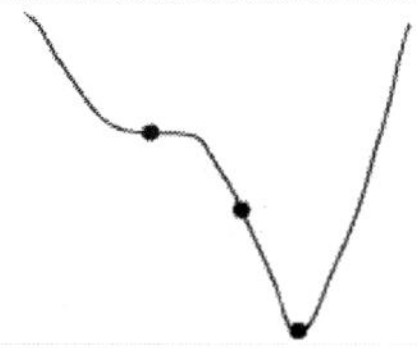

· 4단계 : 곡선의 y절편과 f', f''이 0인 점을 좌표평면에 표시한다.

(⋆ 정의역 확인 필수)

곡선의 y절편 ⇨ $(0,10)$

$f'=0$인 점 ⇨ $(0,10)$, $(3,-17)$

$f''=0$인 점 ⇨ $(0,10)$, $(2,-6)$

· 5단계 : f의 그래프를 완성한다.

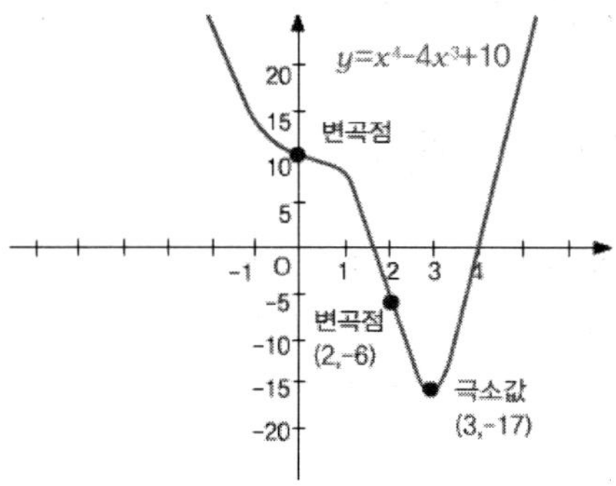

◉ **그래프를 그리는 단계에 따라 함수의 그래프 그리기 2**

· $f(x)=\dfrac{1}{x^2+1}$ 의 그래프 그리기

· 1단계 : 일계도함수를 이용하여 극값을 찾는다.

$$f'(x)=-\frac{2x}{(x^2+1)^2}=0 \;⇨\; x=0$$

$x=0$을 기준으로 $f'(x)$의 부호를 조사한다.

구간	$x<0$	$x=0$	$x>0$
f'의 부호	+	0	-
증가와 감소	증가	극대	감소

· 2단계 : 이계도함수를 이용하여 오목과 볼록을 결정한다.

$$f''(x)=\frac{2(\sqrt{3}x+1)(\sqrt{3}-1)}{(x^2+1)^3}=0 \Rightarrow x=-\frac{1}{\sqrt{3}},\ x=\frac{1}{\sqrt{3}}$$

$x=-\frac{1}{\sqrt{3}}$과 $x=\frac{1}{\sqrt{3}}$을 기준으로 $f''(x)$의 부호를 조사한다.

구간	$x<-\frac{1}{\sqrt{3}}$	$x=-\frac{1}{\sqrt{3}}$	$-\frac{1}{\sqrt{3}}<x<\frac{1}{\sqrt{3}}$	$x=\frac{1}{\sqrt{3}}$	$x<\frac{1}{\sqrt{3}}$
f''의 부호	+	0	-	0	+
오목과 볼록	아래로 볼록	변곡점	위로 볼록	변곡점	아래로 볼록

· 3단계 : 곡선의 개형은 다음과 같다.

구간	$x<-\frac{1}{\sqrt{3}}$	$x=-\frac{1}{\sqrt{3}}$	$-\frac{1}{\sqrt{3}}<x<0$	$x=0$	$0<x<\frac{1}{\sqrt{3}}$	$x=\frac{1}{\sqrt{3}}$	$x>\frac{1}{\sqrt{3}}$
f'	증가		증가		감소		증가
f''	아래로 볼록		위로 볼록		위로 볼록		아래로 볼록
f		$\frac{3}{4}$ 변곡점		1 극대		$\frac{3}{4}$ 변곡점	

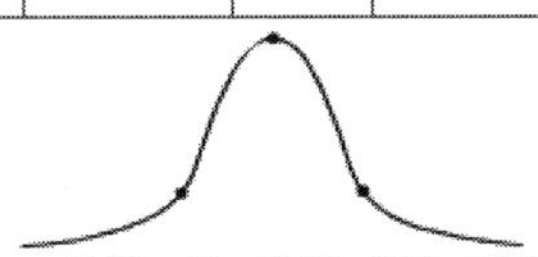

· 4단계 : 곡선의 y절편(y intercept)과 f', f''이 0인 점을 좌표평면에 표시한다.

곡선의 y절편 ⇨ $(0,1)$

$f'=0$인 점 ⇨ $(0,1)$

$f''=0$인 점 ⇨ $\left(-\frac{1}{\sqrt{3}},\frac{3}{4}\right)$, $\left(\frac{1}{\sqrt{3}},\frac{3}{4}\right)$

· 5단계 : f의 그래프를 완성한다.

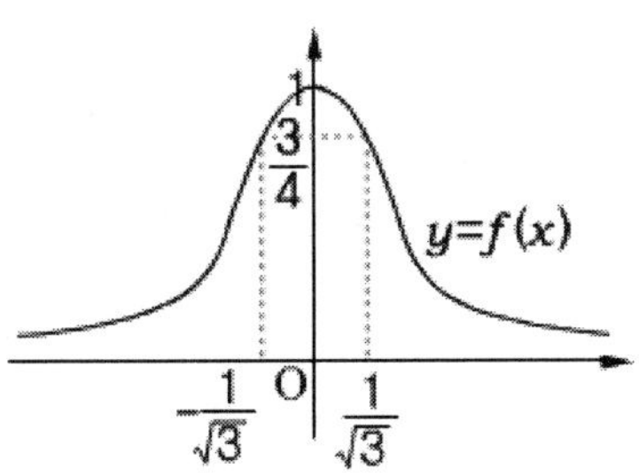

(2) 다지기

다음 순서에 따라 함수 $y=\ln(x^2+1)$의 그래프를 그려라.

1 대칭성을 조사하여라.

① 원점에 대하여 대칭 ② x축에 대하여 대칭 ③ y축에 대하여 대칭

2 $f'(x)=0$인 x값을 찾아라.

① 0　　② 1　　③ 2

3 $f''(x)=0$인 x값을 찾아라.

① $x=1$　　② $x=2$　　③ $x=-1$ 또는 $x=1$

4 y절편을 구하여 그래프가 지나는 한 점을 찾아라.

① (0, 0)　　② (1, 1)　　③ (-1, 1)

Review

◉ **곡선의 요철**

· 아래로 볼록(∪)

곡선의 기울기 증가 ⇒ $f'(x)$증가 ⇒ $f''(x)>0$

· 위로 볼록(∩)

곡선의 기울기 감소 ⇒ $f'(x)$감소 ⇒ $f''(x)<0$

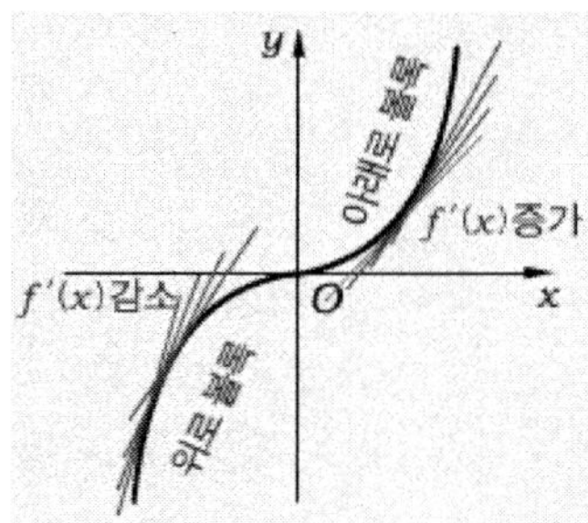

◉ **변곡점**

· 곡선의 요철이 바뀌는 부분을 변곡점이라 한다.

· 변곡점에서 이계도함수는 $f''(x)=0$이다.

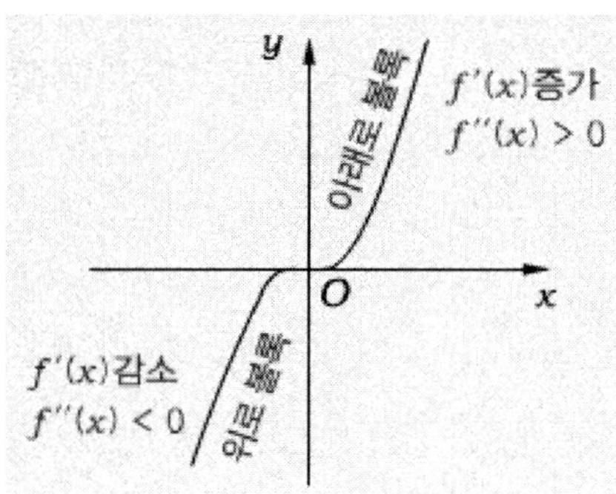

◉ **그래프 개형 예측하기**

- $f'(x) > 0,\ f''(x) < 0$: ↱
- $f'(x) < 0,\ f''(x) < 0$: ↴
- $f'(x) < 0,\ f''(x) > 0$: ↳
- $f'(x) > 0,\ f''(x) > 0$: ↗

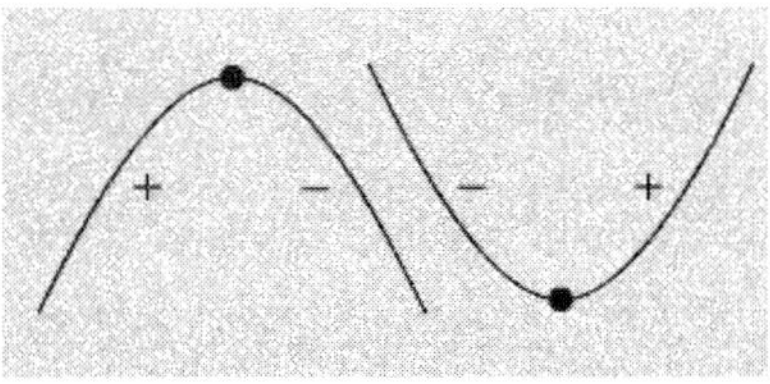

Quiz, Quiz

※ $f(x) = \dfrac{x^3}{3} - \dfrac{x^2}{2} - 2x + \dfrac{1}{3}$의 그래프가 다음과 같이 주어졌다. 그래프를 이용하여 다음 물음에 답하여라.

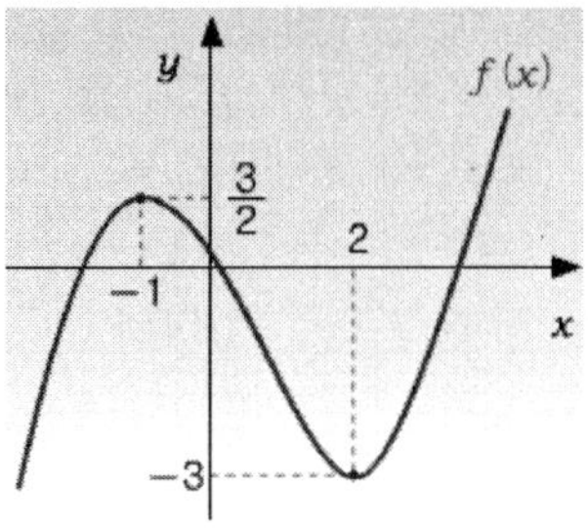

1 함수의 극대값을 구하여라.

① -3 ② 0 ③ $\dfrac{3}{2}$

2 함수의 극소값을 구하여라.

① -3 ② 0 ③ $\dfrac{3}{2}$

3 함수가 위로 볼록인 구간을 구하여라.

① $(-\infty, -\dfrac{3}{2})$ ② $(-\infty, 0)$ ③ $(-\infty, \dfrac{1}{2})$

4 함수가 아래로 볼록인 구간을 구하여라.

① $(-\dfrac{1}{2}, \infty)$ ② $(0, \infty)$ ③ $(\dfrac{1}{2}, \infty)$

5 변곡점을 구하여라.

① $(-\dfrac{1}{2}, \dfrac{7}{6})$ ② $(0, \dfrac{1}{3})$ ③ $(\dfrac{1}{2}, -\dfrac{37}{48})$

정답 및 풀이

1) 곡선의 요철, 변곡점

다지기 정답	p.7

1 ③
2 ②
3 변곡점
4 ②

1 아래로 볼록인 함수의 그래프는 $f''(x)>0$

2 $f''(x)>0$인 구간에서 곡선 $y=f(x)$는 아래로 볼록하다.
$f(x)$의 이계도함수 $f''(x)$를 구하면, $f''(x)=-\sin x$.
구간 $(\pi, 2\pi)$에서 $f''(x)=-\sin x$가 양수이므로 아래로 볼록하다.

3 오목과 볼록의 상태가 바뀌는 점을 변곡점이라 하며 변곡점에서 이계도함수 $f''(x)=0$이다.

4 $f'(x)=3x^2-6x$이고, $f''(x)=6x-6$이므로 $f''(x)=0$인 x를 구하면, $x=1$.
이제 $x=1$에서 각각 오목과 볼록의 상태가 바뀌는지 확인한다.
$x<1$에서 $f''(x)<0$, $x>1$에서 $f''(x)>0$이므로
$f(x)$는 $x=1$을 중심으로 위로 볼록에서 아래로 볼록으로 바뀐다.
따라서 $x=1$은 $f(x)$의 변곡점이다.

2) 함수의 그래프

다지기 정답	p.9

1 ③
2 ①
3 ③
4 ①

1 $f(-x)=f(x)$이므로 y축에 대하여 대칭이다.

2 $f'(x)=\dfrac{2x}{x^2+1}$이므로 $f'(x)=0$에서 $x=0$

3 $f''(x)=\dfrac{2(x^2+1)-2x\cdot 2x}{(x^2+1)^2}=-\dfrac{2(x^2-1)}{(x^2+1)^2}$이므로 $f''(x)=0$에서 $x=-1$ 또는 $x=1$

4 $f(0)=0$이므로 원점을 지난다.

Quiz, Quiz

퀴즈퀴즈 정답 p.11

1 ③
2 ①
3 ③
4 ③
5 ③

1 함수의 극값을 찾기 위해 $f'(x)=0$인 점을 구한다.

$f'(x)=x^2-x-2=(x+1)(x-2)$는 $x=-1, x=2$에서 0이다.

$x=-1$, $x=2$가 극대인지 극소인지 알아보기 위해 이계도함수의 부호를 구한다.

$f''(x)=2x-1$

$f''(-1)=-3<0$, $f''(2)=3>0$

따라서 $f'(-1)=0$이고 $f''(-1)<0$이므로 f는 $x=-1$에서 극대값을 가진다.

⇨ 극대값 $f(-1)=\dfrac{3}{2}$

반면에 $f'(2)=0$이고 $f''(2)>0$이므로 f는 $x=2$에서 극소값을 가진다.

⇨ 극소값 $f(2)=-3$

2 함수의 극값을 찾기 위해 $f'(x)=0$인 점을 구한다.

$f'(x)=x^2-x-2=(x+1)(x-2)$는 $x=-1, x=2$에서 0이다.

$x=-1, x=2$가 극대인지 극소인지 알아보기 위해 이계도함수의 부호를 구한다.

$f''(x)=2x-1$

$f''(-1)=-3<0$, $f''(2)=3>0$

따라서 $f'(-1)=0$이고 $f''(-1)<0$이므로 f는 $x=-1$에서 극대값을 가진다.

⇨ 극대값 $f(-1)=\dfrac{3}{2}$

반면에 $f'(2)=0$이고 $f''(2)>0$이므로 f는 $x=2$에서 극소값을 가진다.

⇨ 극소값 $f(2)=-3$

3 함수가 위로볼록 또는 아래로볼록인 구간을 찾기 위해 $f''(x)=0$인 점을 구한다.

$f''(x)=(x^2-x-2)'=2x-1$는 $x=\dfrac{1}{2}$에서 0이다.

$x=\dfrac{1}{2}$의 좌우에서 오목과 볼록을 알아보기 위해 이계도함수의 부호를 구한다.

$x<\dfrac{1}{2}$에서 $f''(x)<0$, $x>\dfrac{1}{2}$에서 $f''(x)>0$,

따라서 $x < \frac{1}{2}$에서 f는 위로 볼록, $x > \frac{1}{2}$에서 f는 아래로 볼록이다.

즉, 위로 볼록인 구간은 $(-\infty, \frac{1}{2})$이고, 아래로 볼록인 구간은 $(\frac{1}{2}, \infty)$이다.

4 함수가 위로볼록 또는 아래로볼록인 구간을 찾기 위해 $f''(x) = 0$인 점을 구한다.

$f''(x) = (x^2 - x - 2)' = 2x - 1$는 $x = \frac{1}{2}$에서 0이다.

$x = \frac{1}{2}$의 좌우에서 오목과 볼록을 알아보기 위해 이계도함수의 부호를 구한다.

$x < \frac{1}{2}$에서 $f''(x) < 0$, $x > \frac{1}{2}$에서 $f''(x) > 0$,

따라서 $x < \frac{1}{2}$에서 f는 위로 볼록, $x > \frac{1}{2}$에서 f는 아래로 볼록이다.

즉, 위로 볼록인 구간은 $(-\infty, \frac{1}{2})$이고, 아래로 볼록인 구간은 $(\frac{1}{2}, \infty)$이다.

5 오목과 볼록이 바뀌는 점이 변곡점이다.

즉, $x = \frac{1}{2}$을 기준으로 오목과 볼록이 바뀐다.

$f(\frac{1}{2}) = -\frac{37}{48}$이므로 변곡점은 $-\frac{37}{48}$이다.

11-3 최적화에의 응용

Calculus Life

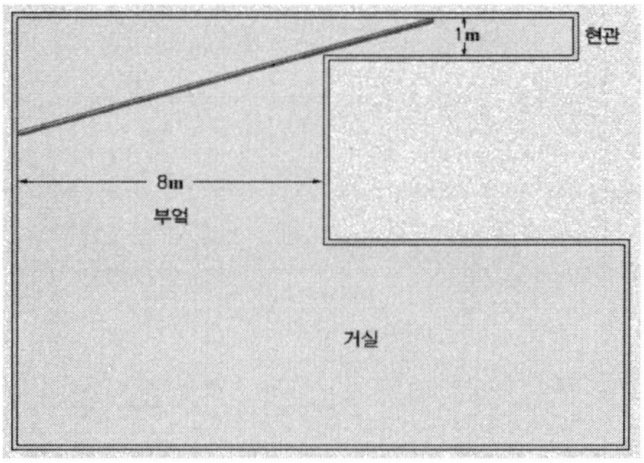

새 집에 커튼을 다는 일을 생각해 보자. 그림과 같이 집의 현관문을 들어서면 폭이 $1m$인 좁은 통로가 있다. 직각으로 꺾어서 들어가서 너비가 $8m$인 부엌을 지나면 거실이 나온다. 거실에 커튼을 달기 위해 먼저 커튼봉을 설치해야 한다. 두께가 거의 없는 얇은 커튼봉을 수평으로 가지고 들어가야 하는데 모서리를 돌아가려면 길이가 너무 길면 안 된다. 이 때 모서리를 돌아서 지나갈 수 있는 커튼봉의 최대길이는 얼마가 될까?

My Map

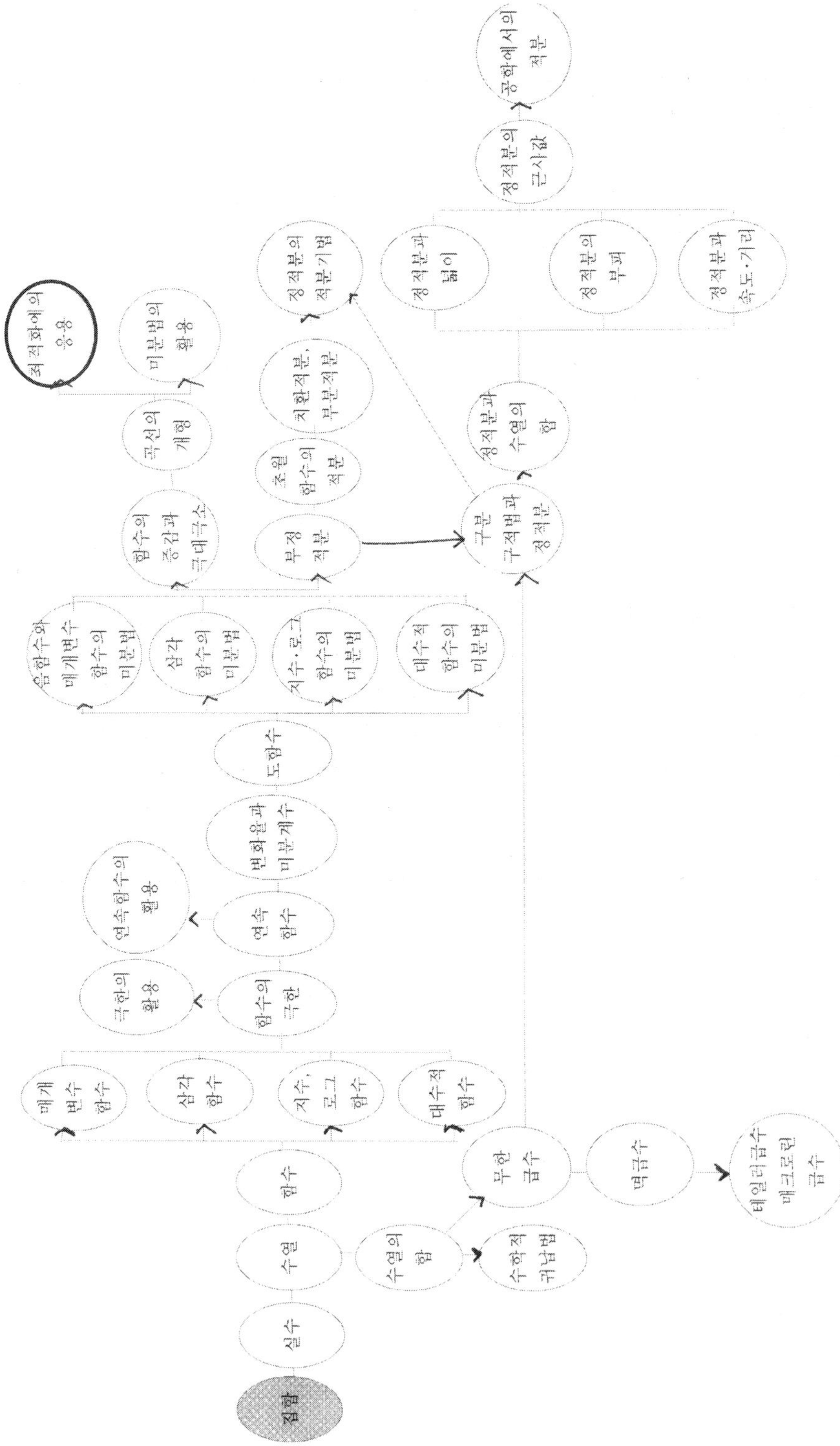
집합
실수
수열
함수
매개변수 함수
삼각함수
지수, 로그 함수
대수적 함수
함수의 극한
극한의 활용
연속함수
연속함수의 활용
변화율과 미분계수
도함수
음함수와 매개변수 함수의 미분법
삼각함수의 미분법
지수·로그 함수의 미분법
대수적 함수의 미분법
함수의 증감과 극대극소
곡선의 개형
미분법의 활용
최적화에의 응용
부정적분
초월함수의 적분
치환적분, 부분적분
정적분의 적분기법
구분구적법과 정적분
정적분과 수열의 합
정적분과 넓이
정적분의 부피
정적분과 속도·거리
정적분의 근사값
공학에서의 적분
수열의 합
수학적 귀납법
무한급수
멱급수
테일러급수 매크로린 급수

Secret Key

최대 · 최소의 정리

함수 $f(x)$가 폐구간 $[a,b]$에서 연속이면 그 구간에서 $f(x)$는 최대값과 최소값 모두를 가진다.

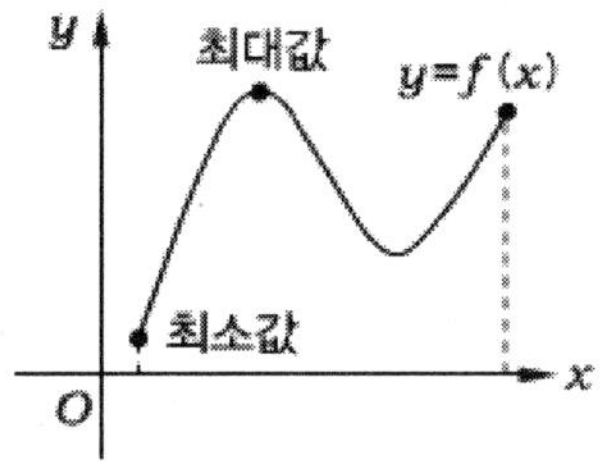

함수의 최대값, 최소값

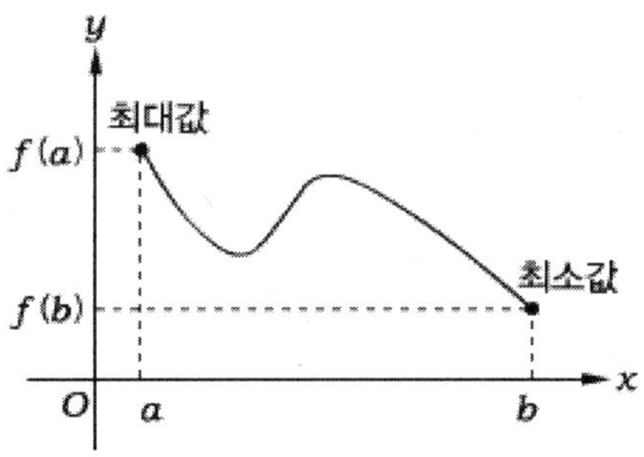

로피탈의 법칙

$\lim_{x\to a}\dfrac{f(x)}{g(x)}$가 $\dfrac{0}{0}$꼴 또는 $\dfrac{\infty}{\infty}$꼴 일 때 $\lim_{x\to a}\dfrac{f(x)}{g(x)}=\lim_{x\to a}\dfrac{f'(x)}{g'(x)}$

My Lesson

1) 함수의 최대, 최소

(1) 함수의 최대, 최소

◉ 최대 · 최소의 정리

최대· 최소의 정리
함수 $f(x)$가 폐구간 $[a,b]$에서 연속이면 그 구간에서 $f(x)$는 최대값과 최소값을 가진다.

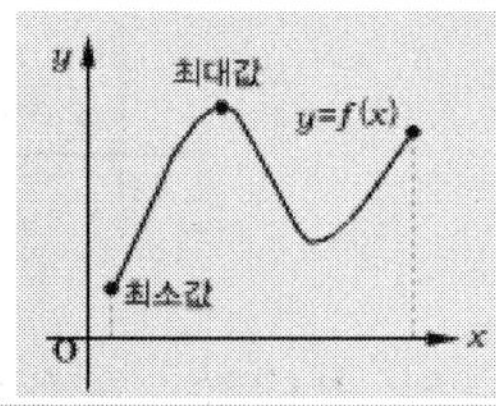

memo

<함수의 최대값과 최소값을 구할 때 주의할 점>
(1) 함수의 최대값, 최소값은 정의역(domain)의 범위에 따라 크게 달라지므로 어느 범위에서 최대값, 최소값을 구하는 것인지 파악해야 한다.
(2) 구간이 폐구간(closed interval)인지 개구간(open interval)인지, 혹은 반폐구간(half closed interval)인지 잘 살펴봐야 한다.

· 함수 $f(x)$가 폐구간 $[a,b]$에서 연속일 때
$f(x)$의 최대값은 극값, $f(a)$, $f(b)$ 중 가장 큰 값이다.
$f(x)$의 최소값은 극값, $f(a)$, $f(b)$ 중 가장 작은 값이다.

· 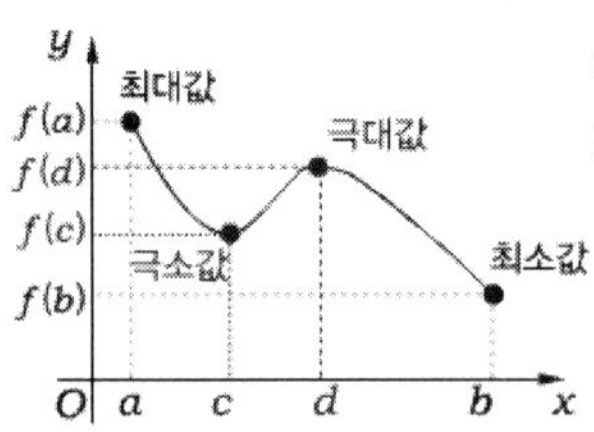

최대값 : $f(a)$
최소값 : $f(b)$

· 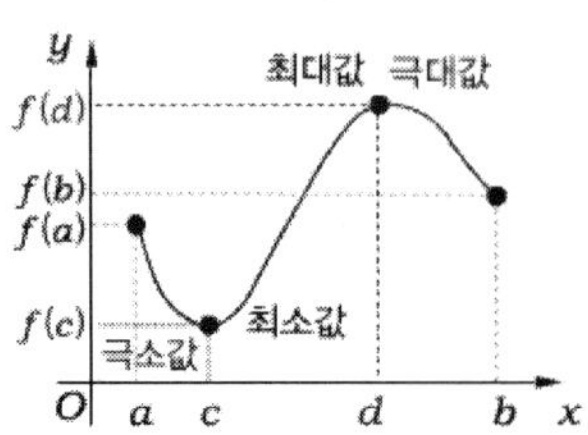

최대값 : 극대값
최소값 : 극소값

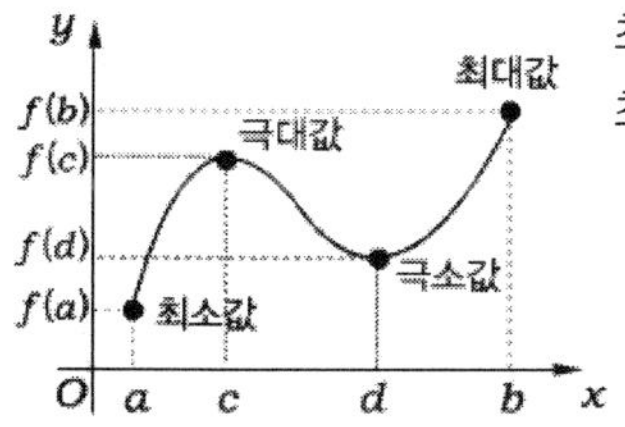

최대값 : $f(b)$
최소값 : $f(a)$

예제1 다음 함수의 주어진 구간에서의 최대값, 최소값을 구하여라.

$$f(x) = x + 2\cos x \ \ (0 \leq x \leq \pi)$$

풀이 먼저 주어진 함수는 폐구간에서 연속(continuity)이므로 최대· 최소의 정리에 의하여 최대값과 최소값을 모두 가진다. 극값을 구하기 위하여 함수를 미분해 보자.

$f'(x) = 1 - 2\sin x$, $f'(x) = 0\,(0 \leq x \leq \pi)$을 풀면 $x = \dfrac{\pi}{6}$, $x = \dfrac{5\pi}{6}$

이 때, $0 \leq x \leq \pi$인 범위에서 이 함수의 극값과 경계값을 구하면 다음과 같다.

x	$x=0$	$x=\frac{\pi}{6}$	$x=\frac{5\pi}{6}$	π
$f(x)$	2	$\frac{\pi}{6}+\sqrt{3}$	$\frac{5\pi}{6}-\sqrt{3}$	$\pi-2$

① $f(x)$의 최대값은 $\dfrac{\pi}{6}+\sqrt{3}$, 2, $\pi-2$ 중 가장 큰 값이다.

⇨ $\dfrac{\pi}{6}+\sqrt{3}$ 이 가장 크다.

②$f(x)$의 최소값은 $\dfrac{5\pi}{6}-\sqrt{3}$, 2, $\pi-2$ 중 가장 작은 값이다.

⇨ $\dfrac{5\pi}{6}-\sqrt{3}$ 이 가장 작다.

따라서 주어진 함수의 최대값은 $f(\dfrac{\pi}{6}) = \dfrac{\pi}{6}+\sqrt{3}$,

최소값은 $f(\dfrac{5\pi}{6}) = \dfrac{5\pi}{6}-\sqrt{3}$ 이다.

(2) 함수의 최대, 최소 문제

◉ 함수의 최대값과 최소값 구하기

예제1 한 변의 길이가 $12cm$인 철판의 네 가장자리에서 똑같은 크기의 정사각형을 잘라내어 뚜껑이 없는 상자를 만든다. 상자의 부피를 최대로 하려면, 가장자리에서 얼마나 큰 정사각형 모양을 잘라내야 하는가?

풀이 (1) 주어진 조건은 한 변의 길이가 $12cm$, 구하고자 하는 것은 잘라내는 정사각형의 한 변의 길이이므로 이것을 x라 둔다.

(2) 그림을 그린다.

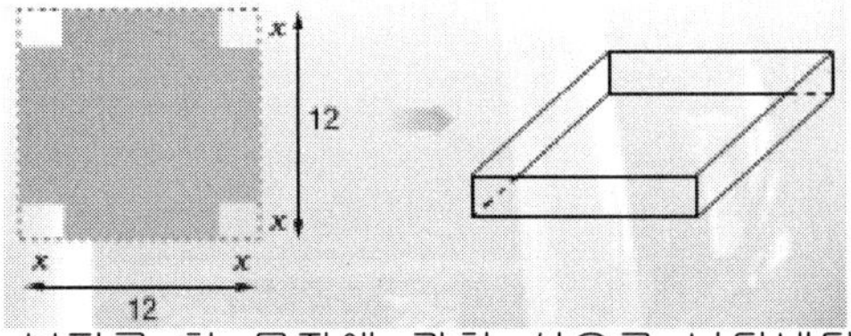

(3) 부피를 한 문자에 관한 식으로 나타낸다. 상자의 부피를 $f(x)$라고 하면

$f(x) = x(12-2x)^2 = 144x - 48x^2 + 4x^3$, $0 < x < 6$

(4) 미분한다.

$f'(x) = 144 - 96x + 12x^2 = 12(12 - 8x + x^2) = 12(2-x)(6-x) = 0$

$\Rightarrow\ x = 2, x = 6$

$f(0) = 0, f(2) = 128, f(6) = 0$ 이므로 $f(2)$일 때 최대값을 갖는다.

따라서 잘라내는 정사각형의 한 변의 길이를 $2cm$로 할 때 상자의 부피가 최대가 된다.

memo

도형의 길이, 넓이, 부피의 최대값 또는 최소값을 구하는 문제는 구하고자 하는 것(즉, 길이, 넓이, 부피)를 하나의 변수로 나타내고 미분하여 최대값 또는 최소값을 구한다. 이 때 변수의 범위에 유의해야 한다. (길이, 넓이, 부피 등은 절대로 음수가 될 수 없다.)

예제1 겉넓이가 $96\pi cm^2$인 원기둥 일 때, 부피가 최대가 되는 경우, 밑면의 반지름의 길이는 얼마인가?

풀이 (1) 주어진 조건은 원기둥의 겉넓이가 $96\pi cm^2$, 구하고자 하는 것은 원기둥의 반지름의 길이이므로 이것을 x라 둔다.

(2) 그림을 그린다.

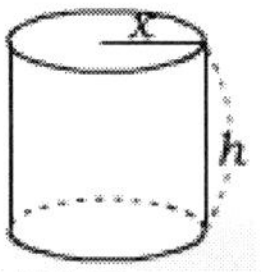

(3) 부피를 한 문자에 관한 식으로 나타낸다.

(원기둥의 부피=π(반지름)^2×높이) ⇨ $V = \pi x^2 h$

겉넓이 $96\pi = 2\pi x^2 + 2\pi x h$ 이므로 $h = \dfrac{48 - x^2}{x}$

원기둥의 부피를 $V(x)$라고 하면

$$V(x) = \pi x^2 \times \frac{48 - x^2}{x} = \pi(48x - x^3),\ 0 < x < \infty$$

(4) 미분한다.

$V' = 48\pi - 3\pi x^2 = 3\pi(16 - x^2) = 3\pi(4 - x)(4 + x) = 0 \ \Rightarrow\ x = 4(\because x > 0)$

V는 $x = 4$에서 최대값을 갖는다.

따라서 밑면의 반지름의 길이가 $4cm$일 때, 이 원기둥의 부피는 최대가 된다.

(3) 다지기

※ 반지름의 길이가 $10cm$인 구에 내접하는 원기둥의 밑면의 반지름의 길이를 rcm, 높이를 xcm라 하고, 그 부피를 Vcm^3라 할 때, 다음의 순서에 따라 부피를 최대로 하는 x의 값을 구해 보자.

1 최적화하려는 양인 부피를 식으로 나타내면?

① $V = 100\pi x - \frac{\pi}{4}x^3$ ② $V = 10\pi x - \frac{\pi}{2}x^3$ ③ $V = 10\pi x - \frac{\pi}{4}x^2$

2 V를 바르게 나타낸 것은?

① $V' = -\frac{3\pi}{4}\left(x + \frac{10}{\sqrt{3}}\right)\left(x - \frac{10}{\sqrt{3}}\right)$

② $V' = -\frac{3\pi}{4}\left(x + \frac{20}{\sqrt{3}}\right)\left(x - \frac{20}{\sqrt{3}}\right)$

③ $V' = -\frac{\pi}{4}\left(x + \frac{20}{\sqrt{2}}\right)\left(x - \frac{20}{\sqrt{2}}\right)$

3 부피를 최대로 하는 x의 값은?

① $x = \frac{20}{\sqrt{2}}(cm)$ ② $x = \frac{10}{\sqrt{3}}(cm)$ ③ $x = \frac{20}{\sqrt{3}}(cm)$

2) 로피탈의 법칙

(1) 로피탈의 법칙

◉ 로피탈의 법칙(L'Hospital rule)

로피탈의 법칙 - $\frac{0}{0}$꼴의 극한

$f(a)=g(a)=0$이고, $g'(x)\neq 0$이면 다음이 성립한다.

$$\lim_{x\to a}\frac{f(x)}{g(x)}=\lim_{x\to a}\frac{f'(x)}{g'(x)}$$

예제1 $\lim_{x\to 1}\frac{x^2-1}{x-1}$의 극한을 구하여라.

풀이 먼저 분자(numerator) $f(x)=x^2-1$과 분모(denominator) $g(x)=x-1$에 각각 $x=1$을 대입해 본다.

⇨ $f(1)=1^2-1=0$, $g(1)=1-1=0$ 즉, 분모와 분자가 동시에 0이 된다.

이제 로피탈의 법칙을 적용해 보자.

$f'(x)=2x$, $g'(x)=1$이므로 $\lim_{x\to 1}\frac{x^2-1}{x-1}=\lim_{x\to 1}\frac{2x}{1}$

이제 $x=1$을 대입해 보자.

$$\lim_{x\to 1}\frac{2x}{1}=\frac{2}{1}=2$$

$$\therefore \lim_{x\to 1}\frac{x^2-1}{x-1}=2$$

예제2 $\lim_{x\to 0}\frac{\sin x}{x}$의 극한을 구하여라.

풀이 먼저 분자 $f(x)=\sin x$과 분모 $g(x)=x$에 각각 $x=0$을 대입해 본다.

⇨ $f(0)=\sin 0=0$, $g(0)=0$ 즉, 분모와 분자가 동시에 0이 된다.

이제 로피탈의 법칙을 적용해 보자.

$f'(x)=\cos x$, $g'(x)=1$이므로

$$\lim_{x\to 0}\frac{\sin x}{x}=\lim_{x\to 0}\frac{\cos x}{1}$$

이제 $x=0$을 대입해 보자.

$$\lim_{x\to 0}\frac{\cos x}{1}=\frac{\cos 0}{1}=\frac{1}{1}=1$$

$$\therefore \lim_{x\to 0}\frac{\sin x}{x}=1$$

예제3 $\lim_{x\to0}\frac{x-\sin x}{x^3}$의 극한을 구하여라.

풀이 ① 주어진 극한은 $\frac{0}{0}$꼴이므로 로피탈의 법칙을 적용할 수 있다.

$$\lim_{x\to0}\frac{x-\sin x}{x^3}=\lim_{x\to0}\frac{1-\cos x}{3x^2}$$

이제 분모와 분자에 $x=0$을 대입해 보자. 여전히 $\frac{0}{0}$이다. (이 때, $\cos0=1$)

② 이 경우에 다시 분모와 분자를 미분하면 된다.

$$\lim_{x\to0}\frac{1-\cos x}{3x^2}=\lim_{x\to0}\frac{\sin x}{6x}$$

이제 분모와 분자에 $x=0$을 대입해 보자. 여전히 $\frac{0}{0}$이다. (이 때, $\sin0=0$)

③ 다시 분모와 분자를 미분해 보자.

이제 분모와 분자에 $x=0$을 대입해 보자. 이번에는 $\frac{0}{0}$이 아닌 $\frac{1}{6}$이 나온다.

$$\therefore \lim_{x\to0}\frac{x-\sin x}{x^3}=\frac{1}{6}$$

memo

$x=a$에서 부정형 $\frac{0}{0}$을 얻는 경우에는 계속해서 분모와 분자를 미분한다. 그러다가 $x=a$에서의 미분계수가 0이 아닌 것이 하나라도 나타나면 미분을 중지한다. 이 값이 극한값이다.

예제4 $\lim_{x\to\infty}\frac{\ln x}{x}$

풀이 먼저 분자, 분모에 ∞를 대입해 보면 $\frac{\infty}{\infty}$꼴이 된다.

이제 로피탈의 법칙을 적용해 보자.

$$\lim_{x\to\infty}\frac{\ln x}{x}=\lim_{x\to\infty}\frac{(\ln x)'}{(x)'}=\lim_{x\to\infty}\frac{1}{x}=0$$

예제5 $\lim_{x\to\infty}\frac{e^{2x}}{x^3}$

풀이 먼저 분자, 분모에 ∞를 대입해 보면 $\frac{\infty}{\infty}$꼴이 된다.

이제 로피탈의 법칙을 적용해 보자.

$$\lim_{x\to\infty}\frac{e^{2x}}{x^3}=\lim_{x\to\infty}\frac{(e^{2x})'}{(x^3)'}=\lim_{x\to\infty}\frac{(2e^{2x})}{(3x^2)}=\lim_{x\to\infty}\frac{(2e^{2x})'}{(3x^2)'}$$

$$= \lim_{x \to \infty} \frac{4e^{2x}}{6x} = \lim_{x \to \infty} \frac{(4e^{2x})'}{(6x)'} = \lim_{x \to \infty} \frac{8e^{2x}}{6} = \infty$$

(2) 다지기

로피탈의 법칙을 이용하여 다음 극한값을 계산하여라.

① $\lim_{x \to 0} \frac{1 - \sqrt{1+x}}{x}$

② $\lim_{x \to 0} \frac{3x - \sin x}{x}$

③ $\lim_{x \to \infty} \frac{2x}{x+100}$

Review

◉ 함수의 최대값과 최소값 구하기

· 함수 $f(x)$가 폐구간 $[a,b]$에서 연속일 때

$f(x)$의 최대값은 극값, $f(a)$, $f(b)$ 중 가장 큰 값이다.

$f(x)$의 최소값은 극값, $f(a)$, $f(b)$ 중 가장 작은 값이다.

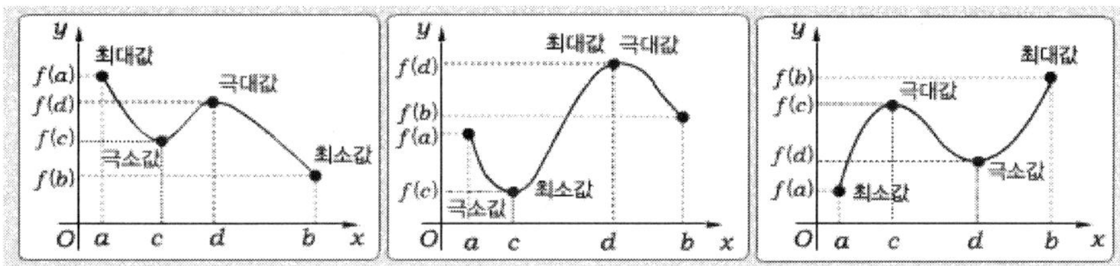

최대값 : $f(a)$, 최소값 : $f(b)$ 최대값 : 극대값, 최소값 : 극소값 최대값 : $f(b)$, 최소값 : $f(a)$

◉ 로피탈의 법칙

· $\frac{0}{0}$꼴의 극한

$f(a)=g(a)=0$이고, $g'(x)\neq 0$이면 다음이 성립한다.

$$\lim_{x\to a}\frac{f(x)}{g(x)}=\lim_{x\to a}\frac{f'(x)}{g'(x)}$$

· $\frac{\infty}{\infty}$꼴의 극한

$f(a)=g(a)=\infty$이고, $g'(a)\neq 0$이면 다음이 성립한다.

$$\lim_{x\to a}\frac{f(x)}{g(x)}=\lim_{x\to a}\frac{f'(x)}{g'(x)}$$

Quiz, Quiz

※ 판지 한 장의 가로의 길이가 $16cm$, 세로의 길이가 $10cm$이다. 그림과 같이 $10cm$ 변의 가장자리에서 2개의 똑같은 크기의 정사각형을 잘라내고 다른 가장자리에서는 2개의 똑같은 크기의 직사각형을 잘라낸다. 이제 점선을 따라 접어서 직육면체 모양의 뚜껑이 있는 상자를 만든다. 이 때 다음 물음에 답하여라. (1~3번)

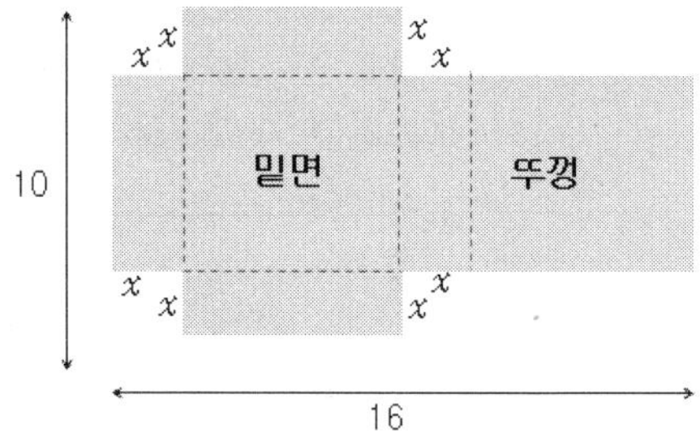

1 상자의 부피 $V(x)$의 식을 구하여라.

① $4x^3-52x^2+160x$ ② x^3-26x^2+160x ③ $2x^3-26x^2+80x$

2 부피가 최소가 되는 x의 값을 구하여라.

① $\frac{4}{3}$ ② 5 ③ 2

3 부피의 최소값을 구하여라.

① $\frac{27}{400}$ ② 20 ③ $\frac{1760}{27}$

※ 로피탈의 법칙을 적용하여 극한값을 계산하여라. (4~5번)

4 $\lim_{x\to 0}\frac{\sin 5x}{x}$의 극한값을 구하여라.

① 0 ② 1 ③ 5

5 $\lim_{x\to 0}\frac{4x^3-3}{x^3-1}$의 극한값을 구하여라.

① 1 ② 4 ③ 12

정답 및 풀이

1) 함수의 최대, 최소

다지기 정답 p.7

1 ①
2 ②
3 ③

1 ① r을 x의 식으로 나타낸다. ⇨ $r^2 = 10^2 - \left(\frac{x}{2}\right)^2$, $r = \sqrt{100 - \frac{x^2}{4}}$ $(r > 0)$

② V를 x의 식으로 나타낸다. ⇨ $V = \pi r^2 x = \pi\left(\sqrt{100 - \frac{x^2}{4}}\right)^2 x = \pi\left(100 - \frac{x^2}{4}\right)x$

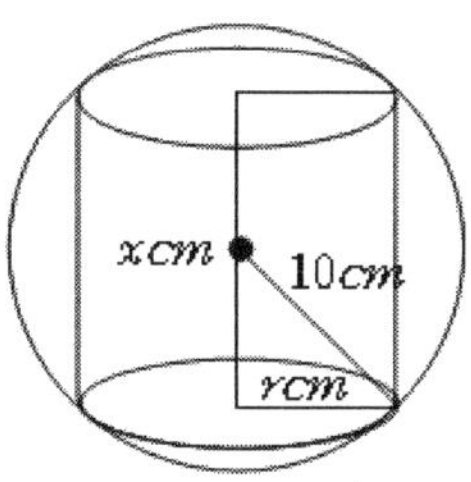

2 $V' = \left(100\pi x - \frac{\pi}{4}x^3\right)' = 100\pi - \frac{3\pi}{4}x^2$

$= \pi(100 - \frac{3}{4}x^2)$

$= \pi(10 - \frac{\sqrt{3}}{2}x)(10 + \frac{\sqrt{3}}{2}x)$

$V' = 0$인 x를 구하면 $x = \frac{20}{\sqrt{3}}$ $(x > 0)$

3 $0 < x < 20$ V의 증감표는 다음과 같다.

x	0	…	$\frac{20}{\sqrt{3}}$	…	20
V'의부호		+	0	−	
V	0	↗	극대값	↘	0

2) 로피탈의 법칙

다지기 정답 p.10

1 $-\frac{1}{2}$

2 2

3 2

1 $\lim_{x\to0}\frac{1-\sqrt{1+x}}{x}=\frac{-\frac{1}{2\sqrt{1+x}}}{1}\Big|_{x=0}=-\frac{1}{2}$

2 $\lim_{x\to0}\frac{3x-\sin x}{x}=\lim_{x\to0}\frac{3-\cos x}{1}\Big|_{x=0}=2$

3 $\lim_{x\to\infty}\frac{2x}{x+100}=\lim_{x\to\infty}\frac{2}{1}=2$

Quiz, Quiz

퀴즈퀴즈 정답 p.12

1 ③

2 ①

3 ③

4 ③

5 ②

1 직육면체의 전개도를 접어 보면, 직육면체의 가로, 세로, 높이는 각각 $\frac{16-2x}{2}=8-x$, $10-2x$, x가 된다.

직육면체의 부피 구하는 식은 (가로)×(세로)×(높이)이므로 직육면체의 부피를

$V(x)$라 하면 $V(x)=(8-x)(10-2x)x=2x^3-26x^2+80x$이다.

2 1번 문제에서 구한 부피 $V(x)=2x^3-26x^2+80x$가 최대가 되는 x를 구하기 위해

$V(x)$을 미분한다.

$$V'(x)=(2x^3-26x^2+80x)'=6x^2-52x+80$$
$$=2(3x^2-26x+40)=2(3x-4)(x+10)$$

$V'(x)=0$을 풀면 $x=\frac{4}{3}$ $(\because x>0)$

(길이)>0이므로 $8-x>0$, $10-2x>0$, $x>0$을 만족해야 한다.

위 세 식의 연립부등식을 풀면 $0<x<5$이다.

$0<x<5$의 범위에서 $V'(x)=0$을 풀면 $x=\frac{4}{3}$ $(\because x>0)$

V의 증감표는 다음과 같다.

x	0	$\cdots$	$\frac{4}{3}$	$\cdots$	5
V'의 부호		$-$	0	$+$	
V의 부호		↘	극소값	↗	

따라서 $x=\frac{4}{3}(cm)$일 때 V는 최대값을 갖는다.

3 $V(x)=2x^3-26x^2+80x$이므로

$x=\frac{4}{3}$일 때, 부피 V의 최소값을 구해 보면,

$$V(\frac{4}{3})=2\cdot(\frac{4}{3})^2-26(\frac{4}{3})^2+80(\frac{4}{3})$$
$$=2\cdot\frac{4}{3}((\frac{4}{3})^2-13(\frac{4}{3})+40)$$
$$=\frac{8}{3}(\frac{16}{9}-\frac{52}{3}+40)$$
$$=\frac{8}{3}(\frac{16-156+360)}{9}$$
$$=\frac{8}{3}\cdot\frac{220}{9}=\frac{1760}{27}$$

4 $\lim\limits_{x\to0}\frac{\sin5x}{x}=\lim\limits_{x\to0}\frac{5\cos5x}{1}$

$$=\lim_{x\to0}5\cos5x$$
$$=\lim_{x\to0}5\cos0=5\ (\because\cos0=1)$$

5 $$\lim_{x\to 0}\frac{4x^3-3}{x^3-1}=\lim_{x\to 0}\frac{12x^2}{3x^2}$$
$$=\lim_{x\to 0}\frac{24x}{6x}$$
$$=\lim_{x\to 0}\frac{24}{6}$$
$$=\lim_{x\to 0}4$$
$$=4$$

11-4 미분법의 활용

Calculus Life

공원에 있는 놀이기구는 종류에 따라 긴장감을 느끼게 하는 정도가 다르다. 이것은 기구마다 운동하는 방향과 속력이 다르기 때문이다. 물체의 속도는 속력과 방향을 모두 포괄하는 개념이다. 물체가 얼마나 빨리 속도를 올리는지 또는 떨어뜨리는지는 가속도와 관련이 있다. 그런데 이러한 속도와 가속도는 그 정의 자체가 미분과 관련이 있다. 따라서 물리학 분야에서 말하는 물체의 속도와 가속도를 구하는 공식, 그것을 이용하여 거리를 구하는 공식들은 지금까지 배운 미분을 이용하여 수학적으로 설명할 수 있다.

My Map

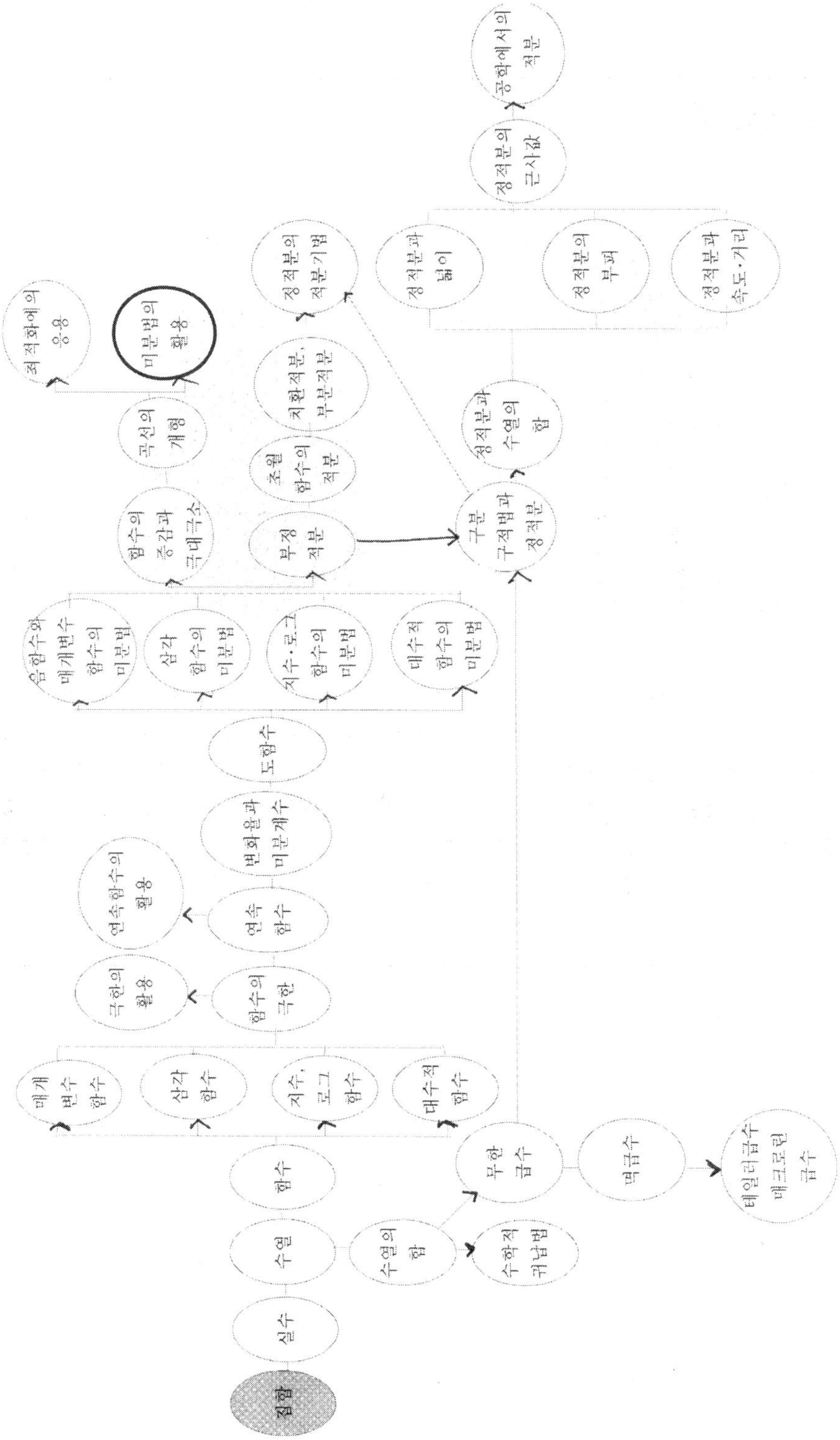
집합
실수
수열
함수
매개 변수 함수
삼각 함수
지수, 로그 함수
대수적 함수
함수의 극한
극한의 활용
연속 함수
연속함수의 활용
변화율과 미분계수
도함수
음함수와 매개변수 함수의 미분법
삼각 함수의 미분법
지수·로그 함수의 미분법
대수적 함수의 미분법
함수의 증감과 극대극소
곡선의 개형
최적화에의 응용
미분법의 활용
부정 적분
초월 함수의 적분
치환적분, 부분적분
정적분의 적분기법
구분 구적법과 정적분
정적분과 수열의 합
정적분과 넓이
정적분의 부피
정적분과 속도·거리
정적분의 근사값
공학에서의 적분
수열의 합
수학적 귀납법
무한 급수
멱급수
테일러급수 매크로린 급수

Secret Key

수직선 위의 응용

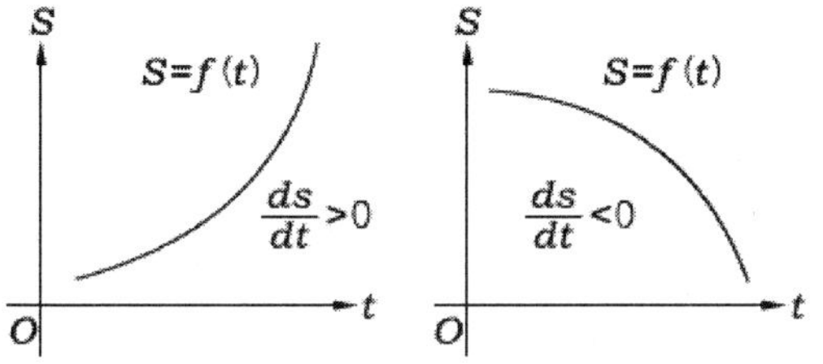

평면 위의 운동

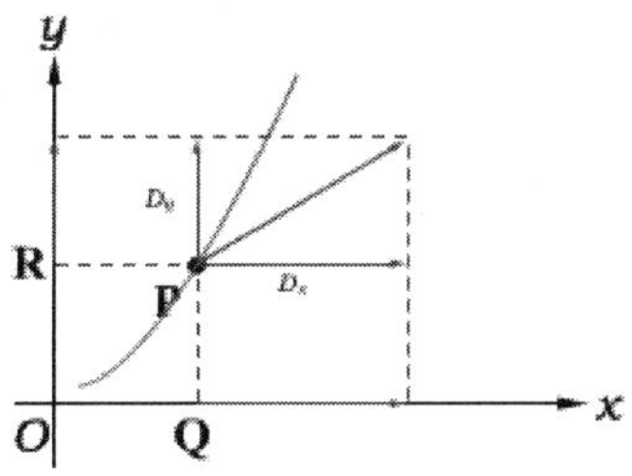

길이, 넓이, 부피의 변화율

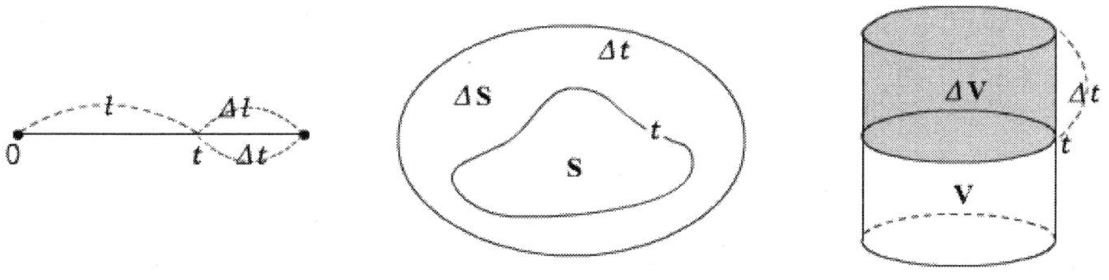

My Lesson

1) 속도와 가속도

(1) 수직선 위의 운동

◉ **직선 위의 운동에 대한 속도의 정의**

· 수직선 위를 움직이는 점 P에 대해 시작 t에서의 점 P의 위치를 s로 나타내면 s는 t의 함수이므로 $s=f(t)$라고 하자.

· 시각 t에서 $t+\Delta t$까지 위치의 변화량

$$\Delta s=f(t+\Delta t)-f(t)$$

· 시각 t에서 $t+\Delta t$까지 점 P의 평균변화율

$$\frac{\Delta s}{\Delta t}=\frac{f(t+\Delta t)-f(t)}{\Delta t}$$

⇒ 시각 t에서 $t+\Delta t$까지의 점 P의 평균속도다.

· $\Delta t\to 0$일 때의 평균변화율의 극한값을 점 P의 속도라고 한다.

$$(\text{속도})=v=\lim_{\Delta t\to 0}\frac{\Delta s}{\Delta t}=\lim_{\Delta t\to 0}\frac{f(t+\Delta t)-f(t)}{\Delta t}=f'(t)$$

◉ **직선 위의 운동에 대한 가속도의 정의**

시각 t에서 속도 $v(t)$의 순간변화율을 시각 t에서의 점 P의 가속도라고 한다.

$$(\text{가속도})=a=\frac{dv}{dt}=\lim_{\Delta t\to 0}\frac{v(t+\Delta t)-v(t)}{\Delta t}=v'(t)$$

따라서 시간에 관한 속도의 함수 $v(t)$를 시간에 관해 미분한 도함수가 가속도이다.

$$a=\frac{d}{dt}v(t)=v'(t)=f''(t)\ (\text{단, } v(t)=f'(t))$$

예제1 수직선 위를 움직이는 점 P의 위치 s가 시각 t의 함수

$$s=3\sin t+2\cos t$$

로 나타내어질 때, 시각 t에서의 점 P의 속도와 가속도를 구하여라.

풀이 속도 $v=\frac{ds}{dt}=(3\sin t+2\cos t)'=3\cos t-2\sin t$

가속도 $a=\frac{dv}{dt}=(3\cos t-2\sin t)'=-3\sin t-2\cos t$

◉ 직선 위의 운동에 대한 속도와 가속도의 관계

· 위치 x가 시간 t에 대한 함수 $s=f(t)$로 나타내어질 때 속도 v는 $s=f(t)$를 한 번 미분한 함수, 가속도 a는 $s=f(t)$를 두 번 미분한 함수이다.

$$\text{위치 } s=f(t) \overset{\text{미분}}{\Rightarrow} \text{속도 } v=f'(t) \overset{\text{미분}}{\Rightarrow} \text{가속도 } a=f''(t)$$

예제1 달의 표면에 서 있는 우주인이 돌을 던질 경우 t초 후의 돌의 높이 $f(t)$는 다음 식으로 표현할 수 있다.

$$f(t)=-0.8t^2+5t+1.7$$

던진 돌의 움직이는 속도와 가속도를 구하여라.

풀이 속도 $v=f'(t)=(-0.8t^2+5t+1.7)'=-1.6t+5$

가속도 $a=f''(t)=(-1.6t+5)'=-1.6$

◉ 속도와 가속도를 통해 물체의 운동방향 알아보기

· 원점을 출발하여 수직선 위를 움직이는 점 P의 시각 t에서의 위치 s가 다음과 같다.

$$s=4t-t^2$$

시각 t에서 점 P의 속도 v와 가속도 a를 구해보자.

· $v=\dfrac{dx}{dt}=4-2t$, $a=\dfrac{dv}{dt}=-2$

· $t=1,2,3$일 때 속도 v와 a의 값을 구하면 다음과 같다.

시각	$v=4-2t$	$a=-2$
$t=1$	$v=2$	$a=-2$
$t=2$	$v=0$	$a=-2$
$t=3$	$v=-2$	$a=-2$

· $0<t<2$일 때 $v>0$이므로 점 P는 앞으로 진행한다.
$t=2$인 순간에는 점 P의 운동방향이 바뀐다.
$t>2$일 때 $v<0$이므로 점 P는 뒤로 진행한다.

◉ 물체의 속도 $v=f'(t)$의 그래프 알아보기

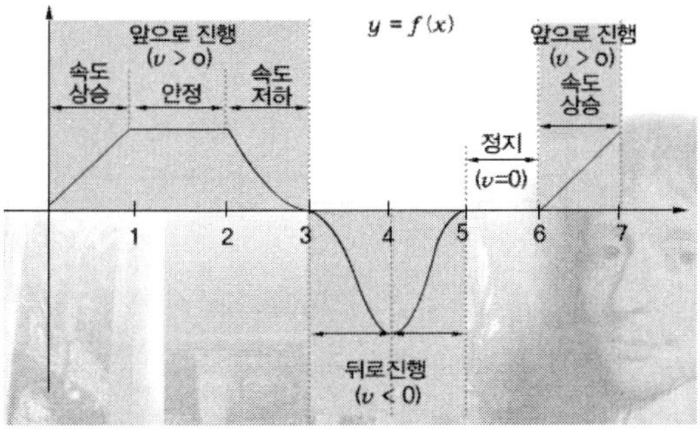

· 물체는 처음 3초 동안은 앞으로 진행하고 다음 2초 동안은 뒤로 진행하고 1초 동안 정지해 있다가 다시 앞으로 진행한다.

◉ 수직운동

· 지면에서 똑바로 위를 향하여 초속 30m로 던진 물체의 t초 후 높이를 sm라고 하면 t와 s사이에 다음과 같은 관계가 성립한다.

$$s = 30t - 5t^2$$

· 2초 후 물체의 속도

물체의 t초 후의 속도 v는 $v = \dfrac{dx}{dt} = 30 - 10t$이다.

$t = 2$일 때 $t = 30 - 10 \cdot 2 = 10$

따라서 2초 후에 물체의 속도는 10m/초 이다.

· 물체가 최고 높이에 도달할 때까지 몇 초 걸리는가?

최고 높이(함수의 극대점)에서는 $v = 0$이므로

$30 - 10t = 0$인 t를 구하면 $t = 3$(초)

· 던진 물체가 지면에 떨어지는 순간의 속도를 구하여라.

물체가 지면에 떨어질 때의 높이는 $s = 0$이므로 $s = 0$일 때 시각 t를 구한다.

$30t - 5t^2 = 0$, $5t(6-t) = 0$ 따라서 $t = 6$, 즉 6초 후 물체는 땅에 떨어진다.

$v(t) = 30 - 10t$이므로 $v(6) = 30 - 10 \cdot 6 = -30$(m/초)

(2) 평면 위의 운동

◉ 평면 위의 운동에서의 속도의 정의

· 좌표평면 위를 움직이는 점 P에 대하여 시각 t에서의 점 P의 좌표(x, y)를 다음과 같이 t를 매개변수로 하는 함수로 나타내자.

$$x = f(t),\ y = g(t)$$

· 1단계 : 점 P의 x축 위로의 정사영인 점 Q는 x축 위에서 $x = f(t)$로 나타내어지는 직선운동을 한다.

⇨ 시각 t에서 점 Q의 속도를 v_x하자.

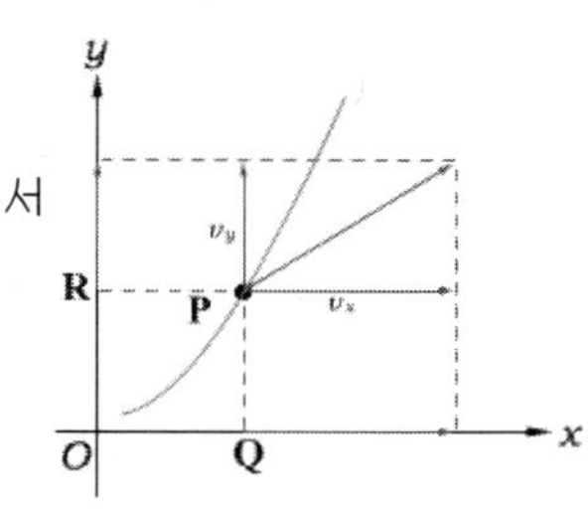

· 2단계 : 점 P의 y축 위로의 정사영인 점 R은 y축 위에서 $y = g(t)$로 나타내어지는 직선운동을 한다.

⇨ 시각 t에서 점 R의 속도를 v_y하자.

· 3단계 : v_x와 v_y는 다음과 같이 나타낼 수 있다.

$$v_x = \frac{dx}{dt} = f'(t),\ v_y = \frac{dy}{dt} = g'(t)$$

· 4단계 : 점 P의 속도를 v라고 하면 v는 다음과 같이 정의한다.

$$v = (v_x, v_y) = \left(\frac{dx}{dt}, \frac{dy}{dt}\right) = (f'(t), g'(t))$$

◉ 평면 위의 운동에서의 속도와 속력의 차이

· 점 P의 속력 $|v|$를 구해 보자.

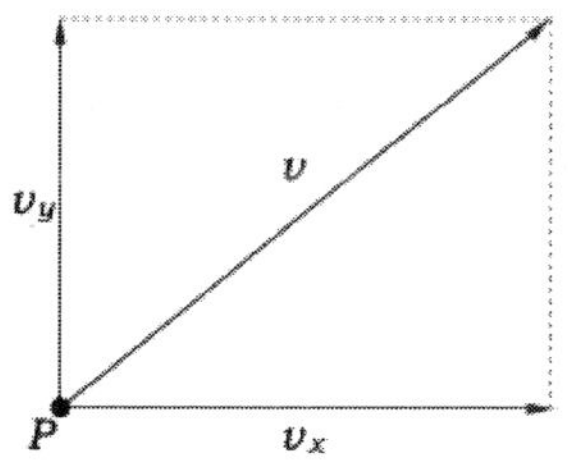

$$|v| = \sqrt{v_x^2 + v_y^2} = \sqrt{\left(\frac{dx}{dt}\right)^2 + \left(\frac{dy}{dt}\right)^2} = \sqrt{(f'(t))^2 + (g'(t))^2}$$

예제1 좌표평면 위를 움직이는 점 P의 좌표 (x, y)가 시각 t의 함수

$$x = \sin t,\ y = \sin 2t$$

로 주어질 때 점 P의 속도, 속력을 구하여라.

풀이 $\frac{dx}{dt} = \cos t$, $\frac{dy}{dt} = 2\cos 2t$이므로 시각 t에서의 점 P의 속도는

$$v = \left(\frac{dx}{dt}, \frac{dy}{dt}\right) = (\cos t, 2\cos 2t)$$

이제 속력 $|v|$를 구해 보자.

$$\begin{aligned} |v| &= \sqrt{\left(\frac{dx}{dt}\right)^2 + \left(\frac{dy}{dt}\right)^2} \\ &= \sqrt{(\cos t)^2 + (2\cos 2t)^2} \\ &= \sqrt{\cos^2 t + 4\cos^2 2t} \end{aligned}$$

◉ **평면 위의 운동에서의 가속도의 정의**

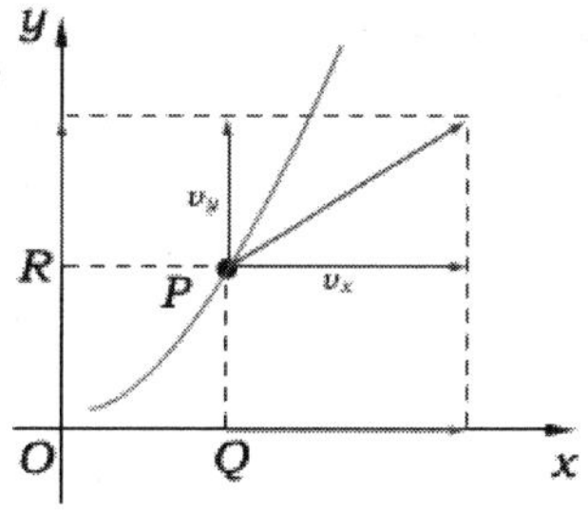

· 시각 t에서의 점 Q의 가속도를 a_x, 점 R의 가속도를 a_y라고 하면

$$a_x = \frac{dv_x}{dt} = \frac{d^2x}{dt^2} = f''(t),\ a_y = \frac{dv_y}{dt} = \frac{d^2y}{dt^2} = g''(t)$$

· 시각 t에서의 점 P의 가속도 a는

$$a = (a_x, a_y) = \left(\frac{d^2x}{dt^2}, \frac{d^2y}{dt^2}\right) = (f''(t), g''(t))$$

· 점 P의 가속도의 절대값 $|a|$를 가속도의 크기라고 한다.

$$|a| = \sqrt{a_x^2 + a_y^2} = \sqrt{\left(\frac{d^2x}{dt^2}\right)^2 + \left(\frac{d^2y}{dt^2}\right)^2} = \sqrt{(f''(t))^2 + (g''(t))^2}$$

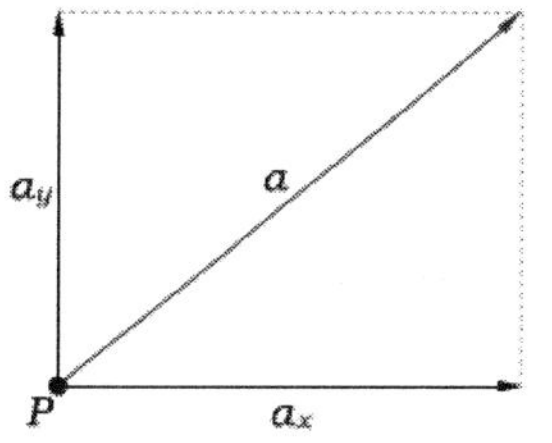

예제1 좌표평면 위를 움직이는 점 P의 좌표 (x, y)가 시각 t의 함수

$$x = \sin t,\ y = \sin 2t$$

로 주어질 때 점 P의 가속도, 가속도의 크기를 구하여라.

풀이 시각 t에서의 점 P의 가속도는

$a=(\frac{d^2x}{dt^2}, \frac{d^2y}{dt^2})=(-\sin t, -4\sin 2t)$이다.

가속도의 크기는

$|a|=\sqrt{(-\sin t)^2+(-4\sin 2t)^2}=\sqrt{\sin^2 t+16\sin^2 2t}$

◉ 사이클로이드

예제1 좌표평면 위를 움직이는 점 P의 시각 t초 후의 위치 $P(x,y)$는

$$x=2(t-\sin t),\ y=2(1-\cos t)$$

로 나타낼 수 있다. 점 P의 속도, 속력, 가속도를 구하여라.

풀이 x,y는 t에 대한 함수이므로 $x=f(t)$, $y=g(t)$라 둘 수 있다.

$f(t)=2(t-\sin t)$, $g(t)=2(1-\cos t)$

점 P의 속도 $v=(f'(t), g'(t))=(2(1-\cos t),\ 2\sin t)=(2-2\cos t, 2\sin t)$

점 P의 속력

$|v|=\sqrt{(f'(t))^2+(g'(t))^2}=\sqrt{(2-2\cos t)^2+(2\sin t)^2}=\sqrt{8(1-\cos t)}$

점 P의 가속도 $a=(f''(t), g''(t))=((2-2\cos t)', (2\sin t)')=(2\sin t, 2\cos t)$

memo

자전거 앞 바퀴에 한 점을 표시하자. 평지에서 자전거를 앞으로 진행시키면 자전거 바퀴가 굴러감에 따라 그 점도 하나의 곡선을 그리며 움직인다. 자전거 바퀴가 회전을 거듭할 때마다 곡선은 하나의 사이클을 이루며 반복하는데 이를 사이클로이드라 한다. 이 때 사이클로이드를 그리는 점이 바로 (예제)에 제시된 점 P이다.

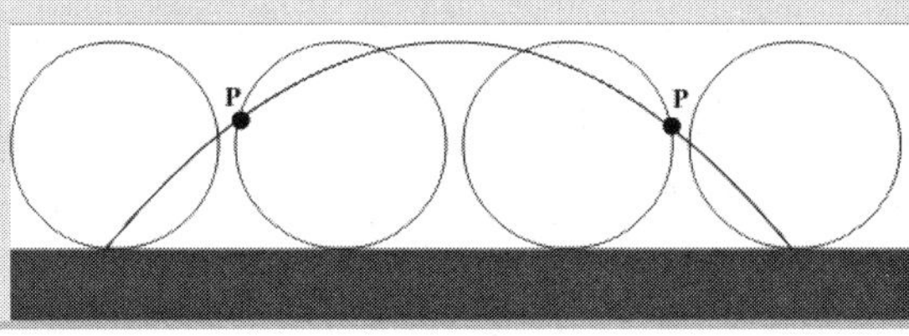

(3) 다지기

다음 문제를 풀어보자.

1. 직선 위를 움직이는 점의 위치와 시각 t사이의 관계가 $f(t)=t^2+2t$로 주어질 때 $t=2$에서의 속도를 구하여라.

2. 직선 위를 움직이는 점의 위치와 시각 t사이의 관계가 $f(t)=t^2+2t$로 주어질 때 $t=2$에서의 가속도를 구하여라.

③ 좌표평면 위를 움직이는 $P(x,y)$의 시각 t에서의 위치가 $x=2t-1$, $y=t^2+2t$로 주어질 때, $t=1$에서의 P의 속도를 구하여라.

④ 좌표평면 위를 움직이는 $P(x,y)$의 시각 t에서의 위치가 $x=2t-1$, $y=t^2+2t$로 주어질 때, $t=1$에서의 P의 가속도를 구하여라.

2) 시간에 대한 변화율

(1) 길이의 변화율

◉ **길이의 변화율**

· 시각 t에서 어떤 물체의 길이가 l일 때, 시간이 Δt만큼 지난 후에 물체의 길이가 Δl만큼 변했다고 할 때, 시각 t에서의 길이 l의 변화율은 다음과 같다.

$$\lim_{\Delta t \to 0} \frac{\Delta l}{\Delta t} = \frac{dl}{dt}$$

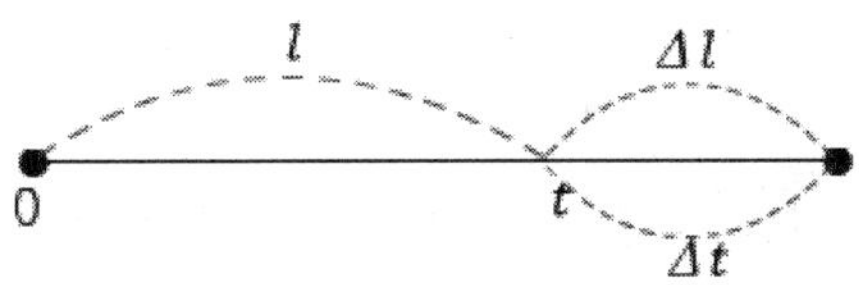

· t초 후의 물체의 길이에 대한 관계식을 만든 후 변화율을 구하기 위해 t로 미분한다. t초 후의 물체의 길이 $l(t)=2t^2$으로 주어진다면, 시각 t에서의 길이 l의 변화율은 $l'(t)=4t$이다.

예제1 오른쪽 그림과 같이 길이가 500㎝인 사다리가 두 축에 기대어 있다. 이 사다리의 아래쪽 끝점 A가 매초 8㎝의 속도로 벽면으로부터 멀리 미끄러진다고 할 때, $\overline{OA}$가 벽으로부터 300㎝ 떨어진 순간에 $\overline{BO}$의 길이변화율을 구하여라.

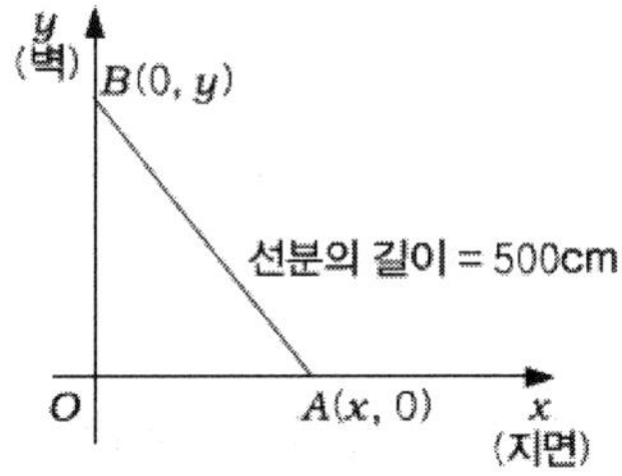

풀이 $\overline{OA}=x$, $\overline{OB}=y$라 하면

$x^2+y^2=500^2$ ⋯ ①

이 식의 양변을 t에 관하여 미분하면

$2x\frac{dx}{dt}+2y\frac{dy}{dt}=0$ ⋯ ②

A가 매초 벽면으로부터 $8cm$의 속도로 멀어지므로 $\frac{dx}{dt}=8$이다.

$x=300$일 때 ①식에 의해 $y=400$이 된다.

$x=300$, $y=400$, $\frac{dx}{dt}=8$을 ②식에 대입하면

$2\cdot300\cdot8+2\cdot400\cdot\frac{dy}{dt}=0$

$\therefore\ \frac{dy}{dt}=-6$

따라서 $\overline{BO}$의 길이변화율은 $-6cm/$초이다.

(2) 넓이의 변화율

◉ **넓이의 변화율**

· 시각 t일 때의 도형의 넓이가 S일 때, 시간이 Δt만큼 지난 후에 넓이가 ΔS만큼 변했다고 할 때, 시각 t에서의 넓이 S의 변화율은 다음과 같다.

$$\lim_{\Delta t\to0}\frac{\Delta S}{\Delta t}=\frac{dS}{dt}$$

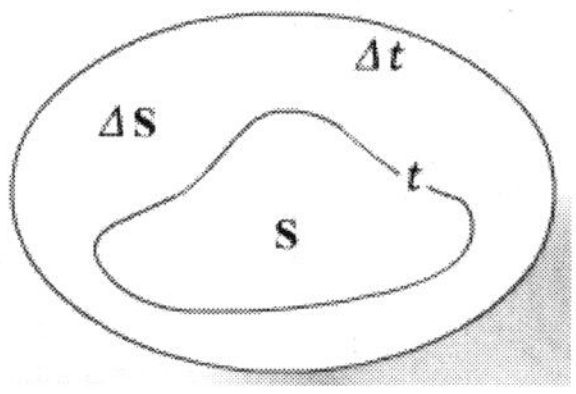

· t초 후의 도형의 넓이에 대한 관계식을 만든 후 변화율을 구하기 위해 t로 미분한다.

예제1 시각 t(초)일 때의 도형의 넓이가 S일 때, S와 t에는 다음과 같은 관계식이 성립한다.

$$S=\frac{\pi}{4}t^2$$

10초일 때, 시간의 변화에 따른 넓이의 변화율은 얼마인가?

풀이 시간에 대한 넓이의 변화율은

$$\frac{dS}{dt}=\frac{d}{dt}\left(\frac{\pi}{4}t^2\right)=\frac{\pi}{4}\cdot2t=\frac{\pi t}{2}$$

10초일 때, 시간에 대한 넓이의 변화율은 $\frac{\pi t}{2}=\frac{\pi\cdot10}{2}=5\pi\ (m^2/s)$

(3) 부피의 변화율

◉ **부피의 변화율**

· 시각 t일 때의 도형의 부피가 V일 때, 시간이 Δt만큼 지난 후에 넓이가 ΔV만큼 변했다고 하면, 시각 t에서의 넓이 V의 변화율은 다음과 같다.

$$\lim_{\Delta t \to 0} \frac{\Delta V}{\Delta t} = \frac{dV}{dt}$$

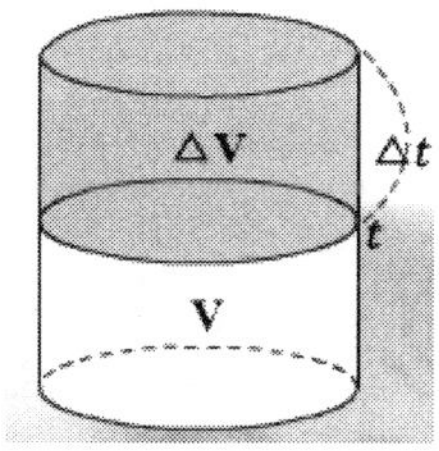

예제1 10000L의 물이 들어있는 물탱크에서 50분 동안 밑바닥으로부터 물을 뺀다고 하자. 토리첼리의 법칙에 의하면 t분 후의 물탱크 안에 남아있는 물의 부피 $V(t)L$는 다음과 같이 주어진다.

$$V(t) = 10000\left(1 - \frac{t}{50}\right)^2$$

10분 후 물탱크 안의 물의 부피의 변화율을 구하여라.

풀이 이미 t분 후의 물의 부피에 대한 관계식이 다음과 같이 주어져 있다.

$$V(t) = 10000\left(1 - \frac{t}{50}\right)^2$$

t에 미분한다.

$$V'(t) = \left\{10000\left(1 - \frac{t}{50}\right)^2\right\}' = 2\cdot 10000\left(1 - \frac{t}{50}\right)\cdot\left(-\frac{1}{50}\right) = -400\left(1 - \frac{t}{50}\right)$$

이므로 시각 t일 때의 물의 부피의 변화율은 $V'(t) = -400\left(1 - \frac{t}{50}\right)(L/s)$

10분 후의 물의 부피의 변화율은 $V'(10) = -400\left(1 - \frac{10}{50}\right) = -320 \ (L/s)$이다.

(4) 다지기

※ 직사각형의 세로의 길이 x은 $2cm/s$의 비율로 줄어들고 있고, 가로의 길이 y는 $2cm/s$의 비율로 늘어나고 있다. $x = 12cm$이고 $y = 5cm$일 때, 다음 물음에 답하여라.

1 둘레의 길이의 변화율을 구하여라.

2 대각선의 길이의 변화율을 구하여라.

① $-\frac{14}{13}cm/s$　　② $-\frac{12}{13}cm/s$　　③ $-\frac{14}{11}cm/s$

③ 넓이의 변화율을 구하여라.

④ 다음 중 어떤 값이 증가하는가?
① 둘레의 길이의 변화율　② 대각선의 길이의 변화율　③ 넓이의 변화율

Review

◉ **수직선 위의 운동**

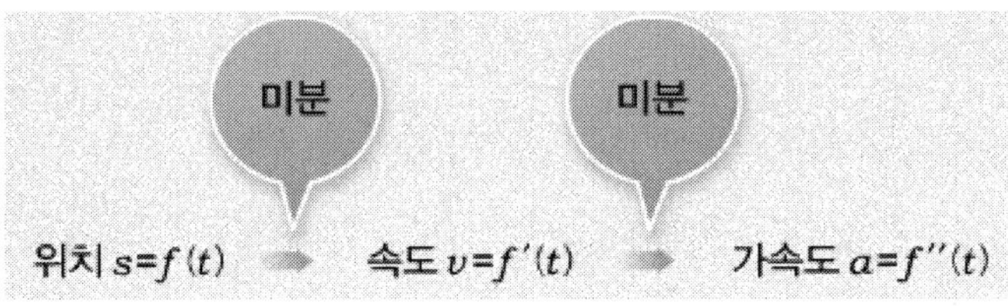

◉ **평면 위의 운동**

평면 위를 움직이는 점 $P(x,y)$의 위치가 시각 t의 함수 $x=f(t)$, $y=g(t)$일 때,

· 속도 : $v=(v_x,v_y)=(f'(t),g'(t))$

· 속력 : $|v|=\sqrt{v_x^2+v_y^2}=\sqrt{(f'(t)+g'(t))}$

· 가속도 : $a=(a_x,a_y)\ =(f''(t),g''(t))$

· 가속도의 크기 : $|a|=\sqrt{a_x^2+a_y^2}=\sqrt{(f''(t))^2+(g''(t))^2}$

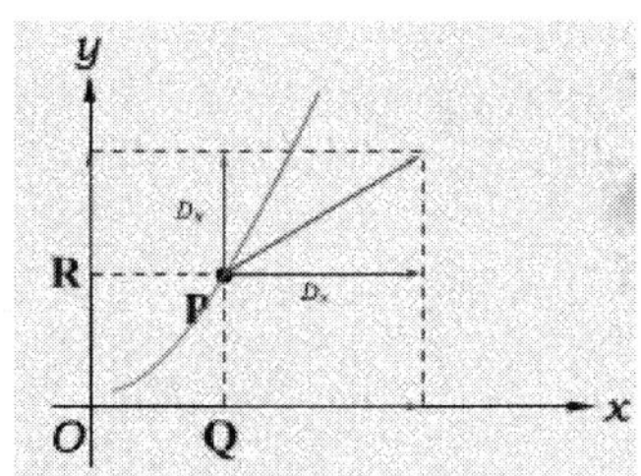

◉ **길이, 넓이, 부피의 변화율**

· 시각 t에서의 길이 l의 변화율 : $\lim_{\Delta t\to 0}\frac{\Delta l}{\Delta t}=\frac{dl}{dt}$

· 시각 t에서의 넓이 S의 변화율 : $\lim_{\Delta t\to 0}\frac{\Delta S}{\Delta t}=\frac{dS}{dt}$

· 시각 t에서의 부피 V의 변화율 : $\lim_{\Delta t\to 0}\frac{\Delta V}{\Delta t}=\frac{dV}{dt}$

Quiz, Quiz

1 수직선 위를 움직이는 점 P의 시각 t에서 위치 x가 $x=\frac{1}{3}t^3-4t$일 때, $t=2$에서 속도를 구하여라.

① -4 ② 0 ③ 4

2 좌표평면 위를 움직이는 점 P의 시각 t에서의 좌표가 $(2\cos t, \sin 2t)$라고 할 때, P의 속도를 구하여라.

① $(-2\sin t, 2\cos 2t)$ ② $(2\sin t, \cos 2t)$ ③ $(-2\cos t, -4\sin 2t)$

※ 평면 위를 움직이는 점 P의 좌표 (x,y)가 시각 t에 대하여 함수

$$x=t^3+6t^2,\ y=2t^2-3t^3$$

으로 주어질 때 다음 물음에 답하여라. (3~4번)

3 점 P가 점 $(7,-1)$을 지날 때의 속도를 구하여라.

① $(10,5)$ ② $(15,-5)$ ③ $(36,-24)$

4 점 P가 점 $(7,-1)$을 지날 때의 가속도를 구하여라.

① $(15,-5)$ ② $(16,-10)$ ③ $(18,-14)$

5 시각 t초 후의 물체의 넓이 $S(t)=2t^3$으로 주어졌을 때, 이 때 2초 후의 넓이 S의 변화율을 구하여라.

① 12 ② 24 ③ 36

정답 및 풀이

1) 속도와 가속도

다지기 정답	p.8

1 6
2 2
3 (2, 4)
4 (0, 2)

1 속도 $v=f'(t)=(t^2+2t)'=2t+2$
⇨ $t=2$에서의 속도 $v(2)=f'(2)=2\cdot 2+2=6$

2 가속도 $a=f''(t)=(2t+2)'=2$
⇨ $t=2$에서의 가속도 $a(2)=f''(2)=2$

3 속도 $v=(f'(t),g'(t))=(2,2t+2)$
⇨ $t=1$에서의 속도 $v(1)=(f'(1),g'(1))=(2,4)$

4 가속도 $a=(f''(t),g''(t))=(0,2)$
⇨ $t=1$에서의 속도 $a(1)=(f''(1),g''(1))=(0,2)$

2) 시간에 대한 변화율

다지기 정답	p.11

1 0
2 ①
3 14
4 ③

1 둘레의 길이 l를 구하는 식 $l=2x+2y$을 t에 대하여 미분하면,

$$\frac{dl}{dt}=2\frac{dx}{dt}+2\frac{dy}{dt}$$

$\frac{dx}{dt}=-2$, $\frac{dy}{dt}=2$을 대입하면

$\frac{dl}{dt} = 2\cdot(-2) + 2\cdot 2 = 0$

2 대각선의 길이 s를 구하는 식 $s = \sqrt{x^2 + y^2}$

즉, $s^2 = x^2 + y^2$을 t에 대하여 미분하면,

$2s\frac{ds}{dt} = 2x\frac{dx}{dt} + 2y\frac{dy}{dt}$

$\frac{dx}{dt} = -2$, $\frac{dy}{dt} = 2$, $x = 12$, $y = 5$, $s = 13$을 대입하면

$2\cdot 13\frac{ds}{dt} = 2\cdot 12\cdot(-2) + 2\cdot 5\cdot 2$

정리하면, $\frac{ds}{dt} = -\frac{14}{13}$

3 넓이를 A라 할 때, $A = xy$를 미분하면,

$\frac{dA}{dt} = \frac{dx}{dt}y + \frac{dy}{dt}x$

$\frac{dx}{dt} = -2$, $\frac{dy}{dt} = 2$, $x = 12$, $y = 5$을 대입하면

$\frac{dA}{dt} = -2\cdot 5 + 2\cdot 12 = 14$

4 넓이의 변화율이 증가한다.

Quiz, Quiz

퀴즈퀴즈 정답 p.13

1 ②
2 ①
3 ②
4 ③
5 ②

1 시각 t에서의 속도 $v = \frac{dx}{dt} = \frac{d}{dt}(\frac{1}{3}t^3 - 4t) = t^2 - 4$

따라서 $t = 2$에서 속도는 $v(2) = 2^2 - 4 = 0$

2 P의 속도 $v=(v_x, v_y)=(\frac{dx}{dt}, \frac{dy}{dt})$이다.

$x=2\cos t$, $y=\sin 2t$을 각각 t에 대하여 미분하면

$\frac{dx}{dt}=-2\sin t$, $\frac{dy}{dt}=-2\cos 2t$

따라서 $v=(\frac{dx}{dt}, \frac{dy}{dt})=(-2\sin t, 2\cos 2t)$

3 시각 t에서의 점 P의 속도는 $v=(\frac{dx}{dt}, \frac{dy}{dt})=(3t^2+12t,\ 4t-9t^2)$이다.

이제 $P(x,y)$가 $(7,-1)$이 되는 시각 t를 구한다.

$P(x,y)=(t^3+6t^2\ ,2t^2-3t^3)=(7,-1)$

⇨ $t^3+6t^2=7$, $2t^2-3t^3=-1$을 풀면 $t=1$이다.

즉, $t=1$일 때, 점 P가 $(7,-1)$을 지난다.

따라서 $t=1$일 때의 속도는 $v(1)=(15,-5)$

4 시각 t에서의 점 P의 가속도는 $a=(\frac{d^2x}{dt^2}, \frac{d^2y}{dt^2})=(6t+12, 4-18t)$

따라서 $t=1$일 때의 가속도는 $a(1)=(18,-14)$

5 시각 t초 후의 넓이 S의 변화율은

$\frac{dS}{dt}=6t^2$

따라서 $t=2$일 때의 넓이의 변화율은 24이다.

12-1 부정적분

Calculus Life

우리나라 고속 철도 KTX는 최고 속도 $300km/h$를 낼 수 있다고 한다. 직선 운동을 하는 열차의 t초 후의 속도가 $v(t)$라고 할 때, 이 기차는 t초 동안 얼마나 이동할까? t초 동안의 이동 거리를 $f(t)$라 하면 t초 후의 속도는 $v(t)=f'(t)$로 주어짐을 배웠다. 즉, 미분하여 $v(t)$가 되는 함수 $f(t)$가 이동거리임을 알 수 있다. 이 때, 미분하여 $v(t)$가 되는 함수 $f(t)$를 $v(t)$의 부정적분이라고 한다. 따라서 부정적분은 미분을 거꾸로 계산한 것이라고 생각할 수 있다.

Secret Key

미분과 부정적분과의 관계

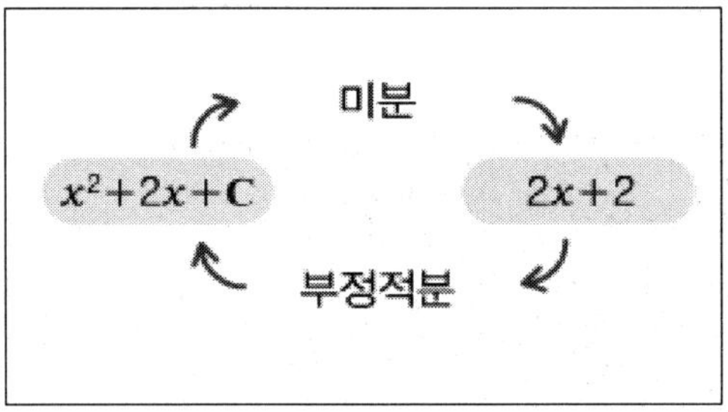

x^n의 부정적분

$$\int x^n dx = \frac{1}{n+1} x^{n+1} + C$$

부정적분

$$F(x) = \begin{cases} x^2+2x \\ x^2+2x+1 \\ x^2+2x+2 \\ \vdots \\ x^2+2x+C \end{cases} \quad \rightleftarrows \quad f(x) = 2x+2$$

My Lesson

1) 다항함수의 부정적분

(1) 부정적분

◉ 다항함수의 미분과 적분과의 관계

$(x+2)^2 \rightarrow$ 전개 $\rightarrow x^2+4x+4$ 　 인수분해와 전개의 관계 　 $x^2+4x+4 \rightarrow$ 인수분해 $\rightarrow (x+2)^2$

$x^2+2x+1 \rightarrow$ 미분 $\rightarrow 2x+2$ 　 미분과 적분의 관계 　 $2x+2 \rightarrow$ 적분 $\rightarrow x^2+2x+C$

미 분		부정적분
$(x^3)' = 3x^2$	→	$3x^2$의 부정적분 x^3+C (C는 상수)
$(x^2)' = 2x$	→	$2x$의 부정적분 x^2+C (C는 상수)
$(x)' = 1$	→	1의 부정적분 $x+C$ (C는 상수)
$(c)' = 0$ (c는 상수)	→	0의 부정적분 C (C는 상수)

예제1 $f(x)=2x$의 부정적분을 구하여라.

풀이 $F(x)=x^2$이라 두면 $(x^2)'=2x$이므로 $f(x)=2x$의 부정적분은 x^2+C (C는 상수)이다.

◉ 적분기호(integral symbol)

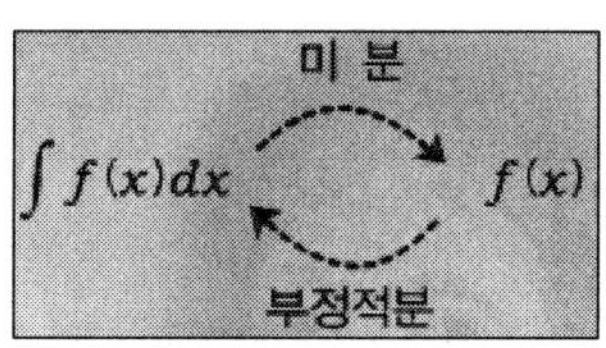

· $\int f(x)dx$: $f(x)$에서 x를 변수로 보고 적분하라.

· $\dfrac{d}{dx}\square$: □안의 식을 x에 대하여 미분하라.

⇒ $\int \square dx$: □안의 식을 x에 대하여 적분하라.

· $F(x)$를 $f(x)$의 한 부정적분이라 하면 임의의 상수 C에 대하여 다음이 성립

$$F'(x)=f(x) \Leftrightarrow \int f(x)dx = F(x)+C \text{ (단, } C\text{는 상수)}$$

피적분함수 ↑ $f(x)$, 적분상수 ↑ C

예제2 "$f(x)=3x^2$의 부정적분은 $F(x)=x^3$이다."를 기호로 표현해 보자.

풀이 $\int 3x^2dx=x^3+C$

(2) x^n의 부정적분

◉ x^n(단, $n\neq-1$)의 부정적분

$$\int x^n dx=\frac{1}{n+1}x^{n+1}+C \text{ (단, } n\neq-1)$$

· 증명 : $\frac{d}{dx}\left(\frac{1}{n+1}x^{n+1}+C\right)=x^n+0$

$\therefore \int x^n dx=\frac{1}{n+1}x^{n+1}$

예제3 다음 부정적분을 계산하여라.

$$\int x^2dx$$

풀이 $\int x^2dx=\frac{1}{2+1}x^{2+1}+C=\frac{1}{3}x^3+C$

예제4 다음 부정적분을 계산하여라.

$$\int xdx$$

풀이 $\int xdx=\int x^1dx=\frac{1}{2}x^2+C$

◉ x^n(단, $n=-1$)의 부정적분

$x^n(n=-1)$의 부정적분은 $\int \frac{1}{x}dx=\ln|x|+C$이다.

· x^n의 부정적분에서 $n=-1$인 경우, 즉 함수 $x^{-1}=\frac{1}{x}$의 부정적분을 구해보자.

$$(\ln|x|)'=\frac{1}{x}$$

이므로 미분법을 역으로 이용하면 $\int \frac{1}{x}dx=\ln|x|+C$

예제5 $x^{\frac{1}{3}}$의 부정적분을 구해 보자.

풀이 위의 식에 $n=\frac{1}{3}$을 대입하면,

$$\int x^{\frac{1}{3}}dx=\frac{1}{\frac{1}{3}+1}x^{\frac{1}{3}+1}+C=\frac{1}{\frac{4}{3}}x^{\frac{4}{3}}+C=\frac{3}{4}x^{\frac{4}{3}}+C$$

이므로 $x^{\frac{1}{3}}$의 부정적분은 $\frac{3}{4}x^{\frac{4}{3}}+C$가 됩니다.

예제6 $x^{-\frac{5}{4}}$의 부정적분을 구해 보자.

풀이 위의 식에 $n=-\frac{5}{4}$를 대입하면,

$$\int x^{-\frac{5}{4}}dx=\frac{1}{-\frac{5}{4}+1}x^{-\frac{5}{4}+1}+C=\frac{1}{-\frac{1}{4}}x^{-\frac{1}{4}}+C=-4x^{-\frac{1}{4}}+C=-\frac{4}{\sqrt[4]{x}}+C$$

(3) 부정적분의 기본성질

◉ 부정적분의 기본성질

연속함수 $f(x)$, $g(x)$에 대하여 다음 성질이 성립한다.

- 합공식 : $\int \{f(x)+g(x)\}dx=\int f(x)\,dx+\int g(x)\,dx$
- 차공식 : $\int \{f(x)-g(x)\}dx=\int f(x)\,dx-\int g(x)\,dx$
- 상수곱 : $\int kf(x)dx=k\int f(x)\,dx$ (단, k는 상수)

1. $\int f(x)g(x)dx \neq \int f(x)dx\int g(x)dx$
2. $\int \frac{f(x)}{g(x)}dx \neq \frac{\int f(x)dx}{\int g(x)dx}$

예제7 $\int (2x^2-3x+5)dx$을 구해 보자.

풀이
$$\begin{aligned}\int (2x^2-3x+5)dx&=\int 2x^2\,dx-\int 3x\,dx+\int 5\,dx\\&=2\int x^2\,dx-3\int x\,dx+5\int 1\,dx\\&=2\left(\frac{1}{3}x^3\right)-3\left(\frac{1}{2}x^2\right)+5x+C=\frac{2}{3}x^3-\frac{3}{2}x^2+5x+C\end{aligned}$$

예제8 부정적분 $\int (3x^2 - 4x + 2)dx$ 을 구하여라.

풀이
$$\begin{aligned}\int (3x^2 - 4x + 2)dx &= \int 3x^2\,dx - \int 4x\,dx + \int 2\,dx \\ &= 3\int x^2\,dx - 4\int x\,dx + 2\int 1dx \\ &= 3(\frac{1}{3}x^3 + C_1) - 4(\frac{1}{2}x^2 + C_2) + 2(x + C_3) \\ &= x^3 + 3C_1 - 2x^2 - 4C_2 + 2x + 2C_3 \\ &= x^3 - 2x^2 + 2x + (3C_1 - 4C_2 + 2C_3) \\ &= x^3 - 2x^2 + 2x + C\end{aligned}$$

예제9 부정적분 $\int (x-1)(2x+1)dx$ 을 구하여라.

풀이
$$\begin{aligned}\int (x-1)(2x+1)dx = \int (2x^2 - x + 1)dx &= 2\int x^2\,dx - \int x\,dx + \int 1\,dx \\ &= 2(\frac{1}{3}x^3) - (\frac{1}{2}x^2) + x + C \\ &= \frac{2}{3}x^3 - \frac{1}{2}x^2 + x + C\end{aligned}$$

(4) 다지기

다음 문제를 풀어보자.

1 $\int (2x+2)dx$을 구하여라.

① $2x - 2$ ② $x^2 + 2x + C$

③ $x^2 - x + C$ ④ $x^2 + 2$

2 $x^{\frac{1}{5}}$의 부정적분을 구하여라.

① $\frac{1}{5}x^{\frac{6}{5}} + C$ ② $\frac{1}{5}x^{\frac{1}{5}} + C$

③ $\frac{5}{6}x^{\frac{6}{5}} + C$ ④ $\frac{1}{5}x^{-\frac{4}{5}} + C$

3 부정적분의 성질을 이용하여 $\int (2x^2 - 3x + 5)dx$ 을 구하여라.

① $2\left(\frac{1}{3}x^2\right) - 3\left(\frac{1}{2}x\right) + 5 + C$ ② $2x^3 - 3x^2 + 5x + C$

③ $\frac{1}{3}x^3 - \frac{1}{2}x^2 + 5x + C$ ④ $2\left(\frac{1}{3}x^3\right) - 3\left(\frac{1}{2}x^2\right) + 5x + C$

2) 초기값 문제

(1) 초기값 문제

◉ 초기값 문제

적분 상수 C는 $F(0)=1$과 같은 조건을 정해주면 부정적분이 유일하게 결정되는데 이 조건을 초기조건이라고 한다.
⇨ $F(x)$의 도함수와 초기조건의 결합을 초기값 문제라고 한다.

예제1 함수 $f(x)=x^3+1$의 부정적분 $F(x)$ 중 $F(0)=1$을 만족하는 함수를 구해보자.

풀이 1단계 : $F(x)=\int(x^3+1)dx=\frac{1}{4}x^4+x+C$

2단계 : $F(0)=1$에서 $1=F(0)=\frac{1}{4}\cdot 0+0+C=C$

3단계 : 적분상수 $C=1$이므로 구하는 함수는 $F(x)=\frac{1}{4}x^4+x+1$

◉ 초기값 문제 푸는 방법

· y의 도함수와 초기조건이 주어지면 다음과 같이 y를 구할 수 있다.
① y의 도함수를 x에 관하여 적분하여 y을 구한다.
② y에 초기조건을 대입하여 적분상수 C를 구한다.

예제2 다음 조건을 만족하는 함수 $y=f(x)$를 구하여라.

$$\frac{dy}{dx}=3x^2,\ y(1)=-1$$

풀이 1단계 : 부정적분 구하기

y는 $\frac{dy}{dx}=3x^2$의 부정적분이므로, $y=\int 3x^2dx=x^3+C$

2단계 : 적분상수 C 구하기

$y=x^3+C$에 $y(1)=-1$, $x=1$, $y=-1$을 대입하면 $-1=1^3+C$

$\therefore C=-2$

3단계 : 함수 $y=f(x)$ 구하기

$y=x^3+C$에서 $C=-2$이므로 구하는 함수는 $y=x^3-2$

◉ 초기값 문제 유형 - 그래프 제시형

· 그래프로 나타내어진 함수의 그래프에서 초기 조건을 찾아 식으로 나타낸 후 일반형 풀이 방법에 의해 문제를 해결한다.

예제3 $\dfrac{dy}{dx}=x-1$을 만족시키는 함수 y는 오른쪽 곡선으로 나타내어진다. 그래프에 표시된 점을 지나는 y를 구하여라.

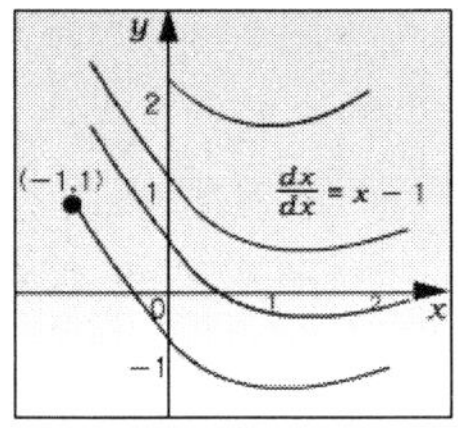

풀이 1단계 : 식으로 나타내기

$$\frac{dy}{dx}=x-1,\ y(-1)=1$$

2단계 : 부정적분 구하기

$$y=\int(x-1)dx=\int xdx-\int 1dx=\frac{1}{2}x^2-x+C$$

3단계 : 적분상수 구하기

$y=\dfrac{1}{2}x^2-x+C$에서 $y(-1)=1$이므로

$x=-1,\ y=1$을 대입하면 $1=\dfrac{1}{2}+1+C$

$\therefore\ C=-\dfrac{1}{2}$

4단계 : 함수 $y=f(x)$ 구하기

$y=\dfrac{1}{2}x^2-x+C$에서 $C=-\dfrac{1}{2}$를 대입하면 구하는 함수는

$y=\dfrac{1}{2}x^2-x-\dfrac{1}{2}$이다.

◉ 초기값 문제 유형 - 이계도함수

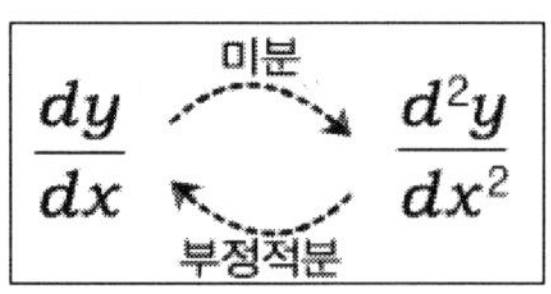

예제4 다음 조건을 만족하는 함수 $y=f(x)$를 구하여라.

$$\frac{d^2y}{dx^2}=2-6x,\ y'(0)=4,\ y(0)=1$$

풀이 1단계 : $\dfrac{dy}{dx}$ 구하기

$$\frac{dy}{dx}=\int\frac{d^2y}{dx^2}dx=\int(2-6x)dx=2x-3x^2+C_1$$

2단계 : $\frac{dy}{dx}$의 적분상수 구하기

$y' = 2x - 3x^2 + C_1$에서 $y'(0) = 4$이므로

$x = 0$, $y = 4$를 대입하면 $4 = 0 - 0 + C_1$ $\quad \therefore\ C_1 = 4$

따라서 $\frac{dy}{dx} = 2x - 3x^2 + 4$이다.

3단계 : $f(x)$의 적분상수 구하기

$y = f(x)$는 $\frac{dy}{dx} = 2x - 3x^2 + 4$의 부정적분이므로

$y = \int (2x - 3x^2 + 4)dx = x^2 - x^3 + 4x + C_2$

이 때, $y(0) = 1$이므로 $x = 0$, $y = 1$을 대입하면 $1 = 0 - 0 + 0 + C_2$

$\therefore\ C_2 = 1$

4단계 : 함수 $y = f(x)$ 구하기

적분상수 $C_2 = 1$를 $y = x^2 - x^3 + 4x + C_2$에 대입하면 $y = x^2 - x^3 + 4x + 1$

(2) 다지기

※ 다음 초기값 문제를 풀어라.

$$\frac{dy}{dx} = 10 - x, \quad y(0) = -1$$

1 부정적분을 구하여라.

① $y = 10x - \frac{1}{2}x^2 + C$ ② $y = 10 - \frac{1}{2}x + C$

③ $y = 10x^2 - \frac{1}{2}x + C$ ④ $y = -\frac{1}{2}x^2 + C$

2 초기조건 $y(0) = -1$을 이용하여 적분상수 C를 구하여라.

3 구하는 함수를 찾아라.

① $y = 10x - \frac{1}{2}x^2$ ② $y = 10x - \frac{1}{2}x^2 - 1$

③ $y = -1 + \frac{1}{2}x^2$ ④ $y = 10x - 1$

Quiz, Quiz

1 다음 중 적분기호를 사용하여 바르게 나타낸 것은?

① $\int 2x\,dx = x^2$ ② $\int 2x\,dx = x^2 + C$ ③ $\int 2x\,dy = x^2 + C$

2 $\int (x+1)dx$의 부정적분을 구하여라.

① $\frac{1}{2}x^2 + x + C$ ② $x^2 + x + C$ ③ $x^2 + C$

3 $\int (x-1)(x+2)dx$ 의 부정적분을 구하여라.

① $x^3 + x^2 + x + C$ ② $\frac{1}{3}x^3 + \frac{1}{2}x^2 - 2x + C$ ③ $\frac{1}{4}x^4 + \frac{1}{2}x^3 - 2x^2 + C$

4 $\int f(x)dx = 3x^2 + x + C$에서 $f(x)$를 구하여라.

① $f(x) = x^3 + \frac{1}{2}x^2 + Cx + C_1$ ② $f(x) = x^3 + \frac{1}{2}x^2$ ③ $f(x) = 6x + 1$

5 다음 초기값 문제를 풀어라.

$$\frac{dy}{dx} = 2x - 7,\ y(0) = 2$$

① $y = 2x + 2$ ② $y = x^2 - 7x + 2$ ③ $y = x^2 - 7x$

12-2 지수함수, 삼각함수의 적분

Calculus Life

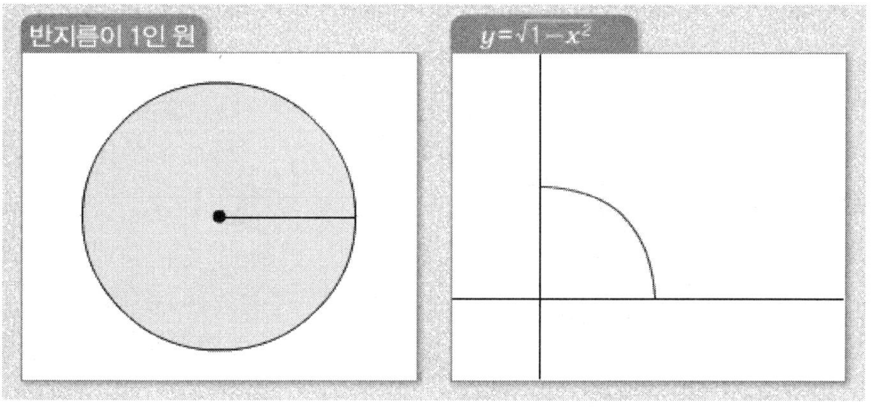

왼쪽 그림은 반지름이 1인 원이다. 그리고 오른쪽 그림은 $y=\sqrt{1-x^2}$ 을 1사분면에만 나타낸 그래프다. 반지름이 1인원의 넓이는 $\pi\times$(반지름)$\times$(반지름)의 공식을 이용하면 π임을 쉽게 알 수 있다. 이것은 중학교 1학년부터 알고 사용하던 공식인데, 왜 그런 결과가 나왔는지에 대해서는 지금까지 배우지 못했다. 이번 초월함수의 적분을 학습을 하면 원의 넓이 구하는 공식을 증명할 수 있다. 즉 오른쪽 그림에서 '사분원의 넓이를 적분을 통해 구할 수 있다면 원의 넓이는 사분원의 4배가 된다'라는 식의 주장을 할 수 있다. 한편 오른쪽 그림에서의 사분원의 넓이는 $\int_0^1\sqrt{1-x^2}\,dx$의 값이다. $y=\sqrt{1-x^2}$ 는 삼각함수로 치환을 하여 적분을 해야 하는데, 이제부터 삼각함수와 지수함수를 적분하는 방법에 대해 학습하도록 하자.

My Map

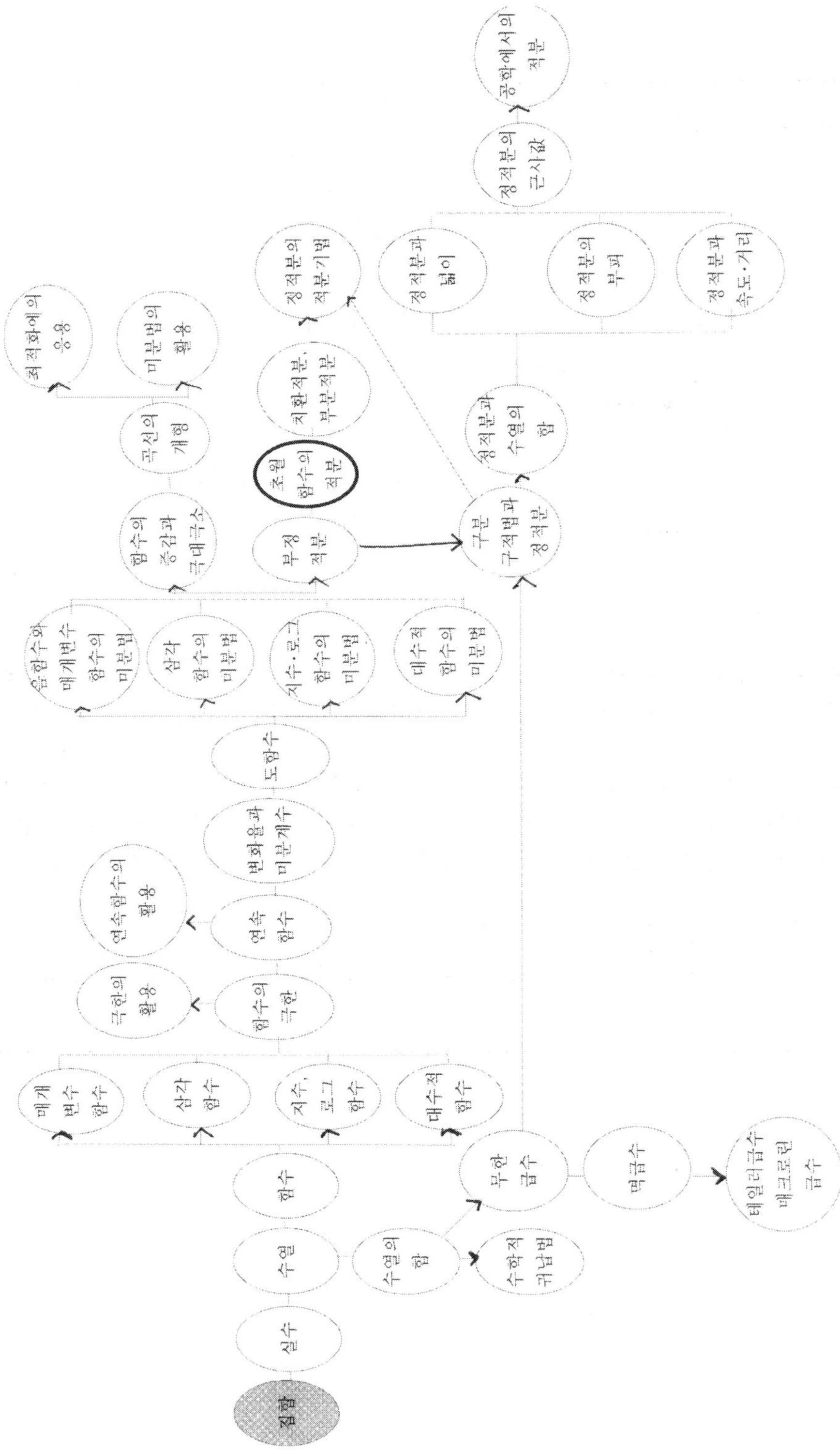
집합
실수
수열
함수
수열의 합
수학적 귀납법
무한급수
멱급수
테일러급수 매크로린 급수
매개변수 함수
삼각함수
지수, 로그 함수
대수적 함수
함수의 극한
극한의 활용
연속함수
연속함수의 활용
변화율과 미분계수
도함수
음함수와 매개변수 함수의 미분법
삼각함수의 미분법
지수·로그 함수의 미분법
대수적 함수의 미분법
함수의 증감과 극대극소
곡선의 개형
미분법의 활용
최적화에의 응용
부정적분
초월함수의 적분
치환적분, 부분적분
정적분의 적분기법
구분구적법과 정적분
정적분과 수열의 합
정적분과 넓이
정적분의 부피
정적분과 속도·거리
정적분의 근사값
공학에서의 적분

Secret Key

삼각함수의 부정적분

$$\int \cos x dx = \sin x + C$$

$$\int \sin x dx = -\cos x + C$$

$$\int \sec^2 x dx = \tan x + C$$

지수함수의 부정적분

$$\int e^x dx = e^x + C$$

$$\int a^x dx = \frac{a^x}{\ln a} + C \ (a>0,\ a\neq 1)$$

My Lesson

1) 삼각함수의 부정적분

(1) 삼각함수의 부정적분

◉ 삼각함수의 미분과 적분과의 관계

- $(\sin x)' = \cos x \quad \Rightarrow \quad \int \cos x dx = \sin x + C$
- $(\cos x)' = -\sin x \quad \Rightarrow \quad \int \sin x dx = -\cos x + C$
- $(\tan x)' = \sec^2 x \quad \Rightarrow \quad \int \sec^2 x dx = \tan x + C$
- $\cos x$의 부정적분을 구하기 위해 미분을 이용하면

$$(\sin x)' = \cos x \Rightarrow \int \cos x dx = \sin x + C$$

따라서 $\cos x$의 부정적분은 $\sin x + C$이다.

예제1 부정적분 $\int 4\sin x dx$를 구해 보자.

풀이 $(\cos x)' =-\sin x$이므로 $\int 4\sin x dx = 4\int \sin x dx =-4\cos x + C$

예제2 부정적분 $\int (2\sin x - \cos x)dx$를 구해 보자.

풀이 $\int (2\sin x - \cos x)dx$

$$= \int 2\sin x dx - \int \cos x dx \quad \leftarrow \int \{f(x) - g(x)\}dx = \int f(x)dx - \int g(x)dx$$

$$= 2\int \sin x dx - \int \cos x dx \quad \leftarrow \int kf(x)dx = k\int f(x)dx$$

$$= 2(-\cos x) - \sin x + C$$

$$=-2\cos x - \sin x + C$$

◉ **또 다른 삼각함수의 미분과 적분과의 관계**

- $(\cot x)' =-\mathrm{cosec}^2 x \Rightarrow \int \mathrm{cosec}^2 x dx =-\cot x + C$
- $(\sec x)' = \sec x \tan x \Rightarrow \int \sec x \tan x dx = \sec x + C$
- $(\mathrm{cosec} x)' =-\mathrm{cosec} x \cot x \Rightarrow \int \mathrm{cosec} x \cot x dx =-\mathrm{cosec} x + C$

예제1 부정적분 $\int \tan x \sec x dx$를 구하여라.

풀이 $(\sec x)' = \sec x \tan x$이므로 $\int \tan x \sec x dx = \int \sec x \tan x dx = \sec x + C$

예제2 부정적분 $\int (\cos x + \tan x)\sec x dx$를 구하여라.

풀이 $\frac{1}{\cos x} = \sec x$이므로

$$\int (\cos x + \tan x)\sec x dx = \int (\cos x \sec x + \tan x \sec x)dx$$

$$= \int (1 + \tan x \sec x)dx$$

$$= \int 1dx + \int \tan x \sec x dx$$

$$= x + \sec x + C$$

(2) 삼각함수의 변형 공식

◉ **삼각함수의 변형 공식을 이용하여 피적분함수를 기본 꼴로 바꾸기**

· 역수 관계

$$\frac{1}{\sin x} = \operatorname{cosec} x,\quad \frac{1}{\cos x} = \sec x,\quad \frac{1}{\tan x} = \cot x$$

· 제곱관계

$$\sin^2 x + \cos^2 x = 1 \quad 1 + \cot^2 x = \operatorname{cosec}^2 x \quad 1 + \tan^2 x = \sec^2 x$$

예제1 부정적분 $\int \left(\frac{1}{\cos^2 x} - \frac{1}{\sin^2 x}\right) dx$를 구해 보자.

풀이

$$\int \left(\frac{1}{\cos^2 x} - \frac{1}{\sin^2 x}\right) dx = \int (\sec^2 x - \operatorname{cosec}^2 x) dx$$

$$= \int \sec^2 x dx - \int \operatorname{cosec}^2 x dx \qquad \leftarrow \int \sec^2 x dx = \tan x + C$$

$$\leftarrow \int \operatorname{cosec}^2 x dx = -\cot x + C$$

$$= \tan x - \cot x + C$$

예제2 부정적분 $\int \frac{\sin^2 x}{1-\cos x} dx$를 구하여라.

풀이 $\sin^2 x + \cos^2 x = 1$이므로

$$\int \frac{\sin^2 x}{1-\cos x} dx = \int \frac{1-\cos^2 x}{1-\cos x} dx$$

$$= \int \frac{(1-\cos x)(1+\cos x)}{1-\cos x} dx$$

$$= \int (1+\cos x) dx$$

$$= \int 1 dx + \int \cos x dx$$

$$= x + \sin x + C$$

◉ **또 다른 삼각함수의 변형 공식을 이용하여 피적분함수를 기본 꼴로 바꾸기**

· 반각 공식

$$\sin^2 \frac{x}{2} = \frac{1-\cos x}{2} \qquad \cos^2 \frac{x}{2} = \frac{1+\cos x}{2} \qquad \tan^2 \frac{x}{2} = \frac{1-\cos x}{1+\cos x}$$

· 배각 공식

$$\sin 2x = 2\sin x \cos x \qquad \cos 2x = \cos^2 x - \sin^2 x = 2\cos^2 x - 1 = 1 - 2\sin^2 x$$

$$\tan 2x = \frac{2\tan x}{1-\tan^2 x}$$

예제1 부정적분 $\int \cos^2\frac{x}{2}dx$를 구하여라.

풀이 반각공식에서 $\cos^2\frac{x}{2}=\frac{1+\cos x}{2}$이므로

$$\int \cos^2\frac{x}{2}dx=\int\frac{1+\cos x}{2}dx=\frac{1}{2}\int 1dx+\frac{1}{2}\int\cos x dx=\frac{1}{2}x+\frac{1}{2}sinx+C$$

예제2 부정적분 $\int\frac{\sin 2x}{\sin x}dx$를 구하여라.

풀이 $\int\frac{\sin 2x}{\sin x}dx=\int\frac{2\sin x cos x}{\sin x}dx=2\int\cos x dx=2\sin x+C$

(3) 다지기

다음 문제를 풀어보자

1. $\int(\tan x+1)\cos x dx$의 부정적분을 구하여라.

   ① $\tan x+\sin x+C$ ② $\tan x+\cos x+C$
   ③ $-\cos x+\sin x+C$ ④ $\cos x-\sin x+C$

2. $\int\frac{1}{1-\sin^2 x}dx$의 부정적분을 구하여라.

   ① $\tan x\sin x+C$ ② $\tan x+C$
   ③ $\cos^2 x+C$ ④ $\cos x\sin x+C$

3. $\int\frac{\sin^2 x-\cos^2 x}{\sin^2 x\cos^2 x}dx$의 부정적분을 구하여라.

   ① $\tan x\sin x+C$ ② $\tan x+C$
   ③ $\tan x+\cot x+C$ ④ $\cos x\sin x+C$

2) 지수함수의 부정적분

(1) 지수함수의 부정적분

◉ 자연지수함수의 부정적분

$$(e^x)' = e^x \Rightarrow \int e^x dx = e^x + C$$

예제1 부정적분 $\int 2e^x dx$를 구하여라.

풀이 $\int 2e^x dx = 2\int e^x dx = 2e^x + C$

예제2 부정적분 $\int \frac{e^{2x} - x^2}{e^x + x} dx$를 구하여라.

풀이
$$\int \frac{e^{2x} - x^2}{e^x + x} dx = \int \frac{(e^x + x)(e^x - x)}{e^x + x} dx$$
$$= \int (e^x - x) dx = \int e^x dx - \int x dx = e^x - \frac{1}{2}x^2 + C$$

◉ 지수함수의 부정적분

$$(\frac{1}{\ln a} \cdot a^x)' = a^x \Rightarrow \int a^x dx = \frac{a^x}{\ln a} + C \ (a > 0, a \neq 1)$$

예제1 부정적분 $\int 2^x dx$를 구하여라.

풀이 $\int 2^x dx = \frac{2^x}{\ln 2} + C$

예제2 부정적분 $\int (3^x - 1)^2 dx$를 구하여라.

풀이
$$\int (3^x - 1)^2 dx = \int (9^x - 2 \cdot 3^x + 1) dx$$
$$= \int 9^x dx - \int 2 \cdot 3^x dx + \int 1 dx$$
$$= \int 9^x dx - 2\int 3^x dx + \int 1 dx$$
$$= \frac{9^x}{\ln 9} - 2 \cdot \frac{3^x}{\ln 3} + x + C$$

memo

$\int a^x dx = \frac{a^x}{\ln a} + C \ (a > 0, a \neq 1)$에서 a 대신 e를 대입하면 $\ln e = 1$이므로 $\int e^x dx = e^x + C$가 된다.

(2) 복잡한 형태의 지수함수의 부정적분

◉ 복잡한 유형의 지수함수의 부정적분

· $\int e^x dx = e^x + C$

· $\int a^x dx = \frac{a^x}{\ln a} + C \ (a > 0, a \neq 1)$

예제1 부정적분 $\int (2e^x + 2^x) dx$를 구하여라.

풀이
$$\int (2e^x + 2^x) dx = \int 2e^x dx + \int 2^x dx$$
$$= 2\int e^x dx + \int 2^x dx$$
$$= 2e^x + \frac{2^x}{\ln 2} + C$$

예제2 부정적분 $\int \frac{e^{2x} - a^{2x}}{e^x + a^x} dx$을 구하여라.

풀이
$$\int \frac{e^{2x} - a^{2x}}{e^x + a^x} dx = \int \frac{(e^x + a^x)(e^x - a^x)}{e^x + a^x} dx \qquad \leftarrow a^2 - b^2 = (a+b)(a-b)$$
$$= \int (e^x - a^x) dx = \int e^x dx - \int a^x dx$$
$$= e^x - \frac{a^x}{\ln a} + C$$

(3) 다지기

다음 문제를 풀어보자.

1 $\int e^{-x}dx$

① $e^{-x}+C$　　② $-e^{-x}+C$　　③ $-e^{x}+C$　　④ $e^{x}+C$

2 $\int (e^{x}+2^{x+1})dx$

① $e^{x}-\dfrac{2^{x+1}}{\ln 2}+C$　　② $e^{x}+2^{x+1}+C$

③ $e^{x}+\dfrac{2^{x+1}}{\ln 2}+C$　　④ $e^{x}-2^{x+1}+C$

3 $\int (1-e^{2x})dx$

① $x-\dfrac{1}{2}e^{2x}+C$　　② $1-e^{2x}+C$　　③ $1-2e^{2x}+C$　　④ $-e^{2x}+C$

4 $\int \dfrac{e^{2x}-4^{x}}{e^{x}-2^{x}}dx$

① $e^{x}+2^{x}+C$　　② $e^{x}-2^{x}+C$　　③ $e^{x}-\dfrac{2^{x}}{\ln 2}+C$　　④ $e^{x}+\dfrac{2^{x}}{\ln 2}+C$

Review

◉ 삼각함수의 부정적분

$$\int \cos x dx = \sin x + C \qquad \int \operatorname{cosec}^2 x dx = -\cot x + C$$

$$\int \sin x dx = -\cos x + C \qquad \int \sec x \tan x dx = \sec x + C$$

$$\int \sec^2 x dx = \tan x + C \qquad \int \operatorname{cosec} x \cot x dx = -\operatorname{cosec} x + C$$

◉ 삼각함수의 변형공식

· 역수관계

$$\frac{1}{\sin x} = \mathrm{cosec}\,x,\quad \frac{1}{\cos x} = \sec x,\quad \frac{1}{\tan x} = \cot x$$

· 제곱관계

$$\sin^2 x + \cos^2 x = 1,\quad 1 + \cot^2 x = \mathrm{cosec}^2 x,\quad 1 + \tan^2 x = \sec^2 x$$

· 반각공식

$$\sin^2 \frac{x}{2} = \frac{1 - \cos x}{2},\quad \cos^2 \frac{x}{2} = \frac{1 + \cos x}{2},\quad \tan^2 \frac{x}{2} = \frac{1 - \cos x}{1 + \cos x}$$

· 배각공식

$$\sin 2x = 2\sin x \cos x$$

$$\cos 2x = \cos^2 x - \sin^2 x = 2\cos^2 x - 1 = 1 - 2\sin^2 x$$

$$\tan 2x = \frac{2\tan x}{1 - \tan^2 x}$$

◉ 지수함수의 부정적분

· $\int e^x dx = e^x + C$

· $\int a^x dx = \frac{a^x}{\ln a} + C \ (a > 0, a \neq 1)$

Quiz, Quiz

1 부정적분 $\int (2\sin x - 3\cos x)dx$를 구하여라.

① $2\cos x + 3\sin x + C$　　② $-2\cos x - 3\sin x + C$　　③ $-2\cos x + 3\sin x + C$

2 반각공식을 이용하여 부정적분 $\int \sin^2 \frac{x}{2} dx$를 구하여라.

① $\frac{1}{2}x - \frac{1}{2}\sin x + C$　　② $\cos^2 \frac{x}{2} + C$　　③ $\frac{1}{2}\sin^2 x + C$

3 제곱관계를 이용하여 부정적분 $\int \cot^2 x dx$를 구하여라.

① $\cot x + C$　　② $-\cot x - x + C$　　③ $\cot x + x + C$

4 부정적분 $\int \frac{2}{5} e^x dx$를 구하여라.

① $-\ln \frac{2}{5} e^x + C$　　② $\ln \frac{2}{5} e^x + C$　　③ $\frac{2}{5} e^x + C$

5 부정적분 $\int 3\left(\frac{1}{2}\right)^x dx$를 구하여라.

① $-3\left(\frac{1}{2}\right)^x \ln 2 + C$　　② $-\frac{3}{\ln 2} \cdot \left(\frac{1}{2}\right)^2 + C$　　③ $3\left(\frac{1}{2}\right)^x \ln 2 + C$

정답 및 풀이

1) 삼각함수의 부정적분

다지기 정답 p.6

1 ③
2 ②
3 ③

1 $\int(\tan x+1)\cos x dx=\int\left(\frac{\sin x}{\cos x}+1\right)\cos x dx=\int(\sin x+\cos x)dx=-\cos x+\sin x+C$

2 제곱관계를 이용하여 $\int\frac{1}{1-\sin^2 x}dx=\int\frac{1}{\cos^2 x}dx=\int\sec^2 x dx=\tan x+C$

3 역수관계를 이용하여

$$\int\frac{\sin^2-\cos^2 x}{\sin^2 x\cos^2 x}dx=\int\left(\frac{1}{\cos^2 x}-\frac{1}{\sin^2 x}\right)dx$$
$$=\int(\sec^2 x-\operatorname{cosec}^2 x)dx=\tan x+\cot x+C$$

2) 지수함수의 부정적분

다지기 정답 p.9

1 ②
2 ③
3 ①
4 ④

1 $(e^{-x})'=-e^{-x}$이므로 $\int e^{-x}dx=-e^{-x}+C$

2 $\int(e^x+2^{x+1})dx=\int e^x dx+\int 2^x\cdot 2dx=\int e^x dx+2\int 2^x dx$

$$= e^x + 2\cdot\frac{2^x}{\ln 2} + C = e^x + \frac{2^{x+1}}{\ln 2} + C$$

3 $\int (1 - e^{2x})dx = \int 1dx - \int e^{2x}dx = x - \frac{1}{2}e^{2x} + C$

4 $e^{2x} = (e^x)^2$, $4^x = (2^x)^2$이므로

$$\int \frac{e^{2x} - 4^x}{e^x - 2^x}dx = \int \frac{(e^x - 2^x)(e^x + 2^x)}{e^x - 2^x}dx = \int (e^x + 2^x)dx = e^x + \frac{2^x}{\ln 2} + C$$

Quiz, Quiz

퀴즈퀴즈 정답	p.11

1 ②
2 ①
3 ②
4 ③
5 ②

1 $\int (2\sin x - 3\cos x)dx = \int 2\sin x dx - \int 3\cos x dx$

$$= 2\int \sin x dx - 3\int \cos x dx$$
$$= 2(-\cos x) - 3\sin x + C$$
$$= -2\cos x - 3\sin x + C$$

2 반각공식 $\sin^2\frac{x}{2} = \frac{1 - \cos x}{2}$를 이용한다.

$$\int \sin^2\frac{x}{2}dx = \int \frac{1 - \cos x}{2}dx$$
$$= \int \left(\frac{1}{2} - \frac{\cos x}{2}\right)dx$$
$$= \int \frac{1}{2}dx - \int \frac{\cos x}{2}dx$$
$$= \frac{1}{2}\int 1dx - \frac{1}{2}\int \cos x dx$$
$$= \frac{1}{2}x - \frac{1}{2}sinx + C$$

3 제곱관계 $1+\cot^2 x=\operatorname{cosec}^2 x$를 이용한다.

$1+\cot^2 x=\operatorname{cosec}^2 x$로부터 $\cot^2 x=\operatorname{cosec}^2 x-1$이므로

$$\int \cot^2 x dx=\int (\operatorname{cosec}^2 x-1)dx=\int \operatorname{cosec}^2 x dx-\int 1dx=-\cot x-x+C$$

4 $\int \frac{2}{5}e^x dx=\frac{2}{5}\int e^x dx=\frac{2}{5}e^x+C$

5 $\int 3\left(\frac{1}{2}\right)^x dx=3\int \left(\frac{1}{2}\right)^x dx$

$$=3\cdot\frac{\left(\frac{1}{2}\right)^x}{\ln\frac{1}{2}}+C=3\cdot\frac{\left(\frac{1}{2}\right)^x}{\ln 2^{-1}}+C=3\cdot\frac{\left(\frac{1}{2}\right)^x}{-\ln 2}+C=-\frac{3}{\ln 2}\cdot\left(\frac{1}{2}\right)^x+C$$

12-3 치환적분과 부분적분

Calculus Life

이 그림은 영화 다빈치 코드에 나오는 크립텍스이다. 영화를 본 사람들은 알겠지만 이 크립텍스에 중요한 비밀이 숨겨져 있다. 비밀이 숨겨진 방법은 원래의 알파벳을 다른 알파벳을 변환을 하여 원래의 메시지를 숨기는 방식인데 이러한 방식을 암호학에서는 치환암호라고 한다. 즉 치환암호란 숫자나 문자의 위치를 바꾸어서 원래의 메시지를 알 수 없게 하는 방법이다. 그리고 사이테일(Scytale) 암호는 역사상 가장 오래된 암호로 기원전 400년경 그리스인에 의해 사용 원통과 종이테이프 사용한 것으로 볼 수 있다. 적분에서도 마찬가지다. 숨겨진 메시지를 치환함으로써 분명한 메시지로 바꾸듯이 불분명하고 계산이 복잡한 적분을 치환이라는 방법으로 통해 계산하기 쉬운 것으로 바꿀 수 있다.

My Map

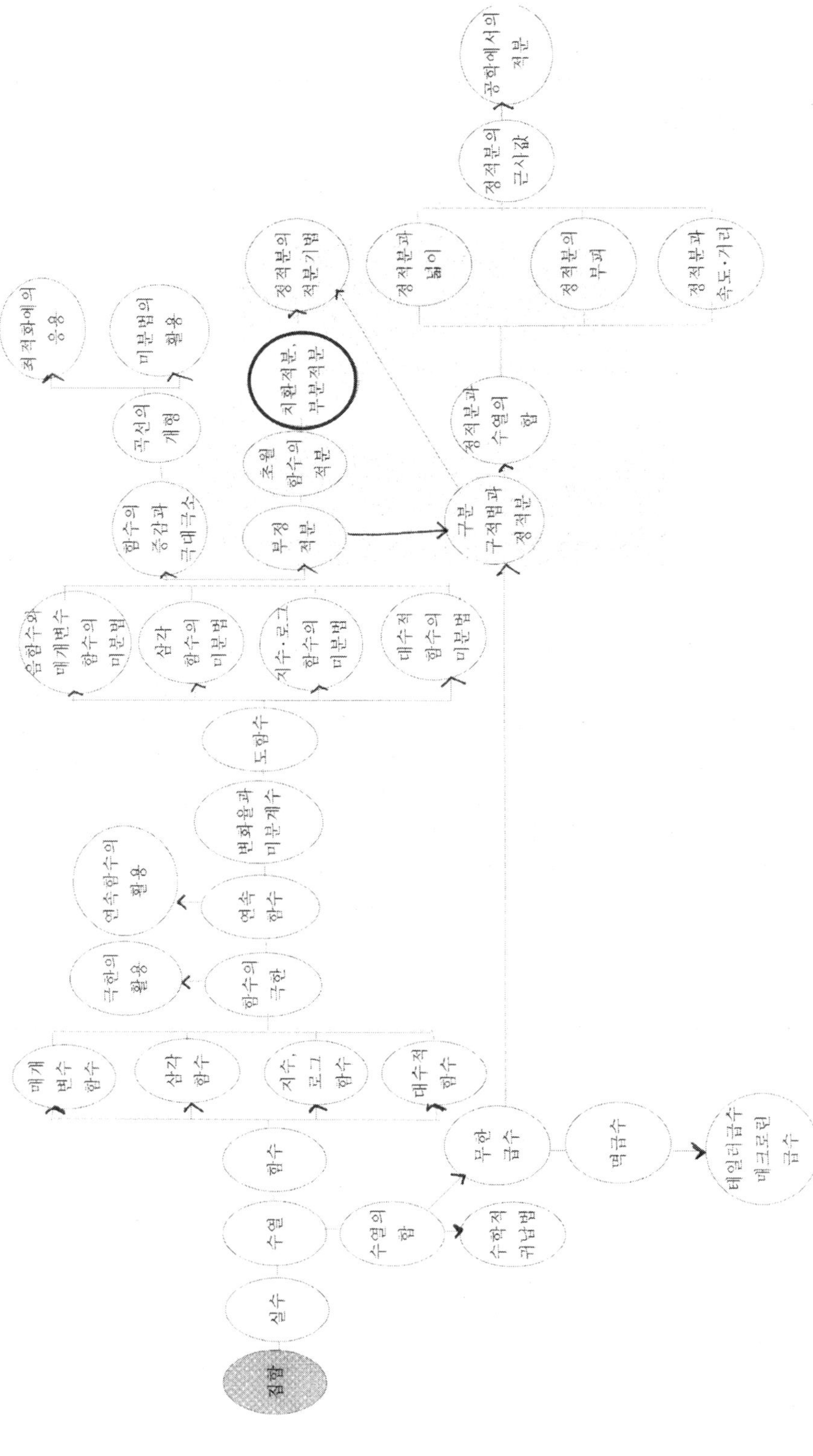
집합
실수
수열
함수
수열의 합
수학적 귀납법
무한 급수
멱급수
테일러급수 매크로린 급수
매개 변수 함수
삼각 함수
지수, 로그 함수
대수적 함수
함수의 극한
극한의 활용
연속 함수
연속함수의 활용
변화율과 미분계수
도함수
음함수와 매개변수 함수의 미분법
삼각 함수의 미분법
지수·로그 함수의 미분법
대수적 함수의 미분법
함수의 증감과 극대극소
곡선의 개형
최적화에의 응용
미분법의 활용
부정 적분
초월 함수의 적분
치환적분, 부분적분
정적분의 적분기법
구분 구적법과 정적분
정적분과 수열의 합
정적분과 넓이
정적분의 부피
정적분과 속도·거리
정적분의 근사값
공학에서의 적분

Secret Key

치환적분법

x에 대한함수		t에 대한함수		t에 대한함수		x에 대한함수
$\int(x-2)^4 dx$	=	$\int t^4 dt$	=	$\frac{1}{5}t^5+C$	=	$\frac{1}{5}(x-2)^5+C$

$x-2=t$로 치환
양변을 미분하면 $dx=dt$ → 적분수행 → 다시 원래 변수로 되돌림

부분적분법

$$\int f'(x)g(x)dx = f(x)g(x) - \int f(x)g'(x)dx$$

My Lesson

1) 치환적분법

(1) 치환적분법

◉ 치환적분법

· $\int f(x)dx$에서 $x=g(t)$로 놓으면,

$$\int f(x)dx = \int f(g(t))g'(t)dt$$

> 치환적분법 : 한 변수(x)를 다른 변수(t)로 치환하여 적분하는 방법
> 유의할 점 : t에 대하여 적분한 결과를 처음의 변수(x)로 다시 나타내야 한다.

예제1 $\int(x-2)^4dx$를 구하여라.

풀이

x에 대한 함수		t에 대한 함수		t에 대한 함수		x에 대한 함수
$\int(x-2)^4dx$	$=$	$\int t^4dt$	$=$	$\frac{1}{5}t^5+C$	$=$	$\frac{1}{5}(x-2)^5+C$
	↑		↑		↑	
	$t=x-2$로 치환 양변을 미분하면 $dx=dt$		적분수행		다시 원래 변수로 되돌림	

예제2 $\int(3x-2)^5dx$을 구해보자.

풀이 ① 치환한다. $3x-2=t$

② 양변을 미분한다. $3dx=dt$, $dx=\frac{1}{3}dt$

③ 적분을 수행한다. $\int(3x-2)^5dx=\int t^5\cdot\frac{1}{3}dt=\frac{1}{3}\int t^5dt=\frac{1}{3}\cdot\frac{1}{6}t^6+C$

$$=\frac{1}{18}t^6+C$$

④ 다시 원래 변수로 되돌린다. $=\frac{1}{18}(3x-2)^6+C$

x에 대한 함수		t에 대한 함수		t에 대한 함수		x에 대한 함수
$\int(3x-2)^5dx$	$=$	$\frac{1}{3}\int t^5dt$	$=$	$\frac{1}{18}t^6+C$	$=$	$\frac{1}{18}(3x-2)^6+C$
	↑		↑		↑	
	$x-2=t$로 치환		적분수행		다시 원래 변수로 되돌림	

(2) 부정적분 구하기

◉ **치환적분법을 이용하여 부정적분 구하기**

· $\int f(g(x))g'(x)dx$의 꼴

> $g(x)=t$, $g'(x)dx=dt$가 성립하므로
> $\int f(g(x))g'(x)dx=\int f(t)dt$

예제1 $\int(x^2+1)^3\cdot 2xdx$를 구해 보자.

풀이 $x^2+1=t$로 치환하여 부정적분을 구한다.

$$\int (x^2+1)^3 \cdot 2x dx = \int t^3 dt \qquad \leftarrow x^2+1=t\text{로 놓으면 } 2xdx=dt$$

$$= \frac{1}{4}t^4 + C = \frac{1}{4}(x^2+1)^4 + C$$

($t=x^2+1$로 다시 치환하기 전의 변수로 되돌린다.)

· $\int f(ax+b)dx$ (a,b는 상수, $a \neq 0$)의 꼴

> $ax+b=t$이면, $adx=dt$가 성립하므로 $dx=\frac{1}{a}dt$
>
> $$\int f(ax+b)dx = \frac{1}{a}\int f(t)dt$$

예제1 $\int \cos(2x+3)dx$를 구해 보자.

풀이 $2x+3=t$로 치환하여 부정적분을 구한다.

$$\int \cos(2x+3)dx = \int \cos t \cdot \frac{1}{2}dt \qquad \leftarrow 2x+3=t\text{로 놓으면 } 2dx=dt\text{이므로}$$

$$= \frac{1}{2}\int \cos t dt \qquad \leftarrow \int \cos x dx = \sin x + C$$

$$= \frac{1}{2}\sin t + C = \frac{1}{2}\sin(2x+3) + C$$

($t=2x+3$로 치환하기 전의 변수로 되돌린다.)

· $\int \frac{f'(x)}{f(x)}dx$의 꼴

> $f(x)=t$이면, $f'(x)dx=dt$가 성립하므로
>
> $$\int \frac{f'(x)}{f(x)}dx = \int \frac{1}{t}dt = \ln|t| + C = \ln|f(x)| + C$$

예제1 $\int \frac{2x}{x^2+3}dx$를 구해보자.

풀이 $x^2+3=t$로 치환하여 부정적분을 구한다.

$$\int \frac{2x}{x^2+3}dx = \int \frac{1}{x^2+3}2xdx \qquad \leftarrow x^2+3=t\text{로 놓으면 } 2xdx=dt\text{이므로}$$

$$= \int \frac{1}{t}dt \qquad \leftarrow \int \frac{1}{x}dx = \ln|x| + C$$

$$= \ln|t| + C$$

$$= \ln|x^2+3| + C \qquad \leftarrow t=x^2+3\text{로 치환하기 전의 변수로 되돌린다.}$$

$$= \ln(x^2+3) + C \qquad \leftarrow x^2+3>0\text{이므로}$$

◉ 피적분함수의 무리함수의 유형

예제1 $\int 2\sqrt{2x-1}\,dx$를 구해보자.

풀이 근호 안의 식이나 근호 전체를 치환한다.

$2x-1=t$라 하면, $2dx=dt$이다.

$$\int 2\sqrt{2x-1}\,dx=\int \sqrt{2x-1}\cdot 2dx$$

$$=\int \sqrt{t}\,dt \quad \leftarrow 2x-1=t\text{로 놓으면 } 2dx=dt\text{이므로}$$

$$=\int t^{\frac{1}{2}}dt$$

$$=\frac{1}{\frac{1}{2}+1}t^{\frac{1}{2}+1}+C \quad \leftarrow \int x^n dx=\frac{1}{n+1}x^{n+1}+C$$

$$=\frac{2}{3}t^{\frac{3}{2}}+C \quad \leftarrow t=2x-1\text{로 치환하기 전의 변수로 되돌린다.}$$

$$=\frac{2}{3}(2x-1)\sqrt{2x-1}+C$$

◉ 삼각함수의 치환적분법

예제1 $\int \cos^2 x\sin x dx$를 구해보자.

풀이 $\cos x=t$라 하면, $-\sin x dx=dt$이므로

$$\int \cos^2 x\sin x dx=\int t^3\cdot(-dt) \quad \leftarrow \cos x=t\text{로 놓으면 } -\sin x dx=dt\text{이므로}$$

$$=-\int t^3 dt \quad \leftarrow \int t^n dx=\frac{1}{n+1}x^{n+1}+C$$

$$=-\frac{1}{4}t^4+C \quad \leftarrow t=\cos x\text{로 치환하기 전의 변수로 되돌린다.}$$

$$=-\frac{1}{4}\cos^4 x+C$$

memo

직접 부정적분이 구해지지 않을 때는 배각의 공식, 반각의 공식 등을 이용하여 피적분함수를 적분 가능한 형태로 바꾸거나 치환하여 푼다.

◉ **지수함수 · 로그함수의 치환적분법**

예제1 $\int 2xe^{x^2}dx$를 구해보자.

풀이 $x^2 = t$라 하면, $2xdx = dt$이므로

$$\int 2xe^{x^2}dx = \int e^{x^2} \cdot 2xdx$$

$$= \int e^t dt \quad \leftarrow x^2 = t\text{로 놓으면 } 2xdx = dt\text{이므로}$$

$$= e^t + C \quad \leftarrow \int e^x dx = e^x + C$$

$$= e^{2x} + C \quad \leftarrow t = x^2\text{로 치환하기 전의 변수로 되돌린다.}$$

예제2 $\int \frac{\ln x}{x}dx$를 구해보자.

풀이 $\ln x = t$라 하면, $\frac{1}{x}dx = dt$이므로

$$\int \frac{\ln x}{x}dx = \int \ln x \cdot \frac{1}{x}dx$$

$$= \int tdt \quad \leftarrow \int x^n dx = \frac{1}{n+1}x^{n+1} + C$$

$$= \frac{1}{2}t^2 + C \quad \leftarrow t = \ln x\text{로 치환하기 전의 변수로 되돌린다.}$$

$$= \frac{1}{2}(\ln x)^2 + C$$

(3) 다지기

다음 문제를 풀어보자

1 $\int (x^2-2)^3 2xdx$

① $\frac{1}{4}(x^2-2)^4$ ② $(x^2-2)^4 + C$ ③ $\frac{1}{4}(x^2-2)^4 + C$

2 $\int \sin(3x+1)dx$

① $-\frac{1}{3}\cos(3x+1) + C$ ② $-\frac{1}{3}\sin(x+1) + C$ ③ $\frac{1}{3}\cos(3x+1) + C$

3 $\int \frac{3}{3x+2}dx$

① $\ln|3x+2| + C$ ② $\ln|x+2| + C$ ③ $\ln|3x| + C$

④ $\int x\sqrt{x^2-1}\,dx$

① $\frac{1}{3}(x^2-1)\sqrt{x^2-1}$　　② $\frac{1}{3}(x^2-1)\sqrt{x^2-1}+C$　　③ $\frac{1}{3}\sqrt{x^2-1}+C$

2) 부분적분법

(1) 부분적분법

◉ 부분적분법

- 일반적으로 두 함수 $f(x)$와 $g(x)$의 곱 $f(x)g(x)$를 미분하면

$\{f(x)g(x)\}'=f'(x)g(x)+f(x)g'(x)$　　　**<-양변을 부정적분**

$\int\{f(x)g(x)\}'dx=\int f'(x)g(x)dx+\int f(x)g'(x)dx$

$f(x)g(x)=\int f'(x)g(x)dx+\int f(x)g'(x)dx$

$\therefore \int f(x)g'(x)dx=f(x)g(x)-\int f'(x)g(x)dx \quad \cdots ①$

- 이 때, $f(x)$와 $g'(x)$를 선택하는 것이 중요하다.

$\int f(x)g'(x)dx=f(x)g(x)-\int f'(x)g(x)dx$

$f(x)$: 미분하기 쉬운 식

$g(x)$: 미분하기 쉬운 식

$$f(x) \longleftarrow \ln x - x^n - \sin x,\ \cos x - e^x \longrightarrow g'(x)$$

◉ 부분적분법을 이용하여 $\int x\sin x dx$의 부정적분 구하기

- 미분이 쉬운 x를 $f(x)$라 하고 그렇지 않은 $\sin x$를 $g'(x)$라 하면

$f(x)=x,\ g'(x)=\sin x$

$f'(x)=1,\ g(x)=-\cos x$

이므로 $\int x\sin x dx=x\cdot(-\cos x)-\int 1\cdot(-\cos x)dx=-x\cos x+\sin x+C$

- $\int x\sin x dx$의 부정적분을 다른 방법으로 구해보자.

$(x\cos x)'=\cos x-x\sin x$ 이므로 미분법을 역으로 이용하면

$x\cos x=\int(\cos x-x\sin x)dx$

$=\int\cos x dx-\int x\sin x dx$

$\therefore \int x\sin x dx=\int\cos x dx-x\cos x$

$=\sin x-x\cos x+C$

(2) 부정적분 구하기

◉ 부분적분법을 이용한 부정적분

· 미분하기 쉬운 함수들의 곱의 꼴

예제1 부분적분법을 이용하여 $\int x\ln x dx$를 구해보자.

풀이 $f(x)=\ln x$, $g'(x)$라 하면 $f'(x)=\frac{1}{x}$, $g(x)=\frac{1}{2}x^2$이므로

$$\begin{aligned}\int x\ln x dx &= \ln x\cdot\frac{1}{2}x^2-\int\frac{1}{x}\cdot\frac{1}{2}x^2dx\\ &=\frac{1}{2}x^2\ln x-\frac{1}{2}\int xdx\\ &=\frac{1}{2}x^2\ln x-\frac{1}{2}\cdot\frac{1}{2}x^2+C\\ &=\frac{1}{2}x^2\ln x-\frac{1}{4}x^2+C\end{aligned}$$

· 미분하기 쉬운 함수와 적분하기 쉬운 함수의 곱의 꼴

예제1 부분적분법을 이용하여 $\int xe^x dx$을 구해보자.

풀이 $f(x)=x$, $g'(x)=e^x$이라 하면

$f'(x)=1$, $g(x)=e^x$이므로

$$\int xe^x dx = xe^x-\int 1\cdot e^x dx = xe^x-e^x+C$$

· 로그함수 $\int \ln x dx$ 부정적분

예제1 부분적분법을 이용하여 $\int \ln x dx$을 구해보자.

풀이 $f(x)=\ln x$, $g'(x)=1$이라 하면

$f'(x)=\frac{1}{x}$, $g(x)=x$이므로

$$\int \ln x\cdot 1dx = x\ln x-\int\frac{1}{x}\cdot xdx = x\ln x-\int 1dx = x\ln x-x+C$$

· 적분하기 쉬운 함수들의 곱의 꼴

예제1 $\int e^x\sin x dx$의 부정적분을 구해보자.

풀이 1단계 : $f(x)=\sin x$, $g'(x)=e^x$이라 하면

$f'(x)=\cos x$, $g(x)=e^x$이므로

$$\int e^x \sin x dx = e^x \sin x - \int e^x \cos x dx \quad \cdots ①$$

2단계 : ①의 $\int e^x \cos x dx$에 부분적분법을 한번 더 사용한다.

$f(x)=\cos x$, $g'(x)=e^x$이라 하면

$f'(x)=-\sin x$, $g(x)=e^x$이므로

$$\int e^x \cos x dx = e^x \cos x - \int e^x(-\sin x)dx$$
$$= e^x \cos x + \int e^x \sin x dx$$

3단계 : 이제 이 식을 원래 식 ①에 대입하여 정리한다.

$$\int e^x \sin x dx = e^x \sin x - \int e^x \cos x dx \quad \cdots ①$$
$$= e^x \sin x - \left(e^x \cos x + \int e^x \sin x dx\right)$$
$$\int e^x \sin x dx = e^x \sin x - \int e^x \sin x dx$$

4단계 : 우변의 $\int e^x \sin x dx$를 좌변으로 이항한다.

$$\int e^x \sin x dx + \int e^x \sin x dx = e^x \sin x - e^x \cos x$$
$$2\int e^x \sin x dx = e^x \sin x - e^x \cos x$$
$$\therefore \int e^x \sin x dx = \frac{1}{2}(e^x \sin x - e^x \cos x) + C$$

(3) 다지기

다음 문제를 풀어보자.

1. $\int (x+1)\cos x dx$

① $(x+1)\sin x + \cos x$
② $(x+1)\sin x + \cos x + C$
③ $(x+1)\sin^2 x + \cos 2x + C$

2. $\int x^2 \ln x dx$

① $x^3 \ln x - \frac{2}{9}x^3 + C$ ② $\frac{1}{3}x^3 \ln x - \frac{1}{9}x^3 + C$ ③ $\frac{1}{3}x^3 \ln x - \frac{1}{9}x^3$

3. $\int x\sin 2x dx$

① $\frac{x}{2}\cos x+\frac{1}{4}\sin x+C$

② $-\frac{x}{2}\cos 2x+\sin 2x+C$

③ $-\frac{x}{2}\cos 2x+\frac{1}{4}\sin 2x+C$

4. $\int x^3\ln x dx$

① $\frac{1}{4}x^4\ln x-\frac{1}{16}x^4+C$ ② $\frac{1}{4}x^2\ln x-\frac{1}{16}x^2+C$ ③ $\frac{1}{4}x^4\ln x-\frac{1}{8}x^4+C$

Review

◉ 치환적분법

· $\int f(g(x))g'(x)dx=\int f(t)dt$

· $\int f(ax+b)dx=\frac{1}{a}\int f(t)dt$

· $\int \frac{f'(x)}{f(x)}dx=\ln|f(x)|+C$

◉ 부분적분법

· $\int f(x)g'(x)dx=f(x)g(x)-\int f'(x)g(x)dx$

$f(x)$: 미분하기 쉬운 식

$g(x)$: 미분하기 쉬운 식

$f(x) \longleftarrow \ln x - x^n - \sin x,\ \cos x - e^x \longrightarrow g'(x)$

Quiz, Quiz

1 $\int 3(1+3x)^5 dx$의 부정적분을 구하여라.

① $\frac{1}{2}(1+3x)^6+C$ ② $\frac{1}{6}(1+3x)^6+C$ ③ $(1+3x)^6+C$

2 $\int \frac{3x^2+3}{x^3+3x+6}dx$의 부정적분을 구하여라.

① $\ln|x^3+3x+6|+C$ ② $\ln|3x^2+3|+C$ ③ x^3+3x+C

3 $\int 4\sqrt{4x+3}\,dx$의 부정적분을 구하여라.

① $\frac{1}{4}\sqrt{4x+3}\,dx$ ② $\frac{2}{3}(4x+3)\sqrt{4x+3}\,dx$ ③ $4x+C$

4 $\int x\ln x dx$의 부정적분을 구하여라.

① $\frac{1}{2}x^2\ln x+C$ ② $x+C$ ③ $\frac{1}{2}x^2\ln x\frac{1}{4}x^2+C$

5 $\int xe^{2x}dx$의 부정적분을 구하여라.

① $\frac{1}{2}x^2\ln x+C$ ② $2xe^{2x}-e^{2x}+C$ ③ $2xe^{2x}+C$

정답 및 풀이

1) 치환적분법

다지기 정답 p.7

1 ③
2 ①
3 ①
4 ②

1 $x^2-1=t$로 치환하면 $2xdx=dt$이므로

$$\int(x^2-1)^3 2xdx=\int t^3dt=\frac{1}{4}t^4+C=\frac{1}{4}(x^2-1)^4+C$$

2 $3x+1=t$로 치환하면 $3dx=dt$이므로 $dx=\frac{1}{3}dt$

$$\int\sin(3x+1)dx=\frac{1}{3}\int\sin tdt=-\frac{1}{3}\cos t+C=-\frac{1}{3}\cos(3x+1)+C$$

3 $(3x+2)'=3$이므로 $\int\frac{3}{3x+2}dx=\int\frac{(3x+2)'}{3x+2}dt=\ln|3x+2|+C$

4 $x^2-1=t$라 하면 $2xdx=dt$이므로

$$\int x\sqrt{x^2-1}\,dx=\int\sqrt{t}\cdot\frac{1}{2}dx=\frac{1}{2}\int t^{\frac{1}{2}}dt=\frac{1}{3}t^{\frac{3}{2}}+C=\frac{1}{3}(x^2-1)\sqrt{x^2-1}+C$$

2) 부분적분법

다지기 정답 p.10

1 ②
2 ②
3 ③
4 ①

1 $f(x)=x+1$, $g'(x)=\cos x$라 두면 $f'(x)=1$, $g(x)=\sin x$이므로

$$\int(x+1)\cos xdx=(x+1)\sin x+\cos x+C$$

2 $f(x)=\ln x$, $g'(x)=x^2$이라 하면, $f'(x)=\frac{1}{x}$, $g(x)=\frac{1}{3}x^3$이므로

$$\int x^2\ln xdx=\frac{1}{3}x^3\ln x-\int\frac{1}{x}\cdot\frac{1}{3}x^3dx=\frac{1}{3}x^3\ln x-\frac{1}{9}x^3+C$$

3 $f(x)=x$, $g'(x)=\sin 2x$이라 하면, $f'(x)=1$, $g(x)=-\frac{1}{2}\cos 2x$이므로

$$\begin{aligned}\int x\sin 2x\,dx &= x\cdot\left(-\frac{1}{2}\cos 2x\right)-\int 1\cdot\left(-\frac{1}{2}\cos 2x\right)dx\\ &=-\frac{x}{2}\cos 2x+\frac{1}{2}\int\cos 2x\,dx\\ &=-\frac{x}{2}\cos 2x+\frac{1}{4}\sin 2x+C\end{aligned}$$

4 $f(x)=\ln x$, $g'(x)=x^3$라 하면 $f'(x)=\frac{1}{x}$, $g(x)=\frac{1}{x^4}$이므로

$$\begin{aligned}\int x^3\ln x\,dx &= \ln x\cdot\frac{1}{4}x^4-\int\frac{1}{x}\cdot\frac{1}{4}x^4dx\\ &=\frac{1}{4}x^4\ln x-\frac{1}{4}\int x^3dx\\ &=\frac{1}{4}x^4\ln x-\frac{1}{16}x^4+C\end{aligned}$$

Quiz, Quiz

퀴즈퀴즈 정답 p.12

1 ②
2 ①
3 ②
4 ③
5 ②

1 문제에서와 같이 피적분함수가 합성함수이거나 곱으로 표현된 함수인 경우 치환적분법을 이용해 본다.
$1+3x=t$로 치환하면 $3dx=dt$이므로

$$\int 3(1+3x)^5dx=\int(1+3x)^5\cdot 3dx=\int t^5dt=\frac{1}{6}t^6+C=\frac{1}{6}(1+3x)^6+C$$

2 분자가 분모의 미분꼴이므로 $\int\frac{f'(x)}{f(x)}dx=\ln|f(x)|+C$을 이용한다.

$$\int\frac{3x^2+3}{x^3+3x+6}dx=\int\frac{(x^3+3x+6)'}{x^3+3x+6}dx=\ln|x^3+3x+6|+C$$

3 피적분함수가 무리함수인 경우 근호 안의 식이나 근호 전체를 치환한다.

근호 안의 식 $4x+3$을 t로 치환해 보자.

즉, $4x+3=t$이면 $4dx=dt$가 되므로

$$\int 4\sqrt{4x+3}\,dx=\int \sqrt{4x+3}\cdot 4dx=\int \sqrt{t}\,dt=\int t^{\frac{1}{2}}dt=\frac{2}{3}t^{\frac{3}{2}}+C$$

$$=\frac{2}{3}(4x+3)^{\frac{3}{2}}+C=\frac{2}{3}(4x+3)\sqrt{4x+3}+C$$

4 피적분함수가 두 함수의 곱으로 표현된 경우에는 부분적분법을 생각한다.

$$\int f(x)g'(x)dx=f(x)g(x)-\int f'(x)g(x)dx$$

$\int x\ln x dx$에서 x과 $\ln x$는 모두 미분이 쉬운 함수이다.

그런데 적분이 쉬운 함수는 x이므로 x을 $g'(x)$로 둔다.

즉, $f(x)=\ln x$, $g'(x)=x$라 두면

$f'(x)=\frac{1}{x}$, $g(x)=\frac{1}{2}x^2$이므로

$$\int x\ln x dx=\ln x\cdot\frac{1}{2}x^2-\int\frac{1}{x}\cdot\frac{1}{2}x^2dx=\ln x\cdot\frac{1}{2}x^2-\frac{1}{2}\int xdx$$

$$=\frac{1}{2}x^2\ln x-\frac{1}{2}\cdot\frac{1}{2}x^2=\frac{1}{2}x^2\ln x\frac{1}{4}x^2+C$$

5 $f(x)=x$, $g'(x)=e^{2x}$라 두면

$f'(x)=1$, $g(x)=2e^{2x}$이므로

$$\int xe^{2x}dx=x\cdot 2e^{2x}-\int 1\cdot 2e^{2x}dx=2xe^{2x}-2\int e^{2x}dx=2xe^{2x}-2\cdot\frac{1}{2}e^{2x}+C$$

$$=2xe^{2x}-e^{2x}+C$$

12-4 구분구적법과 정적분

Calculus Life

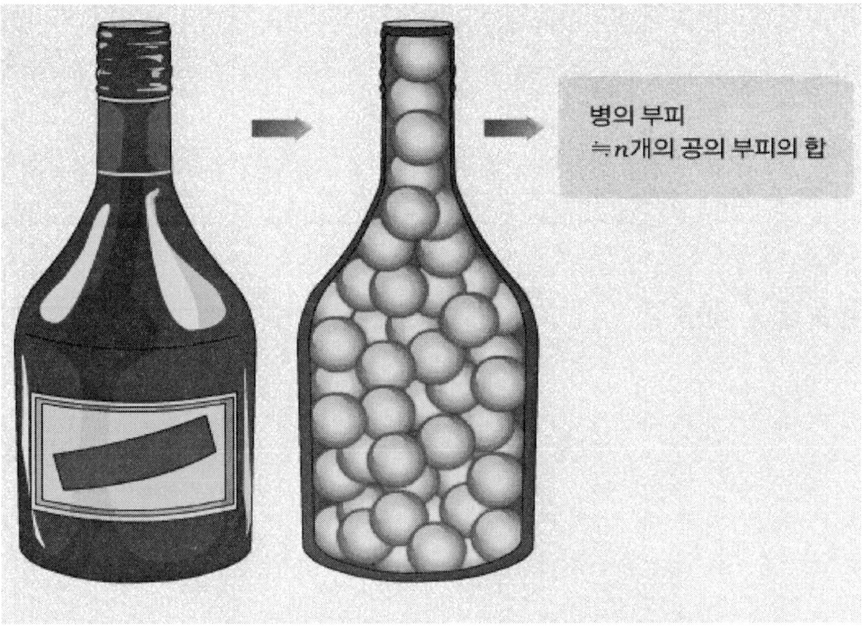

우리는 직사각형, 정사각형, 정삼각형 등의 넓이를 구하는 공식을 잘 알고 있다. 그렇다면 이러한 도형 이외에 특별한 규칙 없이 그려진 도형의 넓이를 구할 수 있을까? 병의 부피를 구한다고 생각하자. 병의 부피를 구하기 위해서 부피를 알고 있는 공을 병에 가득 채웠다고 가정하자. 이제, 병에 들어간 공의 개수를 세면 병의 근사적인 부피를 구할 수 있다. 이 때, 측정단위가 되는 공이 작으면 작을수록 병의 부피를 좀 더 정확하게 구할 수 있을 것이다. 즉, 일정하게 규칙적인 모양이 아니라서 넓이나 부피를 구하기 힘든 물체를 아주 잘게 나누어서 측정할 수 있는 도형의 합으로 나타내는 것이 이 단원의 핵심적인 아이디어이다.

Secret Key

구분구적법

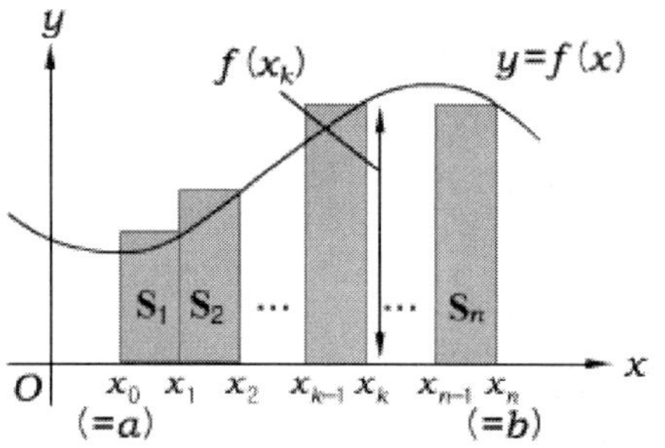

정적분의 정의

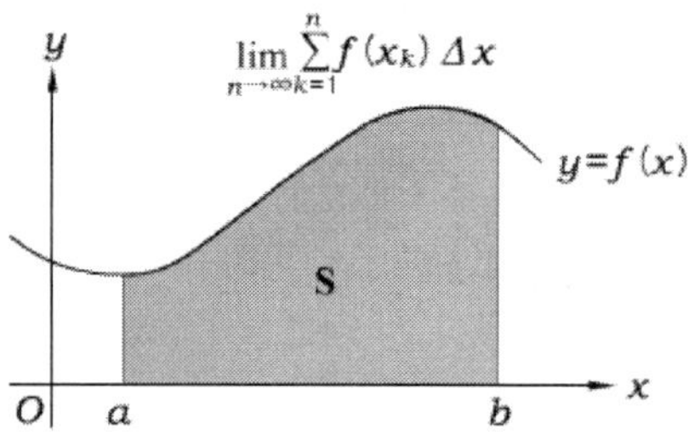

절대값이 포함된 정적분의 계산

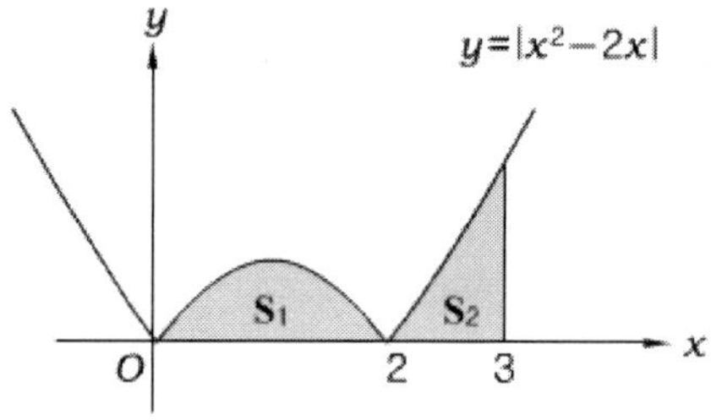

My Lesson

1) 구분구적분

(1) 구분구적법

◉ 구분구적법

주어진 평면도형의 넓이나 곡선 아랫부분의 넓이를 구하기 위하여
- 주어진 도형을 충분히 작은 n개의 기본 도형으로 세분한다.
- 그 기본 도형의 넓이의 합 또는 곡선 아랫부분의 넓이의 합 S_n을 구한다.
- 이 때 도형의 넓이 또는 곡선 아랫부분의 넓이 S는 다음과 같다.

$$S = \lim_{n \to \infty} S_n$$

· 오른쪽 그림과 같은 호수의 넓이를 구해 보자.

사각형 하나의 크기 : 16　호수 넓이 < 16 x 4 = 64

사각형 하나의 크기 : 4　28 < 호수 넓이 < 44

사각형 하나의 크기 : 1　32 < 호수 넓이 < 42

memo

주어진 도형의 넓이를 구하기 위해 우리가 넓이를 알고 있는 도형(위에서는 정사각형)으로 세분화하여 이 도형의 넓이의 합의 극한을 이용하는 방법을 구분구적법이라고 한다.

◉ 곡선으로 둘러싸인 도형의 넓이를 구하는 방법

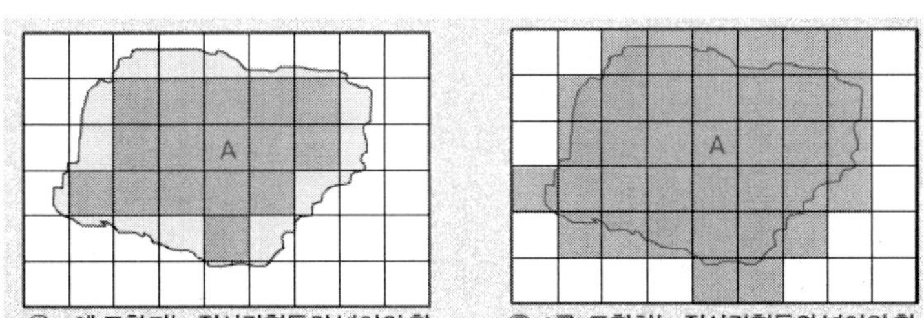

① A에 포함되는 정사각형들의 넓이의 합 S_n　② A를 포함하는 정사각형들의 넓이의 합 S_n

· 크기가 같은 n개의 정사각형들로 A를 세분해 보자.

① A에 포함되는 정사각형들의 넓이의 합 s_n ⇨ $A \geq s_n$

② A를 포함하는 정사각형들의 넓이의 합 S_n ⇨ $A \leq S_n$

$$\lim_{n \to \infty} s_n = \lim_{n \to \infty} S_n$$

$$A = \lim_{n \to \infty} s_n = \lim_{n \to \infty} S_n$$

· 오른쪽 그림에서 색칠한 부분의 넓이 S를 구하기 위해 다음 과정을 생각해 보자.

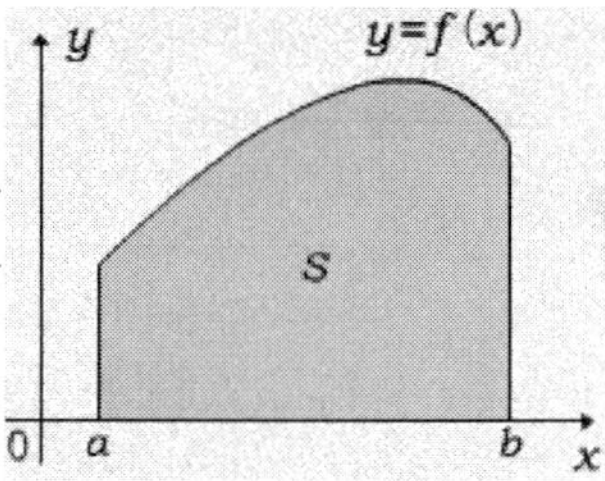

① 구간 $[a,b]$를 n개의 소구간으로 등분한 후 각 소구간을 밑변으로 하고 곡선 아래에 완전히 포함되는 가장 큰 직사각형을 만든다.

② 이들 직사각형의 넓이의 합 S_n을 구한다.

③ 극한값 $\lim_{n \to \infty} S_n$을 계산한다.

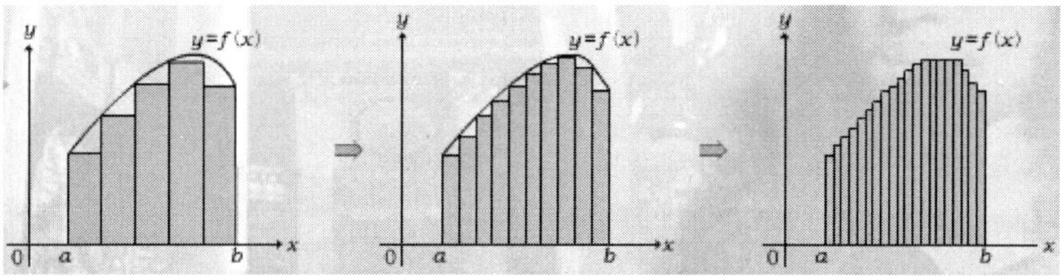

memo

큰 값과 작은 값

넓이의 근사값을 구할 때, 구하고자 하는 도형을 포함하는 큰 값과 도형에 포함되는 작은 값을 둘 다 구하여 비교하여야 하지만, n이 무한히 커지면 작은 쪽에서 구하거나 큰 쪽에서 구하거나 극한은 같아지므로 둘 중 하나만 구하여 극한을 구하여도 된다.

예제1 포물선 $y = x^2$과 x축 및 직선 $x = 1$로 둘러싸인 도형의 넓이 S를 구하여라.

풀이 구간 $[0,1]$을 n등분하면 양 끝점을 포함한

각 등분의 x좌표 ⇒ $\frac{1}{n}, \frac{2}{n}, \frac{3}{n}, \cdots, \frac{n-1}{n}, \frac{n}{n}$

각 소구간을 밑변으로 하는 직사각형의 높이

⇒ $\left(\frac{1}{n}\right)^2, \left(\frac{2}{n}\right)^2, \left(\frac{3}{n}\right)^2, \cdots, \left(\frac{n-1}{n}\right)^2$

직사각형 넓이의 합 S_n

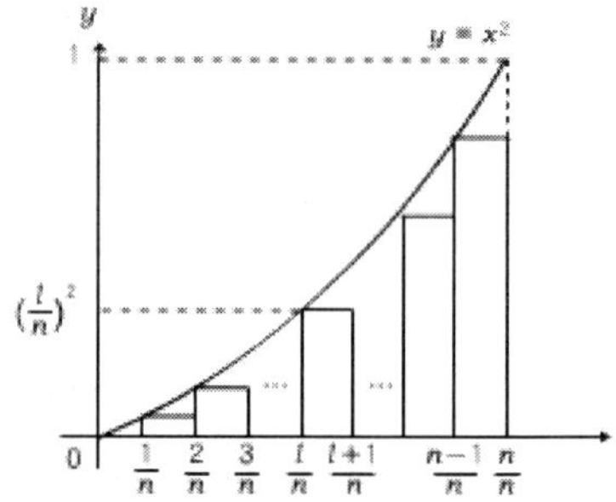

$$\Rightarrow\ S_n = \frac{1}{n}\left(\frac{1}{n}\right)^2 + \frac{1}{n}\left(\frac{2}{n}\right)^2 + \cdots + \frac{1}{n}\left(\frac{n-1}{n}\right)^2$$

$$= \frac{1}{n^3}\{1^2+2^2+\cdots+(n-1)^2\}$$

$$= \frac{1}{n^3} \cdot \frac{(n-1)n\{(2n-1)+1\}}{6}$$

$$= \frac{1}{n^3} \cdot \frac{(n-1)n(2n-1)}{6} = \frac{1}{6}\left(1-\frac{1}{n}\right)\left(2-\frac{1}{n}\right)$$

S_n의 극한값 S

$$S = \lim_{n\to\infty} S_n = \lim_{n\to\infty}\frac{1}{6}\left(1-\frac{1}{n}\right)\left(2-\frac{1}{n}\right) = \frac{1}{6}\cdot 1\cdot 2 = \frac{1}{3}$$

(2) 정적분의 의미

◉ 정적분

함수 $f(x)$가 구간 $[a,b]$에서 연속일 때, 그 구간을 n등분하면 각 점의 좌표는

$x_0(=a),\ x_1 = x_0 + \Delta x,\ x_2 = x_1 + \Delta x,\ \cdots,\ x_n(=b)$

이 때 다음의 극한값을 함수 $f(x)$의 a에서 b까지의 정적분이라고 하고, 기호로 다음과 같이 표현한다.

$$\int_a^b f(x)dx = \lim_{n\to\infty}\sum_{k=1}^{n} f(x_k)\Delta x \quad \left(\text{단}, \Delta x = \frac{b-a}{n}\right)$$

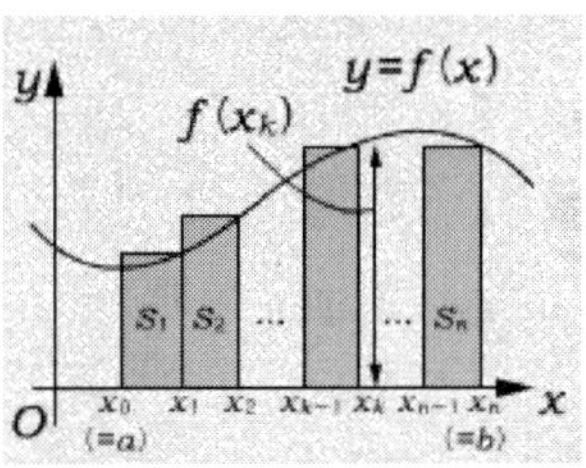

예제2 함수 $f(x)$가 구간 $[a,b]$에서 연속이고 $f(x) \geq 0$일 때, 곡선 $y=f(x)$와 x축 및 두 직선 $x=a$, $x=b$로 둘러싸인 부분의 넓이 S를 구해보자.

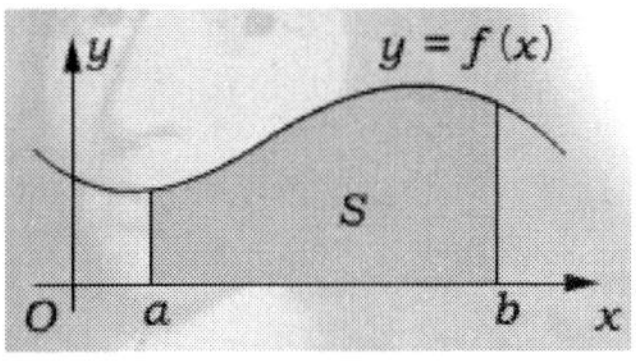

풀이 1단계 : 각 직사각형의 가로의 길이 구하기

곡선 아래에 n개의 직사각형을 만들면 구간 $[a,b]$를 n등분했을 때, 직사각형의 가로의 길이 Δx는 $\Delta x = \dfrac{b-a}{n}$

2단계 : 각 직사각형의 넓이의 합 구하기

각 점의 x좌표는 $x_0(=a)$, x_1, x_2, x_3, …, x_{n-1}, $x_n(=b)$이고, 각각의 직사각형의 높이는 $f(x_1)$, $f(x_2)$, …, $f(x_n)$이므로 직사각형의 넓이의 합 S_n을 구하면 $S_n = f(x_1)\Delta x + f(x_2)\Delta x + \cdots + f(x_n)\Delta x = \sum_{k=1}^{n} f(x_n)\Delta x$

3단계 : 넓이 S구하기

$$S_n = f(x_1)\Delta x + f(x_2)\Delta x + \cdots + f(x_n)\Delta x = \sum_{k=1}^{n} f(x_k)\Delta x$$

$$\therefore \; S = \lim_{n\to\infty} S_n = \lim_{n\to\infty}\sum_{k=1}^{n} f(x_k)\Delta x$$

(3) 다지기

※ 밑변의 길이가 a, 높이가 h인 삼각형의 넓이 S를 구분구적법을 이용하여 구해 보자.

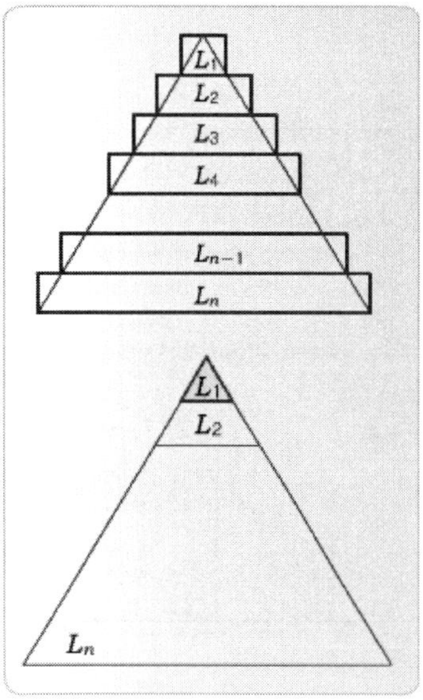

1 주어진 그림과 같이 세로의 길이가 같은 직사각형의 가로는 아래 변의 양 끝이 삼각형의 변과 일치하게 하여 삼각형을 포함하는 직사각형 n개를 만든다. 이 때, 직사각형의 세로의 길이를 구해보자.

① h ② $\frac{h}{n}$ ③ $\frac{a}{n}$ ④ a

2 직사각형의 밑변에 의해 만들어진 삼각형은 모두 닮음이고, 가장 큰 삼각형의 밑변의 길이가 a라는 사실을 이용하여 L_1의 밑변의 길이를 구해보자.

① h ② $\frac{h}{n}$ ③ $\frac{a}{n}$ ④ a

3 마찬가지 방법으로 n개의 직사각형의 가로의 길이를 모두 구해보자.

① $\frac{a}{n}, \frac{2a}{n}, \frac{3a}{n}, \cdots, \frac{na}{n}$ ② $a, 2a, 3a, \cdots, na$

③ $h, 2h, 3h, \cdots, n$ ④ $\frac{1}{a}, \frac{2}{a,} \frac{3}{a,} \cdots, \frac{n}{a}$

4 이제 n개의 직사각형의 넓이의 합

$$S_n = \left(\frac{h}{a}\times\frac{a}{n}\right) + \left(\frac{h}{n}\times\frac{2a}{n}\right) + \cdots + \left(\frac{h}{n}\times\frac{na}{n}\right) = \frac{ah}{n^2}(1+2+\cdots+n) = \frac{ah(n+1)}{2n}$$

으로부터 삼각형의 넓이를 구하면?

① $\frac{ah}{h^2}$ ② $\frac{h}{n}$ ③ $\frac{ah(n+1)}{2h}$ ④ $\frac{ah}{2}$

2) 정적분의 계산

(1) 정적분의 기본원리

◉ 정적분의 기본원리

함수 $f(x)$가 구간 $[a,b]$에서 연속일 때, $f(x)$의 부정적분 중 하나를 $F(x)$라 하면,

$$\int_a^b f(x)dx = [F(x)]_a^b = F(b) - F(a)$$

예제1 $\int(2x+5)dx = x^2+5x+C$임을 이용하여 $\int_1^2(2x+5)dx$을 구하여라.

풀이 1단계 : 부정적분 구하기

$F(x) = x^2+5x+C$

2단계 : 부정적분 값 계산하기

$F(2)-F(1) = (14+C)-(6+C) = 8$

3단계 : 정적분의 값 구하기

$\int_1^2(2x+5)dx = 8$

memo

적분상수의 소거
부정적분을 구할 때 생긴 상수 C가 정적분의 계산하는 과정에서 항상 소거된다.
따라서 정적분을 구할 때에는 처음부터 C를 생략하고 계산하여도 무방하다.

◉ **정적분의 기본성질1** (단, 함수 $f(x)$가 구간 $[a,b]$에서 연속일 때)

1. $\int_a^a f(x)dx = 0$
2. $\int_a^b f(x)dx = -\int_b^a f(x)dx$
3. $\int_a^b kf(x)dx = k\int_a^b f(x)dx$ (단, k는 상수)
4. $\int_a^b \{f(x)+g(x)\}dx = \int_a^b f(x)dx + \int_a^b g(x)dx$
5. $\int_a^b \{f(x)-g(x)\}dx = \int_a^b f(x)dx - \int_a^b g(x)dx$
6. $\int_a^b f(x)dx = \int_a^c f(x)dx + \int_c^b f(x)dx \quad (a \le c \le b)$

memo

1. $\int_a^b \{f(x)g(x)\}dx \neq \int_a^b f(x)dx \int_a^b g(x)dx$

2. $\int_a^b \frac{f(x)}{g(x)}dx \neq \frac{\int_a^b f(x)dx}{\int_a^b g(x)dx} \quad (g(x) \neq 0)$

(2) 정적분의 계산

◉ 정적분의 기본성질을 이용하여 정적분 값 구하기

예제2 $\int_0^2 (3x^2+2x-1)dx$의 값을 구하여라.

풀이 $\int_0^2 (3x^2+2x-1)dx = x^3+x^2-x+C$

$$\int_{-1}^2 (3x^2+2x-1)dx = [x^3+x^2-x]_{-1}^{2}$$
$$= (2^3+2^2-2)-\{(-1)^3+(-1)^2-(-1)\}$$
$$= 10-1 = 9$$

예제3 $\int_0^{\frac{\pi}{2}} \cos x dx$의 값을 구하여라.

풀이 $\int \cos x dx = \sin x + C$이므로

$$\int_0^{\frac{\pi}{2}} \cos x dx = [\sin x]_0^{\frac{\pi}{2}} = \sin\frac{\pi}{2} - \sin 0 = 1-0 = 1$$

예제4 $\int_0^2 (4x^2+3x-3)dx$의 값을 구하여라.

풀이 $\int_0^2 (4x^2+3x-3)dx = \int_0^2 4x^2 dx + \int_0^2 3x dx - \int_0^2 3dx$

$$= 4\int_0^2 x^2 dx + 3\int_0^2 x dx - 3\int_0^2 dx$$
$$= 4\left[\frac{x^3}{3}\right]_0^2 + 3\left[\frac{x^2}{2}\right]_0^2 - 3[x]_0^2 = \frac{32}{3}$$

$$\therefore \int_0^2 (4x^2+3x-3)dx = \frac{32}{3}$$

◉ 절대값 기호를 포함한 함수의 정적분의 계산 방법

· 1단계 : (절대값 안의 함수)$=0$이 되는 x를 구한다.

- 2단계 : 적분 구간이 $[a,b]$이면 $[a,b]$ 구간 안에 1단계의 x의 점들을 표시한다.
- 3단계 : 2단계에 있는 소구간에서 함수가 0보다 크면 그 소구간에서 절대값을 그냥 없애고 함수가 0보다 작으면 그 소구간에서 절대값을 없앨 때 (−)를 붙인다.
- 4단계 : 구간을 나누어 적분한다.

예제5 정적분 $\int_0^3 |x^2-2x|dx$을 구하여라.

풀이 1단계 : $x^2-2x=x(x-2)$에서 절대값 기호 안을 0으로 하는 값은 $x=0,\ x=2$이다.

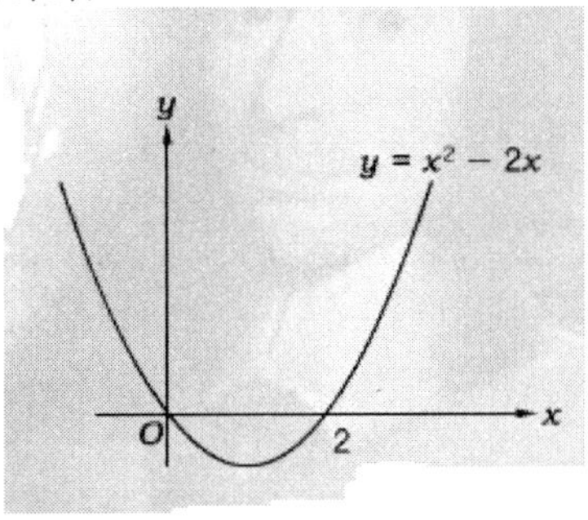

2단계 : 그림과 같이 적분구간 $[0,3]$ 안에 $x=0,\ x=2$을 표시한다.

3단계 : $[0,3]$에서 함수가 0보다 작은 $[0,2]$위의 함수는 절대값을 없애고 (−)를 붙인다. $[2,3]$ 위의 함수는 절대값을 그냥 없애기만 한다.

(ⅰ) $0 \leqq x < 2$일 때, $|x^2-2x|=-(x^2-2x)$

(ⅱ) $2 \leqq x \leqq 3$일 때, $|x^2-2x|=x^2-2x$

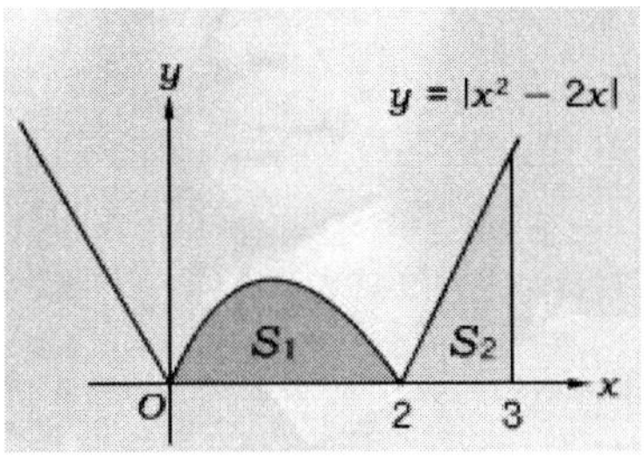

4단계 : $[0,2],[2,3]$으로 적분구간을 나누어 식을 계산한다.

$$\therefore \int_0^3 |x^2-2x|dx = S_1+S_2$$

$$=\int_0^2\{-(x^2-2x)\}dx+\int_2^3(x^2-2x)dx$$

$$=\left[-\frac{1}{3}x^3+x^2\right]_0^2+\left[\frac{1}{3}x^3-x^2\right]_2^3$$

$$=\left(-\frac{8}{3}+4\right)-0+(9-9)-\left(\frac{8}{3}-4\right)=\frac{8}{3}$$

예제6 정적분 $\int_0^{\pi} |\cos x| dx$ 을 구하여라.

풀이 1단계 : 그림에서 절대값 기호 안을 0으로 하는 값은 $x = \frac{\pi}{2}$ 이다.

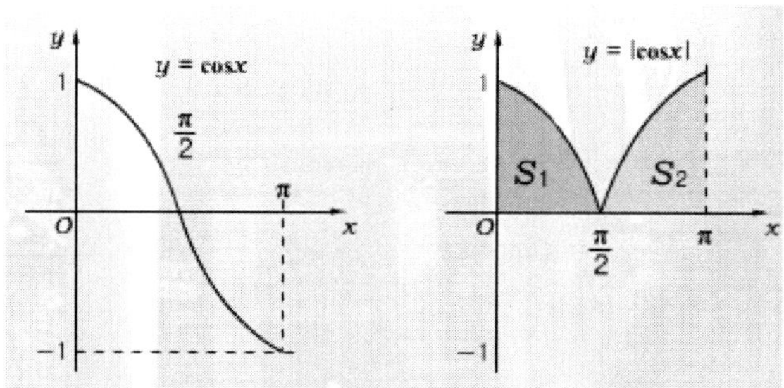

2단계 : (i) $0 \leq x < \frac{\pi}{2}$ 일 때, $|\cos x| = \cos x$

(ii) $\frac{\pi}{2} \leq x \leq \pi$ 일 때, $|\cos x| = -\cos x$

3단계 : $\int_0^{\pi} |\cos x| dx = S_1 + S_2 = \int_0^{\frac{\pi}{2}} \cos x dx + \int_{\frac{\pi}{2}}^{\pi} (-\cos x) dx$

$$= [\sin x]_0^{\frac{\pi}{2}} - [\sin x]_{\frac{\pi}{2}}^{\pi} = 2$$

(3) 다지기

※ 다음 정적분을 구하여라.

1 $\int_{-4}^{2} (x+1)^2 dx$

2 $\int_0^3 (x-1)^2 dx$

3 $\int_0^3 x(x-2) dx$

4 $\int_{-1}^{0} (4x^3 - 2x + 1) dx + \int_{-2}^{0} (x^2 - 2x + 3) dx$

Quiz, Quiz

1 곡선 $y=x^2$, x축, 직선 $x=2$로 둘러싸인 도형의 넓이를 구분구적법으로 구하여라.

① $\frac{4}{3}$ ② $\frac{8}{3}$ ③ 4

2 정적분 $\int_{2}^{2}(5x^4-3x^2+1)dx$를 구하여라.

① 0 ② 26 ③ x^5-x^3+x+C

3 정적분 $\int_{1}^{2}2xdx$를 구하여라.

① 2 ② 3 ③ 4

4 정적분 $\int_{0}^{1}e^{2x}dx$를 구하여라.

① $2e-2$ ② $\frac{1}{2}e$ ③ $\frac{1}{2}e^2-\frac{1}{2}$

5 정적분 $\int_{-2}^{1}|x^2+x-2|dx$를 구하여라.

① $-\frac{9}{2}$ ② $\frac{9}{2}$ ③ $-\frac{13}{6}$

12-5 정적분과 수열의 합

Calculus Life

$$\int_a^b f(x)dx = F(b) - F(a)$$

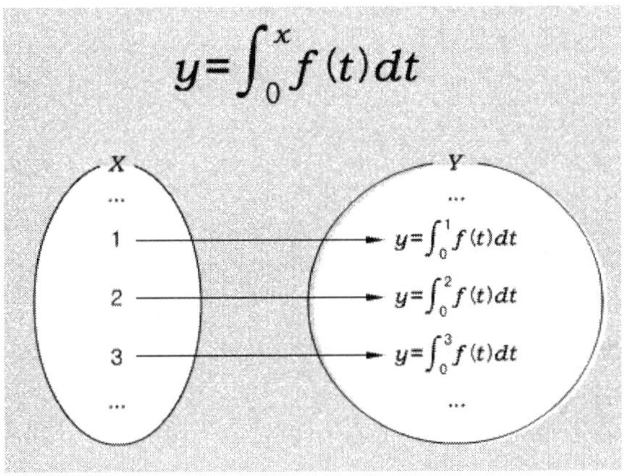

함수 $f(x)$가 구간 $[a,b]$에서 연속이고, $f(x)$의 부정적분 중 하나를 $F(x)$라 하자. 이 때 정적분의 기본정리에 의하여 위의 식이 성립한다. 이제 정적분으로 정의된 함수의 미분을 구하는 문제를 생각해 보자. 그런데 위 식에서 b와 a가 상수라면 $F(b)-F(a)$를 한 결과는 어떤 상수값이 나온다. 그러므로 이를 미분하면 0이 되어 버린다. 상수의 미분은 0이 되기 때문이다. 그렇다면 우리는 우선, 정적분이 어떻게 함수로 정의될 수 있을지 생각해 보아야 한다. 우리는 정적분의 정의를 이용해서 정적분으로 정의된 함수에 관한 문제나 정적분을 이용해 무한급수를 구하는 문제 등 다양한 문제를 해결할 수 있다.

Secret Key

정적분으로 정의된 함수의 미분

① $\frac{d}{dx}\int_a^x f(t)dt = f(x)$

② $\frac{d}{dx}\int_x^b f(t)dt = -f(x)$

③ $\frac{d}{dx}\int_x^{x+a} f(t)dt = f(x+a) - f(x)$

정적분과 무한급수의 관계

구간 $[a,b]$에서 연속인 함수 $f(x)$에 대하여

$$\lim_{n\to\infty}\sum_{k=1}^{n} f(x_k)\Delta x = \int_a^b f(x)dx$$

무한급수의 정적분 표시 공식

① $\lim_{n\to\infty}\sum_{k=1}^{n} f\left(\frac{a}{n}k\right)\cdot\frac{a}{n} = \int_0^a f(x)dx$

② $\lim_{n\to\infty}\sum_{k=1}^{n} f\left(a+\frac{p}{n}k\right)\cdot\frac{p}{n} = \int_0^{a+p} f(x)dx = \int_0^p f(a+x)dx$

③ $\lim_{n\to\infty}\sum_{k=1}^{n} f\left(a+\frac{p}{n}k\right)\cdot\frac{1}{n} = \int_0^1 f(a+px)dx$

My Lesson

1) 정적분의 미분

(1) 정적분으로 정의된 함수

◉ 정적분으로 정의된 함수의 형태

· 다음 식을 하나의 함수로 보려면 변수가 필요하다.

$$\int_a^b f(x)dx = F(b) - F(a)$$

* $F(b)$ 또는 $F(a)$가 변수를 가지고 있어야 한다.
즉, 위끝 또는 아래끝을 변수로 생각하여 세 가지 형태를 얻는다.

① 위 끝이 변수일 때	② 아래 끝이 변수일 때	③ 둘 다 변수일 때
$\int_a^x f(t)\,dt$	$\int_x^b f(t)\,dt$	$\int_x^{x+a} f(t)\,dt$

◉ 정적분으로 정의된 함수의 미분

· 위끝이 변수일 때

$$\frac{d}{dx}\int_a^x f(t)dt = f(x) \text{ (단, } a\text{는 상수)}$$

예제1 $\int_0^x (t^3+2t+1)dt$을 x에 대하여 미분하여라.

풀이 $f(t)=t^3+2t+1$이므로 $f(x)=x^3+2x+1$이다.

$$\therefore \frac{d}{dx}\int_0^x (t^3+2t+1)dt = x^3+2x+1$$

예제2 $\int_{-1}^x (-2t^2+1)dt$을 x에 대하여 미분하여라.

풀이 $f(t)=-2t^2+1$이므로 $f(x)=-2x^2+1$이다.

$$\therefore \frac{d}{dx}\int_{-1}^x (-2t^2+1)dt = -2x^2+1$$

memo

$$\int_a^x f(t)dt = [F(t)]_a^x = F(x) - F(a)$$

$$\therefore \frac{d}{dx}\int_a^x f(t)dt = \frac{d}{dx}[F(x)-F(a)] = F'(x) = f(x)$$

· 아래끝이 변수일 때

$$\frac{d}{dx}\int_x^b f(t)dt = -f(x) \text{ (단, } b\text{는 상수)}$$

예제3 $\int_x^0 (t^2+1)dt$ 을 x에 대하여 미분하여라.

풀이 $f(t)=t^2+1$라 하면 $f(x)=x^2+1$이다.

$$\therefore \frac{d}{dx}\int_x^0 (t^2+1)dt = -x^2-1$$

예제4 $\int_x^{-1} (2t^2-4)dt$을 x에 대하여 미분하여라.

풀이 $f(t)=2t^2-4$이므로 $f(x)=2x^2-4$이다.

$$\therefore \frac{d}{dx}\int_x^{-1} (2t^2-4)dt = -2x^2+4$$

memo

$$\int_x^b f(t)dt = [F(t)]_x^b = F(b)-F(x)$$

$$\therefore \frac{d}{dx}\int_x^b f(t)dt = \frac{d}{dx}[F(b)-F(x)] = -F'(x) = -f(x)$$

· 위끝과 아래끝이 모두 변수일 때

$$\frac{d}{dx}\int_x^{x+a} f(t)dt = f(x+a)-f(x) \text{ (단, } a\text{는 상수)}$$

예제5 $\int_x^{x+1} (t^2+3t)dt$ 을 x에 대하여 미분하여라.

풀이 $f(t)=t^2+3t$이므로 $f(x)=x^2+3x$이다.

$$\therefore \frac{d}{dx}\int_x^{x+1} (t^2+3t)dt = f(x+1)-f(x) = (x+1)^2+3(x+1)-x^2-3x = 2x+4$$

예제6 $\int_x^{x-2} (t^2-4t)dt$을 x에 대하여 미분하여라.

풀이 $f(t)=t^2-4t$이므로 $f(x)=x^2-4x$이다

$$\therefore \frac{d}{dx}\int_x^{x-2} (t^2-4t)dx = f(x-2)-f(x) = (x-2)^2-4(x-2)-x^2+4x$$

$$= -4x+12$$

(2) 정적분의 미분

◉ 정적분을 포함한 함수의 관계식에서 함수 $f(x)$ 구하기

· 적분구간에 변수 x가 있는 경우

$$\int_a^x f(t)dt = g(x)$$

1단계 : 양변을 x에 대하여 미분한다.

2단계 : $\int_a^x f(t)dt = f(x)$를 이용하여 $f(x)$를 구한다.

예제1 $\int_a^x f(t)dt = x^2 - 4$를 만족하는 $f(x)$를 구하여라.

풀이

$\frac{d}{dx}\int_a^x f(t)dt = x^2 - 4$　　↳ 양변을 x에 대해 미분

$\frac{d}{dx}\int_a^x f(t)dt = \frac{d}{dx}(x^2 - 4)$　　↳ $\int_a^x f(t)dt = f(x)$를 이용

$\therefore f(x) = 2x$

예제2 $\int_a^x f(t)dt = x^3 - 3x^2 + 3x - 1$을 만족하는 다항함수 $f(x)$를 구하여라.

풀이 주어진 등식을 x에 대하여 미분하면

$\frac{d}{dx}\int_0^x f(t)dt = \frac{d}{dx}(x^3 - 3x^2 + 3x - 1)$

$\frac{d}{dx}\int_a^x f(t)dt = f(x)$를 이용하면 $f(x) = 3x^2 - 6x + 3$

· 적분구간이 상수인 경우

$$f(x) = g(x) + \int_a^b f(t)dt \quad (a,b\text{는 상수})$$

1단계 : 준식에서 정적분을 상수 k로 치환한 후 식을 t에 대하여 정리한다.

2단계 : k의 값을 구한 다음 $f(x)$를 구한다.

예제3 $f(x) = x + \int_0^2 f(t)dt$을 만족하는 함수 $f(x)$를 구해 보자.

풀이

$f(x) = x + \int_0^2 f(t)dt$　　↳ $\int_0^2 f(t)dt = k$로 놓습니다.

$f(x) = x + k$　　↳ $f(t) = t + k$로 놓고 k에 대한 식을 구합니다.

$$k=\int_0^2 f(t)dt=\int_0^2 (t+k)dt$$
$$=\left[\frac{1}{2}t^2+kt\right]_0^2$$
$$=2+2k$$
$$k=2+2k,\ k=-2$$
$$\therefore f(x)=x-2$$

예제4 $f(x)=3x^2-2x+\int_1^2 f(t)dt$을 만족시키는 $f(x)$를 구하여라.

풀이 함수 $f(x)=3x^2-2x+\int_1^2 f(t)dt$에서 정적분 $\int_1^2 f(t)dt$는 상수이므로

$\int_1^2 f(t)dt=k$라 하면 $f(x)=3x^2-2x+k$라고 할 수 있다.

$\therefore\ k=\int_1^2 f(t)dt=\int_1^2 (3t^2-2t+k)dt=\left[t^3-t^2+kt\right]_1^2=4-k$

$k=2$에서 $f(x)=3x^2-2x+2$

memo

$$f(x)=x+\int_0^2 f(t)dt \xrightarrow{\int_0^2 f(t)dt=k} f(x)=x+k$$

(3) 다지기

다음 문제들을 풀어보자.

1 $\int_0^x (2t+a-1)dt$을 x에 대하여 미분하여라.

① $2x+1$　　② $2x+a-1$
③ $2x$　　④ $2x-1$

2 임의의 실수 x에 대하여 $\int_a^x f(t)dt=-3x^2+2x+1$을 만족하는 다항함수 $f(x)$를 구하여라.

① $f(x)=-6x+2$　　② $f(x)=-3x^2+2x+1$
③ $f(x)=-6x$　　④ $f(x)=-3x^2+2x$

3 함수 $f(x)$를 $f(x)=x^2-2x+\int_1^3 f(t)dt$라 할 때, $f(0)$의 값을 구하여라.

2) 정적분과 무한급수

(1) 정적분과 무한급수

◉ 정적분과 무한급수 사이의 관계

함수 $f(x)$가 구간 $[a,b]$에서 연속일 때, 함수 $f(x)$의 a에서 b까지의 정적분은 다음과 같이 정의된다.

$$\int_a^b f(x)dx = \lim_{n\to\infty}\sum_{k=1}^{n} f(x_k)\Delta x \quad \left(\text{단}, \Delta x = \frac{b-a}{n}, x_k = a + k\Delta x\right)$$

· 적분변수

$x_k \Rightarrow x$

$\Delta x = x_k - x_{k-1} = \dfrac{b-a}{n} \Rightarrow dx$

· 적분구간

$x_1 = a + \Delta x = a + \dfrac{b-a}{n} \Rightarrow \lim\limits_{n\to\infty} x_1 = \lim\limits_{n\to\infty}\left(a + \dfrac{b-a}{n}\right) = a$

$x_n = a + n\Delta x = a + n\cdot\dfrac{b-a}{n} = b \Rightarrow \lim\limits_{n\to\infty} x_n = \lim\limits_{n\to\infty} b = b$

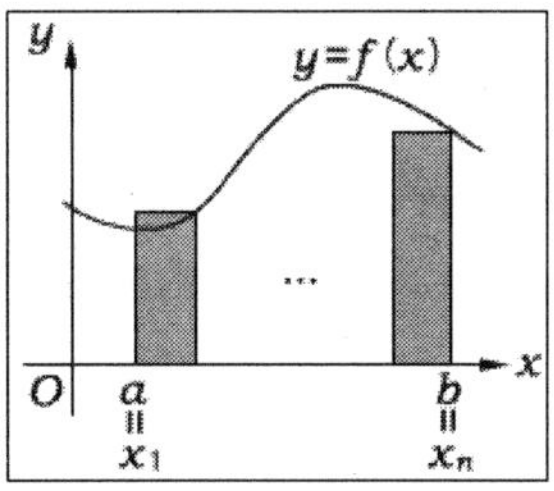

memo

(1) 적분변수가 될 수 있는 것은 x_k이므로 x_k처럼 나타낼 수 있는 부분을 찾아 적분변수 x로 둔다. 이 때 x_k가 적분변수 x로 바뀌면 $x_k - x_{k-1} = \Delta x$는 dx로 바뀐다.

(2) x_k는 구간 $[a,b]$를 n등분 한 점들 중 k번째 점을 나타낸다. 결국 다음과 같이 양끝점에 해당하는 x_1과 x_n의 $n\to\infty$일 때의 극한값이 적분구간의 양끝점이 되어야 한다.

◉ 무한급수로 나타내어진 식을 정적분으로 바꾸어 계산하는 방법

$$\lim \sum (\text{식}) \frac{1}{n} \Longrightarrow \int_0^1 (\text{식})\, dx$$

예제1 $\lim_{n\to\infty}\sum_{k=1}^{n}\left(\frac{k}{n}\right)^3\cdot\frac{1}{n}$의 극한값을 구해보자.

풀이 1단계 : 적분변수 x는 $x_k=\frac{k}{n}$라 두면 $\left(\frac{k}{n}\right)^3=x^3$

$x_{k+1}-x_k=\frac{k+1}{n}-\frac{k}{n}=\frac{1}{n}$이므로 $\frac{1}{n}=dx$

2단계 : $x_k=\frac{k}{n}$에 $k=1$을 대입하면 $x_1=\frac{1}{n}$ ⇨ $\lim_{n\to\infty}x_1=\lim_{n\to\infty}\frac{1}{n}=0$

$k=n$을 대입하면 $x_n=\frac{n}{n}$ ⇨ $\lim_{n\to\infty}x_n=\lim_{n\to\infty}\frac{n}{n}=1$

이므로 적분구간은 $[0,1]$이다.

3단계 :

$$\lim_{n\to\infty}\sum_{k=1}^{n}\left(\frac{k}{n}\right)^3\cdot\frac{1}{n}=\int_0^1 x^3\,dx=\frac{1}{4}$$

예제2 $\lim_{n\to\infty}\sum_{k=1}^{n}e^{\frac{k}{n}}\cdot\frac{1}{n}$을 정적분으로 바꾸어라.

풀이 적분변수 : $x_k=\frac{k}{n}$ ⇨ x, $x_k-x_{k-1}=\frac{1}{n}$ ⇨ dx

적분구간 : $x_1=\frac{k}{n}$ ⇨ 0, $x_n=\frac{n}{n}=1$ ⇨ 1 ∴ 적분구간은 $[0,1]$이다.

$$\therefore \lim_{n\to\infty}\sum_{k=1}^{n}e^{\frac{k}{n}}\cdot\frac{1}{n}=\int_0^1 e^x\,dx=e-1$$

예제3 $\lim_{n\to\infty}\sum_{k=1}^{n}\sin\left(\pi+\frac{k\pi}{n}\right)\cdot\frac{1}{n}$을 정적분으로 바꾸어라.

풀이 적분변수 : $x_k=\frac{k}{n}$ ⇨ x, $x_k-x_{k-1}=\frac{1}{n}$ ⇨ dx

적분구간 : $x_1=\frac{k}{n}$ ⇨ 0, $x_n=\frac{n}{n}=1$ ⇨ 1 ∴ 적분구간은 $[0,1]$이다.

$$\therefore \lim_{n\to\infty}\sum_{k=1}^{n}\sin\left(\pi+\frac{k\pi}{n}\right)\cdot\frac{1}{n}=\int_0^1 \sin(\pi+\pi x)\,dx=-\frac{2}{\pi}$$

(2) 무한급수의 정적분 공식

◉ 무한급수의 정적분 표시 공식

· $\lim_{n\to\infty}\sum_{k=1}^{n} f\left(\frac{a}{n}k\right)\cdot\frac{a}{n}=\int_0^a f(x)dx$

1단계 : 적분변수 구하기

$$x_k=\frac{a}{n}k \Rightarrow x,\ x_k-x_{k-1}=\frac{a}{n} \Rightarrow dx$$

2단계 : 적분구간 구하기

$x_1=\frac{a}{n} \Rightarrow 0,\ x_n=\frac{a}{n}\cdot n=a \Rightarrow a$ ∴ 적분구간은 $[0,a]$이다.

3단계 : 적분기호로 치환

$$\lim_{n\to\infty}\sum_{k=1}^{n} \to \int,\quad \frac{a}{n}k \to x,\quad \frac{a}{n} \to dx$$

4단계 : 식 정리하기

주어진 함수의 x_k 자리에 변수 x를 대입하고, 적분구간을 그대로 쓴다.

$$\therefore \lim_{n\to\infty}\sum_{k=1}^{n} f\left(\frac{a}{n}k\right)\cdot\frac{a}{n}=\int_0^a f(x)dx$$

· $\lim_{n\to\infty}\sum_{k=1}^{n} f\left(a+\frac{p}{n}k\right)\cdot\frac{p}{n}=\int_0^p f(a+x)dx$

$$\lim_{n\to\infty}\sum_{k=1}^{n} f\left(a+\frac{p}{n}k\right)\cdot\frac{p}{n} = \underset{①}{\int_a^{a+p} f(x)dx} = \underset{②}{\int_0^p f(a+x)dx}$$

① 적분변수 : $x_k=a+\frac{p}{n}k \Rightarrow x,\ x_k-x_{k-1}=\frac{p}{n} \Rightarrow dx$

적분구간 : $x_1=a+\frac{p}{n} \Rightarrow a,\ x_n=a+\frac{p}{n}\cdot n=a+p \Rightarrow a+p$ ∴ $[0,a+p]$

$$\therefore \lim_{n\to\infty}\sum_{k=1}^{n} f\left(a+\frac{p}{n}k\right)\cdot\frac{p}{n}=\int_a^{a+p} f(x)dx$$

② 적분변수 : $x_k=\frac{p}{n}k \Rightarrow x,\ x_k-x_{k-1}=\frac{p}{n} \Rightarrow dx$

적분구간 : $x_1=\frac{p}{n} \Rightarrow 0,\ x_n=\frac{p}{n}\cdot n=p \Rightarrow a+p$ ∴ $[0,p]$

$$\therefore \lim_{n\to\infty}\sum_{k=1}^{n} f\left(a+\frac{p}{n}k\right)\cdot\frac{p}{n}=\int_0^p f(a+x)dx$$

· $\lim_{n\to\infty}\sum_{k=1}^{n} f\left(a+\frac{pk}{n}\right)\cdot\frac{1}{n}=\int_0^1 f(a+px)dx$

$$\frac{k}{n} \to x,\quad \frac{1}{n} \to dx,\ \lim_{n\to\infty}\sum_{k=1}^{n} \to \int_0^1$$

예제4 $\lim_{n\to\infty}\sum_{k=1}^{n}\left(\frac{k}{n}\right)^3\frac{1}{n}$ 의 극한값을 구해보자.

풀이 1단계 : 수열식을 적분식 기호로 변환

$$x_k = \frac{k}{n} \to x,\ x_k - x_{k-1} = \frac{1}{n} \to dx$$

2단계 : 적분 구간 구하기

$$x_1 = \frac{1}{n} \to 0,\ x_n = \frac{1}{n}n = 1 \to 1$$

정리하면 적분구간은 $[0,1]$ 이 된다.

3단계 : 수열 식을 적분 식으로 정리

$$\therefore \lim_{n\to\infty}\sum_{k=1}^{n}\left(\frac{k}{n}\right)^3\frac{1}{n} = \int_0^1 x^3 dx = \frac{1}{4}$$

◉ 무한급수 활용예제

예제5 $\lim_{n\to\infty}\sum_{k=1}^{n}\left(2+\frac{k}{n}\right)^2 \cdot \frac{1}{n}$ 의 극한값을 구해보자.

풀이 1단계 : $x_k = \frac{k}{n}$ ⇨ x, $x_k - x_{k-1} = \frac{1}{n}$ ⇨ dx

2단계 : $x_1 = \frac{1}{n}$ ⇨ 0, $x_n = \frac{1}{n} \cdot n = 1$ ⇨ 1 $\therefore [0,1]$

3단계 :

$$\lim_{n\to\infty}\sum_{k=1}^{n}\left(2+\frac{k}{n}\right)^2 \cdot \frac{1}{n} = \int_0^1 (2+x)^2 dx = \int_0^1 (4+4x+x^2)dx$$

$$= \left[4x + 2x^2 + \frac{1}{3}x^2\right]_0^1 = 4 + 2 + \frac{1}{3} = \frac{19}{3}$$

(3) 다지기

※ 무한급수를 정적분으로 고쳐서 다음 값을 계산해 보아라.

1. $\lim_{n\to\infty}\sum_{k=1}^{n} 2\left(\frac{k}{n}\right)^2 \cdot \frac{1}{n}$

2. $\lim_{n\to\infty}\sum_{k=1}^{n} \left(1+\frac{2k}{n}\right)^3 \cdot \frac{2}{n}$

   ① 20 ② 35 ③ 50 ④ 65

3. $\lim_{n\to\infty}\sum_{k=1}^{n} sin\left(\frac{k\pi}{n}\right) \cdot \frac{\pi}{n}$

4. $\lim_{n\to\infty}\sum_{k=1}^{n} \frac{1}{n+k}$

   ① $\frac{7}{6}$ ② $e-1$ ③ $\ln\frac{1}{2}$ ④ $\ln 2$

Quiz, Quiz

1 $\dfrac{d}{dx}\displaystyle\int_{-1}^{x}(2t^2-3t+1)dt$을 구하여라.

① $4x-3$ ② $2x^2-3x+1$ ③ $\dfrac{2}{3}x^3-3x^2+x+C$

2 $\displaystyle\int_{0}^{x}f(t)dt=\cos x-1$을 만족시키는 함수 $f(x)$를 구하여라.

① $f(x)=\cos x+C$ ② $f(x)=-\sin x$ ③ $f(x)=\sin x$

3 $f(x)=e^x+\displaystyle\int_{0}^{2}f(t)dt$를 만족시키는 함수 $f(x)$를 구하여라.

① e^2-1 ② e^x ③ e^x-e^2+1

4 $\displaystyle\lim_{n\to\infty}\sum_{k=1}^{n}\left(\frac{k}{n}\right)^5\cdot\frac{1}{n}$을 정적분으로 고친 뒤 그 값을 계산하여라.

① $\dfrac{21}{2}$ ② $\dfrac{5}{6}$ ③ $\dfrac{1}{6}$

5 $\displaystyle\lim_{n\to\infty}\sum_{k=1}^{n}\left(1+\frac{k}{n}\right)^5\cdot\frac{1}{n}$을 정적분으로 바르게 고치면?

① $\displaystyle\int_{0}^{1}x^5dx$ ② $\displaystyle\int_{0}^{1}(1+x)^5dx$ ③ $\displaystyle\int_{1}^{2}(1+x)^5dx$

13-1 정적분과 적분기법

Calculus Life

정적분 $\int_1^2 x\ln x dx$을 구하는 문제를 생각해 보자. 그림과 같이 구하는 정적분을 확대해 보면 정적분의 피적분함수는 x와 $\ln x$의 곱으로 이루어져 있다. 두 함수의 미분 또는 적분을 하는 방법을 학습했다. 이번 시간에는 이전에 보았던 것보다 훨씬 더 복잡한 함수들의 정적분을 공부한다. 익숙하지 않은 적분은 이미 적분하는 방법을 알고 있는 적분형태로 변형하는 몇 가지 방법에 대하여 알아보자.

My Map

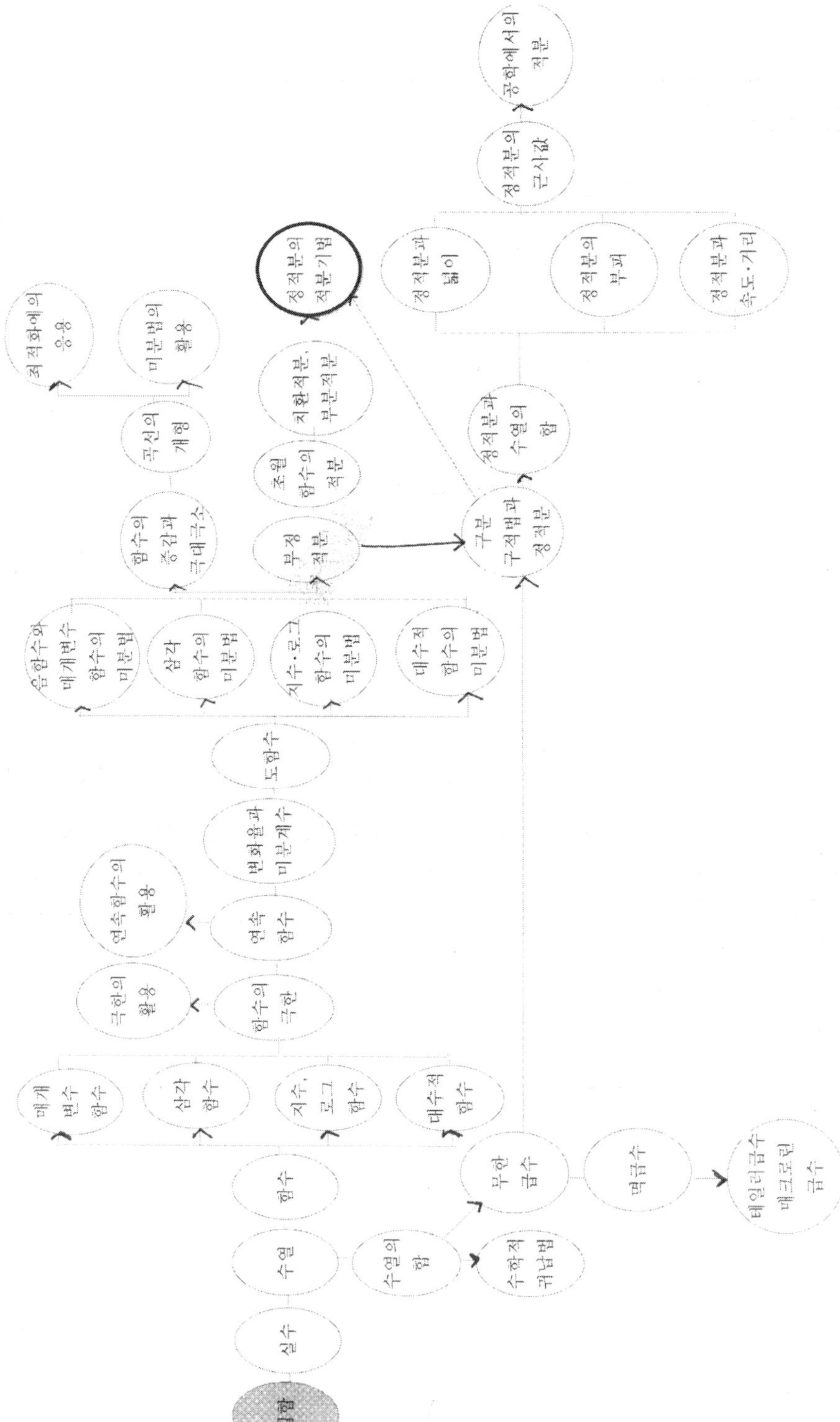
집합
실수
수열
함수
수열의 합
수학적 귀납법
무한급수
멱급수
테일러급수 매크로린 급수
매개변수 함수
삼각함수
지수, 로그 함수
대수적 함수
함수의 극한
극한의 활용
연속함수
연속함수의 활용
변화율과 미분계수
도함수
음함수와 매개변수 함수의 미분법
삼각함수의 미분법
지수·로그 함수의 미분법
대수적 함수의 미분법
함수의 증감과 극대극소
곡선의 개형
미분법의 활용
최적화에의 응용
부정적분
초월함수의 적분
치환적분, 부분적분
정적분의 적분기법
구분구적법과 정적분
정적분과 수열의 합
정적분과 넓이
정적분의 부피
정적분과 속도·거리
정적분의 근사값
공학에서의 적분

Secret Key

정적분의 치환적분법

함수 $x=g(t)$가 구간 $[\alpha,\beta]$에서 미분가능할 때
$a=g(\alpha)$, $b=g(\beta)$라 하면 다음이 성립한다.

$$\int_a^b f(x)dx=\int_\alpha^\beta f(g(t))g'(t)dt$$

정적분의 부분적분법

$$\int_a^b f(x)g'(x)dx=[f(x)g(x)]_a^b-\int_a^b f'(x)g(x)dx$$

· $f(x)$: 미분하기 쉬운 식
· $g'(x)$: 적분하기 쉬운 식

$f(x)$ ← $\ln x$ — x^n — $\sin x$, $\cos x$ — e^x → $g'(x)$

My Lesson

1) 치환적분법

(1) 치환적분법

◉ 정적분의 치환적분법

> 함수 $x=g(t)$가 구간 $[\alpha,\beta]$에서 미분가능할 때 $a=g(\alpha)$, $b=g(\beta)$라 하면
> $$\int_a^b f(x)dx=\int_\alpha^\beta f(g(t))g'(t)dt$$

· 치환적분법에서 $x=g(t)$라 하면

$F(x)=\int f(x)dx \Leftrightarrow F(g(t))=\int f(g(t))g'(t)dt$

t가 α에서 β까지 변한다.

$\Leftrightarrow$ $x=g(t)$가 a에서 b까지 변한다.

⇨ $a=g(\alpha)$, $b=g(\beta)$

$$\int_{\alpha}^{\beta} f(g(t))g'(t)dt=[F(g(t))]_{\alpha}^{\beta}=F(g(\beta))-F(g(\alpha))$$

$$=F(b)-F(a)$$

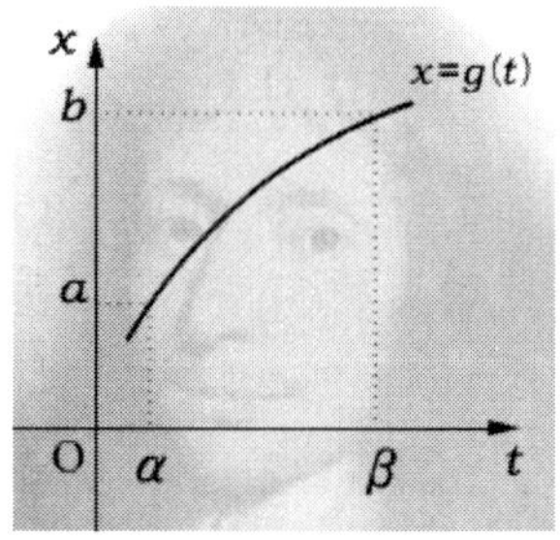

예제1 $\int_2^3 (x-2)^2 dx$을 치환적분을 이용하여 구해 보자.

풀이1 $x-2=t$라 하면 x가 2에서 3까지 변할 때 t는 0에서 1까지 변하므로

$$\int_2^3 (x-2)^2 dx=\int_0^1 t^2 dt=\left[\frac{1}{3}t^3\right]_0^1=\frac{1}{3}$$

풀이2 피적분함수를 전개하여 정적분의 기본정리를 이용하여 계산한다.

$$\int_2^3 (x-2)^2 dx=\int_2^3 (x^2-4x+4)dx=\left[\frac{1}{3}x^3-2x^2+4x\right]_2^3=\frac{1}{3}$$

◉ 치환적분법을 이용하여 문제를 해결하는 방법

$$\int_0^1 (3x-2)^5 dx \;=\; \frac{1}{3}\int_{-2}^1 t^5 dt \;=\; \frac{1}{18}t^6\Big|_{-2}^1 \;=\; \frac{1}{18}\times(1-64)=-\frac{7}{2}$$

예제1 $\int_0^1 \frac{2x+7}{\sqrt{x^2+7x+1}}dx$의 정적분의 값을 구하여라.

풀이 $t=x^2+7x+1$라 하면, $dt=(2x+7)dx$이고 [0,1]에서 적분가능하며, $x=0$일 때 $t=1$이고, $x=1$일 때 $t=9$이므로

$$\int_0^1 \frac{2x+7}{\sqrt{x^2+7x+1}}dx=\int_1^9 \frac{1}{\sqrt{t}}dt=\int_1^9 t^{-\frac{1}{2}}dt$$

$$=\left[\frac{1}{-\frac{1}{2}+1}t^{-\frac{1}{2}+1}\right]_1^9=\left[2t^{\frac{1}{2}}\right]_1^9=4$$

memo

1. 피적분함수가 합성함수로 표현된 경우에는 치환적분법을 이용한다.
2. 치환 후에 적분구간이 바뀌는 것에 주의한다.

(2) 삼각치환법

◉ 삼각치환법

$a>0$에 대하여

① 피적분함수에 $\sqrt{a^2-x^2}$이 들어있는 꼴 ⇨ $x=a\sin\theta$로 치환

② 피적분함수에 $\sqrt{a^2+x^2}$이 들어있는 꼴 ⇨ $x=a\tan\theta$로 치환

③ 피적분함수에 $\sqrt{x^2-a^2}$이 들어있는 꼴 ⇨ $x=a\sec\theta$로 치환

예제1 $\int_0^a \sqrt{a^2-x^2}\,dx\,(a>0)$를 삼각치환법에 의해 구해 보자.

풀이 $x=a\sin\theta$로 놓으면 $dx=a\cos\theta d\theta$이고

$x=0$일 때 $\theta=0$, $x=a$일 때 $\theta=\frac{\pi}{2}$이므로

$$\int_0^{\frac{\pi}{2}} \sqrt{a^2-a^2\sin^2\theta}\,a\cos\theta d\theta=\int_0^{\frac{\pi}{2}} a^2\cos^2\theta d\theta=a^2\int_0^{\frac{\pi}{2}}\frac{1+\cos 2\theta}{2}d\theta$$

$$=\frac{a^2}{2}\left[\theta+\frac{1}{2}\sin 2\theta\right]_0^{\frac{\pi}{2}}=\frac{a^2\pi}{4}$$

memo

오른쪽 그림에서 보듯이 $\int_0^a \sqrt{a^2-x^2}\,dx\,(a>0)$

원의 넓이의 $\frac{1}{4}$에 해당되는 넓이다.

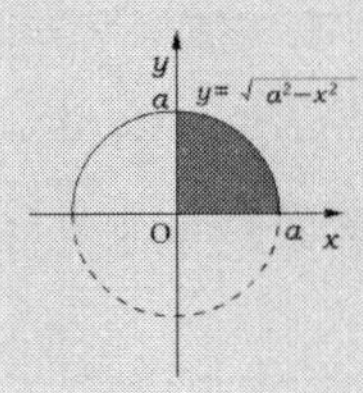

◉ 피적분함수에 $\sqrt{a^2-x^2}$, a^2-x^2이 들어있는 꼴 1

· $x=a\sin\theta$ $\left(-\frac{\pi}{2}\le\theta\le\frac{\pi}{2}\right)$ $(a>0)$로 치환한다.

즉 $\sqrt{a^2-x^2}=\sqrt{a^2-(a^2\sin^2\theta)}=\sqrt{a^2(1-\sin^2\theta)}=\sqrt{a^2\cos^2\theta}$
$=|a\cos\theta|$

이 때, $x=a\sin\theta$을 미분하면 $dx=a\cos\theta\,d\theta$이므로
피적분함수가 $\cos\theta$에 대한 함수로 표현된다.

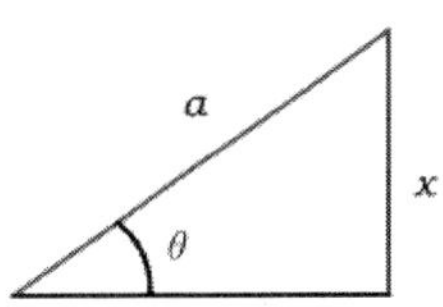

$\sqrt{a^2-x^2}$
$x = a\sin\theta$
$\sqrt{a^2-x^2} = a|\cos\theta|$

예제1 $\int_0^1 \sqrt{1-x^2}\,dx$의 값을 구하여라.

풀이 1단계 : 적분변수 치환하기

$x=\sin\theta\ \left(-\frac{\pi}{2} \leq \theta \leq \frac{\pi}{2}\right)$라 하면 $dx=\cos\theta d\theta$이고 $1-x^2=1-\sin^2\theta=\cos^2\theta$

2단계 : 적분구간 구하기

	적분구간	
	아래끝	위끝
$x=\sin\theta$	0	1
θ	0	$\frac{\pi}{2}$

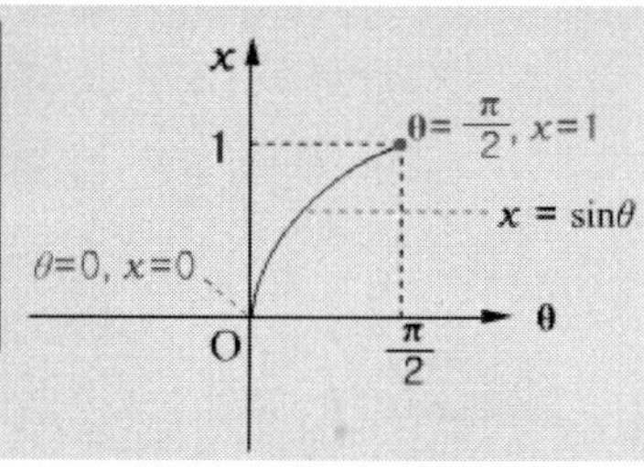

3단계 : 적분 계산하기

$$\int_0^1 \sqrt{1-x^2}\,dx=\int_0^{\frac{\pi}{2}} \sqrt{\cos^2\theta}\cos\theta d\theta$$

$$=\int_0^{\frac{\pi}{2}} |\cos\theta|\cos\theta d\theta=\int_0^{\frac{\pi}{2}} \cos^2\theta d\theta$$

↳ $\cos^2\theta=\frac{1+\cos 2\theta}{2}$

$$=\int_0^{\frac{\pi}{2}} \frac{1+\cos 2\theta}{2} d\theta$$

$$=\left[\frac{1}{2}\theta+\frac{1}{4}\sin 2\theta\right]_0^{\frac{\pi}{2}}=\frac{\pi}{4}$$

◉ **피적분함수에 $\sqrt{a^2-x^2}$, a^2-x^2이 들어있는 꼴 2**

· $x=a\tan\theta\ \left(-\frac{\pi}{2}<\theta<\frac{\pi}{2}\right)(a>0)$로 치환

⇨ $\sqrt{a^2+x^2}=\sqrt{a^2+(a^2\tan^2\theta)}=\sqrt{a^2(1+\tan^2\theta)}$

$=\sqrt{a^2\sec^2\theta}=|a\sec\theta|$

$x=a\tan\theta$을 미분하면 $dx=a\sec^2\theta\, d\theta$

⇨ 피적분함수가 $\sec\theta$에 대한 함수로 표현된다.

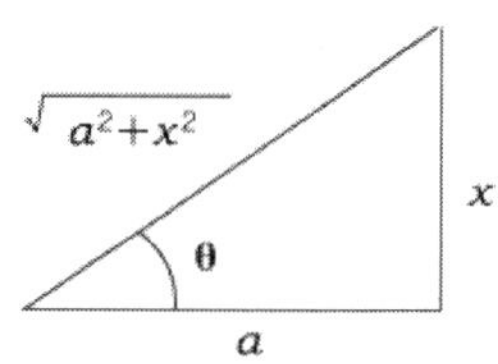

$x = a\tan\theta$

$\sqrt{a^2+x^2} = a|\sec\theta|$

예제1 $\int_0^{\sqrt{3}} \frac{1}{x^2+9}dx$의 값을 구하여라.

풀이 1단계 : 적분변수 치환하기

$x=3\tan\theta\left(-\frac{\pi}{2}<\theta<\frac{\pi}{2}\right)$라 하면,

$dx=3\sec^2\theta d\theta$이고 $x^2+9=9\tan^2\theta+9=9(\tan^2\theta+1)=9\sec^2\theta$

2단계 : 적분구간 구하기

	적분구간	
	아래끝	위끝
$x = 3\tan\theta$	0	$\sqrt{3}$
θ	0	$\frac{\pi}{6}$

3단계 : 적분 계산하기

$$\int_0^{\sqrt{3}} \frac{1}{x^2+9}dx = \int_0^{\frac{\pi}{6}} \frac{3\sec^2\theta}{9\sec^2\theta}d\theta = \int_0^{\frac{\pi}{6}} \frac{1}{3}d\theta = \frac{1}{3}\int_0^{\frac{\pi}{6}} d\theta = \frac{1}{3}[\theta]_0^{\frac{\pi}{6}} = \frac{\pi}{18}$$

◉ **피적분함수에 $\sqrt{a^2-x^2}$, a^2-x^2이 들어있는 꼴 3**

· $x = a\sec\theta \left(-\frac{\pi}{2} < \theta < \frac{\pi}{2}\right)$ $(a > 0)$로 치환

⇨ $\sqrt{x^2-a^2} = \sqrt{a^2\sec^2\theta - a^2} = \sqrt{a^2(\sec^2\theta - 1)}$

$= \sqrt{a^2\tan^2\theta} = |a\tan\theta|$

$x = a\sec\theta$을 미분하면 $dx = a\sec\theta\tan\theta d\theta$

⇨ 피적분함수는 $\sec\theta$와 $\tan\theta$에 대한 함수로 표현된다.

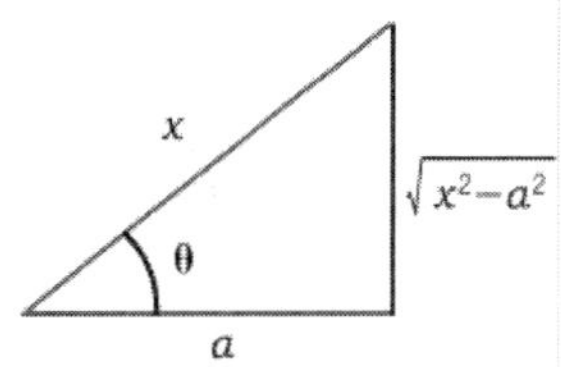

$x = a\sec\theta$

$\sqrt{x^2-a^2} = a|\tan\theta|$

예제1 $\int_{\sqrt{2}}^{2} \frac{1}{\sqrt{x^2-1}}dx$의 값을 구해 봅시다.

풀이 1단계 : 적분변수 치환하기

$x = \sec\theta \left(0 < \theta < \frac{\pi}{2}\right)$라 하면,

$dx = \sec\theta\tan\theta d\theta$이고 $\sqrt{x^2-1} = \sqrt{\sec^2\theta - 1} = \sqrt{\tan^2\theta} = \tan\theta$

2단계 : 적분구간 구하기

	적분구간	
	아래끝	위끝
$x = \sec\theta$	$\sqrt{2}$	2
θ	$\frac{\pi}{4}$	$\frac{\pi}{3}$

3단계 : 적분 계산하기

$$\int_{\sqrt{2}}^{2} \frac{1}{\sqrt{x^2-1}}dx = \int_{\frac{\pi}{4}}^{\frac{\pi}{3}} \frac{\sec\theta\tan\theta}{\tan\theta}d\theta = \int_{\frac{\pi}{4}}^{\frac{\pi}{3}} \sec\theta d\theta = \ln|\sec\theta + \tan\theta|_{\frac{\pi}{4}}^{\frac{\pi}{3}}$$

$$= \ln|2+\sqrt{3}| - \ln|\sqrt{2}+1| = \ln\frac{2+\sqrt{3}}{\sqrt{2}+1}$$

◉ 그래프의 대칭성을 이용한 정적분

· 함수 $f(x)$가 우함수(even function)일 때
$f(-x)=f(x)$
적분구간을 좌우대칭으로 잡으면 그래프가 y축에 대하여 대칭이므로 전체 넓이는 한 쪽 넓이의 두 배이다.

즉, $\int_{-a}^{a} f(x)dx = S_1 + S_2 = 2\int_{0}^{a} f(x)dx$

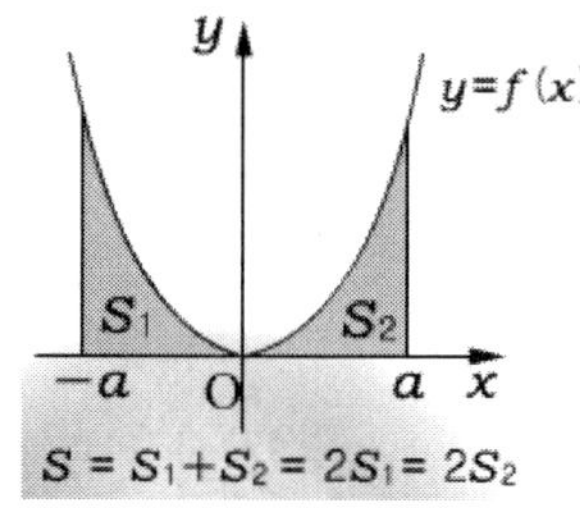

· 함수 $f(x)$가 기함수(odd function)일 때
적분구간을 좌우대칭으로 잡으면 그래프가 원점에 대하여 대칭이면 넓이가 같은 두 영역이 부호가 다르므로 서로 상쇄되어 정적분 값은 0이다.

즉, $\int_{-a}^{a} f(x)dx = -S_1 + S_2 = 0$

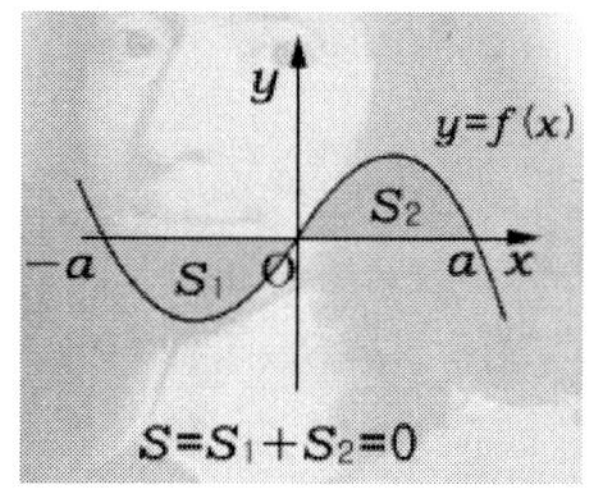

예제1 $\int_{-\frac{\pi}{2}}^{\frac{\pi}{2}} \cos x dx$의 값을 구하여라.

풀이 적분구간이 좌우대칭이므로 우함수인지 기함수인지 살펴보기 위해 그래프를 그려본다.
$\cos x$는 y축에 대하여 대칭이므로 우함수이다.

$\therefore \int_{-\frac{\pi}{2}}^{\frac{\pi}{2}} \cos x dx = 2\int_{0}^{\frac{\pi}{2}} \cos x dx = 2[\sin x]_{0}^{\frac{\pi}{2}} = 2$

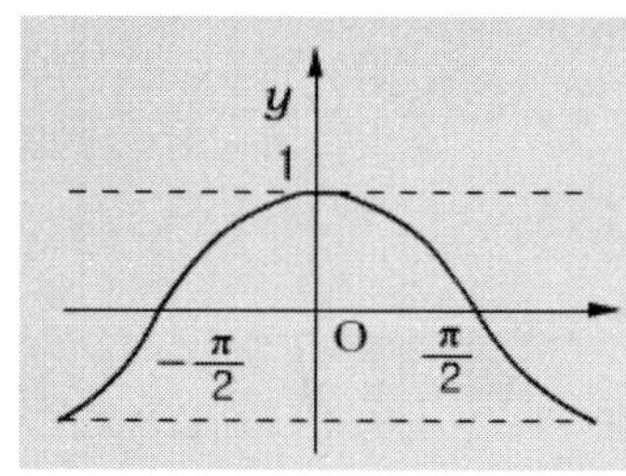

예제2 $\int_{-\frac{\pi}{2}}^{\frac{\pi}{2}} \sin x dx$의 값을 구하여라.

풀이 $\int_{-\frac{\pi}{2}}^{\frac{\pi}{2}} \sin x dx$의 정적분을 구하는 문제를 생각해 보자. 적분구간이 대칭일 때 $\sin x$가 기함수이므로

$\int_{-\frac{\pi}{2}}^{\frac{\pi}{2}} \sin x dx = 0$

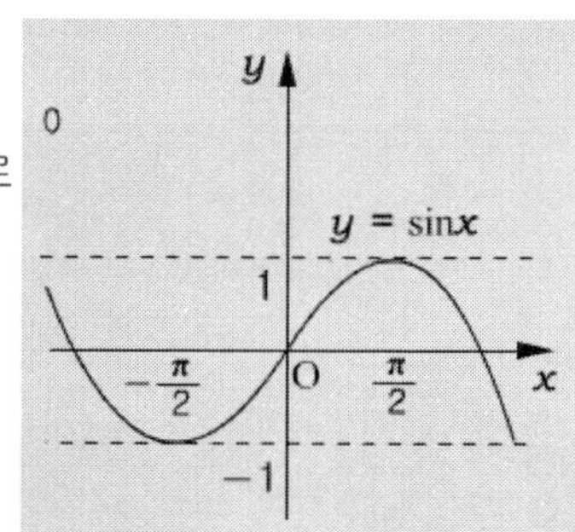

(3) 다지기

다음 문제들을 풀어보자.

1 $\int_0^1 x\sqrt{1-x}\,dx$

① $\frac{1}{5}$　② $\frac{4}{15}$　③ 1　④ 0

2 $\int_1^e \frac{1}{x(1+\ln x)^2}dx$

① $\frac{1}{2}$　② $-\frac{1}{2}$　③ 1　④ 2

3 $\int_0^{\sqrt{3}} \frac{1}{\sqrt{4-x^2}}dx$

① $\frac{\pi}{3}$　② $\frac{\pi}{2}$　③ π　④ 3π

4 $\int_{-1}^1 (e^x+e^{-x})dx$

① $e-\frac{2}{e}$　② $2e-\frac{2}{e}$　③ $2e-\frac{1}{e}$　④ $e-\frac{1}{e}$

2) 부분적분법

(1) 부분적분법

◉ 정적분의 부분적분법

$$\int_a^b f(x)g'(x)dx = [f(x)g(x)]_a^b - \int_a^b f'(x)g(x)dx$$

· 두 함수 $f(x)$, $g(x)$의 곱 $f(x)g(x)$를 미분하면

$\{f(x)g(x)\}' = f'(x)g(x)+f(x)g'(x)$

식의 양변에 적분을 취해 정리하면

$$\int_a^b \{f(x)g(x)\}'dx = \int_a^b \{f'(x)g(x)dx + f(x)g'(x)\}dx$$

$$= \int_a^b f'(x)g(x)dx + \int_a^b f(x)g'(x)dx$$

$$\therefore \int_a^b f(x)g'(x)dx = \int_a^b \{f(x)g(x)\}'dx - \int_a^b f'(x)g(x)dx \quad \cdots ①$$

정적분의 기본정리에 따르면

$$\int_a^b \{f(x)g(x)\}'dx = [f(x)g(x)]_a^b \quad \cdots ②$$

②식을 ①식의 우변의 두 항 중 첫번째 항에 대입하면

$$\int_a^b f(x)g'(x)dx = [f(x)g(x)]_a^b - \int_a^b f'(x)g(x)dx$$

예제1 $\int_1^e x\ln x dx$의 정적분의 값을 구하여라.

풀이 $f(x) = \ln x$, $g'(x) = x$라 하면 $f'(x) = \frac{1}{x}$. $g(x) = \frac{1}{2}x^2$이므로

$$\int_1^e x\ln x dx = \left[\ln x \cdot \frac{1}{2}x^2\right]_1^e - \int_1^e \frac{1}{x}\cdot\frac{1}{2}x^2 dx$$

$$= \frac{e^2}{2} - \frac{1}{2}\left[\frac{1}{2}x^2\right]_1^e$$

$$= \frac{e^2+1}{4}$$

memo

주어진 정적분과 같이 피적분함수가 치환적분법으로 부정적분을 구할 수 없는 형태일 때는 부분적분법을 이용합니다. 이 때, 부분적분법에서 곱해진 두 함수 중 어느 것을 미분된 함수로 보느냐에 따라 풀이가 훨씬 쉬워지기도 합니다. 적분하기 쉬운 함수를 미분된 함수로 택하는 것이 요령입니다.

(2) 부분분수법

◉ 정적분의 부분분수법

- $\frac{ax+b}{(x+\alpha)(x+\beta)} = \frac{A}{x+\alpha} + \frac{B}{x+\beta}$
- $\frac{ax^2+bx+c}{(x+\alpha)(x^2+\beta x+\gamma)} = \frac{A}{x+\alpha} + \frac{Bx+C}{x^2+\beta x+\gamma}$
- $\frac{ax^2+bx+c}{(x+\alpha)(x+\beta x)^2} = \frac{A}{x+\alpha} + \frac{B}{x+\beta} + \frac{C}{(x+\beta)^2}$

예제1 분수함수 $\frac{5x-3}{x^2-2x-3}$을 부분분수로 나타내어 보자.

풀이 $\frac{5x-3}{x^2-2x-3}=\frac{A}{x+1}+\frac{B}{x-3}\cdots①$

①식의 양변에 x^2-2x-3을 곱하면

$5x-3=A(x-3)+B(x+1)=(A+B)x-3A+B$

위의 식은 x에 관한 항등식이므로

1) x항의 계수 : $A+B=5$

2) 상수항 : $-3A+B=-3$

이를 풀면 $A=2$, $B=3$이다.

따라서 ①식에 $A=2$, $B=3$을 대입하면 다음과 같이 부분분수로 나타낼 수 있다.

$\frac{5x-3}{x^2-2x-3}=\frac{2}{x+1}+\frac{3}{x-3}$

이 때, 좌변의 분수의 적분은 우변의 분수들을 적분하여 더하여 구한다. 즉,

$$\int_2^4 \frac{5x-3}{x^2-2x-3}dx=\int_2^4 \frac{2}{x+1}dx+\int_2^4 \frac{3}{x-3}dx$$

$$=2[\ln|x+1|]_2^4+3[\ln|x-1|]_2^4=2\ln5+\ln3$$

memo

부분분수법

부분분수법이란 다음과 같이 분수함수를 보다 간단한 분수들의 합으로 나타내는 방법이다.

$$\frac{5x-3}{x^2-2x-3}=\frac{A}{x+1}+\frac{B}{x-3}\cdots①$$

이 때, $\frac{A}{x+1}$와 $\frac{B}{x-3}$의 분모는 원래 함수의 분모 x^2-2x-3의 인수들이며, 이 분수들을 부분분수라 한다.

◉ **정적분의 부분분수법의 풀이방법**

[1단계] 분자의 차수가 분모의 차수보다 크거나 같을 때는 우선 분자를 분모로 나누어서 분자의 차수를 분모의 차수보다 낮게 만든다.

⇨ (가분수함수)=(다항식)+(진분수함수)

[2단계] 여기서 (다항식)은 적분공식을 이용하여 적분한다.
(진분수함수)는 부분분수법을 이용하여 항별로 적분한다.

예제1 $\int_2^4 \frac{2x^3-4x^2-x-3}{x^2-2x-3}dx$의 정적분을 구하여라.

풀이 1단계 : 가분수 꼴의 분수함수를 정리하기

피적분함수		다항식		진분수함수
$\frac{2x^3-4x^2-x-3}{x^2-2x-3}$	$=$	$2x$	$+$	$\frac{5x-3}{x^2-2x-3}$
		바로 적분		부분분수법 적용

2단계 : 부분분수법을 이용하여 적분값 구하기

$\frac{5x-3}{(x+1)(x-3)}=\frac{2}{x+1}+\frac{3}{x-3}$ 이므로

$$\begin{aligned}\int_0^1 \frac{2x^3-4x^2-x-3}{x^2-2x-3}dx &= \int_0^1 2xdx+\int_0^1 \frac{5x-3}{x^2-2x-3}dx\\ &= \int_0^1 2xdx+\int_0^1\left(\frac{2}{x+1}+\frac{3}{x-3}\right)dx\\ &= \int_0^1 2xdx+\int_0^1 \frac{2}{x+1}dx+\int_0^1 \frac{3}{x-3}dx\\ &= 2\left[x^2\right]_0^1+2\left[\ln|x+1|\right]_0^1+3\left[\ln|x-3|\right]_0^1\\ &= 2+2\ln2+3\ln2-3\ln3=2+5\ln2-3\ln3\end{aligned}$$

◉ **부분분수법을 활용하여 문제 풀기**

> 주어진 피적분함수의 분모는 1차 다항식의 제곱 항과 기약 1차 다항식을 인수로 가지므로 다음과 같이 나타낸다.
>
> $$\frac{ax^2+bx+c}{(x+\alpha)(x+\beta x)^2}=\frac{A}{x+\alpha}+\frac{B}{x+\beta}+\frac{C}{(x+\beta)^2}$$

예제1 $\int_2^7 \frac{-3x+5}{(x+1)(x-1)^2}dx$의 정적분을 구하여라.

풀이 1단계 : 부분분수의 합으로 나타내기

$\frac{-3x+5}{(x+1)(x-1)^2}=\frac{A}{x+1}+\frac{B}{x-1}+\frac{C}{(x-1)^2}$의 꼴로 나타낸다.

양변에 $(x+1)(x-1)^2$을 곱하면,

$$\begin{aligned}-3x+5 &= A(x-1)^2+B(x+1)(x-1)+C(x+1)\\ &= (A+B)x^2+(-2A+C)x+(A-B+C)\end{aligned}$$

2단계 : 미정계수 구하기

같은 차수의 계수를 같다고 놓으면,

x^2항의 계수 : $A+B=0$

x항의 계수 : $-3=-2A+C$

상수항 : $5=A-B+C$

위 세 식을 연립하여 풀면 $A=2$, $B=-2$, $C=1$

$$\therefore \ \frac{-3x+5}{(x+1)(x-1)^2}=\frac{2}{x+1}-\frac{2}{x-1}+\frac{1}{(x-1)^2}$$

3단계 : 정적분 계산하기

$$\int_2^7 \frac{-3x+5}{(x+1)(x-1)^2}dx=\int_2^7 \frac{2}{x+1}dx-\int_2^7 \frac{2}{x-1}dx+\int_2^7 \frac{1}{(x-1)^2}dx$$

$$=2[\ln(x+1)]_2^7-2[\ln(x-1)]_2^7+\left[-\frac{1}{x-1}\right]_2^7$$

$$=4\ln2-4\ln3+\frac{5}{6}$$

(3) 다지기

※ 다음 정적분의 값을 구하여라.

1. $\int_0^1 (x-1)e^x dx$

① $2-e$ ② $e-1$ ③ $e-2$

2. $\int_0^{\frac{\pi}{4}} x\sin 2x dx$

① $\frac{2}{3}$ ② $\frac{1}{4}$ ③ 2

3. $\int_0^1 \frac{x^2+1}{x+1}dx$

① $-\frac{1}{2}+2\ln2$ ② $\frac{1}{2}-2\ln2$ ③ $-\frac{1}{2}-2\ln2$

4. $\int_2^3 \frac{1}{x^2-1}dx$

① $\frac{1}{2}\ln\frac{3}{2}$ ② $-\frac{1}{2}\ln\frac{3}{2}$ ③ $-\frac{1}{2}\ln3$

Review

◉ 정적분의 치환적분법

함수 $x=g(t)$가 구간 $[\alpha,\beta]$에서 미분가능할 때,
$a=g(\alpha)$, $b=g(\beta)$라 하면 다음이 성립한다.

$$\int_a^b f(x)dx=\int_\alpha^\beta f(g(t))g'(t)dt$$

◉ 정적분의 부분적분법

$$\int_a^b f(x)g'(x)dx=[f(x)g(x)]_a^b-\int_a^b f'(x)g(x)dx$$

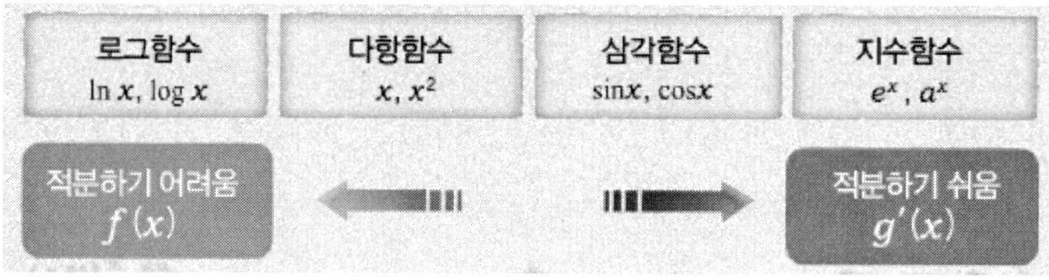

◉ 정적분의 부분분수법

[1단계] 인수분해 혹은 나눗셈을 통하여 분자의 차수를 분모의 차수보다 낮게 만든다.
[2단계] 다항식으로 분해된 부분은 바로 적분을 수행하고 분수식으로 된 부분은 부분분수로 분해한다.

· $\dfrac{ax+b}{(x+\alpha)(x+\beta)}=\dfrac{A}{x+\alpha}+\dfrac{B}{x+\beta}$

· $\dfrac{ax^2+bx+c}{(x+\alpha)(x^2+\beta x+\gamma)}=\dfrac{A}{x+\alpha}+\dfrac{Bx+C}{x^2+\beta x+\gamma}$

· $\dfrac{ax^2+bx+c}{(x+\alpha)(x+\beta x)^2}=\dfrac{A}{x+\alpha}+\dfrac{B}{x+\beta}+\dfrac{C}{(x+\beta)^2}$

Quiz, Quiz

1 $\int_0^{\frac{\pi}{2}} \sin^3 x \cos x dx$의 정적분의 값을 구하여라.

① $\frac{1}{2}$ ② $\frac{1}{4}$ ③ $\frac{\pi}{2}$

2 $\int_0^2 \frac{1}{\sqrt{4+x^2}} dx$의 정적분의 값을 구하여라.

① $\ln(\sqrt{2}+1)$ ② $\ln\sqrt{2}$ ③ $4\sqrt{2}$

3 $\int_{-\frac{\pi}{4}}^{\frac{\pi}{4}} \tan\theta d\theta$의 정적분의 값을 구하여라.

① 0 ② $\frac{\pi}{2}$ ③ $2\ln\sqrt{2}$

4 $\int_0^{\frac{\pi}{2}} x \cos x dx$의 정적분의 값을 구하여라.

① $\frac{3}{4}$ ② 1 ③ $\frac{\pi}{2}-1$

5 $\int_{-1}^3 \frac{6x+7}{(x+2)^2} dx$의 정적분의 값을 구하여라.

① $\ln 5+5$ ② $6\ln 5+4$ ③ $12\ln 2-4$

정답 및 풀이

1) 치환적분법

다지기 정답 p.9

1 ②
2 ①
3 ①
4 ②

1 $\sqrt{1-x}=t$라 하면, $x=1-t^2$, $dx=-2tdt$이고 $x=0$일 때 $t=1$, $x=1$일 때 $t=0$이므로

$$\int_0^1 x\sqrt{1-x}\,dx=\int_1^0(1-t^2)\cdot t\cdot(-2t)dt=2\int_0^1(t^2-t^4)dt=2\left[\frac{1}{3}t^3-\frac{1}{5}t^5\right]_0^1=\frac{4}{15}$$

2 $1+\ln x=t$라 하면, $\frac{1}{x}dx=dt$이고, $x=1$일 때 $t=1$, $x=e$일 때 $t=2$이므로

$$\int_1^e\frac{1}{x(1+\ln x)^2}dx=\int_1^2\frac{1}{t^2}dt=\left[-\frac{1}{t}\right]_1^2=-\frac{1}{2}+1=\frac{1}{2}$$

3 $x=2\sin\theta$ $\left(-\frac{\pi}{2}\leq\theta\leq\frac{\pi}{2}\right)$라 하면 $dx=2\cos\theta d\theta$이고, $x=0$일 때 $\theta=0$,

$x=\sqrt{3}$일 때 $\theta=\frac{\pi}{3}$이므로

$$\int_0^{\sqrt{3}}\frac{1}{\sqrt{4-x^2}}dx=\int_0^{\frac{\pi}{3}}\frac{1}{\sqrt{4-4\sin^2\theta}}2\cos\theta d\theta=\int_0^{\frac{\pi}{3}}\frac{2\cos\theta}{2\sqrt{1-\sin^2\theta}}d\theta$$

$$=\int_0^{\frac{\pi}{3}}\frac{\cos\theta}{\cos\theta}d\theta=[\theta]_0^{\frac{\pi}{3}}=\frac{\pi}{3}$$

4 e^x+e^{-x}은 우함수이므로

$$\int_{-1}^1(e^x+e^{-x})dx=2\int_0^1(e^x+e^{-x})dx$$

$$=2[e^x-e^{-x}]_0^1=2\{(e-e^{-1})-(1-1)\}=2e-\frac{2}{e}$$

2) 부분적분법

다지기 정답 p.13

1 ①
2 ②
3 ①
4 ①

1 $f(x)=x-1$, $g'(x)=e^x$라 하면, $f'(x)=1$, $g(x)=e^x$이므로

$$\int_0^1 (x-1)e^x dx = \left[(x-1)e^x\right]_0^1 - \int_0^1 e^x dx = 1-\left[e^x\right]_0^1 = 2-e$$

2 $f(x)=x$, $g'(x)=\sin 2x$라 하면, $f'(x)=1$, $g(x)=-\frac{1}{2}\cos 2x$이므로

$$\int_0^{\frac{\pi}{4}} x\sin 2x dx = \left[x\left(-\frac{1}{2}\cos 2x\right)\right]_0^{\frac{\pi}{4}} + \frac{1}{2}\int_0^{\frac{\pi}{4}} \cos 2x dx = 0+\frac{1}{2}\left[\frac{1}{2}\sin 2x\right]_0^{\frac{\pi}{4}} = \frac{1}{4}$$

3 x^2+1을 $x+1$로 나눈 몫이 $x-1$, 나머지가 2이므로

$$\int_0^1 \frac{x^2+1}{x+1}dx = \int_0^1\left(x-1+\frac{2}{x+1}\right)dx = \left[\frac{1}{2}x^2-x+2\ln|x+1|\right]_0^1 = -\frac{1}{2}+2\ln 2$$

4 $$\int_2^3 \frac{1}{x^2-1}dx = \int_2^3 \frac{1}{(x-1)(x+1)}dx = \int_2^3 \frac{1}{2}\left(\frac{1}{x-1}-\frac{1}{x+1}\right)dx$$

$$= \left[\frac{1}{2}(\ln|x-1|-\ln|x+1|)\right]_2^3 = \frac{1}{2}\ln\frac{3}{2}$$

Quiz, Quiz

퀴즈퀴즈 정답 p.15

1 ②
2 ①
3 ①
4 ③
5 ②

1 $\sin x = t$라 하면 $\cos x dx = dt$이고 $x=0$일 때 $t=0$, $x=\frac{\pi}{2}$일 때 $t=1$이므로

$$\int_0^{\frac{\pi}{2}} \sin^3 x \cos x dx = \int_0^{\frac{\pi}{2}} t^3 dt = \left[\frac{1}{4}t^4\right]_0^1 = \frac{1}{4}$$

2 $x = 2\tan\theta\left(-\frac{\pi}{2} < \theta < \frac{\pi}{2}\right)$라 하면, $dx = 2\sec^2\theta d\theta$이고

$4 + x^2 = 4 + 4\tan^2\theta = 4(1+\tan^2\theta) = 4\sec^2\theta$

$$\therefore \int_0^2 \frac{1}{\sqrt{4+x^2}}dx = \int_0^{\frac{\pi}{4}} \frac{2\sec^2\theta}{\sqrt{4\sec^2\theta}}d\theta = \int_0^{\frac{\pi}{4}} \frac{\sec^2\theta}{|\sec\theta|}d\theta = \int_0^{\frac{\pi}{4}} \sec\theta d\theta$$

($-\frac{\pi}{2} < \theta < \frac{\pi}{2}$일 때 $\sec\theta > 0$이므로 $|\sec\theta| = \sec\theta$)

$$= [\ln|\sec\theta + \tan\theta|]_0^{\frac{\pi}{4}}$$

$$= \ln(\sqrt{2}+1)$$

적분구간	아래끝	위끝
$x = 2\tan\theta$	0	2
θ	0	$\frac{\pi}{4}$

3 $\int_{-\frac{\pi}{4}}^{\frac{\pi}{4}} \tan\theta d\theta$의 적분구간이 좌우대칭이고 그림과 같이 피적분함수 $\tan\theta$가

기함수이므로 $\int_{-\frac{\pi}{4}}^{\frac{\pi}{4}} \tan\theta d\theta = 0$

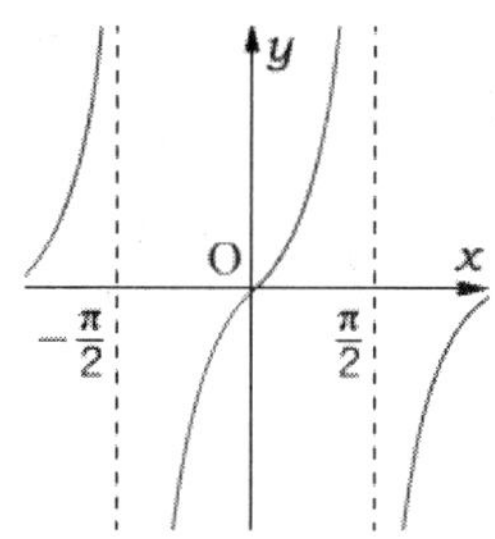

4 $f(x) = x$, $g'(x) = \cos x$라 하면 $f'(x) = 1$, $g(x) = \sin x$이므로

$$\int_0^{\frac{\pi}{2}} x\cos x dx = [x\sin x]_0^{\frac{\pi}{2}} - \int_0^{\frac{\pi}{2}} 1 \cdot \sin x dx = \frac{\pi}{2} - [-\cos x]_0^{\frac{\pi}{2}} = \frac{\pi}{2} - 1$$

5 먼저 피적분함수를 미정계수를 가지는 부분분수의 합의 형태로 나타내자.

$\frac{6x+7}{(x+2)^2} = \frac{A}{x+2} + \frac{B}{(x+2)^2}$, $6x+7 = A(x+2)+B = Ax+(2A+B)$

항등식이므로 양변의 다항식의 같은 차수의 계수들은 일치해야 한다.

x의 계수에서 $A=6$이고, 상수항은 $2A+B=7$이므로 $B=-5$

$$\therefore \int_{-1}^3 \frac{6x+7}{(x+2)^2}dx = \int_{-1}^3 \left(\frac{6}{x+2} + \frac{-5}{(x+2)^2}\right)dx = \int_{-1}^3 \frac{6}{x+2}dx - \int_{-1}^3 \frac{5}{(x+2)^2}dx$$

$$= 6[\ln(x+2)]_{-1}^3 - \left[\frac{5}{(x+2)}\right]_{-1}^3 = 6\ln 5 + 4$$

13-2 정적분과 넓이

Calculus Life

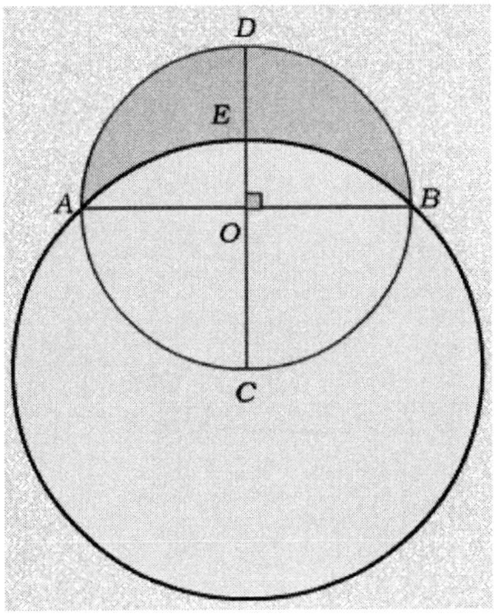

기원 전 5세기 경 그리스의 히포크라테스는 곡선으로 둘러싸인 도형의 정확한 넓이를 구하려고 노력한 첫 번째 수학자이다. 그가 발견한 정리를 알아보자. 오른쪽 그림과 같이 반지름의 길이가 r인 원 O와 지름 AB와 CD가 수직으로 만날 때, 점 C를 중심으로 하고 $\overline{CB}$를 반지름으로 하는 호 AEB를 그린다. 이 때 "히포크라테스의 달"이라고도 불리는 두 호 ADB와 AEB로 둘러싸인 부분의 넓이를 구하는 문제를 생각해 보자. $\overline{AB}$를 x축, $\overline{CD}$를 y축으로 잡고 호 ADB와 AEB의 방정식을 각각 $y=f(x)$, $y=g(x)$라고 할 때, 히포크라테스의 달의 넓이를 정적분으로 나타내어 계산할 수 있다.

My Map

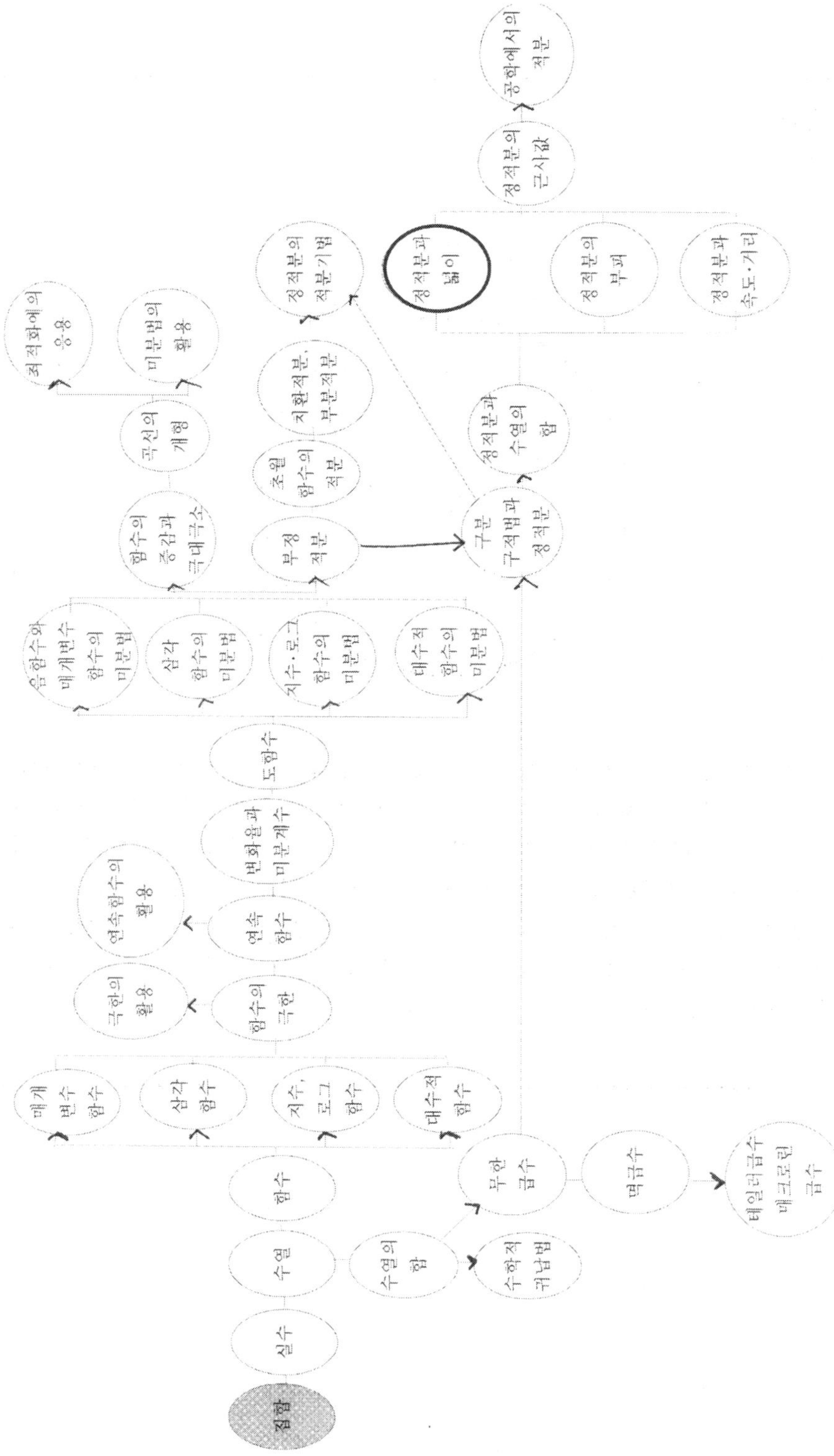

집합
실수
수열
함수
수열의 합
수학적 귀납법
무한 급수
멱급수
테일러급수 매크로린 급수
매개 변수 함수
삼각 함수
지수, 로그 함수
대수적 함수
함수의 극한
극한의 활용
연속 함수
연속함수의 활용
변화율과 미분계수
도함수
음함수와 매개변수 함수의 미분법
삼각 함수의 미분법
지수·로그 함수의 미분법
대수적 함수의 미분법
함수의 증감과 극대극소
곡선의 개형
최적화에의 응용
미분법의 활용
부정 적분
초월 함수의 적분
치환적분, 부분적분
정적분의 적분기법
구분 구적법과 정적분
정적분과 수열의 합
정적분과 넓이
정적분의 부피
정적분과 속도·거리
정적분의 근사값
공학에서의 적분

Secret Key

x축과 곡선 사이의 넓이

(ⅰ) 구간$[a, b]$에서 $f(x) \geqq 0$일 경우

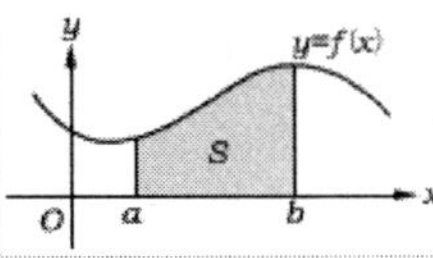

$S=\int_{a}^{b} f(x)dx$

(ⅱ) 구간$[a, b]$에서 $f(x) \leqq 0$일 경우

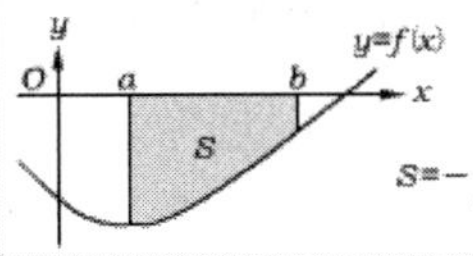

$S=-\int_{a}^{b} f(x)dx$

(ⅲ) 구간$[a, b]$에서 일반적인 경우

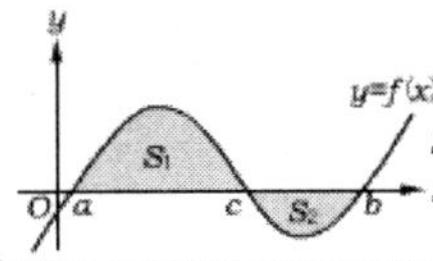

$S=\int_{a}^{b} |f(x)|dx$

y축과 곡선 사이의 넓이

(ⅰ) 구간$[c, d]$에서 $g(y) \geqq 0$일 경우

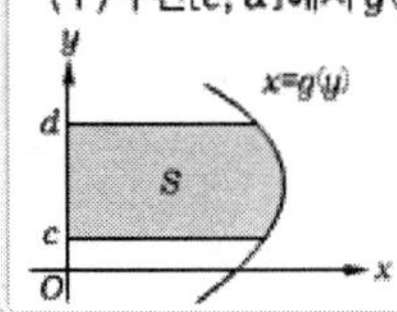

$S=\int_{c}^{d} g(y)dy$

(ⅱ) 구간$[c, d]$에서 $g(y) \leqq 0$일 경우

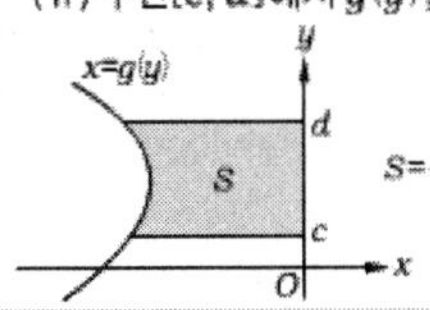

$S=-\int_{c}^{d} g(y)dy$

(ⅲ) 구간$[c, d]$에서 일반적인 경우

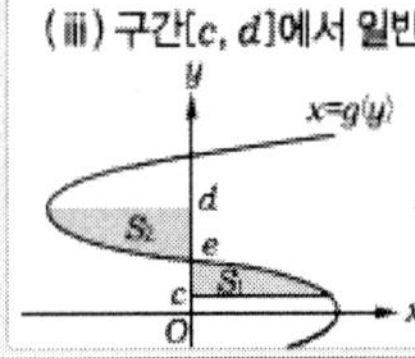

$S=\int_{c}^{d} |g(y)|dy$

두 곡선 사이의 넓이

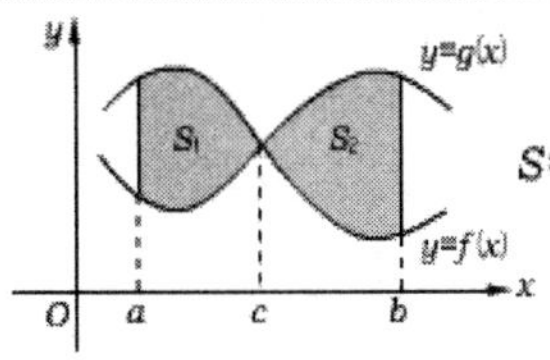

$S=\int_{a}^{b} |f(x)-g(x)|dx$

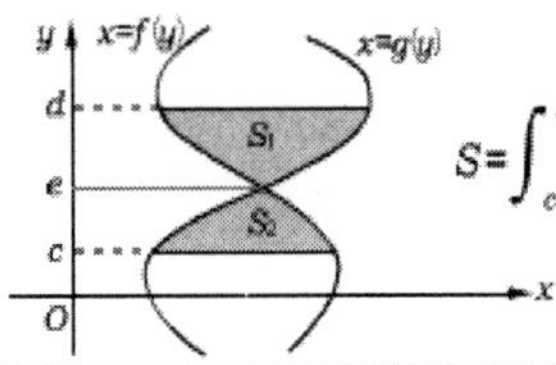

$S=\int_{c}^{d} |f(y)-g(y)|dy$

My Lesson

1) 축과 곡선 사이의 넓이

(1) x축과 곡선 사이의 넓이

◉ 정적분을 이용하여 x축과 곡선 사이의 넓이를 구하는 방법

구간 $[a,b]$에서 연속인 곡선 $y=f(x)$가 주어졌을 때, $y=f(x)$와 x축 및 두 직선 $x=a$, $x=b$로 둘러싸인 도형의 넓이 S

$$S=\int_a^b |y|dx=\int_a^b |f(x)|dx$$

· 구간 $[a,b]$에서 $f(x)$가 양수값과 음수값을 모두 가지는 경우 다음과 같이 계산한다.

$$S=S_1+S_2=\int_a^c |y|dx+\int_c^b |y|dx$$
$$=\int_a^c ydx-\int_c^b ydx=\int_a^c f(x)dx-\int_c^b f(x)dx$$

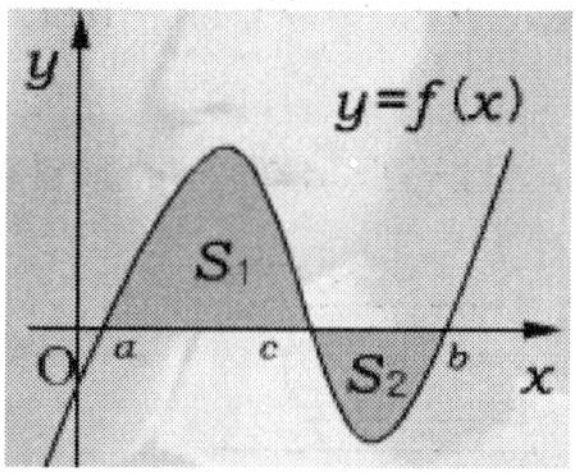

memo

1) $S=\int_a^b |y|dx=\int_a^b ydx=\int_a^b f(x)dx$ 2) $S=\int_a^b |y|dx=\int_a^b (-y)dx=-\int_a^b f(x)dx$

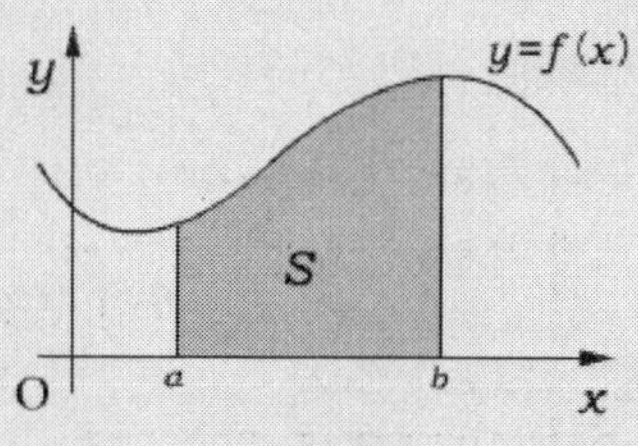

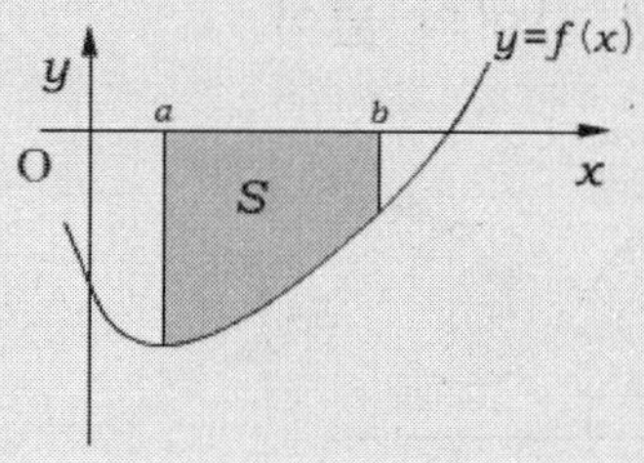

◉ x축과 곡선 사이의 넓이를 구하는 방법

· 1단계 : 그래프를 그려서 함수값이 0이 되는 x 를 구한다.

· 2단계 : 적분 구간이 $[a,b]$이면 $[a,b]$ 구간 안에 x의 점들을 표시한다.

· 3단계 : 2단계에 있는 소구간에서 함수값이 0보다 크면 그 소구간에서 절대값을 그냥 없애고 함수값이 0보다 작으면 그 소구간에서 절대값을 없앨 때 (−)를 붙인다.

· 4단계 : 구간을 나누어 적분한다.

예제1 곡선 $y=\sin x$ $(0 \leq \theta \leq 2\pi)$와 x축으로 둘러싸인 도형의 넓이를 구하여라.

풀이 1단계 : 함수값이 0이 되는 값을 구한다.

$\sin x=0$을 만족하는 x의 값은 $n\pi$(단, n은 정수)

2단계 : 적분 구간내의 값을 찾는다.

적분구간 $[0,\ 2\pi]$에 속하는 x의 값은 0, π, 2π

3단계 : 함수값이 양수인지 음수인지 판단한다.

$$\int_0^{2\pi} \sin x\,dx = \int_0^{\pi} |\sin x| dx + \int_{\pi}^{2\pi} |\sin x| dx$$
$$= \int_0^{\pi} \sin x dx + \int_{\pi}^{2\pi} (-\sin x) dx$$

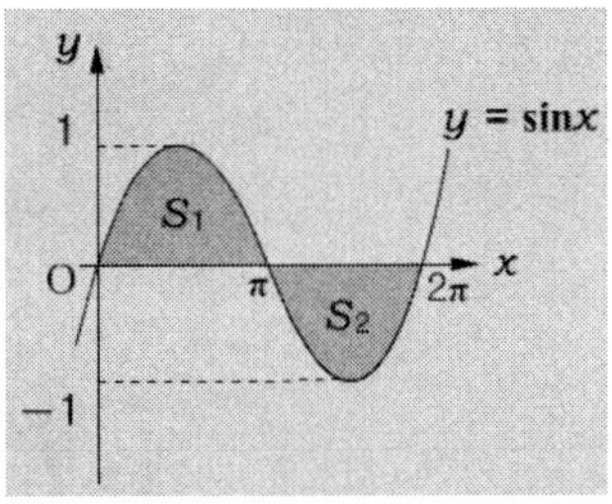

4단계 : 적분을 계산한다.

$$\int_0^{2\pi} \sin x\,dx = \int_0^{\pi} \sin x dx + \int_{\pi}^{2\pi} (-\sin x) dx$$
$$= [-\cos x]_0^{\pi} + [\cos x]_{\pi}^{2\pi}$$
$$= 2+2=4$$

예제2 곡선 $y=e^x$와 직선 $x=0$, $x=2$, x축으로 둘러싸인 부분의 넓이를 구하여라.

풀이 $S=\int_a^b f(x)dx = \int_0^2 e^x dx = [e^x]_0^2 = e^2-1$

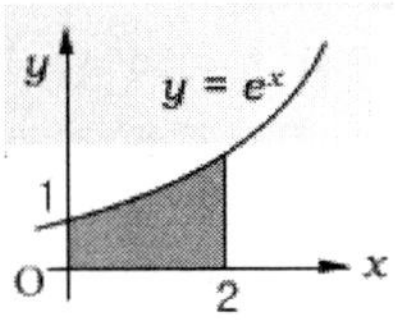

예제3 곡선 $y=x^2-3x$와 x축으로 둘러싸인 부분의 넓이를 구하여라.

풀이 $0 \leq x \leq 3$에서 $y=x^2-3x$는 음수이므로 구하는 넓이 S는

$$S=-\int_a^b f(x)dx = -\int_0^3 (x^2-3x)dx = -\left[\frac{1}{3}x^3 - \frac{3}{2}x^2\right]_0^3$$
$$=-\left(9-\frac{27}{2}\right)=\frac{9}{2}$$

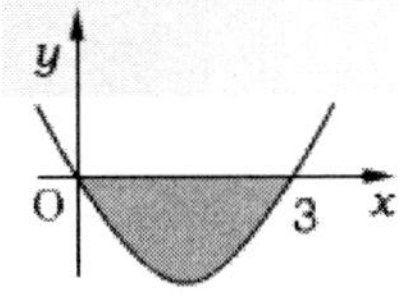

(2) y축과 곡선 사이의 넓이

◉ y축과 곡선 사이의 넓이를 구하는 방법 1

함수 $g(y)$가 구간 $[c,d]$에서 연속일 때, 곡선 $x=g(y)$와 y축 및 두 직선 $y=c$, $y=d$로 둘러싸인 부분의 넓이 S

$$S=\int_c^d |x|dy=\int_c^d |g(y)|dy$$

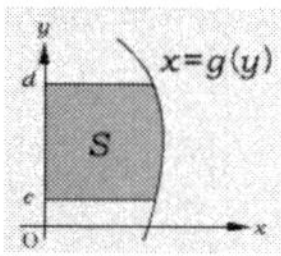

· 구간 $[c,d]$에서 $g(y)$가 양수값과 음수값을 모두 가지는 경우 다음과 같이 계산한다.

$$\begin{aligned}S&=S_1+S_2\\&=\int_c^e |x|dy+\int_e^d |x|dy\\&=\int_c^e xdy-\int_e^d xdy\\&=\int_c^e g(y)dy-\int_e^d g(y)dy\end{aligned}$$

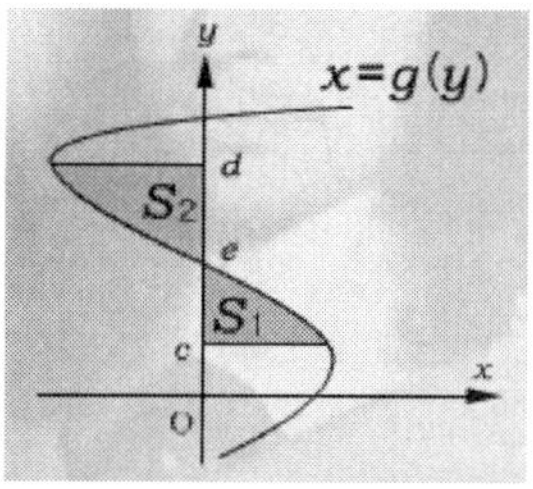

◉ x축과 곡선 사이의 넓이를 구하는 방법 2

· 1단계 : 그래프를 그려서 함수값이 0이 되는 y를 구한다.

· 2단계 : 적분 구간 $[c,d]$ 안에 y의 점들을 표시한다.

· 3단계 : 소구간에서 함수값이 0보다 크면 그 소구간에서 절대값을 그냥 없애고 함수값이 0보다 작으면 그 소구간에서 절대값을 없앨 때 (−)를 붙인다.

· 4단계 : 구간을 나누어 적분한다.

예제1 곡선 $y=\sqrt{x}$와 직선 $y=1$, $y=2$로 둘러싸인 부분의 넓이를 구하여라.

풀이 1단계 : 그림 그려 살펴보기

그래프가 y축과 만나는 점은 원점뿐이다.

2단계 : 적분 구간 나누기

적분구간 $[1,2]$ 내에서 그래프의 함수값이 음수가 되는 구간은 없다.

3단계 : 절대값 계산하기

$y=\sqrt{x}$ 이므로 $x=y^2$

$$\therefore\ S=\int_1^2 xdy=\int_1^2 y^2dy$$

4단계 : 적분 계산하기

$$S=\int_1^2 y^2dy=\left[\frac{1}{3}y^3\right]_1^2=\frac{8}{3}-\frac{1}{3}=\frac{7}{3}$$

(3) 다지기

※ 다음 문제를 풀어보자.

1 곡선 $y=-x^2+1$과 x축으로 둘러싸인 부분의 넓이를 구하라.

① $\frac{1}{3}$ ② $\frac{2}{3}$ ③ 1 ④ $\frac{4}{3}$

2 곡선 $y=\cos x(0 \le x \le \pi)$와 x축으로 둘러싸인 도형의 넓이를 구하여라.

① 1 ② 2 ③ 3 ④ $\frac{4}{3}$

3 곡선 $x=y-y^2$와 y축으로 둘러싸인 부분의 넓이를 구하라.

① $\frac{1}{6}$ ② $\frac{1}{3}$ ③ $\frac{1}{2}$ ④ $\frac{2}{3}$

4 곡선 $x=y-y^2$, 직선 $y=2$, 직선 $x=0$로 둘러싸인 도형의 넓이를 구하여라.

① $\frac{1}{3}$ ② $\frac{2}{3}$ ③ 1 ④ $\frac{4}{3}$

2) 두 곡선 사이의 넓이

(1) x에 대한 함수

◉ **구간 $[a,b]$에서 연속인 두 곡선 $y=f(x)$, $y=g(x)$사이의 넓이 구하는 방법**

- 구간 $[a,b]$에서 $f(x) \ge g(x)$일 경우

S=(도형 $AEFB$의 넓이)-(도형 $CEFD$의 넓이)

$$=\int_a^b f(x)dx-\int_a^b g(x)dx$$

$$=\int_a^b \{f(x)-g(x)\}dx$$

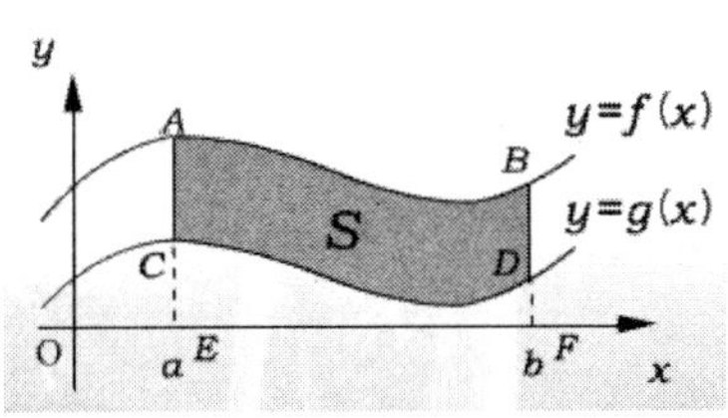

memo

두 곡선 사이의 넓이는

$\int$(큰 값을 가지는 함수 - 작은 값을 가지는 함수)dx

· 일반적인 모양의 함수일 경우

오른쪽 그림에서 구간에 따라 함수 $f(x)$와 $g(x)$의 대소가 바뀐다. 이 때, 도형의 넓이는 두 함수의 그래프가 만나는 점(=함수값의 대소가 바뀌는 점)을 기준으로 적분 구간을 나누어서 푼다.

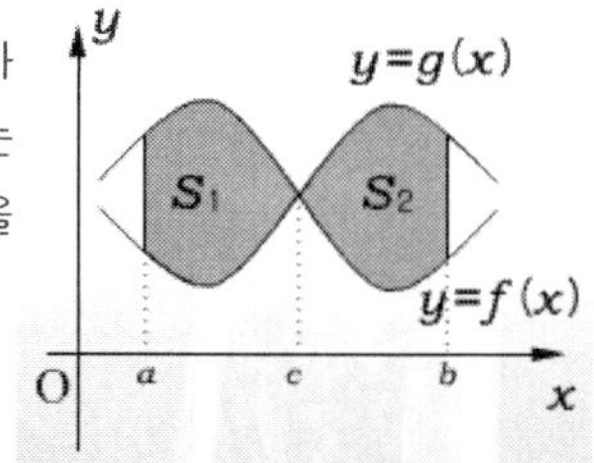

$$S = S_1 + S_2$$

$$= \int_a^c \{f(x) - g(x)\}dx + \int_c^b \{g(x) - f(x)\}dx$$

$$= \int_a^b |f(x) - g(x)|dx$$

◉ 두 곡선 사이의 넓이를 구하는 문제 풀기

> 두 곡선 사이의 넓이는 좌표평면 위에 두 함수의 그래프를 그린 후 $\int$ |(위식)-(아래식)|를 구한다.

예제1 두 함수 $y = x^2 - 2x$, $y = x$의 그래프로 둘러싸인 부분의 넓이를 구하여라.

풀이 1단계 : 그림을 그려보면 오른쪽 그림과 같다.

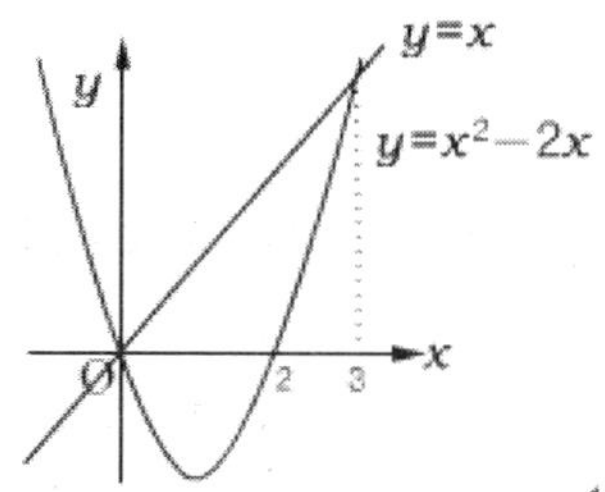

2단계 : 적분구간을 구하기 위해 두 함수의 교점의 x좌표를 찾으면,

$x^2 - 2x = x$, $x^2 - 3x = 0$

$x(x-3) = 0$

$\therefore x = 0$ 또는 $x = 3$

3단계 : 따라서 구하는 넓이 S는

$$S = \int_0^3 \{x - (x^2 - 2x)\}dx \qquad \leftarrow \int |(\text{위식})-(\text{아래식})|dx$$

$$= \int_0^3 (-x^2 + 3x)dx = \left[-\frac{1}{3}x^3 + \frac{3}{2}x^2\right]_0^3$$

$$= \frac{9}{2}$$

(2) y에 대한 함수

◉ 구간 $[c, d]$에서 연속인 두 곡선 $x=f(y)$, $x=g(y)$ 사이의 넓이를 구하는 방법

· 구간 $[c,d]$에서 $f(y) \geq g(y)$일 경우

S=(도형 $AEFB$의 넓이)-(도형 $CEFD$의 넓이)

$$=\int_c^d f(y)dy-\int_c^d g(y)dy$$

$$=\int_c^d \{f(y)-g(y)\}dy$$

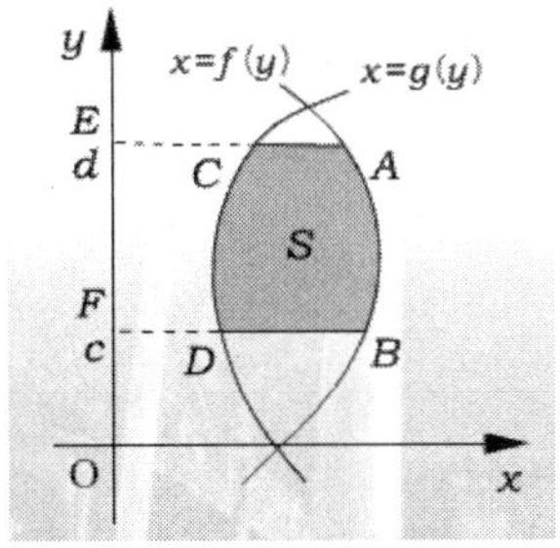

· 일반적인 모양의 함수일 경우

$S=S_1+S_2$

$$=\int_c^e \{f(y)-g(y)\}dy+\int_e^d \{g(y)-f(y)\}dy$$

$$=\int_c^e |f(y)-g(y)|dy+\int_e^d |f(y)-g(y)|dy$$

$$=\int_c^d |f(y)-g(y)|dy$$

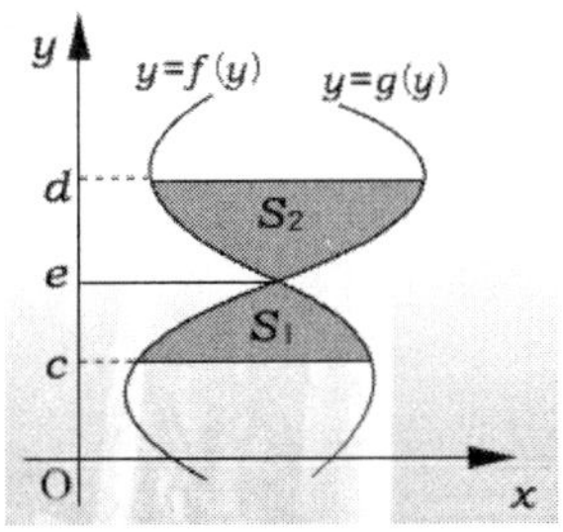

◉ 두 곡선 사이의 넓이를 구하는 문제 풀기

예제1 곡선$x=y^2$와 직선 $x=-y+2$으로 둘러싸인 도형의 넓이를 구하여라.

풀이 1단계 : 오른쪽 그림과 같이 그래프를 그려보면 $y=1$, $y=-2$일 때 두 곡선이 만남을 알 수 있다.

2단계 : 포물선 $x=y^2$과 직선 $x=-y+2$의 교점의 y좌표를 구하면

$y^2=-y+2$, $y^2+y-2=0$

$(y+2)(y-1)=0$

$\therefore y=-2$ 또는 $y=1$

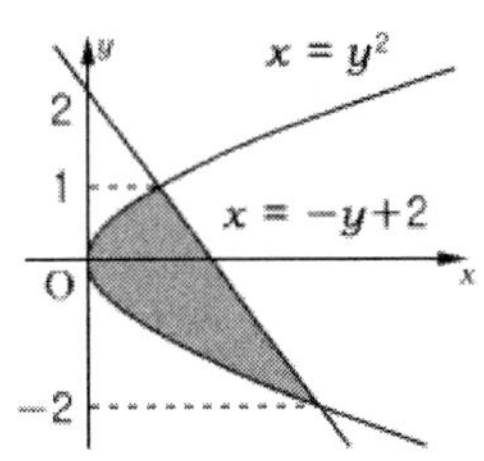

3단계 : $S=\int_{-2}^{1}\{(-y+2)-y^2\}dx$ ← $\int$ |(위식)-(아래식)| dx

$$=\int_{-2}^{1}(-y^2-y+2)dx=\left[-\frac{1}{3}y^3-\frac{1}{2}y^2+2y\right]_{-2}^{1}$$

$$=\frac{9}{2}$$

(3) 다지기

※ 다음 문제를 풀어보자.

1 $y=-x^2+3$, $y=x$ 와 직선 $x=-1$, 직선 $x=1$로 둘러싸인 부분의 넓이를 구하여라.

① 5　　② $\frac{16}{3}$　　③ $\frac{17}{3}$　　④ 6

2 $y=x^2$과 $y=x$로 둘러싸인 부분의 넓이를 구하여라.

① $\frac{1}{6}$　　② $\frac{1}{3}$　　③ $\frac{1}{2}$　　④ 1

3 $x=y^2$, $x=2y$ 와 $y=0$, $y=1$로 둘러싸인 부분의 넓이를 구하여라.

① 1　　② 2　　③ $\frac{2}{3}$　　④ $\frac{4}{3}$

4 $x=y^2$, $x=2y$ 와 $y=1$, $y=3$로 둘러싸인 부분의 넓이를 구하여라.

① 1　　② 2　　③ 4　　④ 6

Review

◉ x축과 곡선 사이의 넓이

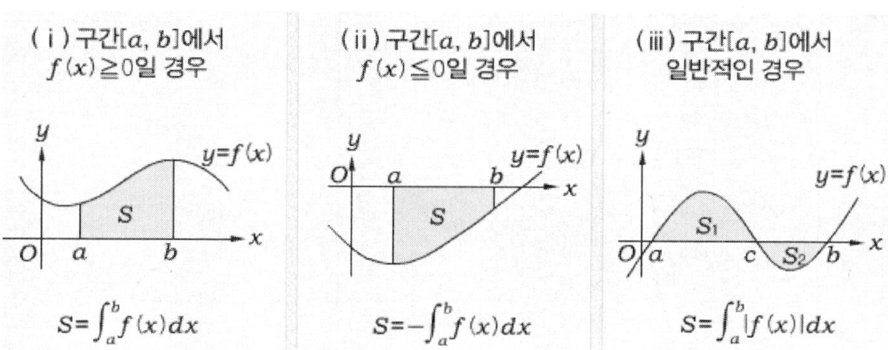

◉ y축과 곡선 사이의 넓이

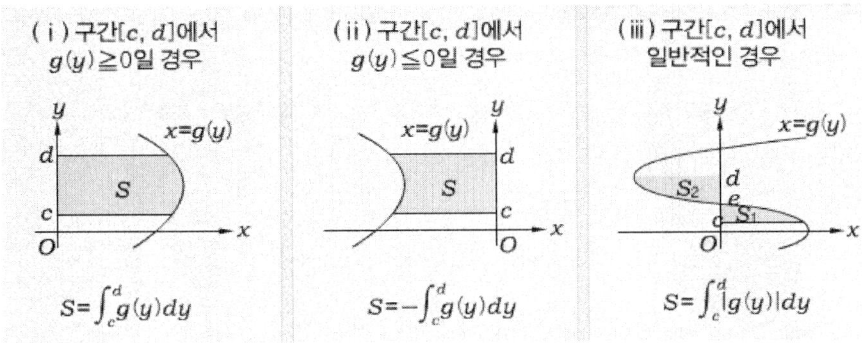

◉ 두 곡선 사이의 넓이

· 구간 $[a,b]$에서 연속인 두 곡선 $y=f(x)$, $y=g(x)$와 두 직선 $x=a$, $x=b$로 둘러싸인 도형의 넓이 S는 다음과 같다.

$$S=\int_a^b |f(x)-g(x)|dx$$

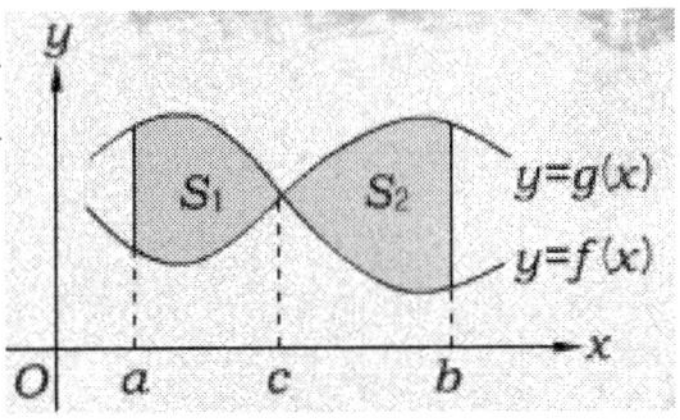

· 또한 구간 $[c,d]$에서 연속인 곡선 $x=f(y)$, $x=g(y)$와 두 직선 $y=c$, $y=d$로 둘러싸인 도형의 넓이 S는 다음과 같다.

$$S=\int_c^d |f(y)-g(y)|dy$$

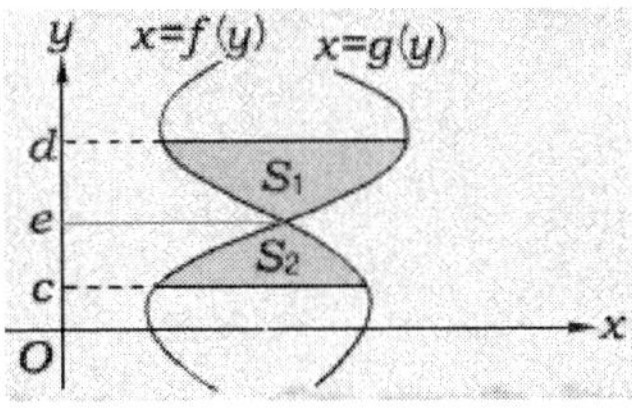

Quiz, Quiz

1 곡선 $y=\ln x$와 직선 $x=3$, x축으로 둘러싸인 도형의 넓이를 구하여라.

① $\ln 3$ ② $3\ln 3-2$ ③ e^3

2 구간 $[0,\pi]$에서 $y=\cos x$와 x축 사이의 넓이를 구하여라.

① 0 ② 1 ③ 2

3 곡선 $y=e^x$와 직선 $y=e$, y축으로 둘러싸인 도형의 넓이를 구하여라.

① 1 ② 2 ③ 3

4 포물선 $y=x^2-4x+3$과 직선 $y=x-1$로 둘러싸인 도형의 넓이를 구하여라.

① $\frac{21}{2}$ ② $\frac{5}{6}$ ③ $\frac{9}{2}$

5 곡선 $x=3y-y^2$와 직선 $x=3-y$로 둘러싸인 도형의 넓이를 구하여라.

① $\frac{1}{6}$ ② $\frac{4}{3}$ ③ $\frac{11}{3}$

정답 및 풀이

1) 축과 곡선 사이의 넓이

다지기 정답	p.7

1 ④
2 ②
3 ①
4 ③

1 $-x^3+1=0$에서 $(x-1)(x+1)=0$을 풀면 $x=1$ 또는 $x=-1$을 얻고 $[-1,1]$에서 $x^2-1 \geq 0$이므로 구하는 넓이는

$$S=\int_{-1}^{1}|y|dx$$
$$=\int_{-1}^{1}(-x^2+1)dx=\left[-\frac{x^3}{3}+1\right]_{-1}^{1}=\frac{2}{3}-\left(-\frac{2}{3}\right)=\frac{4}{3}$$

2 $1+\ln x=t$라 $0=\cos x(0 \leq x \leq \pi)$에서 $x=\frac{\pi}{2}$를 얻는데

$0 \leq x < \frac{\pi}{2}$일 때 $\cos x \geq 0$, $\frac{\pi}{2} \leq x \leq \pi$일 때 $\cos x < 0$을 감안하면 구하는 넓이

$$S=\int_0^{\pi}|y|dx=\int_0^{\frac{\pi}{2}}\cos x dx-\int_{\frac{\pi}{2}}^{\pi}\cos x dx=[\sin x]_0^{\frac{\pi}{2}}-[\sin x]_{\frac{\pi}{2}}^{\pi}=1-0-(0-1)=2$$

3 $y-y^2=0$에서 $y(1-y)=0$으로부터 $y=0$ 또는 $y=1$을 얻는다.
$0 \leq y \leq 1$에서 $y-y^2 \geq 0$이므로 구하는 넓이는

$$S=\int_0^1|x|dy=\int_0^1(y-y^2)dy=\left[\frac{y^2}{2}-\frac{y^3}{3}\right]_0^1=\frac{1}{2}-\frac{1}{3}=\frac{1}{6}$$

4 $y-y^2=0$에서 $y(1-y)=0$으로 부터 $y=0$ 또는 $y=1$을 얻는다.
$0 \leq y \leq 1$에서 $y^2-y \leq 0$, $1 \leq y \leq 2$일 때 $y^2-y \geq 0$을 감안하여 구하는 넓이는

$$S=\int_0^2|x|dy=-\int_0^1(y^2-y)dy+\int_1^2(y^2-y)dy$$
$$=-\left[\frac{y^3}{3}-\frac{y^2}{2}\right]_0^1+\left[\frac{y^3}{3}-\frac{y^2}{2}\right]_1^2$$
$$=\frac{1}{6}+\left(\frac{8}{3}-2\right)+\frac{1}{6}=1$$

2) 두 곡선 사이의 넓이

다지기 정답 p.10

1 ②
2 ①
3 ③
4 ②

1 $[-1, 1]$에서 $-x^2+3>x$이므로 구하는 넓이는

$$S=\int_{-1}^{1}(-x^2+3-x)dx=\left[-\frac{x^3}{3}-\frac{x^2}{2}+3x\right]_{-1}^{1}=\frac{13}{6}+\frac{19}{6}=\frac{16}{3}$$

2 교점은 $\begin{cases} y=x^2 \\ y=x \end{cases} \Leftrightarrow x^2=x \Leftrightarrow x(x-1)=0$에서 $x=0$ 또는 $x=1$을 얻는다.

$[0, 1]$에서 $x \geq x^2$이므로 구하는 넓이는

$$S=\int_{0}^{1}(x-x^2)dx=\left[\frac{x^2}{2}-\frac{x^3}{3}\right]_{0}^{1}=\frac{1}{6}$$

3 $0 \leq y \leq 1$에서 $2y>y^2$이므로 구하는 넓이는

$$S=\int_{0}^{1}(2y-y^2)dy=\left[y^2-\frac{y^3}{3}\right]_{0}^{1}=\frac{2}{3}$$

4 $y^2=2y$에서 $y(y-2)=0$으로부터 $y=0$ 또는 $y=2$를 얻는다.

$1 \leq y \leq 2$에서 $y^2 \leq 2y$, $1 \leq y \leq 2$에서 $y^2 \geq 2y$를 감안하여 구하는 넓이

$$S=\int_{1}^{2}(2y-y^2)dy+\int_{2}^{3}(y^2-2y)dy$$

$$=\left[y^2-\frac{y^3}{3}\right]_{1}^{2}+\left[\frac{y^3}{3}-y^2\right]_{2}^{3}=\frac{2}{3}+\frac{4}{3}=2$$

Quiz, Quiz

퀴즈퀴즈 정답 p.11

1 ②
2 ③
3 ①
4 ③
5 ②

1 $S=\int_1^3 |\ln x|dx \qquad \leftarrow \int \ln x dx = x\ln x - x + C$

$=\int_1^3 \ln x dx$

$=[x\ln x - x]_1^3$

$=3\ln 3 - 2$

2 $S=\int_0^{\pi} |\cos x|dx \qquad \leftarrow \int \cos x dx = \sin x + C$

$=\int_0^{\frac{\pi}{2}} \cos x dx + \int_{\frac{\pi}{2}}^{\pi} (-\cos x)dx$

$=[\sin x]_0^{\frac{\pi}{2}} - [\sin x]_{\frac{\pi}{2}}^{\pi}$

$=2$

3 $y=e^x \leftrightarrow x=\ln x$

$S=\int_1^e x dy$

$=\int_1^e \ln y dy \qquad \leftarrow \int \ln x dx = x\ln x - x + C$

$=[y\ln y - y]_1^e$

$=(e\ln e - e)-(1\ln 1 - 1)=1$

4 포물선과 직선의 교점의 x좌표는 $x^2-4x+3=x-1$의 해이다.
이것을 풀면 $x=1,4$ $[1,4]$에서 직선이 포물선보다 위쪽에 있다.
따라서 구하는 넓이 S는

$$S=\int_1^4\{(x-1)-(x^2-4x+3)\}dx$$
$$=\int_1^4(-x^2+5x-4)dx$$
$$=\left[-\frac{1}{3}x^3+\frac{5}{2}x^2-4x\right]_1^4=\frac{9}{2}$$

5 주어진 곡선과 직선의 교점의 y좌표는 $3y-y^2=3-y$의 해이다.
이것을 풀면 $y=1,3$ $[1,3]$에서 곡선이 직선보다 위쪽에 있다.
따라서 구하는 넓이 S는

$$S=\int_1^3\{(3y-y^2)-(3-y)\}dy$$
$$=\int_1^3(-y^2+4y-3)dy$$
$$=\left[-\frac{1}{3}y^3+2y^2-3y\right]_1^3=\frac{4}{3}$$

13-3 정적분과 부피

Calculus Life

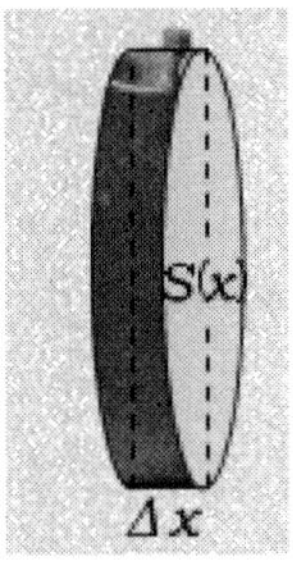

사과를 평면에 놓고 평면에 수직이 되도록 일정한 두께로 썰어 n조각이 되게 하여 보자.

① 한쪽 단면의 넓이가 $S(x)$이고 두께가 Δx인 한 조각의 부피는 대략 얼마라고 할 수 있을까?

(원기둥의 부피)=(밑넓이)×(높이)=$S(x)\,\Delta x$

② 실제 사과의 부피는 Δx의 값을 한없이 작게 할 때, 즉 $n \to \infty$일 때이다.

따라서 사과 부피 V는 다음과 같다.

$$V = \lim_{n \to \infty} \sum_{k=1}^{n} S(x_k) \Delta x = \int_a^b S(x)dx$$

③ 위의 무한급수로 나타낸 식을 정적분으로 바꾸어 보자.

$$V = \lim_{n \to \infty} \sum_{k=1}^{n} S(x_k) \Delta x = \int_a^b S(x)dx$$

My Map

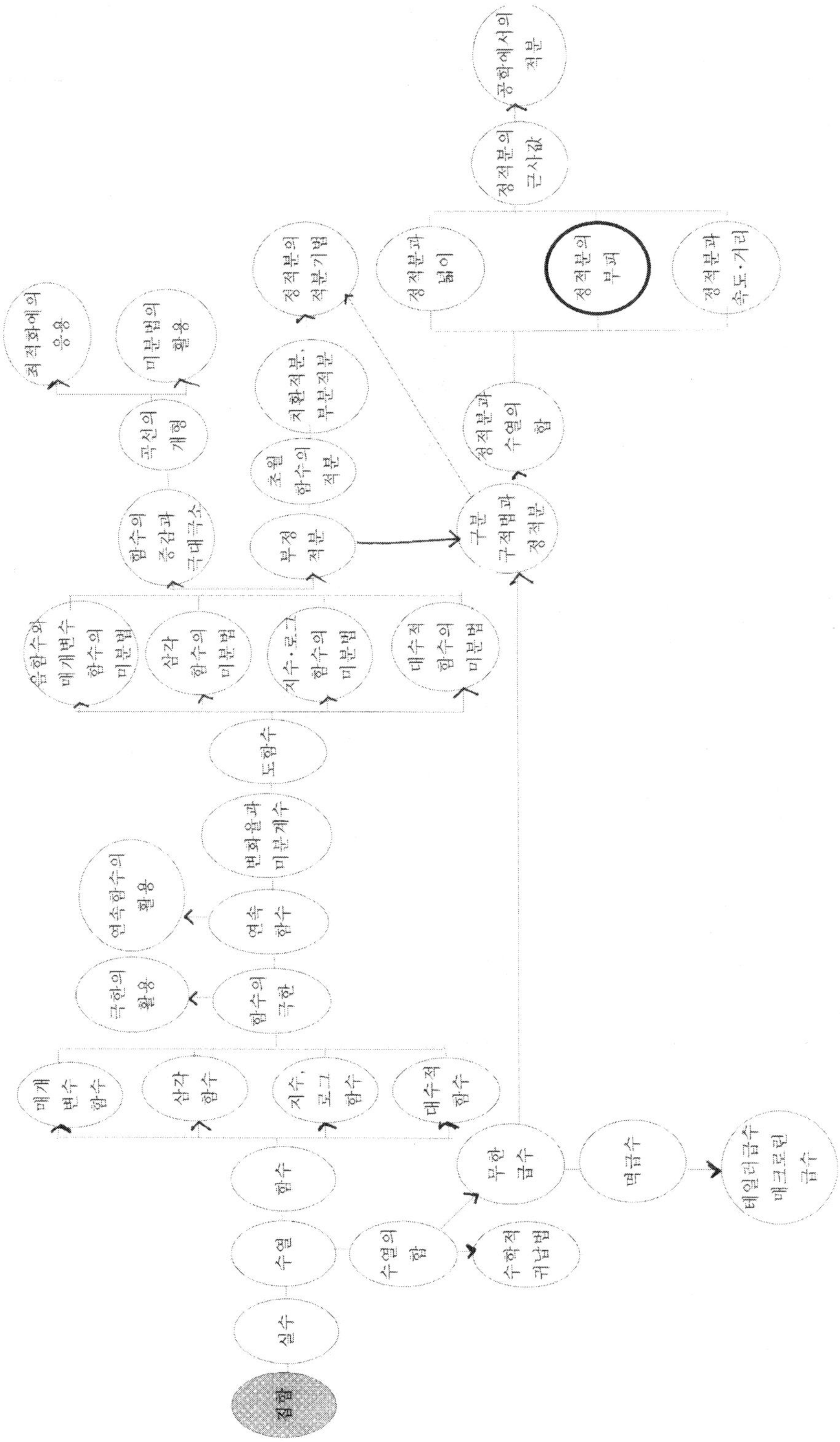
집합
실수
수열
함수
수열의 합
수학적 귀납법
무한 급수
멱급수
테일러급수 매크로린 급수
매개 변수 함수
삼각 함수
지수, 로그 함수
대수적 함수
함수의 극한
극한의 활용
연속 함수
연속함수의 활용
변화율과 미분계수
도함수
음함수와 매개변수 함수의 미분법
삼각 함수의 미분법
지수·로그 함수의 미분법
대수적 함수의 미분법
함수의 증감과 극대극소
곡선의 개형
미분법의 활용
최적화에의 응용
부정 적분
초월 함수의 적분
치환적분, 부분적분
정적분의 적분기법
구분 구적법과 정적분
정적분과 수열의 합
정적분과 넓이
정적분의 부피
정적분과 속도·거리
정적분의 근사값
공학에서의 적분

Secret Key

입체도형의 부피

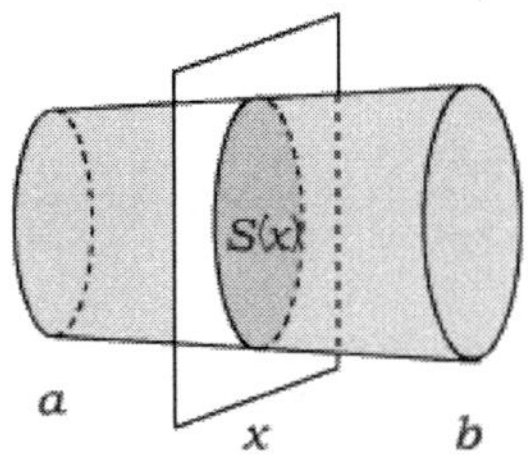

회전체의 부피

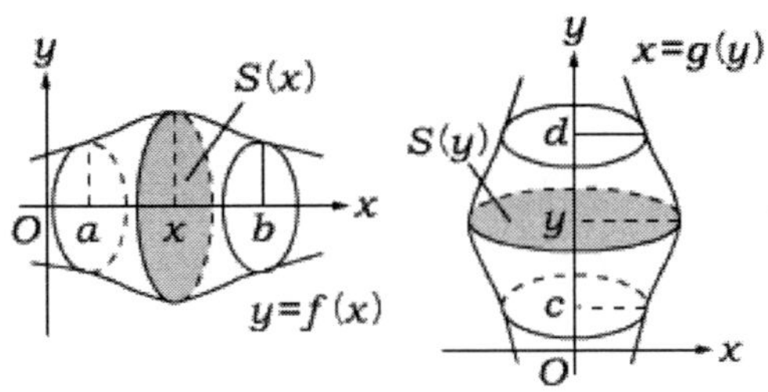

두 곡선으로 둘러싸인 부분을 회전시킨 회전체의 부피

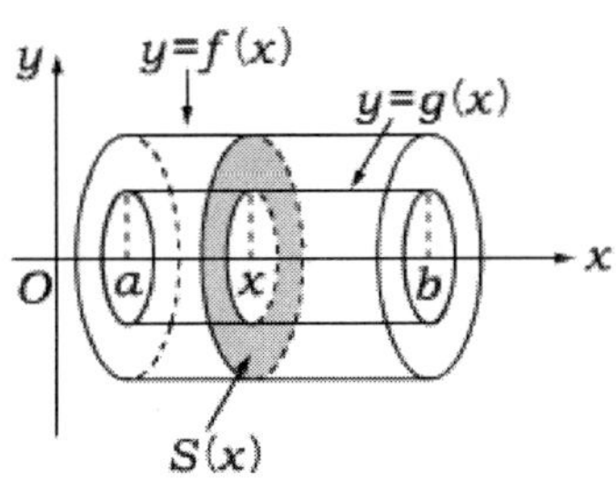

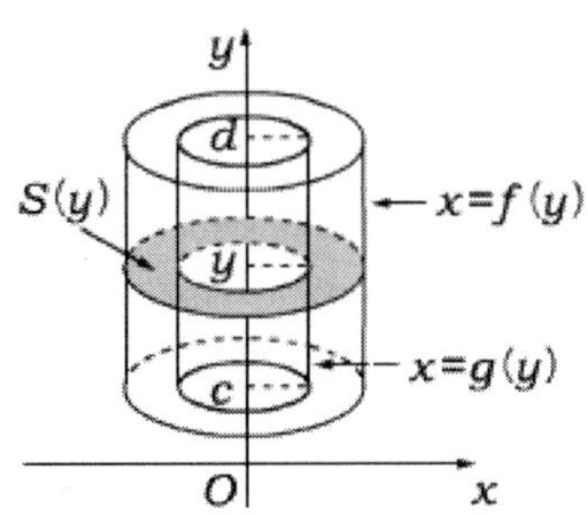

My Lesson

1) 입체도형의 부피

(1) 입체도형의 부피

◉ 입체도형의 부피를 구하는 방법

> 구간 $[a,b]$에서 x축에 수직인 평면으로 자른 단면의 넓이가 $S(x)$인 입체의 부피 V는 다음과 같다.
>
> $$V=\int_a^b S(x)dx$$

· 아래 그림과 같은 어떤 입체의 부피를 구한다고 생각해 보자.
임의로 좌표축을 정할 수 있으므로 아래 그림과 같이 적당한 직선을 그어 x축으로 정한다.

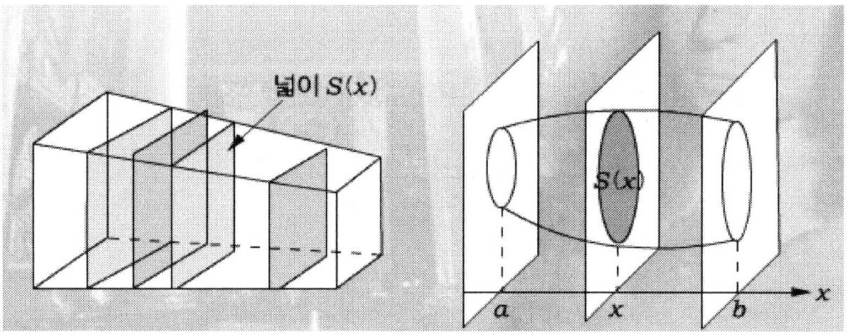

◉ 좌표축에 수직인 평면으로 자른 단면의 넓이가 $S(x)$인 입체의 부피

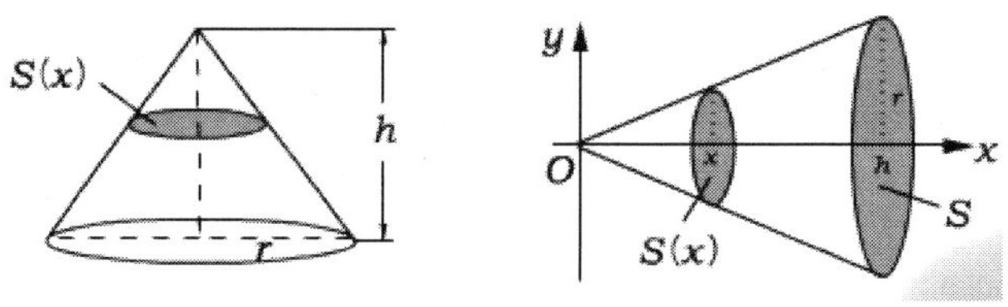

예제1 밑면의 반지름의 길이가 r, 높이가 h인 원뿔의 부피를 구해 보자.

풀이 1단계 : 좌표축에 수직인 평면으로 자른다.
단면은 원($S(x)$)이 나온다.

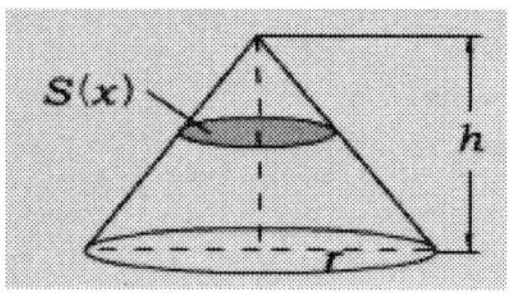

2단계 : 좌표축을 적당히 잡는다.

S_1이 단면이 되도록 좌표축을 정한다.

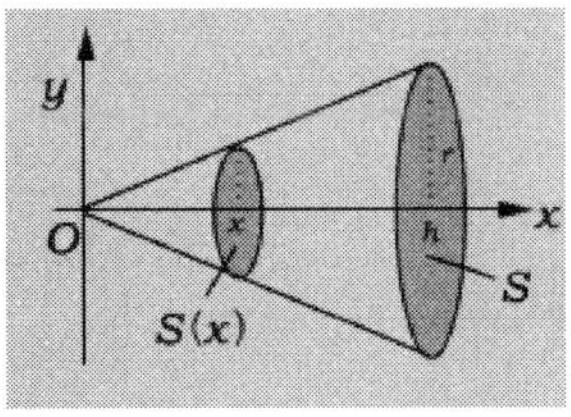

3단계 : 닮음비(ratio of similarity)를 이용하여 단면의 넓이를 구한다.

구간 $[0,h]$의 임의의 점 x에서의 단면의 넓이를 $S(x)$, 점 h에서의 단면의 넓이를 S라 하면 단면적 $S(x)$는

$$S(x) : S = x^2 : h^2$$

$$S(x) = \frac{x^2}{h^2} \cdot S \qquad \therefore S(x) = \frac{\pi r^2}{h^2} x^2$$

4단계 : 입체의 부피를 구하는 식을 이용하여 계산한다.

$$V = \int_0^h S(x)dx = \int_0^h \frac{\pi r^2}{h^2} x^2 dx = \frac{\pi r^2}{h^2} \int_0^h x^2 dx$$

$$= \frac{\pi r^2}{h^2} \left[\frac{1}{3} x^3 \right]_0^h = \frac{1}{3} \pi r^2 h$$

memo

도형의 닮은비

도형의 넓이의 비는 닮음비의 제곱의 비(square rate)와 같다.

예제2 밑면의 한 변의 길이가 a이고 높이가 h인 정사각뿔의 부피를 정적분을 이용하여 구하여라.

풀이 1단계 : 축에 수직인 평면으로 자른다.

단면은 정사각형($S(x)$)가 나온다.

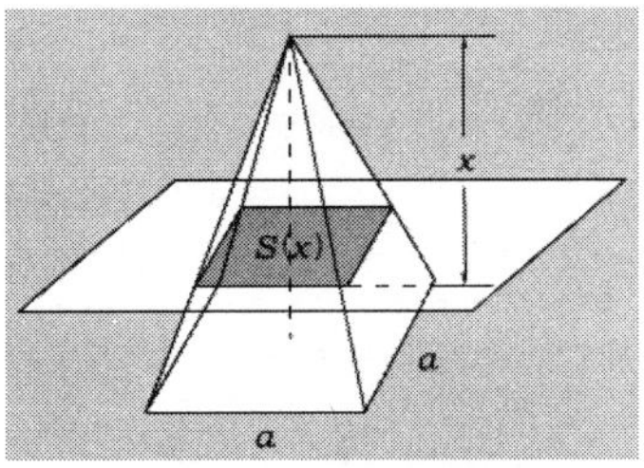

2단계 : 좌표축을 정한다.

S_1이 단면이 되도록 좌표축을 그림과 같이 정한다.

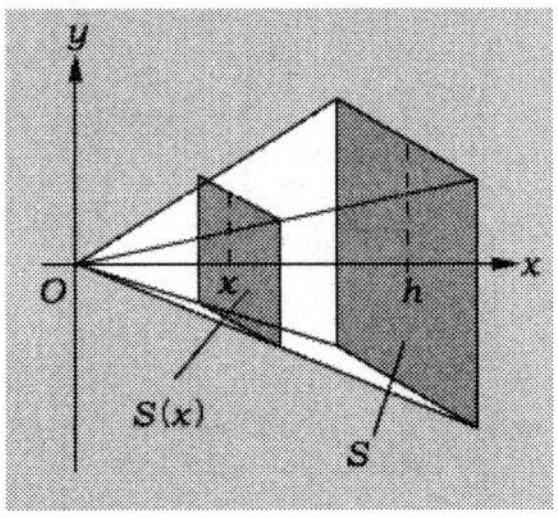

3단계 : 단면적 $S(x)$를 구한다.

구간 $[0,h]$의 임의의 점 x에서의 단면의 넓이를 $S(x)$, 점 h에서의 단면의 넓이를 S라 하면 단면적 $S(x)$는

$$S(x) : S = x^2 : h^2$$

$$S(x) = \frac{x^2}{h^2} \cdot S \qquad \therefore S(x) = \frac{a^2}{h^2}x^2$$

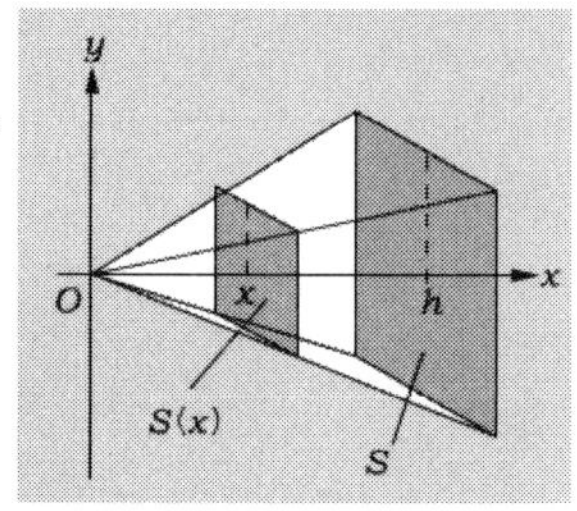

4단계 : 입체의 부피를 구하는 식을 이용하여 계산한다.

$$V = \int_0^h S(x)dx = \int_0^h \frac{a^2}{h^2}x^2 dx = \frac{a^2}{h^2}\int_0^h x^2 dx$$

$$= \frac{a^2}{h^2}\left[\frac{1}{3}x^3\right]_0^h = \frac{1}{3}a^2 h$$

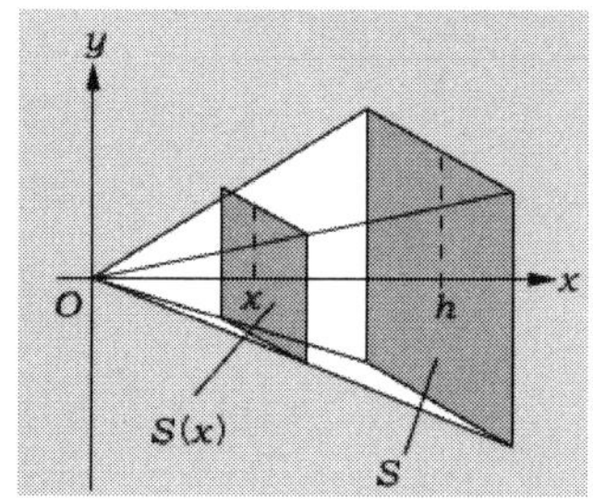

(2) 회전체의 부피

◉ 회전체란?

회전체란 어떤 함수(function)를 회전축을 중심으로 회전하여 얻은 입체도형을 말한다.

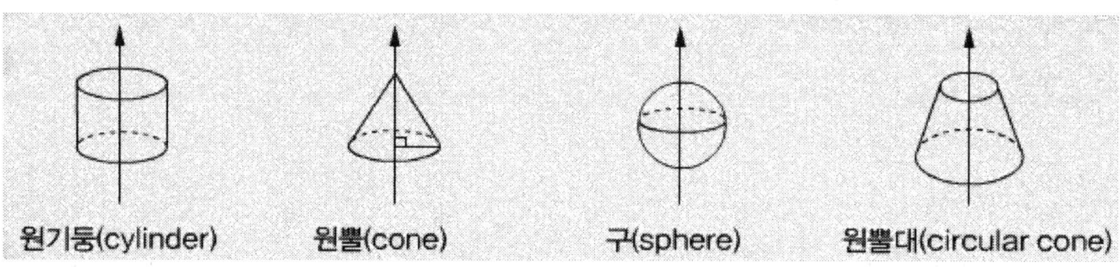

· 회전체는 회전축(rotation axis)에 수직인 평면으로 자른 단면이 원이 된다.

memo

회전축
회전축을 x축으로 정했다면 변수(variable) x에 대한 단면적 $S(x)$를 구해야 하고, 회전축을 y축으로 정했다면 변수 y에 대한 단면적 $S(y)$를 구하면 된다.

◉ x축의 둘레(periphery)로 회전시킨 회전체의 부피를 구하는 방법

구간 $[a,b]$에서 x축에 수직인 평면(plane)으로 자른 단면의 넓이가 $S(x)$인 입체의 부피 V는 다음과 같다.

$$V=\int_a^b S(x)dx$$

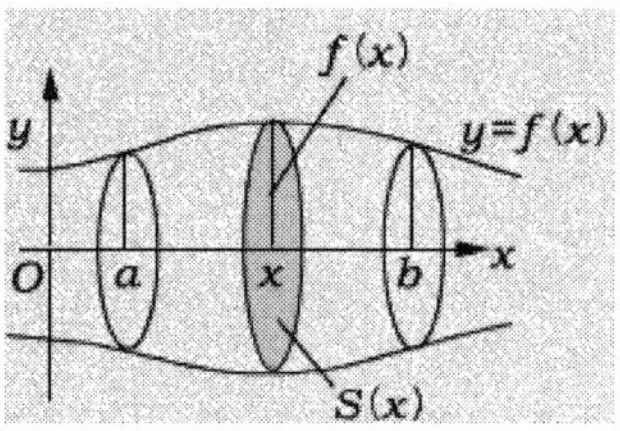

· 입체의 단면적 구하기

그림과 같이 구간 $[a,b]$에서 연속인 함수 $y=f(x)$의 그래프를 x축의 둘레로 회전시킬 때 생기는 회전체의 단면은 반지름의 길이가 $|f(x)|$인 원이 된다.
따라서 그 단면의 넓이 $S(x)=\pi\{f(x)\}^2$

· 회전체의 부피 구하기

회전체 부피 $V=\int_a^b S(x)dx=\int_a^b \pi\{f(x)\}^2dx$

◉ 구간 $[a,b]$에서 x축 둘레로 회전시킨 회전체의 부피를 구하는 방법

구간 $[a,b]$에서 x축에 수직인 평면(plane)으로 자른 단면의 넓이가 $S(x)$인 입체의 부피 V는 다음과 같다.

$$V=\int_a^b S(x)dx=\int_a^b \pi\{f(x)\}^2dx$$

예제1 반원 $y=\sqrt{r^2-x^2}$을 x축 둘레로 회전시킬 때 생기는 회전체의 부피 V를 구해 보자.

풀이 1단계 : 그림 그려 살펴보기

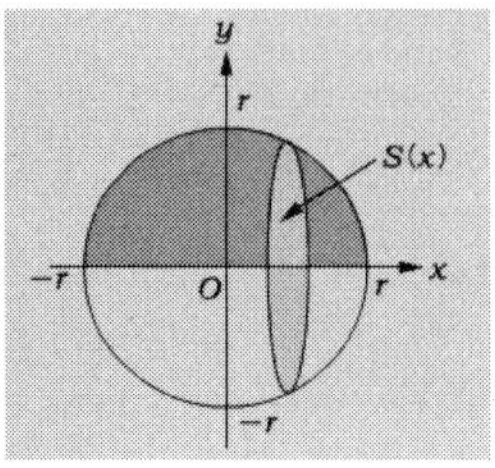

2단계 : 단면의 넓이 구하기

단면적 $S(x)$은 반지름이 y인 원의 넓이이므로 $S(x)=\pi y^2$

3단계 : 적분 계산하기

따라서 곡선 $y=\sqrt{r^2-x^2}$을 x축 둘레로 회전시킨 회전체의 부피 V는

$$V=\int_{-r}^{r} S(x)dx=\int_{-r}^{r}\pi y^2 dx=\int_{-r}^{r}\pi(r^2-x^2)dx$$

$$=\pi\int_{-r}^{r}(r^2-x^2)dx \;=\pi\left[r^2x-\frac{1}{3}x^3\right]_{-r}^{r}=\frac{4}{3}\pi r^3$$

memo

주어진 함수와 조건들을 좌표평면 위에 먼저 나타냅니다. (그림 제시 후) 회전체는 회전축에 수직인 평면으로 자른 단면이 원으로 주어지므로 지름이 $|f(x)|$인 원의 단면적 $S(x)$은 $\pi\{f(x)\}^2$가 됩니다. 따라서 구간 $[a,b]$에서 x축 둘레로 회전시킨 회전체의 부피는 다음과 같이 주어집니다.

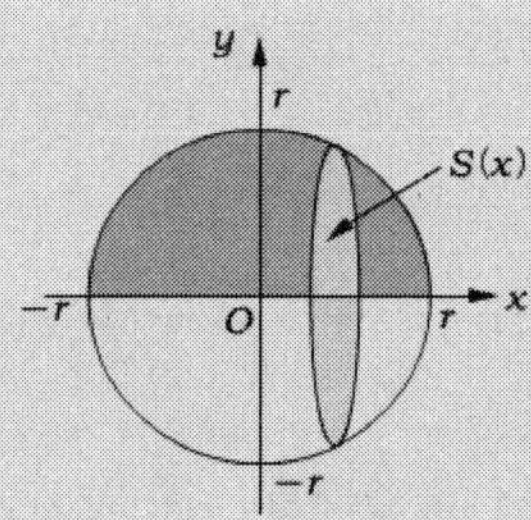

$\frac{4}{3}\pi r^3$

◉ y축의 둘레로 회전시킨 회전체의 부피를 구하는 방법

구간 $[c,d]$에서 y축에 수직인 평면(plane)으로 자른 단면의 넓이가 $S(y)$인 입체의 부피 V는 다음과 같다.

$$V=\int_{c}^{d} S(y)dy=\int_{c}^{d}\pi\{g(y)\}^2 dy$$

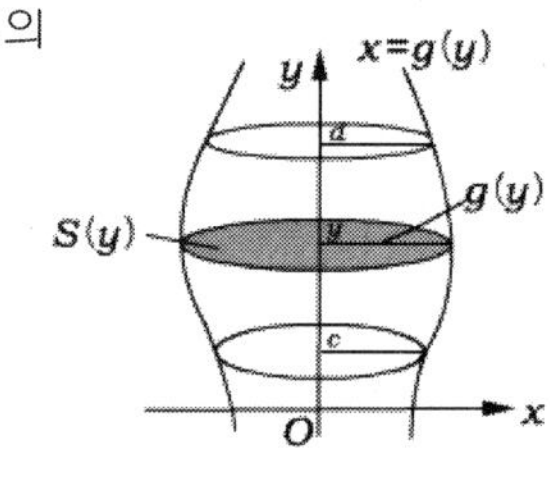

예제1 그림과 같이 구간 $[c,d]$에서 연속인 함수 $x=g(y)$의 그래프를 y축의 둘레로 회전시킬 때 생기는 회전체의 단면은 반지름의 길이가 $|g(y)|$인 원이 된다.

풀이 1단계 : 입체의 단면적 구하기

단면적 $S(x)=\pi\{g(y)\}^2$

2단계 : 입체의 단면적 구하기

회전체 부피를 V라 하면 $V=\int_c^d S(y)dy=\int_c^d \pi\{g(y)\}^2 dy$

◉ **곡선을 y축의 둘레로 회전시킨 회전체의 부피**

$$V=\int_c^d S(y)dy=\int_c^d \pi\{g(y)\}^2 dy$$

예제1 포물선(parabola) $y=x^2$과 y축 및 두 직선 $y=1, y=3$으로 둘러싸인 부분을 y축의 둘레로 회전시켜서 생긴 회전체의 부피를 구하여라.

풀이 1단계 : 그림 그려 살펴보기

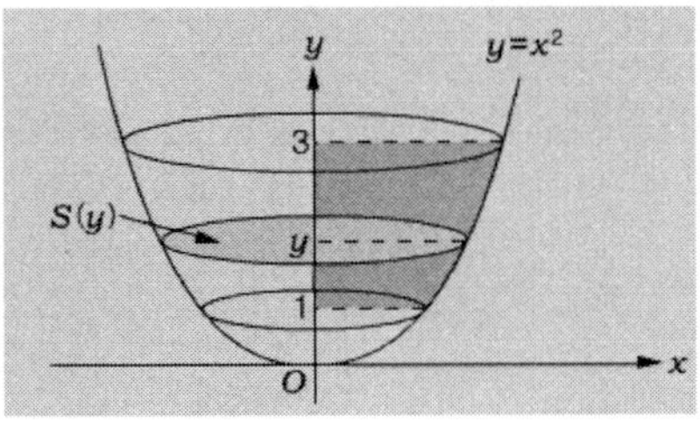

2단계 : 단면의 넓이 구하기

단면적 $S(x)$는 반지름이 x인 원의 넓이이므로 $S(y)=\pi x^2$

3단계 : 적분 계산하기

따라서 곡선 $y=x^2$를 $y=1$부터 $y=3$까지 y축 둘레로 회전시킨 회전체의 부피를 V라 하면

$$V=\int_1^3 S(y)dy=\int_1^3 \pi x^2 dy=\int_1^3 \pi y dy$$

$$=\pi\int_1^3 y dy=\pi\left[\frac{1}{2}y^2\right]_1^3=4\pi$$

memo

회전체의 부피

y축 둘레로 회전시킨 회전체의 부피를 구하는 문제이므로 적분변수를 y로 하여 $\int_c^d S(y)dy=\int_c^d \pi\{g(y)\}^2 dy$를 구하면 된다.

(3) 다지기

※ [1~2] 다음 도형을 x축의 둘레로 회전시켜서 생기는 회전체의 부피를 구하여라.

1 곡선 $y=\sin x \ (0 \le x \le \pi)$와 x축으로 둘러싸인 도형

① $\frac{\pi}{2}$ ② $\frac{\pi^2}{2}$ ③ π ④ π^2

2 직선 $y=x+2$와 x축, y축 및 직선 $x=2$로 둘러싸인 도형

① $\frac{56}{3}\pi$ ② $\frac{\pi}{2}$ ③ $\frac{19}{3}\pi$ ④ $\frac{\pi^2}{2}$

※ [3~4] 다음 도형을 y축의 둘레로 회전시켜서 생기는 회전체의 부피를 구하여라.

3 곡선 $x=y^2+2y$와 y축으로 둘러싸인 도형

① π^2 ② $\frac{\pi}{2}$ ③ π ④ $\frac{16}{15}\pi$

4 직선 $y=-\frac{1}{2}x+2$와 y축 및 두 직선 $y=0$, $y=1$로 둘러싸인 도형

① $\frac{56}{3}\pi$ ② $\frac{\pi^2}{2}$ ③ $\frac{28}{3}\pi$ ④ π

2) 회전체의 부피

(1) 복잡한 회전체의 부피

◉ **두 곡선으로 둘러싸인 도형을 x축을 회전축으로 회전시킨 회전체의 부피**

> 구간 $[a,b]$에서 $f(x) \ge g(x)$을 만족시키는 두 연속함수 $f(x)$, $g(x)$에 대하여 x축을 회전축으로 하는 회전체의 부피
>
> $$V=\int_a^b \pi\{f(x)\}^2dx-\int_a^b \pi\{g(x)\}^2dx$$

예제1 두 함수 $f(x)$, $g(x)$가 구간 $[a,b]$에서 연속이고 $f(x) \ge g(x)$일 때 두 곡선 $y=f(x)$, $y=g(x)$와 두 곡선 $x=a, x=b$로 둘러싸인 부분을 x축을 중심으로 회전시킬 때 생기는 회전체의 부피를 구하여 보자.

풀이 1단계 : 입체의 단면적 구하기

$S(x)$={회전축에서 멀리 떨어진 곡선이 이루는 큰 원의 넓이}

　　　　−{회전축에서 가까운 곡선이 이루는 작은 원의 넓이}

$$=\pi\{f(x)\}^2-\pi\{g(x)\}^2$$

2단계 : 회전체의 부피 구하기

$$V=\int_a^b S(x)dx=\int_a^b \pi\{f(x)\}^2dx-\int_a^b \pi\{g(x)\}^2dx$$

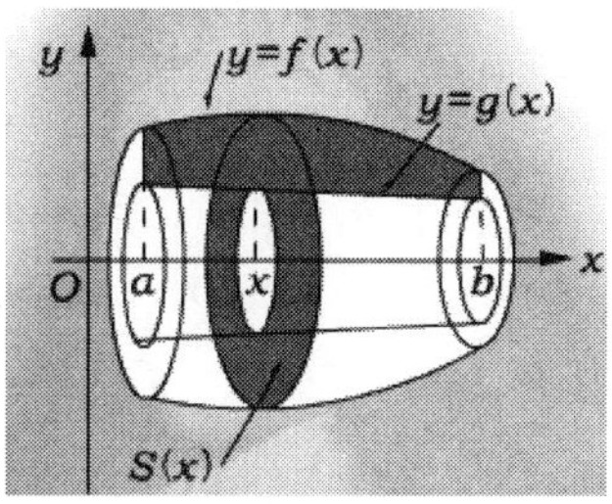

memo

x축을 회전축으로 하는 회전체

회전체의 단면은 단순한 원이 아니라 내부에 구멍이 뚫려 있는 단면으로 나타나게 된다. 그러나 단면의 전체적인 형태는 역시 원, 정확히 말하면 동심원 두 개로 이루어진 평면도형이 된다.

예제1 구간 $[0,3]$에서 직선 $y=3x$와 포물선 $y=x^2$으로 둘러싸인 부분을 x축으로 회전해서 생기는 회전체의 부피를 구해 보자.

풀이 $y_1=3x$와 $y_2=x^2$을 x축의 둘레로 회전시킬 때 생기는 회전체의 부피를 각각 V_1, V_2라고 하자. 그림과 같이 $0\leq x\leq 3$에서 $3x\geq x^2$이므로,

구하는 회전체의 부피 V는

$$V=V_1-V_2=\int_0^3 \pi y_1^2dx-\int_0^3 \pi y_2^2dx$$

$$=\int_0^3 \pi(3x)^2dx-\int_0^3 \pi(x^2)^2dx$$

$$=\pi\int_0^3 \{(3x)^2-(x^2)^2\}dx$$

$$=\pi\int_0^3 (9x^2-x^4)dx=\pi\left[3x^3-\frac{1}{5}x^5\right]_0^3=\frac{162}{5}\pi$$

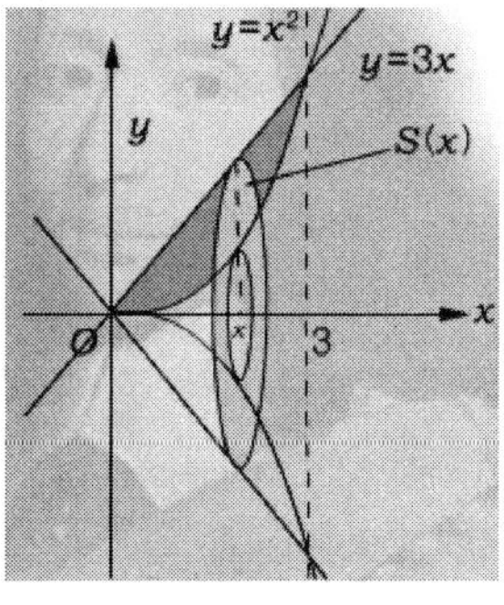

◉ **두 곡선으로 둘러싸인 도형을 y축을 회전축으로 회전시킨 회전체의 부피**

> 구간 $[c,d]$에서 $f(y)\geq g(y)$을 만족시키는 두 함수 $f(y)$, $g(y)$에 대하여
> y축을 회전축으로 하는 회전체의 부피
>
> $$V=\int_c^d \pi\{f(y)\}^2dy-\int_a^b \pi\{g(y)\}^2dy$$

예제1 두 함수 $f(y)$, $g(y)$가 구간 $[c,d]$에서 연속이고 $f(y) \geq g(y)$일 때 두 곡선 $x=f(y)$, $x=g(y)$와 두 곡선 $y=c, y=d$로 둘러싸인 부분을 y축을 중심으로 회전시킬 때 생기는 회전체의 부피를 구하여 보자.

풀이 1단계 : 입체의 단면적 구하기

$S(y)$={회전축에서 멀리 떨어진 곡선이 이루는 큰 원의 넓이}
-{회전축에서 가까운 곡선이 이루는 작은 원의 넓이}

$=\pi\{f(y)\}^2-\pi\{g(y)\}^2$

2단계 : 회전체의 부피 구하기

$$V=\int_c^d S(y)dy=\int_c^d \pi\{f(y)\}^2dy-\int_a^b \pi\{g(y)\}^2dy$$

memo

회전체의 단면적과 부피

두 곡선이 둘러싸인 부분을 회전하여 얻은 회전체의 단면적은 회전축으로부터 멀리 떨어진 곡선이 만든 큰 원의 넓이에서 회전축에서 가까운 곡선이 만든 작은 원의 넓이를 뺀 나머지 부분의 넓이가 된다.

또한, 회전체의 부피는 바깥 면으로 만들어진 입체의 부피에서 안쪽 면으로 만들어진 입체의 부피를 빼주면 된다.

예제1 구간 $[0,3]$에서 직선 $y=3x$와 포물선 $y=x^2$으로 둘러싸인 부분을 y축으로 회전해서 생기는 회전체의 부피를 구해보자.

풀이 1단계 : 입체의 단면적 구하기

$y=3x \Rightarrow x=\frac{y}{3}$, $y=x^2 \Rightarrow x=\sqrt{y}$

2단계 : 회전체의 부피 구하기

$x_1=\frac{y}{3}$와 $x_2=\sqrt{y}$을 y축의 둘레로 회전시킬 때 생기는 회전체의 부피를 각각 V_1, V_2라고 하면. 오른쪽 그림과 같이 $0 \leq x \leq 3$일 때 $0 \leq y \leq 9$이므로 적분구간 $[0,9]$에서 회전체의 부피 V는

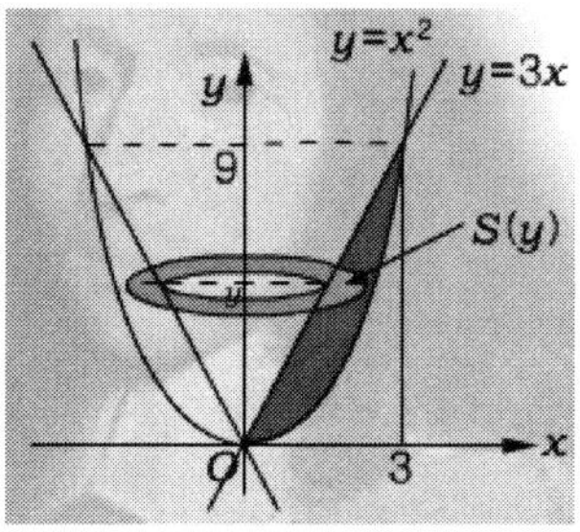

$$V=V_2-V_1=\int_0^9 \pi x_2^2dy-\int_0^9 \pi x_1^2dy$$

$$=\int_0^9 \pi y dy-\int_0^9 \pi(\frac{y}{3})^2dy=\pi\int_0^9(y-\frac{y^2}{9})dy$$

$$=\pi\left[\frac{1}{2}y^2-\frac{1}{27}y^3\right]_0^9=\frac{27}{2}\pi$$

(2) 다지기

※ 다음 회전체의 부피를 구하여라.

1. 두 곡선 $y=\sqrt{3}\sin x$, $y=\sin x$ $(0 \leq x \leq \pi)$로 둘러싸인 도형을 x축의 둘레로 회전시켜서 생기는 회전체

① $\frac{\pi}{2}$　　② $\frac{\pi^2}{2}$　　③ π　　④ π^2

2. $y=e^x$와 직선 $y=1$ 및 $x=1$로 둘러싸인 부분을 x축의 둘레로 회전시켜서 생기는 회전체

① $(e-1)\pi$　　② $\left(\frac{1}{2}e-\frac{3}{2}\right)\pi$　　③ $\frac{1}{2}(e-1)\pi$　　④ $\left(\frac{1}{2}e-1\right)\pi$

3. 곡선 $y=\sqrt{x}$와 $y=x$로 둘러싸인 도형을 y축의 둘레로 회전시켜서 생기는 회전체

① $\frac{\pi}{2}$　　② $\frac{\pi}{3}$　　③ $\frac{\pi}{6}$　　④ π

4. $x=e^y$와 직선 $y=1$ 및 $x=e^2$으로 둘러싸인 부분을 y축의 둘레로 회전시켜서 생기는 회전체

① $\frac{\pi}{2}(e^2-e^{-2})$　　② $\frac{\pi}{2}(e^4-e^2)$　　③ $\frac{\pi}{2}(e^4-e^{-4})$　　④ $\frac{\pi}{2}$

Review

◉ **입체도형의 부피**

구간 $[a,b]$의 임의의 점 x에서 x축에 수직인 평면으로 자른 입체도형을 자른 단면의 넓이가 $S(x)$일 때, 이 입체도형의 부피 V는

$$V=\int_a^b S(x)dx$$

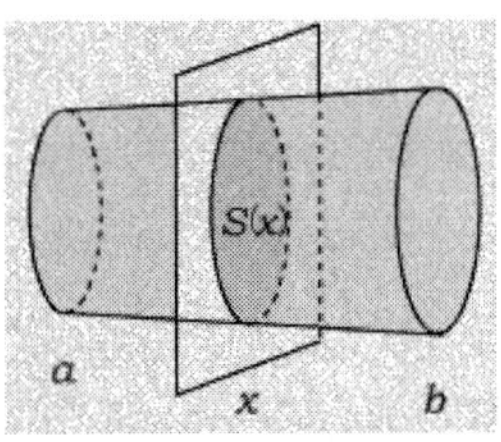

◉ 회전체의 부피

· x축의 둘레로 회전시킨 회전체의 부피 $V=\int_a^b S(x)dx=\int_a^b \pi\{f(x)\}^2dx$

· y축의 둘레로 회전시킨 회전체의 부피 $V=\int_c^d S(y)dy=\int_c^d \pi\{g(y)\}^2dy$

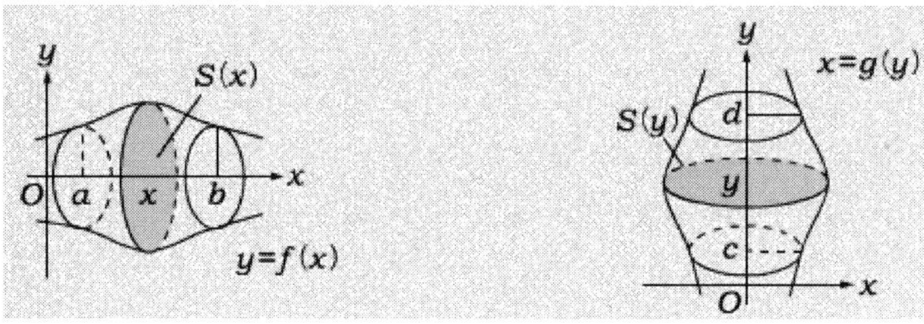

◉ 두 곡선으로 둘러싸인 부분을 회전시킨 회전체의 부피

· 구간 $[a,b]$에서 $f(x)\geq g(x)$을 만족시키는 두 함수 $f(x)$, $g(x)$에 대하여
x축을 회전축으로 하는 회전체의 부피 $V=\int_a^b \pi\{f(x)\}^2dx-\int_a^b \pi\{g(x)\}^2dx$

· 구간 $[c,d]$에서 $f(y)\geq g(y)$을 만족시키는 두 함수 $f(y)$, $g(y)$에 대하여
y축을 회전축으로 하는 회전체의 부피 $V=\int_c^d \pi\{f(y)\}^2dy-\int_a^b \pi\{g(y)\}^2dy$

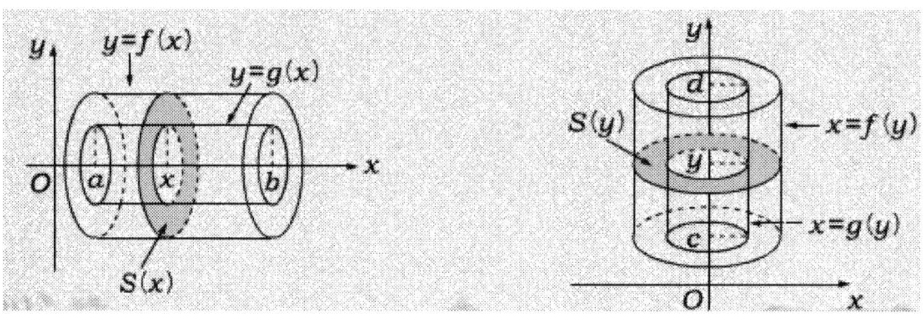

Quiz, Quiz

1 직선 $y=x$와 x축, y축 및 직선 $x=2$로 둘러싸인 부분을 x축 둘레로 회전시킬 때 생기는 회전체의 부피 V를 구하여라.

① $\frac{2}{3}\pi$ ② $\frac{8}{3}\pi$ ③ 3π

2 곡선 $y=\sqrt{x-1}$와 x축, y축 및 직선 $y=1$로 둘러싸인 도형을 y축 둘레로 회전시켜서 생기는 회전체의 부피를 구하여라.

① 2π ② $\frac{30}{17}\pi$ ③ $\frac{28}{15}\pi$

3 곡선 $x=\sqrt{1-y}$와 x축, y축으로 둘러싸인 도형을 y축의 둘레로 회전시켜서 생기는 회전체의 부피를 구하여라.

① $\frac{\pi}{2}$ ② $\frac{\pi}{4}$ ③ π

4 두 곡선 $y=\sin x$, $y=\cos x$와 두 직선 $x=0$, $x=\frac{\pi}{4}$로 둘러싸인 도형을 x축의 둘레로 회전시켜서 생기는 회전체의 부피를 구하여라.

① $\frac{\pi}{2}$ ② $\frac{\pi}{4}$ ③ π

5 $y=\ln x$와 x축 및 직선 $x=e$로 둘러싸인 도형을 y축의 둘레로 회전시켜서 생기는 회전체의 부피를 구하여라.

① π^2 ② $\frac{\pi}{2}(e^2+1)$ ③ $\frac{\pi}{4}e^2$

정답 및 풀이

1) 입체도형의 부피

다지기 정답 p.10

1 ②
2 ①
3 ④
4 ③

1 구하는 회전체의 부피를 V라 하면

$$V=\pi\int_0^{\pi} y^2 dx=\pi\int_0^{\pi}\sin^2 x dx=\pi\int_0^{\pi}\frac{1-\cos 2x}{2}dx=\frac{\pi}{2}\left[x-\frac{1}{2}\sin 2x\right]_0^{\pi}=\frac{\pi^2}{2}$$

2 구하는 회전체의 부피를 V라 하면

$$V=\pi\int_0^{2} y^2 dx=\pi\int_0^{2}(x+2)^2 dx=\pi\int_0^{2}(x^2+4x+4)dx=\pi\left[\frac{1}{3}x^3+2x^2+4x\right]_0^{2}=\frac{56}{3}\pi$$

3 구하는 회전체의 부피를 V라 하면

$$V=\pi\int_{-2}^{0} x^2 dy=\pi\int_{-2}^{0}(y^2+2y)^2 dy=\pi\int_{-2}^{0}(y^4+4y^3+4y^2)^2 dy$$

$$=\pi\left[\frac{1}{5}y^5+y^4+\frac{4}{3}y^3\right]_{-2}^{0}=0-\left(-\frac{32}{5}+16-\frac{32}{3}\right)\pi=\frac{16}{15}\pi$$

4 구하는 회전체의 부피를 V라 하면

$$V=\pi\int_0^{1}\{-2(y-2)\}^2 dy=4\pi\left[\frac{1}{3}y^3-2y^2+4y\right]_0^{1}=\frac{28}{3}\pi$$

2) 회전체의 부피

다지기 정답 p.13

1 ④
2 ②
3 ③
4 ②

1 $V=\pi\int_0^{\pi}(\sqrt{3}\sin x)^2dx-\pi\int_0^{\pi}\sin^2 x dx=\pi\int_0^{\pi}(1-\cos 2x)dx$

$=\pi\left[x-\frac{1}{2}\sin 2x\right]_0^{\pi}=\pi^2$

2 $V=\pi\int_0^1(e^x)^2dx-\pi\int_0^1 1^2dx=\pi\int_0^1(e^{2x}-1)dx=\pi\left[\frac{1}{2}e^{2x}-x\right]_0^1=\left(\frac{1}{2}e-\frac{3}{2}\right)\pi$

3 $V=\pi\int_0^1 ydy-\pi\int_0^1 y^2dy=\pi\left[\frac{1}{2}y^2\right]_0^1-\pi\left[\frac{1}{3}y^3\right]_0^1=\frac{1}{6}\pi$

4 $V=\pi\int_1^2(e^2)^2dy-\pi\int_1^2(e^y)^2dy=\pi\int_1^2 e^4dy-\pi\int_1^2 e^{2y}dy=\pi\left[e^4y\right]_1^2-\pi\left[\frac{1}{2}e^{2y}\right]_1^2$

$=\frac{\pi}{2}(e^4-e^2)$

Quiz, Quiz

퀴즈퀴즈 정답 p.14

1 ②
2 ③
3 ①
4 ①
5 ②

1 직선 $y=x$를 x축 둘레로 회전시킨 회전체의 부피 V는

$V=\int_a^b\pi\{f(x)\}^2dx=\int_0^2\pi x^2dx=\pi\int_0^2 x^2dx=\pi\left[\frac{1}{3}x^3\right]_0^2=\frac{8}{3}\pi$

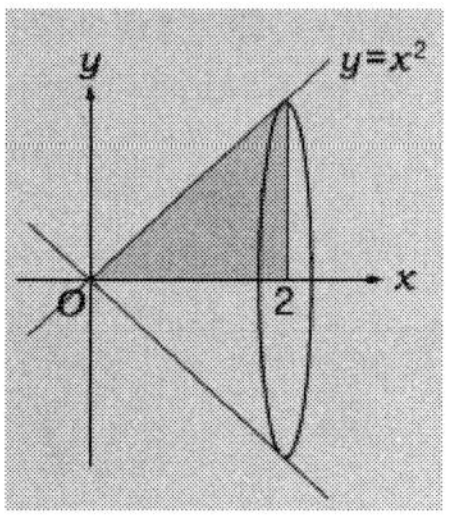

2 곡선 $y=\sqrt{x-1}$를 $y=0$부터 $y=1$까지 y축 둘레로 회전시킨 회전체의 부피를 V라 하자.

$y=\sqrt{x-1}$에서 $x-1=y^2$, $x=y^2+1$이므로

$$V=\int_0^1 \pi x^2 dy=\int_0^1 \pi(y^2+1)^2 dy=\int_0^1 \pi(y^4+2y^2+1)dy$$

$$=\pi\left[\frac{1}{5}y^5+\frac{2}{3}y^3+y\right]_0^1=\frac{28}{15}\pi$$

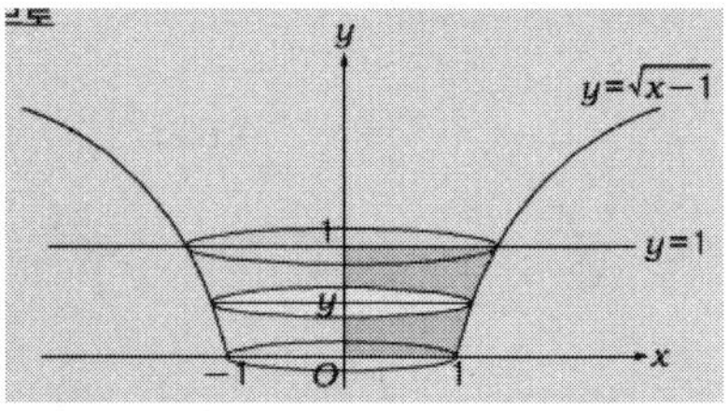

3 곡선 $x=\sqrt{1-y}$를 $y=0$부터 $y=1$까지 y축 둘레로 회전시킨 회전체의 부피를 V라 하자.

$x=\sqrt{1-y}$에서, $x^2=1-y$이므로

$$V=\int_0^1 \pi x^2 dy=\int_0^1 \pi(1-y)dy=\pi\int_0^1(1-y)dy$$

$$=\pi\left[y-\frac{1}{2}y^2\right]_0^1=\frac{1}{2}\pi$$

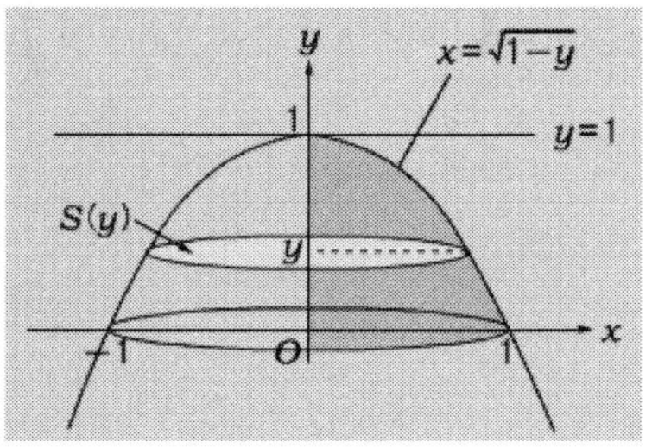

4 $y=\sin x$와 $y=\cos x$를 x축의 둘레로 회전시킬 때 생기는 회전체의 부피를 V_1, V_2라고 하자. 오른쪽 그림과 같이 $\left[0,\frac{\pi}{4}\right]$에서 $\cos x \geqq \sin x$이므로 구하는 회전체의 부피 V는

$$V=V_2-V_1=\int_0^{\frac{\pi}{4}} \pi\cos^2 x dx-\int_0^{\frac{\pi}{4}} \pi\sin^2 x dx$$

$$=\pi\int_0^{\frac{\pi}{4}}(\cos^2 x-\sin^2 x)dx=\pi\int_0^{\frac{\pi}{4}}\cos 2x dx$$

$$\leftarrow \cos^2 x-\sin^2 x=2\cos x$$

$$=\pi\left[\frac{\sin 2x}{2}\right]_0^{\frac{\pi}{4}}=\frac{\pi}{2}$$

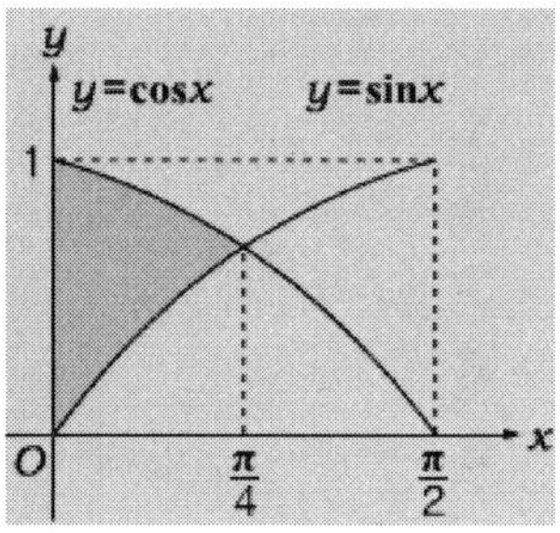

5 직선 $x=e$와 곡선 $x=e^y$를 y축의 둘레로 회전시킬 때 생기는 회전체의 부피를 각각 V_1, V_2라고 하자. 오른쪽 그림과 같이 $1 \leqq x \leqq e$, $0 \leqq y \leqq 1$이고 $y=\ln x$에서 $x=e^y$이므로, 구하려는 회전체의 부피 V는

$$V=V_1-V_2=\int_0^1 \pi e^2 dy-\int_0^1 \pi(e^y)^2 dy$$

$$=\pi\int_0^1(e^2-e^{2y})dy$$

$$=\pi\left[e^2 y-\frac{1}{2}e^{2y}\right]_0^1=\frac{\pi}{2}(e^2+1)$$

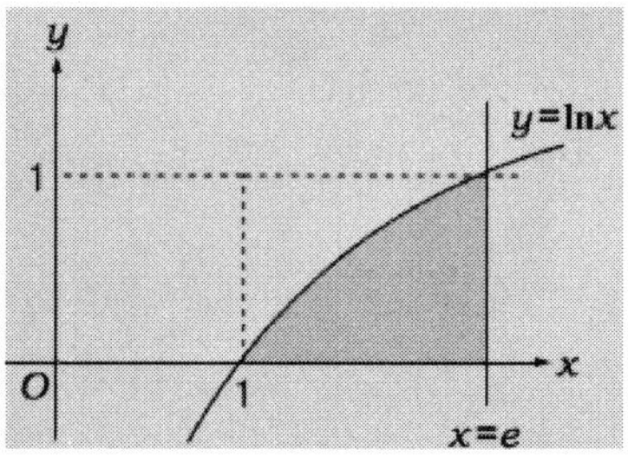

13-4 정적분과 속도 거리

Calculus Life

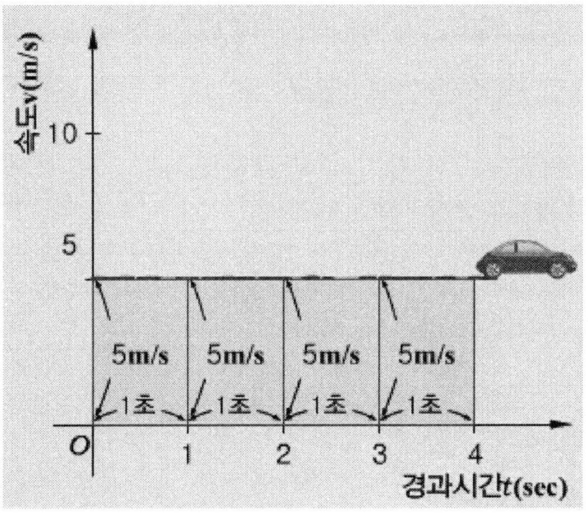

자동차가 어느 한 방향으로 고속도로 위를 달리고 있다. 각 시점에서 자동차의 속도계를 기록하여 그림의 결과를 얻었다. 이 자동차의 속도는 $5m/s$으로 매 순간 일정하다.
속도가 $5m/s$로부터 1초동안 자동차의 이동거리는 $5m$이다. 그 다음 1초간 $5m$를, 그 뒤 1초동안 $5m$... 이렇게 짧은 시간대의 변화를 차례차례 더해가면 어떤 시간 후의 이동한 거리를 구할 수 있다. 다시 말하면, 움직이는 물체의 속도를 적분함으로써 물체의 위치와 이동 거리 등을 계산할 수 있다.

My Map

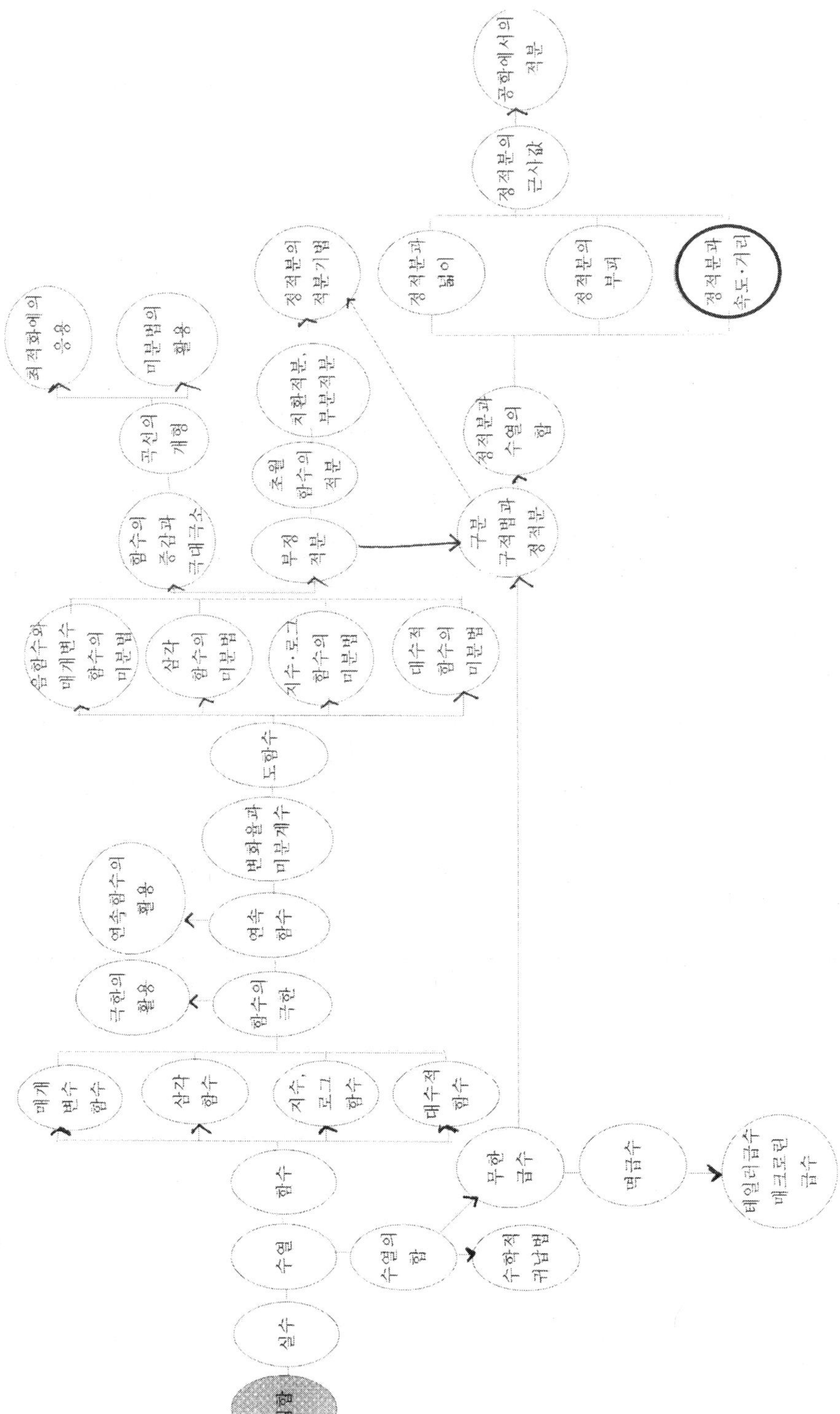

집합
실수
수열
함수
수열의 합
수학적 귀납법
무한 급수
멱급수
테일러급수 매크로린 급수
매개 변수 함수
삼각 함수
지수, 로그 함수
대수적 함수
함수의 극한
극한의 활용
연속 함수
연속함수의 활용
변화율과 미분계수
도함수
음함수와 매개변수 함수의 미분법
삼각 함수의 미분법
지수·로그 함수의 미분법
대수적 함수의 미분법
함수의 증감과 극대극소
곡선의 개형
최적화에의 응용
미분법의 활용
부정 적분
초월 함수의 적분
치환적분, 부분적분
정적분의 적분기법
구분 구적법과 정적분
정적분과 수열의 합
정적분과 넓이
정적분의 부피
정적분과 속도·거리
정적분의 근사값
공학에서의 적분

Secret Key

직선 위를 움직이는 점의 움직인 거리

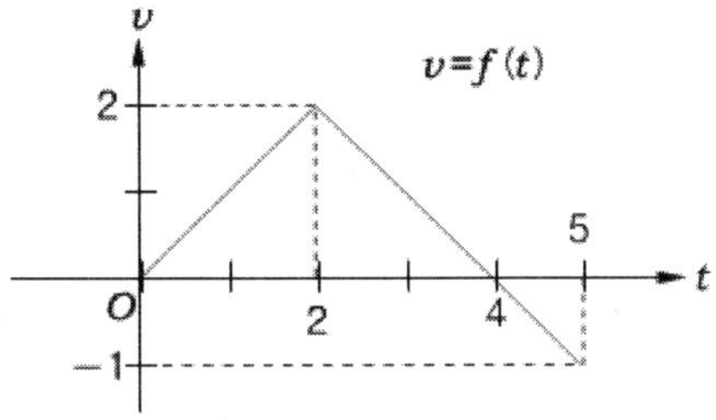

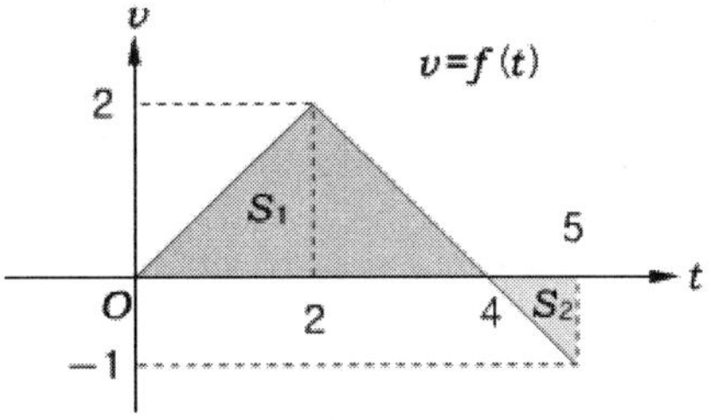

속도(velocity)와 거리(distance)의 관계

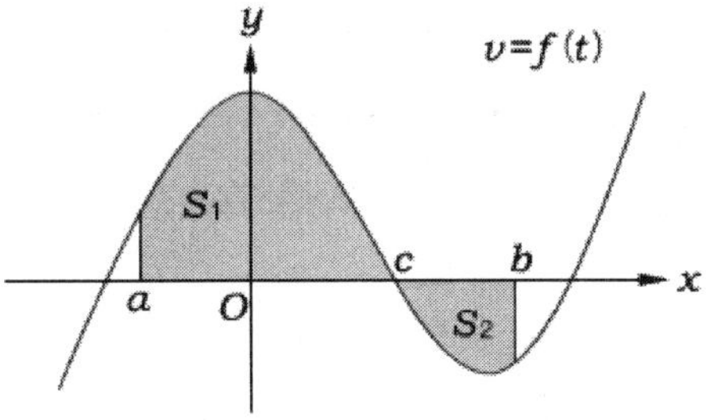

곡선의 길이

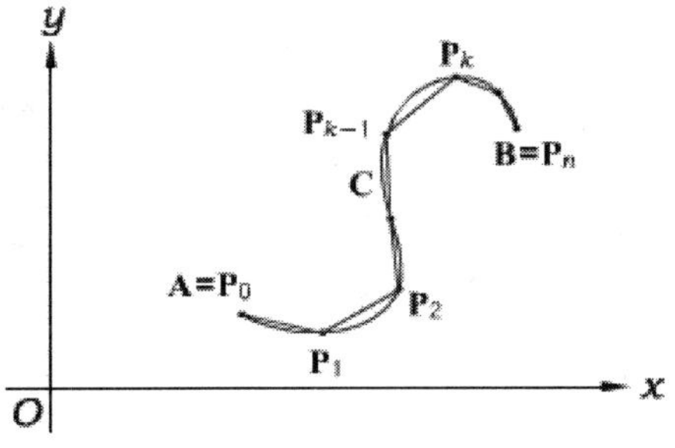

My Lesson

1) 직선 위의 운동

(1) 점의 위치 변화량

◉ 직선 위를 움직이는 점이 움직인 거리와 위치 변화량

$x(t)$ = (위치의 총 변화)

$$= \int_0^t v(t)dt$$

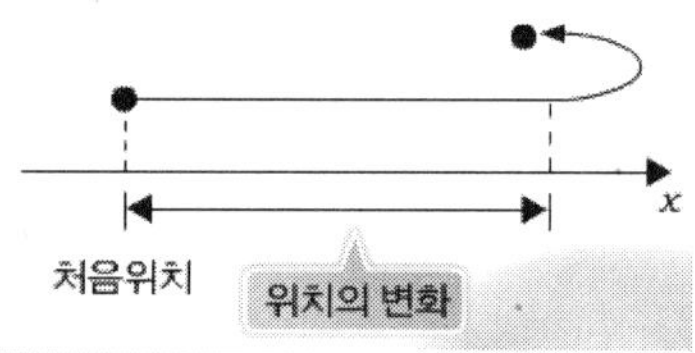

· 시각 t에 따라 움직인 경로가 다음과 같다고 하자.

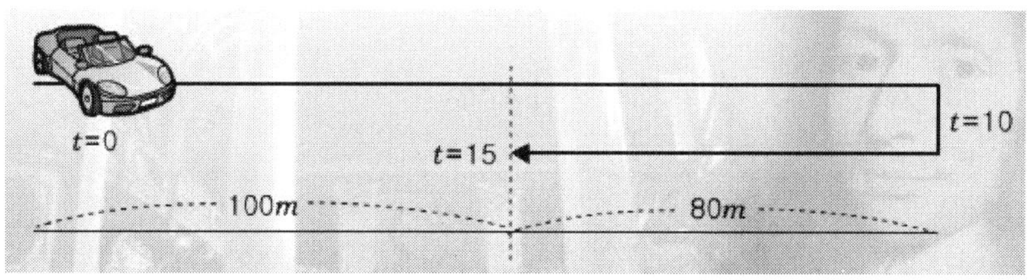

· $t=0$에서 $t=15$까지의 **위치의 변화량** : 180−80=100(m)
· $t=0$에서 $t=15$까지의 **움직인 거리** : 180+80=260(m)
위치의 변화량은 위치가 변화한 양을 나타내지만, 움직인 거리는 움직인 거리의 총합을 말한다. 물체가 실제로 움직인 거리 역시 적분을 이용하여 구할 수 있다.

◉ 도형의 넓이를 이용하여 위치의 변화량을 구하는 방법

$t=0$에서 $t=a$까지 변할 때,
$x(a)$ = (위치의 총 변화)

$$= \int_0^a v(t)dt$$

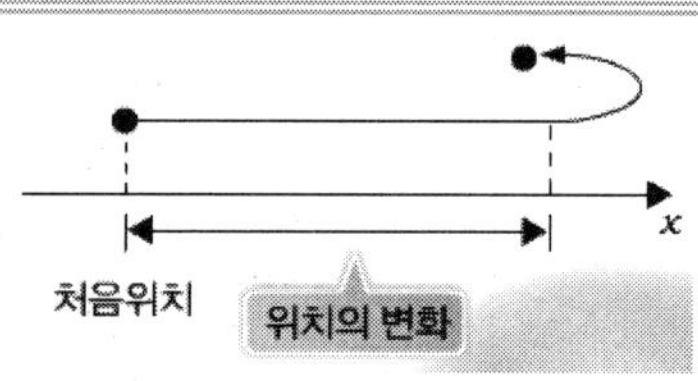

예제1 오른쪽 그림은 시각 t에 대한 속도 $v(t)$를 그래프로 나타낸 것이다.
$t=0$에서 $t=5$까지의 위치의 변화량을 구하여라.

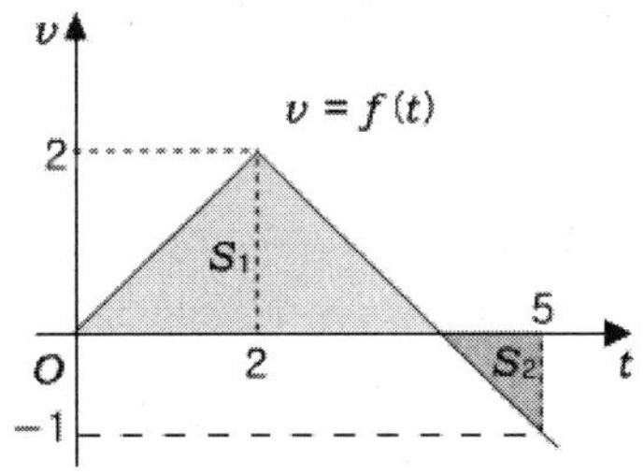

풀이 $\displaystyle\int_0^5 v(t)dt = S_1 - S_2 = 4 - \frac{1}{2} = \frac{7}{2}$

memo

그래프
그림에서 t축과 만나는 것은 물체가 멈춘 것을 뜻하며, t축 밑으로 내려간 것은 되돌아서 출발점을 향해 오는 것을 뜻한다.

◉ 직선 위를 움직이는 점의 위치 변화량을 구하는 방법

$t=0$에서 $t=a$까지 변할 때, $x(a)$ = (위치의 총 변화)= $\displaystyle\int_0^a v(t)dt$

예제1 원점을 출발하여 직선 위를 움직이는 점 P의 t초 후의 속도가 $v(t)=2-3t$일 때, 다음 시각에서의 점 P의 좌표를 구하여라.

풀이 (1) $t=2$

$$x(2)=\int_0^2 v(t)dt=\int_0^2(2-3t)dt=\left[2t-\frac{3}{2}t^2\right]_0^2=-2$$

(2) $t=3$

$$x(3)=\int_0^3 v(t)dt=\int_0^3(2-3t)dt=\left[2t-\frac{3}{2}t^2\right]_0^3=-\frac{15}{2}$$

(3) $t=5$

$$x(5)=\int_0^5 v(t)dt=\int_0^5(2-3t)dt=\left[2t-\frac{3}{2}t^2\right]_0^5=-\frac{55}{2}$$

◉ 도형의 넓이를 이용하여 움직인 거리를 구하는 방법

시각 t에서의 속도 v를 나타내는 그래프에서
$t=a$에서 $t=b$까지 움직인 거리 s는

$$s=\int_a^c f(t)dt-\int_c^b f(t)dt=\int_a^b |f(t)|dt$$

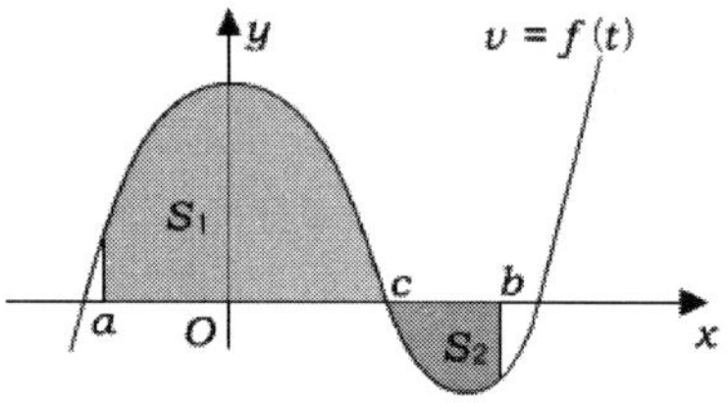

예제1 오른쪽 그림은 시각 t에 대한 속도 $v(t)$를 그래프로 나타낸 것이다.
$t=0$에서 $t=5$까지의 이동거리를 구하여라.

풀이 시간에 대한 속도의 그래프에서 물체가 움직인 거리는 그래프의 넓이의 합을 의미하므로 $S_1+S_2=4+\dfrac{1}{2}=\dfrac{9}{2}$

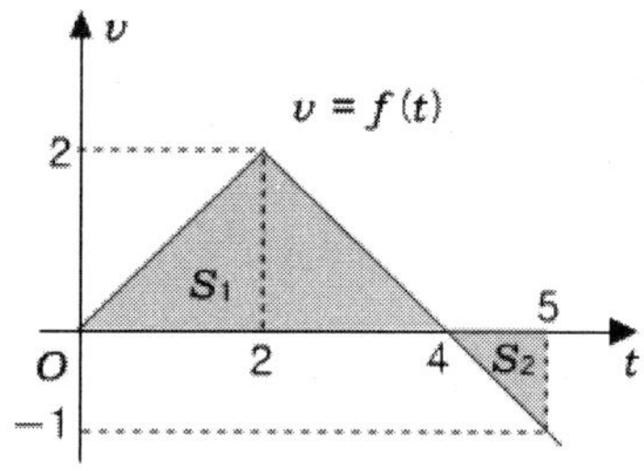

memo

이동거리 구하기
그림에서 t축과 만나는 것은 물체가 멈춘 것을 뜻하며, t축 밑으로 내려간 것은 되돌아서 출발점을 향해 오는 것을 뜻한다. 따라서 이동거리를 구할 때에는 되돌아온 거리를 양수로 만들어야 한다.

◉ 적분을 이용하여 위치의 변화량과 거리를 구하는 방법

시각 t에 대한 속도의 함수가 $v(t)$이고, 시각이 $t=a$에서 $t=b$까지 변할 때

(1) 위치의 변화량은 $\displaystyle\int_a^b v(t)dt$

(2) 거리의 변화량(이동 거리)는 $\displaystyle\int_a^b |v(t)|dt$

예제1 원점을 출발하여 직선 위를 움직이는 점 P의 t초 후의 속도는
$v(t)=-t^2+4t$이다. 다음을 구하여라.

(1) $t=0$에서 $t=3$까지의 위치의 변화량

(2) $t=1$에서 $t=4$까지의 이동 거리

풀이 (1) 시각 $t=0$에서 $t=3$까지의 위치의 변화량은 속도함수를 적분하여 구한다.

$$\int_0^3(-t^2+4t)dt=\left[-\frac{1}{3}t^3+2t^2\right]_0^3 18-9=9$$

(2) $t=1$에서 $t=4$까지의 이동거리는 속도함수의 절대값을 적분하여 구한다.

$$\int_1^4|-t^2+4t|dt=\int_1^4(-t^2+4t)dt=\left[-\frac{1}{3}t^3+2t^2\right]_1^4=9$$

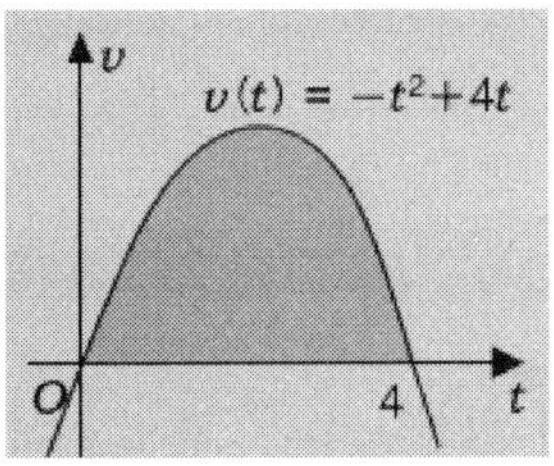

예제2 어떤 물체가 출발한 지 t초 후의 속도가 t^2-1일 때 출발해서 3초 후까지 움직인 거리와 위치 변화량을 구하여라.

풀이 이동한 거리 : $\int_0^3|t^2-1|dt=\int_0^1(1-t^2)|dt+\int_1^3(t^2-1)|dt$

$$=\left[t-\frac{1}{3}t^3\right]_0^1+\left[\frac{1}{3}t^3-t\right]_1^3=\frac{22}{3}$$

위치 변화량 : $\int_0^3(t^2-1)dt=\left[\frac{1}{3}t^3-t\right]_0^3=6$

(3) 다지기

※ 원점에서 출발하여 수직선 위를 움직이는 점 P의 시각 t에서의 속도가 $v(t)=(t-1)e^t$일 때, 다음을 구하여라.

1. $t=0$에서의 점 P의 좌표

2. $t=2$에서의 점 P의 좌표

3. $t=0$에서 $t=2$까지 점 P의 위치의 변화량

4. $t=0$에서 $t=2$까지 점 P가 움직인 거리

① 2 ② $2e$ ③ $e-1$ ④ $2e$ −2

2) 평면 위의 운동

(1) 평면 위의 운동

◉ **평면 위를 움직이는 점의 움직인 거리를 구하는 방법**

> 평면 위를 움직이는 물체의 시각 t에서의 위치 (x,y)를
> $x=f(t)$, $y=g(t)$라고 하면 $t=a$에서 $t=b$까지 움직인 거리 s는
> $s=\int_a^b \sqrt{\{f'(t)\}^2+\{g'(t)\}^2}\,dt$

· 오른쪽 그림에서 점 P가 움직인 거리를 구하여 보자.
점 P가 시각 $t=a$에서 $t=b$까지 실제 움직인 거리를 s라 하면 시각 t에서의 증분 Δs는 곡선 PQ의 길이와 같다.

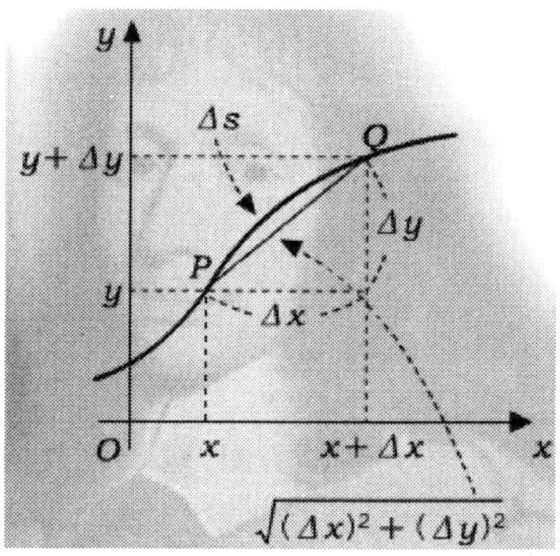

즉, 선분 PQ의 길이는 $\overline{PQ}=\sqrt{(\Delta x)^2+(\Delta y)^2}$ 이므로

$$\Delta s \fallingdotseq \sqrt{(\Delta x)^2+(\Delta y)^2}$$

$$\frac{\Delta s}{\Delta t} \fallingdotseq \frac{\sqrt{(\Delta x)^2+(\Delta y)^2}}{\Delta t}=\sqrt{\left(\frac{\Delta x}{\Delta t}\right)^2+\left(\frac{\Delta y}{\Delta t}\right)^2}$$

$$\frac{ds}{dt}=\lim_{\Delta t\to 0}\frac{\Delta s}{\Delta t}=\sqrt{\left(\frac{dx}{dt}\right)^2+\left(\frac{dy}{dt}\right)^2}=|\overrightarrow{v(t)}|$$

$$s=\int_a^b |\overrightarrow{v(t)}|dt$$

$$=\int_a^b \sqrt{\left(\frac{dx}{dt}\right)^2+\left(\frac{dy}{dt}\right)^2}\,dt \qquad \leftarrow |\overrightarrow{v(t)}|=\sqrt{\left(\frac{dx}{dt}\right)^2+\left(\frac{dy}{dt}\right)^2}$$

$$=\int_a^b \sqrt{\{f'(t)\}^2+\{g'(t)\}^2}\,dt \qquad \leftarrow x=f(t),\ y=g(t)$$

memo

순간변화율
평면 위를 움직이는 점 P의 시각 t에서의 좌표 (x,y)가 $x=f(t)$, $y=g(t)$로 주어질 때, t에서의 속도 v는

$$\vec{v}=\left(\frac{dx}{dt},\frac{dy}{dt}\right)=(f'(t),g'(t))$$

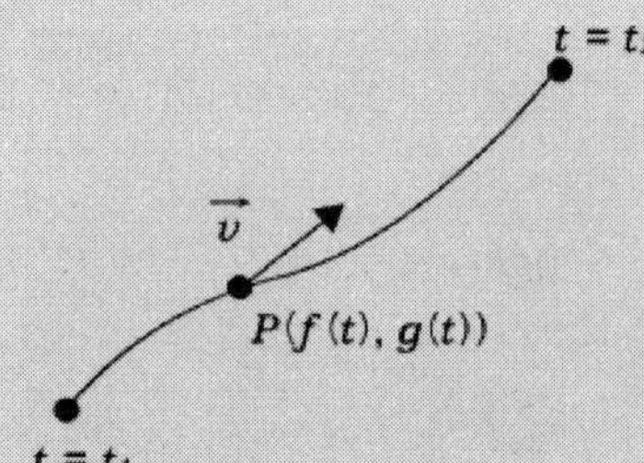

예제1 평면 위를 움직이는 점 $P(x,y)$의 시각 t에서의 좌표 (x,y)가

$$x=t^3-3t,\ y=3t^2$$

로 나타내어질 때, $t=0$에서 $t=1$까지 P가 움직인 거리를 구하여라.

풀이 1단계 : 속도 함수 구하기

$x=t^3-3t,\ y=3t^2$에서 $\frac{dx}{dt}=3t^2-3,\ \frac{dy}{dt}=6t$

2단계 : 움직인 거리 구하기

$0 \leqq t \leqq 1$에서 점 P가 움직인 거리 s는

$$s=\int_0^1 \sqrt{\left(\frac{dx}{dt}\right)^2+\left(\frac{dy}{dt}\right)^2}\,dt=\int_0^1 \sqrt{(3t^2-3)^2+(6t)^2}\,dt$$

$$=\int_0^1 (3t^2+3)dt=\left[t^3+3t\right]_0^1=4$$

memo

속도 함수
평면 위를 움직이는 물체의 시각 t에서의 위치 (x,y)를 $x=f(t),\ y=g(t)$라고 하면 이 물체의 t에서의 속도는 $(\frac{dx}{dt},\ \frac{dy}{dt})$이다.

(2) 곡선의 길이

◉ 매개변수로 나타내어진 곡선의 길이

좌표평면 위를 움직이는 점 P의 시각 t에서의 좌표 (x,y)가
$x=f(t),\ y=g(t)$로 주어질 때 $t=a$에서 $t=b$까지 곡선의 길이 l은

$$l=\int_a^b \sqrt{\left(\frac{dx}{dt}\right)^2+\left(\frac{dy}{dt}\right)^2}\,dt=\int_a^b \sqrt{\{f'(t)\}^2+\{g'(t)\}^2}\,dt$$

예제1 곡선 $x=e^x\cos t,\ y=e^x\sin t(0 \leqq t \leqq 2)$의 길이를 구하여라.

풀이 1단계 : 위치 함수 미분하기

$x=e^x\cos t,\ y=e^x\sin t$에서 $\frac{dx}{dt}=e^t(\cos t-\sin t),\ \frac{dy}{dt}=e^t(\sin t+\cos t)$

2단계 : 곡선의 길이 구하기

$$l=\int_0^2 \sqrt{\left(\frac{dx}{dt}\right)^2+\left(\frac{dy}{dt}\right)^2}\,dt=\int_0^2 \sqrt{\{e^t(\cos t-\sin t)\}^2+\{e^t(\sin t+\cos t)\}^2}\,dt$$

$$= \int_0^2 \sqrt{2}\, e^t dt = \sqrt{2} \int_0^2 e^t dt = \sqrt{2}\,[e^t]_0^2 = \sqrt{2}\,(e^2 - 1)$$

memo

곡선의 길이
어떤 구간에서의 곡선의 길이는 그 곡선 위를 움직이는 어떤 점이 주어진 구간 상에서 움직인 거리와 같다. 따라서 평면 위를 운동하는 점이 움직인 거리 공식을 이용하면 된다.

◉ **양함수(explicit function)로 나타내어진 곡선의 길이**

$t = a$에서 $t = b$까지 곡선 $y = f(x)$의 길이 $l = \int_a^b \sqrt{1 + \{f'(x)\}^2}\, dx$

예제1 곡선이 $y = f(x)$로 주어졌을 때, 곡선의 길이를 구해보자.

풀이 1단계 : 매개변수 방정식으로 변환하기
곡선 $y = f(x)$위를 움직이는 점 $P(x, y)$를 잡아 매개변수방정식으로 나타내면,
$x = t,\ y = f(t)\ (a \leqq t \leqq b)$
2단계 : t에 대한 함수로 표현하기
$t = a$에서 $t = b$까지 곡선 $y = f(x)$의 길이 l은
$l = \int_a^b \sqrt{\left(\frac{dx}{dt}\right)^2 + \left(\frac{dy}{dt}\right)^2}\, dt$
3단계 : 변수 치환하기
여기에서 $x = t$이므로 $t = x$이고 $dt = dx$이다.
4단계 : x에 대한 함수로 표현하기
$\therefore\ l = \int_a^b \sqrt{1 + \{f'(x)\}^2}\, dx$

예제2 곡선 $y = \frac{1}{2}(e^x + e^{-x})\ (0 \leqq x \leqq 1)$의 곡선의 길이를 구하여라.

풀이 1단계 : 도함수 구하기
$y = \frac{1}{2}(e^x + e^{-x})$이므로 $\frac{dy}{dx} = \frac{1}{2}(e^x - e^{-x})$
2단계 : 곡선의 길이 공식에 대입하기
$\left(\frac{dy}{dx}\right)^2 = \frac{1}{4}(e^{2x} - 2 + e^{-2x})$이므로
$1 + \left(\frac{dy}{dx}\right)^2 = \frac{1}{4}(e^{2x} + 2 + e^{-2x}) = \left\{\frac{1}{2}(e^x + e^{-x})\right\}^2$

$$\therefore\ \sqrt{1+\{f'(x)\}^2}=\frac{1}{2}(e^x+e^{-x})$$

3단계 : 적분 계산하기

$x=0$과 $x=1$사이의 곡선의 길이 l은

$$l=\int_a^b\sqrt{1+\{f'(x)\}^2}\,dx=\int_0^1\frac{1}{2}(e^x+e^{-x})dx=\frac{1}{2}\left[e^x-e^{-x}\right]_0^1=\frac{1}{2}\left(e-\frac{1}{e}\right)$$

(3) 다지기

※ (1~2) 좌표평면 위를 움직이는 점 $P(x,y)$의 시각 t에서의 좌표 (x,y)가

$$x=\sqrt{3}\,\mathrm{sin}t+\mathrm{cos}t,\ y=\sqrt{3}\,\mathrm{cos}t-\mathrm{sin}t$$

로 나타내어질 때, 다음 물음에 답하여라.

1 t에서의 속도 v

① $(\sqrt{3}\,\mathrm{sin}t+\mathrm{cos}t,\ \sqrt{3}\,\mathrm{cos}t-\mathrm{sin}t)$ ② $(\sqrt{3}\,\mathrm{cos}t-\mathrm{sin}t,\ \sqrt{3}\,\mathrm{sin}t+\mathrm{cos}t)$

③ $(\sqrt{3}\,\mathrm{cos}t-\mathrm{sin}t,\ -\sqrt{3}\,\mathrm{sin}t-\mathrm{cos}t)$ ④ $(-\sqrt{3}\,\mathrm{sin}t-\mathrm{cos}t,\ \sqrt{3}\,\mathrm{cos}t-\mathrm{sin}t)$

2 $t=0$에서 $t=2\pi$까지 점 P가 움직인 거리

① π ② $\pi-1$ ③ 2π ④ 4π

3 곡선 $y=x^{\frac{3}{2}}$ $(0\leq x\leq 4)$의 길이를 구하여라.

① $\dfrac{9\sqrt{10}}{80}-\dfrac{9}{8}$ ② $\dfrac{9}{8}$ ③ $\dfrac{9\sqrt{10}}{80}$ ④ $\dfrac{9}{80}$

Review

◉ 속도와 위치의 관계

직선 위를 움직이는 점 P의 $t=a$에서의 위치를 $x(a)$라 하고, 시각 t에서의 점 P의 속도를 $v(t)$라 하면 점 P의 시각 t에서의 위치는

$$x=(\text{처음 위치})+(\text{위치의 총 변화})=x(a)+\int_a^t v(t)dt$$

◉ 속도와 거리의 관계

· 직선 위를 움직이는 점 P의 시각 t에서의 속도가 $v(t)$ 주어질 때,
$t=a$에서 $t=b$까지 점 P가 실제로 움직인 거리

$$s=\int_a^b |v(t)|dt$$

· 평면 위를 움직이는 점 P의 시각 t에서의 위치 (x,y)를 $x=f(t)$, $y=g(t)$라 하면 점 P가 움직인 거리 s의 증분 ds는 $\sqrt{\left(\frac{dx}{dt}\right)^2+\left(\frac{dy}{dt}\right)^2}\,dt$이다. 한편 전체 움직인 거리는 아주 작은 거리 ds를 모두 합한 것이 되므로 점 P가 $t=a$에서 $t=b$까지 움직인 거리

$$s=\int_a^b ds=\int_a^b \sqrt{\left(\frac{dx}{dt}\right)^2+\left(\frac{dy}{dt}\right)^2}\,dt$$

$$=\int_a^b \sqrt{\{f'(t)\}^2+\{g'(t)\}^2}\,dt$$

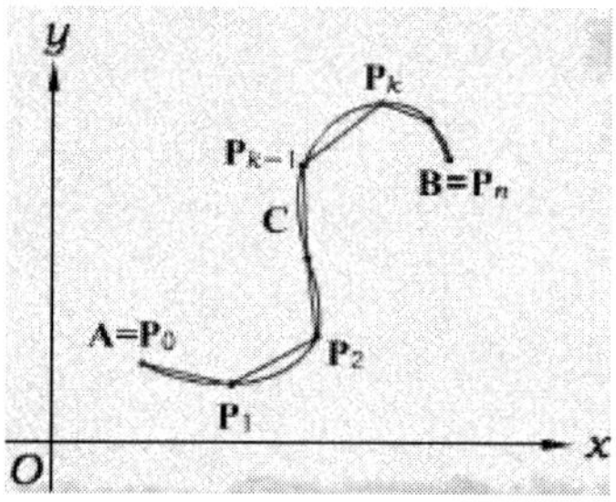

◉ 곡선의 길이

· $t=a$에서 $t=b$까지 매개변수로 나타내어진 곡선 $x=f(t)$, $y=g(t)$의 길이 l은

$$l=\int_a^b \sqrt{\{f'(t)\}^2+\{g'(t)\}^2}\,dt$$

· $x=a$에서 $x=b$까지 곡선 $y=f(x)$의 길이 l은 $l=\int_a^b \sqrt{1+\{f'(x)\}^2}\,dx$

Quiz, Quiz

1 직선 위를 움직이는 점 P의 시각 t에서의 속도가 $v(t)=\cos t+\cos 2t$일 때,

$t=0$에서 $t=\frac{\pi}{2}$까지 점 P의 위치의 변화량을 구하여라.

① -1　　② 1　　③ π

2 직선 위를 움직이는 점 P의 시각 t에서의속도 v가 $v=3-t$일 때,
$t=1$에서 $t=4$까지의 점 P의 경과 거리를 구하여라.

① 8　　② $\frac{9}{2}$　　③ $\frac{5}{2}$

3 평면 위를 움직이는 점 P의 시각 t에서의 위치 (x,y)가 $x=\sqrt{3}\sin t+\cos t$,
$y=\sqrt{3}\cos t-\sin t$일 때, $t=0$에서 $t=2\pi$까지의 점 P가 움직인 거리를 구하여라.

① 4π　　② $\frac{\pi}{4}$　　③ π

4 곡선 $x=t-\sin t$, $y=1-\cos t(0 \leq t \leq \pi)$의 길이를 구하여라.

① 4　　② $\frac{\pi}{4}$　　③ $\frac{17}{3}$

5 곡선 $y=\frac{2}{3}\sqrt{x^3}\ (0 \leq x \leq 3)$의 길이를 구하여라.

① $\frac{14}{3}$　　② $\frac{16}{3}$　　③ 6

정답 및 풀이

1) 직선 위의 운동

다지기 정답 p.7

1 0
2 2
3 2
4 ④

1 원점에서 출발하였으므로 $x(0)=0$

2 $x(2)=x(0)+\int_0^2 v(t)dt=0+\int_0^2 (t-1)e^t dt$

$$=\left[(t-1)e^t\right]_0^2-\int_0^2 e^t dt=(e^2+1)-\left[e^t\right]_0^2=2$$

3 위치의 변화량은 속도의 정적분값이므로 $\int_0^2 v(t)dt=2$

4 움직인 거리는 속도의 절대값의 정적분의 값이므로 속도의 부호가 바뀌는 점을 구해야 한다.

$v(t)=(t-1)e^t$에서 $v(t)$의 부호는 $t=1$에서 바뀌므로 점 P가 움직인 거리 s는

$$s=\int_0^2 |(t-1)e^t|dt=\int_0^1 (1-t)e^t dt+\int_1^2 (t-1)e^t dt$$

$$=\left[(1-t)e^t\right]_0^1+\int_0^1 e^t dt+\left[(t-1)e^t\right]_1^2-\int_1^2 e^t dt=-1+\left[e^t\right]_0^1+e^2-\left[e^t\right]_1^2=2e-2$$

2) 평면 위의 운동

다지기 정답 p.11

1 ③
2 ④
3 ①

1 $y=\sqrt{3}\cos t-\sin t,\ y=\sqrt{3}\cos t-\sin t$에서

$\frac{dx}{dt}=\sqrt{3}\cos t-\sin t,\ \frac{dy}{dt}=-\sqrt{3}\sin t-\cos t$이므로

$v=(\sqrt{3}\cos t-\sin t, -\sqrt{3}\sin t-\cos t)$

2 $s=\int_0^{2\pi}\sqrt{\left(\frac{dx}{dt}\right)^2+\left(\frac{dy}{dt}\right)^2}dt=\int_0^{2\pi}\sqrt{(\sqrt{3}\cos t-\sin t)^2+(-\sqrt{3}\sin t-\cos t)^2}\,dt$

$=\int_0^{2\pi}\sqrt{4(\sin^2 t+\cos^2 t)}\,dt=\int_0^{2\pi}2dt=[2t]_0^{2\pi}=4\pi$

3 $\frac{dy}{dx}=\frac{3}{2}x^{\frac{1}{2}}$이므로 곡선의 길이 l은

$l=\int_0^4\sqrt{1+\left(\frac{3}{2}x^{\frac{1}{2}}\right)^2}\,dx=\int_0^4\frac{1}{2}\sqrt{4+9x}\,dx$

$=\left[\frac{1}{27}(4+9x)\sqrt{4+9x}\right]_0^4=\frac{80}{27}(\sqrt{10}-8)$

Quiz, Quiz

퀴즈퀴즈 정답 p.13

1 ①
2 ③
3 ①
4 ①
5 ②

1 $\int_0^{\frac{\pi}{2}}(\cos t+\cos 2t)dt=\left[\sin t-\frac{1}{2}\sin 2t\right]_0^{\frac{\pi}{2}}=-1$

2 움직인 거리는 속도의 절대값의 정적분이므로 속도의 부호가 바뀌는 점을 구해야 한다.

$v=3-t$에서 $t=3$

즉, $v(t)$는 $t=3$에서 운동방향이 바뀌므로 점 P가 움직인 거리 s는

$s=\int_1^4|3-t|dt\,s=\int_1^3(3-t)dt-\int_3^4(3-t)dt$

$=\left[3t-\frac{1}{2}t^2\right]_1^3-\left[3t-\frac{1}{2}t^2\right]_3^4=\frac{5}{2}$

3 $x=\sqrt{3}\sin t+\cos t$, $y=\sqrt{3}\cos t-\sin t$에서

$\dfrac{dx}{dt}=\sqrt{3}\cos t-\sin t$, $\dfrac{dy}{dt}=-\sqrt{3}\sin t-\cos t$이므로

따라서 $0\leqq t\leqq 2\pi$에서 점 P가 움직인 거리 s는

$$s=\int_0^{2\pi}\sqrt{\left(\frac{dx}{dt}\right)^2+\left(\frac{dy}{dt}\right)^2}\,dt$$

$$=\int_0^{2\pi}\sqrt{(\sqrt{3}\cos t-\sin t)^2+(-\sqrt{3}\cos t-\sin t)^2}\,dt$$

$$=\int_0^{2\pi}\sqrt{4(\sin^2 t+\cos^2 t)}\,dt=\int_0^{2\pi}2dt=[2t]_0^{2\pi}=4\pi$$

4 $\dfrac{dx}{dt}=1-\cos t$, $\dfrac{dy}{dt}=\sin t$이므로 곡선의 길이 l은

$$l=\int_0^{\pi}\sqrt{\left(\frac{dx}{dt}\right)^2+\left(\frac{dy}{dt}\right)^2}\,dt$$

$$=\int_0^{\pi}\sqrt{(1-\cos t)^2+\sin^2 t}\,dt$$

$$=\int_0^{\pi}\sqrt{2(1-\cos t)}\,dt=\int_0^{\pi}\sqrt{2\cdot 2\sin^2\frac{t}{2}}\,dt=\int_0^{\pi}\sqrt{4\sin^2\frac{t}{2}}\,dt$$

$$=\int_0^{\pi}2\sin\frac{t}{2}dt=\left[-4\cos\frac{t}{2}\right]_0^{\pi}=4$$

5 $y=\dfrac{2}{3}\sqrt{x^3}$의 도함수 $\dfrac{dy}{dx}=x^{\frac{1}{2}}$이므로 $x=0$에서 $x=3$까지

곡선 $y=\dfrac{2}{3}\sqrt{x^3}$의 길이는 다음과 같다.

$$l=\int_a^b\sqrt{1+\{f'(x)\}^2}\,dx=\int_0^3\sqrt{1+\left(x^{\frac{1}{2}}\right)^2}\,dx=\int_0^3\sqrt{1+x}\,dx=\left[\frac{2}{3}(1+x)^{\frac{3}{2}}\right]_0^3=\frac{14}{3}$$

13-5 정적분과 근사값

Calculus Life

계산기, 줄, 그리고 자만을 이용하여 꽃병의 부피를 계산하려고 한다.
이 때, 함수가 주어지지 않고 몇 가지 수치만을 가지고 꽃병의 부피를 구하는 방법을 생각해 보자.

둘레의 길이	
5.4	10.8
4.5	11.6
4.4	11.6
5.1	10.8
6.3	9.0
7.8	6.3
9.4	···

그림과 같은 형태의 꽃병의 부피를 측정하려고 한다. 꽃병은 회전하여 얻어진 일종의 회전체이기 때문에 만일 모선의 함수식만 안다면 정적분을 이용하여 부피를 쉽게 계산할 수 있다.. 그런데 모선의 곡선을 나타내는 함수식을 모른다. 이럴 때는 계산기, 줄, 그리고 자를 이용하여 꽃병의 부피의 근사값이라도 구해 보아야한다. 꽃병의 높이는 6인치로 측정되었다. 그 다음에 줄과 자를 이용하여 0.5인치 간격으로 꽃병의 둘레를 측정하여보자. 제시된 표는 꽃병의 꼭대기부터 아래로 둘레의 측정값을 열거해 놓은 것이다. 이 때, 함수가 주어지지 않고 이렇게 몇 가지 수치만을 가지고 꽃병의 부피를 구하는 방법을 생각해보자. 이번 시간에는 이와 같이 넓이나 부피를 구하는데 있어 정적분이 불가능한 경우 근사적으로 계산하는 방법에 대해 학습하고자 한다.

My Map

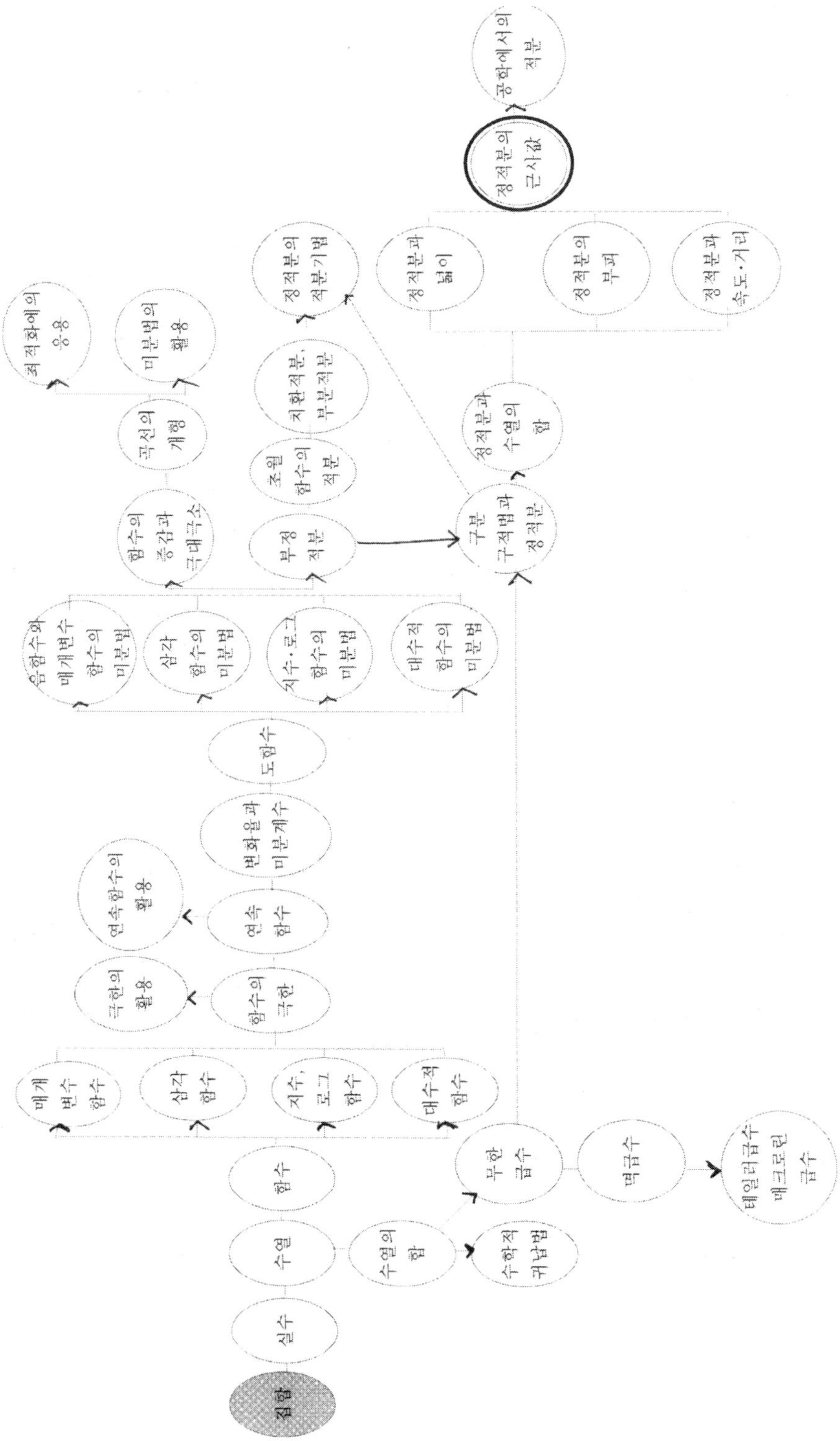
집합
실수
수열
함수
수열의 합
수학적 귀납법
무한 급수
멱급수
테일러급수 매크로린 급수
매개 변수 함수
삼각 함수
지수, 로그 함수
대수적 함수
함수의 극한
극한의 활용
연속 함수
연속함수의 활용
변화율과 미분계수
도함수
음함수와 매개변수 함수의 미분법
삼각 함수의 미분법
지수·로그 함수의 미분법
대수적 함수의 미분법
함수의 증감과 극대극소
곡선의 개형
최적화에의 응용
미분법의 활용
부정 적분
초월 함수의 적분
치환적분, 부분적분
정적분의 적분기법
구분 구적법과 정적분
정적분과 수열의 합
정적분과 넓이
정적분의 부피
정적분과 속도·거리
정적분의 근사값
공학에서의 적분

Secret Key

사다리꼴 공식

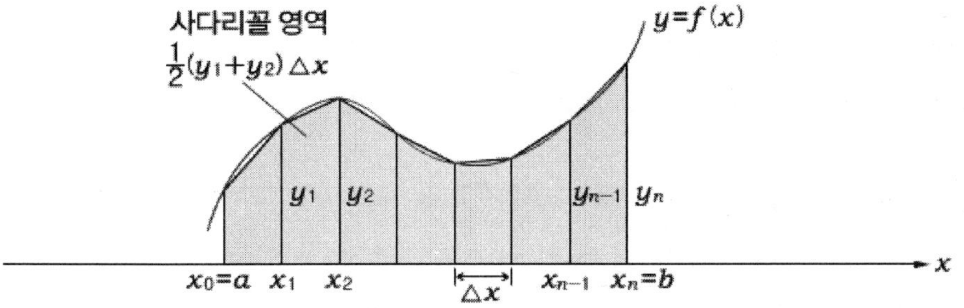

심프슨 공식

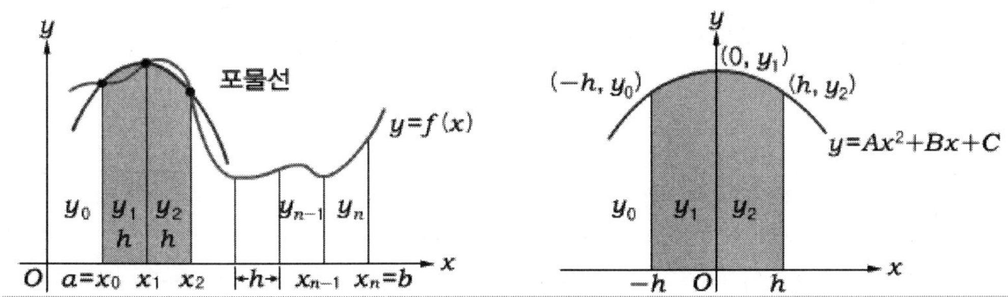

My Lesson

1) 사다리꼴 공식

(1) 사다리꼴 공식

◉ 정적분 값을 구하는 방법

· 정적분의 계산 : $\int_a^b f(x)dx = [F(x)]_a^b = F(b) - F(a)$

· $\int_a^b \sin(x^2)dx$, $\int_a^b \frac{1}{\ln x}dx$와 같이 부정적분을 찾기 힘든 함수의 정적분 : 사다리꼴 공식과 심프슨 공식 이용.

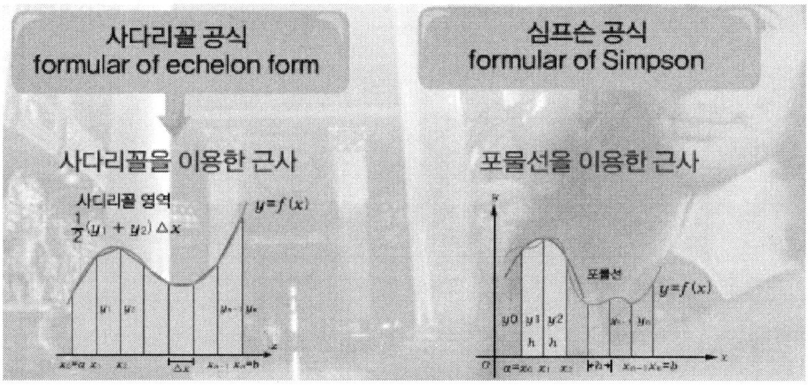

memo

※ 사다리꼴 공식과 심프슨 공식이 구분구적법과 다른점

사다리꼴 공식과 심프슨의 공식이 구분구적법과 다른 점은 구분구적법은 직사각형으로 분할하는 반면, 사다리꼴 공식은 사다리꼴로 분할하며, 심프슨의 공식은 포물선을 포함하는 도형으로 분할한다는 것이다.

◉ 사다리꼴 공식

적분구간 $[a,\ b]$를 길이가 같은 n개의 소구간으로 나누고 각 소구간의 끝점에서 $y=f(x)$의 함수값 y_0, y_1, $\cdots$, y_{n-1}, y_N을 구하여 다음 공식에 대입한다.

$$T = \frac{\Delta x}{2}(y_0 + 2y_1 + 2y_2 + \cdots + 2y_{n-1} + y_n)$$

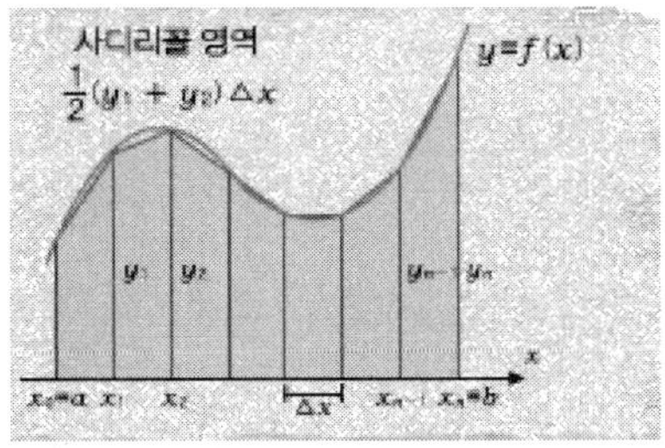

구간을 n등분하여 소구간의 길이를 구한다.	구간 $[a,b]$를 n등분하면 각 소구간의 길이는 $\Delta x=\dfrac{b-a}{n}$
각 소구간 위에 사다리꼴이 만들어진다.	각 소구간마다 곡선 $y=f(x)$의 부분을 선분으로 근사한다.
k번째 소구간 위에 놓인 사다리꼴의 넓이를 구한다.	사다리꼴의 윗변은 y_{k-1}, 밑변은 y_k, 높이는 Δx이므로 사다리꼴의 넓이는 $\dfrac{1}{2}${(윗변)+(아랫변)}×높이$=\dfrac{1}{2}(y_{k-1}+y_k)\Delta x$
모든 사다리꼴의 넓이의 합을 구한다.	$T=T_1+T_2+\cdots+T_{n-1}+T_n$ $=\dfrac{1}{2}(y_0+y_1)\Delta x+\dfrac{1}{2}(y_1+y_2)\Delta x+\cdots+\dfrac{1}{2}(y_{n-2}+y_{n-1})\Delta x+\dfrac{1}{2}(y_{n-1}+y_n)\Delta x$ $=\dfrac{\Delta x}{2}(y_0+2y_1+2y_2+\cdots+2y_{n-1}+y_n)$

예제1 $\int_1^2 x^2dx$의 근사값을 $n=4$일 때 사다리꼴 공식을 이용하여 구하여라.

풀이 아래끝은 $a=1$, 위끝은 $b=2$, $n=4$이므로 $\Delta x=\dfrac{b-a}{n}=\dfrac{1}{4}$이다.

이제 사다리꼴 공식에 y값들과 Δx를 대입하여 근사값을 구해보면

$$\frac{\Delta x}{2}(y_0+2y_1+2y_2+2y_3+y_4)$$
$$=\frac{1}{8}\left(1+2\cdot\frac{25}{16}+2\cdot\frac{36}{16}+2\cdot\frac{49}{16}+4\right)$$
$$=\frac{75}{32}=2.34375$$

x		$y=x^2$	
$x_0=a$	1	y_0	$(x_0)^2=1$
x_1	$x_0+\Delta x=\frac{5}{4}$	y_1	$(x_1)^2=\frac{25}{16}$
x_2	$x_1+\Delta x=\frac{6}{4}$	y_2	$(x_2)^2=\frac{36}{16}$
x_3	$x_2+\Delta x=\frac{7}{4}$	y_3	$(x_3)^2=\frac{49}{16}$
$x_4=b$	2	y_4	$(x_0)^2=4$

※ 참값은 $\int_1^2 x^2dx=\left[\frac{1}{3}x^3\right]_1^2=\frac{7}{3}\fallingdotseq 2.333\cdots$이므로 사다리꼴 공식에 의한 근사값과 큰 차이가 나지 않음을 알 수 있다.

예제2 $\int_1^2 x^2 dx$의 근사값을 $n=6$일 때 사다리꼴 공식을 이용하여 구하여라.

풀이 아래끝은 $a=1$, 위끝은 $b=2$, $n=6$이므로 $\Delta x = \frac{b-a}{n} = \frac{1}{6}$

$$\therefore \frac{\Delta x}{2}(y_0 + 2y_1 + 2y_2 + 2y_3 + 2y_4 + 2y_5 + y_6)$$

$$= \frac{1}{12}(1 + 2\cdot\frac{49}{36} + 2\cdot\frac{64}{36} + 2\cdot\frac{81}{36} + 2\cdot\frac{100}{36} + 2\cdot\frac{121}{36} + 4) = \frac{505}{216} = 2.337962\cdots$$

예제3 $\int_1^2 \frac{1}{x} dx$의 근사값을 사다리꼴 공식을 이용하여 구하여라.

풀이 1단계 : 소구간 나누기

적분구간 [1, 2]를 2^k(k=0, 1, 2, 3, 4) 등분하면 $\Delta x = \frac{b-a}{n} = \frac{1}{2^k}$

2단계 : y_0, y_1, $\cdots$, y_{n-1}, y_n 구하기

$$y_0 = f(1) = 1,\ y_1 = f(1 + \frac{1}{2^k}) = \frac{2^k}{2^k + 1},\ y_2 = f(1 + \frac{2}{2^k}) = \frac{2^k}{2^k + 2},\ \cdots y_n = f(2) = \frac{1}{2}$$

3단계 : 근사값 계산하기

k	소구간 수	근사값
0	1	$\frac{1}{2}\left(1 + \frac{1}{2}\right) = \frac{3}{4} = 0.75$
1	2	$\frac{1}{4}\left(1 + 2\cdot\frac{2}{3} + \frac{1}{2}\right) = \frac{17}{24} = 0.7083\cdots$
2	4	$\frac{1}{8}\left(1 + 2y_1 + 2y_2 + 2y_3 + \frac{1}{2}\right) \fallingdotseq 0.69702\cdots$
3	8	$\frac{1}{16}\left(1 + 2y_1 + 2y_2 + \cdots + 2y_7 + \frac{1}{2}\right) \fallingdotseq 0.69412\cdots$
4	16	$\frac{1}{32}\left(1 + 2y_1 + 2y_2 + \cdots + 2y_{15} + \frac{1}{2}\right) \fallingdotseq 0.69339\cdots$

※ 구간을 나눌수록 참값인 $\int_1^2 \frac{1}{x} dx = \ln 2 \fallingdotseq 0.693147181\cdots$에 가까워 진다.

(2) 오차 추정

◉ 사다리꼴 공식에 의한 근사값과 참값 사이의 오차

f''가 $[a,b]$에서 연속이고 $[a,b]$에서 $|f''| \le M$을 만족하면 $\int_a^b f(x)dx$와 사다리꼴 공식을 이용하여 구한 근사값 T와의 오차는 다음 부등식을 만족시킨다. [증명생략]

$$|\text{오차}| \le \frac{M(b-a)^3}{12n^2}$$

예제1 $\int_1^2 x^2 dx$의 $n=4$일 때 사다리꼴 공식을 이용한 근사값은 $T=\frac{75}{32}=2.34375$

이다. 이 근사값은 $\int_1^2 x^2 dx$에 얼마만큼 근접할까?

풀이 $\int_1^2 x^2 dx=\left[\frac{x^3}{3}\right]_1^2=\frac{7}{3}=2.333\cdots$ 이므로

(오차)=(근사값)-(참값)=2.34376-2.3333⋯=0.010426⋯

예제2 오차를 줄이려면 어떻게 해야 할까?

풀이 $\Delta x=\frac{b-a}{n}\to 0$임에 따라 $T\to\int_a^b f(x)dx$이므로 n을 충분히 크게 하면 T와 정적분값 사이의 차를 원하는 만큼 작게 만들 수 있다.

(3) 다지기

◎ 다음 문제를 풀어라.

$n=4$로 잡고 사다리꼴 공식을 이용하여 다음 적분의 근사값을 소수점 셋째 자리까지 구하여라.

1 $\int_1^2 x dx$

① 1.000 ② 1.250 ③ 1.500 ④ 1.750

2 $\int_0^2 (x^3+x)dx$

① 5.750 ② 6.250 ③ 7.000 ④ 7.750

3 $\int_0^3 \sqrt{x+1}\,dx$

① 3.155 ② 3.655 ③ 4.155 ④ 4.655

4 $\int_0^1 \sin\pi x dx$

① 0.6036 ② 1.233 ③ 2.3964 ④ 1.6036

2) 심프슨 공식

(1) 심프슨 공식

◎ 심프슨 공식

적분구간 $[a,\ \ b]$를 길이가 같은 n개의 소구간으로 나누고 각 소구간의 끝점에서 $y=f(x)$의 함수값 y_0, y_1, $\cdots$, y_{n-1}, y_N을 구하여 다음 공식에 대입한다.

$$S=\frac{h}{3}(y_0+4y_1+2y_2+4y_3+2y_4+\cdots+2y_{n-2}+4y_{n-1}+y_n)$$

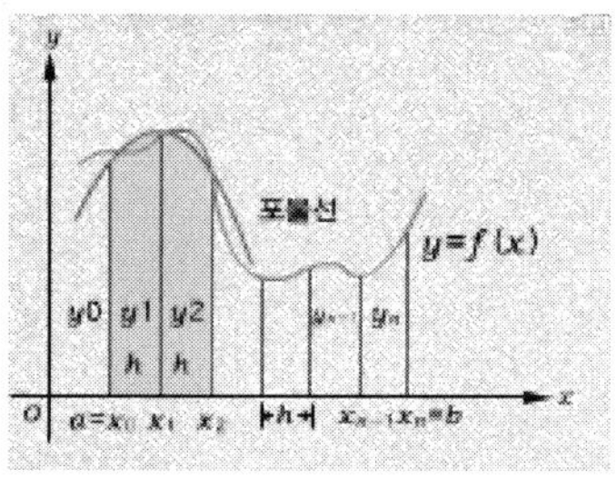

구간을 n등분하여 소구간의 길이를 구한다. → 구간 $[a,b]$를 n등분하면 각 소구간의 길이는 $h=\Delta x=\dfrac{b-a}{n}$ (이 때 n은 짝수)

연속적인 2개의 부분구간에서 곡선을 포물선으로 근 → 각 소구간마다 곡선 $y=f(x)$의 부분을 포물선으로 근사한다.

포물선 아래 부분의 넓이를 구한다. → 포물선 $y=Ax^2+Bx+C$를 적분하면,
(단, $A=\dfrac{1}{2h^2}(y_0+y_2-2y_1)$, $B=\dfrac{1}{2h}(y_2-y_0)$, $C=y_1$)

$$\int_{-h}^{h}(Ax^2+Bx+C)dx=\left[\frac{Ax^3}{3}+\frac{Bx^2}{2}+Cx\right]_{-h}^{h}$$

포물선 아래의 넓이를 각각 계산하여 더한다. →

$$S=\frac{h}{3}(y_0+4y_1+y_2)+\frac{h}{3}(y_2+4y_3+y_4)+\cdots$$
$$+\frac{h}{3}(y_{n-2}+4y_{n-1}+y_n)$$
$$=\frac{h}{3}(y_0+4y_1+2y_2+4y_3+\cdots+2y_{n-2}+4y_{n-1}+$$

memo

사다리꼴 공식은 사다리꼴을 이용하고, 심프슨 공식은 포물선을 이용한다.

예제1 $\int_1^2 x^2 dx$의 근사값을 $n=4$일 때 심프슨 공식을 이용하여 구하여라.

풀이 아래끝은 $a=1$, 위끝은 $b=2$, $n=4$이므로 $h=\Delta x=\dfrac{b-a}{n}=\dfrac{1}{4}$이다.

심프슨 공식에 y값들과 h를 대입하여 S를 구해보자.

$$S=\frac{h}{3}(y_0+4y_1+2y_2+4y_3+y_4)$$
$$=\frac{1}{12}(1+4\cdot\frac{25}{16}+2\cdot\frac{9}{4}+4\cdot\frac{49}{16}+4)$$
$$=\frac{28}{12}=\frac{7}{3}\fallingdotseq 2.333\cdots$$

x		$y=x^2$	
$x_0=a$	1	y_0	$x_0^2=1$
x_1	$x_0+\Delta x=\frac{5}{4}$	y_1	$x_1^2=\frac{25}{16}$
x_2	$x_1+\Delta x=\frac{3}{2}$	y_2	$x_2^2=\frac{9}{4}$
x_3	$x_2+\Delta x=\frac{7}{4}$	y_3	$x_3^2=\frac{49}{16}$
$x_4=b$	2	y_4	$x_4^2=4$

예제2 사다리꼴 공식과 심프슨 공식의 값을 비교하여 보아라..

풀이 참값은 $\int_1^2 x^2dx=\left[\frac{1}{3}x^3\right]_1^2=\frac{7}{3}\fallingdotseq 2.333\cdots$이고, 앞에서 구한 사다리꼴 공식에 의한 근사값은 $\frac{75}{32}=2.34375$이며, 심프슨 공식에 의한 근사값은 $\frac{7}{3}\fallingdotseq 2.333\cdots$으로 심프슨 공식이 좀 더 정확함을 알 수 있다.

예제3 $\int_1^2 \frac{1}{x}dx$의 근사값을 심프슨 공식을 이용하여 구하여라.

풀이 1단계 : 소구간 나누기

적분구간 [1, 2]를 2^k(k=0, 1, 2, 3, 4) 등분하면 $\Delta x=\dfrac{b-a}{n}=\dfrac{1}{2^k}$

2단계 : y_0, y_1, $\cdots$, y_{n-1}, y_n 구하기

$$y_0=f(1)=1,\ y_1=f(1+\frac{1}{2^k})=\frac{2^k}{2^k+1},\ y_2=f(1+\frac{2}{2^k})=\frac{2^k}{2^k+2},\ \cdots,\ y_n=f(2)=\frac{1}{2}$$

k	소구간 수	근사값
0	1	$\frac{1}{6}\left(1+4\cdot\frac{2}{3}+\frac{1}{2}\right)=\frac{25}{36}=0.694\cdots$
1	2	$\frac{1}{12}\left(1+4y_1+2y_2+\frac{1}{2}\right)\fallingdotseq 0.6932\cdots$
2	4	$\frac{1}{24}\left(1+4y_1+2y_2+4y_3+\frac{1}{2}\right)\fallingdotseq 0.69315\cdots$
3	8	$\frac{1}{48}\left(1+4y_1+2y_2+\cdots+4y_7+\frac{1}{2}\right)\fallingdotseq 0.69314\cdots$

3단계 : 근사값 계산하기

※ 심프슨 공식이 사다리꼴 공식보다 참값에 더욱 정확히 근사함을 알 수 있다.

◎ 오차계산에 대해 알아보자.

예제1 오차의 한계가 10^{-6}이 되도록 e를 구하여라.

풀이 $e^x = 1 + x + \frac{x^2}{2!} + \cdots + \frac{x^n}{n!} + \cdots$에 $x = 1$을 대입하면

$e = 1 + 1 + \frac{1}{2!} + \cdots + \frac{1}{n!} + R_n(1)$

① 나머지항이 10^{-6}보다 작게 되는 자연수 n을 찾는다.

$R_n(x) = \frac{f^{(n+1)}(c)}{(n+1)!}(x - x_0)^{n+1} \Rightarrow R_n(1) = \frac{e^c}{(n+1)!}$, $0 < c < 1$

$1 < e^c < 3 \Rightarrow \frac{1}{(n+1)!} < R_n(1) < \frac{3}{(n+1)!}$

이제 $\frac{3}{(n+1)!} < 10^{-6}$을 만족시키는 자연수 n을 찾자.

- $n = 8$이면, $\frac{3}{(8+1)!} \fallingdotseq 8 \times 10^{-6} > 10^{-6}$
- $n = 9$이면, $\frac{3}{(9+1)!} \fallingdotseq 8 \times 10^{-7} < 10^{-6}$

$\therefore n = 9$

실제로 $n = 9$항까지의 e의 급수의 합은 $1 + 1 + \frac{1}{2!} + \frac{1}{3!} + \cdots + \frac{1}{9!} \fallingdotseq 2.718281526$

(2) 오차 추정

◉ 심프슨 공식에 의한 근사값과 참값 사이의 오차

f''가 $[a,b]$에서 연속이고 $[a,b]$에서 $|f^{(4)}| \leq M$을 만족하면 $\int_a^b f(x)dx$와 심프슨 공식을 이용하여 구한 근사값 S와의 오차 E_s은 다음 부등식을 만족시킨다.

$$|E_s| \leq \frac{M(b-a)^5}{180n^4}$$

예제1 $n = 4$일 때 심프슨 공식을 이용하면 $\int_1^2 x^2 dx$의 근사값은 2.333…이다. 이 값은 적분 값에 얼마만큼 근접할까?

풀이 $\int_1^2 x^2 dx = \left[\frac{1}{3}x^3\right]_1^2 = \frac{7}{3} = 2.333\cdots$

즉, (오차)=(근사값)-(참값)=0이므로

백분오차 = 0×100=0(%)

(3) 다지기

다음 문제를 풀어 보자.

◎ $n=4$로 잡고 심프슨 공식을 이용하여 다음 적분의 근사값을 소수 셋째 자리까지 구하여라.

1 $\int_1^2 x\,dx$

① 1.000　　② 1.250　　③ 1.500　　④ 1.750

2 $\int_0^2 (x^3+x)dx$

① 5.750　　② 6.000　　③ 6.250　　④ 6.500

3 $\int_0^3 \sqrt{x+1}\,dx$

① 3.133　　② 3.666　　③ 4.133　　④ 4.666

4 $\int_0^1 \sin\pi x\,dx$

① 0.638　　② 1.233　　③ 2.396　　④ 1.604

Review

◉ 사다리꼴 공식

사다리꼴 공식을 이용하여 얻은 $\int_a^b f(x)dx$ 의 근사값은

$T=\frac{\triangle x}{2}(y_0+2y_1+2y_2+\cdots+2y_{n-1}+y_n)$

이 때, $\triangle x=\frac{b-a}{n}$ 이다.

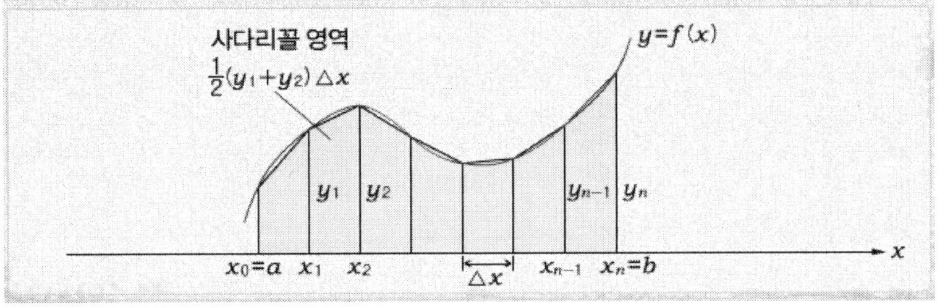

◉ 사다리꼴 공식에서 오차 추정

f''가 $[a,b]$에서 연속이고 $[a,b]$에서 $|f''|\le M$을 만족하면 $\int_a^b f(x)dx$와 사다리꼴 공식을 이용하여 구한 근사값 T와의 오차는 다음 부등식을 만족시킨다.

$$|\text{오차}|\le\frac{M(b-a)^3}{12n^2}$$

◉ 심프슨 공식

심프슨 공식을 이용하여 얻은 $\int_a^b f(x)dx$ 의 근사값은

$S=\frac{h}{3}(y_0+4y_1+2y_2+4y_3+2y_4\cdots+2y_{n-2}+4y_{n-1}+y_n)$

이 때, n은 짝수이고 $h=\triangle x=\frac{b-a}{n}$ 이다.

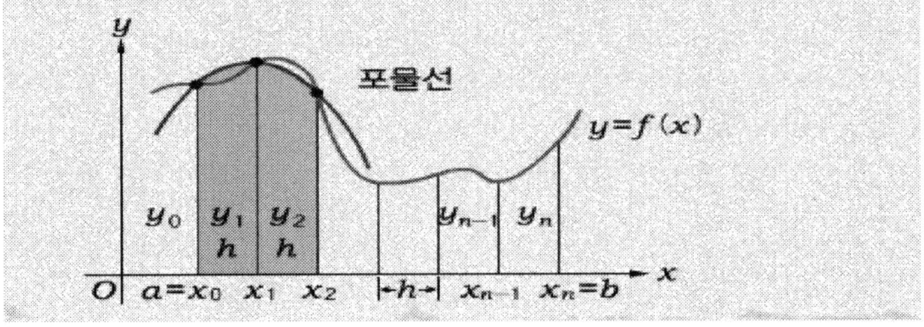

◉ 심프슨 공식에서 오차 추정

f''가 $[a,b]$에서 연속이고 $[a,b]$에서 $|f^{(4)}|\le M$을 만족하면 $\int_a^b f(x)dx$와 심프슨 공식을 이용하여 구한 근사값 S와의 오차 E_s은 다음 부등식을 만족시킨다.

$$|E_s|\le\frac{M(b-a)^5}{180n^4}$$

Quiz, Quiz

1 $n=4$일 때 사다리꼴 공식을 이용하여 $\int_{-1}^{1}(x^2+1)dx$의 근사값을 구하여라.

① $\frac{5}{2}$ ② $\frac{11}{4}$ ③ $\frac{10}{3}$

2 $\int_{-1}^{1}(x^2+1)dx$과 [문제1]에서 구한 근사값과의 오차의 크기 $|E_r|$을 구하여라.

① $\frac{1}{8}$ ② $\frac{1}{10}$ ③ $\frac{1}{12}$

3 $\int_{1}^{2}x^2dx$ 의 근사값을 $n=4$일 때 심프슨 공식을 이용하여 구하여라.

① $\frac{21}{2}$ ② $\frac{5}{6}$ ③ $\frac{7}{3}$

※(4~5) 오른쪽 연못의 넓이의 근사값을 구하여라. (단, 측정 간격은 $20m$이다.)

4 사다리꼴 공식을 이용하여라.

[ ](m^2)

5 심프슨 공식을 이용하여라.

[ ](m^2)

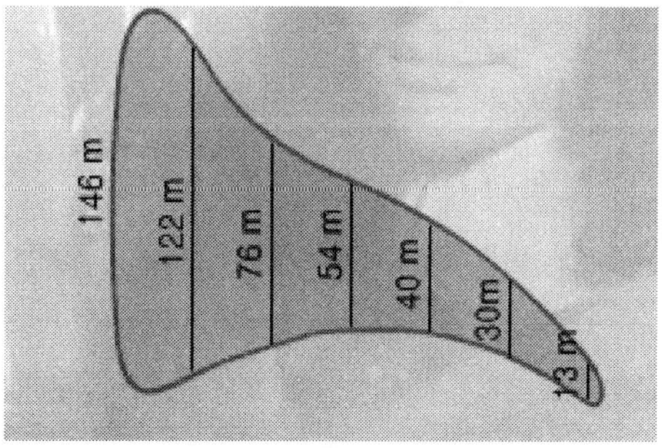

정답 및 풀이

1) 사다리꼴 공식

다지기 정답 p.7

1 ③
2 ②
3 ④
4 ①

1 $\Delta x = \frac{b-a}{n} = \frac{1}{4}$이고, 사다리꼴 공식에 y값들과 Δx를 대입하여 T를 구하면,

	$x_0=a$	x_1	x_2	x_3	$x_4=b$
x	1	$x_0+\Delta x=\frac{5}{4}$	$x_1+\Delta x=\frac{6}{4}$	$x_2+\Delta x=\frac{7}{4}$	2
	y_0	y_1	y_2	y_3	y_4
$y=x$	$x_0=1$	$x_1=\frac{5}{4}$	$x_2=\frac{6}{4}$	$x_3=\frac{7}{4}$	$x_4=2$

$$\therefore\ T=\frac{\Delta x}{2}(y_0+2y_1+2y_2+2y_3+y_4)=\frac{1}{8}\left(1+2\cdot\frac{5}{4}+2\cdot\frac{6}{4}+2\cdot\frac{7}{4}+2\right)=\frac{48}{32}=1.5$$

2 $\Delta x = \frac{b-a}{n} = \frac{2}{4} = \frac{1}{2}$이고, 사다리꼴 공식에 y값들과 Δx를 대입하여 T를 구하면,

	$x_0=a$	x_1	x_2	x_3	$x_4=b$
x	0	$x_0+\Delta x=\frac{1}{2}$	$x_1+\Delta x=1$	$x_2+\Delta x=\frac{3}{2}$	2
	y_0	y_1	y_2	y_3	y_4
$y=x^3+x$	$x_0^3+x_0=0$	$x_1^3+x_1=\frac{5}{8}$	$x_2^3+x_2=2$	$x_3^3+x_3=\frac{39}{8}$	$x_4^3+x_4=10$

$$\therefore\ T=\frac{\Delta x}{2}(y_0+2y_1+2y_2+2y_3+y_4)=\frac{1}{4}\left(0+2\cdot\frac{5}{8}+2\cdot 2+2\cdot\frac{39}{8}+10\right)=\frac{200}{32}=6.25$$

3 $\Delta x = \frac{b-a}{n} = \frac{3}{4}$이고, 사다리꼴 공식에 y값들과 Δx를 대입하여 T를 구하면,

	$x_0=a$	x_1	x_2	x_3	$x_4=b$
x	0	$x_0+\Delta x=\frac{3}{4}$	$x_1+\Delta x=\frac{3}{2}$	$x_2+\Delta x=\frac{9}{4}$	3
	y_0	y_1	y_2	y_3	y_4
$y=\sqrt{x+1}$	$\sqrt{x_0+1}=1$	$\sqrt{x_1+1}=\frac{\sqrt{7}}{2}$	$\sqrt{x_2+1}=\frac{\sqrt{10}}{2}$	$\sqrt{x_3+1}=\frac{\sqrt{13}}{2}$	$\sqrt{x_4+1}=2$

$$\therefore\ T=\frac{\Delta x}{2}(y_0+2y_1+2y_2+2y_3+y_4)=\frac{3}{8}\left(1+2\cdot\frac{\sqrt{7}}{2}+2\cdot\frac{\sqrt{10}}{2}+2\cdot\frac{\sqrt{13}}{2}+2\right)\fallingdotseq 4.655$$

4 $\Delta x=\frac{b-a}{n}=\frac{1}{4}$이고, 사다리꼴 공식에 y값들과 Δx를 대입하여 T를 구하면,

x	$x_0=a$	x_1	x_2	x_3	$x_4=b$
	0	$x_0+\Delta x=\frac{1}{4}$	$x_1+\Delta x=\frac{1}{2}$	$x_2+\Delta x=\frac{3}{4}$	1
$y=\sin\pi x$	y_0	y_1	y_2	y_3	y_4
	$\sin\pi x_0=0$	$\sin\pi x_1=\frac{\sqrt{2}}{2}$	$\sin\pi x_2=1$	$\sin\pi x_3=\frac{\sqrt{2}}{2}$	$\sin\pi x_4=0$

$$\therefore\ T=\frac{\Delta x}{2}(y_0+2y_1+2y_2+2y_3+y_4)=\frac{1}{8}\left(0+2\cdot\frac{\sqrt{2}}{2}+2\cdot 1+2\cdot\frac{\sqrt{2}}{2}+0\right)$$

$$=\frac{1}{8}(2\sqrt{2}+2)\fallingdotseq 0.6036$$

2) 심프슨 공식

다지기 정답 p.11

1 ③
2 ②
3 ④
4 ①

1 $h=\Delta x=\frac{b-a}{n}=\frac{1}{4}$이고, 심프슨 공식에 y값들과 h를 대입하여 S를 구하면,

x	$x_0=a$	x_1	x_2	x_3	$x_4=b$
	1	$x_0+\Delta x=\frac{5}{4}$	$x_1+\Delta x=\frac{6}{4}$	$x_2+\Delta x=\frac{7}{4}$	2
$y=x$	y_0	y_1	y_2	y_3	y_4
	$x_0=1$	$x_1=\frac{5}{4}$	$x_2=\frac{6}{4}$	$x_3=\frac{7}{4}$	$x_4=2$

$$\therefore\ S=\frac{h}{3}(y_0+4y_1+2y_2+4y_3+y_4)=\frac{1}{12}(1+4\cdot\frac{5}{4}+2\cdot\frac{6}{4}+4\cdot\frac{7}{4}+2)=\frac{1}{12}\cdot\frac{72}{4}=1.5$$

2 $h=\Delta x=\frac{b-a}{n}=\frac{2}{4}=\frac{1}{2}$이고, 심프슨 공식에 y값들과 h를 대입하여 S를 구하면,

x	$x_0=a$	x_1	x_2	x_3	$x_4=b$
	0	$x_0+\Delta x=\frac{1}{2}$	$x_1+\Delta x=1$	$x_2+\Delta x=\frac{3}{2}$	2
$y=x^3+x$	y_0	y_1	y_2	y_3	y_4
	$x_0^3+x_0=0$	$x_1^3+x_1=\frac{5}{8}$	$x_2^3+x_2=2$	$x_3^3+x_3=\frac{39}{8}$	$x_4^3+x_4=10$

$$\therefore\ S=\frac{h}{3}(y_0+4y_1+2y_2+4y_3+y_4)=\frac{1}{6}(0+4\cdot\frac{5}{8}+2\cdot 2+4\cdot\frac{39}{8}+10)=\frac{288}{48}=6$$

3 $h=\Delta x=\dfrac{b-a}{n}=\dfrac{3}{4}$ 이고, 심프슨 공식에 y값들과 h를 대입하여 S를 구하면,

	$x_0=a$	x_1	x_2	x_3	$x_4=b$
x	0	$x_0+\Delta x=\dfrac{3}{4}$	$x_1+\Delta x=\dfrac{3}{2}$	$x_2+\Delta x=\dfrac{9}{4}$	3
	y_0	y_1	y_2	y_3	y_4
$y=\sqrt{x+1}$	$\sqrt{x_0+1}=1$	$\sqrt{x_1+1}=\dfrac{\sqrt{7}}{2}$	$\sqrt{x_2+1}=\dfrac{\sqrt{10}}{2}$	$\sqrt{x_3+1}=\dfrac{\sqrt{13}}{2}$	$\sqrt{x_4+1}=2$

$$\therefore\ S=\frac{h}{3}(y_0+4y_1+2y_2+4y_3+y_4)=\frac{1}{4}\left(1+4\cdot\frac{\sqrt{7}}{2}+2\cdot\frac{\sqrt{10}}{2}+4\cdot\frac{\sqrt{13}}{2}+2\right)\fallingdotseq 4.666$$

4 $h=\Delta x=\dfrac{b-a}{n}=\dfrac{1}{4}$ 이고, 심프슨 공식에 y값들과 h를 대입하여 S를 구하면,

	$x_0=a$	x_1	x_2	x_3	$x_4=b$
x	0	$x_0+\Delta x=\dfrac{1}{4}$	$x_1+\Delta x=\dfrac{1}{2}$	$x_2+\Delta x=\dfrac{3}{4}$	1
	y_0	y_1	y_2	y_3	y_4
$y=\sin\pi x$	$\sin\pi x_0=0$	$\sin\pi x_1=\dfrac{\sqrt{2}}{2}$	$\sin\pi x_2=1$	$\sin\pi x_3=\dfrac{\sqrt{2}}{2}$	$\sin\pi x_4=0$

$$\therefore\ S=\frac{h}{3}(y_0+4y_1+2y_2+4y_3+y_4)=\frac{1}{12}\left(0+4\cdot\frac{\sqrt{2}}{2}+2\cdot 1+4\cdot\frac{\sqrt{2}}{2}+0\right)$$

$$=\frac{1}{12}(4\sqrt{2}+2)\fallingdotseq 0.6381$$

Quiz, Quiz

퀴즈 퀴즈 정답 p.13

1 ②
2 ③
3 ③
4 8030
5 8100

1

$\int_{-1}^{1}(x^2+1)dx$의 아래끝 $a=-1$, 위끝 $b=1$, $n=4$에서 $\Delta x=\frac{b-a}{n}=\frac{1}{2}$.

이제 사다리꼴 공식에 y값들과 Δx를 대입하여 T를 구해보자.

$$T=\frac{\Delta x}{2}(y_0+2y_1+2y_2+2y_3+y_4)$$
$$=\frac{1}{4}(2+2\cdot\frac{5}{4}+2\cdot 1+2\cdot\frac{5}{4}+2)$$
$$=\frac{11}{4}(=2.75)$$

2 $\int_{-1}^{1}(x^2+1)dx=\left[\frac{1}{3}x^3+x\right]_{-1}^{1}=\frac{8}{3}$

[문제1]에서 사다리꼴 공식을 이용하여 구한 근사값은 $\frac{11}{4}$이므로

$|E_T|$=|(근사값)-(참값)|=$\left|\frac{11}{4}-\frac{8}{3}\right|=\frac{1}{12}$

3 아래끝은 $a=1$, 위끝은 $b=2$, $n=4$이므로 $h=\Delta x=\frac{b-a}{n}=\frac{1}{4}$이다.

이제 심프슨 공식에 y값들과 h를 대입하여 S를 구해보자.

$$S=\frac{h}{3}(y_0+4y_1+2y_2+4y_3+y_4)$$
$$=\frac{1}{12}(1+4\cdot\frac{25}{16}+2\cdot\frac{36}{16}+4\cdot\frac{49}{16}+4)$$
$$=\frac{7}{3}(=2.333\cdots)$$

4 그림에서 $\Delta x = 20m$ 이고 y값들은 연못을 가로질러 측정된 거리로 놓고 사다리꼴 공식을 적용하면, $T = \dfrac{\Delta x}{2}(y_0 + 2y_1 + 2y_2 + 2y_3 + 2y_4 + 2y_5 + y_6)$

$$= \frac{20}{2}(146 + 244 + 152 + 108 + 80 + 60 + 13) = 8030$$

따라서 넓이는 $8030m^2$ 이다.

5 그림에서 $\Delta x = 20m$ 이고 y값들은 연못을 가로질러 측정된 거리로 놓고 심프슨의 공식을 적용해 보면, $S = \dfrac{\Delta x}{3}(y_0 + 4y_1 + 2y_2 + 4y_3 + 2y_4 + 4y_5 + y_6)$

$$= \frac{20}{3}(146 + 488 + 152 + 216 + 80 + 120 + 13) = 8100$$

따라서 넓이는 $8100m^2$ 이다.

13-6 공학에서의 적분

Calculus Life

두 어린이가 시소를 타고 있다. 남자 어린이의 몸무게는 50kg이고 여자 어린이의 몸무게는 40kg이다. 남자 어린이는 시소의 가운데 축을 중심으로 0.8미터 떨어진 위치에 앉아 있다. 시소가 균형을 이루기 위해서는 여자 어린이는 중심으로부터 얼마만큼 떨어진 곳에 앉아야 할지 생각해 보자. 이 때 시소가 평형을 이루게 되는 시소의 중심을 질량중심이라고 하는데 이 점의 위치를 찾아내는 것이 공학에서 상당히 중요하다. 이번 시간에는 질량중심을 찾는 방법에 대하여 학습한다.

My Map

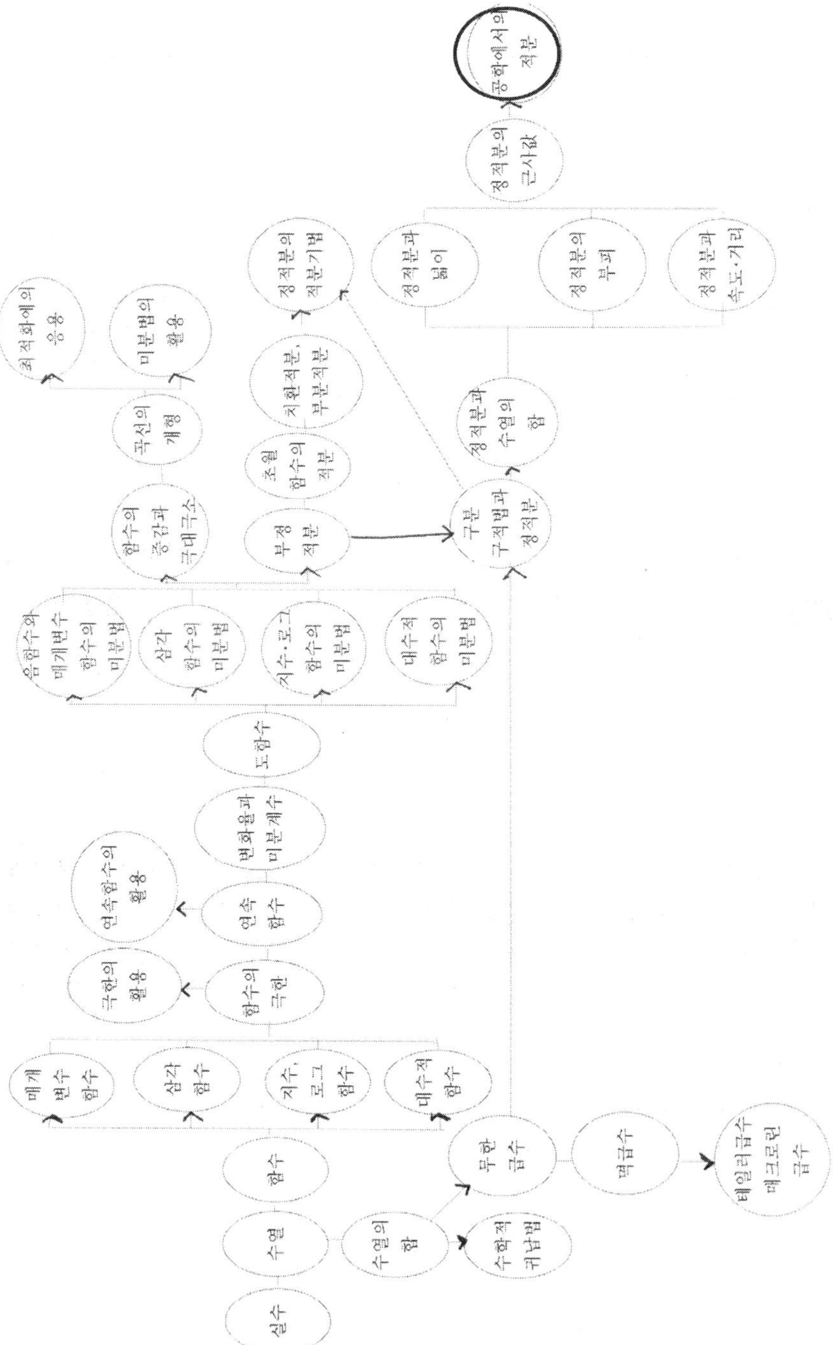
집합
실수
수열
함수
수열의 합
수학적 귀납법
무한 급수
멱급수
테일러급수 매크로린 급수
매개 변수 함수
삼각 함수
지수, 로그 함수
대수적 함수
함수의 극한
극한의 활용
연속 함수
연속함수의 활용
변화율과 미분계수
도함수
음함수와 매개변수 함수의 미분법
삼각 함수의 미분법
지수·로그 함수의 미분법
대수적 함수의 미분법
함수의 증감과 극대극소
곡선의 개형
최적화에의 응용
미분법의 활용
부정 적분
초월 함수의 적분
치환적분, 부분적분
정적분의 적분기법
구분 구적법과 정적분
정적분과 수열의 합
정적분과 넓이
정적분의 부피
정적분과 속도·거리
정적분의 근사값
공학에서의 적분

Secret Key

토크, 계 토크, 모멘트, 계 모멘트

직선위의 질량중심

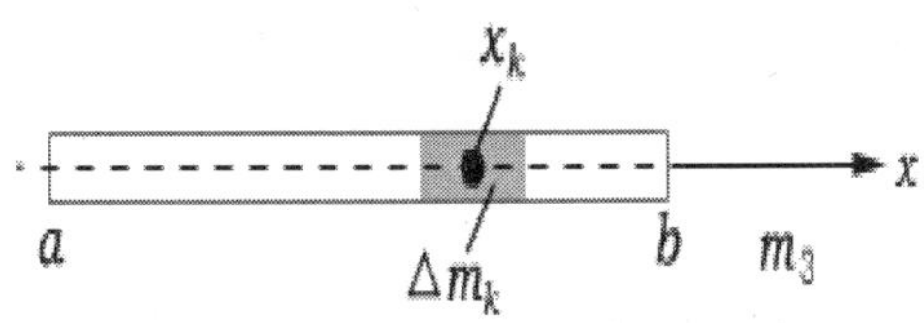

평판의 질량중심

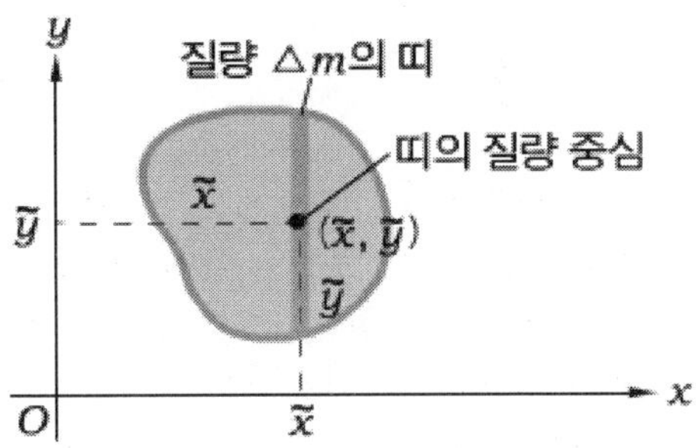

My Lesson

1) 직선위에 분포된 질량

(1) 질량중심

◉ 토크

> **토크**
> 토크(회전힘)
> = 작용하는 힘(몸무게) × (회전중심에서 힘이 작용하는 곳까지의 수평거리)

· 토크에 대해 알아보자.

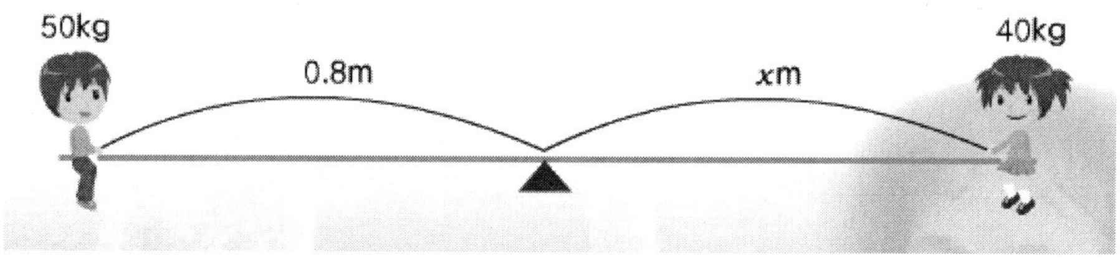

· 남자어린이에게 작용하는 토크를 구해보자.
(남자 어린이의 토크)$=50kg\times 0.8m=40kg{\cdot}m$

· 남자어린이와 여자어린이의 토크가 같아지는 위치 x를 찾아보자.
$40=40\times x,\ x=1m$

따라서 여자어린이가 중심에서 $1m$ 떨어진 거리에 앉으면 시소는 평형을 이룬다.

◉ 계 토크

원점에서 지레받침으로 지지된 x축 위에 질량이 m_1, m_2, m_3 인 질점이 놓여 있다.

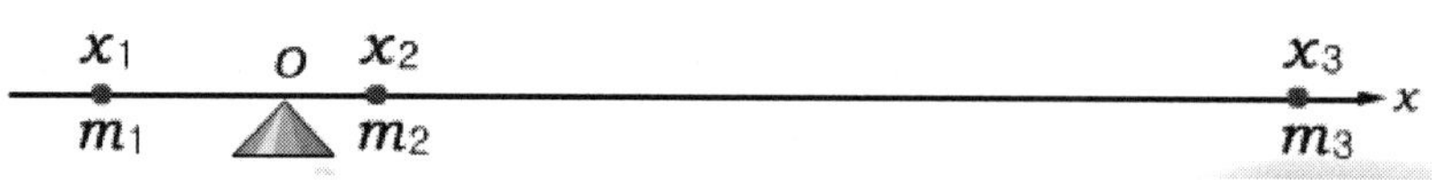

memo

※ 질점계가 평형을 이루기 위한 조건
질점계가 평형을 이루기 위한 조건은 각 질점에 작용하는 토크들의 합인 계 토크가 0 인 점이므로 각 질점에 작용하는 힘과 거리로부터 계 토크가 0이 되는 점을 찾아야 한다.

질량이 m_k인 질점에 작용하는 힘 = (질량) × (중력가속도) = m_kg

작용점과 원점 사이의 부호 붙은 거리를 x_k라 하고 각 질점에 작용하는 토크를 구하면

질량	m_1	m_2	m_3
토크 = 힘x거리	m_1gx_1(반시계방향)	m_2gx_2(시계방향)	m_3gx_3(시계방향)

$$\therefore \text{ 계 토크(토크들의 합)} = m_1gx_1 + m_2gx_2 + m_3gx_3 = \sum_{k=1}^{3} m_kgx_k$$

◉ 질량중심

● 계 토크가 0인 위치를 찾아보자.

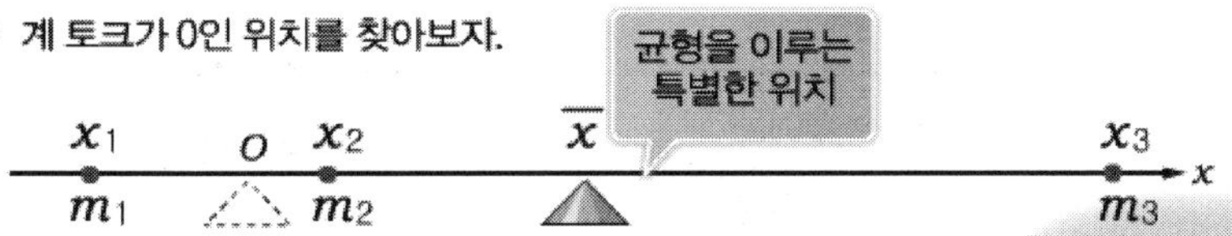

$\overline{x}$ 에서의 각 질점의 토크는

질량	m_1	m_2	m_3
토크=힘x거리	$m_1g(x_1-\overline{x})$	$m_2g(x_2-\overline{x})$	$m_3g(x_3-\overline{x})$

$\therefore$ 계 토크 $= m_1g(x_1-\overline{x}) + m_2g(x_2-\overline{x}) + m_3g(x_3-\overline{x})$

계 토크 = 0라 두고 $\overline{x}$ 에 대하여 풀면, $\overline{x} = \dfrac{m_1x_1 + m_2x_2 + m_3x_3}{m_1 + m_2 + m_3}$ → 질량중심

[풀이과정] $m_1g(x_1-\overline{x}) + m_2g(x_2-\overline{x}) + m_3g(x_3-\overline{x}) = 0$

$m_1(x_1-\overline{x}) + m_2(x_2-\overline{x}) + m_3(x_3-\overline{x}) = 0$

$m_1x_1 - m_1\overline{x} + m_2x_2 - m_2\overline{x} + m_3x_3 - m_3\overline{x} = 0$

$m_1x_1 + m_2x_2 + m_3x_3 = \overline{x}(m_1 + m_2 + m_3)$

$$\therefore \frac{m_1x_1 + m_2x_2 + m_3x_3}{m_1 + m_2 + m_3} = \overline{x}$$

(2) 직선위의 질량중심

◉ 직선위의 질량중심

· 질량이 m_1, m_2, m_3인 질점이 놓여 있는 계의 질량중심

$$\bar{x}=\frac{m_1x_1+m_2x_2+m_3x_3}{m_1+m_2+m_3}=\frac{\sum_{k=1}^{3}m_kx_k}{\sum_{k=1}^{3}m_k}$$

· 질량이 $m_1, m_2, m_3, \cdots$인 유한개의 질점이 놓여있는 계의 질량중심

$$\bar{x}=\frac{\sum m_kx_k}{\sum m_k}=\frac{\text{계모멘트}}{\text{계의총질량}}$$ 』

예제1 그림과 같이 질량이 80㎏, 77㎏인 질점이 원점에 놓여 있고 질량이 55㎏인 질점이 원점에서 양의 방향으로 2.7m 떨어진 곳에 놓여 있다. 이 때 질량중심을 구하여라.

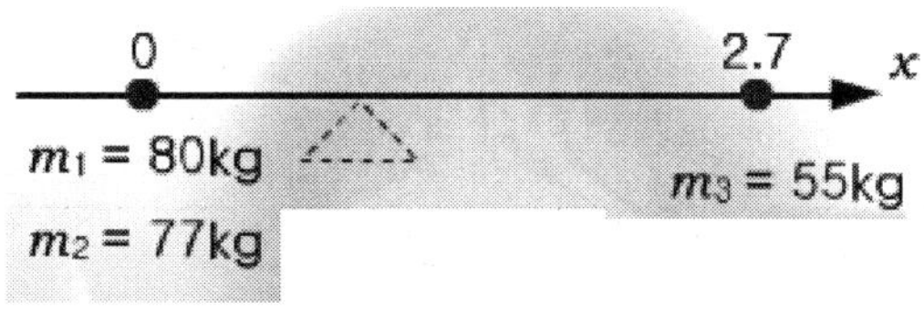

풀이

질량	80	77	55	계모멘트
원점에서부터 떨어진 거리	0	0	2.7	
모멘트(=질량×거리)	0	0	148.5	148.5

$$\bar{x}=\frac{m_1x_1+m_2x_2+m_3x_3}{m_1+m_2+m_3}=\frac{80\cdot0+77\cdot0+55\cdot2.7}{80+77+55}=\frac{148.5}{212}\fallingdotseq 0.7$$

따라서 질량중심은 원점에서부터 오른쪽으로 $0.7m$떨어진 위치에 놓여있다.

memo

질량이 m_k인 각 질점이 원점에서부터 떨어진 거리를 x_k라 할 때 질량중심

$$\bar{x}=\frac{m_1x_1+m_2x_2+m_3x_3}{m_1+m_2+m_3}$$

◉ **얇은 띠의 질량중심**

· 얇은 띠의 질량중심을 알아보자.

그림과 같이 길이가 길고 얇은 띠가 $x=a$에서 $x=b$사이의 x축에 놓여 있다.

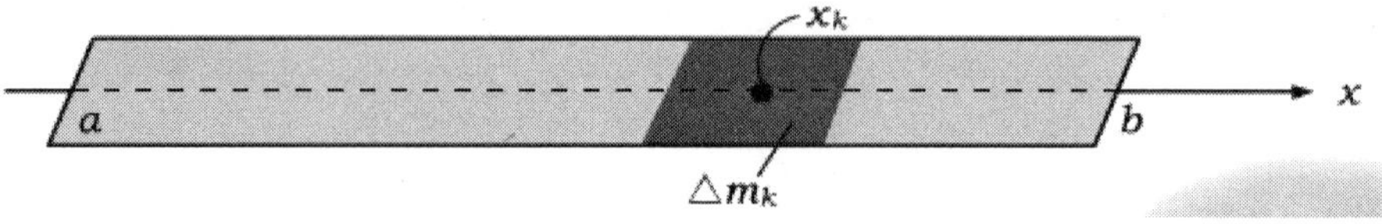

· 질량이 $\Delta m_1, \Delta m_2, \Delta m_3, \cdots$인 질점이 놓여있는 계의 질량중심 $\overline{x}$는 다음과 같다.

$$\overline{x} = \frac{\text{계모멘트}}{\text{계의총질량}} = \frac{\sum \Delta m_k x_k}{\sum \Delta m_k} = \frac{\sum x_k \Delta m_k}{\sum \Delta m_k}$$

· x_k에서의 띠의 밀도를 $\delta(x_k)$라 하면 $\overline{x} = \dfrac{\sum \Delta m_k x_k}{\sum \Delta m_k} = \dfrac{\sum x_k \delta(x_k) \Delta x_k}{\sum \delta(x_k) \Delta x_k}$

(질량)	=	(밀도)	×	(길이)
Δm_k	=	$\delta(x_k)$	×	Δx_k

· 구간 $[a,b]$를 세분하면 극한값으로서 적분에 더 가까워지게 되므로 $\overline{x} = \dfrac{\int_a^b x\delta(x)dx}{\int_a^b \delta(x)dx}$

◉ **얇은 막대의 질량중심**

밀도함수 $\delta(x)$를 갖는 x축을 따라 놓인 얇은 띠의 모멘트, 질량, 질량중심

· 원점에 대한 각 질점의 모멘트 = (원점에서 거리)×(질량)

= (원점에서 거리)×{(단위 길이당 질량)×(길이)}

= (원점에서 거리)×(밀도)×(길이)$= x\delta(x)\Delta x$

⇨ (계 모멘트)$= \int_a^b x\delta(x)dx$

· 각 질점의 질량 = (밀도)×(길이)$= \delta(x)\Delta x$ ⇨ (계의 총 질량)$= \int_a^b \delta(x)dx$

· 질량중심 $\overline{x} = \dfrac{\text{계모멘트}}{\text{계의총질량}} = \dfrac{\int_a^b x\delta(x)dx}{\int_a^b \delta(x)dx}$

예제2 그림과 같이 길이가 $10m$이고 밀도 $\delta(x) = 1 + \dfrac{x}{10}(kg/m)$인 얇은 막대가 있다. 이 막대의 질량중심을 구하여라.

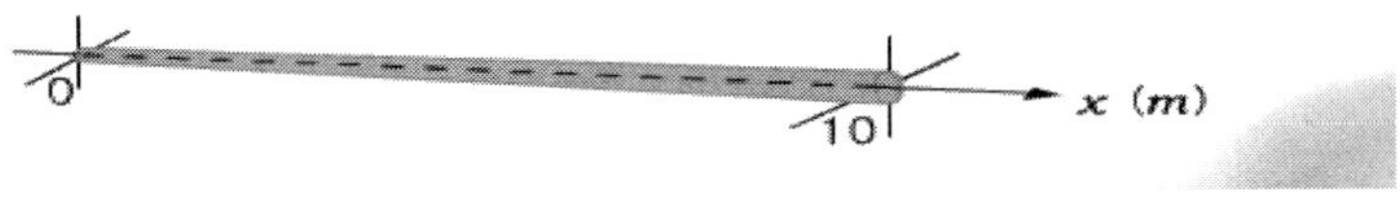

풀이 (원점에 대한 계 모멘트)$= \int_a^b x\delta(x)dx = \int_0^{10} x\left(1 + \dfrac{x}{10}\right)dx = \dfrac{250}{3}(kg/m)$

(계의 총 질량)$= \int_a^b \delta(x)dx = \int_0^{10}\left(1 + \dfrac{x}{10}\right)dx = 15kg$

$\therefore$ 질량중심 $\overline{x} = \dfrac{\int_a^b x\delta(x)dx}{\int_a^b \delta(x)dx} = \dfrac{\frac{250}{3}}{15} = \dfrac{50}{9}(m)$

(3) 다지기

다음 문제들을 풀어보자.

1. 몸무게가 $80lb$인 어린이와 $100lb$인 어린이가 타고 있는 시소가 균형을 이루고 있다. $80lb$인 어린이가 받침대에서 $5ft$ 떨어져 있을 때, $100lb$인 어린이는 받침대에서 반대방향으로 몇 ft 떨어진 곳에 있는가?

※(2~4) 얇은 막대의 밀도함수가 $\delta(x) = \begin{cases} x+1, & 0 \leqq x < 1 \\ 2, & 1 \leqq x \leqq 2 \end{cases}$일 때, 다음 물음에 답하여라.

2. 원점에 대한 계 모멘트를 구하여라.

3. 원점에 대한 계의 총 질량을 구하여라.

4. 원점에 대한 질량중심을 구하여라.

2) 평면 위에 분포된 질량

(1) 평면 위의 평판의 질량중심

◉ **평면위의 질량중심**

· 평면 위의 한 점 (x_k, y_k)에 질량이 m_k인 질점이 놓여있다.

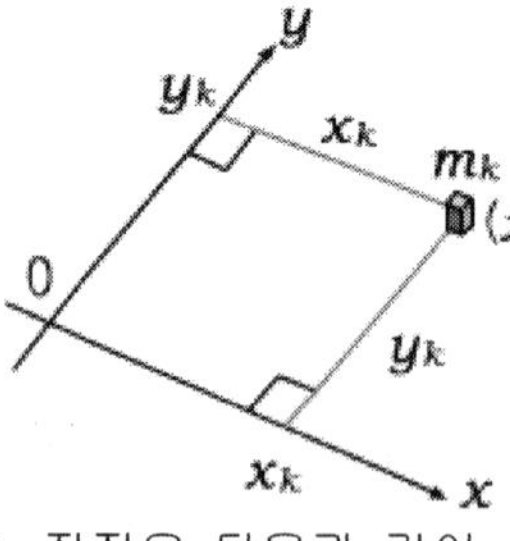

이 때, 질점은 다음과 같이 x축에 대한 모멘트와 y축에 대한 모멘트를 갖는다.

x축에 대한 모멘트:(질량)×(x축으로부터의 수직거리)=$m_k y_k$

y축에 대한 모멘트:(질량)×(y축으로부터의 수직거리)=$m_k x_k$

· 일반화하면 평면에 $m_1, m_2, m_3, \cdots$의 유한개의 질점이 있을 때 두 축에 대한 계 모멘트는 다음과 같다.

x축에 대한 계 모멘트 : $M_x = \sum m_k y_k$

y축에 대한 계 모멘트 : $M_y = \sum m_k x_k$

계 질량 : $M = \sum m_k$

- 따라서 계의 질량중심의 x좌표와 y좌표는 각각 다음과 같다.

◉ **얇은 평판의 질량중심**

- xy평면 위에 한 평판이 놓여있다.

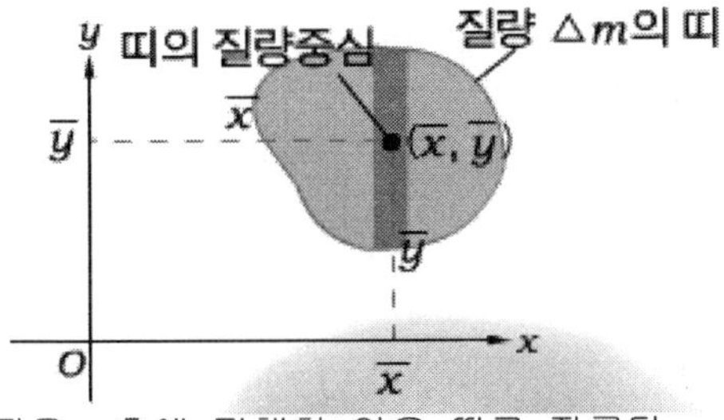

이 평판을 y축에 평행한 얇은 띠로 자른다.

이 때, 그 중 하나의 얇은 띠에 대하여

질량중심 : $(\tilde{x}, \tilde{y})$

띠의 질량 : Δm

- $M_y =$(y축에서 질점까지의 거리)×(질량)=$\tilde{x}\Delta m$

  $M_x =$(x축에서 질점까지의 거리)×(질량)=$\tilde{y}\Delta m$

- y축에 대한 평판의 (계)모멘트 $M_y = \sum \tilde{x}\Delta m$

  x축에 대한 평판의 (계)모멘트 $M_x = \sum \tilde{y}\Delta m$

- $\bar{x} = \dfrac{M_y}{M} = \dfrac{\sum \tilde{x}\Delta m}{\sum \Delta m}$, $\bar{y} = \dfrac{M_x}{M} = \dfrac{\sum \tilde{y}\Delta m}{\sum \Delta m}$

- $\bar{x} = \dfrac{\int \tilde{x}dm}{\int dm}$, $\bar{y} = \dfrac{\int \tilde{y}dm}{\int dm}$

◉ **평판의 질량중심**

평판의 질량중심을 구해보자.

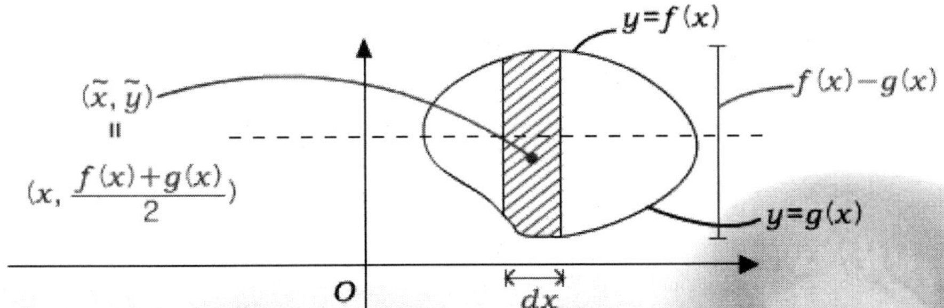

[1단계] 좌표평면 위에 평판을 그린다.

⇨ 위로는 $y=f(x)$의 곡선과 아래로는 $y=g(x)$의 곡선으로 둘러싸여 영역을 차지하는 밀도가 δ인 평판이라고 하자.

[2단계] 1개의 축에 평행한 띠를 그린다.

⇨ 평판에 y축에 평행한 띠를 그린다.

이 때 띠의 폭은 dx, 길이는 $f(x)-g(x)$이다.

[3단계] 띠의 질량 dm과 x축과 y축에 대한 띠의 질량중심의 $(\tilde{x},\tilde{y})$을 구한다.

⇨ $dm=\delta\times dA=\delta\times\{f(x)-g(x)\}dx$

⇨ $(\tilde{x},\tilde{y})=\left(x,\dfrac{f(x)+g(x)}{2}\right)$

[4단계] x축에 대한 모멘트 : $M_x=\int\tilde{y}dm$

y축에 대한 모멘트 : $M_y=\int\tilde{x}dm$

질량 : $M=\int dm$

[5단계] 질량중심 : $\overline{x}=\dfrac{M_y}{M}=\dfrac{\int\tilde{x}dm}{\int dm}$, $\overline{y}=\dfrac{M_x}{M}=\dfrac{\int\tilde{y}dm}{\int dm}$

예제1 그림과 같이 밀도 $\delta=3g/cm^2$을 갖는 삼각형 모양의 평판이 있다. 이 때 다음을 구해보자.

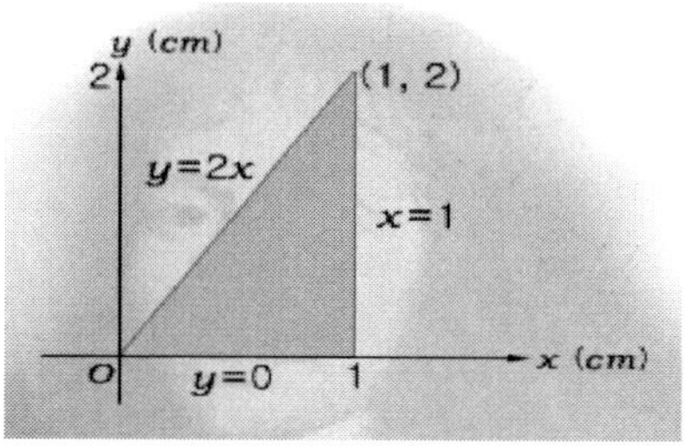

(1) y축에 대한 평판의 모멘트 M_y

(2) 평판의 질량 M

(3) 평판의 질량 중심의 x좌표

풀이 (1) 그림과 같이 y축에 평행한 띠를 그린다.

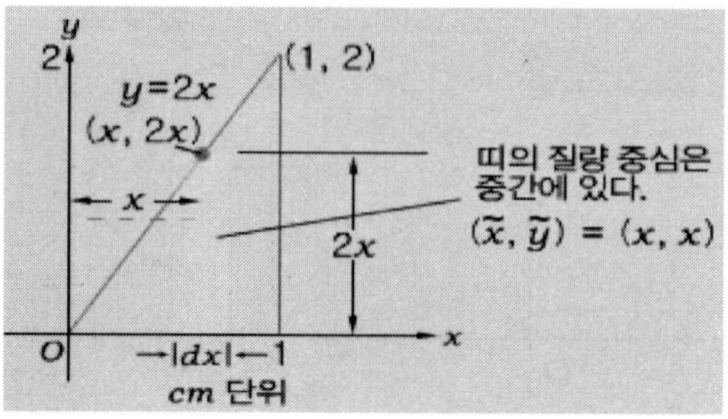

띠의 폭이 dx, 띠의 길이가 $2x$이므로 띠의 넓이 $dA = 2xdx$이다.

따라서 띠의 질량 $dm = \delta dA = 3 \cdot 2xdx = 6xdx$

띠의 질량중심 : 띠의 질량중심은 중간에 있으므로 (x,x) ⇨ $(\tilde{x},\tilde{y}) = (x,x)$

$\therefore\ M_y = \int \tilde{x}dm = \int_0^1 x \cdot 6xdx = \int_0^1 6x^2dx = 2g \cdot cm$

(2) $M = \int dm = \int_0^1 6xdx = 3g$

(3) $\bar{x} = \dfrac{M_y}{M} = \dfrac{2g \cdot cm}{3g} = \dfrac{2}{3}cm$

(2) 다지기

※ 다음 정적분의 값을 구하여라.

1 x축에 대한 평판의 모멘트 M_x를 구하여라.

① $M_x = \dfrac{8a^2}{5}\sqrt{pa}$ ② $M_x = \dfrac{4a^2}{5}\sqrt{pa}$ ③ $M_x = \dfrac{5a^2}{2}\sqrt{pa}$

2 평판의 질량 M을 구하여라.

① $M = \dfrac{7a}{6}\sqrt{pa}$ ② $M = \dfrac{1a}{3}\sqrt{pa}$ ③ $M = \dfrac{8a}{3}\sqrt{pa}$

3 평판의 질량 중심의 y좌표를 구하여라.

① $\bar{y} = a$ ② $\bar{y} = \dfrac{3}{5}a$ ③ $\bar{y} = \dfrac{1}{4}a$

Review

◉ 토크, 계 토크, 모멘트, 계 모멘트

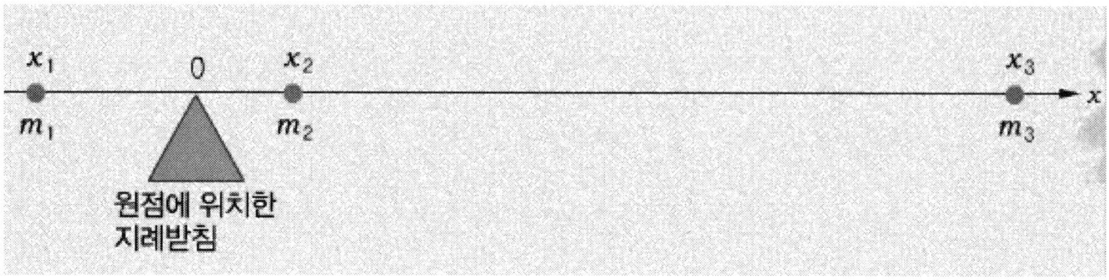

◉ 질량중심

$$m_1gx_1+m_2gx_2+m_3gx_3 = g \cdot (m_1x_1+m_2x_2+m_3x_3)$$

계토크   환경의 특성   계의 특성

⇓

원점에 대한 계의 모멘트(moment)

◉ 밀도함수 $\delta(x)$를 갖는 x축을 따라 놓인 얇은 띠의 모멘트, 질량, 질량중심

- (계 모멘트)= $\int_a^b x\delta(x)dx$
- (계의 총 질량)= $\int_a^b \delta(x)dx$
- 질량중심 $\bar{x}=\dfrac{\text{계 모멘트}}{\text{계의 총 질량}}=\dfrac{\int_a^b x\delta(x)dx}{\int_a^b \delta(x)dx}$

◉ 평판의 질량중심 구하는 방법

질량중심 : $\bar{x}=\dfrac{M_y}{M}=\dfrac{\int \tilde{x}dm}{\int dm}$, $\bar{y}=\dfrac{M_x}{M}=\dfrac{\int \tilde{y}dm}{\int dm}$

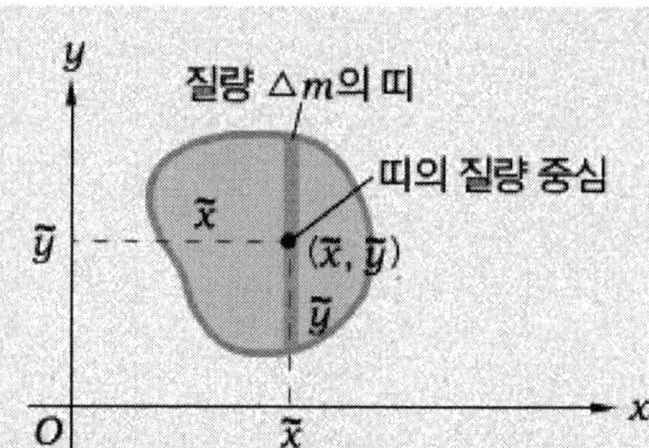

Quiz, Quiz

※ x축 위의 구간 $[0,2]$위에 놓여있는 얇은 띠의 밀도함수 $\delta(x)=2-x$일 때 다음 물음에 답하여라. (1~3)

1 얇은 띠의 원점에 대한 계 모멘트를 구하여라.

① $\frac{1}{3}$ ② $\frac{4}{3}$ ③ 4

2 얇은 띠의 총 질량을 구하여라.

① 0 ② 1 ③ 2

3 얇은 띠의 질량중심을 구하여라.

① $\frac{2}{3}$ ② 2 ③ 3

※ 포물선 $y=x^2$과 직선 $y=4$로 둘러싸인 영역을 차지하는 밀도가 상수 δ인 얇은 평판이 있다. 이 때 다음을 구해보자.

4 x축에 대한 평판의 모멘트 M_x를 구하여라.

① $\frac{21}{2}\delta$ ② $\frac{5}{6}\delta$ ③ $\frac{128}{5}\delta$

5 평판의 질량 중심의 y좌표를 구하여라.

① $\frac{1}{6}$ ② $\frac{12}{5}$ ③ $\frac{11}{3}$

정답 및 풀이

1) 직선위에 분포된 질량

다지기 정답 p.9

1 4

2 $\frac{23}{6}$

3 $\frac{7}{2}$

4 $\frac{23}{21}$

1 받침점에서 $100lb$인 어린이까지의 x라 하면, 균형을 이루는 받침점에서의 계 토크의 합이 0이므로 $80\cdot5+100\cdot x=0$, $x=-4$
따라서 한 어린이의 반대방향으로 받침점에서 $4ft$ 떨어진 위치에 있다.

2 $\int_a^b x\delta(x)dx=\int_0^1 x(x+1)dx+\int_1^2 2xdx =\left[\frac{1}{3}x^3+\frac{1}{2}x^2\right]_0^1+\left[x^2\right]_1^2 =\frac{23}{6}$

3 $\int_a^b \delta(x)dx=\int_0^1 (x+1)dx+\int_1^2 2dx =\left[\frac{1}{2}x^2+x\right]_0^1+\left[2x\right]_1^2 =\frac{7}{2}$

4 $\bar{x}=\dfrac{\int_a^b x\delta(x)dx}{\int_a^b \delta(x)dx}=\dfrac{\frac{23}{6}}{\frac{7}{2}}=\frac{23}{21}$

2) 평면 위에 분포된 질량

다지기 정답 p.13

1 ①

2 ③

3 ②

1 $M_x=\int\tilde{y}dm =\int_{-2\sqrt{pa}}^{2\sqrt{pa}}\frac{1}{2}\left(a+\frac{x^2}{4p}\right)\cdot\left(a-\frac{x^2}{4p}\right)dx =\int_0^{2\sqrt{pa}}\left(a+\frac{x^2}{4p}\right)\cdot\left(a-\frac{x^2}{4p}\right)dx$

$=\int_0^{2\sqrt{pa}}\left(a^2-\frac{x^4}{16p^2}\right)dx =\left[a^2x-\frac{x^5}{80p^2}\right]_0^{2\sqrt{pa}} =\frac{8a^2}{5}\sqrt{pa}$

2 $M=\int dm \quad =\int_{-2\sqrt{pa}}^{2\sqrt{pa}}\left(a-\frac{x^2}{4p}\right)dx=2\int_{0}^{2\sqrt{pa}}\left(a-\frac{x^2}{4p}\right)dx \quad =2\left[ax-\frac{x^3}{12p}\right]_{0}^{2\sqrt{pa}}$

$$=\frac{8a}{3}\sqrt{pa}$$

3 $\bar{y}=\frac{M_x}{M}=\frac{\frac{8a^2}{5}\sqrt{pa}}{\frac{8}{3}a\sqrt{pa}}=\frac{3}{5}a$

Quiz, Quiz

퀴즈퀴즈 정답 p.15

1 ②
2 ③
3 ①
4 ③
5 ②

1 (계 모멘트)$=\int_a^b x\delta(x)dx=\int_0^2 x(2-x)dx=\int_0^2(2x-x^2)dx=\left[x^2-\frac{1}{3}x^3\right]_0^2=\frac{4}{3}$

2 (계의 총 질량)$=\int_a^b \delta(x)dx=\int_0^2(2-x)dx=\left[2x-\frac{1}{2}x^2\right]_0^2=2$

3 질량중심 $\bar{x}=\frac{\text{계모멘트}}{\text{계의총질량}}=\frac{\int_a^b x\delta(x)dx}{\int_a^b \delta(x)dx}=\frac{\frac{4}{3}}{2}=\frac{2}{3}$

4 그림과 같이 y축에 평행한 띠를 그린다.

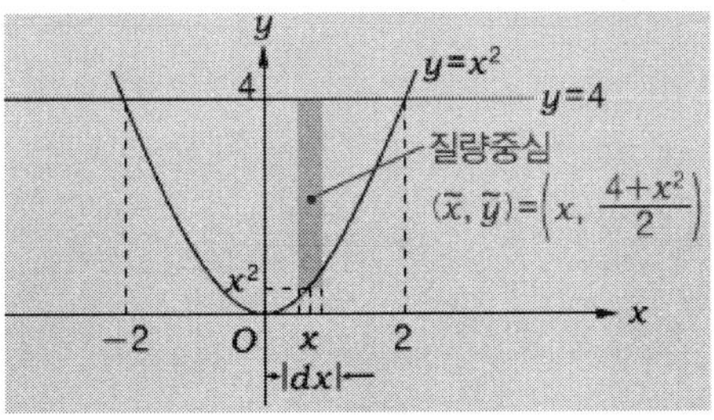

띠의 폭이 dx, 띠의 길이가 $4-x^2$이므로 띠의 넓이 $dA=(4-x^2)dx$이다.
따라서 띠의 질량 $dm=\delta dA=\delta(4-x^2)dx$
띠의 질량중심 : 띠의 질량중심은 중간에 있으므로 $(x,\frac{4+x^2}{2})$ ⇨ $(\tilde{x},\tilde{y})$
$=(x,\frac{4+x^2}{2})$

$\therefore M_x=\int\tilde{y}dm=\int_{-2}^{2}\frac{4+x^2}{2}\cdot\delta(4-x^2)dx$

$$= \int_{-2}^{2} \frac{\delta}{2}(16-x^4)dx = \frac{\delta}{2}\int_{-2}^{2}(16-x^4)dx == \delta\int_{0}^{2}(16-x^4)dx = \frac{128}{5}\delta$$

5 평판의 질량 $M = \int dm = \int_{-2}^{2} \delta(4-x^2)dx = \frac{32}{3}\delta$

평판의 질량 중심의 y좌표 $\bar{y} = \frac{M_x}{M} = \frac{\frac{128}{5}\delta}{\frac{32}{3}\delta} = \frac{12}{5}$

14-1 무한급수

Calculus Life

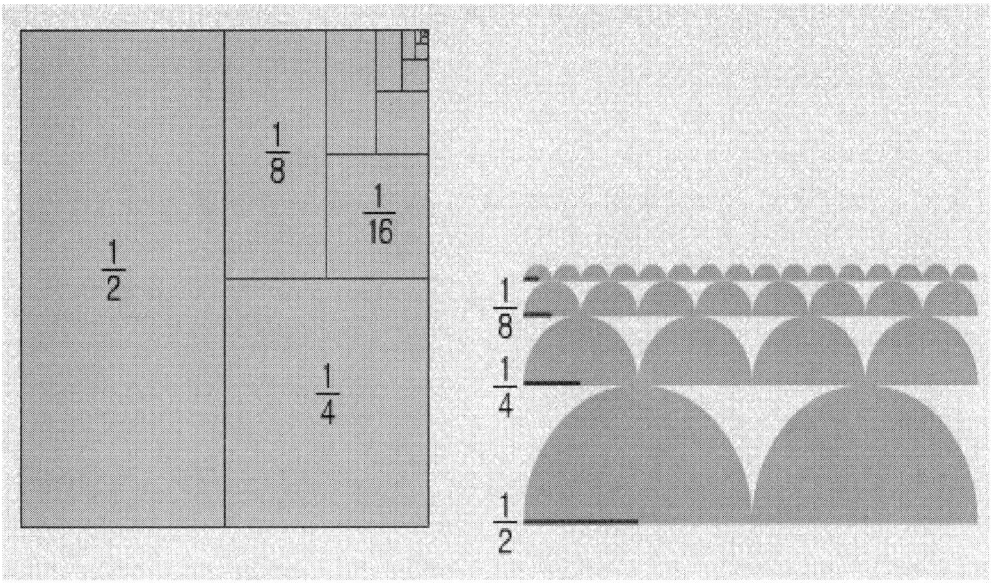

무한히 많은 수를 더해 가면 더한 합도 무한히 커질까? 무한히 많은 수를 더하더라도 그 합은 수렴할 수도 있다. 첫 번째 그림과 같이 넓이가 1인 정사각형을 무한히 반으로 나누어 보자. 반으로 나누어진 작은 사각형들의 넓이를 더해 가면 큰 정사각형의 넓이가 메겨진다. 즉, 무한히 많은 수를 더하더라도 그 합은 일정한 값에 접근한다는 사실을 알 수 있다. 두 번째 그림은 반원을 연속적으로 나열한 그림인데 반원의 반지름은 일정한 규칙을 가지고 점점 작아지고 있다. 이러한 경우에도 그 합은 존재하며 합을 구할 수 있다. 이번 시간에는 무한히 많은 수의 합이 수렴하는지 혹은 발산하는지 조사하고 수렴한다면 그 합은 얼마인지에 대해 학습한다.

My Map

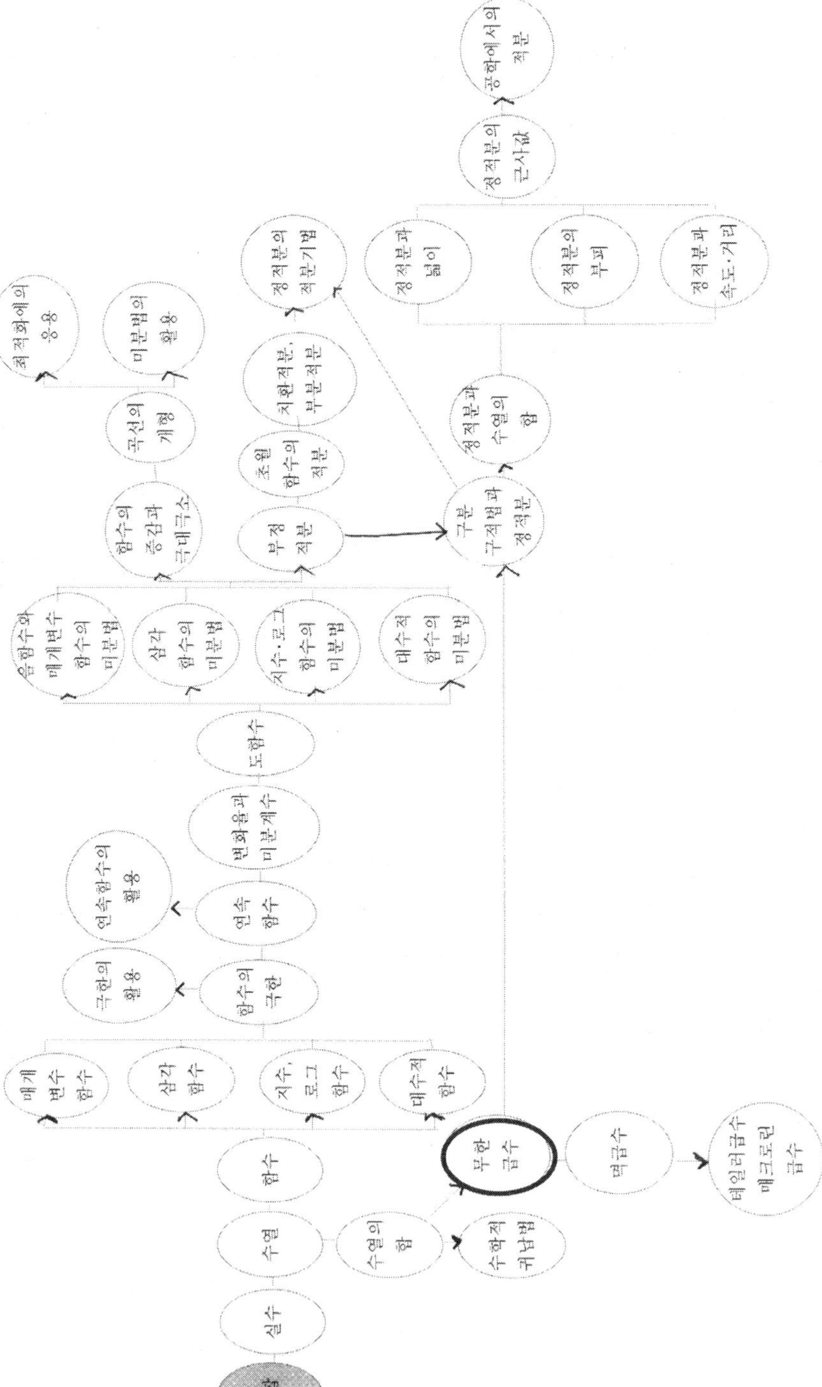
집합
실수
수열
함수
수열의 합
수학적 귀납법
무한 급수
멱급수
테일러급수 매크로린 급수
대수적 함수
지수, 로그 함수
삼각 함수
매개 변수 함수
함수의 극한
극한의 활용
연속 함수
연속함수의 활용
변화율과 미분계수
도함수
대수적 함수의 미분법
지수·로그 함수의 미분법
삼각 함수의 미분법
음함수와 매개변수 함수의 미분법
부정 적분
함수의 증감과 극대극소
곡선의 개형
최적화에의 응용
미분법의 활용
초월 함수의 적분
치환적분, 부분적분
정적분의 적분기법
구분 구적법과 정적분
정적분과 수열의 합
정적분과 넓이
정적분의 부피
정적분과 속도·거리
정적분의 근사값
공학에서의 적분

Secret Key

무한수열의 수렴

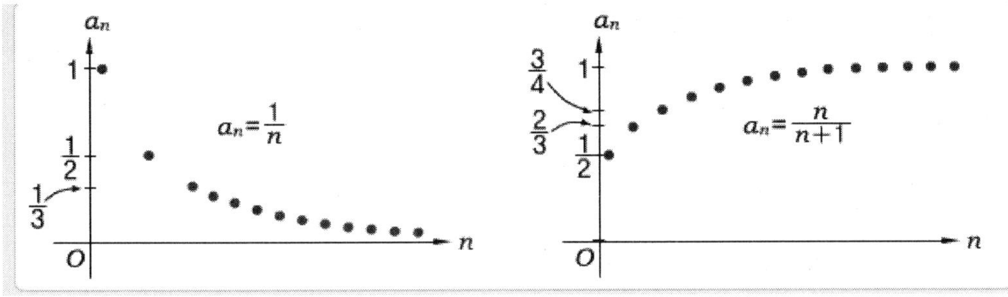

무한등비수열의 수렴·발산

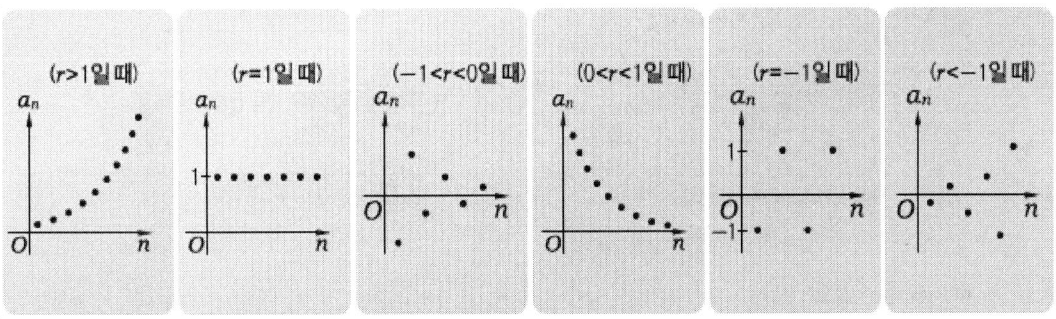

My Lesson

1) 수열의 극한

(1) 무한등비수열의 수렴과 발산

◉ 무한수열의 수렴

두 수열 $\frac{1}{1}, \frac{1}{2}, \frac{1}{3}, \frac{1}{4}, \frac{1}{5}, \cdots, \frac{1}{n}, \cdots$

$\frac{1}{2}, \frac{2}{3}, \frac{3}{4}, \frac{4}{5}, \frac{5}{6}, \cdots, \frac{n+1}{n}, \cdots$ 에서

n에 따른 a_n의 값을 좌표평면 위에 나타내 보면 다음과 같다.

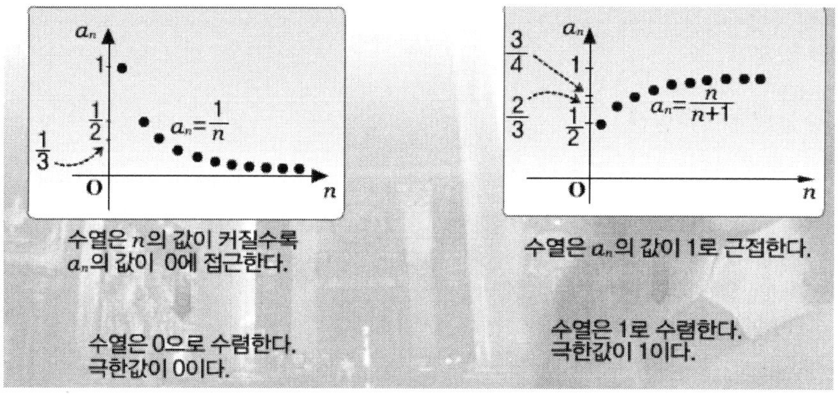

◉ 무한수열의 발산

세 수열 1, 2, 3, 4, 5, ⋯, n, ⋯

-1, -2, -3, -4, -5, ⋯, $-n$, ⋯

-1, 1, -1, 1, ⋯, $(-1)^n$, ⋯ 에서

n에 따른 a_n의 값을 좌표평면 위에 나타내 보면 다음과 같다.

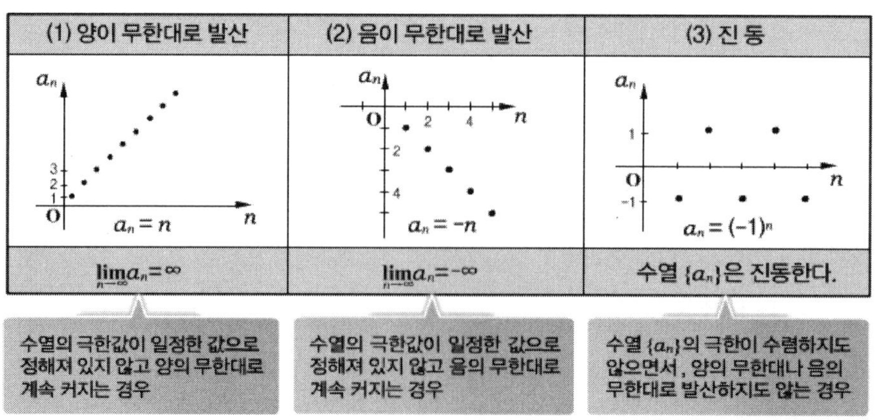

◉ **무한수열의 수렴과 발산 조사**

다음 무한수열의 수렴과 발산을 조사하여라.

예제1 $\left\{1+\frac{(-1)^n}{n}\right\}$

풀이 n의 값이 커질수록 $\frac{(-1)^n}{n}$은 0으로 접근하므로 수열 $\left\{1+\frac{(-1)^n}{n}\right\}$은 1로 수렴한다.

예제2 $\{\cos n\pi\}$

풀이 $n=1, 2, 3, \cdots$을 수열에 차례대로 대입하면, -1, 1, -1, 1, …로 수열값이 주기적으로 반복되므로 발산(진동)한다.

예제3 $\left\{\frac{1}{3^n}\right\}$

풀이 n의 값이 커질수록 분모가 한없이 커지므로 전체 분수값이 작아지면서 0으로 수렴하게 된다.

(2) 무한등비수열의 극한

◉ **수열의 극한에 관한 기본 성질**

수렴하는 무한수열 $\{a_n\}$, $\{b_n\}$에 대하여 $\lim_{n\to\infty} a_n=\alpha$, $\lim_{n\to\infty} b_n=\beta$일 때,

- $\lim_{n\to\infty} ka_n = k \cdot \lim_{n\to\infty} a_n = k\alpha$ (단, k는 상수)
- $\lim_{n\to\infty}(a_n \pm b_n) = \lim_{n\to\infty} a_n \pm \lim_{n\to\infty} b_n = \alpha \pm \beta$
- $\lim_{n\to\infty} a_n b_n = \lim_{n\to\infty} a_n \cdot \lim_{n\to\infty} b_n = \alpha\beta$
- $\lim_{n\to\infty} \frac{a_n}{b_n} = \frac{\lim_{n\to\infty} a_n}{\lim_{n\to\infty} b_n} = \frac{\alpha}{\beta}$ (단, $\beta \neq 0$)

◉ **무한등비수열의 수렴과 발산**

다음 무한등비수열 $\{r^n\}$을 보자. (단, $a_n = ar^{n-1}$, $a \neq 0$)

$$r,\ r^2,\ r^3,\ r^4,\ \cdots,\ r^n,\ \cdots$$

r의 범위에 따라 $\lim_{n\to\infty} r^n$ 의 값이 어떻게 변화하는지 살펴보자.

r의 범위	그래프	예시
$r>1$	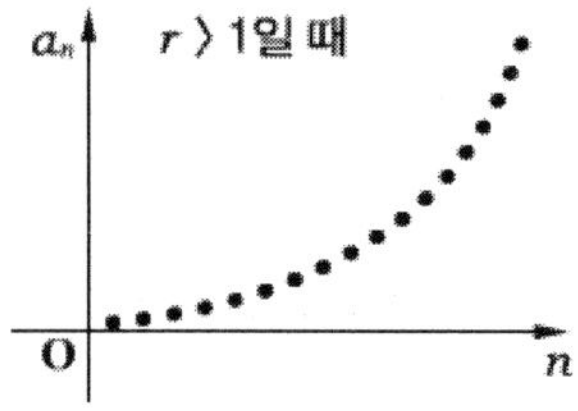	**발산** 예) $\lim_{n\to\infty}3^n=\infty$, $\lim_{n\to\infty}4^n=\infty$
$r=1$	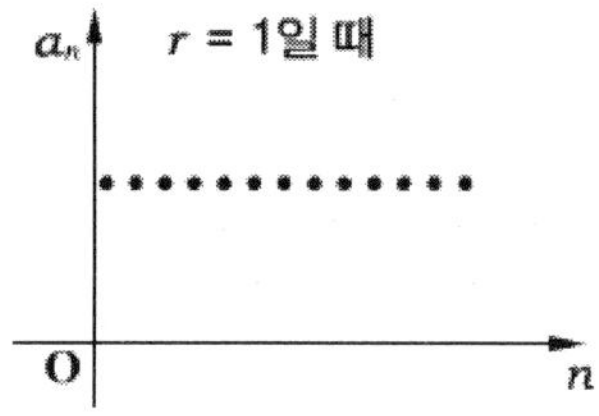	**1에 수렴** 예) $\lim_{n\to\infty}1^n=1$
$-1<r<1$ $(r\neq 0)$	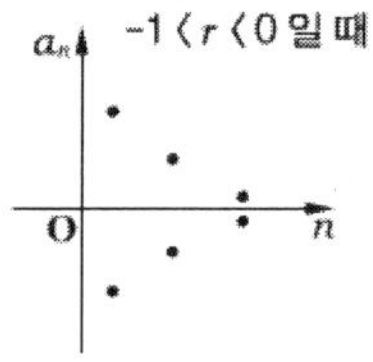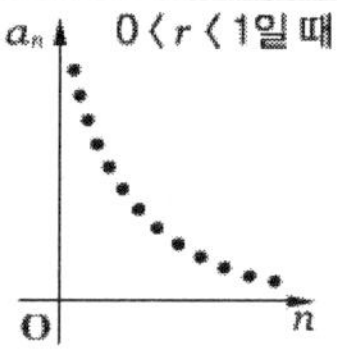	**0에 수렴** 예) $\lim_{n\to\infty}\left(\frac{1}{3}\right)^n=0$ $\lim_{n\to\infty}\left(-\frac{1}{4}\right)^n=0$
$r=-1$	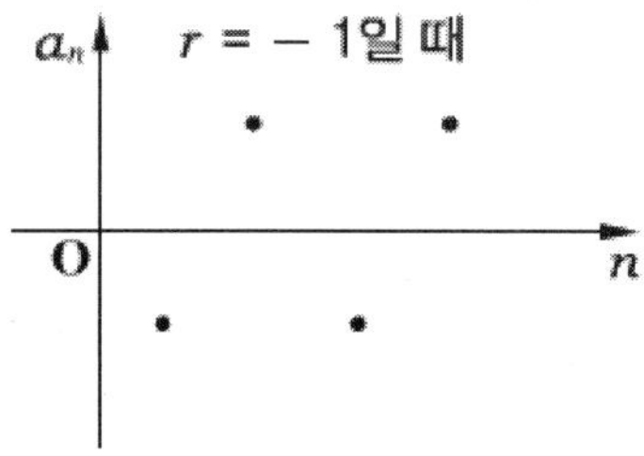	**발산(진동)** 예) $\lim_{n\to\infty}(-1)^n$
$r<-1$	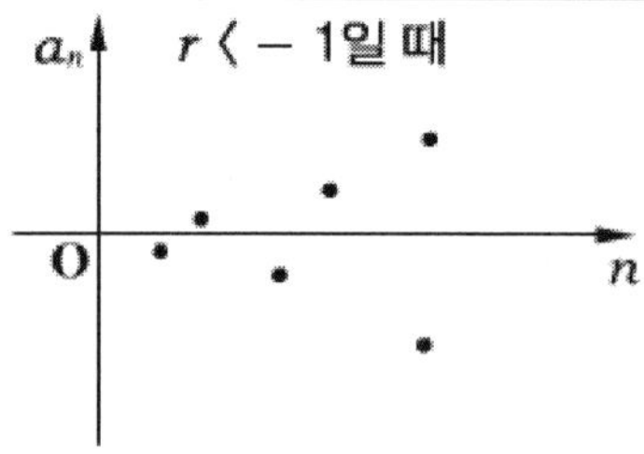	**발산(진동)** 예) $\lim_{n\to\infty}(-3)^n$

예제1 다음 무한등비수열이 수렴하기 위한 x값의 범위를 구하여라.

$$\left\{\left(\frac{2x-1}{3}\right)^n\right\}$$

풀이 무한등비수열 $\left\{\left(\frac{2x-1}{3}\right)^n\right\}$의 공비는 $\frac{2x-1}{3}$이다.

⇨ 무한등비수열이 수렴할 조건은 $-1<\frac{2x-1}{3}\leq 1$

$-1 < \frac{2x-1}{3} \leqq 1$

$-3 < 2x-1 \leqq 3$

$-2 < 2x \leqq 4$

$-1 < x \leqq 2$

∴ 무한등비수열이 수렴할 x의 범위는 $-1 < x \leqq 2$이다.

memo

※ 공비 찾는 방법

① "n제곱으로 묶이는 부분"을 공비로 본다.

② $n+1$번째 항을 n번째 항으로 나누어 보면 공비가 나온다.

※ 수렴조건

$-1<r<1$인 경우 r는 거듭제곱을 할수록 0에 가까워지고

$r=1$인 경우는 언제나 $r^n=1$이므로 결국 이 두 경우에 수열은 수렴한다.

예제2 일반항 $a_n = \frac{1}{1+r^n}$(단, $r \neq -1$)의 극한을 구하여라.

풀이 1) $-1 < r < 1$ 일 경우

$\lim_{n\to\infty} r^n = 0$, $\therefore \lim_{n\to\infty} \frac{1}{1+r^n} = \frac{1}{1} = 1$

2) $r=1$ 일 경우

$\lim_{n\to\infty} r^n = 1$, $\therefore \lim_{n\to\infty} \frac{1}{1+r^n} = \frac{1}{1+1} = \frac{1}{2}$

3) $r>1$, $r<1$ 일 경우

$\lim_{n\to\infty} r^n = \pm\infty$, $\therefore \lim_{n\to\infty} \frac{1}{1+r^n} = 0$

memo

결국 r^n의 수렴, 발산 여부가 a_n의 수렴, 발산을 결정하므로 r^n을

$-1<r<1$, $r=1$, $r>1$, $r<-1$, $r=-1$ 으로 나누어 생각한다.

(3) 다지기

다음 문제를 풀어보세요.

※ (1~3) 다음 각 경우에 대하여 수열 $\left\{\dfrac{1-r^n}{1+r^n}\right\}$ $(r>0)$의 극한값을 구하여라.

1 $0<r<1$일 때 수열 $\left\{\dfrac{1-r^n}{1+r^n}\right\}$의 극한값을 구하여라.

2 다음 중 $y=|x-4|-1$ 의 그래프를 고르면?

3 $r>1$일 때 수열 $\left\{\dfrac{1-r^n}{1+r^n}\right\}$의 극한값을 구하여라.

4 다음 무한등비수열이 수렴하기 위한 x의 값의 범위를 구하여라.

$$\left\{\left(\frac{x^2+x}{2}\right)^n\right\}$$

2) 무한급수

(1) 무한급수의 수렴과 발산

◉ 무한급수의 수렴성 판정법

> **무한급수**
> 무한급수는 일반항을 a_n으로 갖는 수열의 합이다.

- 무한급수의 수렴 여부를 조사할 때에는 부분합 S_n을 구하고 $\lim_{n\to\infty} S_n$을 계산한다.
- 부분합 S_n이 어떤 특정값 S로 수렴한다. ⇒ 무한급수는 S에 수렴한다.
  이 때, S는 무한급수의 합이다.

$$a_1+a_2+a_3+\cdots+a_n+\cdots=S \text{ 또는 } \sum_{n=1}^{\infty} a_n=S$$

memo

무한급수의 부분합을 $\{S_n\}$이라고 할 때,
무한급수의 극한은 새로운 무한급수 $\{S_n\}$의 극한과 같다.

$\sum_{n=1}^{\infty} a_n = \lim_{n\to\infty} \sum_{k=1}^{n} a_k = \lim_{n\to\infty} S_n = S \Leftrightarrow$ 무한급수 $\sum_{n=1}^{\infty} a_n$은 S에 수렴한다.

◉ 무한급수의 합 공식

첫째항이 a, 공비 r인 무한등비수열 $\{ar^{n-1}\}$에서 나온 무한급수에서

$$\sum_{n=1}^{\infty} ar^{n-1} = a + ar + ar^2 + \cdots + ar^{n-1} + \cdots (a \neq 0)$$

① $|r| < 1$일 때에만 수렴하고 합 S가 존재한다. $S = \dfrac{a}{1-r}$

② $|r| \geq 1$일 때에는 발산한다.

예제1 다음 무한급수의 합을 구하여라.

$$\sum_{n=1}^{\infty}\left(\frac{1}{3}\right)^n = \frac{1}{3} + \frac{1}{9} + \frac{1}{27} + \cdots + \left(\frac{1}{3}\right)^n + \cdots$$

풀이 $S_n = \dfrac{\frac{1}{3}\left\{1-\left(\frac{1}{3}\right)^n\right\}}{1-\frac{1}{3}} = \dfrac{1}{2} - \dfrac{1}{2}\left(\dfrac{1}{3}\right)^n$

따라서, $\lim_{n\to\infty} S_n = \lim_{n\to\infty}\left\{\dfrac{1}{2} - \dfrac{1}{2}\left(\dfrac{1}{3}\right)^n\right\} = \dfrac{1}{2}$

∴ 주어진 무한급수는 $\dfrac{1}{2}$에 수렴한다.

memo

※ 무한등비수열과 무한등비급수

첫째항이 $a(a \neq 0)$이고 공비가 r일 때,

무한등비수열 $\{ar^{n-1}\}$: $a,\ ar,\ ar^2,\ \cdots,\ ar^{n-1},\ \cdots$

무한등비급수 $\sum_{n=1}^{\infty} ar^{n-1} = a + ar + ar^2 + \cdots + ar^{n-1} + \cdots$

예제2 다음 무한급수의 합을 구하여라.

$$1 + \frac{1}{1+2} + \frac{1}{1+2+3} + \frac{1}{1+2+3+4} + \cdots$$

풀이 주어진 무한급수에서 일반항 $a_n = \dfrac{1}{1+2+3+\cdots+n} = \dfrac{1}{\dfrac{n(n+1)}{2}} = \dfrac{2}{n(n+1)}$

부분합 S_n을 구해 보면 $S_n = \sum_{k=1}^{n} a_k = \sum_{k=1}^{n} \dfrac{2}{k(k+1)}$

$$= 2\sum_{k=1}^{n}\left(\frac{1}{k} - \frac{1}{k+1}\right)$$

$$= 2\left\{\left(1-\frac{1}{2}\right)+\left(\frac{1}{2}-\frac{1}{3}\right)+\cdots+\left(\frac{1}{n}-\frac{1}{\mathrm{n}+1}\right)\right\}$$

$$= 2\left(1-\frac{1}{n+1}\right)$$

따라서 부분합의 극한값은 $\lim_{n\to\infty} S_n = \lim_{n\to\infty} 2\left(1-\dfrac{1}{n+1}\right) = 2(1-0) = 2$

◉ **무한급수의 발산 판정법**

$\sum_{n=1}^{\infty} a_n$이 수렴 $\Rightarrow$ $\lim_{n\to\infty} a_n = 0$

대우 : $\lim_{n\to\infty} a_n \neq 0$ $\Rightarrow$ 무한급수 $\sum_{n=1}^{\infty} a_n$이 수렴하지 않는다. (즉, 발산한다.)

예제3 $\sum_{n=1}^{\infty} \dfrac{n+1}{n}$이 발산함을 보여라.

풀이 $a_n = \dfrac{n+1}{n}$에 대하여 $\lim_{n\to\infty} a_n = 1 \neq 0$이므로 $\sum_{n=1}^{\infty} \dfrac{n+1}{n}$은 발산한다.

(2) 무한등비급수

예제1 다음 무한등비급수의 수렴, 발산을 조사하고, 수렴하면 그 합을 구하여라.

(1) $1 + \dfrac{1}{\sqrt{2}} + \dfrac{1}{2} + \dfrac{1}{2\sqrt{2}} + \dfrac{1}{4} + \cdots$

(2) $3 - 4 + \dfrac{16}{3} - \dfrac{64}{9} + \cdots$

풀이 (1) ① 공비 $\dfrac{1}{\sqrt{2}}$은 $-1 < \dfrac{1}{\sqrt{2}} < 1$이므로 무한등비급수는 수렴한다.

② 합 $S = \dfrac{a}{1-r} = \dfrac{1}{1-\dfrac{1}{\sqrt{2}}} = \dfrac{1}{\sqrt{2}-1} = 2+\sqrt{2}$

(2) ① 공비 $-\dfrac{4}{3}$는 $-\dfrac{4}{3} < -1$이므로 무한등비급수는 발산한다.

◉ $\sum_{n=1}^{\infty} ar^{n-1}$의 수렴성

무한등비급수의 부분합 S_n을 등비수열의 합의 공식을 이용하여 구해보면

$r \neq 1$일 때, $S_n = \dfrac{a(1-r^n)}{1-r}$

$r = 1$일 때, $S_n = na$

[증명]

<$r > 1$일 때> $\lim_{n\to\infty} r^n = \infty$, $1 - r < 0$

$$\therefore \lim_{n\to\infty} S_n = \lim_{n\to\infty} \frac{a(1-r^n)}{1-r} = \begin{cases} +\infty, (a>0) \\ -\infty, (a<0) \end{cases} \quad \therefore \text{발산}$$

<$r = 1$일 때> $S_n = na$

$$\therefore \lim_{n\to\infty} S_n = \lim_{n\to\infty} na = \begin{cases} +\infty, (a>0) \\ -\infty, (a<0) \end{cases} \quad \therefore \text{발산}$$

<$-1 < r < 1$일 때> $\lim_{n\to\infty} S_n = \lim_{n\to\infty} \dfrac{a(1-r^n)}{1-r} = \dfrac{a(1-0)}{1-r} = \dfrac{a}{1-r}$

따라서 무한등비급수는 $\dfrac{a}{1-r}$로 수렴한다.

<$r \leq -1$일 때> $\lim_{n\to\infty} r^n$이 진동하므로 부분합 S_n의 극한 $\lim_{n\to\infty} S_n = \dfrac{a(1-r^n)}{1-r}$도 진동한다. 즉, $r \leq -1$일 때, 무한등비급수는 진동한다.

(3) 다지기

다음 문제를 풀어 보자.

※(1~2) $\lim_{n\to\infty} a_n \neq 0$이면 $\sum_{n=1}^{\infty} a_n$은 발산함을 이용하여 무한급수의 수렴성을 조사하여라.

1 $\sum_{n=1}^{\infty} \dfrac{n}{3n+2}$

① 수렴한다. ② 발산한다. ③ 알 수 없다.

2 $\sum_{n=1}^{\infty} (-1)^n$

① 수렴한다. ② 발산한다. ③ 알 수 없다.

※ (3~4) 무한급수 $\sum_{n=1}^{\infty}\left(\frac{1}{2}\right)^n \sin\frac{n\pi}{2}$에 대하여 다음 물음에 답하여라.

3 첫째항 a와 공비 r를 각각 구하여라.

① $a=\frac{1}{2}$, $r=-\left(\frac{1}{2}\right)^2$ ② $a=\frac{1}{2}$, $r=\frac{1}{2}$ ③ $a=-\frac{1}{2}$ $r=-\frac{1}{2}$

4 무한등비급수의 합 공식 $S=\frac{a}{1-r}$을 이용하여 무한급수의 값을 구하여라.

① $\frac{1}{10}$ ② $\frac{1}{5}$ ③ $\frac{2}{5}$

Review

◉ 무한등비수열의 수렴과 발산

r의 범위		그래프	예	$\lim\limits_{n\to\infty} r^n$ 수렴, 발산
(1) $r>1$		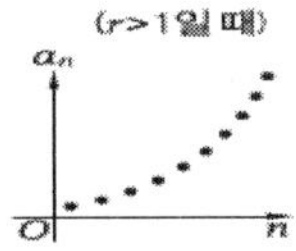	$\lim\limits_{n\to\infty} 3^n=\infty$, $\lim\limits_{n\to\infty} 4^n=\infty$	발산
(2) $r=1$		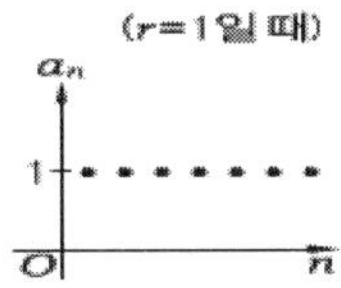	$\lim\limits_{n\to\infty} 1^n=1$	1에 수렴
(3) $-1<r<1$	① $r=0$	수열 0,0,0,0,0,⋯	$\lim\limits_{n\to\infty} 0^n=0$	0에 수렴
	② $r\neq 0$	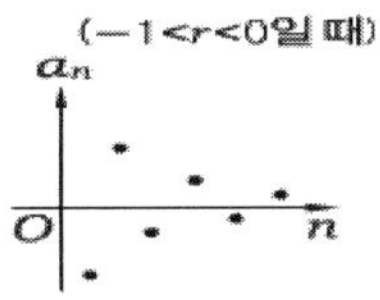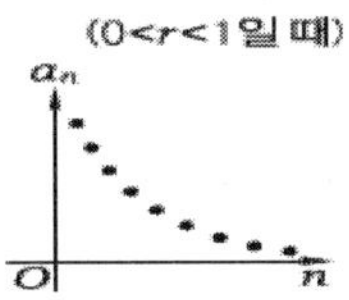	$\lim\limits_{n\to\infty}\left(\frac{1}{3}\right)^n=0$ $\lim\limits_{n\to\infty}\left(-\frac{1}{4}\right)^n=0$	0에 수렴
(4) $r=-1$		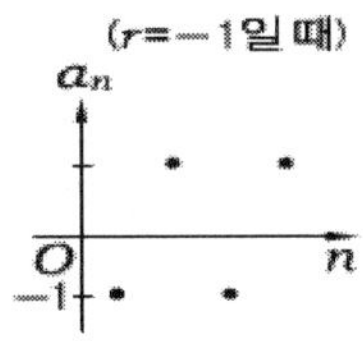	$\lim\limits_{n\to\infty}(-1)^n$	발산(진동)
(5) $r<-1$		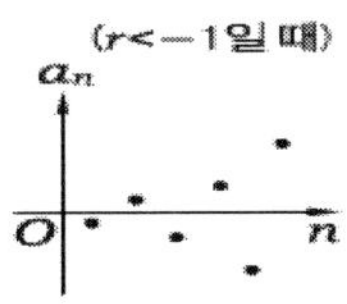	$\lim\limits_{n\to\infty}(-3)^n$	발산(진동)

◉ 무한급수의 수렴, 발산과 $\lim\limits_{n\to\infty} a_n$의 관계

① 무한급수 $\sum\limits_{n=1}^{\infty} a_n$이 수렴 ⇒ $\lim\limits_{n\to\infty} a_n=0$

② $\lim\limits_{n\to\infty} a_n\neq 0$ ⇒ 무한급수 $\sum\limits_{n=1}^{\infty} a_n$은 발산

단, 명제 ①, ②의 역은 성립하지 않는다.

Quiz, Quiz

1 다음 수열의 수렴·발산을 조사하여라.

$$1+\frac{1}{\sqrt{3}},\ 2+\frac{1}{\sqrt{5}},\ 3+\frac{1}{\sqrt{7}},\ 4+\frac{1}{\sqrt{9}}$$

① 양의 무한대로 발산 ② 진동 ③ 수렴

2 다음 무한등비수열이 수렴하기 위한 x의 값의 범위를 구하여라,

$$(x-1)^n$$

① $-2 \leqq x \leqq 1$ ② $-1 < x \leqq 1$ ③ $0 < x \leqq 2$

3 다음 무한급수의 수렴, 발산을 조사하여라.

$$1+3+5+\cdots+(2n-1)+\cdots$$

① 양의 무한대로 발산 ② 진동 ③ 수렴

4 다음 무한급수의 합을 구하여라.

$$\sum_{n=1}^{\infty}\frac{1}{n(n+2)}$$

① $\frac{3}{4}$ ② 1 ③ 2

5 무한등비급수 $\sum_{n=1}^{\infty}\left(\frac{2}{3}\right)^n$의 합을 구하여라.

①1 ② 2 ③ 3

정답 및 풀이

1) 수열의 극한

다지기 정답 p.7

1 1
2 0
3 -1
4 -2, 1

1 r이 1보다 작으면 $\lim_{n\to\infty} r^n = 0$이 되기 때문에 주어진 수열의 극한값은

$$\lim_{n\to\infty}\frac{1-r^n}{1+r^n}=\frac{1-0}{1+0}=1$$

2 r이 1이면 $\lim_{n\to\infty} r^n = \lim_{n\to\infty} 1^n = 1$이므로 주어진 수열의 극한값은

$$\lim_{n\to\infty}\frac{1-r^n}{1+r^n}=\frac{1-1}{1+1}=0$$

3 r이 1보다 크면 $\lim_{n\to\infty} r^n = \infty$가 되고 $\lim_{n\to\infty}\frac{1}{r^n}=\frac{1}{\infty}=0$이 되는 점을 이용하여 주어진 수열의 분자, 분모를 r^n으로 나누어서 극한값을 계산한다.

$$\lim_{n\to\infty}\frac{1-r^n}{1+r^n}=\lim_{n\to\infty}\frac{\frac{1}{r^n}-1}{\frac{1}{r^n}+1}=\frac{0-1}{0+1}=-1$$

4 공비가 $\frac{x^2+x}{2}$이므로 $-1<\frac{x^2+x}{2}\leqq 1$을 만족시키는 x의 범위를 찾으면 된다.

i) $-1<\frac{x^2+x}{2}$

$x^2+x+2>0$

$\left(x+\frac{1}{2}\right)^2+\frac{7}{4}>0 \quad \therefore \ x$는 모든 실수

ii) $\frac{x^2+x}{2}\leqq 1$

$x^2+x-2\leqq 0$

$(x+2)(x-1)\leqq 0 \quad \therefore \ -2\leqq x\leqq 1$

i), ii)에 의해서 $-2\leqq x\leqq 1$

2) 무한급수

다지기 정답	p.11

1 ②
2 ②
3 ①
4 ③

1 $\lim_{n\to\infty}\frac{n}{3n+2}=\lim_{n\to\infty}\frac{\frac{n}{n}}{\frac{3n}{n}+\frac{2}{n}}=\frac{1}{3+\frac{2}{\infty}}=\frac{1}{3+0}=\frac{1}{3}\neq 0$이므로 무한급수는 발산한다.

2 일반항 $a_n=(-1)^n$이 진동하면서 발산하므로 무한급수도 발산한다.

3 식의 형태가 복잡해서 한눈에 공비를 파악하기 힘들므로 직접 $n=1,\ 2,\ \cdots$을 대입하면서 주어진 무한급수식을 풀어 써 보면,

$$\sum_{n=1}^{\infty}\left(\frac{1}{2}\right)^n\sin\frac{n\pi}{2}=\frac{1}{2}sin\frac{\pi}{2}+\left(\frac{1}{2}\right)^2\sin\pi+\left(\frac{1}{2}\right)^3\sin\frac{3\pi}{2}+\left(\frac{1}{2}\right)^4\sin2\pi+\left(\frac{1}{2}\right)^5\sin\frac{5\pi}{2}+\cdots$$

$$=\frac{1}{2}\cdot1+\left(\frac{1}{2}\right)^2\cdot0+\left(\frac{1}{2}\right)^3\cdot(-1)+\left(\frac{1}{2}\right)^4\cdot0+\left(\frac{1}{2}\right)^5\cdot1+\cdots$$

$$=\frac{1}{2}-\left(\frac{1}{2}\right)^3+\left(\frac{1}{2}\right)^5-\cdots$$

따라서 주어진 식은 첫째항이 $\frac{1}{2}$, 공비가 $-\left(\frac{1}{2}\right)^2$인 무한등비급수이다.

4 $S=\frac{a}{1-r}=\frac{\frac{1}{2}}{1-\left\{-\left(\frac{1}{2}\right)^2\right\}}=\frac{\frac{1}{2}}{1+\left(\frac{1}{2}\right)^2}=\frac{\frac{1}{2}}{\frac{5}{4}}=\frac{2}{5}$

Quiz, Quiz

퀴즈 퀴즈 정답 p.13

1 ①
2 ③
3 ①
4 ③
5 ②

1 수열의 일반항 : $a_n = n + \frac{1}{\sqrt{2n+1}}$

n이 커질수록 $\frac{1}{\sqrt{2n+1}}$은 0으로 가지만, n이 더해지고 있기 때문에 결국은 양의 무한대로 발산한다.

2 공비가 $x-1$이므로 $-1 < x-1 \leqq 1$을 만족하는 x의 범위를 찾으면 된다.

$-1 < x-1 \leqq 1 \Leftrightarrow 0 < x \leqq 2$

3 제 n항까지의 부분합 S_n을 구하면

$$S_n = \sum_{k=1}^{n} a_k = \sum_{k=1}^{n}(2k-1) = 2 \cdot \frac{n(n+1)}{2} - 1 \cdot n = n^2 + n - n = n^2$$

이제 부분합 S_n의 극한을 구한다. $\lim_{n\to\infty} S_n = \lim_{n\to\infty} n^2 = \infty$

부분합 S_n의 극한이 발산하므로 주어진 무한급수도 발산한다.

4 주어진 무한급수에서 부분합 S_n을 구해 보면

$$S_n = \sum_{k=1}^{n} a_k = \sum_{k=1}^{n} \frac{1}{k(k+2)} = \frac{1}{2}\sum_{k=1}^{n}\left(\frac{1}{k} - \frac{1}{k+2}\right)$$

$$= \frac{1}{2}\left\{\left(1-\frac{1}{3}\right)+\left(\frac{1}{2}-\frac{1}{4}\right)+\left(\frac{1}{3}-\frac{1}{5}\right)+\left(\frac{1}{4}-\frac{1}{6}\right)+\cdots+\left(\frac{1}{n-1}-\frac{1}{n+1}\right)\left(\frac{1}{n}-\frac{1}{\mathrm{n}+1}\right)\right\}$$

$$= \frac{1}{2}\left(1+\frac{1}{2}-\frac{1}{n+1}-\frac{1}{n+2}\right)$$

따라서 부분합의 극한값은 $\lim_{n\to\infty} S_n = \lim_{n\to\infty} \frac{1}{2}\left(1+\frac{1}{2}-\frac{1}{n+1}-\frac{1}{n+2}\right) = \frac{3}{4}$

5 문제에 주어진 무한등비급수는 공비가 $\frac{2}{3}$로서 $-1 < r < 1$의 범위에 속하므로 수렴한다. 수렴하는 값은 $S = \frac{a}{1-r}$식을 이용한다. 첫째항 $a = \frac{2}{3}$이고 공비 $r = \frac{2}{3}$이므로

$$S = \frac{a}{1-r} = \frac{\frac{2}{3}}{1-\frac{2}{3}} = 2$$

14-2 멱급수

Calculus Life

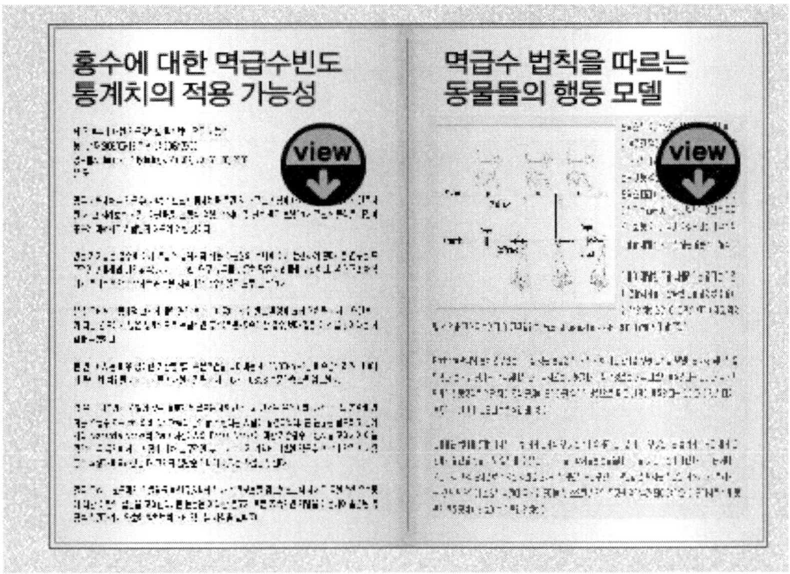

다음 두 뉴스는 멱급수가 실생활에서 활용되고 있는 예들을 나타낸 신문기사이다. 먼저 왼쪽의 기사는 멱급수를 활용하여 자연현상을 예측하고 설명한다는 내용을 담고 있고, 오른쪽의 기사는 멱급수를 사용하여 동물의 행동을 모델링하여 행동예측을 한다는 기사이다. 수학이란 이렇게 자연현상들과 현실을 직접적으로 설명할 수 있는 강력한 도구이다. 두 기사에서 공통으로 소개된 멱급수라는 것을 알아보자. 우리는 전에 급수에 대해 학습한 적이 있다. 멱급수란 급수의 일종이다. 하지만 일반적인 급수와 가장 큰 차이를 보이는 부분이 하나 있다. 그것은 급수에 변수가 들어간다는 점이다. 급수에 변수가 들어간다는 의미가 잘 다가오지 않을 것이다. 앞으로 학습하면서 익숙해져야 할 부분이다.

My Map

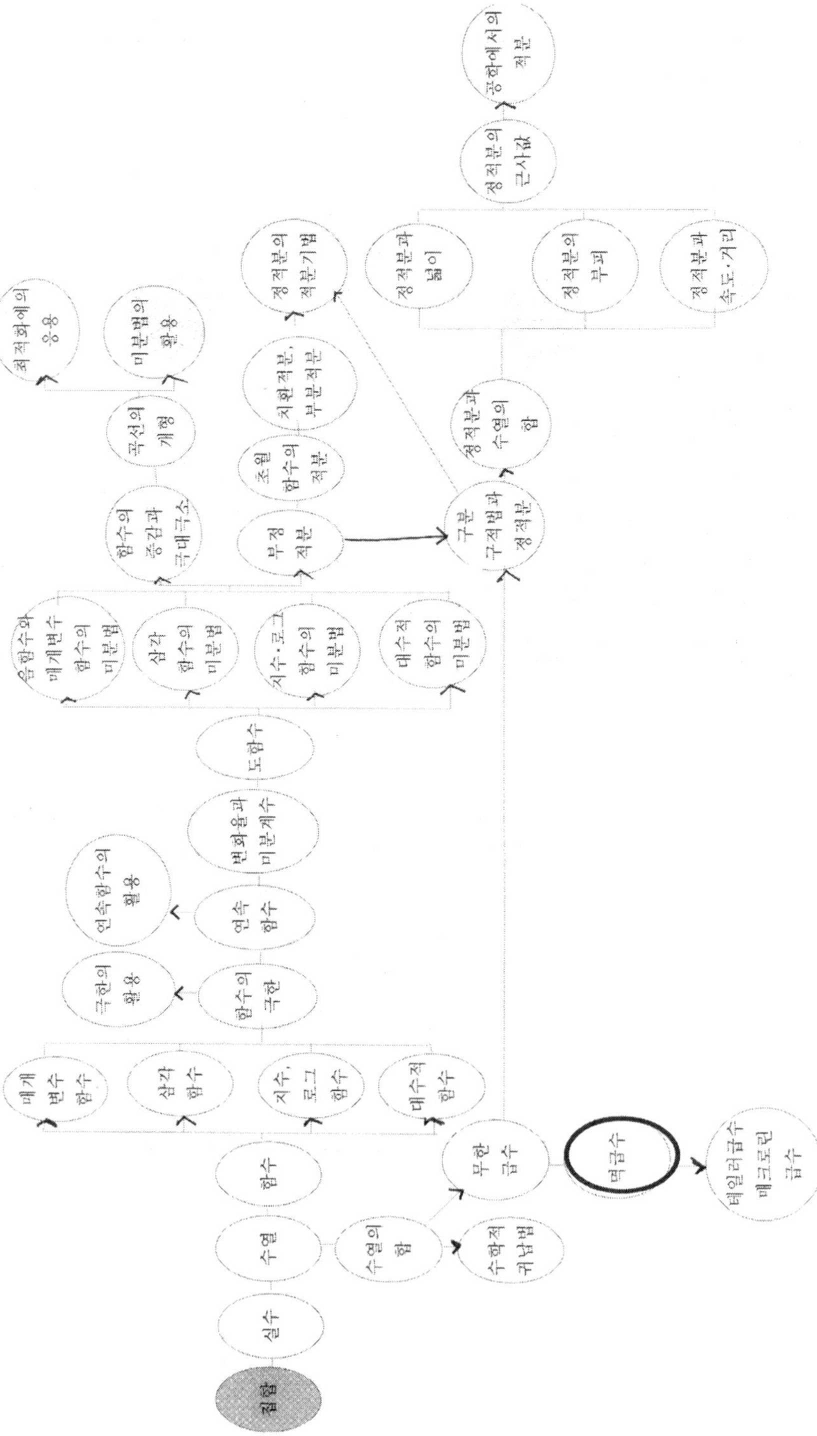
집합
실수
수열
함수
수열의 합
수학적 귀납법
무한급수
멱급수
테일러급수 매크로린 급수
매개변수 함수
삼각 함수
지수, 로그 함수
대수적 함수
함수의 극한
극한의 활용
연속 함수
연속함수의 활용
변화율과 미분계수
도함수
음함수와 매개변수 함수의 미분법
삼각 함수의 미분법
지수·로그 함수의 미분법
대수적 함수의 미분법
함수의 증감과 극대극소
곡선의 개형
최적화에의 응용
미분법의 활용
부정 적분
초월 함수의 적분
치환적분, 부분적분
정적분의 적분기법
구분 구적법과 정적분
정적분과 수열의 합
정적분과 넓이
정적분의 부피
정적분과 속도·거리
정적분의 근사값
공학에서의 적분

Secret Key

$\dfrac{1}{1-x}$

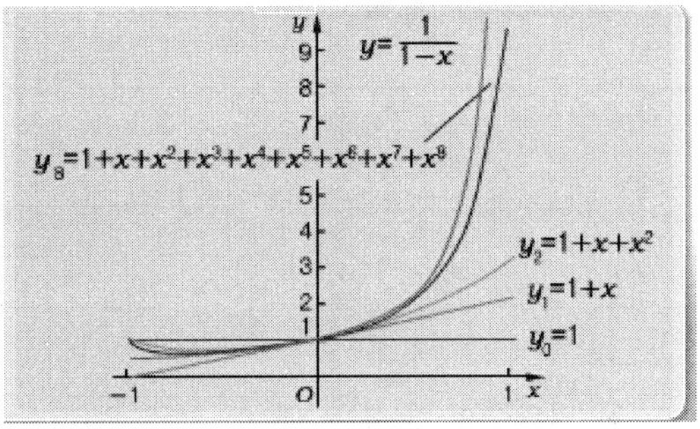

$$\frac{1}{1-x}=1+x+x^2+\cdots+x^n+\cdots$$
$$(-1<x<1\ )$$

$f(x)=\dfrac{2}{x}$

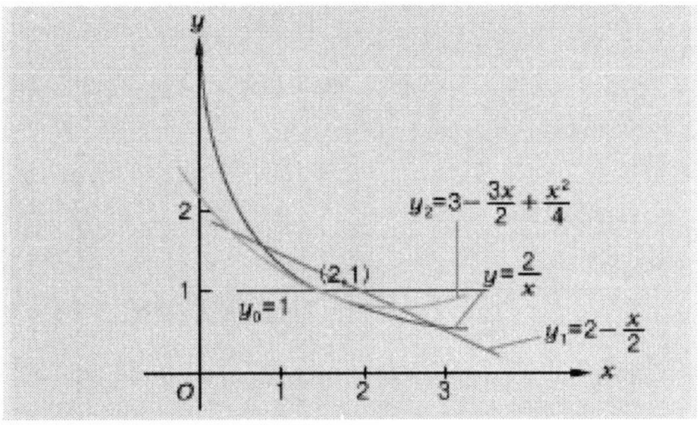

$$P_0(x)=1$$
$$P_1(x)=1-\frac{1}{2}(x-2)$$
$$P_2(x)=1-\frac{1}{2}(x-2)+\frac{1}{4}(x-2)^2$$

My Lesson

1) 멱급수의 함수표현

(1) 멱급수의 정의

멱급수

$$\sum_{n=0}^{\infty} a_n(x-x_0)^n = a_0 + a_1(x-x_0) + a_2(x-x_0)^2 + \cdots + a_n(x-x_0)^n + \cdots$$

여기서 x_0는 중심, 상수 a_0, a_1, a_2, $\cdots$, a_n, $\cdots$을 계수라고 한다.

◉ **멱급수의 중심 x_0에 0, 식의 계수 a_0, a_1, a_2, $\cdots$, a_n, $\cdots$에 1을 대입해 보자.**

$$\sum_{n=0}^{\infty} a_n x^n = a_0 + a_1 x + a_2 x^2 + \cdots + a_n x^n + \cdots \quad \cdots \Rightarrow \quad \sum_{n=0}^{\infty} x^n = 1 + x + x^2 + \cdots + x^n + \cdots$$

이것은 첫째항이 1이고 공비가 x인 무한등비급수가 된다.

이 때, $|x| < 1$일 때 $\frac{1}{1-x}$로 수렴한다. 이를 식으로 나타내면 다음과 같다.

$$\frac{1}{1-x} = 1 + x + x^2 + \cdots + x^n + \cdots, \ -1 < x < 1$$

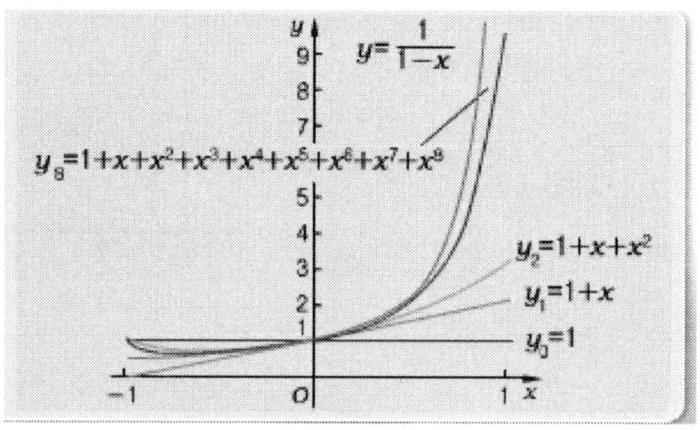

함수 $\frac{1}{1-x}$와 n = 0, 1, 2, 8 일 때의 근사다항식 $p_n(x)$의 그래프

memo

※ 무한급수와 멱급수

무한급수는 단지 주어진 식의 수렴, 발산을 구하는 것이고,
멱급수는 공비에 포함되어 있는 변수 x의 값에 따라 수렴할 수도 있고, 발산할 수도 있다.

무한급수의 예 : $\sum_{n=0}^{\infty} 2^n$

멱급수의 예 : $\sum_{n=0}^{\infty} x^n$

◉ 중심이 2, 계수가 각각 $a_0=1$, $a_1=-\frac{1}{2}$, $a_2=\frac{1}{4}$, $\cdots$, $a_n=\left(-\frac{1}{2}\right)^n$인 멱급수를 보자.

식에 $a=2$ 계수 $a_0=1$, $a_1=-\frac{1}{2}$, $a_2=\frac{1}{4}$, $\cdots$, $a_n=\left(-\frac{1}{2}\right)^n$을 대입하면,

$$1-\frac{1}{2}(x-2)+\frac{1}{4}(x-2)^2+\cdots+\left(-\frac{1}{2}\right)^n(x-2)^n+\cdots$$

첫째항이 1, 공비 $r=-\frac{(x-2)}{2}$인 무한등비급수이다.

(1) 수렴구간 : $-1<-\frac{x-2}{2}<1 \Leftrightarrow 0<x<4$

(2) 멱급수의 합 : $S=\frac{a}{1-r}=\frac{1}{1+\frac{(x-2)}{2}}=\frac{2}{x}$

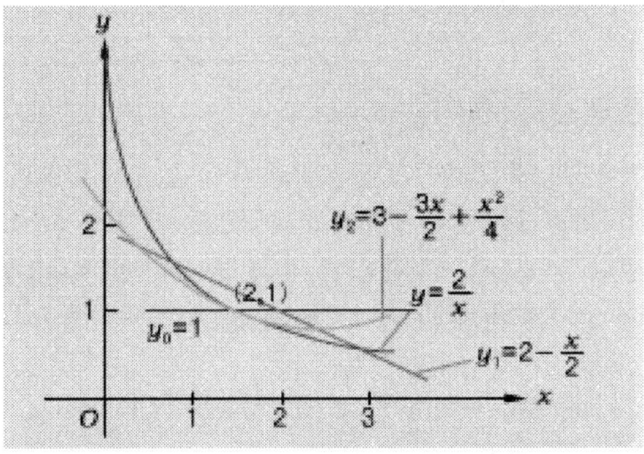

$f(x)=\frac{2}{x}$의 $x=2$ 근처에서의 근사다항식 $P_n(x)$

(2) 멱급수의 함수표현

◉ **멱급수의 수렴구간**

① $n+1$번째 항을 n번째 항으로 나누어서 급수가 수렴하는 구간을 찾는다.

⇨ $|x-a|<R$에서 멱급수는 수렴하고 $|x-a|>R$에서 멱급수는 발산한다.

② 수렴구간의 양 끝점에서 수렴, 발산 여부를 조사한다.

예제1 다음의 멱급수가 수렴하도록 하는 x의 범위를 구해 보자.

$$\sum_{n=0}^{\infty}(-1)^{n-1}\frac{x^n}{n}=x-\frac{x^2}{2}+\frac{x^3}{3}-\cdots$$

풀이 [1단계] 공비 구하기

$$r=\frac{(n+1)\text{번째항}}{n\text{번째항}}=\frac{(-1)^n\dfrac{x^{n+1}}{n+1}}{(-1)^{n-1}\dfrac{x^n}{n}}=-\frac{n}{n+1}x$$

[2단계] 수렴구간 구하기

$n\to\infty$ 일 때 $r\to -x$

$-1<r<1 \Leftrightarrow -1<-x<1 \Leftrightarrow -1<x<1$

따라서 주어진 멱급수는 $-1<x<1$에서 수렴한다.

[3단계] 구간 양 끝점에서의 수렴성 확인

$x=1$일 때, $1-\frac{1}{2}+\frac{1}{3}-\cdots$은 수렴한다.

$x=-1$일 때, $-1-\frac{1}{2}-\frac{1}{3}-\cdots$가 되는데 이것은 발산한다.

($\because$ $\frac{1}{3}$대신$\frac{1}{4}$, $\frac{1}{5}$대신$\frac{1}{8}$, $\frac{1}{6}$대신$\frac{1}{8}$, $\frac{1}{7}$대신$\frac{1}{8}$을 각각 대입하면

$-1-\frac{1}{2}-\frac{1}{3}-\frac{1}{4}-\frac{1}{5}-\frac{1}{6}-\frac{1}{8}-\cdots$

$<-1-\frac{1}{2}-\frac{1}{4}-\frac{1}{4}-\frac{1}{8}-\frac{1}{8}-\frac{1}{8}-\frac{1}{8}-\ldots=-\infty$

따라서, $-1-\frac{1}{2}-\frac{1}{3}-\frac{1}{4}-\frac{1}{5}-\frac{1}{6}-\frac{1}{8}-\ldots$는 발산한다.)

따라서, 주어진 급수는 $-1<x\leq 1$일 때만 수렴한다.

◉ **멱급수의 수렴정리**

① 수렴반경 R에 대하여 $|x-x_0|<R$인 모든 x에 대하여 수렴하고

$|x-x_0|>R$인 모든 x에 대하여 발산한다.

② $R=\infty$인 경우 모든 x에 대하여 수렴한다.

③ $R=0$인 경우 $x=x_0$에서만 수렴한다.

예제2 급수 $\sum_{n=0}^{\infty}(-1)^n(4x+1)^n$의 수렴반경과 수렴구간을 구하여라.

풀이 [1단계] 공비 구하기

$$r=\frac{(n+1)\text{번째항}}{n\text{번째항}}=\frac{(-1)^{n+1}(4x+1)^{n+1}}{(-1)^n(4x+1)^n}=(-1)(4x+1)=-4x-1$$

[2단계] 수렴구간 구하기

$|r|<1 \Leftrightarrow |-4x-1|<1 \Leftrightarrow |x+\frac{1}{4}|<\frac{1}{4}$

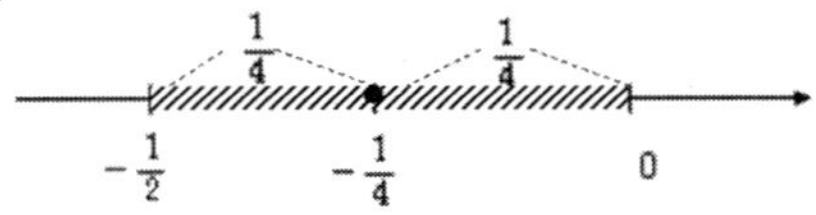

$\therefore$ 수렴반경 $R=\frac{1}{4}$

$\therefore$ 수렴구간 $|x+\frac{1}{4}|<\frac{1}{4} \Leftrightarrow -\frac{1}{2}<x<0$

[3단계] 구간 양 끝점에서의 수렴성 확인

$x=-\frac{1}{2}$일 때, $\sum_{n=0}^{\infty}(-1)^n(4x+1)^n=\sum_{n=0}^{\infty}1=1+1+1+\cdots$ 이므로 발산

$x=0$일 때, $\sum_{n=0}^{\infty}(-1)^n(4x+1)^n=\sum_{n=0}^{\infty}(-1)^n=1-1+1-1+\cdots$ 이므로 진동(발산)

따라서, 멱급수의 수렴구간은 $\left(-\frac{1}{2},0\right)$ 이다.

(3) 다지기

다음 문제를 풀어보세요.

※ (1~4) 멱급수 $\sum_{n=0}^{\infty}\left(-\frac{1}{2}\right)^n(x-3)^n=1-\frac{1}{2}(x-3)+\frac{1}{4}(x-3)^2+\cdots+\left(-\frac{1}{2}\right)^n(x-3)^n+\cdots$ 에 대하여 다음 물음에 답하여라.

1 공비 r을 구하여라.

① $-\frac{1}{2}(x-3)$ ② $\frac{1}{2}(x-3)$ ③ $-\frac{1}{2}$ ④ $x-3$

2 수렴반경 R을 구하여라.

① $-1<x<1$ ② $1<x<5$ ③ $1<x<3$ ④ $3<x<5$

3 수렴구간의 양 끝점에서 수렴과 발산 여부를 조사하여라.

① 한 점에서는 수렴하고 다른 한 점에서는 발산한다.

② 두 점 다 수렴한다.

③ 두 점 다 발산한다.

4 수렴구간을 말하여라.

① [-1, 1)　　② (1, 5)　　③ [1, 5)　　④ (3, 5)

2) 멱급수의 미분과 적분

(1) 멱급수의 미분

◉ **멱급수의 미분**

수렴반경이 R일 때 $f(x)=\sum_{n=0}^{\infty}a_n(x-x_0)^n$, $|x-x_0|<R$

1) $f'(x)=\sum_{n=0}^{\infty}na_n(x-x_0)^{n-1}$　　2) $f''(x)=\sum_{n=0}^{\infty}n(n-1)a_n(x-x_0)^{n-2}$

이 때, 미분을 통해 얻은 멱급수들은 원래 급수의 수렴반경 내에서 수렴한다.

·한 번 미분한 경우

$$f(x)=\sum_{n=0}^{\infty}a_n(x-x_0)^n=a_0+a_1(x-x_0)+a_2(x-x_0)^2+\cdots+a_n(x-x_0)^n+\cdots,$$

$|x-x_0|<R$

멱급수를 항별 미분하면,

$$f'(x)=\{a_0+a_1(x-x_0)+a_2(x-x_0)^2+\cdots+a_n(x-x_0)^n+\cdots\}'$$

$$=(a_0)'+\{a_1(x-x_0)\}'+\{a_2(x-x_0)^2\}'+\cdots+\{a_n(x-x_0)^n\}'+\cdots$$

$$=a_1+2a_2(x-x_0)+\cdots+na_n(x-x_0)^{n-1}+\cdots$$

$$=\sum_{n=1}^{\infty}na_n(x-x_0)^{n-1}$$

· 멱급수를 두 번 미분한 경우

$$f(x)=\sum_{n=0}^{\infty}a_n(x-x_0)^n=a_0+a_1(x-x_0)+a_2(x-x_0)^2+\cdots+a_n(x-x_0)^n+\cdots,$$

$|x-x_0|<R$

$f(x)$를 미분하여 얻은 멱급수는

$$f'(x) = a_1 + 2a_2(x-x_0) + \cdots + na_n(x-x_0)^{n-1} + \cdots = \sum_{n=1}^{\infty} na_n(x-x_0)^{n-1}$$

$f'(x)$를 미분하면 $f''(x)$를 얻을 수 있다.

$$f''(x) = \{a_1 + 2a_2(x-x_0) + 3a^3(x-x_0)^2 + \cdots + na_n(x-x_0)^{n-1} + \cdots\}'$$

$$= (a_1)' + \{2a_2(x-x_0)\}' + \{3a^3(x-x_0)^2\}' + \cdots + \{na_n(x-x_0)^{n-1}\}' + \cdots$$

$$= 2\cdot 1a_2 + 3\cdot 2a_3(x-x_0) + \cdots + \{n(n-1)a_n(x-x_0)^{n-2}\}' + \cdots$$

$$= \sum_{n=2}^{\infty} n(n-1)a_n(x-x_0)^{n-2}$$

◉ **무한급수의 합 공식**

첫째항이 a, 공비 r인 무한등비수열 $\{ar^{n-1}\}$에서 나온 무한급수에서

$$\sum_{n=1}^{\infty} ar^{n-1} = a + ar + ar^2 + \cdots + ar^{n-1} + \cdots (a \neq 0)$$

① $|r| < 1$일 때에만 수렴하고 합 S가 존재한다. $S = \dfrac{a}{1-r}$

② $|r| \geq 1$일 때에는 발산한다.

예제1 다음 함수에 대하여 $f'(x)$를 나타내는 급수를 구하여라.

$$f(x) = \frac{1}{1-x} = 1 + x + x^2 + x^3 + x^4 + \cdots + x^n + \cdots = \sum_{n=0}^{\infty} x^n,\ -1 < x < 1$$

풀이 [방법1] 항별 미분하기

$$f'(x) = \left(\frac{1}{1-x}\right)' = (1 + x + x^2 + x^3 + x^4 + \cdots + x^n + \cdots)'$$ 이므로

$$f'(x) = -\frac{1}{(1-x)^2} \qquad = 1 + 2x + 3x^2 + 4x^3 + \cdots + nx^{n-1} + \cdots \qquad = \sum_{n=1}^{\infty} nx^{n-1},$$

$-1 < x < 1$

[방법2] 시그마와 미분 기호 이용하기 $f'(x) = \dfrac{d}{dx}\displaystyle\sum_{n=0}^{\infty} x^n = \sum_{n=0}^{\infty} \dfrac{d}{dx} x^n = \sum_{n=1}^{\infty} nx^{n-1}$

예제2 다음 함수에 대하여 $f''(x)$를 나타내는 급수를 구하여라.

$$f(x) = \frac{1}{1-x} = 1 + x + x^2 + x^3 + x^4 + \cdots + x^n + \cdots = \sum_{n=0}^{\infty} x^n,\ -1 < x < 1$$

풀이 [방법1] 항별 미분하기

$$f'(x) = \frac{-1}{(1-x)^2} = 1 + 2x + 3x^2 + 4x^3 + \cdots + nx^{n-1} + \cdots = \sum_{n=1}^{\infty} nx^{n-1},\ -1 < x < 1$$

식의 양변을 미분한다.

$$f''(x) = \frac{1}{(1-x)^3} = (1 + 2x + 3x^2 + 4x^3 + \cdots + nx^{n-1} + \cdots)'$$

$$= (1)' + (2x)' + (3x^2)' + (4x^3)' + \cdots + (nx^{n-1})' + \cdots$$

$$= 2 + 3 \cdot 2x + 4 \cdot 3x^2 + \cdots + n(n-1)x^{n-2} + \cdots = \sum_{n=2}^{\infty} n(n-1)x^{n-2}, \ -1 < x < 1$$

[방법2] 시그마와 미분 기호 이용하기

$f'(x) = \sum_{n=1}^{\infty} nx^{n-1}$에서 $f''(x) = \frac{d}{dx}\sum_{n=1}^{\infty} nx^{n-1} = \sum_{n=1}^{\infty} \frac{d}{dx} nx^{n-1} = \sum_{n=1}^{\infty} n(n-1)x^{n-2}$

(2) 멱급수의 적분

◎ 멱급수의 적분

수렴반경이 R일 때 $f(x) = \sum_{n=0}^{\infty} a_n (x-x_0)^n$, $|x-x_0| < R$

$$\int f(x)dx = \sum_{n=0}^{\infty} a_n \frac{(x-x_0)^{n+1}}{n+1} + C$$

예제1 $f(x) = \sum_{n=0}^{\infty} a_n (x-x_0)^n$, $|x-x_0| < R$ (R은 수렴반경)을 적분하여 보자.

풀이 적분은 다음 멱급수의 항별 적분을 하여 얻는다.

$$f(x) = \sum_{n=0}^{\infty} a_n (x-x_0)^n = a_0 + a_1(x-x_0) + a_2(x-x_0)^2 + \cdots + a_n(x-x_0)^n + \cdots$$

$$\int f(x)dx = \int \{a_0 + a_1(x-x_0) + a_2(x-x_0)^2 + \cdots + a_n(x-x_0)^n + \cdots\}dx$$

$$= \int a_0 dx + \int a_1(x-x_0)dx + \int a_2(x-x_0)^2 dx + \cdots + \int a_n(x-x_0)^n dx + \cdots$$

$$= a_0 x + \frac{a_1}{2}(x-x_0)^2 + \frac{a_2}{3}(x-x_0)^3 + \cdots + \frac{a_n}{n+1}(x-x_0)^{n+1} + \cdots + C$$

$$= \sum_{n=0}^{\infty} \frac{a_n (x-x_0)^{n+1}}{n+1} + C$$

예제2 다음 멱급수를 적분 하여라

$$f(x) = \frac{1}{1+x} = 1 - x + x^2 - x^3 + \cdots \ , \ -1 < x < 1$$

풀이 [방법1] 항별 적분하기

$$\ln(x+1) = \int \frac{1}{1+x}dx = \int (1 - x + x^2 - x^3 + \cdots)dx$$

$$= \int 1dx - \int xdx + \int x^2 dx - \int x^3 dx + \cdots$$

$$= x - \frac{1}{2}x^2 + \frac{1}{3}x^3 - \frac{1}{4}x^4 + \cdots + C = \sum_{n=0}^{\infty} (-1)^n \frac{x^{n+1}}{(n+1)!} + C$$

[방법2] 시그마와 적분 기호 이용하기

$$f(x)=1-x+x^2-x^3+\cdots=\sum_{n=0}^{\infty}(-1)^n\frac{x^n}{n!}$$ 이므로

$$\int f(x)dx=\int\sum_{n=0}^{\infty}(-1)^n\frac{x^n}{n!}dx=\sum_{n=0}^{\infty}\int(-1)^n\frac{x^n}{n!}dx=\sum_{n=1}^{\infty}(-1)^n\frac{x^{n+1}}{(n+1)!}$$

예제3 다음 급수에 대하여 물음에 답하여라.

$$1-\frac{1}{2}(x-3)+\frac{1}{4}(x-3)^2-\cdots+\left(-\frac{1}{2}\right)^n(x-3)^n+\cdots$$

1) 어떤 x에 대하여 수렴하는가?

2) 합은 무엇인가?

3) 항별 적분하면 어떤 급수인가?

4) 새로운 급수는 어떤 x에 대하여 수렴하는가?

풀이 1) $r=\dfrac{(n+1)\text{번째항}}{n\text{번째항}}=\dfrac{\left(-\frac{1}{2}\right)^{n+1}(x-3)^{n+1}}{\left(-\frac{1}{2}\right)^n(x-3)^n}=-\dfrac{1}{2}(x-3)$

$$-1<r<1 \Leftrightarrow -1<-\frac{1}{2}(x-3)<1 \Leftrightarrow 1<x<5$$

즉, 멱급수의 수렴구간은 $1<x<5$이다.

2) 첫째항이 $a=1$이고 공비 $r=-\frac{1}{2}(x-3)$인 무한등비급수이므로

$$S=\frac{a}{1-r}=\frac{1}{1+\frac{1}{2}(x-3)}=\frac{2}{x-1}$$

3) $\dfrac{2}{x-1}=1-\dfrac{1}{2}(x-3)+\dfrac{1}{4}(x-3)^2-\cdots+\left(-\dfrac{1}{2}\right)^n(x-3)^n+\cdots$을 항별 적분하면,

$$\int_0^x\frac{2}{x-1}dx$$

$$=\left[x-\frac{1}{2\cdot 2}(x-3)^2+\frac{1}{4\cdot 3}(x-3)^3-\cdots+\frac{1}{(-2)^n\cdot(n+1)}(x-3)^{n+1}+\cdots\right]_0^x$$

$$2\ln(x-1)=x-\frac{1}{4}(x-3)^2+\frac{1}{12}(x-3)^3-\cdots+\frac{1}{(-2)^n\cdot(n+1)}(x-3)^{n+1}+\cdots$$

4) 적분한 급수의 수렴구간은 원래 멱급수의 수렴구간과 같으므로 $1<x<5$

(3) 다지기

다음 문제를 풀어 보자.

※(1~3) 급수 $\sum_{n=0}^{\infty}\frac{(-1)^{2n+1}}{(2n+1)!}x^{2n+1}=x-\frac{x^3}{3!}+\frac{x^5}{5!}-\frac{x^7}{7!}+\frac{x^9}{9!}-\frac{x^{11}}{11!}+\cdots$는 모든 x에 대하여 $\sin x$로 수렴한다. 이 급수에 대하여 다음 물음에 답하여라.

1 주어진 급수를 미분하여 $\cos x$로 수렴하는 급수를 구하여라.

① $\sum_{n=0}^{\infty}\frac{(-1)^n x^{2n}}{(2n)!}$ ② $\sum_{n=0}^{\infty}\frac{(-1)^{2n+1}x^{2n}}{(2n+1)!}$ ③ $\sum_{n=0}^{\infty}\frac{(-1)^{2n+1}x^{2n}}{(2n)!}$ ④ $\sum_{n=0}^{\infty}\frac{(-1)^n x^{2n-1}}{(2n+1)!}$

2 주어진 급수를 적분하여 $-\cos x$로 수렴하는 급수를 구하여라.

① $\sum_{n=0}^{\infty}\frac{(-1)^n x^{2n}}{(2n)!}$ ② $\sum_{n=0}^{\infty}\frac{(-1)^{2n+1}x^{2n}}{(2n+1)!}$ ③ $-\sum_{n=1}^{\infty}\frac{(-1)^n x^{2n}}{(2n)!}$ ④ $-\sum_{n=0}^{\infty}\frac{(-1)^n x^{2n-1}}{(2n+1)!}$

3 주어진 급수에서 x를 $2x$로 바꾸어 모든 x에 대하여 $\sin 2x$로 수렴하는 급수를 구하여라.

① $2x+\frac{(2x)^3}{3!}+\frac{(2x)^5}{5!}+\frac{(2x)^7}{7!}+\frac{(2x)^9}{9!}+\frac{(2x)^{11}}{11!}+\cdots$

② $2x-\frac{(2x)^3}{3!}-\frac{(2x)^5}{5!}-\frac{(2x)^7}{7!}-\frac{(2x)^9}{9!}-\frac{(2x)^{11}}{11!}-\cdots$

③ $2x-\frac{(2x)^3}{3!}+\frac{(2x)^5}{5!}-\frac{(2x)^7}{7!}+\frac{(2x)^9}{9!}-\frac{(2x)^{11}}{11!}+\cdots$

Review

◉ 멱급수의 수렴 정리

① 수렴반경 R에 대하여 $|x-x_0|<R$인 모든 x에 대하여 수렴하고
$|x-x_0|>R$인 모든 x에 대하여 발산한다.
이 때, 양 끝점인 $x=x_0-R$, $x=x_0+R$에서는 수렴할 수도 있고 발산할 수도 있다.

② $R=\infty$인 경우 모든 x에 대하여 수렴한다.

③ $R=0$인 경우 $x=x_0$에서만 수렴한다.

◉ 멱급수의 수렴판정법

① $n+1$번째 항을 n번째 항으로 나누어서 급수가 수렴하는 구간을 찾는다.
⇨ $|x-a|<R$

② 수렴구간의 양 끝점에서 수렴, 발산 여부를 조사한다.

③ 수렴구간이 $|x-a|<R$이면 $|x-a|>R$에서 급수는 발산한다.

◉ 멱급수의 미분

$f(x)=\sum_{n=0}^{\infty} a_n(x-x_0)^n$, $|x-x_0|<R$일 때,

① $f'(x)=\sum_{n=0}^{\infty} na_n(x-x_0)^{n-1}$

② $f''(x)=\sum_{n=0}^{\infty} n(n-1)a_n(x-x_0)^{n-2}$

이 때 미분을 통해 얻은 멱급수들은 원래 급수의 수렴반경 R내에서 수렴한다.

◉ 멱급수의 적분

$f(x)=\sum_{n=0}^{\infty} a_n(x-x_0)^n$, $|x-x_0|<R$일 때, $\int f(x)dx=\sum_{n=0}^{\infty} a_n\frac{(x-x_0)^{n+1}}{n+1}+C$

이 때, 적분을 통해 얻은 멱급수는 원래 급수의 수렴반경 R내에서 수렴한다.

Quiz, Quiz

1 $\sum_{n=0}^{\infty}(2x)^n$의 수렴반경 R을 구하여라.

① $\frac{1}{2}$ ② 1 ③ 2

2 $\sum_{n=0}^{\infty}(2x)^n$의 수렴구간을 구하여라.

① $\left(-\frac{1}{2}, \frac{1}{2}\right)$ ② (1,1) ③ (2,2)

3 $\sum_{n=0}^{\infty}(2x)^n$의 수렴구간 안에서 x의 함수로서 합을 구하여라.

① $\frac{1}{1-x}$ ② $\frac{1}{1-2x}$ ③ $\frac{2}{2-x}$

4 4. $x-\frac{x^3}{3!}+\frac{x^5}{5!}-\frac{x^7}{7!}+\frac{x^9}{9!}-\frac{x^{11}}{11!}+\cdots$을 항별 미분하면 어떤 급수가 되는가?

① $\sum_{n=0}^{\infty}\frac{(-1)^n x^{2n+1}}{(2n+1)!}$ ② $\sum_{n=1}^{\infty}\frac{(-1)^n x^{2n}}{(2n)!}$ ③ $\sum_{n=0}^{\infty}\frac{(-1)^n x^{2n}}{(2n)!}$

정답 및 풀이

1) 멱급수의 함수표현

다지기 정답 p.7

1 ①
2 ②
3 ③
4 ②

1 $r=\dfrac{(n+1)\text{번째항}}{n\text{번째항}}=\dfrac{\left(-\dfrac{1}{2}\right)^{n+1}(x-3)^{n+1}}{\left(-\dfrac{1}{2}\right)^{n}(x-3)^{n}}=-\dfrac{1}{2}(x-3)$

2 $|r|<1 \Leftrightarrow \left|-\dfrac{1}{2}(x-3)\right|<1 \Leftrightarrow 1<x<5$

3 $x=1$; $\displaystyle\sum_{n=0}^{\infty}\left(-\frac{1}{2}\right)^{n}(x-3)^{n}=\sum_{n=0}^{\infty}\left(-\frac{1}{2}\right)^{n}(-2)^{n}=\sum_{n=0}^{\infty}\left\{\left(-\frac{1}{2}\right)\cdot(-2)\right\}^{n}$

$\displaystyle=\sum_{n=0}^{\infty}1=1+1+1+\cdots$ (발산)

$x=5$; $\displaystyle\sum_{n=0}^{\infty}\left(-\frac{1}{2}\right)^{n}(x-3)^{n}=\sum_{n=0}^{\infty}\left(-\frac{1}{2}\right)^{n}\cdot 2^{n}=\sum_{n=0}^{\infty}\left(-\frac{1}{2}\cdot 2\right)^{n}=\sum_{n=0}^{\infty}(-1)^{n}$

$=1-1+1-1+\cdots$ 진동(발산)

4 $1<x<5$에서 양쪽 끝값이 모두 발산하므로 수렴구간은 $(1,\ 5)$이다.

2) 멱급수의 미분과 적분

다지기 정답 p.11

1 ①
2 ③
3 ③

1 $x-\dfrac{x^3}{3!}+\dfrac{x^5}{5!}-\dfrac{x^7}{7!}+\dfrac{x^9}{9!}-\dfrac{x^{11}}{11!}+\cdots$을 항별 미분하면,

$1-\dfrac{x^2}{2!}+\dfrac{x^4}{4!}-\dfrac{x^6}{6!}+\dfrac{x^8}{8!}-\dfrac{x^{10}}{10!}+\cdots=\displaystyle\sum_{n=0}^{\infty}\frac{(-1)^n x^{2n}}{(2n)!}$

2 $x-\dfrac{x^3}{3!}+\dfrac{x^5}{5!}-\dfrac{x^7}{7!}+\dfrac{x^9}{9!}-\dfrac{x^{11}}{11!}+\cdots$을 항별 적분하면,

$$\frac{1}{2}x^2 - \frac{x^4}{3!\cdot4} + \frac{x^6}{5!\cdot6} - \frac{x^8}{7!\cdot8} + \frac{x^{10}}{9!\cdot10} - \frac{x^{12}}{11!\cdot12} + \cdots = \frac{x^2}{2} - \frac{x^4}{4!} + \frac{x^6}{6!} - \frac{x^8}{8!} + \frac{x^{10}}{10!} - \frac{x^{12}}{12!} + \cdots$$

$$= \sum_{n=1}^{\infty} \frac{(-1)^{n+1}x^{2n}}{(2n)!} = -\sum_{n=1}^{\infty} \frac{(-1)^n x^{2n}}{(2n)!}$$

3 $\sum_{n=0}^{\infty} \frac{(-1)^{2n+1}}{(2n+1)!}(2x)^{2n+1} = 2x - \frac{(2x)^3}{3!} + \frac{(2x)^5}{5!} - \frac{(2x)^7}{7!} + \frac{(2x)^9}{9!} - \frac{(2x)^{11}}{11!} + \cdots$

Quiz, Quiz

퀴즈 퀴즈 정답 p.13

1 ①
2 ①
3 ②
4 ③

1 $r = \frac{(n+1)\text{번째항}}{n\text{번째항}} = \frac{(2x)^{n+1}}{(2x)^n} = 2x$

$n \to \infty$ 일 때 $r \to 2x$

급수가 수렴하기 위한 공비 r은 $|r| < 1 \Leftrightarrow |2x| < 1 \Leftrightarrow |x| < \frac{1}{2}$ 따라서, 수렴반지름 $R = \frac{1}{2}$

2 수렴구간의 양 끝점에서 수렴, 발산 여부를 조사한다.

$x = \frac{1}{2}$일 때, $\sum_{n=0}^{\infty}(2x)^n = \sum_{n=0}^{\infty} 1 = 1+1+1+\cdots$ 이므로 발산

$x = -\frac{1}{2}$일 때, $\sum_{n=0}^{\infty}(2x)^n = \sum_{n=0}^{\infty}(-1)^n = 1-1+1-1+\cdots$ 이므로 진동 (발산)

따라서 이상의 내용을 종합해 볼 때, 멱급수의 수렴구간은 $\left(-\frac{1}{2}, \frac{1}{2}\right)$

3 주어진 멱급수는 $\left(-\frac{1}{2}, \frac{1}{2}\right)$에서 수렴하고 그 합은 $S = \frac{\text{첫째항}}{1-\text{공비}}$ 이므로,

수렴구간에서 합 $S = \frac{1}{1-2x}$

4 $x - \frac{x^3}{3!} + \frac{x^5}{5!} - \frac{x^7}{7!} + \frac{x^9}{9!} - \frac{x^{11}}{11!} + \cdots$ 을 항별 미분하면,

$$1 - \frac{x^2}{2!} + \frac{x^4}{4!} - \frac{x^6}{6!} + \frac{x^8}{8!} - \frac{x^{10}}{10!} + \cdots = \sum_{n=0}^{\infty} \frac{(-1)^n x^{2n}}{(2n)!}$$

14-3 테일러급수와 매크로린급수

Calculus Life

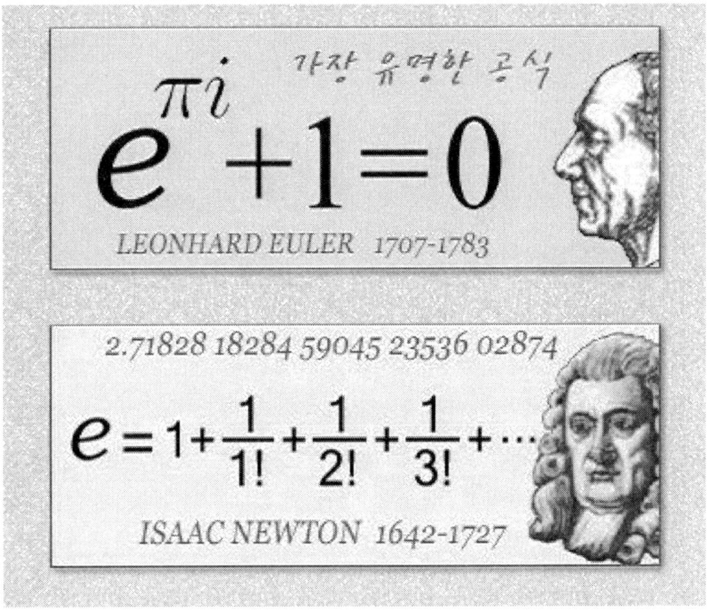

이와 같은 공식을 본 적이 있는가? 아마 처음 보는 학생들이 대부분일 거라고 생각한다. 오일러는 자연로그 상수인 e에 관한 많은 것을 발견해낸 수학자로 유명하다. 특히 첫 번째에 있는 공식은 분명히 수학 전체에서 가장 아름다운 공식의 하나에 속할 것이다. 이 공식은 수학에서 가장 중요한 다섯 개의 상수를 연결하는 공식을 얻고 있기 때문이다. 그리고 수학에서 가장 중요한 세 가지 연산인 덧셈, 곱셈, 지수도 얻을 수 있다. 이 다섯 개의 상수는 고전 수학을 대표하는 네 가지 주요한 분야를 상징적으로 나타내고 있다. 즉, 0과 1인 산술을, I는 대수학을, π[파이] 는 기하학을, e는 해석학을 각각 나타낸다. 많은 사람이 오일러의 공식에서 갖가지 신비로운 의미를 찾는 것은 결코 놀랍지 않다. 이 놀라운 공식은 테일러 시리즈를 이용하여 얻어낼 수 있다. 물론 허수 i가 들어있기에 직접적으로 학습하지는 않지만, $e^{i\theta}=\cos\theta+i\sin\theta$라는 공식을 테일러 시리즈를 이용하여 얻어낸 다음 위와 같은 아름다운 공식을 유도할 수 있다. 이번시간에는 테일러급수와 매크로린급수에 관하여 학습해보도록 한다.

My Map

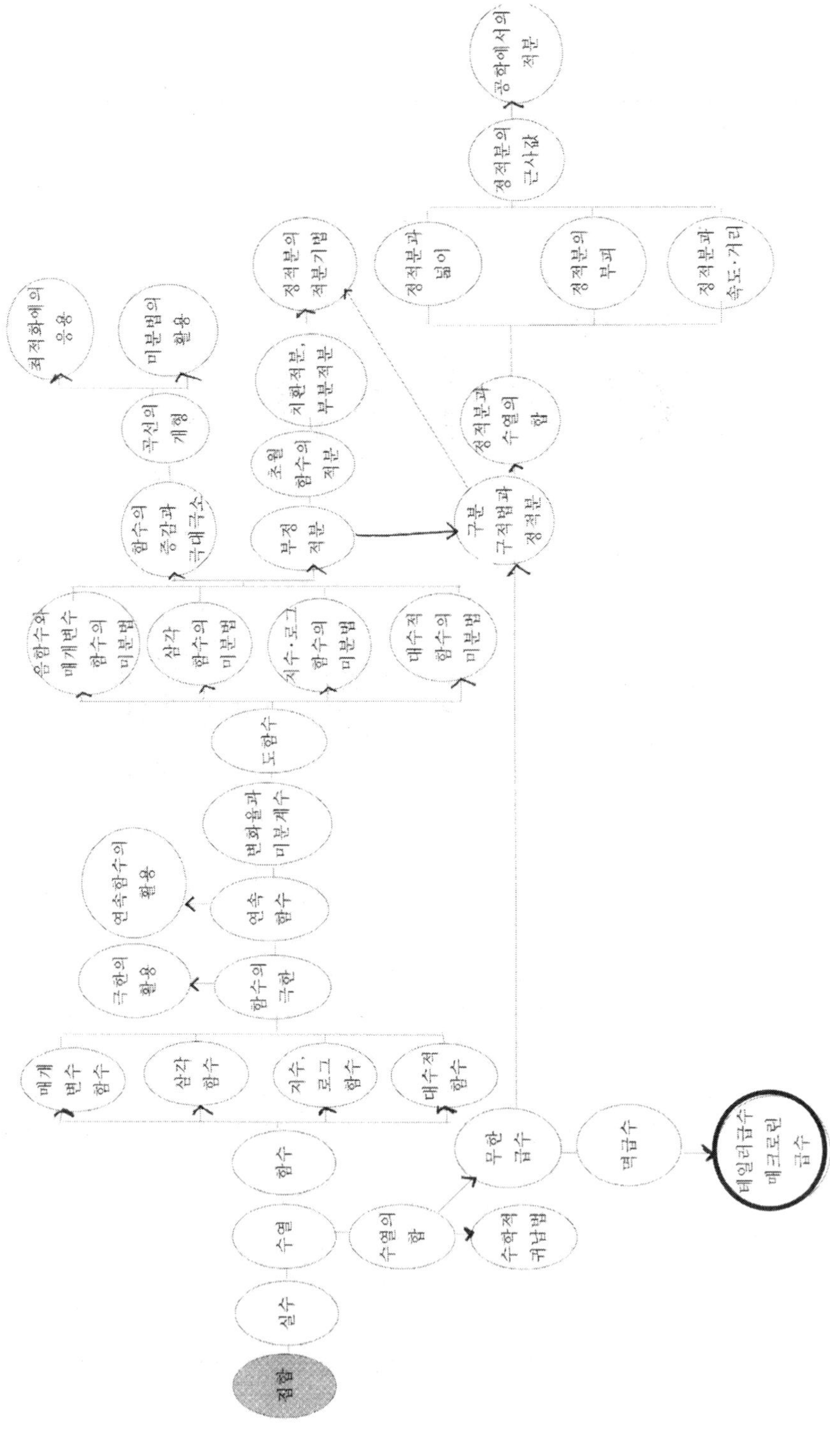
집합
실수
수열
함수
수열의 합
수학적 귀납법
무한급수
멱급수
테일러급수 매크로린 급수
매개변수 함수
삼각함수
지수, 로그 함수
대수적 함수
함수의 극한
극한의 활용
연속 함수
연속함수의 활용
변화율과 미분계수
도함수
음함수와 매개변수 함수의 미분법
삼각함수의 미분법
지수·로그 함수의 미분법
대수적 함수의 미분법
함수의 증감과 극대극소
곡선의 개형
최적화에의 응용
미분법의 활용
부정 적분
초월 함수의 적분
치환적분, 부분적분
정적분의 적분기법
구분 구적법과 정적분
정적분과 수열의 합
정적분과 넓이
정적분의 부피
정적분과 속도·거리
정적분의 근사값
공학에서의 적분

Secret Key

테일러급수

$$f(x)=\sum_{n=0}^{\infty}\frac{f^{(n)}(x_0)}{n!}(x-x_0)^n$$

$$=f(x_0)+f'(x_0)(x-x_0)+\frac{f''(x_0)}{2!}(x-x_0)^2+\cdots+\frac{f^{(n)}(x_0)}{n!}(x-x_0)^n+\cdots$$

매크로린급수

$$f(x)=\sum_{n=0}^{\infty}\frac{f^{(n)}(0)}{n!}(x-0)^n$$

$$=f(0)+f'(0)(x-0)+\frac{f''(0)}{2!}(x-0)^2+\cdots+\frac{f^{(n)}(0)}{n!}(x-0)^n+\cdots$$

My Lesson

1) 테일러급수

(1) 테일러급수

테일러급수

$$f(x)=\sum_{n=0}^{\infty}\frac{f^{(n)}(x_0)}{n!}(x-x_0)^n$$
$$=f(x_0)+f'(x_0)(x-x_0)+\frac{f''(x_0)}{2!}(x-x_0)^2+\cdots+\frac{f^{(n)}(x_0)}{n!}(x-x_0)^n+\cdots$$

예제1 $y=\frac{1}{x}$의 $x=2$에서의 테일러 급수를 구하여라.

풀이 미분을 계속하여 $f(2)$, $f'(2)$, $f''(2)$, $\cdots$를 구한다.

$$f(x)=x^{-1}, \qquad f(2)=2^{-1}=\frac{1}{2}$$
$$f'(x)=-x^{-2}, \qquad f'(2)=-\frac{1}{2^2}$$
$$f''(x)=2!x^{-3}, \qquad \frac{f''(x)}{2!}=2^{-3}=\frac{1}{2^3}$$
$$f'''(x)=-3!x^{-4}, \qquad \frac{f''(2)}{3!}=-2^{-4}=-\frac{1}{2^4}$$
$$\cdots \qquad \cdots$$
$$f^{(n)}(x)=(-1)^n n!x^{-(n+1)}, \qquad \frac{f^{(n)}(2)}{n!}=\frac{(-1)^n}{2^{n+1}}$$

따라서, $f(x)=\frac{1}{x}=f(2)+f'(2)(x-2)+\frac{f''(2)}{2}(x-2)^2+\cdots+\frac{f^{(n)}(2)}{n!}(x-2)^n+\cdots$

$$=\frac{1}{2}-\frac{(x-2)}{2^2}+\frac{(x-2)^2}{2^3}-\cdots+(-1)^n\frac{(x-2)^n}{2^{n+1}}+\cdots$$

◉ **테일러급수에 대해 알아보자.**

x_0를 포함하는 구간에서 f가 무한번 미분가능할 때,

$f(x)$	$=$	$P_n(x)$	$+$	$R_n(x)$
		↑		↑
		n계 테일러다항식		n계 나머지항

$n\to\infty$임에 따라 $R_n(x)\to 0$일 때, f의 테일러급수는 수렴하고

$$f(x)=f(x_0)+f'(x_0)(x-x_0)+\frac{f''(x_0)}{2!}(x-x_0)^2+\cdots+\frac{f^{(n)}(x_0)}{n!}(x-x_0)^n+R_n(x)$$

여기서, $R_n(x)=\dfrac{f^{(n+1)}(c)}{(n+1)!}(x-x_0)^{n+1}$, (단, $x_0<c<x$)로 표현한다.

(2) 테일러 다항식

◎ 테일러 다항식에 대해 알아보자.

· 점 x_0에서 미분가능한 함수 f의 선형 근사식은 다음과 같이 1차식으로 나타난다.

$$P_1(x)=f(x_0)+f'(x_0)(x-x_0)$$

· $x=x_0$에서 f의 n계 테일러 다항식

$$P_n(x)=f(x_0)+f'(x_0)(x-x_0)+\frac{f''(x_0)}{2!}(x-x_0)^2+\cdots+\frac{f^{(n)}(x_0)}{n!}(x-x_0)^n$$

·<예> $x=x_0$에서 f의 0계 테일러 다항식 : $P_0(x)=f(x_0)$

$x=x_0$에서 f의 1계 테일러 다항식 : $P_1(x)=f(x_0)+f'(x_0)(x-x_0)$

$x=x_0$에서 f의 2계 테일러 다항식 :

$$P_2(x)=f(x_0)+f'(x_0)(x-x_0)+\frac{f''(x_0)}{2!}(x-x_0)^2$$

$x=x_0$에서 f의 0계 테일러 다항식 :

$$P_3(x)=f(x_0)+f'(x_0)(x-x_0)+\frac{f''(x_0)}{2!}(x-x_0)^2+\frac{f'''(x_0)}{3!}(x-x_0)^3$$

예제1 $x=0$에서 $f(x)=\ln(1+x)$의 0,1,2,3계 테일러 다항식을 구하여라.

풀이

$f(x)=\ln(1+x)$	$f(0)=\ln 1=0$	$f(0)=0$
$f'(x)=\dfrac{1}{1+x}$	$f'(0)=1$	$f'(0)=1$
$f''(x)=\dfrac{-1}{(1+x)^2}$	$f''(0)=-1$	$\dfrac{f''(0)}{2!}=-\dfrac{1}{2}$
$f'''(x)=\dfrac{1}{(1+x)^3}$	$f'''(0)=1$	$\dfrac{f'''(0)}{3!}=\dfrac{1}{6}$

$\therefore$ $x=0$에서 0계 테일러 다항식 : $P_0(x)=f(0)=0$

1계 테일러 다항식 : $P_1(x)=f(0)+f'(0)x=x$

2계 테일러 다항식 : $P_2(x)=f(0)+f'(0)x+\dfrac{f''(0)}{2!}x^2=x-\dfrac{1}{2}x^2$

3계 테일러 다항식 : $P_3(x)=f(0)+f'(0)x+\dfrac{f''(0)}{2!}x^2+\dfrac{f'''(0)}{3!}x^3=x-\dfrac{1}{2}x^2+\dfrac{1}{6}x^3$

memo

※ $x=0$에서 n계 테일러 다항식

$$P_n(x)=f(0)+f'(0)x+\frac{f''(0)}{2!}x^2+\cdots+\frac{f^{(n)}(0)}{n!}x^n$$

매크로린급수

$$f(x)=\sum_{n=0}^{\infty}\frac{f^{(n)}(0)}{n!}(x-0)^n$$
$$=f(0)+f'(0)(x-0)+\frac{f''(0)}{2!}(x-0)^2+\cdots+\frac{f^{(n)}(0)}{n!}(x-0)^n+\cdots$$

예제2 $x=0$에서의 함수 f의 선형화와 2차 근사를 구하여라.

$f(x)=\sin x$

풀이

$f(x)=\sin x$	$f(0)=0$
$f'(x)=\cos x$	$f'(0)=1$
$f''(x)=-\sin x$	$f''(0)=0$

$x=0$에서 1계 테일러 다항식은 $P_1(x)=f(0)+f'(0)x=x$

$x=0$에서 2계 테일러 다항식은 $P_2(x)=f(0)+f'(0)x+\dfrac{f''(0)}{2!}x^2=x$

$\therefore$ $f(x)=\sin x$의 선형화와 2차 근사는 $P_1(x)=P_2(x)=x$

예제3 $x=0$에서 e^x의 테일러 급수와 n계 테일러 다항식을 구하여라

풀이

도함수		$x=0$대입		급수의 계수
$f(x)=e^x$,		$f(0)=e^0=1$		$f(0)=1$
$f'(x)=e^x$,		$f'(0)=1$		$f'(0)=1$
$f''(x)=e^x$,		$f''(0)=1$		$\dfrac{f''(0)}{2!}=\dfrac{1}{2!}$
$f'''(x)=e^x$	$\Rightarrow$	$f'''(0)=1$	$\Rightarrow$	$\dfrac{f''(0)}{3!}=\dfrac{1}{3!}$
$\cdots$		$\cdots$		
$f^{(n)}(x)=e^x$,		$f^{(n)}(0)=1$		$\dfrac{f^{(n)}(0)}{n!}=\dfrac{1}{n!}$

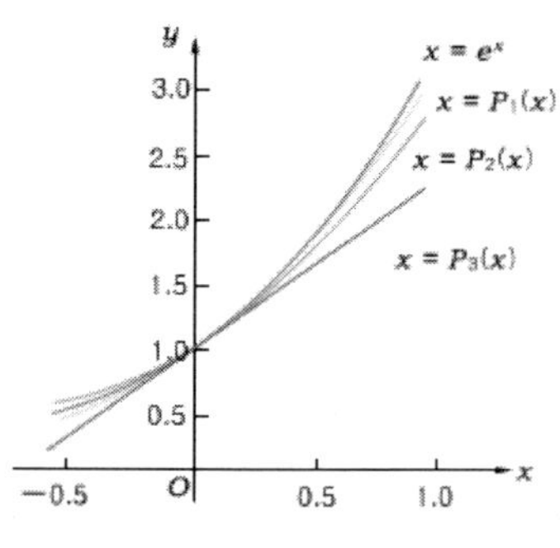

따라서 $x=0$에서 테일러 급수는

$$f(0)+f'(0)x+\frac{f''(0)}{2}x^2+\cdots+\frac{f^{(n)}(0)}{n!}x^n+\cdots=1+x+\frac{x^2}{2!}+\cdots+\frac{x^n}{n!}+\cdots$$

$x=0$에서 f의 n계 테일러 다항식은 $P_n(x)=1+x+\dfrac{x^2}{2!}+\cdots+\dfrac{x^n}{n!}$

예제4 $x=0$에서 $\cos x$의 매크로린 급수를 구하여라.

풀이

$$f(x)=\cos x, \qquad f'(x)=-\sin x$$
$$f''(x)=-\cos x \qquad f'''(x)=\sin x$$
$$\cdots \qquad \cdots$$
$$f^{(2n)}(x)=(-1)^{(n)}\cos x \qquad f^{(2n+1)}(x)=(-1)^{(n+1)}\sin x$$
$$\downarrow \qquad \downarrow$$
$$f^{(2n)}(0)=(-1)^{(n)} \qquad f^{(2n+1)}(x)=0$$

memo

테일러급수 $\sum_{n=0}^{\infty}\frac{f^{(n)}(0)}{n!}x^n=f(0)+f'(0)x+\frac{f''(0)}{2}x^2+\cdots+\frac{f^{(n)}(0)}{n!}x^n+\cdots$

테일러 다항식 $P_n(x)=f(0)+f'(0)x+\frac{f''(0)}{2}x^2+\cdots+\frac{f^{(n)}(0)}{n!}x^n$

따라서 $x=0$에서 f의 테일러 급수는

$$f(0)+f'(0)x+\frac{f''(0)}{2}x^2+\cdots+\frac{f^{(n)}(0)}{n!}x^n+\cdots$$

$$=1+0\cdot x-\frac{x^2}{2!}+0\cdot x^3+\frac{x^4}{4!}+\cdots+(-1)^n\frac{x^{2n}}{(2n)!}+\cdots=\sum_{n=0}^{\infty}\frac{(-1)^n x^{2n}}{(2n)!}$$

$x=0$에서 f의 $2n$계 테일러 다항식은 $P_{2n}(x)=1-\frac{x^2}{2!}+\frac{x^4}{4!}+\cdots+(-1)^n\frac{x^{2n}}{(2n)!}$

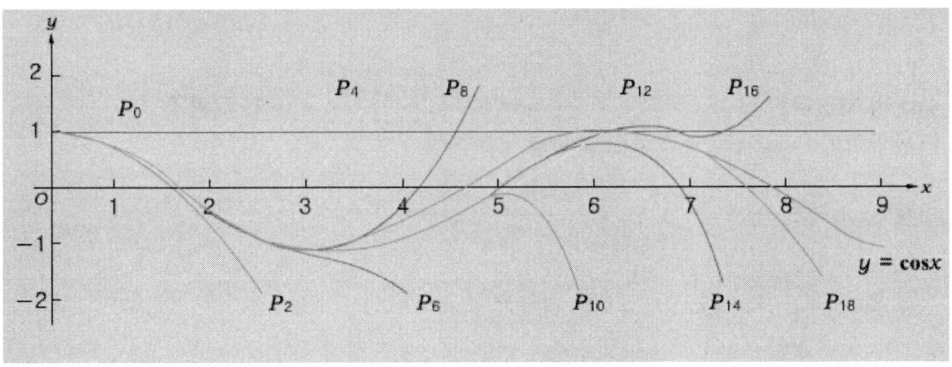

(3) 다지기

다음 문제를 풀어보세요.

1 $x=\pi$ 에서 $f=\sin 3x$의 테일러 급수를 구하여라.

① $-3(x-\pi)+\frac{3^3}{3!}(x-\pi)^3-\frac{3^5}{5!}(x-\pi)^5+\ldots+\frac{(-1)^{n+1}3^{2n+1}}{(2n+1)!}(x-\pi)^{2n+1}+\ldots$

② $-3(x-\pi)+\frac{3^3}{3!}(x-\pi)^3+\frac{3^5}{5!}(x-\pi)^5+\ldots+\frac{(-1)^{n+1}3^{2n+1}}{(2n+1)!}(x-\pi)^{2n+1}+\ldots$

2 $x=\pi$ 에서 $f=\sin 3x$의 $2n+1$차 테일러 다항식을 구하여라.

① $-3(x-\pi)+\frac{3^3}{3!}(x-\pi)^3-\frac{3^5}{5!}(x-\pi)^5+\ldots+\frac{(-1)^{n}3^{2n}}{(2n+1)!}(x-\pi)^{2n}$

② $-3(x-\pi)+\frac{3^3}{3!}(x-\pi)^3-\frac{3^5}{5!}(x-\pi)^5+\ldots+\frac{(-1)^{n+1}3^{2n+1}}{(2n+1)!}(x-\pi)^{2n+1}$

3 $f=\sin 3x$의 매크로린 급수를 구하여라.

① $3x-\frac{(3x)^3}{3!}+\frac{(3x)^5}{5!}-\cdots+\frac{(-1)^n(3x)^{2n+1}}{(2n+1)!}+\cdots$

② $-3x+\frac{(3x)^3}{3!}-\frac{(3x)^5}{5!}+\cdots+\frac{(-1)^n(3x)^{2n+1}}{(2n+1)!}+\cdots$

4 $\sin x$의 매크로린 급수 $x-\frac{x^3}{3!}+\frac{x^5}{5!}-\cdots+\frac{(-1)^n x^{2n+1}}{(2n+1)!}+\cdots$와 치환을 이용하여 $f=\sin 3x$의 매크로린 급수를 구하여라.

① $3x+\frac{(3x)^3}{3!}+\frac{(3x)^5}{5!}+\ldots+\frac{(-1)^n(3x)^{2n+1}}{(2n+1)!}+\ldots$

② $3x-\frac{(3x)^3}{3!}+\frac{(3x)^5}{5!}-\ldots+\frac{(-1)^n(3x)^{2n+1}}{(2n+1)!}+\ldots$

1) 테일러급수의 수렴성

(1) 나머지항 추정정리

◎ 나머지항 추정정리에 대해 알아보자.

상수 M에 대하여 $|f^{(n+1)}(t)| \leq M$ (t는 x와 x_0 사이의 수)일 때,
테일러 정리의 나머지항 $R_n(x)$가 다음 부등식을 만족시킨다고 하자.

$$|R_n(x)| \leq M\frac{|x-x_0|^{n+1}}{(n+1)!}$$

이 때, $n \to \infty$일 때 $M\frac{|x-x_0|^{n+1}}{(n+1)!} \to 0$이면 테일러 급수는 $f(x)$에 수렴한다.

예제1 $x=0$에서의 $\cos x$의 테일러 급수가 모든 x에 대하여 수렴함을 보여라.

풀이

$$\begin{array}{lcccc} f(x) & = & P_n(x) & + & R_n(x) \\ \cos x & = & 1-\frac{x^2}{2!}+\frac{x^4}{4!}+\cdots+(-1)^n\frac{x^{2n}}{(2n)!} & + & R_{2n}(x) \end{array}$$

$x_0=0$, $M=1$을 나머지 추정정리에 적용하면

$$|R_{2n}(x)| \leq 1\cdot\frac{|x|^{2n+1}}{(2n+1)!} \quad \cdots ①$$

①식에서 $n \to \infty$일 때, $1\cdot\frac{|x|^{2n+1}}{(2n+1)!} \to 0$ ⇒ 모든 x에 대하여, $R_{2n}(x) \to 0$.

그러므로 이 급수는 모든 x에 대하여

$$\cos x = 1-\frac{x^2}{2!}+\frac{x^4}{4!}+\cdots+(-1)^n\frac{x^{2n}}{(2n)!}+\cdots$$

예제2 $x=0$에서의 $\sin x$의 테일러 급수가 모든 x에 대하여 수렴함을 보여라.

풀이 ① $\sin x$의 테일러 급수를 구한다.

$f^{(2n)}(0)=0 \qquad f^{(2n+1)}(0)=(-1)^n$

「

$$\begin{array}{cc} f(x)=\sin x & f'(x)=\cos x \\ f''(x)=-\sin x & f'''(x)=-\cos x \\ \cdots & \cdots \\ f^{(2n)}(x)=(-1)^n\sin x & f^{(2n+1)}(x)=(-1)^n\cos x \\ \downarrow & \downarrow \\ f^{(2n)}(0)=0 & f^{(2n+1)}(0)=(-1)^n \end{array}$$

」

구하는 급수는 홀수 차수일 때에만 값을 가지고, 테일러 정리에 의하여

$$\sin x = P_{n+1}(x)+R_{2n+1}(x) = x^2-\frac{x^4}{3!}+\frac{x^6}{5!}-\cdots+\frac{(-1)^n x^{2n+1}}{(2n+1)!}+R_{2n+1}(x)$$

② 나머지항 $R_{2n+1}(x) \to 0$임을 보인다.

$M=1$을 나머지 추정정리에 적용하면,

$|R_{2n+1}(x)| \leq 1 \cdot \dfrac{|x|^{2n+2}}{(2n+2)!}$

x가 어떤 값을 갖든 $n \to \infty$ 이면 $\dfrac{|x|^{2n+2}}{(2n+2)!} \to 0$이므로 $R_{2n+1}(x) \to 0$이다.

$\therefore \sin x = x^2 - \dfrac{x^4}{3!} + \dfrac{x^6}{5!} - \cdots + \dfrac{(-1)^n x^{2n+1}}{(2n+1)!} + \cdots$

memo

부등식 $|R_n(x)| \leq M\dfrac{|x-a|^{n+1}}{(n+1)!}$에서 $n \to \infty$일 때 $M\dfrac{|x-a|^{n+1}}{(n+1)!} \to 0$임을 보인다.

◎ 오차계산에 대해 알아보자.

예제3 오차의 한계가 10^{-6}이 되도록 e를 구하여라.

풀이 $e^x = 1 + x + \dfrac{x^2}{2!} + \cdots + \dfrac{x^n}{n!} + \cdots$에 $x=1$을 대입하면

$e = 1 + 1 + \dfrac{1}{2!} + \cdots + \dfrac{1}{n!} + R_n(1)$

① 나머지항이 10^{-6}보다 작게 되는 자연수 n을 찾는다.

$R_n(x) = \dfrac{f^{(n+1)}(c)}{(n+1)!}(x-x_0)^{n+1} \Rightarrow R_n(1) = \dfrac{e^c}{(n+1)!}$, $0 < c < 1$

$1 < e^c < 3 \Rightarrow \dfrac{1}{(n+1)!} < R_n(1) < \dfrac{3}{(n+1)!}$

이제 $\dfrac{3}{(n+1)!} < 10^{-6}$을 만족시키는 자연수 n을 찾자.

- $n=8$이면, $\dfrac{3}{(8+1)!} \fallingdotseq 8 \times 10^{-6} > 10^{-6}$
- $n=9$이면, $\dfrac{3}{(9+1)!} \fallingdotseq 8 \times 10^{-7} < 10^{-6}$

$\therefore n = 9$

실제로 $n=9$항까지의 e의 급수의 합은 $1 + 1 + \dfrac{1}{2!} + \dfrac{1}{3!} + \cdots + \dfrac{1}{9!} \fallingdotseq 2.718281526$

(2) 다지기

다음 문제를 풀어 보자.

※(1~4) $x=0$에서 $f(x)=\ln(1+x)$의 테일러급수가 모든 x에 대하여 $\ln(1+x)$에 수렴함을
다음 단계에 따라 보여라.

1 $f(x)$의 테일러 급수를 구하여라.

① $x-\frac{1}{2}x^2+\frac{1}{6}x^3+\cdots+\frac{(-1)^{n+1}}{n!}x^n+\cdots$

② $x+\frac{1}{2}x^2-\frac{1}{6}x^3+\cdots+\frac{(-1)^{n+1}}{n!}x^n+\cdots$

2 n계 나머지항 $R_n(x)=\frac{f^{(n+1)}(c)}{(n+1)!}(x-x_0)^{n+1}$ (단, $0<c<x$)을 구하여라.

① $R_n(x)=\frac{x^{n+1}}{(1+c)^{n+1}(n+1)!}$ $(0<c<x)$

② $R_n(x)=\frac{n+1}{(1+c)^{n+1}(n+1)!}$ $(0<c<x)$

3 $\lim_{n\to\infty}R_n(x)$를 구하여라.

① 0　② 1　③ 2　④ 3

4 이 급수는 모든 x에 대하여 $\ln(1+x)$에 수렴하는가?

① 수렴한다.　② 수렴하지 않는다.

Review

◉ 테일러급수와 매크로린 급수

1) x_0를 포함하는 구간에서 f가 무한번 미분가능할 때 $x = x_0$에서 f의 테일러 급수는 다음과 같다. 수렴하는 영역 내에서 급수 전개는 유일하다.

$$\sum_{n=0}^{\infty} \frac{f^{(n)}(x_0)}{n!}(x-x_0)^n$$

$$= f(x_0) + f'(x_0)(x-x_0) + \frac{f''(x_0)}{2!}(x-x_0)^2 + \cdots + \frac{f^{(n)}(x_0)}{n!}(x-x_0)^n + \cdots$$

2) $x = 0$에서 f의 테일러급수를 f의 매크로린 급수라고 한다.

$$\sum_{n=0}^{\infty} \frac{f^{(n)}(0)}{n!}x^n = f(0) + f'(0)x + \frac{f''(0)}{2}x^2 + \cdots + \frac{f^{(n)}(0)}{n!}x^n + \cdots$$

◉ 테일러 다항식

x_0를 포함하는 구간에서 f가 n번 미분가능할 때 $x = x_0$에서 f의 n계 테일러 다항식은 다음과 같다.

$$P_n(x) = f(x_0) + f'(x_0)(x-x_0) + \frac{f''(x_0)}{2!}(x-x_0)^2 + \cdots + \frac{f^{(n)}(x_0)}{n!}(x-x_0)^n$$

이 때, $P_1(x)$: 선형화, $P_2(x)$: 2차 근사

◉ 나머지항 추정정리

상수 M에 대하여 $|f^{(n+1)}(t)| \le M$ (t는 x와 x_0 사이의 수)일 때, 테일러 정리의 나머지항 $R_n(x)$이 다음 부등식(inequality)을 만족시킨다고 하자.

$$|R_n(x)| \le M\frac{|x-x_0|^{n+1}}{(n+1)!}$$

이 때, $n \to \infty$일 때 $M\frac{|x-x_0|^{n+1}}{(n+1)!} \to 0$이면 테일러 급수는 $f(x)$에 수렴한다.

Quiz, Quiz

1 $x=0$에서 $f(x)=e^{-x}$의 3계 테일러 다항식을 구하여라.

① $1-x+\frac{1}{2}x^2-\frac{1}{6}x^3$　② $1+x+\frac{1}{2}x^2+\frac{1}{6}x^3$　③ $1-x+\frac{1}{2}x^2-\frac{1}{3}x^3$

2 $f(x)=e^{-x}$의 매크로린 급수를 구하여라.

① $\sum_{n=0}^{\infty}\frac{(-1)^n}{n!}x^n$　② $\sum_{n=0}^{\infty}\frac{x^n}{n!}$　③ $\sum_{n=0}^{\infty}\frac{(-1)^n}{n}x^n$

3 $x=2$에서 $f(x)=e^{-x}$의 테일러 급수를 구하여라.

① $\sum_{n=0}^{\infty}\frac{(-1)^n}{n!}(x-2)^n$　② $\sum_{n=0}^{\infty}\frac{(x-2)^n}{n!}$　③ $\sum_{n=0}^{\infty}\frac{(-1)^n}{n!e^2}(x-2)^n$

4 치환을 이용하여 $x=0$에서 $f(x)=e^{-5x}$의 테일러 급수를 구하여라.

① $\sum_{n=0}^{\infty}\frac{(-1)^n5^n}{n}x^n$　② $\sum_{n=0}^{\infty}\frac{5^nx^n}{n!}$　③ $\sum_{n=0}^{\infty}\frac{(-1)^n5^n}{n!}x^n$

5 $|x|<0.1$인 x에 대하여 e^x를 $1+x+\frac{x^2}{2!}$로 근사시킬 때 오차의 한계를 구하여라. (계산기 이용)

① 약 1.48×10^{-2}　② 약 1.84×10^{-4}　③ 약 1.5×10^{-5}

정답 및 풀이

1) 테일러급수

다지기 정답 p.8

1 ①
2 ②
3 ①
4 ②

1

$f(x)=\sin 3x,$	$f'(x)=3\cos 3x$
$f''(x)=-3^2\sin 3x$	$f'''(x)=-3^3\cos 3x$
$f^{(4)}=3^4\sin 3x$	$f^{(5)}=3^5\cos 3x$
$\cdots$	$\cdots$
$f^{(2n)}(x)=(-1)^n\cdot 3^{2n}\sin 3x$	$f^{(2n+1)}(x)=(-1)^n 3^{2n+1}\cos 3x$
↓	↓
$f^{(2n)}(\pi)=0$	$f^{(2n+1)}(\pi)=(-1)^n 3^{2n+1}\cdot(-1)=(-1)^{n+1}3^{2n+1}$

따라서 $x=\pi$에서 $f=\sin 3x$의 테일러 급수는

$$f(\pi)+f'(\pi)(x-\pi)+\frac{f''(\pi)}{2!}(x-\pi)^2+\frac{f'''(\pi)}{3!}(x-\pi)^3$$

$$+\frac{f^{(4)}(\pi)}{4!}(x-\pi)^4+\frac{f^{(5)}(\pi)}{5!}(x-\pi)^5+\cdots+\frac{f^{(n)}(\pi)}{n!}(x-\pi)^n+\cdots$$

$$=-3(x-\pi)+\frac{3^3}{3!}(x-\pi)^3-\frac{3^5}{5!}(x-\pi)^5+\cdots+\frac{(-1)^{n+1}3^{2n+1}}{(2n+1)!}(x-\pi)^{2n+1}+\cdots$$

2

$f(x)=\sin 3x,$	$f'(x)=3\cos 3x$
$f''(x)=-3^2\sin 3x$	$f'''(x)=-3^3\cos 3x$
$f^{(4)}=3^4\sin 3x$	$f^{(5)}=3^5\cos 3x$
$\cdots$	$\cdots$
$f^{(2n)}(x)=(-1)^n\cdot 3^{2n}\sin 3x$	$f^{(2n+1)}(x)=(-1)^n 3^{2n+1}\cos 3x$
↓	↓
$f^{(2n)}(\pi)=0$	$f^{(2n+1)}(\pi)=(-1)^n 3^{2n+1}\cdot(-1)=(-1)^{n+1}3^{2n+1}$

따라서 $x=\pi$에서 $f=\sin 3x$의 테일러 급수는

$$f(\pi)+f'(\pi)(x-\pi)+\frac{f''(\pi)}{2!}(x-\pi)^2+\frac{f'''(\pi)}{3!}(x-\pi)^3$$

$$+\frac{f^{(4)}(\pi)}{4!}(x-\pi)^4+\frac{f^{(5)}(\pi)}{5!}(x-\pi)^5+\cdots+\frac{f^{(n)}(\pi)}{n!}(x-\pi)^n+\cdots$$

$$=-3(x-\pi)+\frac{3^3}{3!}(x-\pi)^3-\frac{3^5}{5!}(x-\pi)^5+\cdots+\frac{(-1)^{n+1}3^{2n+1}}{(2n+1)!}(x-\pi)^{2n+1}+\cdots$$

따라서 $-3(x-\pi)+\frac{3^3}{3!}(x-\pi)^3-\frac{3^5}{5!}(x-\pi)^5+\cdots+\frac{(-1)^{n+1}3^{2n+1}}{(2n+1)!}(x-\pi)^{2n+1}$

3

$f^{(2n)}(x)=(-1)^n\cdot 3^{2n}\sin 3x$	$f^{(2n+1)}(x)=(-1)^n 3^{2n+1}\cos 3x$
↓	↓
$f^{(2n)}(0)=0$	$f^{(2n+1)}(0)=(-1)^n 3^{2n+1}$

$x=0$에서 $f=\sin 3x$의 테일러 급수를 말하므로

$$f(0)+f'(0)x+\frac{f''(0)}{2!}x^2+\frac{f'''(0)}{3!}x^3+\frac{f^{(4)}(0)}{4!}x^4+\frac{f^{(5)}(0)}{5!}x^5+\cdots+\frac{f^{(n)}(0)}{n!}x^n+\cdots$$

$$=3x-\frac{(3x)^3}{3!}+\frac{(3x)^5}{5!}-\cdots+\frac{(-1)^n(3x)^{2n+1}}{(2n+1)!}+\cdots$$

4 $x=0$에서 $\sin x$의 테일러 급수

$$\sin x=\sum_{n=0}^{\infty}\frac{(-1)^n x^{2n+1}}{(2n+1)!}=x-\frac{x^3}{3!}+\frac{x^5}{5!}-\cdots+\frac{(-1)^n x^{2n+1}}{(2n+1)!}+\cdots$$

에서 x를 $3x$로 치환한다.

$$\sin 3x=\sum_{n=0}^{\infty}\frac{(-1)^n(3x)^{2n+1}}{(2n+1)!}=3x-\frac{(3x)^3}{3!}+\frac{(3x)^5}{5!}-\cdots+\frac{(-1)^n(3x)^{2n+1}}{(2n+1)!}+\cdots$$

2) 테일러 다항식

다지기 정답	p.11

1 ①
2 ①
3 ①
4 ①

1 $f(x)=f(x_0)+f'(x_0)(x-x_0)+\dfrac{f''(x_0)}{2!}(x-x_0)^2+\cdots+\dfrac{f^{(n)}(x_0)}{n!}(x-x_0)^n+\cdots$

$$
\begin{array}{lll}
f(x)=\ln(1+x) & f(0)=\ln 1=0 & f(0)=0 \\
f'(x)=\dfrac{1}{1+x} & f'(0)=1 & f'(0)=1 \\
f''(x)=\dfrac{-1}{(1+x)^2} & f''(0)=-1 & \dfrac{f''(0)}{2!}=-\dfrac{1}{2} \\
f'''(x)=\dfrac{1}{(1+x)^3} & f'''(0)=1 & \dfrac{f'''(0)}{3!}=\dfrac{1}{6} \\
\cdots & \cdots & \cdots \\
f^{(n)}(x)=\dfrac{1}{(1+x)^n} & f^{(n)}(0)=(-1)^{n+1} & \dfrac{f^{(n)}(0)}{n!}=\dfrac{(-1)^{n+1}}{n!}
\end{array}
$$

$$f(x)=f(0)+f'(0)x+\frac{f''(0)}{2!}x^2+\frac{f'''(0)}{3!}x^3+\cdots\frac{f^{(n)}(0)}{n!}x^n+\cdots$$

$$=x-\frac{1}{2}x^2+\frac{1}{6}x^3+\cdots+\frac{(-1)^{n+1}}{n!}x^n+\cdots$$

2 $f^{(n)}(x)=\dfrac{1}{(1+x)^n}$ 이므로 $f^{(n+1)}(c)=\dfrac{1}{(1+c)^{n+1}}$ $(0<c<x)$

따라서 $R_n(x)=\dfrac{x^{n+1}}{(1+c)^{n+1}(n+1)!}$ $(0<c<x)$

3 모든 x에 대하여 $n\to\infty$에 따라 $R_n(x)=\dfrac{x^{n+1}}{(1+c)^{n+1}(n+1)!}\to 0$

4 테일러 공식 $f(x)=x-\dfrac{1}{2}x^2+\dfrac{1}{6}x^3+\cdots+\dfrac{(-1)^{n+1}}{n!}x^n+R_n(x)$에서 $n\to\infty$ 임에 따라

$R_n(x)=\dfrac{x^{n+1}}{(1+c)^{n+1}(n+1)!}\to 0$이므로 f의 테일러 급수는 수렴하고

$f(x)=\displaystyle\sum_{n=0}^{\infty}\frac{(-1)^{n+1}}{n!}x^n$로 표현한다.

Quiz, Quiz

퀴즈 퀴즈 정답 p.13

1 ①
2 ①
3 ③
4 ③
5 ②
444
4

1

$$f(x)=e^{-x} \qquad f(0)=1$$
$$f'(x)=-e^{-x} \qquad f'(0)=-1$$
$$f''(x)=e^{-x} \qquad f''(0)=1$$
$$f'''(x)=-e^{-x} \qquad f'''(0)=-1$$

따라서 $x=0$에서 3계 테일러 다항식은

$$P_3(x)=f(0)+f'(0)x+\frac{f''(0)}{2!}x^2+\frac{f'''(0)}{3!}x^3=1-x+\frac{1}{2}x^2-\frac{1}{6}x^3$$

2

$$f(x)=e^{-x} \qquad f(0)=1$$
$$f'(x)=-e^{-x} \qquad f'(0)=-1$$
$$f''(x)=e^{-x} \qquad f''(0)=1$$
$$f'''(x)=-e^{-x} \qquad f'''(0)=-1$$
$$\cdots \qquad \cdots$$
$$f^{(n)}(x)=(-1)^n e^{-x} \qquad f^{(n)}(0)=(-1)^n$$

매크로린 급수 $\displaystyle\sum_{n=0}^{\infty}\frac{f^{(n)}(0)}{n!}x^n=f(0)+f'(0)x+\frac{f''(0)}{2}x^2+\cdots+\frac{f^{(n)}(0)}{n!}x^n+\cdots$

$$=1-x+\frac{1}{2!}x^2-\frac{1}{3!}x^3+\cdots+\frac{(-1)^n}{n!}x^n+\cdots=\sum_{n=0}^{\infty}\frac{(-1)^n}{n!}x^n$$

3

$$f(x)=e^{-x} \qquad f(2)=e^{-2}=\frac{1}{e^2}$$
$$f'(x)=-e^{-x} \qquad f'(2)=-e^{-2}=-\frac{1}{e^2}$$
$$f''(x)=e^{-x} \qquad f''(2)=e^{-2}=\frac{1}{e^2}$$
$$f'''(x)=-e^{-x} \qquad f'''(2)=-e^{-2}=-\frac{1}{e^2}$$

$$\cdots \qquad\qquad \cdots$$

$$f^{(n)}(x) = (-1)^n e^{-x} \quad f^{(n)}(2) = (-1)^n e^{-2} = \frac{(-1)^n}{e^2}$$

$x=2$에서 $f(x)=e^{-x}$의 테일러 급수

$$\sum_{n=0}^{\infty} \frac{f^{(n)}(2)}{n!}(x-2)^n = f(2) + f'(2)(x-2) + \frac{f''(2)}{2!}(x-2)^2 + \cdots + \frac{f^{(n)}(2)}{n!}(x-2)^n + \cdots$$

$$= \frac{1}{e^2} - \frac{1}{e^2}(x-2) + \frac{1}{2!e^2}(x-2)^2 + \cdots + \frac{(-1)^n}{n!e^2}(x-2)^n + \cdots = \sum_{n=0}^{\infty} \frac{(-1)^n}{n!e^2}(x-2)^n$$

4 $x=0$에서 e^{-x}의 테일러 급수는 $e^{-x} = 1 - x + \frac{1}{2!}x^2 - \frac{1}{3!}x^3 + \cdots + \frac{(-1)^n}{n!}x^n + \cdots$이다.

이제 e^{-5x}의 테일러급수를 구하기 위하여 x에 $5x$를 대입한다. 그러면

$$e^{-5x} = 1 - (5x) + \frac{1}{2!}(5x)^2 - \frac{1}{3!}(5x)^3 + \cdots + \frac{(-1)^n}{n!}(5x)^n + \cdots$$

$$= 1 - 5x + \frac{5^2}{2!}x^2 - \frac{5^3}{3!}x^3 + \cdots + \frac{(-1)^n 5^n}{n!}x^n + \cdots = \sum_{n=0}^{\infty} \frac{(-1)^n 5^n}{n!}x^n$$

5 나머지항 추정정리를 이용한다. 나머지항 $R_n(x) = \frac{f^{(n+1)}(c)}{(n+1)!}(x-a)^{n+1}$

$$e^x = P_3(x) + R_2(x) = \left(1 + x + \frac{x^2}{2!}\right) + \frac{e^c}{3!}x^3 \qquad (c < x)\text{에서}$$

$$|R_2(x)| = \left|\frac{e^c}{3!}x^3\right| \leq \left|\frac{e^{0.1}}{3!}(0.1)^3\right| \fallingdotseq 1.84 \times 10^{-4}$$

공학기초수학:
e-Learning Calculus

4판 1쇄 2023년 3월 2일

저 자 황우현, (주)교육소프트연구소
발행인 송광헌
발행처 복두출판사
주 소 서울특별시 영등포구 경인로82길 3-4
센터플러스 807호
(우) 07371
전 화 02-2164-2580
FAX 02-2164-2584
등 록 1993. 11. 22. 제 10-902 호

정가 : 32,000원
ISBN : 979-11-6675-263-6 93410

한국과학기술출판협회 회원사

* 본 도서의 자료 업데이트가 있을 경우 본사 홈페이지 자료실에 업로드 됩니다. 정기적으로 들러서 유익한 자료를 받아가시기 바랍니다.

EDUSOFT

e-Learning Calculus

한국교육학술정보원(KERIS) 이러닝품질인증획득

이러닝품질인증 제2008-C165호

품 질 인 증 서

KERIS·이러닝품질인증·KERIS

e-Learning Quality Assurance

기관명 : (주)교육소프트연구소

대표자 : 한정식

인증영역 : 이러닝 콘텐츠

제품명 : 대학기초수학 이러닝 칼큘러스

위 제품은 한국교육학술정보원의 품질경영시스템(ISO 9001:2000) 규정에 의한 심의 결과 그 품질이 우수하여 이 인증서를 드립니다.

2008년 8월 8일

KERIS 한국교육학술정보원장